"十二五"普通高等教育本科国家级规划教材
科学出版社"十三五"普通高等教育本科规划教材

蔬菜栽培学各论

（第二版）

程智慧　主编

科学出版社

北京

内 容 简 介

本书全面涵盖了蔬菜作物的大类和主要种类，包括茄果类蔬菜、瓜类蔬菜、豆类蔬菜、结球芸薹类蔬菜、肉质直根类蔬菜、葱蒜类蔬菜、绿叶嫩茎类蔬菜、薯芋类蔬菜、水生蔬菜、多年生蔬菜、芽苗类蔬菜、菌藻地衣类蔬菜、其他蔬菜，共13章。各章在简要介绍本类蔬菜的种类、生物学特性和栽培技术共性的基础上，分节详细介绍了主要种类蔬菜及其栽培技术，包括名称、起源演化、栽培利用、生产分布、产品器官的营养与食用利用方式等，植物学形态、生长发育周期、对环境条件的要求等生物学特性，品种类型和栽培制度，主要生产方式的栽培技术等。各章还用二维码拓展知识的方式简要介绍了本类其他蔬菜的生物学特性和栽培技术。

"蔬菜栽培学"是高等院校园艺专业的骨干课程和代表性专业课程之一。本书为"十二五"普通高等教育本科国家级规划教材和科学出版社"十三五"普通高等教育本科规划教材，并获陕西省高等学校优秀教材一等奖，是程智慧主编、科学出版社出版的"十二五"普通高等教育本科国家级规划教材、科学出版社"十三五"普通高等教育本科规划教材《蔬菜栽培学总论》（第二版）的系列配套教材，主要面向高等院校园艺专业本科教学使用，也可作为有关院校农学、生物学科等相关专业有关课程的教材或参考书。

图书在版编目（CIP）数据

蔬菜栽培学各论 / 程智慧主编. —2版. —北京：科学出版社，2021.3
"十二五"普通高等教育本科国家级规划教材　科学出版社"十三五"普通高等教育本科规划教材
ISBN 978-7-03-067208-7

Ⅰ. ①蔬… Ⅱ. ①程… Ⅲ. ①蔬菜园艺-高等学校-教材 Ⅳ. ①S63

中国版本图书馆CIP数据核字（2020）第244731号

责任编辑：王玉时　林梦阳 / 责任校对：王晓茜
责任印制：张　伟 / 封面设计：迷底书装

科学出版社 出版
北京东黄城根北街16号
邮政编码：100717
http://www.sciencep.com

北京建宏印刷有限公司 印刷
科学出版社发行　各地新华书店经销

*

2010年9月第 一 版　开本：787×1092　1/16
2021年3月第 二 版　印张：24 3/4
2025年12月第七次印刷　字数：608 000
定价：79.00元
（如有印装质量问题，我社负责调换）

《蔬菜栽培学各论》（第二版）编写委员会

主　编　程智慧
副主编　宋述尧　钟凤林
编　委（按姓氏汉语拼音排序）
　　　　陈书霞　西北农林科技大学
　　　　成善汉　海南大学
　　　　范淑英　江西农业大学
　　　　高艳明　宁夏大学
　　　　耿广东　贵州大学
　　　　关志华　西藏农牧学院
　　　　韩　曙　云南农业大学
　　　　侯雷平　山西农业大学
　　　　李　敏　青岛农业大学
　　　　李焕秀　四川农业大学
　　　　李树和　天津农学院
　　　　李玉红　西北农林科技大学
　　　　林辰壹　新疆农业大学
　　　　孟焕文　西北农林科技大学
　　　　潘玉朋　西北农林科技大学
　　　　陶永新　福建农林大学
　　　　肖雪梅　甘肃农业大学
　　　　徐文娟　安徽农业大学
　　　　郑　群　石河子大学

《蔬菜栽培学各论》(第一版) 编写委员会

主　编　程智慧
副主编　宋述尧　林义章
编　委　(按姓氏汉语拼音排序)
　　　　陈　超　海南大学
　　　　陈书霞　西北农林科技大学
　　　　程智慧　西北农林科技大学
　　　　范淑英　江西农业大学
　　　　高艳明　宁夏大学
　　　　关志华　西藏农牧学院
　　　　韩　曙　云南农业大学
　　　　李　敏　青岛农业大学
　　　　李焕秀　四川农业大学
　　　　李建设　宁夏大学
　　　　李树和　天津农学院
　　　　李玉红　西北农林科技大学
　　　　林辰壹　新疆农业大学
　　　　林义章　福建农林大学
　　　　孟焕文　西北农林科技大学
　　　　宋述尧　吉林农业大学
　　　　颉建明　甘肃农业大学
　　　　辛建华　石河子大学
　　　　徐文娟　安徽农业大学
　　　　张恩让　贵州大学

第二版前言

蔬菜是人们日常生活和身体健康不可缺少的主要餐食，蔬菜产业是种植业领域最具竞争优势的主导产业和对国民经济贡献的前沿产业，也是乡村振兴、农民增收、田园美化的主要支柱产业。"蔬菜栽培学"是高等院校园艺学专业人才培养的骨干课程和代表性专业课程之一，也是蔬菜产业发展的理论和技术支撑。根据学科和产业的发展，以及社会对蔬菜专业人才的需求，我们组织西北农林科技大学、宁夏大学、贵州大学、石河子大学、四川农业大学、福建农林大学、吉林农业大学、山西农业大学、甘肃农业大学、江西农业大学、云南农业大学、安徽农业大学、新疆农业大学、青岛农业大学、海南大学、天津农学院、西藏农牧学院等高等院校有关专业的主讲教师修订、编写了这本《蔬菜栽培学各论》教材。本次修订，在注意保持原教材基本知识体系和结构特点的同时，注重内容更新、体系健全和质量全面提升。在内容更新方面，注重吸纳学科和产业最新技术，一是突出栽培技术轻简化、机械化的趋势，尽量引入简化栽培和机械作业技术；二是体现节肥、减药、增效的农用化学品使用要求和趋势，尽量反映精确、精准的肥药使用技术；三是适应产业发展趋势，淡化或删除已退出产业主导技术的过时或落后技术；四是突出重点，力求简洁明了。在结构体系方面，注重教材结构的完整性，理论联系实际，一是与配套的《蔬菜栽培学总论》（第二版）教材蔬菜种类分类保持一致，调整了有关类的名称；二是仔细研判农业生物学分类原则，补充和调整了个别种类的类别；三是增加了"菌藻地衣类蔬菜"一章，使蔬菜栽培学教材的内容体系更加完整；四是控制文字教材字数，将各章的其他蔬菜放在二维码拓展知识里供教学；五是继续保持文、图、表并用，章后有小结和思考题，全书附参考书目和期刊文献的特点，尽量方便教学。在质量全面提升方面，一是经反复征询意见和讨论汇总，制定了明确的修订要求；二是编委分工主笔按要求进行修订；三是安排多环节修审，进行质量把关，如每章由1或2位编委分别进行交叉修审，副主编分工复审；四是主编全面层层把关，修订环节的每一步书稿都先由主编初审和初统后，根据存在的问题，或返编委补修、重修，或转下一修审环节，最后汇总全书各章，由主编统一修改定稿。

本书第一章由侯雷平和郑群主修，程智慧和肖雪梅修审；第二章由范淑英、孟焕文、关志华主修，李焕秀和程智慧修审；第三章由徐文娟主修，耿广东和李树和修审；第四章由钟凤林和高艳明主修，李玉红和程智慧修审；第五章由李树和主修，肖雪梅修审；第六章由宋述尧、程智慧主修，韩曙和陈书霞修审；第七章由韩曙主修，陈书霞和宋述尧修审；第八章由李敏主修，耿广东修审；第九章由成善汉主修，李焕秀修审；第十章由程智慧、林辰壹和潘玉朋主修，耿广东和范淑英修审；第十一章由孟焕文、程智慧和潘玉朋主修，李玉红和李焕秀修审；第十二章由陶永新主笔，程智慧修审；第十三章由林辰壹和程智慧主修，肖雪梅修审。副主编钟凤林复审了第一、五、六、七、九、十、十一、十二章，副主编宋述尧复审了第二、三、四、八、十三章，全书由主编程智慧统稿和定稿。编者力求避免错误和不足，但难免还有未发现的疏漏或不妥之处，恳请广大师生和读者在使用中随时提出宝贵意见，以便及时更正。

本书第一版于2016年获评陕西省优秀教材一等奖，感谢广大科教工作者对我们工作的认可和鼓励！本次编写参阅了许多学者的教材、著作和研究文献，在此谨向你们对知识传播的贡献表示崇高的敬意和最衷心的感谢！

编　者

2020年7月于杨凌

第一版前言

"蔬菜栽培学各论"主要论述各种蔬菜的栽培技术及其原理，是高等院校园艺学专业的主干专业课程。根据蔬菜学科和蔬菜产业的发展，以及社会对蔬菜专业人才的需求和对他们知识与技能的要求，我们组织西北农林科技大学、吉林农业大学、福建农林大学、宁夏大学、贵州大学、四川农业大学、甘肃农业大学、江西农业大学、云南农业大学、安徽农业大学、新疆农业大学、青岛农业大学、天津农学院、石河子大学、海南大学、西藏农牧学院等高等院校有关专业有丰富教学经验的教师编写了这本《蔬菜栽培学各论》教材。编写过程中，在注意保持蔬菜栽培学各论知识体系完整性的同时，注重突出重点，力求简洁明了；注重内容更新，强调知识与技能的结合、理论与实践的结合；注重教材结构的完整性，文、图、表并用，每章还设置了小结和思考题，书后附有主要参考文献，以方便教学。为了使学生在学习中面对复杂的栽培方式、栽培茬次和栽培技术措施而有清楚的知识轮廓，本书在主要蔬菜种类的栽培技术中增加了栽培技术流程图。

本书的编写分工如下：茄果类蔬菜主要由辛建华、程智慧和李敏编写，瓜类蔬菜主要由范淑英、孟焕文、关志华和林义章编写，豆类蔬菜主要由徐文娟和高艳明编写，白菜甘蓝类蔬菜主要由林义章、高艳明和李焕秀编写，直根类蔬菜主要由李树和范淑英编写，葱蒜类蔬菜主要由宋述尧、韩曙和张恩让编写，绿叶类蔬菜主要由韩曙、宋述尧和陈书霞编写，薯芋类蔬菜主要由李敏和李建设编写，多年生类蔬菜主要由程智慧和宋述尧编写，水生类蔬菜主要由陈超和林义章编写，芽苗类蔬菜主要由孟焕文和颉建明编写，其他蔬菜主要由林辰壹和李玉红编写。

教材编写参阅或引用了许多学者的教材、著作和研究文献。在此，向他们对知识的传播和人才培养的贡献表示崇高的敬意和最衷心的感谢！

在教材编写中，编者力求避免错误和不足，主编力求各章内容的准确和协调，但书中难免还有疏漏或不妥之处，恳请广大师生和读者在使用中随时提出宝贵意见，以便及时补遗勘误。

编　者

2010年6月于杨凌

目 录

第二版前言
第一版前言

第一章 茄果类蔬菜 ……… 1
第一节 番茄 ……… 1
一、生物学特性 ……… 2
二、品种类型与栽培制度 ……… 5
三、栽培技术 ……… 8
四、常见生理障碍及对策 ……… 15
第二节 茄子 ……… 17
一、生物学特性 ……… 17
二、品种类型与栽培制度 ……… 20
三、栽培技术 ……… 21
第三节 辣椒 ……… 24
一、生物学特性 ……… 24
二、品种类型与栽培制度 ……… 26
三、栽培技术 ……… 28
四、常见生理障碍及对策 ……… 31
第四节 茄果类其他蔬菜 ……… 32
小结 ……… 32
思考题 ……… 32

第二章 瓜类蔬菜 ……… 34
第一节 黄瓜 ……… 34
一、生物学特性 ……… 34
二、品种类型与栽培制度 ……… 38
三、栽培技术 ……… 39
四、常见生长发育障碍 ……… 42
第二节 西瓜 ……… 44
一、生物学特性 ……… 45
二、品种类型与栽培制度 ……… 47
三、栽培技术 ……… 48
第三节 甜瓜 ……… 51
一、生物学特性 ……… 51
二、品种类型与栽培制度 ……… 53
三、栽培技术 ……… 54
第四节 西葫芦 ……… 57
一、生物学特性 ……… 57
二、品种类型与栽培制度 ……… 58
三、栽培技术 ……… 59
第五节 中国南瓜 ……… 62
一、生物学特性 ……… 62
二、品种类型与栽培制度 ……… 64
三、栽培技术 ……… 65
第六节 冬瓜 ……… 66
一、生物学特性 ……… 66
二、品种类型与栽培制度 ……… 68
三、栽培技术 ……… 69
第七节 苦瓜 ……… 71
一、生物学特性 ……… 71
二、品种类型与栽培制度 ……… 72
三、栽培技术 ……… 73
第八节 丝瓜 ……… 74
一、生物学特性 ……… 74
二、品种类型与栽培制度 ……… 75
三、栽培技术 ……… 76
第九节 瓠瓜 ……… 78
一、生物学特性 ……… 78
二、品种类型与栽培制度 ……… 79
三、栽培技术 ……… 80
第十节 瓜类其他蔬菜 ……… 82
小结 ……… 82
思考题 ……… 82

第三章　豆类蔬菜 ································ 83
第一节　菜豆 ································ 83
一、生物学特性 ···························· 83
二、品种类型与栽培制度 ·············· 85
三、栽培技术 ································ 86
四、落花、落荚原因与对策 ·········· 88
第二节　豇豆 ································ 89
一、生物学特性 ···························· 89
二、品种类型与栽培制度 ·············· 90
三、栽培技术 ································ 91
第三节　豌豆 ································ 92
一、生物学特性 ···························· 93
二、品种类型与栽培制度 ·············· 94
三、栽培技术 ································ 95
第四节　毛豆 ································ 95
一、生物学特性 ···························· 96
二、品种类型与栽培制度 ·············· 97
三、栽培技术 ································ 98
第五节　豆类其他蔬菜 ················ 99
小结 ·· 99
思考题 ·· 99

第四章　结球芸薹类蔬菜 ············ 100
第一节　大白菜 ···························· 100
一、生物学特性 ···························· 100
二、品种类型与栽培制度 ············ 104
三、栽培技术 ································ 106
第二节　结球甘蓝 ······················ 109
一、生物学特性 ···························· 110
二、品种类型与栽培制度 ············ 112
三、栽培技术 ································ 114
第三节　花椰菜 ·························· 115
一、生物学特性 ···························· 116
二、品种类型与栽培制度 ············ 118
三、栽培技术 ································ 119
第四节　青花菜 ·························· 122
一、生物学特性 ···························· 122
二、品种类型与栽培制度 ············ 123
三、栽培技术 ································ 123
第五节　结球芸薹类其他蔬菜 ······ 124
小结 ·· 125
思考题 ·· 125

第五章　肉质直根类蔬菜 ············ 126
第一节　萝卜 ································ 127
一、生物学特性 ···························· 128
二、品种类型与栽培制度 ············ 131
三、栽培技术 ································ 133
四、生产异常现象与对策 ············ 136
第二节　胡萝卜 ·························· 138
一、生物学特性 ···························· 138
二、品种类型与栽培制度 ············ 140
三、栽培技术 ································ 141
四、生产问题与对策 ···················· 143
第三节　根芥菜 ·························· 144
一、生物学特性 ···························· 144
二、品种类型与栽培制度 ············ 145
三、栽培技术 ································ 145
第四节　肉质直根类其他蔬菜 ······ 146
小结 ·· 146
思考题 ·· 146

第六章　葱蒜类蔬菜 ···················· 148
第一节　韭菜 ································ 149
一、生物学特性 ···························· 150
二、品种类型与栽培制度 ············ 154
三、栽培技术 ································ 154
第二节　大葱 ································ 159
一、生物学特性 ···························· 160
二、品种类型与栽培制度 ············ 162
三、栽培技术 ································ 163
第三节　大蒜 ································ 167
一、生物学特性 ···························· 167
二、品种类型与栽培制度 ············ 170
三、栽培技术 ································ 171
四、生产中常见问题与对策 ········ 174
第四节　洋葱 ································ 177

一、生物学特性 …………………… 177
　　二、品种类型与栽培制度 ………… 180
　　三、栽培技术 ……………………… 181
　　四、生产中常见问题与对策 ……… 184
　第五节　葱蒜类其他蔬菜 …………… 186
　小结 …………………………………… 186
　思考题 ………………………………… 186

第七章　绿叶嫩茎类蔬菜 ……………… 187
　第一节　芹菜 ………………………… 187
　　一、生物学特性 …………………… 187
　　二、品种类型与栽培制度 ………… 189
　　三、栽培技术 ……………………… 191
　第二节　莴苣 ………………………… 193
　　一、生物学特性 …………………… 193
　　二、品种类型与栽培制度 ………… 196
　　三、栽培技术 ……………………… 197
　第三节　菠菜 ………………………… 199
　　一、生物学特性 …………………… 199
　　二、品种类型与栽培制度 ………… 201
　　三、栽培技术 ……………………… 202
　第四节　不结球白菜 ………………… 203
　　一、生物学特性 …………………… 203
　　二、品种类型与栽培制度 ………… 204
　　三、栽培技术 ……………………… 205
　第五节　不结球叶芥菜 ……………… 206
　　一、生物学特性 …………………… 207
　　二、品种类型与栽培制度 ………… 208
　　三、栽培技术 ……………………… 209
　第六节　蕹菜 ………………………… 210
　　一、生物学特性 …………………… 210
　　二、品种类型与栽培制度 ………… 210
　　三、栽培技术 ……………………… 211
　第七节　绿叶嫩茎类其他蔬菜 ……… 212
　小结 …………………………………… 212
　思考题 ………………………………… 212

第八章　薯芋类蔬菜 …………………… 214
　第一节　马铃薯 ……………………… 214

　　一、生物学特性 …………………… 215
　　二、品种类型与栽培制度 ………… 218
　　三、栽培技术 ……………………… 219
　　四、种性退化及防控 ……………… 223
　第二节　生姜 ………………………… 224
　　一、生物学特性 …………………… 224
　　二、品种类型与栽培制度 ………… 227
　　三、栽培技术 ……………………… 227
　第三节　山药 ………………………… 230
　　一、生物学特性 …………………… 230
　　二、品种类型与栽培制度 ………… 231
　　三、栽培技术 ……………………… 232
　第四节　芋头 ………………………… 233
　　一、生物学特性 …………………… 234
　　二、品种类型与栽培制度 ………… 235
　　三、栽培技术 ……………………… 236
　第五节　薯芋类其他蔬菜 …………… 237
　小结 …………………………………… 237
　思考题 ………………………………… 237

第九章　水生蔬菜 ……………………… 239
　第一节　莲藕 ………………………… 240
　　一、生物学特性 …………………… 240
　　二、品种类型与栽培制度 ………… 243
　　三、栽培技术 ……………………… 244
　第二节　茭白 ………………………… 247
　　一、生物学特性 …………………… 247
　　二、品种类型与栽培制度 ………… 249
　　三、栽培技术 ……………………… 250
　第三节　荸荠 ………………………… 252
　　一、生物学特性 …………………… 252
　　二、品种类型与栽培制度 ………… 254
　　三、栽培技术 ……………………… 255
　第四节　慈姑 ………………………… 256
　　一、生物学特性 …………………… 256
　　二、品种类型与栽培制度 ………… 257
　　三、栽培技术 ……………………… 258
　第五节　菱 …………………………… 259
　　一、生物学特性 …………………… 259

二、品种类型与栽培制度 ……… 260
　　　三、栽培技术 ……………………… 261
　第六节　其他水生蔬菜 ………………… 262
　小结 ……………………………………… 262
　思考题 …………………………………… 262

第十章　多年生蔬菜 ……………………… 264
　第一节　芦笋 …………………………… 264
　　　一、生物学特性 …………………… 264
　　　二、品种与类型 …………………… 266
　　　三、栽培技术 ……………………… 267
　第二节　金针菜 ………………………… 271
　　　一、生物学特性 …………………… 271
　　　二、品种与类型 …………………… 273
　　　三、栽培技术 ……………………… 273
　第三节　草莓 …………………………… 275
　　　一、生物学特性 …………………… 276
　　　二、品种类型与栽培制度 ………… 278
　　　三、栽培技术 ……………………… 280
　第四节　香椿 …………………………… 283
　　　一、生物学特性 …………………… 283
　　　二、品种与类型 …………………… 284
　　　三、栽培技术 ……………………… 285
　第五节　竹笋 …………………………… 287
　　　一、生物学特性 …………………… 288
　　　二、品种与类型 …………………… 290
　　　三、栽培技术 ……………………… 290
　第六节　其他多年生蔬菜 ……………… 294
　小结 ……………………………………… 294
　思考题 …………………………………… 294

第十一章　芽苗类蔬菜 …………………… 295
　第一节　芽苗类蔬菜的种类和共性 …… 295
　　　一、种类与分类 …………………… 295
　　　二、特点和生产常见问题 ………… 296
　　　三、对环境条件的基本要求 ……… 297
　　　四、生产场所和基本设施 ………… 298
　第二节　主要种芽菜栽培技术 ………… 299
　　　一、绿豆芽 ………………………… 299

　　　二、黄豆芽 ………………………… 300
　　　三、豌豆芽苗 ……………………… 301
　　　四、香椿芽苗 ……………………… 302
　　　五、萝卜芽苗 ……………………… 303
　　　六、苜蓿芽苗 ……………………… 304
　第三节　主要体芽菜栽培技术 ………… 305
　　　一、菊苣芽球 ……………………… 305
　　　二、软化姜芽 ……………………… 307
　　　三、韭黄 …………………………… 308
　　　四、蒜黄 …………………………… 310
　第四节　主要体梢菜栽培技术 ………… 312
　　　一、佛手瓜尖 ……………………… 312
　　　二、南瓜尖 ………………………… 313
　　　三、豌豆尖 ………………………… 314
　　　四、枸杞头 ………………………… 315
　小结 ……………………………………… 317
　思考题 …………………………………… 318

第十二章　菌藻地衣类蔬菜 ……………… 319
　第一节　金针菇 ………………………… 319
　　　一、生物学特性 …………………… 320
　　　二、资源与品种 …………………… 322
　　　三、工厂化栽培技术 ……………… 322
　第二节　双孢蘑菇 ……………………… 326
　　　一、生物学特性和品种资源 ……… 326
　　　二、工厂化栽培技术 ……………… 327
　第三节　香菇 …………………………… 329
　　　一、生物学特性 …………………… 330
　　　二、栽培技术 ……………………… 331
　第四节　草菇 …………………………… 332
　　　一、生物学特性和品种资源 ……… 332
　　　二、栽培技术 ……………………… 335
　第五节　银耳 …………………………… 337
　　　一、生物学特性和品种资源 ……… 337
　　　二、栽培技术 ……………………… 340
　第六节　竹荪 …………………………… 343
　　　一、生物学特性和品种资源 ……… 343
　　　二、栽培技术 ……………………… 345
　第七节　藻类 …………………………… 348

一、海带 ……………………… 348	二、品种类型与栽培制度 …… 364
二、紫菜 ……………………… 350	三、栽培技术 ………………… 364
第八节　地衣类 ……………… 353	**第三节　百合** ………………… 366
一、生物学特性 ……………… 353	一、生物学特性 ……………… 366
二、栽培技术 ………………… 353	二、品种与类型 ……………… 368
小结 ……………………………… 354	三、栽培技术 ………………… 368
思考题 …………………………… 355	**第四节　野生蔬菜** …………… 370
	一、马齿苋 …………………… 371
第十三章　其他蔬菜 …………… 356	二、蒲公英 …………………… 372
第一节　鲜食玉米 …………… 356	三、蒌蒿 ……………………… 373
一、生物学特性 ……………… 356	四、沙芥 ……………………… 375
二、品种类型与栽培制度 …… 358	小结 ……………………………… 376
三、栽培技术 ………………… 360	思考题 …………………………… 377
第二节　黄秋葵 ……………… 363	
一、生物学特性 ……………… 363	**参考文献** ………………………… 378

第一章 茄果类蔬菜

茄果类蔬菜是指茄科植物中以浆果为主要食用部分的蔬菜作物，包括番茄、茄子、辣椒，以及酸浆、香瓜茄等。茄果类蔬菜都含有丰富的维生素、碳水化合物、矿物盐、有机酸以及少量蛋白质等，营养丰富。茄果类蔬菜除了可以鲜食、熟食以外，还可以加工成酱制品、罐制品等，用途广泛，深受广大人民群众欢迎，是中国最重要的蔬菜种类之一，也是世界性的重要蔬菜。

茄果类蔬菜原产于热带，喜温，不耐霜冻，适应性较强，生长期长，陆续开花，连续结果，采收供应期长，单位面积产量高，各国和各地普遍栽培，具有较高的经济价值。

茄果类蔬菜根系发达，耐旱不耐湿。一般结果期需水较多，但不耐较高的土壤及空气湿度，否则会根系发育受阻、授粉不良或诱发病害。

茄果类蔬菜需要充足的光照及良好的通风条件，在栽培管理中必须注意改善和调节光照及通风条件，防止因环境不良而造成植株徒长、落花、落果等现象。

茄果类蔬菜适合育苗移栽，可以利用园艺设施进行育苗，然后移栽到温室、大棚等各类设施内或晚霜后定植于露地，进行周年生产。但加工番茄和制干辣椒一般采用露地直播。

茄果类蔬菜分枝习性相似，均为主茎生长到一定程度后，顶芽分化为花芽，同时从花芽邻近的1个或数个副生长点抽生出侧枝代替主茎生长，形成合轴分枝或假2叉分枝。连续分化花芽及发生侧枝，营养生长和生殖生长同时进行，栽培上应通过环境调控、肥水管理、植株调整等措施调节营养生长和生殖生长的平衡。

茄果类蔬菜生长迅速，生长量大，从营养生长向生殖生长转化的过程中，对日照长度不敏感，只要营养充足，就可正常生长发育。但不良的环境条件和栽培措施都容易引起一些生理性病害的发生，应从栽培上注意防治。

茄果类蔬菜同为茄科，有共同的病虫害，应与非茄科作物实行3年以上轮作。

第一节 番 茄

番茄（tomato），别名西红柿、洋柿子、番柿等，学名 *Lycopersicon esculentum* Mill.，茄科番茄属草本植物，原产于南美洲西部的秘鲁和厄瓜多尔的热带高原地区。公元16世纪番茄传入欧洲，17世纪才开始作食用，17~18世纪由东南亚引入中国南方沿海城市，以后逐渐传到北方地区，20世纪50年代后迅速发展，栽培遍布全国。番茄适应性强，易于栽培，用途广泛，既可作蔬菜，又可作水果，还是重要的加工原料。中国是世界上番茄种植面积最大的国家，番茄在蔬菜生产和周年供应中占有非常重要的地位。

番茄含有丰富的可溶性糖、有机酸和钙、磷、铁等矿物质，特别是含有丰富的维生素、番茄红素和多种氨基酸。番茄红素是自然界植物中被发现的最强抗氧化剂之一，可以改善老年斑，降低癌症和冠心病的发病率。中医认为番茄性微寒，具有生津止渴、健胃消食、清热解毒、凉血平肝、利肾利尿、降血压等医用效果。

一、生物学特性

（一）植物学特征

1. 根 根系发达，分布广而深，盛果期主根入土可深达150cm以上，横幅可达250cm左右，但育苗移栽的主要根系分布在30～50cm土层中。番茄根系再生能力强，分枝能力强，不仅主根上易生侧根，在根颈或茎节上也很容易发生不定根，而且伸展很快，主根切断后也可产生大量侧根。所以，生产上常常采用育苗移栽、扦插繁殖、徒长苗卧栽等技术。若地上部茎叶生长旺盛，则根系分枝能力也会增强。因此，过度整枝或摘心会影响根系的发育和分布。

2. 茎 茎有直立和半直立之分，多数为半直立，基部木质化。生长初期的茎都直立生长，随着植株生长和结果重心上移，茎秆难以支撑，一般在开花前后需要支架绑（引）蔓。腋芽萌发能力极强，可发生多级侧枝，且生长快，容易形成枝繁叶茂的株型。为减少养分消耗和便于通风透光，生产上经常进行整枝、打杈、摘心等植株调整措施，以调节营养生长和生殖生长的平衡，争取最佳的生产效果。第1花序下第1侧枝生长最快，生产上常常保留该侧枝进行双干整枝，若单干整枝则应及早摘除。另外，扦插繁殖也容易成活，利用侧枝扦插也能生根长成新的植株。

合轴分枝（假轴分枝），即生长点交错进行茎叶和花序的分化。当茎生长到一定高度后，茎端形成花芽，花芽下的第1个侧芽代替主茎生长，与花芽形成合轴，生长2、3片叶后，生长点再分化成花芽，花芽下继续分化侧枝形成合轴。如果茎以此方式连续不断分枝的，称为无限生长类型；如果3～5个花序后，花序下不再长出侧枝的，称为有限生长类型。

3. 叶 单叶互生，羽状深裂或全裂，每叶有小裂片5～9对，具有适应干燥空气和强光照的特性。叶形有普通叶形、皱缩叶形和薯叶形，叶色深绿或紫绿。叶片和茎上有茸毛及分泌腺，能分泌出特殊气味，对很多害虫具有忌避性。因此，其他蔬菜与番茄间套作可以减轻其虫害。

叶片的大小、形状、颜色深浅等可作为品种鉴别和生育诊断的依据。例如，早熟品种的叶片相对较小，晚熟品种的叶片较大；露地栽培叶片颜色较深，温室栽培叶片颜色较浅；低温下叶色发紫，高温下小叶内卷等。

4. 花 完全花，黄色，总状花序或聚伞花序，小果型品种多为总状花序或复总状花序。每一花序的花数因类型和品种差别很大，一般4～10朵，小果型品种可多达数十朵。雄蕊通常5～9枚或更多，包围在雌蕊周围形成圆锥体；药筒成熟后向内纵裂，散出花粉，自花授粉，天然杂交率为4%～10%。子房上位，中轴胎座。

有限生长型第1花序在6叶或7叶处，无限生长型在8～10叶处。花柄和花梗连接处有一明显缢环，称为"离层"。环境不适引起落花、落果时易从离层断裂，栽培上需采取保花保果措施。

果实商品性和整齐度与花的发育有一定关系。例如，低温下形成的花，往往花瓣数多，柱头粗扁，最终形成畸形果；高温可加快花芽分化进程，但分化花数少，花芽小。所以，栽培上应创造适宜环境培育壮苗，保证花芽分化条件。

5. 果实 多汁浆果，由果皮、果肉、胎座和种子等组成。果实的形状、大小、颜色和心室数等因品种而不同。果实的形状有圆形、扁圆形、卵圆形、梨形和长圆形等，颜色有粉红、红、橙黄、黄色、紫色，也有绿色或白色的。大型果实5~7个心室，小型果实2、3个心室，心室数多少与萼片数及果型大小有一定关系，除取决于品种的遗传性外，还与环境条件有关。果实大小差异很大，一般70g以内为小型果，70~200g为中型果，200g以上的为大型果。生产上一般多用中果型品种。

6. 种子 扁平，肾形，表面有凹陷和茸毛，灰褐色或黄褐色。千粒重3.0~3.3g，每克种子250~350粒，发芽年限3~4年，生产上多用2~3年的种子。种子比果实成熟早，授粉后35d具发芽力，50~60d完熟，种子在果实中被1层胶质包围，因果汁中发芽抑制物质的存在以及果汁渗透压的影响，在果实内的种子不能发芽。

（二）生长发育周期

1. 发芽期 从种子萌动到两片子叶展开第1片真叶显露，适宜条件下需7~9d。种子发芽时，胚根先从发芽孔伸出，接着胚轴快速生长，将子叶推出地面，子叶展开，生长点长出真叶，发芽即告完成（图1-1）。发芽期能否顺利完成，主要取决于温度、湿度、通气状况以及覆土厚度等因素，如温度较低，出苗就缓慢。种子的成熟度及质量也影响发芽速度，饱满而较大的种子发芽快，长成的幼苗也较整齐。

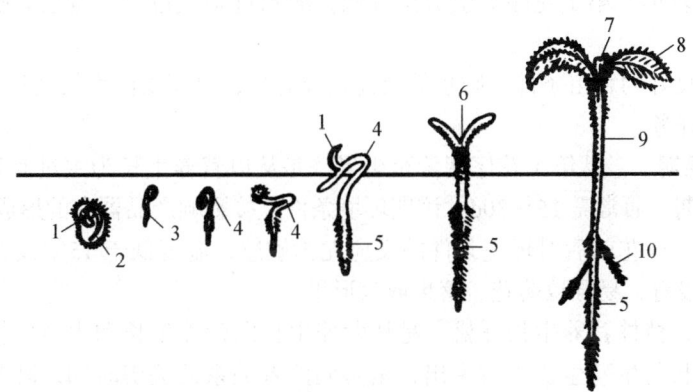

图1-1 番茄种子发芽过程
1. 子叶；2. 胚根；3. 幼根；4. 胚轴；5. 主根；6. 生长点；
7. 真叶；8. 出土后子叶；9. 出土后胚茎；10. 侧根

子叶展平之前属于异养阶段，发芽后种子贮藏的营养物质很快被消耗，创造适宜的温湿度和光条件，促进快出苗和尽快从异养阶段过渡到自养阶段是发芽期管理的目标任务。另外，将萌动的种子进行低温处理（-2~0℃）或变温处理（20℃、8~12h，0℃、12~16h），有利于形成壮苗和早熟苗。

2. 幼苗期 从第1片真叶显露至第1花序现蕾，适宜条件下需50~60d。2、3片真叶展开之前为基本营养生长阶段，需25~30d，此期间根系生长快，形成大量侧根，为花芽分化以及进一步的营养生长奠定基础。此后开始花芽分化，营养生长和生殖生长同时进行。

子叶大小直接影响第1花序分化的早晚，真叶大小直接影响分化的花芽数和质量。所以，肥厚、深绿色的子叶和叶面积较大的真叶是壮苗的标志。正常情况下早熟品种6或7片真叶、中晚熟品种8或9片真叶展开时，第1花序现蕾。

幼苗期是花芽分化的重要时期，花芽分化是植株由营养生长过渡到生殖生长的形态标志。2、3片真叶展开后，即进入花芽分化及发育阶段，营养生长和花芽分化同时进行。一般播种后25～30d分化第1花序，35～40d分化第2花序，再经过10d分化第3花序，也就是说番茄2～3d分化1个花芽，10～15d就会分化1个花序。花芽分化开始后，花芽相邻的上位侧芽也开始分化，当第1花序花芽分化即将结束时，下一花序已经开始分化，如此不断往上发展。正常情况下，7、8片叶的幼苗，第1、2个花序已经分化完成，第3个花序也已经分化出2、3个花芽，第4花序已开始分化。

从花芽分化到开花结实，要经过一系列形态建成的过程，包括萼片及花瓣原基的分化、雄蕊的出现，接着是花粉的形成，最后是子房的膨大。从花芽分化到开花约30d。不同花序的花芽分化有前有后，一般从植株基部第1花序开始分化，有时第2花序的第1朵花分化可能在第1花序的最后1个花芽分化以前。花芽分化早的，开花期也早。不同品种间的花芽分化开始期有迟有早，一般早熟品种分化较早，晚熟品种分化较晚。

花芽分化受环境条件和栽培措施的影响。环境条件主要是温度和光照，而栽培措施主要是施肥和灌水。温度高低不仅影响到花芽分化时期，也影响开花的数量及质量。在较低的温度下，花芽分化提早，每一花序花数较多；充足的阳光有利于花芽分化，花芽分化提早，第1花序节位较低，不易落花，反之则花芽分化推迟，且易落花；土壤肥沃且通气性能好，花芽分化较早，第1花序着生节位较低；灌水过多或过少，也会影响花芽分化的迟早和质量。

所以，创造良好的育苗条件，防止幼苗徒长或老化，保证幼苗生长健壮和花芽分化正常是该时期的主要任务。

3. 开花坐果期 从第1花序现蕾至坐果，是从以营养生长为主过渡到生殖生长与营养生长并进的时期，通常需15～30d。该期环境条件直接影响产品器官的形成和产量的高低，特别是早期产量。开花前后对环境条件的反应尤为敏感，温度低于15℃或高于35℃都不利于花器官的正常发育，易导致落花、落果或畸形果。

进入该时期，植株营养生长旺盛，是从营养生长向营养生长和生殖生长并重阶段的过渡。此时营养生长与生殖生长矛盾突出，是协调两者关系的关键时期，既要使营养生长充分、叶片肥厚、茎秆粗壮、根深叶茂，又要避免徒长、防止落花和结果期延迟。

4. 结果期 从第1花序坐果到拉秧结束，历时长短与品种、环境和栽培技术有关。例如，无限生长类型品种只要条件适宜，结果期可无限延长；露地春早熟栽培结果期通常仅70～80d；而日光温室冬春茬栽培可长达210～300d以上。番茄是连续开花、陆续结果的作物，该阶段的特点是秧果同步生长，营养生长与生殖生长之间、地上部与地下部之间、不同花序之间、同一果穗不同果实之间，都存在着激烈的养分竞争。所以，主要管理任务是调节秧果关系，既要防止营养生长过剩造成疯秧，又要防止生殖生长过旺而坠秧。番茄单个果实的发育过程可分为以下3个时期。

（1）坐果期：开花至花后4～5d。子房受精后，果实膨大缓慢，生长调节剂处理可缩短该时期，直接进入膨大期。

（2）膨大期：花后4～5d至30d左右，果实迅速膨大。

（3）转色期：花后30d至果实成熟。果实开始着色之后几乎不再膨大，主要进行内部物质转化。

（三）对环境条件的要求

1. 温度 喜温，生长发育的适应温度为15～35℃，适宜温度为20～25℃。温度低于15℃，植株生长缓慢，不易形成花芽，开花或授粉受精不良，甚至落花；10℃植株生长不良，5℃停止生长甚至发生冷害，-2～-1℃则发生冻害。超过30℃同化作用显著降低，35℃以上生理失调、花器发育受阻，40℃以上停止生长。

不同生育时期对温度的要求不同。发芽期适温为28～30℃，最低12℃；幼苗期适宜日温为20～25℃，夜温10～15℃；开花坐果期适宜日温20～30℃，夜温15～20℃；结果期适宜日温25～28℃，夜温16～20℃。适宜地温为20～22℃。

2. 光照 喜光，对光照条件反应敏感，光饱和点为70klx，光补偿点为2klx。光照不足或连续阴雨天常导致植株瘦弱、茎叶细长、叶薄色淡、花粉不育、落花、落果及果实畸形等现象。温室栽培应保证30klx以上的光照强度，才能维持其正常的生长发育；强光一般不会造成危害，如果伴随高温干旱，则会引起坐果率低、卷叶或果面灼伤等现象。

3. 水分 枝繁叶茂，蒸腾作用较强，但根系发达，吸水能力强，所以属半耐旱蔬菜，一般要求空气相对湿度45%～50%。空气湿度过高，不仅阻碍正常授粉，还易引发病害和茎叶徒长；空气湿度过低则不能正常坐果。番茄虽然比较耐旱，但对土壤湿度要求较高，适宜土壤湿度为田间最大持水量的60%～80%，土壤水分失调容易发生脐腐病，土壤忽干忽湿则容易发生裂果。

4. 土壤营养 适应性强，对土壤条件要求不严，但在土层深厚、排水良好、富含有机质的壤土或黏壤土上种植易获高产。以pH 6～7土壤为宜，过酸或过碱的土壤均应进行改良，在微酸性的土壤中幼苗生长缓慢，但植株长大后生长良好，品质也较好。

由于结果期长、采收量大，结果期须有足够养分供应。生育前期需要较多的氮、适量的磷和少量的钾，后期需增施磷钾肥。氮素对茎叶生长和果实发育有重要作用，是与产量关系最为密切的营养元素；磷吸收量虽然不大，但对根系和果实的发育影响很大，幼苗期增施磷肥对花芽分化和发育有良好效果；三要素元素中钾吸收量最大，尤其是果实迅速膨大期，钾素对糖的合成、运转以及提高细胞液浓度、加大细胞的吸水量等都有重要作用。每生产1000kg果实，需氮（N）2.8～4.5kg、磷（P_2O_5）0.5～1.0kg、钾（K_2O）3.9～5.0kg。番茄对钙的吸收量也很大，缺钙时叶尖和叶缘萎蔫，生长点坏死，引起果实生理性脐腐病。

二、品种类型与栽培制度

（一）种与变种

较多分类学家认为，番茄属（*Lycopersicon*）包括秘鲁番茄、智利番茄、多毛番茄、醋栗番茄、契斯曼尼番茄、小花番茄、克梅留斯基番茄、潘那利番茄及普通番茄等9个种。普通番茄（*L. esculentum* Mill.）又可分为普通番茄（var. *commune* Bailey）、大叶番茄（var. *grandifolium* Bailey）、樱桃番茄（var. *cerasiforme* Alef.）、直立番茄（var. *validum* Bailey）和梨形番茄（var. *pyriforme* Alef.）5个变种。

1. 普通番茄 植株苗壮，分枝多，匍匐性，果大叶多，果实有各种形状、各种颜色、大小不一。该变种包括绝大多数的栽培品种。

2. 大叶番茄 植株长势中等，叶片大而无缺刻或浅裂，似马铃薯叶，故也称薯叶番茄。茎具蔓生性，果实与普通番茄变种相同。

3. 樱桃番茄 俗称"圣女果"。果实很小，果径 1~3cm，圆球形或椭圆形，每果穗常有 20 多个果，有的甚至 60 多个，果色红、橙或黄，形如樱桃。茎细长，叶小，叶色淡绿，果实味酸，广泛用于制罐加工原料，目前是水果番茄的主要类型。

4. 直立番茄 植株生长强健，矮性或中等高度，分枝性强，茎粗壮直立，节间短。叶色浓绿，皱褶明显，叶柄短。单总状或复总状花序，果实圆球形、长圆形或扁圆形，果柄短。加工番茄品种较多，栽培时无须支架，适于轻简化生产。

5. 梨形番茄 植株生长健壮。叶较小，呈浓绿。果实较小，果形特殊，柄部细小顶部粗大，似梨形。梨形番茄与栽培品种杂交得到的后代变异较大，是育种的好材料。

（二）品种类型

目前，各国各地都以普通番茄变种为主栽品种。世界各地栽培品种大多源于意大利、英国和美国，形成了栽培品种的 3 大系统。中国栽培番茄品种有国产的和国外的，国外的主要来自北美或欧洲。

1. 按照植株生长习性分类 可分为无限生长型和有限生长型 2 类。

（1）无限生长型：主茎顶端分化花序后，不断有侧枝代替主茎继续生长，不断开花结果，无限延续下去，不封顶。一般主茎生长 8~10 叶后，开始着生第 1 个花序，以后每隔 2 或 3 片叶着生 1 个花序。该类型植株高大，果形较大，生长期较长，产量高，品质好，多为中晚熟品种。在条件适宜时，主枝可高达 2m 以上，结 10 多个穗果，宜作露地栽培或设施长季节栽培。

（2）有限生长型：也叫自封顶类型。植株长到一定节位后，不再发生延续枝，以花序封顶。一般在主茎生长 6~8 片真叶后，开始着生第 1 个花序，以后每隔 1 或 2 节生 1 花序，但在主茎产生 3~5 个花序后花序下不再抽生侧枝而自行封顶。该类型植株矮小，开花结果早而集中，供应期较短，但早期产量高，适合于早熟栽培。

2. 按照果实大小分类 可分为小型果、中型果和大型果 3 类。一般 70g 以下为小型果，70~200g 为中型果，200g 以上为大型果。

也可按果实大小和果穗结构分为大番茄、串番茄和樱桃番茄。大番茄是指单果 130~250g 或以上的品种，主要为聚伞花序；串番茄果形较小，一般单果 100~130g，总状花序，每串常有果 6~8 个或更多，可以一起成熟和整串采收，该类型品种目前多来自国外；樱桃番茄果实小，一般单果重 10~20g，也有 50~60g 的，总状花序或聚伞花序。

3. 其他分类 按果实形状分有圆形、扁圆形、卵圆形、梨形和长圆形等类型；按果实颜色分有红、粉红、黄、紫（黑）、绿、白和彩色等类型；按品种熟性分有早熟种、中熟种和晚熟种；按果实主要用途分有鲜食和加工贮藏 2 类；按叶型分有普通叶、薯叶和皱缩叶 3 类。

（三）栽培品种选择

生产中应根据栽培地区、栽培季节、不同茬次生产中存在的主要问题、栽培目的和消费要求等因素选择栽培品种。例如，北方地区日光温室越冬大茬栽培应选用抗病、抗寒、耐弱光、耐储运的无限生长型品种，且果实形状、颜色等符合销售地区消费习惯，如双抗

2号、佳粉1号、佳粉15号、毛粉802、斯洞双田、秀丽、加茜亚、迪芬尼、齐达利、劳斯特、迪抗、红运和红宝等；南方地区生产应选择抗青枯病和枯萎病的品种；秋季露地和设施栽培应选用长势强、耐热、抗裂果、抗黄化曲叶病毒和退绿病毒等主要病害、生长期较短的品种。

（四）栽培制度

番茄每个生育时期需要一定的积温。不同栽培季节的温度条件不同，各生育时期的长短就不同。在生长适宜温度范围内，从出苗到开始采收需2000~2200℃的积温，按结果期30~45d计算，还需700~1000℃积温。因此，栽培1茬番茄至少需2700~3200℃的积温。如果按日平均温度20℃计算，包括育苗期在内，番茄生产的理论生长日数应不少于135~160d。

中国番茄栽培有露地栽培和设施栽培。露地栽培除育苗期外，整个生长期必须安排在无霜期内，并避开35℃以上高温和多雨季节。主要季节茬次为春茬和秋茬。春番茄采用设施育苗，晚霜后定植于露地，盛夏高温雨季结束；秋番茄一般在夏季露地育苗，早秋定植露地，早霜来临时结束，为减轻病毒病和保障秧苗质量，育苗期可采用遮阴避雨措施。中国南方部分地区可利用高山、海滨等特殊地形、地貌的凉爽小气候进行越夏栽培；北方无霜期较短的地区，夏季温度较低，多为1年1茬。露地种植番茄具有适应性较广、成本较低等优点，但受气候和环境限制大，产量和效益较低。露地栽培的关键是根据自然气候条件确定种植时间。中国幅员广阔，地域气候差异较大，各地番茄种植和采收时间也不同。中国主要城市露地番茄栽培季节见表1-1。

表1-1 中国主要城市露地番茄栽培季节

城市	栽培季节	播种期/（月/旬）	定植期/（月/旬）	收获期/（月/旬）	备注
北京	春番茄	2/上~2/中	4/下	6/下~7/下	设施育苗
	秋番茄	6/中~7/上	7/下	9/上~10/上	遮阴育苗
济南	春番茄	1/下	4/中	6/上~7/上	设施育苗
	秋番茄	6/上	7/中	8/中~9/中	遮阴育苗
西安	春番茄	1/上	4/上~4/中	6/中~6/下	设施育苗
	秋番茄	7/下	8/下	10/上~11/上	延后覆盖
郑州	春番茄	12/下~1/下	4/上	5/下~6/下	设施育苗
	秋番茄	7/中	8/上~8/下	10/中~10/下	延后覆盖
太原	春番茄	2/上~3/上	4/下~5/上	6/下~7/下	早熟栽培
				7/上~9/中	大架栽培
	秋番茄	6/中	7/下~8/上	9/上~9/中	
沈阳	春番茄	2/下~3/上	5/中	6/下~7/下	设施育苗
	秋番茄	6/上	7/中	9/上~9/中	
长春	春番茄	3/中	5/上	7/上~7/下	早熟栽培
		3/中		9/上~9/中	大架栽培
哈尔滨	春番茄	3/中	5/下	7/上~9/上	大架栽培
上海	春番茄	12/上、中	3/下~4/上	5/下~7/下	设施育苗
	秋番茄	7/中、下	8/中、下	11上、中	

续表

城市	栽培季节	播种期/(月/旬)	定植期/(月/旬)	收获期/(月/旬)	备注
武汉	春番茄	12/下~1/上	4/上	6/上~7/下	设施育苗
	夏番茄	3/上~5/上	4/中~6/中	6~10	半高山露地栽培
	秋番茄	7/上、中		10/下~11/下	遮阴育苗
南京	春番茄	1/下	3/下	5/下~7/中	设施育苗
	秋番茄	7/中	8/上、中	10/下~11/下	遮阴育苗
重庆	春番茄	11/下~12/上	2/中~3/下	4/下~7	设施育苗
	秋番茄	6~7	7	9/上~11/上	遮阴育苗
广州	春番茄	12~1	2	3~5	
	秋番茄	7~8	9	10	遮阴育苗

利用不同设施基本上可以周年生产番茄。中国南方多采用塑料拱棚进行春早熟栽培，北方则多利用塑料大棚进行春提早栽培和秋延后栽培，利用日光温室进行越冬栽培。北方地区设施番茄栽培茬次见表1-2。

表1-2　北方地区设施番茄栽培茬次

茬次	播种期/(月/旬)	定植期/(月/旬)	采收期/(月/旬)	备注
日光温室秋冬茬	7/下~8/中	9/中	11/上~1	遮阴降温育苗
日光温室冬春茬	9/上~10/上	11/上~12/上	1/上~6	温室大棚育苗
日光温室早春茬	12/上	2/上~3/上	4/中~7/上	温室育苗
塑料大棚春早熟	12/中~1/上	3/上~4/中	5/中~7/下	温室育苗
塑料大棚秋延后	6/上~7/中	7/上~8/上	9~11	遮阴降温育苗
小拱棚春早熟	1/上~2/上	3/下~4/下	5/中~8	温室育苗

注：栽培季节的确定以北纬32°~43°地区为依据。

番茄病害较多，特别是设施栽培更为严重，有些是茄科蔬菜共同的土壤传染性病害，可以通过嫁接栽培、无土栽培或轮作倒茬等方式解决。

番茄植株较高大，对光照、通风条件要求较高，可与矮秆蔬菜如结球甘蓝、球茎甘蓝、葱蒜类蔬菜间作，或与生长期较短的小白菜、早熟结球甘蓝、小萝卜等套作。间套作可增大番茄受光面积，改变田间郁闭状态，提高产量和品质，同时对喜凉好湿的叶菜起到遮阴降温作用。

三、栽培技术

番茄栽培技术流程为：播种育苗（设施或露地）→施基肥、翻地→整地、作畦→定植→田间管理（中耕、除草、水肥管理、枝蔓管理、花果管理、设施环境调控等）→采收。

（一）日光温室越冬大茬栽培技术

日光温室冬春茬番茄一般是9月中下旬播种育苗，11月左右定植，翌年1~6月采收。

1. 整地、施基肥　定植前对温室土壤和空间进行清洁和熏蒸消毒。定植前1周翻地施基肥，撒施优质农家肥 90~150t/hm²，深翻 40cm，使粪土混合均匀，耙平。按行距 1.2m 开施肥沟，再沟施农家肥 75t/hm²、磷酸二铵 150kg/hm²、硫酸钾 225kg/hm²，逐沟灌水造底墒。水渗下后在施肥沟上方按照株行距作畦，生产上多采用 20~30cm 高的小高畦。

2. 育苗 根据栽培季节、生产条件，可采用穴盘育苗和嫁接育苗等技术。

（1）穴盘育苗：一般选用 50 孔或 72 孔穴盘进行育苗，每 1000 盘 72 孔穴盘育苗时需准备基质 3.2~3.5m³。可选商品育苗基质，或选草炭、蛭石按 2:1 比例，草炭、蛭石、菇渣按 1:1:1 比例配制。按照装盘、压穴、播种、覆盖、浇水、盖膜的程序进行播种（可人工播种，或采用精量播种机完成），播种后将穴盘置于 25℃ 催芽室，当 60% 左右种子子叶即将出土时，可将穴盘移到育苗温室，保持日温 25℃，夜温 16~18℃。4、5 片叶即可定植。

（2）嫁接育苗：为了解决土传病害和连作障碍问题，可采用嫁接育苗技术。选择根系发达，生长势强，对青枯病、黄萎病、枯萎病和根结线虫病等主要土传病害抗性强，与接穗亲和力强，适宜长季节栽培的砧木品种，如野生茄子托鲁巴姆、野生番茄果砧 1 号和阿拉姆等。可采用劈接、套管接、插接或靠接法，以劈接和套管接应用较多。

劈接法是在砧木长到 5、6 片真叶时，在第 2 片真叶以上的位置进行嫁接。先将砧木苗在第 2 片真叶上方用刀片横切去除茎上端，在茎切面中央向下劈开切深 1.0~1.5cm 切口；再取接穗苗，在上部留 2、3 片叶，用刀片削去下部，使切面成楔形且斜面长与砧木切口深度相同，随即将接穗插入砧木切口中，用嫁接夹固定。

套管嫁接是在砧木和接穗长到 2、3 片真叶时进行，要求砧木与接穗茎秆粗细相同或相近。在砧木子叶或第 1 片真叶上方沿叶伸长方向成 25°~30° 切断茎，套上专用套管，在接穗子叶或第 1 片真叶上方，按同样角度斜切茎，然后插入砧木套管里，使砧穗切面紧密接合在一起（图 1-2）。

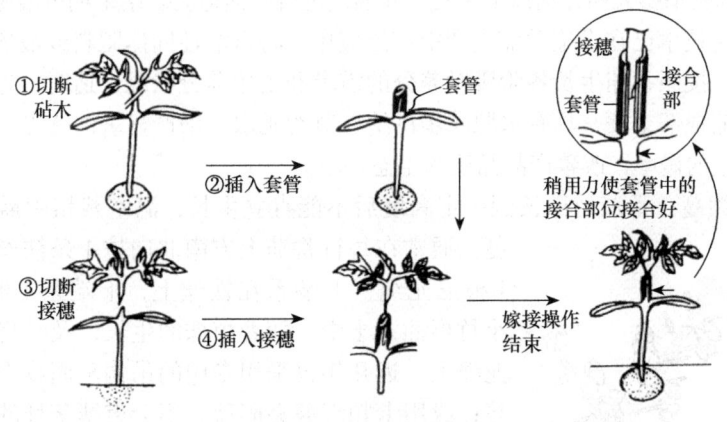

图 1-2 番茄苗套管嫁接

嫁接后密闭保湿，2~3d 内不通风，3~5d 内空气湿度保持 95% 以上。以后选择温暖而空气湿度较高的傍晚和清晨通风，每天通风 1、2 次，嫁接苗完全成活后转入正常管理，并及时摘除砧木上萌发的侧芽，待接口愈合牢固后去掉嫁接夹。

常规土壤育苗的壮苗指标是，株高 15~20cm，茎粗 0.5~0.8cm，真叶 6~8 片，叶色深绿，叶片肥厚，节间短，显花蕾，苗龄 60~70d。

3. 定植 定植前 7~10d 炼苗备栽。适当深栽，徒长苗采用"卧栽法"，可促进不定根的发生。定植时在小高畦上，按大行距80cm，小行距50cm开定植沟，按35cm株距摆苗，先培少量土稳苗，浇定植水，水渗下后合垄。两行中间开浅沟，沟的深浅宽窄要一致，作膜下灌水的暗沟或在行间铺设滴灌带。定植完毕用小木板把垄台刮光，再覆盖地膜。定植密度一般为30 000～45 000株/hm^2。

4. 田间管理 包括环境管理和植株管理。

（1）温光调节：定植后密闭保温，高温高湿条件下促进缓苗。中午温度超过30℃时可放下部分棉被遮光降温。缓苗后，日温降至20～25℃，夜温降至13～17℃，以控制营养生长，促进花芽的分化和发育。进入结果期宜采用"四段变温管理"，即上午见光后使温度迅速上升至25～28℃，促进植株的光合作用；下午植株光合作用逐渐减弱，可将温度降至20～25℃；前半夜为促进光合产物运输，应使温度保持在15～20℃；后半夜温度应降到10～12℃，尽量减少呼吸消耗。

冬春茬番茄生育期要经过较长时间的严寒冬季，日照时间短，光照弱，是植株生长和果实发育的主要限制因子。管理上在保证温度指标的前提下可采用早揭晚盖保温被、经常清洁薄膜、在温室后墙张挂反光幕等措施来延长光照时间和增加光照强度。

（2）肥水管理：定植后进入冬季，通风少而小，土壤底墒充足，且有地膜保墒，所以第1穗果膨大期一般不浇水。如果土壤水分不足，可选择稳定晴暖天气的上午浇1次水，水量不宜太大，且膜下暗沟灌水或滴灌。

施基肥较多的，第1穗果采收前可不追肥。缓苗后可每周喷1次0.2%～0.3%磷酸二氢钾叶面肥。第2穗果长至核桃大小时，结合灌水进行第1次根部追肥，施磷酸二铵225kg/hm^2、硫酸钾150kg/hm^2，或三元复合肥（15-15-15）375kg/hm^2。先将化肥在容器内溶解，随水流入沟内。之后气温升高，放风量增大，逐渐加大灌水量，一般1周左右灌1次水。结合灌水，在第4穗果、第6穗果膨大期分别追1次肥，并继续进行叶面追肥。结果期可增施CO_2气肥。

水肥一体化技术已在设施番茄生产中广泛应用。将可溶性固体肥料或液体肥料配成肥液与灌溉水一起，按照番茄生长各阶段对养分的需求和土壤养分状况，适时、定量、均匀、准确地输送到番茄根部土壤，具有水肥同步供给、节约肥水、增产显著的优点，并可降低设施番茄病虫害发生的概率，改善产品品质和生态环境。

（3）吊蔓缠蔓：番茄植株长到一定高度后不能直立生长，温室栽培中需及时用吊绳吊蔓。通常在每行番茄上方南北向拉1条铁丝，每株番茄用1根尼龙绳，上端系在铁丝上，下端系1根10cm左右的小竹棍插入土中。随着植株的生长，及时将主茎缠绕到尼龙绳上。近几年也采用专用的吊钩和固蔓夹吊蔓，便于落蔓；或用卡扣绑蔓夹固秧，不会束缚茎秆的生长，便于拉秧。

（4）整枝打杈：主要采用单干整枝或连续换头整枝（图1-3）。也可采用双干整枝或改良单干整枝等方法。

单干整枝是除主干以外，所有侧枝全部摘除，留3、4穗果或8、9穗果，在最后1个花序前留2片叶摘心。

连续换头整枝是前3穗果采用单干整枝，其余侧枝全部打掉，以免影响通风透光。第1穗果开始采收时，在植

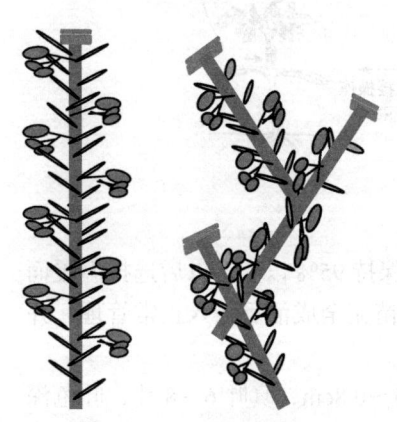

单干整枝　　连续换头整枝
图1-3　番茄整枝示意图

株中上部选留1个健壮侧枝作结果枝，采用单干整枝再留3穗果。当第4穗果开始采收时，再按上述方法留枝作结果枝，上留3穗果摘心，其余侧枝留1片叶摘心。

双干整枝就是在单干整枝的基础上，保留第1花序下面的第1个侧枝，其余侧枝全部打掉。因为这1侧枝比较健壮，生长发育快，很快可与主干平行生长发育。

改良单干整枝就是在进行单干整枝的同时，保留第1花序下面的第1个侧枝，待其结1、2穗果后留2片叶摘心。因为第1侧枝的第1果穗的生长发育要早于主干上的第3穗果，整枝法兼有单干整枝和双干整枝的优点，即可早熟又可高产。

(5) 保花保果：番茄落花现象比较普遍，有时幼果也易脱落，对早熟和丰产影响很大。造成落花、落果的原因很多，归纳起来，主要有营养不良性落花和生殖发育障碍性落花两个方面。营养不良性落花，主要由于土壤营养及水分不足、根系发育不良、受伤过重、土温过低、光照不足、整枝打杈不及时、在高温影响下营养物质消耗过多等原因而引起落花；植株徒长，或各花序果实生长不平衡，造成营养物质的供应不平衡，也会导致落花。生殖发育障碍性落花是由于气温过低或过高、光照不足、空气湿度过高或过低等，影响花粉的发芽率及花粉管的伸长，或由于不良条件的影响产生花器官畸形，产生发育障碍而引起落花。

防止落花、落果，从根本上必须加强栽培管理，培育壮苗，适时定植并注意根系保护，加强肥水管理，防止土壤干旱及积水，保证营养的充分供应，防止过多的偏施氮肥，及时进行植株调整等。坐果和果实正常发育是以授粉受精为前提的，因此在温室生产中，经常敲打吊蔓绳，使植株震动，或直接采用电动番茄授粉器，有利于授粉受精，可促进坐果。由于正常授粉受精后，种子的形成使子房内植物生长素的浓度增高，果实成为营养中心，吸收更多的养分，以促进果实的形成和发育，所以在生产中施用生长素可以有效防止落花、促进结果。目前多采用25~50mg/L对氯苯氧乙酸（PCPA、防落素、番茄灵）和20~30mg/L番茄丰产剂2号等生长调节剂处理进行保花保果。温度较低时选浓度上限，温度较高时则选浓度下限。

在环境温度比较适宜，花粉和柱头生活力正常的情况下，应用熊蜂授粉可有效防止落花、落果，增产15%~35%，并改善果实品质。

(6) 疏花疏果：为获得高产，并使果实整齐一致，提高商品质量，需要疏花疏果。大果型品种每穗留3、4个，中果型留4、5个。疏花疏果分2次进行，每1穗花大部分开放时，疏掉畸形花和开放较晚的小花；果实坐住后，再把发育不整齐，形状不标准的果疏掉。

(7) 摘除老叶病叶：当结果部位上移后，基部叶片已老化，失去生理功能，也容易传播病虫害，应及时摘除植株下部的老叶、黄叶和病叶，以改善通风透光条件，促进果实成熟和防止病虫害发生。

5. 采收 番茄从开花到果实成熟所需要的天数，早熟品种为40~45d，中晚熟品种为45~55d。在果实成熟过程中，淀粉及酸含量减少，糖含量增加，不溶性果胶转化成可溶性果胶，食用品质和风味不断提高，同时叶绿素减少，茄红素、胡萝卜素及叶黄素增加。

番茄果实的成熟分为绿熟期、白熟期、转色期、成熟期和完熟期5个时期。采收应根据果实成熟期和市场情况适当灵活。采后长途运输1~2d的，可在转色期采收，此期果实大部分呈白绿色，顶部变红，果实坚硬，耐运输，品质较好；采后就近销售的，可在成熟期采收，此期果实 1/3 变红，果实未软化，营养价值较高，生食最佳，但不耐储运；加工果酱的，可在完熟期采收。

采收时要去掉果柄，以免刺伤其他果实。采收后，要根据大小、颜色、果实形状、有无病斑和损伤等进行分级包装，以提高商品性。规模化商品生产已有应用机械进行采后分拣分级，可节约人工，提高商品性。

（二）日光温室早春茬栽培技术要点

一般于 12 月上旬播种育苗，2 月上旬至 3 月上旬定植，4 月开始采收，7 月拉秧，应注意与当地塑料大棚早春茬错开主要采收期。栽培技术相对比较容易，产品质量好，经济效益高，而且成熟越早，效益越好。

这茬番茄的特点是，幼苗期正值寒冷的冬季，中后期处于炎热的夏季。栽培的技术关键是：采用增温、保温、补光条件好的育苗设施培育适龄壮苗，并尽早定植；栽培过程中注重光温环境的调控及灰霉病和叶霉病的预防。早熟或中早熟品种用大苗定植，适当密植；无限生长型品种，可进行单干整枝或双干整枝，并及早摘心。

（三）日光温室秋冬茬栽培技术要点

一般于 7 月中下旬到 8 月上旬播种育苗，9 月中旬定植，11 月上旬开始采收，2 月初拉秧，也可延长至 3~4 月。主要供应期在元旦和春节，经济效益较高。

这茬番茄前期高温多雨，昼夜温差小，对秧苗生长不利，高温强光还容易引发病毒病；后期光照减弱，温度下降，对果实膨大和着色有影响。栽培的技术关键是：选择抗病品种，培育无病壮苗，预防病毒病的发生；适时定植，加强前期管理；利用秋季及冬初光温条件最适合时期，完成 4、5 穗果的坐果和膨大，打下产量基础，逐步缓慢转色，供应市场。一般多选用抗病、耐热、丰产的中晚熟大果型品种，育苗时注意遮阴防雨，适当密植，单干整枝，定植初期注意遮阴降温及病虫害防治，后期注意保温补光，避免冻害，促进果实成熟。

（四）塑料大棚秋延后栽培技术要点

一般在 7 月上旬播种育苗，8 月上旬定植，9 月开始采收，直至秋末冬初，棚内出现霜冻而终止采收，部分绿熟果经过贮藏，还可再延长供应期约 1.5 月。

适宜播期应根据当地早霜来临时间确定，以霜前 100d 左右为播种适期，采用遮阴防雨等育苗。定植时仍处于高温、强光、多雨季节，故要做好遮阴防雨准备，随着外界温度降低，应逐渐减少通风量和通风时间，并加强光照和注意保温。应及时支架、绑蔓、单干整枝，留 3、4 穗果，生长期注意防病毒病和晚疫病，注意保花保果和疏花疏果。果实成熟后需及时采收上市，在棚内出现霜冻前未成熟的果实应 1 次采收完毕，青果置于 10~13℃、相对湿度 70%~80% 条件下贮藏，5~7d 翻动 1 次，挑选红果继续上市。

（五）塑料大棚春提早栽培技术要点

一般于 12 月下旬至 1 月下旬播种育苗，3 月上旬至 4 月中旬定植，5~7 月采收。该茬主要在温室番茄的供应后期，露地番茄大量上市前供应市场，经济效益较好，栽培面积大。

选用耐寒、抗病、早熟、抗逆性强、商品性好、结果集中、适合市场需求的丰产品种，采用温室育苗，大苗定植。定植前7~10d应进行低温炼苗，并提前10~15d扣棚烤地增温，高垄或半高垄栽培，大小行定植，并进行地膜覆盖。前期注意防寒增温，中后期注意通风和病虫害防治。

（六）无土栽培技术要点

无土栽培可有效避免传统土壤栽培中的土传病害、连作障碍和土壤盐渍化等问题。番茄无土栽培主要有水培和基质培两大类型。

水培模式有营养液深液流栽培（DFT）、营养液膜栽培（NFT）和浮板毛管栽培（FCH），其关键技术是调控营养液的温度、浓度、pH、EC值及含氧量等。DFT为番茄根系提供了一个较稳定的生长环境，但要注意含氧量的监测和调控，因为含氧量会随营养液深度的增加而降低。NFT中番茄根系的一部分浸在浅层营养液中，另一部分在栽培槽的湿润空气中，可有效解决根系需氧问题，但要求管理精细。FCH栽培床内设泡沫浮板湿毡，使根系同时吸收充足的氧和营养，克服了前者根际缺氧和根环境不稳定等问题。

基质培常用的无机基质有蛭石、珍珠岩、岩棉、沙和聚氨酯等，有机基质有泥炭、稻壳炭、椰子壳、菇渣、玉米秸、酒糟和麦秸等。基质栽培省工省力、省水省肥、优质高效，可避免连作障碍，特别是有机基质栽培，目前已成为非耕地设施番茄生产的重要技术。

（七）露地春茬栽培技术

1. 整地、作畦、施基肥 与非茄科作物实行3年以上轮作，基肥施农家肥75t/hm^2、三元复合肥（15-15-15）或磷酸二铵450kg/hm^2、过磷酸钙1500kg/hm^2。整地前撒施农家肥和部分化肥，深翻25~30cm，耙细整地作畦；基肥的另一部分化肥施在定植沟内。

畦栽或垄栽。畦栽又分高畦和平畦。东北地区习惯垄栽，春季多雨地区多采用高畦栽培，春季干旱少雨地区多采用平畦栽培。畦向或垄向以南北向为好。

地膜覆盖可用于早春栽培和越夏延秋栽培。早春地膜覆盖可提高地温、抑制杂草、保持土壤疏松、保水、保肥、提早成熟、增加产量。规模生产多采用起垄覆膜机械完成起垄和覆膜工作，可分项完成也可一步完成。

2. 设施育苗 选择适宜品种，根据当地晚霜期的早晚、品种熟性、育苗设备等综合因素确定播种期。一般在定植前50~70d播种育苗。

3. 定植 包括定植时间、定植密度和定植方法等。

（1）定植时间：在当地晚霜期后，5~10cm深耕层地温稳定在12℃时即可定植。例如，沈阳地区历年平均晚霜期为5月2日，定植适期一般为5月6日~10日；长江流域在清明前后；华北地区在谷雨前后；东北地区在立夏前后定植。定植还要根据天气情况来确定，遇到阴雨大风天气，应当延迟定植。

（2）定植密度：多单干整枝，早熟品种75 000~90 000株/hm^2；中晚熟品种45 000株/hm^2；中晚熟品种双干整枝高架栽培时，30 000株/hm^2。畦作的，早熟品种畦宽1.0~1.5m，定植2~4行，株距25~33cm；晚熟品种畦宽1.2m，每畦2行，株距35~40cm。垄栽的，一般垄距55~60cm，株距35~40cm，密度52 500株/hm^2；采用机械起垄和除草的，可适当加大垄距，缩小株距。

（3）定植方法：选择无风晴天定植。目前主要采用人工定植，最好采用暗水稳苗法，栽植深度以土坨和地表相平或稍深为宜，过深不利根系生长和缓苗，过浅扎根不稳易倒伏。地膜覆盖的，栽苗时秧苗四周覆膜要严密，防止地膜被风刮碎和膜下热气烧苗。采用机械定植的，定植后灌水。采用滴灌的，定植后可安装滴管设备。

4. 田间管理

（1）中耕、培土：未覆盖地膜的，要及时中耕。在雨后或灌水后，待土壤水分稍干时及时中耕除草，植株封行前进行2、3次。前期植株根系小，中耕要深些；后期逐渐变浅。结合中耕可培土成垄，以防植株倒伏。

（2）灌水：定植时浇水不宜过多。水量过大易降低地温，不利于缓苗。定植后3~5d，待植株心叶颜色由老绿转变为嫩绿时，标志生长点开始生长，灌1次缓苗水（也叫发棵水）。缓苗水要浇透，并及时中耕。缓苗后到第1花序坐果期间，如不遇特别干旱，一般不浇水，进行蹲苗，以促进根系发育、控制植株徒长、调整营养生长和生殖生长的平衡、促进开花结果。蹲苗时间长短应根据植株长势、品种特点及环境条件灵活掌握。一般早熟品种植株长势弱，花器分化早、开花早、结果早，蹲苗时间不宜过长；中晚熟品种植株长势旺，要严格控秧，蹲苗时间可适当延长。生产上当第1花序果实核桃大、第2花序果实蚕豆大、第3花序刚开花时结束蹲苗。

蹲苗期结束即进入结果期，要加大肥水量，促进茎叶和果实的生长发育。结果期要经常保持土壤湿润，防止忽干忽湿。在正常天气情况下，每隔4~6d灌水1次，灌水量逐渐增大。结果期水肥是否充足是高产的关键。在雨季还要注意排水防涝。

（3）追肥：第1花序坐果以后，结合浇水追施催果肥。一般根据土壤肥力情况，每公顷施尿素225~300kg、过磷酸钙300~375kg，或磷酸二铵300~450kg，土壤缺钾的应施硫酸钾150kg。以后在第2穗果和第3穗果开始迅速膨大时再各追肥1次。大架栽培第4穗果开始迅速膨大时再追肥。追肥可以土埋深施，也可随水浇灌。除土壤追肥外，还可用0.2%~0.4%磷酸二氢钾，或0.1%~0.3%尿素，或2%过磷酸钙水溶液叶面喷施，或喷三元复合肥（15-15-15）。

（4）支架绑蔓：当植株长到30cm时，应及时插架绑蔓，防止倒伏。架杆可用包塑钢管、竹竿、细木杆及专用塑料杆等，支架形式主要有单杆架、人字架、四角架和篱形架。早熟品种可用矮架，晚熟大架番茄要用坚固高架。人工或绑蔓机绑蔓，每穗果上绑1道，绑蔓要松紧适度，把果穗调整在架内，茎叶调整到架外，以避免果实损伤和发生日烧，并利于群体通风透光和茎叶生长。

（5）整枝打杈：多用单干整枝，晚熟越夏栽培可采用连续摘心整枝或双干整枝。结合整枝打杈进行疏花疏果，疏除畸形花果，并及时摘除植株下部的老叶、黄叶和病叶。

（6）保花保果：花期使用坐果激素及振动授粉等措施促进坐果。除盐碱地或特别干旱外，花期要控制灌水，并注意进行叶面施肥。

（7）有害生物防控：生长前期田间易生杂草，应结合中耕或地膜覆盖控制杂草。病害在北方地区主要有晚疫病、病毒病、斑枯病和早疫病等，南方主要有青枯病、病毒病、早疫病和叶霉病等；虫害主要有蚜虫和棉铃虫等，应注意综合防治。

5. 采收

定植后60d左右便可陆续采收。鲜果上市最好在转色期或成熟期采收，贮藏或长途运输最好在白熟期采收。加工番茄在绝大多数果实成熟后采用机械一次性采收。

（八）露地秋茬栽培技术要点

一般在6月中下旬至7月初播种育苗，7月下旬至8月初定植，9月始收，霜冻前结束。幼苗期高温、多雨，易受病毒病危害；后期温度下降，光照减弱，果实发育缓慢，部分果实不能充分成熟，甚至容易受到低温霜冻的危害。所以管理关键是前期防病保苗，尤其是病毒病；后期防寒保温。

要适期播种、培育壮苗，播种期要求严格，播种过早，则度夏时间长，幼苗生长衰弱，病毒病严重；播种过晚，则生长期不够，产量低。

栽培关键技术是水分管理，夏季为降低地温，预防病毒病，应经常浇水。但灌水或雨水太多，植株易徒长、沤根、落花。因此，应选择排水良好的壤土或砂壤土，并用高畦或高垄栽培。

秋番茄生长期较短，为提高单位面积产量，应适当密植，可与高秆作物间作，或在番茄架下套种速生蔬菜，覆盖地面，以降温、保湿和控制病毒病的发生。采收期由于气温下降，果实成熟缓慢，可于绿熟期采收进行人工催熟。

四、常见生理障碍及对策

（一）脐腐病

脐腐病又称蒂腐果、顶腐果，俗称"黑膏药"或"烂脐"，在番茄上发生较普遍，病果失去商品价值。通常在花后15d左右，果实核桃大小时发生，随着果实的膨大病情加重。发病初期，在果实脐部出现暗绿色、水浸状斑点，后病斑扩大，变褐，变硬凹陷。病部后期常因腐生菌而出现黑色霉状物或粉红色霉状物。幼果一旦发病，会提前变红。

脐腐果发生的本质原因是缺钙。可采用如下措施防控：用过磷酸钙作基肥，酸性土壤可施入生石灰调节；追肥时避免一次性施用过多氮肥而影响钙的吸收；定植后勤中耕，促进根系对钙的吸收；及时疏花疏果，减轻果实间对钙的争夺；坐果后30d内是果实吸收钙的关键时期，可叶面喷施1%过磷酸钙或0.1%~0.5%氯化钙；采用水肥一体化技术时，1.5~2.5mmol/L钙和0.25mmol/L镁的施肥组合，可最大程度降低脐腐病的发生，并提高番茄产量。

（二）筋腐病

筋腐病又称条腐果、带腐果，俗称"黑筋"或"乌心果"等。筋腐果有两种类型：一是褐变型筋腐果，在果实膨大期，果面上出现局部褐变，果面凹凸不平，果肉僵硬，甚至出现坏死斑块；切开果实，可看到果皮内维管束褐色条状坏死，不堪食用。二是白变型筋腐果，在绿熟期至转色期发生，外观看果实着色不均，病部有蜡样光泽；切开果实，果肉呈"糠心"状，病果果肉硬化，品质差。

筋腐果病因尚不完全清楚，但普遍认为植株体内碳水化合物不足和碳/氮比值下降，引起代谢失调，致使维管束木质化，是导致褐变型筋腐果的直接原因；而白变型筋腐果主要是烟草花叶病毒侵染所致。生产中可通过选用抗病品种、改善环境条件、增强土壤透气性、提高管理水平、实行配方施肥等措施防控筋腐病。

（三）空洞果

典型的空洞果往往比正常果大而轻，从外表看带棱角，酷似"八角帽"。切开果实可以看到果肉与胎座之间缺少充足的胶状物和种子，存在明显的空腔。空洞果的形成是花期授粉受精不良或果实发育期养分不足造成的。心室数多的品种不易产生空洞果。生长期间加强肥水管理，使植株营养生长和生殖生长平衡发展，正确使用生长调节剂进行保花保果，及时疏花疏果，配合叶面喷肥等措施，均可防止空洞果的发生。

（四）裂果

裂果的开裂部位极易感染病菌，使果实失去商品价值。根据果实开裂部位和原因可分为放射状开裂、同心圆状开裂和条纹状开裂。裂果的主要原因是高温、强光、土壤干旱等因素，使果实生长缓慢，如突然灌大水或遇大雨，果肉细胞吸水膨大，而果皮细胞因老化不能同步膨大而开裂。防控措施有：选择不易裂果的品种；注意均匀灌水，避免忽干忽湿，特别应防止久旱后过湿；植株调整时，把花序安排在架内侧，靠自身叶片遮光，避免阳光直射果面而造成果皮老化。

（五）畸形果

畸形果又称变形果，多由环境条件不适或激素处理而致。扁圆果、椭圆果、偏心果、菊形果、双（多）心果产生的直接原因是在花芽分化及花芽发育时，肥水过多，致使番茄心室数量增多，而生长又不整齐，从而产生上述畸形果；使用生长调节剂浓度过高时，易形成尖顶果。防控畸形果的措施有：加强育苗期的温光水肥管理，特别是在第1花序分化期，即发芽后25~30d、2或3片真叶时，要防止温度过高或过低；开花结果期合理施肥，使花器得到正常生长发育所需营养物质，防止分化出多心皮及形成带状扁形花而发育成畸形果；使用生长调节剂保花保果时，要根据季节选择适宜浓度。

（六）日灼果

日灼果多在果实膨大期绿果的肩部向阳面出现，果实被灼部呈现大块褪绿变白的病斑，表面有光泽，似透明革质状，并出现凹陷；后病部稍变黄，表面有时出现皱纹，干缩变硬，果肉坏死，变成褐色块状。日灼是指果实受阳光直射部分果皮温度过高而被灼伤。定植过稀、整枝打杈过重、摘叶过多，是造成日灼果的重要原因；天气干旱、土壤缺水或雨后暴晴，都易加重日灼果。防控措施有：合理密植，适时适度整枝、打杈，果实上方应留有叶片遮光；绑蔓时尽量将果穗调整在架内侧，避免阳光直射。

（七）生理性卷叶

生理性卷叶主要表现为小叶纵向上卷，严重者整株所有叶片均卷成筒状。卷叶不仅影响蒸腾作用和气体交换，还严重影响光合作用的正常进行。因此，轻度卷叶会使番茄果实变小；重度卷叶导致坐果率降低，果实畸形，产量锐减。番茄生理性卷叶主要是植株在干旱缺水条件下，为减少蒸腾面积而引发的一种生理性保护作用。另外，摘心后过度整枝打杈，在植株上的果实基本都膨大后会发生大量卷叶，主要是物质运输的源库关系不平衡所致。为防止生理性卷叶的发生，生产中应均匀灌水，避免土壤过干过湿；设施栽培中要及时放风，避免温度过高；生理性缺水所致卷叶发生后，及时降温、灌水，短时间就会缓解；注意适时摘心，适度整枝打杈；增施钾肥，促进光合产物运输。

第二节 茄　子

茄子（eggplant）又名落苏、酪酥等，学名 *Solanum melongena* L.，为茄科茄属植物，原产东印度，公元3～4世纪传入中国，通常认为中国是第二起源地。茄子以嫩果供食用，具有较高的营养价值，特别是芦丁的含量居水果和蔬菜之首，可增加毛细血管的弹性和细胞间的黏力，防止微血管的破裂，对高血压、咯血、皮肤紫斑症患者十分有益；另外，茄子中的特殊苦味物质——茄碱苷M（$C_{31}H_{31}NO_{12}$），有降低胆固醇、预防动脉硬化和心血管疾病的作用，经常食用还能增强肝脏生理功能，对防治黄疸、肝肿大、动脉硬化有一定的作用。茄子在中国已有近2000年的栽培历史，南北方普遍栽培。其适应性强，栽培容易，产量高，果实货架期长，适于长途运输，供应期长，又可加工，在蔬菜生产和消费中占有重要地位。

一、生物学特性

（一）植物学特征

1. 根　根系发达，主根入土可达1.3～1.7m，横向伸长可达1.0～1.3m，主要根系分布在33cm左右土层中，吸收能力较强。根系木质化较早，不定根发生能力较弱，根系再生能力较番茄差，不宜多次移植；育苗移栽时应采用保护根系的措施尽量减少伤根；栽培措施上需为根系发育创造适宜的条件，以促使根系生长健壮。根系对氧要求严格，土壤板结影响根系发育，地面积水能使根系窒息，地上部叶片萎蔫枯死。

根系生长因土壤和品种而有差异。壤土中根的数量多，黏土和砂壤土中数量少；随着土壤中腐殖质含量增加，总根数增加。一般来说，地上部直立性强、生长旺盛的品种，根系生长也旺盛，根系入土深、数量多，故茄子具有一定的耐旱性。

2. 茎　幼苗时期茎为草质，后逐渐木质化，长成粗壮、直立性强的茎，一般不需要像番茄那样支架或吊蔓。假2杈分枝，即主茎生长到一定节位后，顶芽变为花芽，而在花芽下的两个腋芽抽生侧枝，代替主茎生长，两个侧枝几乎均衡生长；分枝长出2、3片叶后，顶芽又形成花芽，此后的侧枝又以同样方式形成次级侧枝。每隔2、3片叶又形成1花，分枝1次，循环往复，分枝按$N=2^X$（N为分枝数，X为分枝级数）的理论数值不断向上生长。一般早熟品种主茎长至5片叶，顶芽形成花芽，晚熟品种9片叶形成花芽。茄子的分枝结果习性很有规律，每1次分枝结1次果实，按果实出现的先后顺序，习惯上称之为门茄（根茄）、对茄（二梁子）、四母斗（四门茄）、八面风等，如图1-4所示；但到之后的分叉数及开花结果数不规则，通称满天星。一般只有1～3次分枝比较规律，由于果实及种子的发育，特别是下层果实采收不及时，上层分枝的生长势减弱，

图1-4　茄子的分枝结果习性
1. 门茄；2. 对茄；3. 四母斗；4. 八面风

分枝数减少。因此，在早熟栽培中，为了提高前期产量，可采用主副株或主副行方式，副株或副行植株第 2、3 层果实采收后即拔除。

茄子第 1 花以下的各节以及子叶节的腋芽均可萌发生长成侧枝，这些侧枝开花结果较迟，放任生长易造成植株下部郁蔽，影响透风，增加病害发生，故应及时摘除。

茎的外周皮较厚，皮色有紫色、绿色、绿紫色、黑紫色、暗灰色等。茎皮颜色与果实、叶柄的颜色呈相关性，紫色果实的品种，其茎及叶柄均为紫色；绿色和白色果实的品种，其茎及叶柄为绿色。

3. 叶　　单叶互生，叶椭圆形或长椭圆形。叶片（包括子叶在内）形态的变化与品种的株形有关：株形紧凑，生长高大的一般叶片较狭；而生长稍矮，株形开张的叶片较宽。茎、叶颜色也与果色有关，紫茄品种的嫩枝及叶柄带紫色，白茄和青茄品种呈绿色，但有些杂交品种也不尽然。

茄子叶龄影响叶片的光合能力，叶龄在 30d 前光合能力强，35d 以后光合作用迅速减退。因此，生产上要及时摘除下部老叶。

4. 花　　两性花，花瓣 5、6 片，基部合成筒状，白色或紫色。开花时，花药顶孔开裂散出花粉，花萼宿存，上具硬刺。根据花柱的长短，可分为长柱花、中柱花及短柱花，如图 1-5 所示。长柱花的花柱高出花药，花大色深，为健全花，能正常授粉，有结实能力；中柱花的柱头与花药平齐，能正常授粉结实，但授粉率低；短柱花的柱头低于花药，花小，花梗细，为不健全花，一般不能正常结实。茄子花一般单生，但也有 2、3 朵簇生的，许多杂交品种常着生花序。簇生花通常只有基部 1 朵完全花坐果，其他花往往脱落，但也有同时坐几个果的品种。

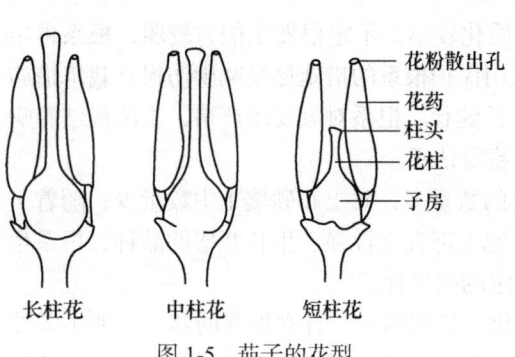

图 1-5　茄子的花型

茄子花芽分化时间较早，幼苗在长出 3、4 片叶时进行花芽分化，分苗时要避开此期。第 1 花芽着生的节位，早熟品种较低，如五叶茄、六叶茄等；晚熟品种较高，如八叶茄、九叶茄等。

花芽分化后其发育的质量与环境条件密切相关。一定的昼夜温差，如昼温 25℃，夜温 20℃，不仅可以提早花芽分化，而且可以促进花器的发育速度；光照强度和光照时间也是影响花器发育的重要条件，弱光条件下短花柱花比例增多，而强光照条件下长花柱花比例增加，延长光照时间也有利于增加长花柱花比例；充足的氮、磷、钾营养和水分对茄子的花芽分化和花器发育至关重要。在温度较低、光照较弱、营养过剩的条件下易分化出多心皮的子房，花柱扁粗，授粉受精后发育成畸形果。

茄子一般是自花授粉，晴天 7～10 时授粉，阴天下午才授粉；茄子花寿命较长，花期可持续 3～4d，夜间也不闭花，从开花前 1d 到花后 3d 内都有受精能力，所以日光温室冬春茬茄子虽然有时温度很低，但仍能坐果。

5. 果实　　浆果，由果皮、胎座和心髓等组成。胎座特别发达，由海绵组织构成，贮藏养分和水分，是供食用的主要部分。果实有圆形、卵圆形、椭圆形、长棒形、线形等形状，有紫色、黑紫色、绿色、白色、红色等皮色，果肉多为白色或绿白色，老熟后果皮均变成黄褐色，果实颜色与茎叶颜色有连锁遗传关系。圆茄变种果肉致密，果肉细胞排列呈紧密结构，间隙小；长茄变种果肉细胞排列呈松散状态，质地细腻。

果实发育经历现蕾期、露瓣期、开花期、凋瓣期、"瞪眼"期、商品成熟期、生理成熟期。果实体积接近最大限度时为商品成熟期，此时种子尚未充分发育，是品质最佳时期，过熟则不堪食用，而过早采收不但品质达不到最佳，还影响产量。

果实在发育过程中，也会出现各种生理障碍。除畸形果、脐裂果等外，还有一种未经受精而形成的僵果，俗称"石茄子"，果皮粗糙、果肉坚硬、果小无籽，无食用价值。

6. 种子 茄子种子发育较晚，一般在果实将近商品成熟时才迅速发育，从商品成熟到种子成熟尚需30d左右。留种用的茄子，要等种子生理成熟后才能采收。采收后还需放置几天，使种子充分后熟以提高种子质量。种子为扁平肾形，赤黄色，新种子有光泽。圆茄品种种子多为圆形，脐部凹口较深；长茄品种种子多为卵圆形，脐部凹口较浅。茄子种子表皮坚硬光滑，吸水较慢，千粒重4~5g，种子寿命4~5年，使用年限2~3年。

（二）生长发育周期

1. 发芽期 从种子萌动至第1片真叶出现。种子吸水膨胀，7~8h达到饱和状态，在温度适宜（25~30℃）的条件下催芽至"露白"（一般需6~7d）即可播种，播种后5~6d出土，出土后8d左右出现第1片真叶。

2. 幼苗期 从第1片真叶出现至门茄现蕾。幼苗于3、4片真叶时开始花芽分化，花芽分化之前，幼苗以营养生长为主，生长量很小；从花芽分化开始转入生殖生长和营养生长并行期，幼苗生长量较大。分苗应在花芽分化前进行，以扩大营养面积，保证幼苗迅速生长和花器官的正常分化。早熟栽培茄子的花芽大部分是在苗期分化，因此，创造适宜的条件，培育适龄壮苗是早熟丰产的关键。

3. 开花坐果期 从门茄现蕾至门茄"瞪眼"。茄子果实基部近萼片处生长较快，此处的果实表面开始因萼片遮光而呈白色，等长出萼片外见光2~3d后着色。其白色部分越宽，表示果实生长越快，这一部分称"茄眼睛"。在开始出现白色部分时即为"瞪眼"开始，当白色部分很少时，表明果实已达到商品成熟期。开花坐果期为营养生长为主向生殖生长为主的过渡期，此期适当控制水分进行蹲苗，可促进根系生长和果实发育。

4. 结果期 从门茄"瞪眼"到拉秧。门茄"瞪眼"以后，茎叶和果实同时生长，光合产物主要向果实输送，茎叶得到的同化物明显下降，说明植株同化物质的分配转到以供给果实为中心。这时应结束蹲苗，加强肥水管理，促进茎叶生长和果实膨大；对茄与四母斗结果期，植株处于旺盛生长期，对产量影响很大，尤其是设施栽培，这一时期是产量和产值的主要形成期，需加强肥水管理；八面风结果期，果数多，但较小，产量开始下降。

茄子从开花到采收上市需21~26d，从技术成熟到生理成熟（种子成熟）需30d左右。

（三）对环境条件的要求

1. 温度 喜较高温度，耐热性强于番茄，对低温的适应性不如番茄。生长发育适温为22~30℃。温度低于20℃，植株生长缓慢，果实发育受阻；15℃以下引起落花、落果；10℃以下停止生长；-2~-1℃时植株受冻死亡。幼苗耐低温能力不如成株，育苗期间气温低于7~8℃时茎叶就会受害。种子萌发适宜温度为30℃，低于25℃发芽缓慢且不整齐，如采用变温处理效果较好。花芽分化适宜的昼温为 20～25℃，夜温 15～20℃。在一定温度范围内，温度稍低，花芽分化稍有延迟，但长柱花多；反之，高温下花芽分化提前，但中柱花和短柱花的比例增加，尤其在高夜温下（20℃以上）影响更为显著，落花增加。开花结果期以昼温 25～30℃，夜温不低于 15℃为宜，温度超过 35℃，茎叶虽能正常生长，但花器官发育受阻，短柱花的比例升高，果实畸形或落花、落果。

2. 光照 对光照条件要求较高，光饱和点为 40klx，补偿点为 2klx。光照弱或光照时数短，光合作用能力降低，植株长势弱，花的质量降低（短柱花增多），落花率高，产量下降，紫色品种果实着色不良。故冬春季设施栽培茄子要合理稀植，及时整枝，以充分利用光能。

3. 水分 根系发达，较耐旱，但因枝叶繁茂，开花结果多，故需水量大。适宜土壤湿度为田间最大持水量的 70%～80%；适宜空气相对湿度为 70%～80%，空气湿度过高易引发病害。不同生育阶段对水分的要求有差异，门茄坐住以前需水量较小，盛果期需水量大，采收后期需水量少。日光温室栽培茄子，温度与水分易发生矛盾：为保持地温，不能大量灌水，但水分不足，植株易老化，短柱花增多，果肉坚实，果面粗糙。茄子根系不耐涝，土壤过湿，易沤根。

4. 土壤营养 对土壤适应性较广，各种土壤都能栽培，适宜土壤 pH 为 6.8～7.3，但在疏松肥沃、保水保肥力强的壤土上生长最好。茄子生长量大，产量高，喜肥且较耐肥，需肥量大，尤以氮肥最多，钾次之，磷较少，但氮素过多会出现畸形果。幼苗期需磷较多，但施磷过多易造成果皮硬化，影响品质。钾能促进植株健壮，减少病害发生。此外，当低温多肥时，嫩芽顶端常呈现钩状弯曲；土壤过湿或氮、钾、钙过多时，叶片主脉附近易褪色变黄；缺钙或肥料过多时，果实表面或网状叶脉会发生褐变产生铁锈；铵态氮过多、钙不足时会产生矮胖型劣果。一般每生产 1000kg 茄子，需吸收氮（N）3.0～4.0kg、磷（P_2O_5）0.7～1.0kg、钾（K_2O）4.0～6.6kg。

二、品种类型与栽培制度

（一）品种类型

中国茄子品种资源丰富，种类及品种繁多，拥有地方品种千余份。根据果形、株形的不同，茄子栽培种可分为圆茄（var. *esculentum* Bailey）、长茄（var. *serpentinum* Bailey）和矮茄（var. *depressum* Bailey）3 个变种。

1. 圆茄 植株高大，茎直立粗壮，叶片大而肥厚，生长旺盛。果实为球形、扁球形或椭球形。果色有紫黑色、紫红色、绿色、绿白色等。多为中晚熟品种，肉质较紧密，单果质量较大。属北方生态型，适应气候温暖干燥、阳光充足的大陆性气候，主栽品种如北京五叶茄、六叶茄、七叶茄、九叶茄、天津大苠茄、二苠茄、快圆茄、山东大红袍、高唐紫圆茄、石家庄短把黑、西安紫圆茄、大圆茄、辽茄 2 号、河南安阳大圆茄、新疆灯笼红圆茄等。

2. 长茄 植株高度及长势中等，叶较小而狭长，分枝较多。果实细长棒状，有的品种可长达 30cm 以上。果皮较薄，肉质松软，种子较少。果实有紫色、青绿色、白色等纯色和多色条纹。单株结果数多，单果质量小，以中早熟品种为多，属南方生态型，喜温暖湿润多阴天的气候条件，比较适合于设施栽培。主要品种有南京紫线茄、杭州红茄、上海玉茄、武汉兰草花、成都竹丝茄、徐州长茄、北京线茄、龙茄 1 号、吉林的羊角茄和长茄 1 号、沈阳柳条青、济南长茄、9318 长茄、千紫早长茄等。

3. 矮茄 又称卵茄。植株低矮，茎叶细小，分枝多，长势中等或较弱。着果节位较低，多为早熟品种，产量低。果实小，果形多呈卵球形或灯泡形。果皮较厚，种子较多，易老。果色有紫色、白色和绿色。适应性较强，露地栽培和设施栽培均可。代表品种如北京灯泡茄、天津牛心茄、沈阳灯泡茄、荷包茄、小卵茄、日本引入的千成茄、真黑、蒂紫等。

从 20 世纪 80 年代开始，中国选育并应用杂种一代品种，如丰研 2 号、内茄 1 号、圆杂 2 号、京茄 1 号、京茄 2 号、辽茄 3 号、沪茄 2 号、辽茄 6 号、引茄 1 号、沈茄 1 号、新茄 4 号、内茄 2 号、鲁茄 1 号等。

（二）栽培品种选择

不同类型的茄子形状、色泽和质地均有不同，各地茄子消费习惯和要求差异较大，因此生产品种选择首先要考虑消费习惯。其次，要根据栽培地区和季节的生态条件、生产面临的主要问题选择品种，如北方日光温室冬春茬栽培应注意选择耐低温、耐弱光、抗病性强的品种，各地设施连作栽培的应注意选择抗黄萎病和连作障碍的品种。

（三）栽培制度

茄子的生长期和结果期长，露地栽培茬次少，北方地区多为 1 年 1 茬，早春利用设施育苗，终霜后定植，早霜来临时拉秧。长江流域多在清明节后定植，夏秋季节采收；由于茄子耐热性较强，夏季供应时间较长，是许多地方填补夏秋淡季的重要蔬菜。华南无霜区，一年四季均可露地栽培。云贵高原由于低纬度、高海拔的特点，无炎热夏季，适合茄子栽培的季节长，许多地方可以越冬栽培。

目前，北方地区已形成了规模化的温室、大棚茄子生产，取得了较高的经济效益。具体茬次安排可参照番茄。

三、栽培技术

茄子栽培技术流程为：播种育苗（设施或露地）→翻地、施基肥→整地、作畦→定植→田间管理（中耕、除草、水肥管理、枝蔓管理、花果管理、设施环境调控等）→采收。

（一）日光温室冬春茬栽培技术

1. 嫁接育苗 茄子易受黄萎病、青枯病、枯萎病、根结线虫病等土传病害的危害，不能重茬，需 5~6 年轮作。采用嫁接育苗可有效克服连作障碍，防止黄萎病等土传病害，而且可以提高产量和品质，延长采收期。

（1）砧木选择：目前主要采用从野生茄子中筛选的高抗或免疫土传病害的砧木品种，如托鲁巴姆（*Solanum torvum*）、刺茄（CRP）、耐病 VF、赤茄、刚果茄、大维砧木等，其中托鲁巴姆对青枯病、黄萎病、枯萎病和根结线虫病具有复合抗性，生产中应用最为广泛。

（2）播种：托鲁巴姆种子发芽难，拱土能力差，可用 150~200mg/L 赤霉素溶液浸种 48h，在昼温 35℃、夜温 15℃条件下催芽，8~10d 发芽后播种，覆盖 2~3mm 厚药土，2 叶 1 心时移入营养钵中。当砧木苗子叶展平，真叶显露时播种接穗。茄子种子发芽也较慢，

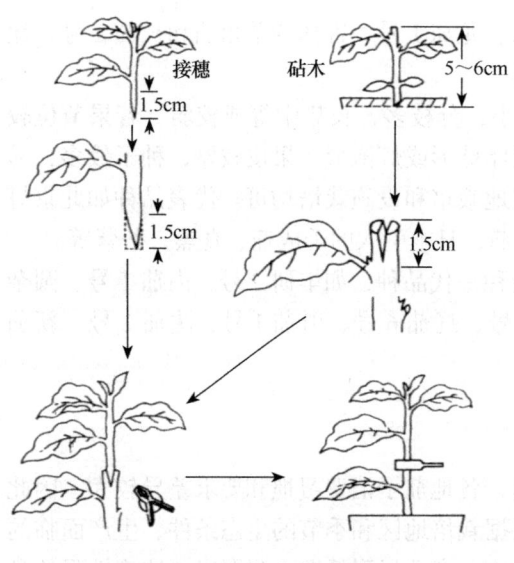

图1-6 茄子劈接示意图

可在25~30℃、16h和15~20℃、8h交替变温条件下催芽，5~6d出齐芽后播种。茄子黄萎病在幼苗期就能侵入茄子体内，潜伏到门茄"瞪眼"期发病。所以播种接穗时必须进行土壤消毒，并用塑料薄膜将育苗营养土与下部土壤隔开，防止病菌侵入。

（3）嫁接：多采用劈接法。适宜嫁接的时期较长，砧木具5~9片真叶，茎粗达0.5cm，接穗具3~7片真叶，均可嫁接。嫁接时用刀片在砧木2片真叶以上平切去掉茎上部，在砧木茎中间垂直切入1.0~1.5cm深；然后拔取接穗苗，在其半木质化茎处（保留2、3片叶）两侧向下以30°斜切形成长1.0~1.5cm的楔形；最后将削好的接穗插入切口中，用嫁接夹固定好，如图1-6所示。

（4）嫁接后管理：利用小拱棚保温保湿并遮光，3d后逐渐见光。温度控制在白天25~26℃，夜间20~22℃。嫁接后1周内不通风，保持空气湿度在95%以上；以后逐渐揭开小拱棚底角少量通风；9~10d后逐渐揭开塑料膜，增加通风时间与通风量，但仍应保持较高的空气湿度。嫁接10~12d后伤口愈合，愈合后逐渐通风炼苗，现大蕾时定植。

2. 整地、定植 定植前30d扣膜增温。结合整地施足基肥，可用充分腐熟的优质农家肥75~120t/hm^{2}与150~300kg/hm^{2}的生物菌肥混匀后撒施，深翻30~40cm，使肥土混合均匀。耙细整平后作畦，按120cm间距起高垄或高畦，在距垄中心线15cm处各铺设1条滴灌带；然后在垄背覆上90cm宽的地膜，接上Φ32mm支管，并在日光温室内水口位置接施肥罐和增压水泵，若用自来水灌溉且出口压力大于60kPa的可不接增压泵。当10cm地温稳定通过15℃，室温不低于10℃时即可定植。定植选择晴天的上午，在靠垄沟一侧距滴灌带10cm处按40cm株距挖定植穴，浇温水，放入苗坨，覆少量土稳苗。冬春季节，浇水多易引起地温降低影响新根生长，同时易使室内湿度过高而阻碍叶片蒸腾和增加病害的发生，因此，定植水一般穴浇。定植3~4d后，用垄沟内的暖土将定植穴孔封好。栽时注意苗的嫁接口位置要高于垄面或畦面一定距离，防止接穗扎根受病菌侵染。

3. 定植后管理 定植后正值外界严寒天气，管理上要以保温、增光为主，配合肥水管理、植株调整以争取提早采收，增加前期产量。

（1）温光调节：定植后密闭保温，促进缓苗。可加盖小拱棚、2层幕，创造高温高湿条件。定植7d后，新叶开始生长，表示已缓苗。缓苗后白天超过30℃放风，温度降到25℃以下缩小风口，20℃时关闭风口。白天最低温度保持在20℃以上，夜温尽量保持在15℃左右，凌晨不低于10℃。当寒流来时，室内要有辅助加温设备，避免出现昼温低、夜温高的情况；当遭遇连续阴雪天气，昼温低时，应相应降低夜间温度。夜温过高，则呼吸旺盛，碳水化合物消耗大，导致果实生长缓慢，甚至成为僵果，产量下降。

茄子喜光，定植时正是光照最弱的季节，应采取各种措施增光补光。例如，在温室后墙上张挂反光幕，增加光照强度，提高地温和气温。张挂反光幕后，温室后部光照增强，温度升高，靠近反光幕的秧苗易出现萎蔫现象，要及时补充水分。

（2）水肥管理：茄子整个生长期施肥原则是，前期施氮肥和磷肥，后期施氮肥和钾肥。氮肥不足会造成花发育不良，短柱花增多，影响产量。定植水浇足后，一般在门茄坐果前可不浇水，进行促根控秧，水分过多易造成植株疯长，延迟坐果。门茄"瞪眼"时是开始浇水施肥的适期。浇水必须根据天气预报，保证浇水后保持2d以上晴天，并在上午10时前浇完；同时上午升温至30℃时放风，降至26℃，闷棚升温后再放风，通过升温尽可能地将水分蒸发成气体放出去。浇水时随水追肥，可施尿素150kg/hm²。以后视植株和果实生长情况随水追肥，前期以轻施少施为主；结果期后，增加氮素量，每次施相当于纯氮70～100kg/hm²的沼液、腐质酸、黄腐酸等液体肥料。整个生育期间可每周喷施1次磷酸二氢钾等叶面肥。冬春茬茄子生产中施用CO_2气肥，有明显的增产效果。

（3）植株调整：冬春茬温室内湿度大、地温低，茄子植株高大，互相遮光，应及时整枝。定植初期，保证有4片功能叶；门茄采收后，在对茄下留1片叶，再打掉下边的叶片；以后根据植株长势和郁闭程度，随时去除砧木的萌蘖。采用双干整枝，即在对茄"瞪眼"后，在着生果实的侧枝上，果上留2片叶摘心，留存未结果枝，反复处理四母斗、八面风的分枝，只留两个枝干生长，每株留5～8个果后在幼果上留2片叶摘心。生长后期，植株较高大，可用尼龙绳吊秧，固定枝条。

（4）保花保果：冬春季茄子不易坐果，应加强管理，以提高坐果率，并可采用生长调节剂处理，如开花期用30～40mg/L番茄灵喷花或涂抹花萼和花瓣。生长调节剂处理后花瓣不易脱落，但对果实着色有影响，且容易从花瓣处感染灰霉病，应在果实膨大后摘除花瓣。

4. 采收 "茄眼睛"（萼片下的1条浅色带）消失，说明果实生长减慢，是商品成熟的标志，即可采收。采收时用剪刀剪下果实，防止撕裂枝条。这茬茄子的上市期有较长一段时间处在寒冷季节，为保持产品鲜嫩，最好每个茄子都用纸包起来，装在筐中或箱中，四周衬上薄膜，运输时用棉被保温。不要在中午气温高时采收，此时采的茄子含水量低，品质差。

（二）剪枝再生栽培技术要点

利用茄子潜伏芽可以再生的特点，在换季时节进行割茬再生栽培，可以节省育苗、嫁接和移栽费用，加强管理，可以获得较好的经济效益。再生栽培，北方地区主要用于日光温室茄子，多于7月中下旬进行；南方大棚和露地茄子，可根据生产需要采用。

1. 剪枝再生 将要拉秧还未明显衰败的植株，保留主干10cm左右，剪去上部全部枝叶。嫁接的茄子可在接口上方10cm处剪除。

2. 涂药防病 剪除主干后，立即用50%多菌灵可湿性粉剂100g、春雷霉素100g、乙磷铝100g，加0.1%高锰酸钾溶液调成糊状，涂抹于伤口处防止病菌侵入。同时，清理田园，喷药防病虫。

3. 重施肥水 剪枝后及时中耕松土，在植株两侧挖20cm深的施肥沟，每公顷施充分腐熟的农家肥45t、尿素300kg、过磷酸钙450kg，并大水漫灌。以后根据情况浇水降温并促使新芽萌发。

4. 田间管理 剪枝10d后即可发出新枝，每株留1、2枝，每枝留1、2果即可。新枝长达 12～15cm 时现花蕾，再过 15～20d 即可采收。

嫁接茄子再生长势更强，计划再生的，在初次栽培时应适当稀植，以后每年剪枝再生 2 次，可连续栽培 2～3 年。

第三节　辣　椒

辣椒（pepper），别名番椒、海椒、秦椒、辣茄，学名 *Capsium annuum* L.，为茄科辣椒属植物，原产于中南美洲的墨西哥、秘鲁等热带地区，15 世纪末传入欧洲，16 世纪末传入日本，17 世纪传入东南亚各国，明朝末年传入中国，栽培至今已有 300 多年的历史。

辣椒果实中含有丰富的蛋白质、糖、有机酸、维生素及钙、磷、铁等矿物质，其中维生素 C 含量极高，被誉为"蔬菜之王"；胡萝卜素含量也较高；还含有辣椒素，能增进食欲、帮助消化。辣椒的嫩果和老果均可食用，且食法多样，除鲜食外，还可加工成干椒、辣酱、辣椒油和辣椒粉等产品。

甜椒是由中南美洲原产的辣椒在北美经长期栽培和经自然与人工选择，而演化出来的 1 个变种，其属于果肉变厚、辣味消失、心室腔增多、果型变大的甜椒类型。甜椒传入欧洲的时间比辣椒晚，后传入俄罗斯，近代传入中国。

中国南北各地普遍栽培辣椒，类型和品种较多，是世界上辣椒栽培面积和消费量最大的国家，目前年播种面积 200 万 hm^2 以上（王立浩等，2020）。

一、生物学特性

（一）植物学特征

1. 根　　根系分布较浅，初生根垂直向下伸长，经育苗移栽，主根被切断，发生较多侧根，主要根系分布在 10～20cm 土层中。侧根着生在主根两侧，与子叶方向一致，排列整齐，俗称"两撇胡"。根系发育弱，再生能力弱于番茄和茄子，根量少，茎基部不能发生不定根，栽培中最好护根育苗。根系对氧要求严格，不耐旱，又怕涝，喜疏松肥沃、透气性良好的土壤。

2. 茎　　茎直立生长，腋芽萌发力较弱，株冠较小，适于密植。辣椒分枝习性与茄子相似，主茎长到一定节数顶芽变成花芽，与顶芽相邻的 2～3 个侧芽萌发形成假 2 杈或假 3 杈分枝，分杈处都着生 1 朵花。主茎基部各节叶腋均可抽生侧枝，但开花结果较晚，应及时摘除，减少养分消耗。在夜温低、生育缓慢、幼苗营养状况良好情况下，主茎分化成假 3 杈的居多，反之假 2 杈较多。

分枝有无限分枝和有限分枝两种类型。无限分枝型植株高大，生长健壮，主茎长出 7～15 片叶时，顶端现蕾，开始分枝，果实着生在分杈处，每个侧枝上又形成花芽和杈状分枝，生长到上层后，由于果实生长发育的影响，分枝规律有所改变，或枝条强弱不等，绝大多数品种属此类型。有限分枝型植株矮小，主茎长到一定节位后，顶部发生花簇封顶，植株顶部结出多数果实，花簇下抽生分枝，分枝的叶腋处还可发生副侧枝，在侧枝和副侧枝的顶部仍然形成花簇封顶，但多不结果，以后植株不再分枝生长，各种簇生椒属有限分枝型，多作观赏用；许多干制椒也属此类型。

3. 叶　　单叶互生，卵圆形或长卵圆形，全缘，叶端尖，叶片也可食用。通常甜椒（sweet pepper）较辣椒（hot pepper）叶宽。叶片生长状况与果型和果色有密切关系，一般叶片硕大、叶色深绿时，果型较大，果色较深。

4. 花　　完全花，单生、丛生或簇生，花冠白色、绿白色或紫白色。辣椒花较小，甜椒花较大。辣椒花与茄子类似，有长柱花、中柱花和短柱花，营养不良时短柱花增多，落花率增高。花芽分化在 4 叶期开始，育苗时应在 4 叶期以前分苗。属常异交作物，甜椒自然杂交率 10% 左右，辣椒高达 25%~30%。留种时，不同品种间应注意隔离。

5. 果实　　浆果，汁液少，果皮与胎座组织分离，形成较大空腔。果形有灯笼形、方形、羊角形、牛角形、线形、圆锥形和樱桃形等。成熟果实多为红色或黄色，少数为紫色、橙色或咖啡色。五色椒是由于 1 簇果实的成熟度不同而表现出绿、黄、红、紫等各种颜色。红果果皮中含有茄红素和花青素，黄果果皮中含胡萝卜素和叶黄素。果皮肉质的厚薄因品种而异，甜椒较厚，辣椒较薄。一般小果型辣椒素含量高，大果型不含或微含辣椒素。

辣椒进入结果期后，正在生长的果实对植株营养生长及开花坐果影响大。随结果数增加，新开的花质量降低，结实率下降；如及时摘除果实，减少植株上果数或果实生长时间，则花的质量提高，开花数及结实率恢复正常。因此，在结果期之前，应创造良好的生长发育条件，促进营养生长；结果初期，应适当早采果，以保证整株具有较多的开花数和较高的结实率。

6. 种子　　扁平肾形，表面稍皱，浅黄色，稍有光泽，有辣味。千粒重 5.0~6.0g，种子寿命一般 2~3 年。

（二）生育周期

辣椒的生育周期包括发芽期、幼苗期、开花坐果期和结果期 4 个时期。

1. 发芽期　　从种子萌动到第 1 片真叶显露，一般为 10~15d。

2. 幼苗期　　从第 1 片真叶显露到第 1 朵花现蕾，幼苗期的长短因苗期温度和品种熟性不同而有很大差异，适宜的温度下育苗，为 30~40d。其中，2~4 片真叶时开始花芽分化。

3. 开花坐果期　　从第 1 朵花现蕾到第 1 朵花坐果，一般为 10~15d。此期要注意调节生长与发育均衡。

4. 结果期　　从第 1 个辣椒坐果到收获结束，此期经历时间较长，一般为 50~120d。结果期以生殖生长为主，并继续进行营养生长，应加强肥水管理和病虫害防治，维持茎叶正常生长，延缓衰老，延长结果期，提高产量。

（三）对环境条件的要求

1. 温度　　对温度要求较严格，喜温不耐寒，又忌高温暴晒。生长发育适温为 20~30℃，低于 15℃时生长发育受阻，持续低于 12℃时可能受害，低于 5℃则植株易遭寒害而死亡。生长发育期适宜的昼夜温差为 6~10℃，以白天 26~27℃，夜间 16~20℃比较合适。生长发育阶段不同，对温度的要求不同。种子发芽适温为 25~30℃，25℃时发芽需 4~5d，15℃时需 10~15d，12℃时需 20d 以上，35℃以上或 10℃以下则发芽不好或不能发芽。3 叶期苗耐低温能力最强，较短时间在 0℃时能不受冷害。苗期白天温度 25~30℃，可加速出苗和幼苗生长；夜间15～20℃，以防秧苗徒长。15℃以下花芽分化受到抑制，20℃时花芽分化需要10～15d。授粉结实适宜温度为20～25℃，低于10℃难于授粉，易引起落花、落果；高于35℃，由于花器发育不全或柱头干枯不能受精而落花，即使受精，果实也不发育而干萎。果实发育和转色要求25℃以上温度。

2. 光照　　喜光，也较耐阴，对光照要求不严格，光饱和点约30klx，光补偿点1.5klx。光照充足，则枝繁叶茂、茎秆粗壮、叶面积大、叶片厚、开花结果多、果实发育良好、产量高。光照过强则对生长不利，特别是在高温、干旱和强光条件下，根系发育不良，生长发育受阻，光合作用下降，并易引发病毒病，甚至造成叶片灼伤和果实日烧病。光照不足，往往造成植株徒长、茎秆瘦长、叶片薄、果实畸形，还容易出现落花、落果和落叶现象。

辣椒为短日性植物，但对光周期要求不严格，只要温度适宜，营养条件良好，光照时间的长短不会影响花芽分化和开花，但在较短日照条件下开花会提早。

3. 水分　　既不耐旱，也不耐涝，单株需水量并不太多，但因根系不发达，须经常供水并保持土壤通透性。在气温和地温适宜的条件下，花芽分化和坐果最适田间最大持水量55%～70%。干旱易诱发病毒病；淹水数小时，植株就会萎蔫死亡。空气相对湿度以60%～80%为宜，过湿易引发病害，过干燥则对授粉受精和坐果不利。

4. 土壤营养　　根系需氧量高，因此要求土质疏松、通透性好、排水良好、富含有机质的肥沃土壤，切忌低洼地栽培。对土壤酸碱度要求不严，pH 6.2～8.5都能适应。对营养条件要求较高，需肥量大，不耐贫瘠，但耐肥能力又较差。因此，栽培中一次性施肥量不宜过多。

二、品种类型与栽培制度

（一）栽培种

国际植物遗传资源委员会（IBPGR）为了使各国辣椒研究者使用统一的命名，于1983年确定了一年生辣椒（*C. annuum* L.）、浆果状辣椒（*C. baccatum*）、分枝辣椒（*C. frutescens* L.）、中国辣椒（*C. chinense* Jacquin）、绒毛辣椒（*C. pubescens* Ruiz & Pavon）5个辣椒栽培种：

1. 一年生辣椒　　包括各种栽培甜椒和辣椒的大部分品种，是目前栽培最广泛的类型，包括灯笼椒、长辣椒、簇生椒、圆锥椒和樱桃椒等。其特征是花冠乳白色，花药蓝色或紫色，萼片小，色淡，1节有1个花梗。

2. 浆果状辣椒　　主要在南美洲栽培，其他地区很少种植。此种与一年生辣椒的区别在于其花冠上有黄色、棕褐色或棕色斑点，并具有明显的萼芽。没有固定的果型，有点柠檬或水果的香味。

3. 分枝辣椒　　也叫灌木辣椒，灌木或亚灌木，味道极辣，喜热，作为野生或半驯化植物，广泛分布于美洲热带低凹地区，东南亚也有分布。特征为花冠乳白色至白色，略呈绿色或黄色，花药蓝色，有些茎节具有2个或多个花梗。代表品种如云南的小米辣。

4. 中国辣椒　　实际不产于中国，为亚马孙河流域最常见的栽培种，广泛分布于美洲热带地区，类似于灌木辣椒，萼下具有缢痕是其唯一的区分特征。代表品种如海南的黄灯笼。

5. 绒毛辣椒　广泛种植于安第斯山区，在美洲中部和墨西哥部分地区也有栽培，是一种具有独特形态的栽培种。种子浅黑色，多皱纹。果实黄色或橘黄色，果肉较厚。

（二）栽培品种类型

1. 按果型和大小分类　可分为灯笼椒（var. *grossum* Bailey）、长辣椒（var. *longum* Bailey）、簇生椒（var. *fasciculatum* Bailey）、圆锥椒（var. *conoides* Bailey）和樱桃椒（var. *cerasiforme* Bailey）5个变种，以灯笼椒、长辣椒和簇生椒栽培面积较大。

（1）灯笼椒：即甜椒。植株粗壮高大，叶片肥厚，椭圆形或卵圆形，花大果大，果基部凹陷，果实呈扁圆形、圆形或圆筒形。成熟果实红色或黄色，味甜、稍辣或不辣。栽培品种如中椒2号、中椒7号、中椒12号、农大40、新椒3号、津椒3号、洛椒3号，以及国旗红、朱迪等。

彩色甜椒与普通甜椒不同的是其果实个大，肉厚，单果质量200～400g，最大可达550g，果肉厚度达5～7mm。果形方正，果皮光滑、色泽艳丽，有红色、黄色、橙色、紫色、浅紫色、乳白色、绿色和咖啡色等多种颜色。口感甜脆，营养价值高，适合生食。彩色甜椒栽培品种有红水晶、绿水晶、黄玛瑙、橙水晶、紫晶、白玉和美梦等。

（2）长辣椒：株型矮小至高大，分枝性强，叶片较小或中等，果实多下垂，长角形，先端尖锐，常弯曲，辣味强。按果实的长度又可分为牛角椒、羊角椒和线辣椒。牛角椒和羊角椒多数辣味强，如伊犁大辣椒、江蔬2号、陇椒1号、牛角王、螺丝椒、斯丁格和巴莱姆等，也有微辣型品种。线辣椒果实细长，辣味很强，常作干制椒用。代表品种如陕8819、陕椒2001等。

（3）簇生椒：植株低矮丛生，茎叶细小开张，果实簇生、向上生长。果色深红，果肉薄，辣味极强，多作干椒栽培。耐热，抗病毒能力强。代表品种如山鹰椒、簇生朝天椒等。

（4）圆锥椒：叶中等，果小，向上直立或斜生，果肉较厚，果实圆锥形，辣味强，主要供鲜食青果。代表品种如广东饶平的观赏辣椒等。

（5）樱桃椒：植株与圆锥椒相似，果小，朝天着生，呈樱桃形，有的具有红、黄、紫各色，极辣，可作干椒或观赏用。代表品种如四川成都的扣子辣、五色椒等。

2. 按辣度分类　因辣椒素含量不同，不同品种辣椒辣度不同，据此可分为极辣、中辣、微辣和不辣等类型。极辣品种如辛丰9号、江淮2号和线优3号等；中辣品种如中辣1号、美椒大丰和双福等；微辣品种如美椒春冠、春秋王和浙椒1号等；不辣品种主要为甜椒类型，如中椒2号、农大40等。

3. 其他分类方式　按熟性分类有极早熟、早熟、中早熟、中熟、中晚熟和晚熟品种；按商品果颜色分类有绿色、红色、黄色、白色、橙色和紫色等；按用途分类有鲜食型、干制型和观赏型等；按果实形状分有灯笼椒、牛角椒、羊角椒、线椒、樱桃椒和螺丝椒等。

（三）栽培品种选择

不同类型辣椒的口味、形状、色泽和用途不同，各地消费习惯差异也较大，生产品种选择首先要考虑消费习惯。其次，要根据栽培地区和季节的生态条件、生产面临的主要问题选择品种。例如，干椒栽培应选择果实颜色鲜红、果形细长、结果多、结果部位集中、辣椒素含量高的品种，彩椒生产应选择果大、肉厚、不同色彩搭配的大型甜椒品种，喜辣地区青椒栽培应选择有辣味的牛角椒、螺丝椒等品种，设施栽培应注意选抗连作病害的品种。

（四）栽培制度

中国辣椒产业发展迅速，种植面积基本稳定在200万hm^2，约占中国蔬菜种植面积的12%。辣椒生产从分散性向规模化调整，形成了6大重点主产区，分别为：广东、广西、海南、云南、福建等南方冬季辣椒北运主产区；北京、山西、内蒙古及东北露地夏秋辣椒主产区；甘肃、新疆、山西、湖北长阳等高海拔地区夏延时辣椒主产区；湖南、贵州、四川和重庆嗜辣地区的小辣椒、高辣度辣椒主产区；山东、河北、辽宁等华北、华东地区温室、大棚秋延等北方保护地辣椒生产区；华中河南、安徽、河北南部、陕西等主产区。中国辣椒生产呈现出专业化、精品化和高端化的发展态势。

辣椒露地栽培多于冬春季在设施内育苗，晚霜后定植。华南地区一般于12~1月在塑料拱棚育苗，2~3月定植。长江中下游地区可春、夏两茬栽培：春茬多于11~12月育苗，3~4月定植；夏茬3月上旬播种，5月中旬至下旬定植。北方地区则多于2~4月用温室育苗，4~5月定植，定植后很快进入高温季节，阳光直射地面，对辣椒生长发育极为不利，故利用地膜、小拱棚等简易设施，提早定植，使植株在高温季节来临前封垄，这是北方地区露地辣椒栽培获得高产的主要措施。长江中下游地区和北方地区可以利用塑料大棚、日光温室等园艺设施，周年生产和供应新鲜的辣椒产品。

三、栽培技术

辣椒栽培技术流程为：播种育苗（设施或露地）→翻地、施基肥→整地、作畦→定植→田间管理（中耕、除草、水肥管理、枝蔓管理、花果管理、设施环境调控等）→采收。

（一）塑料大棚栽培技术

北方地区冬季育苗可在日光温室中进行，春季终霜前1个月定植，经越夏一直采收到秋末冬初棚内出现霜冻为止；南方地区根据栽培季节，可在露地或其他设施内育苗，棚内越冬栽培。

1. 播种育苗　在温室等设施内设置育苗畦，苗畦表面压实，刮平，覆盖育苗地布待用。一般采用72孔穴盘育苗，选择商品育苗基质。用多菌灵500倍液或高锰酸钾1000倍液对拌料场所进行消毒处理，将基质喷水搅拌，调节含水量至55%~60%，装穴盘，用刮板刮平，使每穴填满基质且各个格室清晰可见。用压孔板或空穴盘压孔，深0.6~0.8cm，每孔播放1粒催出芽的种子，覆盖蛭石或原基质，用刮板刮平。将播种完毕的穴盘整齐摆放入苗畦，如基质含水量不足，可用雾化喷头喷水，然后在苗盘上覆盖1层地膜保湿，温室内可加扣小拱棚。播种后出苗前保持日温25~30℃，夜温15~18℃；定植前10~15d开始低温炼苗，保持日温15~20℃，夜温8~10℃。壮苗标准为：苗高15~20cm，茎粗0.3~0.4cm，7~9片真叶，叶片肥厚，深绿色，普遍现蕾，根系发达呈乳白色，无病虫斑痕。

2. 整地、施基肥　定植前20~25d扣大棚升温，撒施优质农家肥45t/hm^2，深翻30cm，使肥土掺匀、耙平。按1m行距开施肥沟，沟施农家肥30t/hm²、三元复合肥（15-15-15）375kg/hm²、过磷酸钙450kg/hm²。按大行距60cm，小行距40cm起垄，小行上铺设滴灌带，扣地膜暖地。可用起垄覆膜机，一次完成起垄、开沟、施肥、铺滴灌带、喷药及覆膜覆土等作业，提高作业效率。

3. 定植 当10cm地温稳定在12℃以上，气温稳定通过5℃以上时方可定植。如有多层覆盖条件，可提早10d左右定植。由于棚内环境适宜，辣椒生长旺盛，植株较高大，宜单株定植。定植时在垄上按株距30~40cm开穴，逐穴浇定植水，水渗下后摆苗，每穴1株，深度以基质团表面与垄面相平为宜。摆苗时注意使子叶方向（即两排侧根方向）与垄向垂直，有利于根系发育。

4. 田间管理

（1）温光调节：定植后7d内一般不通风，创造高温高湿条件以促进缓苗。缓苗后日温保持在25~30℃，高于30℃时通风，低于25℃闭风；夜温18~20℃，最低不能低于15℃。若遇寒流可加盖2层幕、小拱棚或采取临时加温措施，防止低温冷害。以后随着外界气温的升高，逐渐延长通风时间，加大通风量，调控温度在适温范围内。当外界最低温度稳定在15℃以上时，可昼夜通风。进入7月后，把四周棚膜全部揭开，保留棚顶薄膜，并在棚顶内部挂遮阳网或在棚膜上喷洒遮阳降温剂等，起到遮阴、降温、防雨的作用。8月下旬后，撤掉遮阳网并清洗棚膜，并随着外界温度的下降逐渐减少通风量。9月中旬后，夜间注意保温，白天加强通风。早霜来临期要加强防寒保温，尽量使采收期向后延迟。

（2）水肥管理：采用水肥一体化系统，以干管、支管、喷灌带或滴头为网路，以水池、肥料桶为供应源，在水泵的驱动下将水分和肥料直接供应给辣椒植株。定植时浇少量定植水，缓苗后浇1次缓苗水，水要浇足浇透，然后到坐果前不再浇水，进入蹲苗期。浇水宜在晴天上午进行。

根据辣椒需肥规律，在施足基肥的基础上，按照辣椒各生长发育时期对养分的需求科学追肥。水肥一体化追肥选用液态或固态速溶肥，先用容器定量稀释溶解于水中，然后通过施肥器随水灌溉一起施入土壤，具有节水、节肥、省工、增效、操作简单等特点。初花期可适当施用氮、磷、钾水溶肥，促进根系发育；开花后对氮肥的需求量增加，氮肥充足，花果不易脱落；盛花坐果期对氮、磷、钾的需要量增加；盛果期一般采收时应适量补充氮、钾肥。

常规施肥的，当门椒长到3cm长时，可结合浇水进行第1次追肥。门椒采收后，经常浇水保持土壤湿润，防止过度干旱后骤然浇水，否则易发生落花、落果和落叶，俗称"三落"。一般结果前期7d左右浇1次水，结果盛期4~5d浇1次水，根据植株长势和结果情况，可冲施水溶肥1、2次。辣椒喜肥又不耐肥，营养不足或营养过剩都易引起落花、落果，因此，追肥应以少量多次为原则。

（3）植株调整：进入盛果期后，肥水充足，枝叶繁茂，会影响通风透光。应尽早抹去基部侧枝，及时摘除老、黄、病叶。如密度过大，可采取双干整枝。如植株过于高大，后期需吊绳防倒伏。辣椒花朵小、花梗短，生产上很少应用生长调节剂保花，加强棚内温度、光照和空气湿度调控，也可有效防止落花、落果。

（4）剪枝再生：与茄子类似，辣椒也可以剪枝再生。进入8月以后，结果部位上升，生长处于缓慢状态，出现歇伏现象，可在"四母斗"结果部位下端剪侧枝，追肥浇水，促进新枝发生，形成第 2 个产量高峰。新形成的枝条结果率高，果实大，品质好，采收期延长。

5. 采收　　门椒、对椒应适当早采，以免坠秧。此后原则上是果实充分膨大、果肉变硬、果皮发亮后采收。青椒的采收，可根据市场价格灵活掌握。

（二）彩色甜椒栽培技术

彩色甜椒植株长势强，较耐低温弱光，适合设施栽培，于元旦、春节期作为高档礼品菜供应市场，经济效益较高。日光温室栽培以秋冬茬、冬春茬和早春茬为主。秋冬茬 7 月上旬播种，11 月上旬始收；冬春茬 10 月上旬播种，2 月中旬始收；早春茬 11 月上旬播种，3 月中旬始收。

1. 整地、施基肥　　彩色甜椒生长期长，产量高，要施足基肥。可结合整地分层施入腐熟有机肥 75t/hm²、三元复合肥（15-15-15）600kg/hm²，可用起垄覆膜机进行起垄、开沟、施肥、铺滴灌带、喷药、覆地膜、覆土作业。

2. 播种育苗　　因种子价格昂贵，育苗时要浸种催芽，精细播种，保证出苗率；调控环境，合理炼苗，保证壮苗率。穴盘育苗采用 40～50d 小苗定植，而营养钵等容器育苗采用 60～70d 大苗定植。

3. 定植　　因植株长势强，应适当稀植，日光温室按大行距 70cm，小行距 50cm 作小高畦，畦上开定植沟，沟内按株距 40cm 定植，密度 30 000～34 500 株/hm²。

4. 田间管理　　定植缓苗后，按正常要求进行环境调控和水肥管理。保持日温 25～30℃，夜温 18～20℃，最低不低于 15℃，高于 30℃时通风，低于 25℃闭风，高温季节注意遮阴降温。利用水肥一体化技术浇灌水，结果前期每周浇 1 次水，结果盛期每 4～5d 浇 1 次水，门椒采收后至结果盛期结合浇水追肥 2、3 次。

一般采用双干整枝或 3 干整枝，即保留 2 杈分枝或在门椒下再留 1 条健壮侧枝作结果枝。疏除门椒花蕾和基部叶片生出的侧芽，以主枝结椒为主，每株始终保持有 2、3 个枝条向上生长。通过疏花疏果控制单株同时挂果数不超过 6 个，以免果实过多营养供应不足影响果实膨大和转色，确保果大肉厚。在棚温低于 20℃和高于 30℃的季节，可用生长调节剂处理以保花保果。结果后期植株可高达 2m 以上，为防倒伏多用绳吊枝，每个主枝用 1 条绳固定。单株整个生长期可结果 20 个左右。

5. 采收和包装　　市场对彩色甜椒果实质量要求较为严格，采收应把握最佳时间。黄、红、橙色的品种，应在果实完全转色时采收；白色、紫色的品种，在果实停止膨大、充分变厚时采收。采收时用剪刀或小刀从果柄与植株连接处剪切，不可用手扭折，以免损伤植株和造成大的伤口感染病害。

采收后按大小和果色分类搭配包装出售。为防止采后失水而出现果皮褶皱现象，应采取薄膜托盘密封包装，这样可在低于室温或超市冷柜条件下保鲜较长时间。每个托盘可装 2、3 种颜色的果实，便于食用时搭配。

（三）制干辣椒栽培技术

制干辣椒栽培以采收成熟果实、加工成干椒为目的。制干辣椒也叫红干椒，是重要的调味品。中国是世界上制干辣椒主要生产国和出口国，制干辣椒也是中国出口创汇的主要蔬菜种类之一。在湖南、湖北、四川、陕西、新疆、贵州等均有专门生产制干辣椒的基地。制干辣椒以露地栽培为主，栽培技术要点如下。

1. 整地、施基肥　宜选择麦茬地等多年未种过茄科作物的生茬地，定植前施入优质农家肥 45t/hm²、三元复合肥（15-15-15）300kg/hm²。利用起垄覆膜机等机械进行整地、起垄、开沟、施肥、铺滴灌带、喷药、覆膜、覆土等作业。

2. 直播或育苗移栽　在无灌溉条件和劳动力缺乏的地区多直播，可在当地终霜后播种，条播用种量 3750～7500g/hm²。直播常有缺苗断垄、生长不整齐的问题，应注意间苗补苗，保全苗，加强管理保壮苗。

直播生长期短，植株矮小，后期易发生病毒病，导致产量低。所以，应尽量采用育苗移栽。春季可利用阳畦或小拱棚等简易设施育苗，在当地终霜前 50d 播种，于 3 叶期分苗至营养钵中，苗龄 60～70d。苗期管理同鲜食辣椒。

制干辣椒株形紧凑，适于密植，增加单位面积株数及单株结果数是增产的重要措施之一。生产上常采用大小行定植，一般大行距 60cm，小行距 50cm，穴距 25cm，每穴栽 2、3 株，栽植密度 15.0 万～22.5 万株/hm²。

陕西等地采用线辣椒与小麦、线辣椒与玉米的套种模式，效果良好。

3. 田间管理　定植缓苗后浇 1 次缓苗水，然后精细中耕蹲苗。门椒坐住后开始灌水追肥，促进开花坐果和果实成熟。后期应重视磷、钾肥的施用。果实开始红熟后，控肥控水。

4. 采收　制干辣椒应在充分红熟后采摘，不可过早采收，否则制干后果实易出现青壳或黄壳，影响干椒商品性。为提高制干辣椒质量和产量，应红熟一批采收一批，干制一批。采收应在午后进行，采后立即烘烤干制，或在水泥晒场铺放干草帘晾晒，日晒夜收，5～6d 即干。

采收期可持续 3 个多月，共可采收 8～10 次。也可待植株上果实全部成熟后一次性整株采收，将植株摊在地上风干，八成干时将果实朝阳面码垛，摘取果实，晾干或烤干。一般 4kg 左右鲜椒可制 1kg 干椒。根据收购标准进行整理、分级、包装和出售。

四、常见生理障碍及对策

辣椒生产中普遍存在"三落"现象，即落花、落果和落叶，一般使辣椒减产 15%～20%，严重的会造成大幅度减产甚至绝收，是辣椒的主要生理障碍。"三落"是因不良生长环境等因素导致花柄、果柄、叶柄的基部组织形成离层，与母体器官自然分离而脱落的现象。前期多表现为花蕾脱落，中后期主要是落叶和落果。造成"三落"的原因及对策如下。

1. 环境因素　温度过低（低于 15℃）或过高（高于 32℃），花粉管都不能正常伸长，短柱花增多，影响授粉，会引起落花或不能结实；气候干燥、土壤干旱，造成授粉不良或引发病毒病等，会引起"三落"；雨涝或灌水不当，根系吸收能力减弱，导致植株生理失调，会引起"三落"；光照过强或不足，导致植株生长不良，也会引发"三落"。生产上应根据辣椒不同生育期的特点，调节温度、湿度和光照条件，保证花芽分化和授粉受精条件，促进生长和发育协调。

2. 栽培因素　氮肥过多，磷、钾肥偏少，使植株徒长，营养生长与生殖生长不平衡，会引起落花、落果；氮肥不足以及栽培密度过大，植株调整不当，通风透光不良等，也会引起"三落"。栽培上应合理密植，控制氮肥，增施磷、钾肥，及时整枝，摘除病叶、老叶、黄叶，加强通风透光。

3. 病理因素 病毒病、炭疽病、叶枯病、白粉病、疮痂病以及螨类和蚜虫危害等都会造成辣椒"三落"。生产上应注意选用抗病品种，进行种子消毒，培育壮苗，加强田间管理，增强植株生长势，提高辣椒自身抗病能力，创造不利于各种病虫害生存的环境等。

第四节　茄果类其他蔬菜

请扫描二维码阅读本节内容。

小　　结

茄果类蔬菜主要有番茄、茄子和辣椒，喜温暖，不耐霜。生长发育适宜温度为22～28℃，耐热性以茄子较强，辣椒次之，番茄再次，夜温低于15℃或者高于35℃易发生落花、落果。对光周期要求不严，一般为中光性植物。但光周期较长，光照充足，有利于茎叶生长、花芽分化和开花结果。番茄和茄子根系较为发达，辣椒根系弱，它们对土壤的要求不严格，适宜育苗移栽。在育苗期间加强温、光、水和肥等的管理，培育适龄的壮苗是获得丰产的前提。茄果类蔬菜幼苗期开始分化花芽，以后生殖生长和营养生长同时进行，前期仍以营养生长为主，后期则以生殖生长为主，生产上要协调好营养生长和生殖生长之间的矛盾。在中国除番茄在炎热多雨的地区不易越夏，采用春夏和秋冬栽培外，茄子、辣椒等多实行冬春育苗，夏秋（华北多为春季露地定植）栽培。茄果类蔬菜是设施栽培的主要蔬菜，在中国多数地区利用温室等设施提早育苗，进行早熟栽培，也可采用延后栽培，或越冬长季节栽培。露地栽培须在终霜后10cm地温稳定在10℃以上时方可定植。茄果类蔬菜生育期较长，茎叶茂盛，需多施有机肥。生育期间要注意通过合理的肥水、植株调整、病虫害防治等管理措施，促进茎叶的生长，保持适宜的同化面积和良好的光照条件，协调茎叶生长和开花结实的矛盾，是获得优质丰产的关键。茄果类蔬菜有共同的病虫害，应实行3年以上的轮作。酸浆和香瓜茄是茄果类的稀有种类。

思　考　题

1. 试述番茄畸形果发生的原因及其对策。
2. 试述番茄落花、落果的原因及对策。
3. 试述番茄的植株调整技术。
4. 番茄常见的整枝方式有哪些？试说明每种方法的技术要点。
5. 试述日光温室冬春茬番茄栽培技术要点。
6. 简述番茄无土栽培技术。
7. 简述辣椒和茄子的种子处理技术。
8. 试述辣椒合理密植的意义和技术。
9. 试述辣椒"三落"的原因及对策。
10. 试述茄子嫁接栽培的意义、嫁接方法和砧木选用要求。
11. 试述茄子植株再生技术。
12. 番茄、茄子、辣椒对环境条件的要求有何不同？
13. 简述番茄、茄子、辣椒的花芽分化特点及其在栽培技术中的应用。

14. 简述番茄、茄子、辣椒育苗的苗龄差异和育苗技术要点。
15. 试比较番茄、茄子、辣椒的分枝习性及利用特点。
16. 比较番茄、茄子和辣椒花器的结构特点和正常花的雌蕊柱头类型。
17. 试比较说明番茄、茄子、辣椒栽培技术异同点。
18. 试比较番茄、茄子、辣椒采收技术及特点。
19. 简述茄果类蔬菜分苗的意义和技术。
20. 简述水肥一体化技术在茄果类蔬菜栽培中的应用。

第二章 瓜类蔬菜

瓜类蔬菜是指葫芦科（Cucurbitaceae）中以果实为食用器官的栽培种群。中国栽培的瓜类蔬菜主要有黄瓜、西瓜、甜瓜、南瓜、西葫芦、冬瓜、瓠瓜、丝瓜、苦瓜、佛手瓜、笋瓜、节瓜、蛇瓜等。瓜类蔬菜富含糖类、维生素、蛋白质、脂肪及矿物质等多种营养物质，既可生食、熟食，又可加工。

瓜类蔬菜起源于热带和亚热带地区，在植物学性状、对环境条件的要求和栽培技术方面有许多共性。

在植物学性状上，瓜类一般根系发达，但易木栓化，再生能力差。茎多为蔓性，攀缘或爬地生长，易生不定根，栽培中多行搭架或压蔓；茎上易发生侧枝，栽培中不同种类有不同的整枝方式。花器较大，基本为雌雄同株异花。大多数瓜类蔬菜花性型具有可塑性，通过环境调控和应用植物生长调节剂可促进雌花形成。开花结果习性有3种类型，一是主蔓结果为主的，如多数黄瓜、西葫芦等，生产上需打杈；二是侧蔓结果为主的，如甜瓜、瓠瓜等，需在主蔓早期摘心，留侧蔓结瓜；三是主、侧蔓结果能力及结果时间差异不大的，如冬瓜、南瓜、西瓜、苦瓜等，除保留主蔓外，还可适当保留侧蔓。

瓜类蔬菜喜温或耐热，不耐霜冻，整个生长发育期要求较高的温度，在温带地区露地栽培需选择在无霜期内。瓜类蔬菜喜光，生长期要求较多的日照时数和较强的光照强度，但较低的温度（主要是夜温）和短日照有利于早期雌花的分化。瓜类蔬菜对肥料要求较严格，要求土层深厚、肥沃、排水良好的中性土壤。以果实为产品，连续开花结果，分批采收，产量高，生产上协调好营养生长和生殖生长之间的矛盾是获得丰产的关键。

瓜类蔬菜有多种共同病虫害。例如，霜霉病、白粉病、炭疽病、灰霉病、病毒病等叶部病害，枯萎病、根结线虫病等土传病害，生产上忌连作，需轮作倒茬；害虫如蚜虫、白粉虱、斑潜蝇、红蜘蛛、瓜守等。但瓜类不同种类之间病虫害发生程度也有差异，应注意采取综合措施防控。

第一节 黄 瓜

黄瓜（cucumber）别名胡瓜、王瓜，学名 *Cucumis sativus* L.，为1年生草本植物，一般认为原产于东南亚热带地区，栽培历史悠久，是种植最广泛的世界性蔬菜之一，在中国已有2000多年的栽培历史。黄瓜以嫩果供食，每100g鲜果含碳水化合物1.6～2.4g、蛋白质0.4～0.8g、钙10～19mg、磷16～58mg、铁0.2～0.3mg、维生素C 4～16mg。黄瓜既可作水果生食、凉拌，也可熟食，还可腌渍加工，在蔬菜供应中占有重要的地位，中国南北各地普遍栽培。

一、生物学特性

（一）植物学特征

1. 根 浅根系，根系不发达，入土浅，主要根系分布在25cm耕层内。根系好气性较强，抗旱力、吸收能力弱，喜湿润、疏松肥沃的土壤。根颈处易生不定根，而且生长比较快，通过培土可扩大根系范围和吸收面积。根的再生能力差，伤根后不易恢复，育苗时须采取护根措施。

2. 茎 蔓性，中空，4棱或5棱，生有刚毛。横断面结构由表及里大致为厚角组织、皮层、环管纤维、筛管、维管束和髓腔。维管束又由外韧皮部、木质部和内韧皮部构成。茎髓腔大，机械组织不发达，易折损，但输导性能较好。茎的长度取决于类型、品种和栽培条件，一般长2.0～2.5m，最长可达7～8m以上，粗约1cm。茎上有卷须，可缠绕。自5、6节后开始伸长，不能直立生长，栽培中一般需支架，并及时绑蔓固定。茎的分枝能力因品种而异，多数品种分枝能力弱，一些晚熟品种侧枝较多，需进行植株调整。

3. 叶 子叶2枚，椭圆形，对生；真叶掌状，互生，叶面积大，上有小刺毛，单叶面积200～500cm^2，叶片薄，蒸腾作用强，易受机械损伤。

4. 花 单性花，偶有两性花。按花的性别，植株性型有7种：完全花株，植株上的花全部为完全花，并能自行授粉、受精、结果，很稀有；雌雄同株，同一植株上有雌花和雄花，雄花数常多于雌花，为标准性型，也是中国黄瓜品种的主要类型；雌性株，植株上花全部为雌花，单性结实能力很强，目前的小型水果黄瓜品种为该类型；雌全同株，植株上有雌花，也有完全花，能自行授粉、受精、结果，稀有；雄全同株，植株上有雄花，也有完全花，能自行授粉、受精、结果，很稀有；雌雄全同株，植株上有雌花、雄花和完全花，能自行授粉、受精、结果，很稀有；雄性株，植株的花全部为雄花，很稀有，没有生产意义。

基本上为退化型腋生单性花，花序退化为花簇，每朵花分化初期均有萼片、花冠、蜜腺、雌雄蕊、初生突起。但在形成萼片和花冠后，雌蕊退化，就形成雄花；雄蕊退化，就形成雌花；雌雄蕊都发育，则形成两性花。雄花常腋生多花，雌花腋生单花或多花。花冠钟状，5裂，黄色。雌花子房下位，3室，侧膜胎座，花柱短，柱头3裂。雄蕊5枚，组成3组并联成筒状。虫媒花，自然杂交率达53%～76%。

通常于清晨开放，盛花时间1.0～1.5h，花的寿命可延迟到当日午后，雄花翌日脱落，在低温的阴雨天气下寿命较长，翌日仍能正常开花。花冠完全展开之际，即花药开药之时。花粉在开花前1日的午后已具备发芽能力，到开药时发芽力最高。花粉寿命在自然状态下于开药后4～5h即失去活力，温度高时寿命短。雌花从开花前2d到开花次日均具有受精能力，但在开花当天上午受精能力最佳。第1雌花着生节位越低、雌花比例越高，越有利于早熟丰产。

5. 果实 瓠果，由子房和花托一起发育而来。果面平滑，或有纵向分布的果棱，或稀或密的果瘤和果刺。果刺着生在果瘤和刺座上，刺白色、黑色或褐色；刺瘤、刺座有大有小。果形为筒形至长棒状，也有圆形果。嫩果多为均匀的深绿或翠绿色，少数品种为均匀的黄绿色、白绿色或白色；有的品种果面呈不均匀色斑，果实一端色浅，一端色深；有的绿果品种果面有纵向黄色条纹。老熟果黄色或黄白色，有的表面有网纹。果实大小、形状、嫩果皮色、果面特征是主要的商品属性。

以嫩果为食用器官，通常雌花坐果后3～4d生长缓慢，日伸长1cm；5～6d开始急剧伸长，日伸长量可达3cm；10d可长达20cm左右；8～18d达到商品成熟；40～50d达到生理成熟。

多数品种有单性结实特性，即雌花不经过授粉、受精而结果。单性结实特性主要受遗传控制，也受环境条件的影响。授粉常能提高结实率和促进果实发育，阴雨季节和设施栽培时，人工授粉可以提高产量。

6. 种子 扁平，长椭圆形，黄白色。果顶端的种子发育早、成熟快，果柄端的种子则发育较迟。雌花授粉至瓜采收需35~50d。新采的种子约有2个月休眠期，生产上以用隔年种子为好，出苗早且整齐一致。种子千粒重22~42g，寿命2~5年，使用年限2~3年。

（二）生长发育周期

黄瓜的生长发育周期分为发芽期、幼苗期、伸蔓期（开花坐果期）和结果期4个时期。露地春黄瓜全生长发育期为90~120d，日光温室越冬黄瓜生长发育期长达240d以上。

1. 发芽期 从种子萌动至第1片真叶显露（破心），在25~30℃条件下需5~6d，主要进行胚性器官生长和叶原基分化。发芽期主根下扎，下胚轴伸长，幼苗伸出地面，子叶展平，生长所需要的营养完全靠种子本身贮藏的营养供给，属异养阶段。生产上要选用优质种子，子叶出土期提供适宜的温度和水分管理，以保障早出苗、快出苗、出全苗；子叶出土后要适当降低温度，以防幼苗徒长形成"高脚苗"。

2. 幼苗期 从第1片真叶显露至第4片真叶展平，在适宜条件下约30d。幼苗期以营养生长为主，主要进行叶的分化和生长、主根的伸长和侧根的发生，同时也进行花芽分化。本期管理要创造适宜条件，扩大叶面积和促进花芽分化，培育适龄壮苗。

3. 伸蔓期 从第4片真叶展平至第1朵雌花坐瓜，需15~25d。前半期以营养生长为主，后半期以生殖生长为主，不断进行花芽分化。根瓜坐住是黄瓜植株由营养生长为主向生殖生长为主过渡的转折期，早熟性和丰产性都与转折期管理关系密切，应适当控制营养生长，促进根系发育，确保花芽的数量和质量，适当扩大叶面积，但又要防止植株徒长。

4. 结果期 由第1雌花坐瓜到拉秧结束。该时期的长短因品种、栽培环境及栽培技术不同而有差异，露地夏秋黄瓜只有40d左右，春夏黄瓜一般为50~60d，日光温室越冬栽培长达150~180d，智能温室栽培可长达300d以上。结果期生育特点是连续不断地开花结果，根系与主、侧蔓继续生长。在生产上应加强肥水管理及病虫害防控以延长结果期。

（三）对环境条件的要求

1. 温度 喜温暖，不耐寒冷。生长发育适温为15~32℃，其中白天20~32℃，夜间15~18℃。种子发芽适温25~30℃，低于20℃发芽缓慢，低于12~13℃不能萌发，高于35℃发芽率降低。幼苗期适宜昼温22~25℃，夜温15~18℃。开花结果期适宜昼温25~30℃，夜温18~22℃。

耐低温能力弱，在10~12℃低温下生长缓慢或停止，5℃时有受冷害危险，但经低温锻炼的幼苗可耐短时间2~3℃低温。

对高温忍耐能力较差，32℃以上时呼吸量增加，净同化率下降；35℃左右植株同化量与呼吸消耗平衡，35℃以上生长不良；超过40℃就引起落花、化瓜、光合作用急剧减弱，代谢机能受阻；45℃高温3h，叶色变淡，雄花落蕾或不能开花，花粉发芽力下降，导致畸形果；50℃高温1h，呼吸完全停止。但在高湿度（90%以上）条件下，黄瓜植株可忍耐短时间（1.5~2.0h）45~50℃高温，生产中常利用这一特点进行"高温闷棚"防治霜霉病。

根系生长适宜地温为25℃。8℃以下根系不能生长；12℃以下根系生理活动受阻，下部叶片变黄；12~14℃以上根毛才能发生；38℃以上根系停止生长，并引起腐烂或枯死。生育期适宜地温为 20~25℃，最低为 15℃左右。生长发育期要求一定的昼夜温差，一般白天 25~30℃，夜间 13~15℃，昼夜温差 10~15℃较为适宜。

2. 光照 黄瓜为喜光作物，但对弱光也有一定的适应性。光饱和点 55~60klx，最适光照强度 40~60klx，光补偿点 2klx。对日照长短的要求因品种不同而有差异，一般华南型品种对短日照较为敏感，为短日性；华北型品种对日照的长短要求不严格，为日中性，但 8~11h 的短日照能促进雌花的分化和形成。

3. 水分 根系吸水能力弱而叶片蒸腾量大，具有喜湿不耐旱的特点，要求较高的土壤和空气湿度。适宜土壤湿度，苗期为 60%~70%，成株期为 80%~90%。根系需氧量较高，怕涝，土壤湿度过大且温度低时易发生沤根现象。适宜空气相对湿度以白天 80%，夜间 90% 为宜。在较低的空气湿度条件下，植株生长及果实发育均会受到影响；但空气湿度过高对生长发育也不利，尤其易诱发病害。

4. 土壤营养 根系浅，范围小，应选择富含有机质、透气性良好的土壤栽培。喜中性偏酸性土壤，在 pH 5.5~7.2 都能正常生长发育，以 pH 6.5 为最适。吸肥量中等，每生产 1000kg 黄瓜，吸收 N 2.8~3.2kg、P_2O_5 0.8~1.3kg、K_2O 3.6~4.4kg、CaO 1.34~2.00kg、MgO 0.26~0.60kg。氮摄入集中于生长前期，磷在播种后 20~40d 需求量增大，钾摄入集中于生长中后期。盛瓜期养分吸收量占整个生育期的 60% 以上。黄瓜结果期较长，生产上应在注重施基肥基础上，根据生育期长度合理增加追肥次数。一般基肥每公顷应施腐熟厩肥 75t 以上，配合施入硫酸钾 600kg、过磷酸钙 450kg。

5. 气体 与黄瓜生长发育关系密切的气体有 O_2、CO_2 和一些有害气体。

（1）O_2：黄瓜适宜土壤含氧量为 15%~20%，低于 2% 会影响生长发育。根系生长发育和吸收功能与土壤氧含量密切相关。生产上增施有机肥、中耕都是增加土壤通气性的有效措施。

（2）CO_2：在常规自然条件下，黄瓜光合作用的 CO_2 饱和点为 1000μl/L，补偿点为 50μl/L；CO_2 浓度过高可能导致生育失调，甚至中毒；长期低于补偿点会因饥饿而死亡。但在光照强度、温度、湿度更适合的情况下，CO_2 饱和点还可以提高。设施栽培，尤其是日光温室冬春茬栽培，严冬季节很少放风，白天上午室内 CO_2 不足常成为限制光合作用的因素，生产上可以通过增施有机肥或人工施放 CO_2 的方法解决。

（3）其他气体：NH_3、NO_2、SO_2 等有害气体浓度过高时会影响黄瓜生长发育。例如，施入易挥发性氮肥（氨水或碳酸氢铵等）会放出 NH_3，当其浓度超过 1000μl/L 时就会致黄瓜叶缘组织褐变，甚至枯死；土壤中施入硝态氮，经硝化作用也会产生 NO_2，当其浓度超过 2μl/L 时就会致黄瓜叶缘及叶脉间细胞死亡，形成白色或褐色小斑点；在设施内烧煤常会产生 SO_2，当其浓度达 5μl/L 时就会使黄瓜出现受害症状。

（四）花芽分化和性型决定因素

黄瓜花芽分化的特点，一是早，二是性型可塑。一般在 1、2 片真叶展开时就开始花芽分化；2 片真叶展开时，3~5 节花的性型已决定；7 片叶展开时，花芽分化到 23 节，16 节花芽性型已定。花芽分化初期表现为两性，以后受植株或外部条件的影响而决定性别。若条件有利于雌蕊发育，则雄蕊退化而形成雌花；反之，则形成雄花。影响和调控花芽性别分化的外部因素主要有环境条件和植物生长调节剂。

1. 环境条件　　除雌性品种外，温度是影响黄瓜雌花分化的最直接因素。较低的温度（主要是夜温）有利于雌花形成，适宜夜温是 13～15℃。短日照有利雌花形成，长日照则促进雄花形成。一般 8h 短日照可增加雌花数目和雌雄比例；12h 以上日照下雄花显著增多，雌花减少。短日照与低夜温结合促进雌花形成的效应更明显。光照强度也影响雌花形成，在遮阴条件下，雄花减少，雌花增加。其他条件，如较高的土壤湿度和空气湿度有利雌花形成，增加 CO_2 浓度也可促进雌花形成。

2. 植物生长调节剂　　在幼苗 1 片真叶展开期喷 100～150mg/L 乙烯利，可有效促进雌花形成，使雄花形成晚而少。但乙烯利对营养生长有抑制作用，使用时须严格掌握浓度和使用时期等。10mg/L NAA、500mg/L IAA 处理也可促进雌花形成。GA_3 则促进雄花的形成。

二、品种类型与栽培制度

黄瓜品种类型和栽培季节茬口多样。不同地区因消费习惯的差异，品种类型不同，栽培的季节茬口也不同。

（一）品种类型

1. 按分布区域和生态型分类　　常分为欧美型、北欧型、南亚型、华南型、华北型、小型黄瓜。

（1）欧美型黄瓜：主要分布于欧洲及北美，有东欧、北美等品种群。其茎叶繁茂，果实多短粗，刺瘤稀，黑刺，适于露地栽培，如美国露地无支架、无整枝栽培的黄瓜品种。

（2）北欧型黄瓜：主要分布于荷兰和美国。其叶大枝旺，果实长而粗，无刺瘤，适应低温弱光，种子少或单性结实，对日照长短要求不严格，多用于温室栽培，又叫北欧温室型黄瓜。

（3）南亚型黄瓜：主要分布于南亚各地。茎叶粗大，易分枝，果实大，果短圆筒形或长圆筒形，刺瘤稀少或无，皮厚味淡，皮色浅，喜湿热，严格要求短日照。地方品种很多，多没有被整理和改良，如锡金黄瓜、中国版纳黄瓜、昭通大黄瓜，适合南亚湿热条件下露地栽培。

（4）华南型黄瓜：主要分布于中国长江以南及日本。枝叶较繁茂，较耐热及弱光，要求短日照。果实较细短，刺瘤稀，多黑刺。嫩果绿、绿白、黄白等色，味淡。成熟果实黄褐色，有网纹，俗称"旱黄瓜"。代表品种如广州二青、杭州青皮、昆明早黄瓜、四川白丝条、二早子、上海杨行、长沙郎梨早、燕白黄瓜、日本的青长等。

（5）华北型黄瓜：主要分布于中国黄河流域以北地区及朝鲜和日本。植株生长势中等，喜湿润土壤和晴朗天气的自然条件，对日照的要求不甚严格。果实较细长，刺瘤密，耐湿、耐热及耐弱光性都较差，但品质好，俗称"水黄瓜"。代表品种有津优系列、津杂系列、德瑞特系列的品种，北京大刺、北京小刺、长春密刺、宁阳大刺、河南刺瓜等。

（6）小型黄瓜：主要分布于亚洲和欧美各地。植株较矮小，分枝性强，花多果多，果实小，如目前流行的短棒状、光皮、雌性小型水果黄瓜。

2. 按品种熟性分类

（1）早熟品种：第 1 雌花出现在主蔓 3、4 节，雌花节率高，几乎每节都有雌花，一般播种以后 55~60d 开始收获。

（2）中熟品种：第 1 雌花出现在主蔓 5、6 节，雌花节率较高，播种后 60d 开始收获。

（3）晚熟品种：第 1 雌花出现在主蔓 7、8 节，雌花节率低，空节多，每 3 或 4 节出现 1 雌花，播种后 65d 开始收获，生长势强，耐高温，瓜大，产量高。

3. 按果面特征分类

（1）有刺型：果面刺瘤较密，适合中国北方消费习惯，但包装运输和清洗不大方便。

（2）少刺或无刺型：果面较平滑，适合中国南方消费习惯。

此外，按消费习惯和用途分，有中国传统黄瓜（如华北型的津春 40、津杂 1 号，华南型的广州二青、粤秀 1 号）、水果黄瓜（如中农 29 号、中农 59 号、新农城 1 号等）、新型水果黄瓜（如细长光油皮的新农城 2 号、密刺型小水果黄瓜新农城 3 号）、欧洲切片黄瓜等；按皮色分有绿黄瓜、白黄瓜等。

（二）栽培品种选择

黄瓜消费品种类型有较强的区域性，中国北方多喜食华北生态型品种，南方多喜食华南生态型品种，小型水果黄瓜在各地都已流行。生产品种的选择，首先要考虑消费习惯和栽培目的；其次要考虑栽培地区、季节和栽培方式的生态环境特点及生产面临的问题。例如，春露地栽培应选较耐低温、较早熟、丰产、优质和抗病的品种，春季大棚栽培应选早熟、耐寒、单性结实能力强、丰产、抗病、株型紧凑的品种，日光温室冬春茬栽培应选择耐低寡照、抗病、节成性好、单性结实能力强、瓜条生长快的优质品种。

（三）栽培制度

黄瓜栽培方式多样。因其喜温怕寒不耐热，露地栽培必须在无霜期内进行，南方一般栽培春、夏、秋 3 茬；华南等热带地区亦可在冬季栽培；北方地区多行春、秋两茬栽培；东北和西北高寒地区只进行春夏茬栽培；配合拱棚、日光温室、智能温室等设施栽培，可以周年生产。露地栽培基本都采用土壤栽培；塑料拱棚和日光温室多采用土壤栽培，也有无土（基质）栽培；智能温室多采用无土（基质或营养液）栽培。

黄瓜忌连作，应选 2~3 年未种过瓜类作物的地块种植。葱蒜类、绿叶嫩茎类、肉质直根类、茄果类等都可作为黄瓜的前茬。

三、栽培技术

黄瓜栽培技术流程为：播种育苗（设施内或露地）→整地、施基肥、作畦→定植→田间管理（设施栽培的环境调控、吊蔓、缠蔓、中耕、培土、除草，水肥管理，支架和绑蔓、整枝、打杈、摘心、摘老叶）→采收。

（一）春露地栽培技术

春露地栽培黄瓜，采用设施育苗，当地晚霜期过后定植于露地。

1. 育苗 设施育苗多于当地终霜前 30~40d 播种。育苗期关键是抓好温度管理，前期注意保温，后期防冷兼防高温。从播种至出土，保持白天 30℃左右，夜间 20℃以上；出土至破心，白天 20~22℃，夜间 12~15℃；破心以后，白天 22~25℃，夜间 13~18℃；定植前5~7d进行炼苗,白天15~20℃,夜间12~13℃。适宜定植苗龄为4叶1心期,穴盘苗可2、3片真叶期定植。

2. 整地、施基肥 选择疏松、肥沃地块,冬前深翻25~30cm,结合深翻施优质有机肥75t/hm²以上。春季解冻后,浅耕细耙,整平地面作畦。北方地区多用平畦,畦宽1.2~1.5m,长10~15m;东北地区以垄作为主,垄距60cm,高20cm;南方宜高畦,畦宽90~100cm,沟宽30cm,深25~35cm。结合作畦再施基肥过磷酸钙450~750kg/hm²,或磷酸二铵225~375kg/hm²。

3. 定植

(1)定植期:因根系伸长和根毛发生的最低地温(地表10cm)为8℃,一般要求10cm地温稳定在12℃以上,平均气温15℃左右时定植,有霜地区须在晚霜期过后定植。

(2)定植密度:根据栽培品种的特性、土壤肥力及生长期长短而定。一般定植行距40~66cm,株距25~30cm,密度50 000~60 000株/hm²。

(3)定植方法:定植早的采用暗水定植,即先按行距开沟,顺沟灌水,水未下渗时摆苗,水渗后覆土。定植晚的,温度较高时,可明水定植,即先栽苗,覆土后灌水。定植深度以营养土块表面与地面齐平为宜。采用地膜覆盖栽培可提高土壤温度和保墒,有利于促进根系生长。

4. 田间管理

(1)肥水管理与中耕:定植缓苗后,如果土壤干旱,可轻浇1次缓苗水,趁墒中耕1次。缓苗后至根瓜坐住之前,一般不再灌水,进行蹲苗,以防茎叶徒长,促进根系发育和开花坐果。根瓜坐住后结束蹲苗,浇1次透水,以后小水勤灌,逐渐增加灌水量,保持土壤湿润而不积水。

追肥主要在结果期,一般结合灌水进行。根瓜采收前后,进行第1次追肥,以后原则上每隔1次清水追1次肥。前期温度较低时,可追施腐熟有机肥,以后以速效氮肥为主,并适当配合磷钾肥。黄瓜喜肥又不耐肥,应薄肥勤施,以防烧根,如施用三元复合肥(18-18-18),每次150kg/hm²左右为宜。

(2)搭架、绑蔓:一般于定植缓苗后进行支架,用长2.0~2.5m的细竹竿,每株1根,插在苗的外侧7~8cm处,架形多为人字架或圆锥架。

绑蔓既可固定瓜秧,也可对植株进行促抑调控。一般在株高23~27cm时开始绑蔓,以后主要利用卷须引蔓,或每隔3、4叶绑1次蔓。绑蔓一般绑在瓜下1、2节处,可通过缠蔓绑蔓法调整植株高度或通过绑蔓松紧程度调控瓜秧生长。

(3)整枝、打杈:有的品种侧枝发达,互相遮蔽,影响植株光合作用,应及时整枝打杈。根瓜以下的侧枝一般全部打掉,中上部的侧枝可留1瓜2叶后摘心。

(4)摘叶和摘心:当结瓜部位上移后,基部的叶片老化且易感病,应及时摘除老叶和病叶。一般在主蔓20~25节,植株快长到架顶时进行摘心。摘除老叶,可减少营养消耗,改善通风透光条件,便于采收。摘心可促进回头瓜的发生。

5. 采收 一般于定植后25~30d开始采收。黄瓜以嫩瓜供食,一般在开花后8~12d采收,即皮色从暗绿变为鲜绿有光泽,花瓣未脱落时采收为佳。如果采收晚,一则影响上层果实的发育,降低产量;二则因种胚发育而降低果实品质。根瓜发育慢,宜适当早采收,以免坠秧。

（二）春大棚早熟栽培技术要点

1. 培育壮苗 北方多用温室或温床育苗，一般日历苗龄45~55d为宜。育苗期正值低温季节，管理的中心任务是确保苗床温度，防止低温危害。

2. 整地、定植 前作收获后，冬前尽早深翻土地，使土壤充分熟化。结合深翻地每公顷施优质厩肥75t和过磷酸钙450~750kg，或复合肥450kg。施肥后翻耕耙细并作畦。为了土温回升，应于定植前15~25d覆盖棚膜，并闭棚增温。

当棚内10cm地温稳定在10℃以上，棚内白天气温不低于15℃，夜间最低气温不低于3℃时方可定植。北方大棚春黄瓜多在3月上旬至4月中旬定植，南方大棚黄瓜多在2月底至3月初，具体定植期依当地条件而定。栽培密度因栽培方式、品种而异，一般为60 000~67 500株/hm^2。定植方法多用暗水栽苗法，浅覆土，以利根系发育和缓苗。

3. 田间管理

（1）浇水施肥：定植后，及时中耕、松土，提高地温，促发新根。缓苗后，若土壤干旱，可轻浇1次缓苗水，然后中耕蹲苗。根瓜坐住后，开始浇水追肥，并根据植株长势和天气等因素调整浇水间隔期。结瓜初期隔2次清水追1次肥，结瓜盛期隔1次清水追1次肥。追肥每次用量不宜过大，以免发生肥害。前期可追施有机肥，中后期追施速效化肥，追肥结合浇水进行。

（2）温湿度调节：定植后应加强防寒保温，缓苗期间棚温不超过35℃一般不通风，以提高地温，促进缓苗。缓苗后，逐渐通风降温、排湿。缓苗后至结瓜前，保持白天25~28℃，夜间13~17℃，棚温达25℃时开始通风。结瓜期保持白天25~30℃，不高于35℃，夜间13~18℃。外界最低夜温达15℃以上时可昼夜通风。通风要由小到大逐渐进行，不能过猛，尤其不能在高温期突然大通风，以防"闪苗"。当外界温度能满足黄瓜正常生长发育的要求时，可撤除裙膜。棚内湿度宜保持在60%~80%。

（3）植株调整：一般在伸蔓期开始搭架或吊蔓。要及时绑蔓或缠蔓，每7~10d 1次，同时进行植株调整，主蔓伸长后应及时去掉第1雌花以下的侧枝，上部侧枝也只留1、2片叶摘心，随时摘去卷须、老叶、枯叶和病叶以利通风透光。

（4）采收管理：根瓜一般应适当早收，以利其他瓜条发育。前期及时采收，以免瓜坠秧。结果盛期一般每天都要采收，避免果实过大影响商品性。

（三）日光温室冬春茬栽培技术

北方地区日光温室黄瓜茬口比较灵活，可以根据市场消费需求安排。通常有早春茬、冬春茬、秋冬茬等。早春茬一般于12月下旬~1月上旬播种育苗，2月中下旬定植，3月上中旬~6月上中旬采收；冬春茬一般于10月下旬~11月上旬播种育苗，11月上旬~12月上旬定植，1月中下旬开始采收，5月下旬~6月下旬采收结束，采收期长达130~150d，产量高，是日光温室黄瓜的主要栽培茬口；秋冬茬一般于8月中下旬~9月上旬播种育苗，9月中下旬定植，定植30d后即可采收根瓜，盛果期在10月中下旬以后，可充分发挥日光温室的保温性能，避开大棚秋延后黄瓜的产量高峰，以供应元旦、春节两大节日市场，经济效益好。

1. 嫁接育苗 采用嫁接苗可以抗枯萎病等土传病害，使根系发达，抗寒性和吸收能力增强，生长势旺，是冬春茬黄瓜栽培的关键技术。一般选用黑籽南瓜、白籽南瓜或日本黄籽南瓜作砧木，靠接或插接法嫁接。嫁接后成活阶段注意保持较高的温度和高湿度条件，提高嫁接成活率。育苗天数一般35d左右，有3、4叶时即可定植。

2. 整地、定植 冬春茬黄瓜生长期长，产量高，需肥量大，应施足基肥，并以有机肥为主。增施有机肥可以熟化土壤，培肥地力，增强土壤的缓冲能力，提高土壤透气性，改善土壤生态环境。一般每公顷施优质腐熟有机肥75t以上，最好选用鸡鸭粪，配合施过磷酸钙750kg。在定植前封闭温室，利用高温或药剂消毒。

一般于11月中旬~12月初定植。按小行距40~50cm，大行距70~80cm开沟，株距25cm，暗水定植，结合覆土形成半高垄，并在小行垄沟上加盖地膜。定植深度切莫超过嫁接接口，以接口在地面上3cm为宜。

3. 棚室管理 包括温、湿、光、气等环境管理和肥、水、植株调整等栽培管理两部分。

（1）温光调控：定植后密闭保温，白天30~32℃，夜间20℃以上。缓苗后加强通风，白天28~32℃，夜间15℃以上。结瓜期上午25~32℃，下午20~22℃，前半夜18~15℃，后半夜15~12℃。晴天早揭晚盖保温覆盖物，阴天适当晚揭早盖。深冬短日照季节和连续阴天可进行人工补光。

（2）灌水：严冬季节，气温低，浇水量和次数应少，一般每15d左右浇1水，选晴暖天的上午进行，采用膜下暗灌，或温水滴灌。进入春季，气温回升，植株生长速度加快，应增加浇水量，每7~10d 1次；结瓜中、后期，放风量和水分蒸发量加大，一般每5~7d浇水1次。

（3）施肥：主要在结果期进行。根瓜采收前后随第1次灌水追1次肥，以后原则上每隔1次清水追1次肥。深冬季节氮肥宜用硝酸铵，以免氨害，每次追施225kg/hm^2；以后可用尿素，每次150kg/hm^2，并适当配合硫酸钾、磷酸二铵等化肥。

利用温室环境密闭的特点，人工增施CO_2可有效促进黄瓜生长发育，增强抗病性，提高产量，改善品质。一般于晴天早晨揭帘后进行，采用化学反应或其他方法，施用浓度一般为1000μl/L左右。

（4）植株调整：日光温室冬春茬黄瓜生长期长，多用吊绳吊蔓，应及时摘除雄花、卷须、侧枝及植株基部的老叶、病叶。每当瓜蔓长到绳顶后开始落蔓。落蔓选晴天下午进行，先将瓜蔓基部的老叶摘除，然后将瓜蔓落在地面整齐盘绕起来。落蔓的高度以功能叶不落地为宜，并可使同行植株形成北高南低的梯度，以便更好地利用光照。

四、常见生长发育障碍

（一）花打顶

1. 症状 植株生长点不再向上生长，顶端出现雌雄花相间的花簇，不再有新叶和新梢伸展生长，形成自封顶或花抱头状。花打顶多发生在结果初期，对产量和品质影响很大。

2. 原因 长期干旱和营养不良是导致花打顶的本质原因。其具体原因有：土壤干旱，肥料供应不足；各种因素造成的伤根，如中耕、施肥、浇水等田间作业引起的根系机械伤害或肥烧，且长期未能恢复，造成植株吸收养分受抑，可能出现花打顶现象；当设施内地温低于10℃，土壤相对含水量高于75%时，黄瓜根系生长受限，导致沤根，可能出现花打顶；或夜温低于10℃，导致叶面凹凸不平或皱缩，植株矮小而出现营养障碍型花打顶。

3. 预防措施 主要是针对发生原因采取相应措施。

（1）避免长时间干旱：黄瓜需水量大，苗床地和移栽后的幼苗需要浇灌足水分才能维持植株体内的水分平衡，保证养分的转运顺畅，促使幼根正常生长发育。

（2）避免持续低温：育苗温度控制在白天20～25℃，夜间不低于10℃，相对湿度70%左右，促使幼苗健壮。移栽后使用多膜覆盖保持棚室温度，促使幼苗尽快发根，缩短缓苗时间。缓苗后，及时中耕松土，提高地温。

（3）改善土壤理化性状：提倡轮作换茬，尽量增施腐熟有机肥，改善土壤条件。

4. 补救措施 已出现花打顶的植株，尽量摘除雌花，叶面喷300倍磷酸二氢钾；因烧根引起的花打顶，应及时浇透水，并保持空气环境湿润；也可用芸薹素、赤霉素、细胞分裂素等植物生长促进剂，每7～10d喷1次，连喷2～4次，直至瓜秧恢复正常生长。

（二）化瓜

1. 症状 化瓜是指黄瓜未达到商品成熟前，子房发育过程中停止发育，子房变黄萎缩的现象。化瓜在黄瓜生产上比较普遍，特别是塑料大棚黄瓜，如果管理不善，化瓜率甚至达50%以上，严重影响产量。

2. 原因 因小瓜在生长过程中得不到足够的营养而停止发育，具体原因有植株徒长、雌花太多而植株营养不良、品种因素、单性结实能力差的品种未授粉受精以及低温、寡日照、高温干旱和缺肥等。

3. 预防措施 从品种选择、加强肥水管理、改善环境条件、适当疏花、人工授粉、及时采收等方面防止化瓜。

（三）畸形瓜

1. 症状及发生原因 黄瓜畸形瓜主要有弯瓜、尖嘴瓜、蜂腰瓜、大头瓜等类型。

（1）弯瓜：原因有两种，一是物理原因形成的弯瓜，在支架、绑蔓时阻碍了黄瓜的正常垂直生长，特别是根瓜，头部顶着地面时不能正常伸长，极易产生弯瓜。二是生理性弯瓜，可能由于温度、光照、水分管理不当使光合产物不足或不能顺利输送到果实而形成弯瓜。例如，结瓜前水分正常，结瓜后期水分不足，或阴天骤晴，温度过高而水分、养分不足等。另外，花期条件不适宜，子房表现出弯曲状态，随幼瓜生长弯曲加重。

（2）尖嘴瓜：果柄附近粗，先端细。单性结实能力差的品种因授粉受精不良易形成尖嘴瓜，或单性结实力强的品种虽不须授粉可以结果，但营养不良，也容易形成尖嘴瓜。

（3）蜂腰瓜：果柄基部和顶端正常，瓜条中部细如蜂腰，纵切瓜条可见变细部分果肉已经空洞，整个果实变得发脆。其原因可能是养分供应不平衡、持续高温干燥，造成同化物质积累不均匀。另外，感染黑星病，或缺硼，也会出现蜂腰瓜。

（4）大头瓜：瓜条前端部分肥大，而中间及基部较细。大头瓜产生的原因一是授粉受精不良，形成种子的部分养分多而发生膨大，没形成种子的部分营养不足未膨大；二是黄瓜生长前期缺水，细胞生长缓慢，到了生长后期又大量供水或突然降雨，细胞发育迅速，易形成大头瓜；三是持续高温、日照不足、病害等，使干物质生产减少，易形成大头瓜。

2. 预防措施 主要是对症采取措施，包括依栽培季节的不同选择适宜的栽培品种；注意棚室内温湿度的调节，避免温度低于13℃或长期高于30℃，最好实行变温管理；加强水肥管理，定植后浇缓苗水，结瓜初期每隔5～7d浇水1次，盛瓜期每隔2～3d浇水1次；

定植时施足腐熟有机肥,生长发育期间按氮、磷、钾肥5:2:6的比例及时追肥,并注意进行叶面施肥,以保证植株对营养的需要;根瓜适当早采,结瓜盛期及时采瓜,并随时摘除畸形果,以促进上位果实的正常发育;及时控制病虫害的发生,并注意摘除老叶和病叶,保证植株健壮生长,减免畸形瓜的产生。

(四)苦味瓜

1. 症状 果实口感出现苦味,轻者仅瓜把部位苦,或食用略感发苦;重者全瓜苦,瓜把更是苦不堪食。

2. 原因 由瓜内含有的苦味物质引起,这类物质共有14种,分别用A、B、C、…命名,为高度氧化的四环三萜类化合物,多以甙元或葡萄糖的形式存在于植物体内,称为苦味素或葫芦素(cuubritacins)。黄瓜幼苗根中含苦味素B,未展开的子叶中含B和C,完全展开的子叶及植株中只有C。苦味素B的分子式为$C_{32}H_{48}O_8$,C的为$C_{32}H_{50}O_8$。苦味素的含量随着植株的生长而增加,叶片叶位越高苦味素含量越高。一般叶片中苦味素含量为$0.13\sim1.13mg/gFW$。苦味素在果实中的含量则是随着幼果的成熟而逐渐减少。极低量($0.1mg/L$)的葫芦素就能引起明显的苦味,比典型的苦味剂咖啡因还要苦100倍左右。

苦味素的形成受遗传基因控制,通过整合黄瓜基因组大数据及传统生物学研究手段,共发现11个基因控制着黄瓜苦味形成。其中9个基因参与苦味素合成,2个是调控苦味素合成的"开关"基因。2个显性单基因遗传位点分别控制着黄瓜叶片苦味素(Bi)和果实苦味素(Bt)。Bl是叶片中特异调控苦味合成的"开关"基因,可与Bi的启动子互作直接调控叶片苦味素合成基因Bi的表达。

黄瓜果实苦味还受环境条件、营养状况、栽培技术的影响。弱光、低温时,特别是地温低时(低于13℃),苦味素含量增高;植株生长发育期间温度长时间高于30℃,同化能力降低,营养失调也易出现苦味瓜;植株衰弱、营养不良时苦味素增多;土壤干旱、氮肥施用量偏多或不足时苦味素增多。

3. 预防措施 首先根据已解析的黄瓜苦味素合成通路,选育和选择无苦味素或苦味素含量极微的优良品种;其次是栽培中注意氮、磷、钾的配合施用,保持营养生长和生殖生长平衡;再次是小水勤浇,避免干旱,保证生长期和果实发育水分均匀、充足;最后是注意温度管理,避免棚温长期高于30℃或地温低于13℃。

第二节 西 瓜

西瓜(watermelon)别名水瓜、夏瓜、寒瓜、月明瓜,学名 *Citrullus lanatus* (Thunb.),为葫芦科西瓜属1年生蔓性草本植物,起源于非洲,最早在古埃及栽培,距今已有五六千年。文字记载中国西瓜始于五代时期,经"丝绸之路"由中亚传入南疆西部,后引入内蒙古和东北,元代以后逐渐传入中原。中国是世界上最大的西瓜产地,栽培面积占世界总面积60%以上,已成为主要经济作物之一。

西瓜以成熟果实供鲜食,其瓤还可做果汁、酿酒等。每100g鲜果肉含水$86.5\sim92.0g$、碳水化合物$4.5\sim8.4g$、蛋白质$0.3\sim0.8g$、粗纤维0.3g、烟酸$0.2\sim0.4mg$、钙26mg、磷14mg、铁0.8mg、钾$47\sim112mg$、镁22mg、锌0.44mg、维生素C $2\sim11mg$、

维生素 A 0.08~0.76mg、维生素 B_1 0.14mg、维生素 B_2 0.05mg、热量 92.1kJ。西瓜味甘甜而性寒，具有生津、除烦、止渴、解暑热、清肺胃、利尿等功能，对高血压、肾炎、膀胱炎有辅助疗效。西瓜瓜皮、瓜瓤、瓜子、瓜蔓、瓜叶均可入药。

一、生物学特性

（一）植物学特征

1. 根 根系发达，主根深可达 1.0~1.5m，侧根平展达 4~6m，主要根系分布在 10~30cm 耕层内，在此范围内，1 条主根可发生 20 多条 1 级侧根。根系发生早，但木栓化程度高，再生能力差，不耐湿涝，生产上多采用容器育苗，以便保护根系。

2. 茎 蔓生、中空，被长而软的茸毛，前期节间短，秧苗呈直立状态，4、5 节后节间逐渐增长，匍匐地面生长，至坐果节时节间长达 10cm 以上。茎节处着生叶片，叶腋着生苞片、雄花或雌花、卷须。主蔓上的叶腋能发生生长势强的子蔓，子蔓的侧芽也能长成孙蔓，孙蔓还能长出侧枝。

3. 叶 子叶椭圆形，对生。第 1 片真叶小，近矩形，裂刻不明显，叶片短而宽，第 4 或第 5 片真叶后裂刻较深，表现出品种典型特征。真叶为单叶互生，边缘具细锯齿，全叶密被茸毛，有深裂、浅裂和全缘叶等类型。

4. 花 花冠黄色，雌雄同株异花，单花腋生。主蔓 3~5 节开始发生雄花，5~11 节出现第 1 朵雌花，以后每隔 5~9 节再发生 1 朵雌花。雄花花萼管状，5 裂，花瓣 5 枚，基部合生，花药 3 个，扭曲状。雌花子房下位，卵状或长椭圆形，3 心皮，3 室，侧膜胎座，密被长茸毛；柱头 3 裂，肾形，柱头宽 4~5mm。柱头和花药均有蜜腺，为典型虫媒花，设施栽培需人工辅助授粉。花清晨开放，午后闭合，称半日花。

5. 果实 瓠果，由果皮、果肉和种子组成，果柄不脱落。果皮光滑，为白色、淡绿色、深绿色、深绿色、墨绿色或近黑色、黄色等，具网纹、深绿或墨绿色条带。果肉由胎座发育而成，有白、黄、深黄、淡红、玫瑰红和大红等颜色，肉质分紧密和沙瓤。果型依果实大小大致可分为：小果型、中果型、大果型和特大果型。果形有扁圆形（果形指数<1）、圆形（果形指数接近 1）、高圆形（果形指数 1.0~1.1）、椭圆形（果形指数 1.1~1.4）和长圆筒形（果形指数>1.4）等各种形状。

6. 种子 扁平，种皮较厚而硬，平滑或有裂纹，有白、黄、红、褐、黑等色，或有双色花籽和麻点等特征。种子千粒重因品种差异悬殊，小粒种 20~25g，大粒种 100~150g，一般为 40~60g。

（二）生长发育周期

1. 发芽期 种子萌动至子叶展平、真叶显露。在 25~30℃ 条件下需 7~10d。主要靠子叶储藏的营养供种子发芽和生长。此期胚轴是生长的中心，根系生长很快。

2. 幼苗期 从真叶显露至"团棵"（具 5 或 6 片真叶）。在 22~25℃ 条件下需 25~30d。幼苗节间短，呈直立状态。根系伸展速度增长，初步形成广而深的根系。此期地上部干、鲜重及叶面积增长量小，但生长点已分化 20 多枚叶片，并开始花原基和侧枝分化。

3. 伸蔓期 由"团棵"到留果节位雌花开放。在 25~28℃ 条件下需 20~25d。此时节间迅速伸长，植株由直立生长转为匍匐生长，第1~3叶腋开始萌发侧蔓。此期以营养生长为主，根茎叶生长加快，同时包含花芽分化、孕蕾和开花。栽培上要"促控"结合，前期促进根、茎、叶生长，形成强大的营养体；后期以控为主，确保适时开花坐果。

4. 结果期 留果节位雌花开放至果实成熟。在28~30℃条件下需28~45d。早、中和晚熟品种分别为30d左右、35d左右和40d以上。根据果实生长发育及形态特征、生理生化代谢特点，又可划分为：

（1）坐果期：留果节位雌花开放至果实褪毛，需4~6d。茎叶生长仍然旺盛，果实生长量较小，植株由营养生长为主过渡到生殖生长为主，秧果矛盾突出，栽培上应控制过旺的营养生长，引导光合产物合理分配，促进坐果。

（2）膨果期：果实从退毛开始到定个为止，需20~25d。此期以果实生长为中心，营养生长较缓慢，是决定产量的关键时期。

（3）成熟期：果实定个到商品成熟，需5~10d。此期果实重量和体积增加不大，以果实内物质转化和种子发育为主，是决定品质的关键时期。

（三）对环境条件的要求

1. 温度 喜温耐热，整个生育期最适宜温度为25~30℃，适应范围10~40℃，低于5℃发生冷害，高于45℃出现高温生理伤害。种子发芽最低温度为15℃，最高温度为35℃，适宜温度为28~30℃；幼苗期和伸蔓期适宜温度分别为22~25℃和25~28℃，15℃时植株生长变慢，10℃时生长发育停止；根系生长适宜温度为25~30℃，最低温度为8~10℃，茎叶生长最低温度为10℃；果实发育适温为28~30℃，最低温度为15℃，温度过低会产生扁圆、皮厚、空心、畸形等果实。全生育期所需大于15℃有效积温为1500~2000℃，其中果实发育需要有效积温700~1000℃。

2. 光照 喜光，光照充足，植株生长健壮，株型紧凑，节间和叶柄较短，蔓粗，叶片大而肥厚，叶色浓绿，花芽分化早，坐果率高。生长季节如果多阴雨、光照弱，植株会出现茎蔓节间及叶柄变长，叶片变薄色淡，光合能力下降，雌花分化不良，坐果少，果实品质差。光饱和点80~100klx，光补偿点4klx。植株正常生长发育要求每天10~12h日照，14~15h有利于侧蔓形成，短日照可促进雌花形成，但不利于光合产物积累。

3. 水分 喜湿，较耐旱，不耐涝，0~30cm土层适宜土壤含水量在幼苗期为田间持水量的65%，伸蔓期为70%，果实膨大期为75%左右，土壤含水量低于50%则植株受旱，影响正常生长和果实发育。对水分的敏感期，一是坐果节雌花开放前后，此时缺水子房小，影响坐果；二是果实膨大期，缺水影响产量。西瓜喜干燥的空气，相对湿度以50%~60%为宜，但花期授粉时，短时间较高的空气湿度有利于授粉、受精。

4. 土壤与营养 对土壤适应性较广，各种土质均可栽培，但以土层深厚、排水良好、肥沃疏松的砂壤土最好。适宜的土壤pH 5~7，总盐量0.2%以下，轻度盐碱土壤可增加果实的含糖量，改进品质。忌连作，一般应实施与瓜类作物4~5年轮作。需肥量较大，每生产1000kg果实需N 2.5~3.3kg，P_2O_5 0.8~1.3kg，K_2O 2.9~3.7kg，三要素吸收比例为1:0.36:1.15。增加磷钾肥可增强植株抗逆性和改善果实品质。

5. 气体 根系好气性强，生长适宜氧分压为18%。CO_2饱和点在1000μl/L，因此在设施栽培中补充CO_2可提高叶片的光合能力，提高产量和品质。

二、品种类型与栽培制度

(一) 品种类型

1. 植物学分类 西瓜属主要有4个种,多样性最丰富是西瓜种 [*Citrullus lanatus* (Thunb.) Mansf.],包括毛西瓜 (ssp. *lanatus* Fursa)、普通西瓜 [ssp. *vulgaris* (Schrad.) Fursa] 和黏籽西瓜 (ssp. *mucosospermus* Fursa) 3个亚种。

(1) 毛西瓜亚种:有3个变种,即卡费尔西瓜 [var. *caffer* (Schrad.) Mansf.]、开普西瓜 [var. *capensis* (Alef.) Fursa] 和饲用西瓜 [var. *citroides* (Bailey) Mansf.]。

(2) 普通西瓜亚种:有3个变种,即栽培西瓜 (var. *vulgaris* Fursa)、科尔多凡西瓜 [var. *cordophanus* (Ter-Avan) Fursa] 和籽瓜西瓜 (var. *megalaspermus* Lin et Caho.)。

(3) 黏籽西瓜亚种:有2个变种,即黏籽西瓜 (var. *mucosospermus* Fursa) 和塞内加尔西瓜 (var. *senegalicus* Fursa)。

其他3个种(或近缘种)为药西瓜 [*C. colocynthis* (L.) Schrad.]、缺须西瓜 (*C. ecirhosus* Cogn.) 和诺丹西瓜 [*C. naudinianus* (Sond.) Hook.f.]。

作蔬菜水果用的西瓜是西瓜种中普通西瓜亚种的栽培西瓜变种。

2. 生态型分类 根据品种分布和对气候的适应性,西瓜可分为华北生态型、东亚生态型、新疆生态型、俄罗斯生态型、北美生态型5个生态型。

(1) 华北生态型:原产华北,适应温暖半干旱气候,是中国特有生态型。长势强或中等,果型大或中等,为中晚熟种。果皮中厚,瓤质软沙,种子偏大,千粒重80~100g。代表品种有花里虎、黑油皮、核桃纹、三白瓜、梨皮、大花领、早花、郑州2号、郑州3号等。

(2) 东亚生态型:原产于中国东南沿海和日本,适应湿热气候,长势弱,坐果节位低,多为早中熟种。果型多数偏小,少数大型,皮薄,肉质软,种子中、小型。代表品种有马铃瓜、滨瓜、蜜宝、小花狸狐、大和冰淇淋、旭大和、新大和、富研、早春红玉等。

(3) 新疆生态型:原产新疆,适应干旱的大陆性气候,品种长势强,坐果节位高,为大果型晚熟种。皮厚,种子较大,千粒重120g左右。代表品种有精河黑皮冬西瓜、吐鲁番白皮瓜、兰州大花皮、阿克塔吾孜、奎克塔吾孜等。

(4) 俄罗斯生态型:原产俄罗斯伏尔加河中下游和乌克兰草原地带,适应干旱少雨气候,生长旺盛,蔓粗壮,结实力强,高产,多为中晚熟种。果圆形,瓤质脆,不易空心倒瓤,大多为红肉,含糖量较高。代表品种有苏联1号、2号和3号、美丽、小红子等。

(5) 北美生态型:原产美国南部德克萨斯、阿瑞桑纳、加利福尼亚等州,适应阳光充足的干旱荒漠草原气候,生长势旺,坐瓜节位高,多为晚熟品种。长果型、大果型居多,皮厚,果肉质地较粗,耐贮运,适应性较广,含糖量高,一般抗病性较强。代表品种有查理斯顿、久比利、克隆代克、蜜宝、糖里等。

(二) 栽培品种选择

西瓜生产品种选择,首先考虑栽培目的和栽培方式,其次是考虑生产地区和季节的生态环境特点。早春栽培应选择适应性和抗逆性强、高产优质的品种,日光温室早春栽培宜选用耐低温、弱光的品种;露地栽培多选择耐贮运的大果型品种,设施栽培尤其是吊蔓栽培多选择小果型品种或中早熟优良中果型品种。

（三）栽培制度

西瓜有露地栽培和设施栽培。露地栽培是各地主要栽培方式和解决市场需求的主要途径，北方地区主要为春播夏收，南方地区亦有秋冬季节生产。设施栽培是西瓜市场反季节供应周期的需要，也是中国高海拔或高纬度等积温难以满足西瓜生育要求的地区西瓜栽培的主要方式，包括地膜覆盖栽培、拱棚双膜覆盖栽培、大棚和日光温室栽培、智能温室栽培等。温室栽培可以根据市场需求确定生产季节，拱棚等保温设施生产主要进行提早生产，地膜覆盖和双膜覆盖栽培因增温、保墒、早熟、增产增收效果显著，成为早熟高效栽培的重要形式之一。

西瓜忌连作，需轮作栽培。轮作年限应根据土壤类型、品种和枯萎病发生程度而定，一般水旱轮作需间隔3~4年，旱地轮作则需要4~5年，如连作或轮作周期短，则病害严重，产量、品质下降甚至绝收。前茬以禾本科作物、甘薯、棉花较好。此外，西瓜生长季节短，前期生长慢，行距大，适于间作套种越冬作物，如小麦、越冬菠菜、葱、早春矮生豌豆、油菜等。

三、栽培技术

西瓜栽培技术流程为：整地、施基肥、作畦→直播或育苗（设施内或露地）移栽→田间管理（设施栽培的环境调控、吊蔓、人工授粉、中耕、除草，水肥管理、盘条和板根、整枝、压蔓、留瓜护瓜、垫瓜、翻瓜）→采收。

（一）春露地栽培技术

1. 整地、施基肥 选择排灌条件良好，保肥保水的砂壤土为好。北方一般在秋作物收获后土壤尚未上冻前尽早耕翻，深25cm，冬季冻晒垡。早春土壤解冻后结合耙地整地施入基肥。

基肥以充分腐熟的有机肥为主，一般每公顷施厩肥45t、尿素300kg、硫酸钾600kg、过磷酸钙375kg。1/3普施，2/3于播种或定植前15~20d集中施入种植畦。可参照目标产量法进行测土配方施肥。

华北、东北地区一般多作宽1.8~2.0m、高10~15cm平畦；南方地区用宽2.0~4.5m、高20~30cm高畦；而新疆、甘肃等地则为较宽的沟畦，以利于灌溉。

2. 直播或育苗移栽 多用直播，为了提早上市，也可育苗移栽。

（1）直播：在当地断霜前8~10d，且10cm地温稳定在14~15℃时播种，在播种畦上按株行距开播种穴，穴深3cm左右。未催芽种子一般每穴播种2或3粒；催芽种子每穴播种2粒。粒距3~4cm，覆土约3cm。播后覆盖地膜，芽顶土及时撤除，以防烤苗。出苗后及时间苗、补苗，3片或4片真叶展开时定苗，选留生长健壮、无病虫苗。种植密度应根据栽培方式、品种、整枝方式及土壤肥力而定，一般早熟品种双蔓整枝8000~12 000株/hm^2，单蔓整枝13 500~16 000株/hm^2；中熟品种双蔓整枝12 000~13 500株/hm^2；晚熟品种3蔓整枝9000~10 000株/hm^2。

（2）育苗移栽：播前先进行温汤浸种，在50~55℃水中浸泡10~15min，期间不断搅拌，至水温降到室温再浸种8～12h；然后在28～30℃恒温下催芽，经24～48h种子大部分露白即可播种。一般用营养钵或穴盘育苗。手工播种时将经催芽的种子平放，并覆土约2cm。幼苗出土前苗床白天温度保持在28～30℃，夜间20℃左右；幼苗出土后白天保持20～25℃，夜间15℃左右；长出1片真叶后白天保持25～28℃，夜间18℃左右。定植前3～4d通风炼苗。

为有效克服土传病害，可采用嫁接苗。常用砧木有野生西瓜、瓠瓜等，多用插接、靠接或劈接法。嫁接后3d内遮光保湿，白天26～30℃，晚上20℃以上，湿度100%以后开始少量见光炼苗；7d后趋向正常管理；15d调查嫁接成活率；20d左右可定植。嫁接苗床管理应注意，不要从苗顶部喷水，以免嫁接伤口感染；及时去除砧木长出的新叶和腋芽；定植时提前去掉嫁接夹，嫁接口要高出地面1～2cm，以避免接穗产生不定根影响嫁接效果；定植前适当炼苗。

当幼苗3、4片真叶，或日历苗龄35～40d，当地终霜后选晴天上午定植。根据地温确定用明水栽法或暗水栽法。定植密度同直播。

3. 田间管理

（1）水肥管理：在造好底墒基础上，定植后3～4d浇1次缓苗水，以促进幼苗生长。进入伸蔓期后，结合追肥适量灌水，灌水以土壤见干见湿为原则。雌花开放至坐果时应控水。进入果实生长盛期，需水量增大，始终保持畦面湿润。果实成熟前7～10d，应减少浇水，采收前3～5d停止浇水。施肥应掌握轻施提苗肥、巧施伸蔓肥、重施结果肥。苗期在距幼苗根10cm处开环形浅沟，施尿素37.5kg/hm²。当瓜蔓35cm时进行第2次追肥，以促进瓜蔓生长，在距瓜蔓根部30cm处开沟每公顷施饼肥1500kg、复合肥150～225kg。当果实开始迅速膨大时进行第3次追肥，以磷、钾肥为主，配合氮肥重施，以促进果实生长，并维持同化叶面积，防止植株早衰，每公顷施磷酸二氢钾225kg、磷酸钾75kg、尿素150～225kg，或施复合肥375～525kg；或采用膜下微灌水肥一体化技术灌水施肥。

（2）整枝：有单蔓整枝、双蔓整枝、3蔓整枝和不整枝的放任生长，依品种和栽培条件等选用。单蔓整枝保留主蔓；双蔓、3蔓整枝除保留主蔓外，在主蔓的基部选留1、2个健壮侧蔓，主、侧蔓平行向前生长；放任生长是不进行整枝或适量疏摘。整枝要及时，分次进行，一般在主蔓长约50cm，侧蔓15cm时开始整枝，每3～5d整枝1次，果实坐住后不再整枝。

（3）盘条和扳根：盘条是指瓜蔓长30～50cm时，将主蔓和侧蔓（双蔓整枝）分别引向植株根际左右后斜方，弯曲成半圆形后，瓜蔓龙头再回转朝向前方，将瓜蔓压入土中。扳根则是在瓜蔓长30～50cm时，将主侧蔓向预定的方向压倒，使瓜秧稳定。目前，生产上多用扳根代替盘条。

（4）压蔓：压蔓可合理均匀分布瓜蔓，促进不定根发生，控制植株长势。压蔓分明压和暗压两种，明压即用土块或卡具将瓜蔓固定在畦面上；暗压是将一定长度的瓜蔓全部压入土中，只露出叶片和生长点。一般每隔20～30cm压1次，主蔓压4、5次，侧蔓压3、4次。压蔓要求严格及时，以便调节营养生长和生殖生长的关系，使之有利于坐果。压蔓时要注意：坐果雌花前后2节不能压，以免损伤幼果，影响坐果；叶片不能压，否则减少同化面积；茎叶生长旺盛时应重压、深压，植株生长势较弱时应轻压；最好在午后进行，以免折断瓜蔓。

（5）留瓜护瓜：留瓜节位与果实大小、产量高低以及商品性好坏有密切关系，应根据品种、栽培方式、整枝方式及生育条件而定。最理想的坐果节位是主蔓15~20节、第2或第3朵雌花，或侧蔓10~15节、第1或第2朵雌花。主蔓选留瓜时，在侧蔓上选留花期相近的雌花作预备瓜，待幼瓜开始膨大时定瓜。定瓜时应选择子房肥大、瓜形正常、瓜柄大小中等而弯曲、皮色鲜艳发亮的幼瓜，摘除留瓜部位较近或果型不正、带病或受伤的幼果。当幼果坐住后，为保证西瓜正常发育，需及时顺瓜、荫瓜、垫瓜、翻瓜和竖瓜。顺瓜是在果实长到核桃大时，将瓜下面土壤做成斜坡高台，将幼瓜顺斜坡理顺摆好，使之顺利发育膨大；荫瓜是将坐果节位的侧蔓盘于瓜顶上，或用麦秸、稻草覆盖在西瓜上，以防夏季高温容易引发果皮日灼和雨后裂瓜等问题；垫瓜是在果实下面垫上草圈或麦草，以保证果实发育周正，防止污染及雨水浸泡，减轻病虫危害；翻瓜是在采收前10~15d顺一个方向翻转果实，翻转90度，使瓜面色泽均匀。

（6）人工辅助授粉：大田栽培如在开花结瓜期遇阴雨低温天气时，应及时进行人工辅助授粉，以避免昆虫活动少造成坐果率低的问题。

4. 采收 采收时期与西瓜品种密切相关，采收过早果实没有成熟，含糖量低，色泽浅，风味差；采收过晚，果实过分成熟，质地软绵，含糖量开始下降，食用品质降低。因坐果节位、坐果期不同，果实成熟不一，应进行分次陆续采收。西瓜采收，判断果实成熟度是关键，主要方法有：

（1）根据生理发育期判断：即根据雌花开放后的天数判断，一般小果型品种25~26d，早中熟品种30~35d，晚熟品种在40d以上。

（2）根据果实或植株的某些外部特征判断：如果瓜面花纹清晰，具有光泽，脐部、蒂部略有收缩，或果柄上绒毛稀疏或脱落，坐果节位的卷须枯焦1/2以上均为成熟标志。

（3）听声判断：即用手指弹西瓜，声音清脆为生瓜，沉稳、稍浑浊为熟瓜，沙哑则为过熟瓜或空心瓜。

采收成熟度还应根据市场供应情况来确定，当地供应可采收九成熟瓜，于当日下午或次日清晨供应市场，运销外地采收八成熟瓜。

（二）日光温室早春栽培技术

1. 整地、施基肥 前茬作物收获后，每公顷施腐熟有机肥45t、复合肥900kg、过磷酸钙750kg、硫酸钾900kg，翻耕、耙平起垄，覆盖地膜，搭好小拱棚，并封闭温室，利用太阳能提高地温，定植前浇透底水。或者采用膜下微灌水肥一体化技术。

2. 播种或育苗 一般采用育苗移栽。在12月上中旬播种，1月上中旬定植，4月上旬产品即可上市。

选晴天上午，在垄或小高畦上按23~45cm株距挖穴定植，吊蔓栽培定植密度为21 500~34 500株/hm^2。室内可设小拱棚加强夜间保温。

3. 田间管理

（1）温度管理：定植后5~7d闭棚保温，当连续数日出现32~35℃高温时在顶部扒缝放风，当温度降至25℃时闭棚，达15℃时覆盖草苫。一般前半夜温度保持在15℃以上，后半夜11~13℃，清晨最低温度在10℃以上。进入结果期后，外界温度逐渐回升，为促进果实迅速膨大，应保持 30～35℃的较高温度，当连续数日出现 35℃高温时，放风降温。3 月中旬以后，去除小拱棚。

(2) 湿度调节：空气相对湿度保持在 60%～70%。湿度调节一般结合温度调控和通风进行。进入 4 月上旬后，室内最低地温达 15℃以上，通风量加大，地膜降湿作用已不大，可以撤掉地膜以增加土壤通透性，促进根系生长。

(3) 植株调整：采用支架或两蔓 1 绳吊蔓栽培。篱笆式支架的，架顶两端用竹竿连接固定并与温室棚架相连。当植株 6、7 片叶时，将瓜蔓呈"S"形绑在支架上。第 1 茬西瓜采用双蔓整枝，留主蔓上第 2 朵雌花坐瓜，人工授粉，挂纸牌，注明授粉日期，每株留 1、2 个瓜。当瓜重 0.5kg 时要及时吊瓜。小型西瓜每株留 2 个瓜。根据果实成熟生理日期，在第 1 茬瓜采收前 10d 左右留侧蔓上雌花授粉，7d 左右留瓜，每株留 1、2 个瓜，即为第 2 茬瓜。在第 1 茬瓜采收后将主蔓剪除，此时侧蔓已 35～40 片叶。打掉基部老叶，将侧蔓中下部盘条落在地面上，中上部瓜蔓绑在架杆上面。若用嫁接苗，应及时去除砧木不定芽，以免影响接穗生长。

4. 采收　同春露地栽培采收方法。小型西瓜采后装箱，或带网袋销售。

第三节　甜　瓜

甜瓜（melon），别名香瓜、果瓜、哈密瓜，为葫芦科黄瓜属甜瓜种 1 年生攀缘草本植物，学名 *Cucumis melo* L.，起源于非洲，经埃及传入中东、中亚，在中亚分化为厚皮甜瓜，其后传入印度，并分化为薄皮甜瓜，再传入中国、朝鲜、日本。中国甜瓜已有 4000 多年的栽培历史，目前厚皮甜瓜主要在新疆、甘肃的河西走廊及内蒙古的河套地区栽培，薄皮甜瓜主要分布在东北、华北及长江中下游地区。甜瓜每 100g 果肉含水分 81.5～94.0g、果酸 54～128g、总糖 4.6～15.8g、纤维素和半纤维素 2.6～6.7g、果胶 0.8～4.5g、维生素 C 29.0～39.1mg、维生素 A 4.2mg、叶酸 0.3～11.0mg，以及少量蛋白质、脂肪、矿质等。种子含油 27%（包括亚油酸、油酸、棕榈酸、硬脂酸、卵磷脂等），主要食用部位为中、内果皮，即果肉。甜瓜除鲜食外还可制作瓜干、瓜脯、瓜汁、瓜酱及腌渍品等，种子可榨油。中药"苦丁香"来源于甜瓜蒂，有去鼻息肉和治疗黄疸、四肢浮肿的功效。甜瓜果肉性寒，具有止渴解暑、除烦热、利尿的功效，对肾病、胃病、贫血有辅助疗效。种子具有清肺润肠、和中止渴的功效。

一、生物学特性

（一）植物学特征

1. 根　主根深约 1m，侧根水平伸展 2～3m，主要分布在 20～30cm 耕作层中。根系易木栓化，育苗时应注意护根。

2. 茎　蔓生，由主蔓和多级侧蔓组成，茎节上着生有叶片、侧枝、卷须和花，具有较强的分枝能力，自然状态下主蔓生长不旺，侧蔓异常发达，长度常超过主蔓。茎圆形、五棱，具有短刚毛。卷须无分叉。子蔓和孙蔓一般结瓜早。

3. 叶　单叶互生，叶片为近圆形或肾形，少数为心脏形、掌形。叶片不分裂或浅裂，叶片正反面均长有茸毛，叶背面叶脉上长有短刚毛。叶缘呈锯齿状、波纹状或全缘状，叶脉为掌状网纹。

4. 花　　单性或两性，虫媒花，目前绝大多数栽培品种以雄花、两性花同株为主要性型。两性花单生，雌蕊和雄蕊均发育正常；雄花常数朵簇生。花瓣5枚，花冠黄色，钟状5裂，花药3枚，呈扭曲状。雌花多生于子蔓或孙蔓上，花柱极短，柱头3裂，基部靠合，柱头深藏在花冠筒内；子房下位，长椭圆形、圆形或纺锤形，子房外被刚毛。

5. 果实　　瓠果，由果皮和种子腔组成。果皮由外、中、内果皮构成，外果皮有不同程度的木质化，随着果实的生长和膨大，木质化多的表皮龟裂形成网纹；中果皮和内果皮无明显界线，均由富含水分和可溶性固形物的大型薄壁细胞组成，为主要可食部分。果实有扁圆、圆、卵形、纺锤形、椭圆形长棒等多种形状。果皮有绿、白、黄绿、黄、橙红等色，同时具有条带、网纹等各种花纹。果肉颜色有白、红、橙黄和绿色，质地有面、软、脆等不同类型，具有香味。果实中可溶性固形物含量为10%~20%。薄皮甜瓜果实较小。

6. 种子　　披针形或为长扁圆形，表面光滑，黄、灰白或褐红等色。薄皮甜瓜种子较小，千粒重5~20g；厚皮甜瓜种子较大，千粒重可达30~80g。种子寿命5~6年。

（二）生长发育周期

1. 发芽期　　从种子萌动至子叶展开，在25~30℃条件下需8~10d。栽培上要求光照充足、温度稍低和较小的湿度，以防下胚轴徒长，形成高脚苗。

2. 幼苗期　　从子叶展开到5、6片真叶（团棵），适宜条件下需25~30d。此期地下部根系迅速增长，次生根形成庞大吸收根系，地上部干、鲜重及叶面积增长量小。幼苗各叶腋中均有小叶、侧蔓、卷须和花芽的分化。

3. 伸蔓期　　由团棵到坐果节位雌花开放，适宜条件下需20~25d。节间迅速伸长，植株由直立生长转为匍匐生长，标志着进入旺盛生长时期，主蔓开始迅速伸长，1~3叶腋开始萌发侧蔓，与主蔓同时生长。栽培上要"促控"结合，在保证叶、蔓、根生长的基础上，及时转向开花结果。

4. 结果期　　从坐果节位雌花开放到果实生理成熟，需30~90d。其中，从坐果节位雌花开放至幼果坐住为坐果期，约7d；从果实开始旺盛生长到膨大停止为膨果期，需18~25d；从果实定个到成熟为成熟期，需20~70d。

（三）对环境条件的要求

1. 温度　　喜温耐热，不耐寒，生育适温为25~35℃。种子发芽适宜温度为25~30℃。幼苗期适温20~25℃，10℃时停止生长，7℃时发生冷害。茎叶生长适宜昼温25~30℃，夜温16~18℃，长时间13℃以下或40℃以上生长发育不良。伸蔓期需要白天22~32℃，夜间10~18℃。开花期适温30~32℃。果实发育适温为28~30℃，以昼温27~30℃，夜温15~18℃，昼夜温差13℃以上为宜。根系生长适温22~25℃，最低温度为8℃，根毛发生最低温度为14℃。从种子萌发到果实成熟，全生育期所需大于15℃有效积温，早熟品种1500~1750℃，中熟品种1800~2500℃，晚熟品种在2500℃以上，其中结果期所需积温占全生育期40%~50%，甚至以上。

2. 光照　　喜光，光饱和点55~60klx，光补偿点4klx，苗期最理想的日照时数为

10～12h。厚皮甜瓜耐弱光能力差，而薄皮甜瓜则对光照强度适应范围较广。光照时数影响性型分化，每天光照12h，植株分化的雌花多；光照14～15h，侧蔓发生早，植株生长快；光照不足8h，生长发育受影响。植株生育期对日照总数的要求因品种而异，早熟品种要求日照总时数1100～1300h，中熟品种在1300～1500h，晚熟品种在1500h以上。

3. 水分 根系发达，吸收水分的能力强，叶片被有茸毛，耐旱能力强。0～30cm土层适宜土壤含水量在苗期和伸蔓期为最大田间持水量的70%，开花结果期为80%～85%，果实成熟期为55%～60%。低于50%则植株受旱，尤其前期供水不足影响营养生长和花器发育，雌花蕾小，影响坐果；而土壤过湿，则易发生营养生长过旺、结果推迟、沤根等现象。果实形成期需水最多，但土壤水分过多，会延迟果实成熟和降低果实含糖量、风味和耐贮性。甜瓜要求空气干燥，适宜空气相对湿度为50%～60%，空气潮湿则生长势弱，坐果率低，品质差，病害重；空气湿度过低，则影响营养生长和花粉萌发，受精不正常，造成子房脱落。

4. 土壤与营养 对土壤适应性较广，但以pH 6.0～6.8、土层深厚、排水良好、富含有机质的肥沃疏松壤土或砂壤土较好。耐盐碱性较强，幼苗能在总盐碱量1.2%的土壤上生长，但以土壤含盐碱量在0.74%以下为好。忌连作，应与瓜类作物实行4～6年轮作。每生产1000kg甜瓜果实需氮2.5～3.5kg、磷1.3～1.7kg、钾4.4～6.8kg。增加磷肥可促进根系生长和花芽分化，提高植株耐寒性。钾肥可提高植株耐病性和改善果实品质。各个生育期对营养元素要求不同，应根据植株生育期和植株生长状态施肥，基肥以磷肥和农家肥为主，苗期轻施氮肥，伸蔓期适当控制氮肥、增施磷肥，坐果后以速效氮肥、钾肥为主。

二、品种类型与栽培制度

（一）品种生态型

根据生态型特性可分为薄皮甜瓜和厚皮甜瓜2大生态类型。

1. 薄皮甜瓜 又称普通甜瓜、东方甜瓜、中国甜瓜、香瓜，主产于东北、华北、江淮、长江流域、华南。生长势较弱，株型较小，叶色深绿，耐湿，抗病，耐弱光。果实圆筒形、倒卵圆形或椭圆形，果面光滑、皮薄，可连皮食用，不耐贮运。果实较小，单瓜重0.3～1.0kg，果肉脆嫩多汁或绵软而少汁，可溶性固形物含量8%～20%。外果皮厚度为0.1～0.5cm。

根据果实外部特征可分为4个品种群：

（1）白皮品种群：果皮乳白、绿白或黄白色，如山东益都银瓜、陕西白兔娃、江西南昌雪梨、华南108、梨瓜及甬甜8号等品种。

（2）黄皮品种群：果皮黄色或金黄色，如江浙黄金瓜、山东喇嘛黄、湖北荆农4号及广州蜜瓜等品种。

（3）绿色品种群：果皮灰绿、绿色或墨绿色，如华北羊角脆、上海海冬青、东北青平头等品种。

（4）花皮品种群：果皮上有2种以上颜色，常有绿色斑块呈条带状，如黑龙江白沙蜜、黄金道、龙甜2号等品种。

2. 厚皮甜瓜 主要分布在西北地区。植株生长势较强，叶片较大，叶色浅绿，不耐湿，需要充足光照和较大温差。品质好，耐贮运，但抗病性、适应性差。果实圆形、长圆形或长椭圆形、纺锤形，中大果型，单瓜重2～5kg，果皮厚，粗糙，多数有网纹。果肉厚2.5～4.0cm，肉质细软或松脆多汁，可溶性固形物含量一般12%～16%，高的可达20%，多具有芳香气味。外果皮厚度为0.3～0.5cm，去皮而食。根据品种熟性及特征分为6个类型：

（1）早熟球形软肉品种群：有新疆黄蛋子、甘肃铁蛋子、河套蜜瓜、伊丽莎白、状元、蜜世界、玉露、黄醉仙、古拉巴等品种。

（2）早熟脆肉品种群：有纳希甘、白皮脆、米籽瓜、新世纪等品种。

（3）中熟夏瓜品种群：有赛力克可口奇、网纹香、红心脆、皇后、红甘露等品种。

（4）中晚熟秋瓜品种群：有秋黄皮、炮台红、翠雪5号、秋香、秋蜜等品种。

（5）晚熟冬瓜品种群：有青麻皮、黑眉毛密极甘、卡拉可赛等品种。

（6）白兰瓜品种群：有大暑白兰瓜、黄河蜜瓜、甘甜玉露等品种。

（二）栽培品种选择

生产中首先要依据当地的生态条件选择适宜生态型的品种。其次要根据消费需求、生产技术特点、栽培方式、生产面临的主要问题等选择适宜品种。例如，春季露地栽培应选用早熟、优质、高产、抗病、耐低温、外观和内在品质佳、耐贮运的品种；塑料大棚栽培厚皮甜瓜，春季应选用早熟或中早熟优质、高产、抗病、耐低温、外观和内在品质佳、耐贮运的品种，秋季应选择耐热、抗病性强的品种。

（三）栽培制度

甜瓜露地栽培和设施栽培都较普遍。露地栽培完全利用当地自然光热资源，应将果实发育阶段安排在当地高温干旱季节。中国南北各地主要采用春播夏收，无霜期较短的地区采用越夏栽培。华南地区多为2～3月份播种，5～6月份收获；黄淮海地区及长江流域4月份播种，7月份收获；东北、新疆、内蒙古及青海等地，5月份播种，7～8月份收获。在华北、东北、江南、华南等地，露地甜瓜栽培以薄皮甜瓜为主，在西北干旱地区则以厚皮甜瓜为主。设施栽培多利用塑料大棚进行厚皮甜瓜春、秋两季生产，也有日光温室生产和多层覆盖拱棚生产。

甜瓜忌连作，应实施5年以上的轮作，南方水田轮作时间可缩短为2～4年。大田作物是其良好的前茬，不宜与其他瓜类作物连作。

三、栽培技术

甜瓜栽培技术流程为：整地、施基肥、作畦→直播或育苗（设施内或露地）移栽→田间管理（设施栽培的环境调控、吊蔓、人工授粉、中耕、培土、除草、水肥管理、摘心、整枝、留瓜、翻瓜垫瓜）→采收。

（一）春露地栽培技术

1. 整地、施基肥 选择背风向阳、排水良好、土层深厚的砂质壤土或壤土，前1年秋作物收获后深翻冻垡，开春后再耕翻耙糖。深翻土地25～30cm，结合整地，每公顷施充分腐熟的有机肥45～75t、过磷酸钙600～750kg。作畦方式因各地的降雨情况而定，南方地区多为高畦；华北、东北地区常作平畦；西北干旱少雨地区，则为沟畦。

2. 直播种或育苗移栽 直播栽培最好在播种前将畦浇透水，按株行距30cm×40cm开穴，每穴播种2或3籽，籽距5cm左右，播后根据土壤墒情浇水，后覆盖地膜。

早熟栽培可在当地晚霜结束前30d左右采用营养钵土壤育苗或穴盘育苗。先用10%磷酸三钠水溶液浸泡种子20min，然后浸种催芽，在80%种子芽长达0.5cm左右时播种。苗龄30～35d，3～5片真叶，当地晚霜过后10cm地温稳定在15℃以上时定植。定植密度依品种特性和整枝方式而异：薄皮甜瓜一般为15 000～30 000株/hm²；厚皮甜瓜，早熟小果型品种单蔓整枝的15 000～22 500株/hm²，晚熟大果型品种双蔓整枝的6750～10 500株/hm²。定植时在地膜上根据株行距打孔，定植后用土壤封好口和甜瓜根系。为克服连作障碍，可采用嫁接苗。

3. 田间管理

（1）肥水管理：在底墒好的情况下，苗期一般不浇水。开花前控制浇水，以防落花、落果，若遇天气干旱，土壤墒情不足时可浇1小水。结果期应保证水分供应，以促进果实膨大，保持地面潮湿。果实成熟前5～7d停止浇水，促果实内物质转化，提高果实品质。

追肥按照控施提苗肥，适施旺藤肥，重施壮果肥的原则进行。基肥充足的，一般追肥2、3次。第1次在苗期，每公顷施磷酸二氢铵150kg或硫酸铵225～300kg、过磷酸钙225kg，株间穴施；第2次在坐瓜后，每公顷追施豆饼1500～2250kg、硫酸钾150kg，行间沟施；生长后期，结合防病叶面喷施0.3%～0.4%磷酸二氢钾和0.2%～0.3%尿素的混合溶液，喷施钙钾硼可有效防止裂果，晚熟品种必要时也可土壤追肥1次。

日平均温度14～27℃，日平均空气相对湿度60%～85%的环境条件和补充蒸腾蒸发损耗量100%的灌溉量，有利于甜瓜果实品质及产量的提高。

（2）整枝摘心：整枝方式因品种、土壤肥力、密度和栽培习惯而异，常见的有单蔓整枝、双蔓整枝、3蔓整枝和多蔓整枝。单蔓整枝用于主蔓雌花发生早且连续发生的极早熟品种，在主蔓5、6片叶时摘心，或放任结果，在主蔓基部可坐果2、4个，以后在子蔓上可陆续结果；双蔓、3蔓和多蔓整枝的，在主蔓3～5片真叶时摘心，选留2、3条或多条生长健壮的子蔓，在部位适当的子蔓或孙蔓上结瓜，孙蔓瓜前留2、3片叶摘心。一般厚皮甜瓜每株留瓜1～3个，薄皮甜瓜4、5个。打顶后留1、2个侧枝能延长功能叶片的寿命，合成更多的光合产物，较好地平衡了地上部分与地下部分的生长关系，延缓植株早衰，提高维生素和部分甜瓜品种的可溶性固形物含量。

（3）人工辅助授粉：早春温度过低，昆虫少，人工授粉能提高坐果率。一般上午7～10时为授粉的最佳时期。具体方法是：在本株或其他植株上选择当天开放的雄花，掐去花瓣，露出雄蕊，将花粉轻轻涂抹在雌花柱头上。

（4）翻瓜和垫瓜：为了防止果实膨大畸形，使果皮颜色和果肉糖度均匀，待果实定个后应及时翻瓜和垫瓜。垫瓜就是在瓜下贴地处铺草垫或草圈，翻瓜就是扭转挂的方向，使每个面都能先后晒到阳光，一般每次翻90°。

4. 采收 适时采收成熟的果实才能获得品种特有品质。采收过早，果实含糖量低，香味不足，且具苦味；采收过晚，果肉变绵软，风味不佳，食用价值降低。甜瓜成熟标志是：果皮呈现品种固有的特性特征；果柄附近绒毛脱落，果顶变软；产生离层的品种，果柄自然脱落；散发出该品种特有的芳香味；弹果实发出空浊音；果实比重小，置于水中浮出水面。

（二）塑料大棚厚皮甜瓜栽培技术

春季栽培于12月下旬至1月上旬播种，5月上旬至中下旬开始采收；秋季栽培于7月上旬至下旬播种，9月上中旬至10月中旬开始采收。

1. 整地、作畦　　前茬作物收获后及时清理大棚并整地，一次性分层施足基肥，底层施有机肥。土地整平耙细后作南北向、宽1.0~1.2m、高30~40cm、沟宽40~50cm的高畦，定植前10~15d扣棚，覆盖地膜，烤地增温。

2. 育苗移栽　　采用穴盘或营养钵育苗。在棚内10cm土层温度稳定在15℃以上，苗龄30~35d且具有3、4片真叶时定植。定植密度根据不同品种和整枝方式确定，单蔓整枝，每畦种2行；早熟品种株距35~40cm，30 000~33 000株/hm^2；中早熟品种株距40~45cm，28 500~30 000株/hm^2；双蔓整枝，在畦中央种1行，定植密度减半。厚皮甜瓜早熟栽培多采用立架栽培，行距80~100cm，株距35~45cm，密度22 500~30 000株/hm^2。

3. 大棚环境管理

（1）温度管理：定植后闭棚增温，白天温度不超过35℃不通风。缓苗后白天25~28℃，超过30℃通风降温，夜间18℃左右。开花坐果前，白天温度保持在25~28℃，夜间在16~18℃，地温23℃以上。当棚温超过30℃时，应揭开棚膜放风，随着植株的生长和外界气温的升高，通风口由小到大，通风量由少到多。幼果坐住后，为了促进果实发育，棚内应保持较高的温度，白天27~35℃，夜间15~20℃，地温20~25℃。为增加果实糖分积累和提高果实品质，白天气温不宜超过35℃，并保持13℃以上昼夜温差。秋季栽培，苗期处在高温季节，应采取遮阴降温措施，每天上午10时至下午3时启用遮阳网，以防高温强光。

（2）湿度管理：厚皮甜瓜的适宜空气相对湿度为50%~60%，而塑料大棚内湿度大，夜间可达到100%，叶片上出现结露。应注意采用提温降湿、通风降湿、地膜覆盖和滴灌控湿等综合措施控制湿度。

（3）光照管理：使用无滴膜，保持棚膜清洁，减少光照损失。

4. 植株调整

（1）吊蔓：幼苗长至6、7片叶时用吊蔓绳牵引吊蔓。

（2）整枝打杈：多采用单蔓整枝，留主蔓第10~13节子蔓作结果预备枝，其余子蔓全部摘除，当主蔓长至约1.5m，25~30片真叶时打顶；或在幼苗4片真叶时进行摘心，促发子蔓，选留1条健壮的子蔓，利用其孙蔓结果。

（3）授粉留瓜：雌花开放时，于上午8~10时人工授粉，授粉后挂牌标记授粉日期。当幼果长到鸡蛋大小时，选留果形周正、符合本品种特征的果实。留瓜有单层留瓜和双层留瓜2种方式。单层留瓜一般在主蔓的第11~15节留1层瓜，一般小果型品种每株每层可留2个瓜，大果型品种留1个瓜；双层留瓜在11~15节、20~25节各留1层瓜。当幼果长到0.5kg时，开始吊瓜。可用网袋将瓜托住，或用绳在果柄与侧蔓相交处打活结将瓜吊到大棚顶部的铁丝上。

5. 肥水管理　　定植后根据土壤水分情况轻灌1次缓苗水。以后至坐果期均应控制浇水，以促进根系生长发育，防止植株徒长导致化瓜。进入伸蔓期，植株生长量增大，需肥需水量也随之增加，外界气温已升高，应进行追肥浇水。一般沟施尿素225kg/hm^2，追肥后浇水。果实膨大期是植株需肥需水的高峰期，每公顷追施磷酸二氢铵 300kg、硫酸钾 150kg，保持地面湿润。双层留瓜的，在上层瓜膨大时，再追施 1 次。在膨果期，用 0.3%磷酸二氢钾或 1%～2%过磷酸钙浸出液进行叶面追肥，交替喷洒，效果更好。果实停止膨大后，逐渐减少浇水次数，果实成熟前 5d 停止浇水。

6. 采收　早熟品种开花后 30～35d 成熟，中晚熟品种 35～40d，果实即可成熟。采收标准为香味浓郁，具本品种特性特征。采收时用剪刀剪切果柄两侧分别留 5cm 左右的子蔓，剪下的果柄和子蔓呈"T"字形，使果实外形美观。果实采收应在午后或傍晚进行，此时果实水分含量较低，较耐贮运。秋季栽培的厚皮甜瓜果实成熟时外界气温较低，果实成熟速度较慢。

第四节　西　葫　芦

西葫芦（pumpkin, vegetable marrow）别名美洲南瓜，为葫芦科南瓜属 1 年生草本植物，学名 *Cucurbita pepo* L.，起源于墨西哥和中南美洲，已有 6000 多年的栽培史，17 世纪传入亚洲，19 世纪中叶在中国开始栽培。西葫芦以嫩果或成熟果供食用，可拌、烩、炒、烧、炖、焖、做汤、制馅、做罐头等，种子可加工成干香食品。每 100g 可食部分含碳水化合物 3.8g、蛋白质 0.8g、膳食纤维 0.6g、脂肪 0.2g、维生素 C 6mg，还含有其他维生素、锌、硒等元素及葫芦巴碱，能调节人体代谢，具有清热利尿、除烦止渴、润肺止咳、消肿散结的功能。

一、生物学特性

（一）植物学特征

1. 根　根系强大，主根入土深度达 2.5m 以上。侧根分枝能力强，横向分布范围可达 1.1～2.1m，垂直分布在 15～20cm 的范围内，具有一定的耐干旱和耐贫瘠能力，但根系再生能力较弱，需采用护根容器育苗。

2. 茎　五棱，多刺，深绿色或淡绿色，一般为空心，蔓生、半蔓生或矮生。主蔓分枝能力强，叶腋易生侧枝。

3. 叶　子叶肥厚。真叶肥大、互生，叶片掌状五裂，颜色绿或浅绿；叶柄直立，中空、粗糙、多刺；叶面有较硬的刺毛。

4. 花　雌雄同株异花，虫媒花。花单生在叶腋中，花冠鲜黄色，呈筒状。雌花子房下位，着生节位因品种不同而异。雌、雄花均具有可塑性。雌、雄花多在黎明 4～5 时开放，当日中午凋萎，雌花在开花当天上午 10 时以前授粉受精能力最强，单性结实能力差。

5. 果实　多为长圆筒形，还有短圆筒形、圆形、灯泡形、木瓜形、碟形、心形和葫芦形等，其形状、大小和颜色因品种不同而有差异。果面光滑，少数品种有浅棱。果皮绿色、浅绿色、白色或金黄色等，少数品种还带有深浅不同的绿色或橘黄色条纹。成熟果皮多数为橘黄色，也有白色、浅黄色、黑绿色、金黄（红）色等，无蜡粉。

6. 种子　披针形，浅黄色，千粒重 100～160g，发芽年限为 5～6 年，生产使用年限为 2～3 年。

（二）生长发育周期

1. 发芽期 从种子萌动到子叶展开、第 1 真叶显露，需 5～6d。此期所需营养绝大部分为种子自身贮藏，要避免高温高湿环境下胚轴徒长，形成高脚苗。

2. 幼苗期 从第 1 真叶开始显露至团棵（具有 5 片真叶），需 25～30d。真叶陆续展开，茎节开始伸长，应适当控制茎的生长，防止徒长。

3. 抽蔓期 从团棵至根瓜坐瓜，需 20～25d。茎叶生长加快，雌、雄花陆续开放，进入营养生长旺盛时期，应注意促根、壮根，调节好地上部和地下部及营养生长与生殖生长的协调，促进根瓜坐瓜。

4. 开花结果期 从根瓜坐瓜至果实收获完拉秧，需时期长短因品种和栽培条件而不同。茎叶生长与开花结瓜同时进行，应注意调节营养生长和生殖生长的关系。

（三）对环境条件的要求

1. 温度 比较耐低温而不耐高温。种子发芽期适温为 25～30℃，温度低于 20℃发芽缓慢，根系生长不良；温度在 30～35℃发芽最快，但易徒长；低于 13℃或高于 40℃种子不发芽。开花结果期适温为 22～28℃，低于 15℃受精不良，生长缓慢，8℃以下停止生长，在 32℃以上花器官不能正常发育，40℃以上停止生长。根系生长的最适温度为 25～28℃，而根毛发生的最低温度为 12℃，最高为 38～40℃。不耐霜冻，0℃即会被冻死。

2. 光照 西葫芦属于短日照作物，喜强光又耐弱光，低温、短日照（8～10h）有利于雌花提早分化和开花。1、2 片真叶展开期是对短日照条件反应最敏感的时期。光合作用光补偿点为 50.1μmol/（m²·s），光饱和点为 1181μmol/（m²·s），CO_2 补偿点为 63μl/L。

3. 水分 西葫芦具有较强的吸收和抗旱能力，但叶片大，因此要求大量的水分供给。要求土壤相对含水量保持在 70%～80%，同时要求空气相对湿度 45%～55%。

4. 土壤与营养 对土壤适应范围广，但仍以肥沃疏松，保水、保肥能力强，pH 5.5～6.8 的壤土为宜。通常每生产 1000kg 西葫芦大约需要氮 3kg、磷 1kg、钾 4kg。

二、品种类型与栽培制度

（一）品种类型

西葫芦根据蔓长短可分为矮生型、半蔓生型和蔓生型 3 种类型。

1. 矮生型 植株节间极度短缩，叶片密集于茎节处呈丛生状，株高多在 30～60cm，分枝能力弱。主蔓第 1 雌花节位多发生在 3～8 节，雌花比例高；果实发育速度快，早熟；抗寒性较强。代表品种有一窝猴、花叶、站秧、扇贝、曲颈、阿尔及利亚、寒玉、黄皮西葫芦、农园 1 号、早春、早玉、潍早 1 号、早青一代、纤手。

2. 半蔓生型 栽培很少。其蔓长多在 0.5～1.0m，节间略长，主蔓第 1 雌花着生在 8～11 节上，中熟。代表品种有昌邑、花皮、半蔓生裸仁、合玉丽、盛玉 307 等。

3. 蔓生型 主蔓节间长，植株生长旺盛，露地栽培条件下主蔓可达 3m 以上，分枝能力强；主蔓第 1 雌花节位发生在第 10 节以后，晚熟，雌花节比例低，结瓜部位分散；抗病、耐热，但耐寒力弱。各地栽培面积不大，代表品种有长蔓、绿皮、圆形等。

此外，西葫芦还有珠瓜（var. *ovifera*）和搅瓜（var. *medullosa*）2个变种。珠瓜栽培较少；搅瓜蔓较长，果实椭圆形，成熟时金黄色，果实经低温或高温处理后，果肉可被搅成丝状或面条状，可凉拌或炒食，质脆爽口，故又被称作金丝瓜、金瓜、面条瓜等。

（二）栽培品种选择

生产中无论是设施栽培还是露地栽培，主要选择矮生型品种，设施栽培季节长的可选择半蔓生型和蔓生型品种，特产栽培可选搅瓜或珠瓜；品种皮色根据消费习惯选择；并根据栽培季节和栽培方式选择不同生态特性的品种。例如，中小拱棚春季早熟栽培应选择耐寒力强，早熟性好，化瓜率低，耐湿，抗病性强的短蔓型品种；日光温室越冬茬栽培应选择耐寒，耐弱光的早熟品种。

（三）栽培制度

西葫芦露地栽培和设施栽培都较普遍。长蔓型西葫芦一般只适宜春夏露地栽培，有爬地和支架两种栽培形式。短蔓型西葫芦耐低温、弱光能力较强，但耐热性较差。露地和塑料拱棚主要进行春早熟栽培，日光温室可分为秋冬茬、越冬茬及冬春茬等栽培茬口，北方秋冬茬和越冬茬多在9月份播种，越冬茬在12月份播种育苗。不同地区因气候条件差异较大，各种栽培方式西葫芦栽培季节安排也有较大差异。生产安排应注意与其他非瓜类蔬菜实行1～2年轮作，避免与瓜类蔬菜连作。

三、栽培技术

西葫芦栽培技术流程为：育苗（设施内或露地）→整地、施基肥、作畦→定植→田间管理（设施栽培的环境调控、支架或吊蔓、人工授粉或激素处理，中耕、除草、培土，水肥管理，打杈、保花保果、摘老叶）→采收。

（一）中小拱棚春早熟栽培技术

矮生型西葫芦适宜中小拱棚春季早熟栽培，早春外侧覆盖草苫保温，定植期和采收期比大棚还要早，因而效益较好，是中国北方地区主要栽培方式之一。

1. 整地、施基肥　幼苗定植前，应提早10～15d将拱棚覆盖薄膜，并密闭保温，促进土壤化冻和土壤温度提高。最好选用防雾滴农膜，以提高棚膜透光率。定植田冬前应先行秋耕，冬季冻垡、晒垡。翌春土壤化冻后，先铺施腐熟农家肥75t/hm^2、磷酸二氢铵等复合肥600～800kg/hm^{2}作底肥，将土壤深翻30cm并及时翻耕、作畦。用垄作或高畦，并覆盖地膜，单行栽培，畦宽60cm，畦间沟宽40～50cm，畦高20～30cm；双行栽培，畦宽100～110cm，上覆地膜。

2. 育苗　采用营养钵土壤育苗，北方一般在1月中旬至2月中旬播种。温汤浸种后，在30℃下催芽2～3d。播种后保持白天25～30℃，夜间18℃以上。苗出土后及时揭去地膜，并适当降温，白天20～25℃，夜间12～15℃，以防幼苗徒长，超过25℃，通过通风来降温。定植前1周挪动营养钵，并注意降温炼苗，保持白天20～23℃，夜间降至10～15℃。壮苗标准是：苗高10cm左右，幼苗具4、5片真叶，叶片平展，叶色浓绿，茎节不明显，茎粗0.4～0.5cm，苗龄30～35d，抗逆性强，根系完整，无病虫害。穴盘基质育苗，苗龄适当缩短。

3. 定植 当棚内夜间最低温度稳定在5～7℃，土壤10cm处温度在8～10℃即可定植。长江中下游地区适宜定植期多在2月下旬至3月上旬。华北地区夜间棚外覆盖草苫时，定植期可以提早到2月下旬至3月上旬，夜间不覆盖草苫时定植期多在3月中下旬。在确保定植后幼苗不发生冷害的前提下，尽可能提早定植。春早熟栽培适宜定植密度一般为33 000～38 000株/hm²，株距45～55cm，行距50～60cm。短蔓型西葫芦耐热性差，北方地区春早熟栽培常因后期遇夏季高温而使得其适宜生长期有限，为此适当加大栽培密度有利于提高早期产量、总产量和经济效益。选择晴天中午定植有利于缓苗，用水稳苗法定植，以提高土壤温度。定植深度以埋没原土坨1～2cm为宜。在高海拔地区栽培西葫芦可覆盖地膜提高地温。

4. 田间管理

（1）温度管理：定植初期，注意增温保温，拱棚北侧可加设风障，必要时可在夜间覆盖草苫，并注意晚揭早盖，适当提高白天气温。定植至缓苗前，棚内温度不超过32℃不通风。缓苗后，可适当通风，草苫可早揭晚盖，延长光照时间。但由于生长前期外界温度仍然较低，通风量不宜过大，适当提高棚内白天温度，有利于防止夜间温度低。发棵后，保持白天25℃左右，夜间不低于10℃。进入开花授粉期，保持白天20～25℃，夜间15℃左右。若温度超过30℃以上，植株出现大量雄花，而雌花开放较晚，影响授粉。进入盛瓜期后，外界温度和光照条件改善，棚内温度可保持白天20～25℃，夜间14～16℃。白天温度过高，易诱发病毒病和白粉病等，并造成植株及早老化，生长势衰退较快。当外界夜间气温稳定在14℃左右，便可撤除小拱棚棚膜。

（2）水肥管理：拱棚春早熟栽培不宜蹲苗，因为生长前期外界气温较低，棚内温度变化幅度较大，尤其是夜温偏低，植株不易徒长。缓苗后应肥水紧跟，促进及早结瓜。缓苗时可轻浇水1次，并随水冲施尿素或硫酸铵200kg/hm²左右，促进缓苗、发棵。第1雌花开放后3～4d，当瓜长8～10cm时，是加强水肥管理的标志。根瓜坐住后，每5～7d浇水1次，每15d追施1次三元复合肥250～300kg/hm²。前期注意防止徒长，后期注意果实坠秧。

（3）植株调整：根瓜坐住前应及时摘除植株基部的少量侧枝。生长中后期，茎叶不断增加，但基部叶片距离底面过近，光照弱，湿度大，易成为病源中心，在根瓜采收后可予以摘除。随着植株的生长，茎蔓因逐渐延长而倒伏，为保持田间叶片受光良好，应及时理蔓，让所有植株茎蔓沿垄畦按同一方向朝着前一颗植株基部延伸，如南北向作畦，生长点应朝向南方，有利于充分受光。盛瓜期过后，及时打除老叶病叶；主蔓摘心，培养侧枝；加强水肥管理，争取再次到达产量高峰。

（4）保花保果：西葫芦单性结实能力差，尤其在生长前期温度较低、通风量较小时，依靠自然授粉难以保证田间坐果率，易于化瓜。可采取人工授粉，选择上午刚刚开放的雄花和雌花进行授粉，此时子房受精能力及花粉发芽力强，有利于提高结果率。高温阶段上午采摘当天开放的雄花，将其花药轻轻涂抹在雌花柱头上。低温期由于雄花很少，常用赤霉素20～30mg/L混合液蘸花或用生长素类调节剂涂花柄及花柱。

5. 采收 一般定植后55～60d即可进入采收期。果实在开花后7～10d，当果实重量达250～500g时即可采收。生长前期温度及光照条件较差，应适当早收，避免坠秧；生长中后期环境条件适宜，可适当留大瓜，提高产量。

(二)日光温室越冬茬栽培技术

1. 整地、作畦　　定植前5~10d温室覆盖农膜(防雾滴、防老化),然后施足底肥,深翻细耙。老温室还应在定植前2~3d用硫磺等进行熏烟消毒处理。采用大小沟畦,畦面覆盖地膜。畦宽130~140cm,双行定植。

2. 育苗　　适宜播种期在9月下旬至10月下旬。播种过早,前期温度高、光照强,苗期易感染病毒病;播种过晚,低温弱光环境植株生育缓慢,难以在元旦前进入采收期,影响效益。浸种催芽至大部分种子露白,播种后覆土2cm。出苗前保持白天28~30℃,出苗后保持白天20~25℃,夜温12~15℃。适宜苗龄25d左右,适宜定植苗态为2、3片真叶展开期,定植前1周进行炼苗。定植过早,叶片营养面积小,生长缓慢,而且也不利于次生根的迅速生长;定植过晚,苗龄偏大,定植时易伤根、伤叶,不利于缓苗,且易导致病毒病的发生。育苗期间不宜控水。

3. 栽植　　选晴天上午定植,定植后浇透定植水。定植密度30 000~32 000株/hm^2,株距45~50cm,行距65~70cm。定植过密,冬季田间郁蔽,易化瓜,且灰霉病严重;定植过稀则产量低。

4. 田间管理

(1)温度管理:入冬前及立春后,外界气候条件较为适宜时,在满足温度要求的前提下,应合理通风、增加光照强度、延长光照时间,保持白天20~25℃,夜间13~16℃。由于通风量大,室内空气湿度小,应尽量避免28℃以上高温出现,便于控制白粉病和病毒病。冬季白天温度应适当高于西葫芦适宜温度指标,控制在白天25~30℃,夜间12℃以上。

(2)肥水管理:因根系吸水能力较强,而地上部不耐高湿,浇水应按小水勤浇的原则,保持土壤见干见湿。尤其在冬季室内温度偏低、通风量小的情况下,浇水次数不宜过多、每次浇水量不宜过大,宜采用滴灌和膜下灌水,避免明水灌溉,防止或减轻因土表水分蒸发而引起的室内空气湿度过高。在定植初期和春季生长旺盛时期,则应根据植株生长状况及时浇水。定植缓苗时可进行第1次追肥,且以氮肥为主。一般缓苗期间不浇水,如果定植时浇水不足可根据土壤墒情浇1次小水,缓苗后到根瓜坐住前要控制浇水,根瓜坐住后要根据天气情况和土壤墒情及时浇水,一般每7~10d浇1次水,每次追肥量150~200kg/hm^2,冬季可适当延长追肥时间,追肥种类以三元复合肥为主。浇水尽量选择在晴天上午进行,浇水后要注意通风降湿。

(3)植株调整:由于生长期长,其茎蔓长度可达1m以上。所以伸蔓后应及时吊蔓,以保持植株直立生长状态和通风受光良好。随着植株的生长,基部叶片逐渐老化、变黄,应及时疏除,防止消耗养分和诱发病虫害,改善基部通风透光条件。

保花保果方法参见中小拱棚栽培。

5. 采收　　果实采收大小应依据生长季节、植株长相和市场情况灵活掌握。春节前,果实重量达250g时即可采收,既可以防止坠秧,又可以提高销售价格。而春节后随着环境条件逐渐改善,可适当将果实采收重量标准提高到300~500g。采用壳聚糖涂膜处理可以延缓西葫芦冷害的发生时间,减轻冷害程度。根瓜采收后即开始进入结瓜盛期,为了防止化瓜,要适当疏花疏果。

第五节 中国南瓜

南瓜属（Cucurbita）包括中国南瓜（C. moschata Duch.）、西葫芦（C. pepo L.）、笋瓜（C. maxima Duch.）、黑籽南瓜（C. ficifolia B.）和灰籽南瓜（C. argyrosperma Huber）等5个种，起源于美洲，7世纪传入北美洲，16世纪传入欧洲和亚洲，明、清时期从海路和陆路引入中国。在中国，南瓜常指中国南瓜（squash），又称倭瓜、饭瓜、番瓜、老缅瓜等，主要分布于中国、印度、日本等亚洲国家，栽培普遍。笋瓜又称印度南瓜、玉瓜、北瓜、拉米瓜、日本南瓜、西洋南瓜等，栽培较少。黑籽南瓜又称米线瓜、绞丝瓜等，灰籽南瓜又称墨西哥南瓜，都很少栽培。

南瓜多食用老熟果。每100g鲜果肉含水分97.1~97.8g，碳水化合物1.3~5.7g，膳食纤维0.8g，蛋白质0.7g，维生素C 8.0~21.8mg，维生素A 0.148mg，胡萝卜素5~40mg，还含有维生素B_1、维生素B_2和烟酸等多种维生素以及铁、钙、镁、锌、钾等多种矿质元素。种子的蛋白质和脂肪含量分别高达40%和50%左右。南瓜味甘，性温，入脾、胃经，有健身益气、消炎止痛、解毒杀虫等功效。

一、生物学特性

（一）植物学特征

1. 根 根系强大，子叶期直根可长达22cm，5~7片叶展开时侧根可长达140cm。开花时根系最为强大，主根直径较粗，长2m，并可形成2~5m长的1级侧根12条，以及许多2.5m长的二级侧根和1.5m长的3级侧根。此外，还可形成大量的须根和不定根。主要根系长度可达170m，主要根系分布在10~40cm的耕层中。

2. 茎 五棱形，中空，绿色，被茸毛。主蔓长度因种类、类型和品种而异，分枝能力强，生长迅速，每个茎节处均有腋芽，可抽生形成侧蔓。茎节处生卷须和花芽，条件适宜时可发生不定根。

3. 叶 子叶对生；真叶互生，心脏形、掌状或近圆形。叶腋处着生雌花、雄花、侧枝及卷须。叶面粗糙，有的品种具斑纹，被茸毛。叶面茸毛及斑纹状况是种间分类特征之一。适宜条件下，南瓜每株叶面积可达30m^2以上。

4. 花 单性花，雌雄同株异花。雌花和雄花均为单生，虫媒花。花萼筒状，5裂，被茸毛；花冠钟状，5裂，鲜黄或橙黄色。雄花雌蕊退化，雄蕊5枚，合并成为2枚2花药和1枚1花药并联筒状；花粉粒较大，直径约150μm。雌花多为3心室，少数4或5心室，含多数胚珠；花柱短，柱头3裂，子房下位，周围具蜜腺；子房大小和形状因种类、类型和品种而异，有圆形、椭圆形等；花冠内侧基部具退化雄蕊。

花芽分化过程中性型可塑。影响性型分化的因素主要有温度、光照强度及光周期。低温尤其是夜间低温有利于雌花分化；光照较强，有利于雌花分化；短日照条件下有利于雌花分化；生长调节剂对于南瓜花芽性型分化的影响与黄瓜相似，但效果更为显著。

一般在主蔓7、8叶节发生第1雌花，以后每隔4、5叶节再发生1雌花；侧蔓在4、5叶节开始出现第1雌花，以后每隔3、4叶节再发生雌花。其他叶节则全部为雄花。但无论是主蔓还是侧蔓，很少出现连续发生雌花的情况。一般在凌晨4～5时花完全开放。露地栽培下自然授粉多在早上6～8时，下午1～2时完全闭花。雌花受精时间一般在凌晨4～5时；此后，受精能力急剧下降，故采取人工授粉必须及时。但保护地栽培条件下，当温度低、光照弱、空气湿度较高时，开花、闭花及雌花受精能力最高时间均相应推迟。

5. 果实 果实形状、大小和颜色等因种类、类型和品种而异。果实一般较大，有圆形、扁圆形、椭圆形和长筒形等。幼果暗绿色、绿色、白绿色或白绿间杂；老熟果灰绿色、橘红色或橘黄色等，间有斑点或条纹。果实表面光滑或具棱线、瘤状突起或纵沟等。果柄长短及基座形状是种间分类依据之一。

雌花开花后，果实重量不断增加，果实发育前期增重很快，至果实接近生理成熟时，增重才逐渐减慢。而果实的纵径和横径在果实发育的前半期增长迅速，而后半期很少增长，可见果实发育过程中先以果实体积增大为主，以后为逐渐充实、增重过程。从开花至生理成熟一般需50～60d，因类型、品种和栽培条件等而有所差异。单性结实能力较差。田间自然授粉时，结实率仅有10%左右。为提高结实率，必须采用人工辅助授粉。

6. 种子 多为卵形，扁平，乳白、灰白、淡黄、黄褐或黑色等。种子形状、颜色及有无周缘、种脐处珠柄痕形状等都是种间分类的重要依据。种子大小与种类、类型和品质等有关，千粒重100～160g，种子寿命4～6年。

（二）生长发育周期

1. 发芽期 从种子萌动到子叶展开、第1真叶显露，需7～10d。

2. 幼苗期 从第1真叶开始显露至团棵（具有5片真叶），需25～30d。主侧根生长迅速，每天可增加4～5cm；真叶陆续展开，茎节开始伸长，植株直立生长，有些早熟品种开始花芽分化；此期保持白天温度25～28℃，夜间温度为15℃最好。

3. 抽蔓期 从团棵至根瓜坐瓜，约15d。此期茎叶生长加快，植株由直立生长转向匍匐生长，卷须和侧蔓抽出，雌、雄花陆续开放，进入营养生长旺盛时期。

4. 结果期 从根瓜坐瓜至果实采收结束拉秧，时期长短因品种和栽培条件而异。每个果实从雌花开放至果实成熟需50～70d。此期茎叶生长与开花结瓜同时进行，应注意调节营养生长和生殖生长的关系。

（三）对环境条件的要求

1. 温度 喜温耐热，适宜温度范围一般为18～32℃。不同生长期对温度要求也有所不同，发芽期适温为28～30℃，最高温度为35℃，最低为13℃；幼苗期和抽蔓期温度保持在白天25～32℃，夜间13～15℃，有利于促进光合作用和花芽分化；开花结果期适温为白天25～27℃，夜间15～18℃，低于15℃或高于35℃可导致花芽发育异常或花粉败育。根系伸长适宜土壤温度为28～32℃，最低8℃，最高38℃。

2. 光照 南瓜是短日照作物，短日照可促进雌花分化。但光照时间过短，植株体内光合产物积累减少，可导致雌花发育不稳定，一般以8～12h短日处理较为适宜。光补偿点1.5klx，光饱和点45klx，CO_2饱和点1000μl/L，环境CO_2浓度提高到饱和点可增产10%～20%。

3. 水分 因根系强大，叶片有缺刻和被蜡质等耐旱特征，南瓜具有较强的吸水、抗旱能力，对土壤水分要求不严格，适宜土壤湿度和空气湿度为60%～70%。适度控水有利于改善品质，增加果实含糖量。空气相对湿度达85%以上时不利于花药开裂，影响授粉。

4. 土壤及营养 对土壤条件适应性强，要求不严格，但以耕层深厚、肥沃的砂壤土或壤土栽培为好。适宜土壤pH 5.5～6.8。每生产1000kg南瓜需吸收氮3～5kg、磷1.3～2.2kg、钾5～7kg、钙2～3kg、镁0.7～1.3kg。不同种类和品种对矿质营养的吸收量也有较大差异。不同生育时期南瓜需肥量不同，抽蔓期前需肥量较少，而进入结果期后需肥量则急剧增加，并维持在较高水平。

二、品种类型与栽培制度

（一）类型与品种

1. 根据果实形状分类 有圆南瓜（var. *melonaeformis*）和长南瓜（var. *toonas*）两种类型。

（1）圆南瓜：果实扁圆形或圆形，果皮多纵沟或具瘤状突起，多浓绿色，具黄色斑纹。代表品种有大磨盘、柿饼南瓜、蜜枣南瓜、糖饼南瓜。近年来，各地选育的优良品种有无蔓4号、小青瓜和无蔓小青瓜、龙早面、寿星、一串铃、丹红3号、黑龙瓜1号等。

（2）长南瓜：果实长形，头部大，尾部较小。果皮多为绿色，并具黄色花纹。代表品种有牛腿、黄狼、十姊妹、雁脖、骆驼脖、叶儿三以及博山长南瓜等。近年来，选育出的新品种有齐南1号、白沙蜜等。

2. 根据茎蔓长短分类 有长蔓型和短蔓型。

（1）长蔓型南瓜：露地栽培条件下，茎蔓长度可达3m以上，主蔓第1雌花发生节位多在10叶节以上，且雌花节比例少。植株长势及分枝性强，耐热、抗病性强，果实大，单果重可达10kg以上，成熟晚，单株结果较少。代表品种有裸仁南瓜、大粒裸仁南瓜。

（2）短蔓型南瓜：植株节间短，无明显主蔓，生长期内主蔓长度一般不超过50cm，主蔓上叶片密集呈丛生状。植株长势及分枝力稍弱。主蔓第1雌花节位多发生在6～9叶节，且雌花节比例高，某些品种雌花节比例可高达24%～40%。单株结果数多，单果重小，早熟。

（二）栽培品种选择

生产中主要根据栽培目的和栽培方式选择品种。设施吊蔓栽培多选择小型优质圆果型品种，露地一般栽培多选择大型长果型品种，示范园观赏栽培多选择不同大小、形状和皮色的品种。

（三）栽培制度

南瓜耐贮耐运，栽培季节和茬口比较简单，主要进行春夏露地栽培，南方早熟南瓜常采用设施栽培，产品提早上市。

栽培方式有爬地和支架栽培2种。华南地区南瓜露地生产在秋、冬和春季均可栽培。不同地区因气候条件差异较大，各种栽培方式下南瓜栽培季节安排也有较大差异。南瓜对于光照条件要求较高，生长季节长，一般1年栽培1茬。

南瓜连作障碍较轻，一般实行 1~2 年轮作，前茬避免葫芦科、十字花科、茄科等蔬菜。

三、栽培技术

南瓜栽培技术流程为：整地、施基肥、作畦→直播或育苗移栽→田间管理（设施栽培的环境调控、吊蔓、人工授粉，中耕、除草，水肥管理，整枝打杈、疏果留果）→采收。

（一）整地、作畦

结合施肥耕翻土地，耙细整平，施肥要做到农家肥、化肥、微肥结合，以有机肥为主，一般施优质腐熟有机肥 45~90t/hm²。作 130cm 和 150cm 的大小畦。小畦播种南瓜，大畦作为爬蔓畦。

（二）直播或育苗移栽

1. 直播 一般在当地断霜前 5~6d，10cm 地温稳定在 12℃以上时才能播种，确保幼苗在断霜后出土。播种前浸种、催芽，露白后即可在晴天播种。开穴播种，先在穴内点水，水渗后每穴放 2、3 粒种子，覆土 2cm。一般行距为 130~150cm，株距为 40~60cm。南瓜单株产量较高，缺苗对总产量影响较大，所以出苗后要及时查苗、补苗，确保全苗。

2. 育苗移栽 采用营养钵或穴盘育苗。播种后苗床白天温度保持 25~28℃，夜间 15~18℃。出苗后白天保持 15~25℃，夜间 12~18℃，夜间温度不宜超过 20℃，白天温度超过 30℃时应通风降温，定植前炼苗。壮苗标准是日历苗龄 35~40d，株高 10~15cm，株型紧凑，4、5 片真叶展开，叶片深绿肥厚，节间短，茎秆粗壮，根系发达，无病虫害。

断霜后或 10cm 地温稳定在 12~13℃时定植。短蔓型定植株距 70cm，行距 80cm。长蔓型多采用棚架栽培，也可爬地栽培。棚架栽培时，定植株距 40~50cm，行距 130~150cm；爬地栽培时，株距 40~50cm，行距 180~200cm。定植时先挖穴，灌足水，再放苗。水渗下后用土将穴填满，以盖住营养土坨表面为宜。

（三）田间管理

1. 肥水管理 早熟栽培坐瓜早，结瓜多，需要较多的养分，因此要保证充足的肥水供应。伸蔓期控制水肥，促进发根以利于壮秧；开花坐果前要防止茎叶徒长和生长过旺。当植株进入生长旺盛期即第 1 个瓜坐稳后，要重追肥，可施硫酸钾复合肥 300~375kg/hm²。以后每采 1 次瓜，追肥 1 次，以促进后续瓜的生长。适宜氮、磷、钾三要素比例为 3∶2∶6，增施磷、钾肥，尤其是钾肥，可提高产量和品质。结果前期一般不宜大量追施氮肥，以免徒长和化瓜。

2. 植株调整 在压蔓的同时摘除雄花叶腋处的侧蔓，留 3、4 条健壮侧蔓。雌花上部留 4、5 片叶摘心。早熟品种多采取单蔓整枝并适当密植。单蔓整枝一般在第 1 雌花坐瓜前不留侧枝，坐瓜后则放任生长，采收嫩瓜上市，单株留瓜 2 个，采收老熟瓜时单株留瓜 1 个。多蔓整枝一般在 5~7 片真叶展开或定植缓苗后摘除主蔓生长点，然后选留基部 2、3 条生长势强的侧枝继续生长、开花、结果，其他多余侧枝全部摘除，单株结果 2、3 个。无论是主蔓还是侧蔓，都以选留第 2 或第 3 雌花结瓜为好。

棚架栽培时，当茎蔓延长至架材时应及时引蔓上架。爬地栽培当主蔓长40～50cm时开始压蔓，以后每5～7节压蔓1次。及时压蔓，在保留的主、侧蔓60cm附近压第1道，100cm附近压第2道，摘心后压最后1道。每次压蔓时开7～10cm深沟，将蔓压入土中1、2节。

3. 人工授粉　为提高结果率，需及时人工辅助授粉，以早晨雌花刚刚开放时授粉效果最佳。亦可用生长素涂抹初开的雌花，促进单性结实。

4. 疏瓜和留瓜　根据瓜秧生长情况确定疏瓜和留瓜。在瓜胎已谢花3d，子房迅速膨大，瓜梗较粗时，距离瓜蔓顶端40～50cm节位预留瓜；开花5～7d后，子房如鸡蛋大小，绒毛明显变稀后留瓜；不留的瓜胎应在褪毛前摘除。每株留2、3个瓜，待瓜坐住后，在瓜前留4、5片叶摘心。

5. 整枝压蔓　为防止化瓜，应及时打杈和培土压蔓。在第1瓜坐瓜时，于瓜前压蔓；以后坐瓜时，同样在瓜前压蔓。压蔓时，不要触碰幼瓜，以免引起化瓜。根据瓜秧长势，压蔓可明压，或培土压蔓。

（四）采收

中国南瓜多以老熟果实供食用，雌花开放后50～60d，当果皮变硬、果粉增多、果柄变黄时为采收适期。果实耐储藏，充分成熟的果实常温下储藏期可达半年以上。

第六节　冬　瓜

冬瓜（wax gourd），别名白瓜、水芝、地芝、枕瓜等，属葫芦科冬瓜属1年生蔓性草本植物，学名 *Benincasa hispida* Cogn.，原产中国南部、东南亚及印度等地，广泛分布于亚洲的热带、亚热带及温带地区，在中国有1500多年的栽培历史。

冬瓜以嫩瓜或成熟的果实供食用，除菜用外，还可加工成冬瓜干、冬瓜脯、冬瓜蜜饯、冬瓜汁等食品，是中国传统出口创汇食品。每100g鲜冬瓜中含有碳水化合物2.4g、蛋白质0.4g、粗纤维0.4g、维生素C 16mg、钾135mg、钙19mg、磷12mg、铁0.3mg、胡萝卜素0.01mg、维生素B_2 0.02mg、维生素B_1 0.01mg，其性味甘凉，有清热、解毒、利尿、消肿等作用。

一、生物学特性

（一）植物学特征

1. 根　深根性。直播时主根可深入土层1.0～1.5m，育苗移栽时主根受到损伤而影响深扎，侧须根大量分布在深15～25cm的耕作层内，根展可达1.5～2.0m，根系吸收能力强，但不耐涝。节上还极易发生不定根，可以采用培土和压蔓等方法，促进其产生不定根，扩大根系的吸收面积，有利于高产和增强其抗逆性。

2. 茎　五棱形，中空，表面密被茸毛，蔓生，可无限生长，攀缘性和分枝能力很强。茎蔓有节，初生的茎节只有1个腋芽，抽蔓开始后，每个叶节都潜伏着腋芽、花芽、卷须，几乎每节都有腋芽萌发产生的侧蔓。花芽可开花结果，卷须伸长可起攀缘作用。生产中可以通过一系列的整枝措施,来协调植株茎叶生长与开花结果的关系。

3. 叶　　真叶单叶互生,掌状,一般5~7裂,暗绿色,表面密生刺毛。温度低时叶面积增加较慢,随温度的升高,叶片分化和叶面积增长加快。正在成长的健壮植株,一般1d可分化出1片小叶,3d就能发育成为1片功能叶。

4. 花　　多为单性花,有些品种是两性花,如北京一串铃冬瓜,花柱上的雌蕊和雄蕊都有授粉的能力。异花授粉,虫媒花。一般是先发生雄花而后雌花。雌、雄花开放一般都在上午露水干后,晴天在7~9时,阴天、湿度大或温度低时,则可延迟到10时以后。花期较短,开花后24h花冠即凋谢,柱头变褐,逐步失去功能。花盛开之时正是授粉能力最强的时间,人工授粉应在这一时间进行。

早熟品种一般在3~5节出现第1朵雌花,以后每隔1~3节再连续出现2、3朵或更多的雌花。晚熟品种的1朵雌花常常出现在15~25节,以后每2~4节着生1朵雌花,但常常只有1、2朵雌花连生。

5. 果实　　瓠果,由下位子房发育而成。子房形状因品种而不同,有长椭圆、短椭圆、偏圆、圆、柱形等。果皮颜色有浓绿、绿和浅绿色,有的表面被白色蜡粉。果肉白色,厚4~6cm。小果型品种一般重2~5kg,大果型品种一般重10~20kg或更大。嫩瓜和成熟瓜都可食用,但嫩瓜不耐贮藏,也不能采种,以充分成熟的果实最耐贮藏和运输,采种质量也好。

6. 种子　　种皮厚且比较坚硬,种子吸水透气较差,发芽困难。种子发芽年限为4~5年,但第3年种子的发芽率只有30%~40%,因此生产上最好使用1~2年的种子。

(二) 生长发育周期

1. 发芽期　　从种子萌动至子叶出土展开,真叶露心,需5~10d。与其他瓜类相比,冬瓜种子发芽过程中吸水量大,吸水速度慢,要求温度高,发芽时间长。种子发芽适温是30~35℃,2~3d即可大部分出芽,有时需要4~5d。在温度25℃左右时发芽不整齐。

2. 幼苗期　　从子叶展开到开始抽出卷须,在气温20~25℃条件下,历时25~30d;若气温在15℃左右则需40~50d。该时期发生叶片较少,根系生长迅速。地温25~30℃、土壤相对含水量60%~70%、土壤疏松肥沃,是促进根系发生和发展的必要条件。

冬瓜花芽分化较早,特别是早熟和中熟品种雌花发生的节位低。较低的夜温和短日照有利于雌花的分化,但日照时间过短又会出现叶色减退,上胚轴细长,雌花数少,发生节位也高,且花器小,对早熟和高产不利。

3. 抽蔓期　　从开始抽生卷须到根瓜坐瓜,需30~35d或更长。早熟品种雌花发生节位低,抽蔓期短;中晚熟品种抽蔓期较长。

4. 结果期　　从根瓜坐瓜到收瓜结束拉秧。早熟品种连续采收期需50~70d,中晚熟品种采收期更长。单个果实的发育可分为3个阶段。

(1) 发育初期:果柄弯曲下垂俗称"弯脖",表示果实基本坐稳,但由于此时茎叶仍继续生长而与之争夺养分,如遇连阴天,养分不足或过于干旱,也有"化瓜"的可能。因此,开花前需要浇足水,施足肥,并及时压蔓、摘除侧蔓以减少养分的消耗。

（2）发育中期：果实急剧膨大，由于大量的养分供应果实生长，茎叶的生长明显受到削弱，此期不仅需要大量的氮素营养，对磷、钾的吸收也显著增加。

（3）发育后期：果实体积膨大逐渐停止，转入积累干物质时期，种子也渐渐充分成熟。若作为早熟栽培以采收嫩瓜为主时，一般在果实充分长大后即可采收。

（三）对环境条件的要求

1. 温度 喜温耐热，生长适温为23～32℃，在40℃条件下也有较强的同化功能，在设施内高湿环境下可以安全度过短时间50℃的高温；早春育苗经过低温锻炼的幼苗可以忍受3～5℃的短暂低温。若温度过高，则叶片质地薄，上胚轴伸展过长，表现徒长。长期的高温还会引起植株早衰，抗病力降低。

冬瓜根系的伸长和根毛发生要求的最低温度比其他瓜类蔬菜高，根伸长的最低温度是12℃，根毛发生的最低温度是16℃。

2. 光照 冬瓜是短日照作物，幼苗期低夜温和短日照有利于花芽分化。但大多数品种对日照时数的要求不严格，要求的光照强度属于中等，但在阳光充足、光照较强的情况下，光合作用良好，光合产物多，茎叶生长健壮。光合作用光补偿点46.9μmol/（$m^2·s$），光饱和点1138.9μmol/（$m^2·s$），CO_2补偿点53.5μl/L。

正常生长发育要求10～12h以上的日照。夏天，冬瓜植株在14h光照条件下光合作用旺盛。结果期更要求充足的光照条件。但如果强光照与高温同时发生时，果实易出现日灼病，为此需要在果实上盖草、覆叶予以保护。

3. 水分 茎叶繁茂，叶大果大，消耗水分多，不耐旱。结果后必须保证水分供应，维持较高的空气湿度。气温较高和湿度较大有利于坐果，适宜的土壤最大持水量一般为60%～80%，空气相对湿度为35%～95%，但不同的生育时期有一定的差异。若在结果期遇长期阴雨，则容易发生病害，不利于授粉、花粉发芽、坐果和果实的正常发育。

4. 土壤 对土壤条件要求不太严格，适应性广，喜肥，可以在砂土、壤土和黏土地上生长，但在质地疏松肥沃、透水和透气性好的砂壤土上生长最为理想。对氮、磷、钾的需求都比较严格，比例约为1∶0.4∶1.1。在一定的范围内，增施氮肥与主茎的伸长呈正相关，增施磷、钾肥可以延缓早熟品种的衰老时间而提高产量。适宜在微酸性土壤上生长，同时也有抗弱盐碱的能力。pH在5.5～7.6均能适应。

二、品种类型与栽培制度

（一）品种类型和栽培选择

冬瓜分布区域广，各地农家品种较多。依据栽培季节的长短，可分为早熟种、中熟种和晚熟种；根据果实的大小，可分为小型、中型和大型冬瓜3种类型；根据瓜皮颜色和蜡粉有无，可分为青皮冬瓜和白皮（粉皮）冬瓜；根据冬瓜果实的形状，可分为近圆形、短扁圆形、长扁圆形、短圆筒形和长圆筒形等。

代表品种如一窝蜂、一串铃、扬子洲冬瓜、广东青皮长冬瓜、青杂一号冬瓜、粉杂2号、黑皮冬瓜、吉林小冬瓜、湖南粉皮冬瓜、台湾芋仔冬瓜（具有芋头香味，皮厚耐贮）等。

生产中主要根据栽培目的和栽培方式选择品种。设施春提早栽培宜选用耐低温、耐弱光早熟、抗病、适宜密植的早中熟品种,露地栽培多选择种晚熟大型品种。

(二)栽培制度

冬瓜喜温耐热,不耐霜冻,耐贮运,各地主要在露地栽培,一般1年1茬。生产上4~5月催芽直播,一般小型冬瓜7月上旬开始采收,大型冬瓜8月上旬开始收获。也可利用保护地育苗,3月中下旬到4月初播种育苗,4月底到5月初定植露地。其收获期也相应提前。

若采用保护地栽培(南方塑料薄膜中、大棚栽培),可提前到2月初播种,3月中下旬定植,6月上中旬收获。有的示范园还在设施内无土栽培冬瓜,食用和观赏性兼有。

冬瓜与其他作物的间作套种模式在全国各地都有。例如,西南地区早熟玉米套种冬瓜,甘肃地区塑料小棚种植西瓜地间作冬瓜,华北地区小麦套种冬瓜等。

三、栽培技术

冬瓜栽培技术流程为:整地、施基肥、作畦→育苗→定植→田间管理(设施栽培的环境调控、吊蔓、人工授粉、中耕、除草、水肥管理、支架、整枝摘心、摘老叶)→采收。

(一)培育壮苗

一般于2月上旬左右播种,用种量3.75kg/hm^2。播种前用50~60℃热水烫种,并迅速搅动,待水温降低到30℃时浸种8h,洗净种子,置25~30℃条件下催芽,露芽后播种。采用营养钵或穴盘育苗,选晴天上午播种,每钵1粒种子。由于冬瓜根系木栓化早,再生能力差,苗龄不宜太长,加温条件的温床育苗条件下,适宜苗龄为35~45d,穴盘(32穴)育苗苗龄30d。壮苗的标准是:2~4片真叶,叶片青绿,肥厚,2片子叶健壮完好,下胚轴短粗,根系发达白色,无病虫害。

(二)整地、作畦

冬瓜生长期长,生长量大,宜选择土壤肥沃、土层深厚地块定植冬瓜。定植前每公顷施入腐熟的优质有机肥45~75t、饼肥1500kg、三元复合肥(17-17-17)600~750kg。深翻土壤20~30cm,整细土块,并按各地气候和习惯作畦。如果采用覆盖地膜的,在整平畦面后覆盖地膜。

(三)适时定植

露地定植在当地晚霜期过后,10cm土层温度稳定在13~15℃以上即可定植。

大棚冬瓜定植可比露地提早1个月左右,在气温和10cm地温稳定在13℃以上定植。加地膜覆盖可再提早5~7d,若再扣盖小拱棚,还可再提早10d左右。

定植密度为大果型冬瓜行距70cm,株距35cm,37 500株/hm^{2}左右;小型冬瓜行距略小,株距33cm左右。采用3膜(地膜、小棚、大棚)覆盖栽培,较普通露地栽培提早40d左右上市,生育期延长60~70d。

(四)田间管理

1. 温度管理 设施栽培的,缓苗期间(5~7d)白天棚内气温保持在28~32℃,夜间 15~18℃。缓苗后新叶发生时，当晴天棚温达 25℃以上时适当通风换气，以后根据天气变化注意加强通风管理。开花坐果期要求白天适温 25~28℃，夜间 15~18℃；果实发育期间白天适温 28~30℃，夜间 15~18℃为宜。当外界气温夜间稳定在 15℃以上时，可撤去小拱棚，并撤掉大棚四周的"围裙"，保留其顶部的薄膜，以利于夏季进行适当遮阴降温。到 9 月中旬气温下降到 15℃时，可将大棚的"围裙"上好，并进行适当的通风管理，若大棚进行秋延后栽培可一直到霜冻为止。

2. 肥水管理 缓苗至坐果前，根据幼苗的长势可适当追肥 1、2 次，每次施复合肥 150kg/hm^2，在雌花盛开前后，避免因肥水过多导致植株徒长而引发落花和化瓜。当果实重达 0.5~1.0kg 时，根据植株长势，追施尿素 150kg/hm^2，以后每次采收后结合浇水，穴施以氮为主的复合肥 225~300kg/hm^2。遇连阴雨天气要及时清沟排涝。果实成熟期间，一般需水量少，应适当少浇水，到收获前 7~10d 停止浇水，提高耐贮性和耐运性。

3. 支架和绑蔓 支架方式多样，如人字架、一条龙架、三（四）星鼓架栽培等。蔓长 50cm 左右时开始插架，当主蔓 70~150cm 时进行盘蔓，即将蔓盘绕在根的四周或架的外侧压入土中，使茎端接近架杆基部以利上架。一般第 1 道绑在架杆基部，绑齐绑紧，便于管理，抑制徒长。以后每 4、5 节再绑蔓 1 次，每次绑蔓时及时打去卷须和多余的侧蔓。

4. 整枝和摘心 在相同种植密度下，不同整枝方式对冬瓜生长发育及产量的影响不同，单蔓单瓜整枝方式的单瓜重最大，双蔓双瓜整枝方式的冬瓜产量最高，支架冬瓜一般利用主蔓结瓜，在主蔓坐瓜前后摘除全部侧蔓，或坐果前摘除全部的侧蔓，坐果后选留若干侧蔓。坐果后，对主蔓进行摘心，摘心的位置因品种和栽培方式不同而异。一般早熟品种留 5 或 6 片叶摘心，中熟品种留 8~10 片叶摘心，晚熟品种留 10~15 片叶后摘心。适时摘心能控制有机营养消耗，使营养集中供给果实发育需要。

5. 人工或熊蜂辅助授粉 冬瓜是异花授粉作物，设施栽培须采用人工或熊蜂辅助授粉，以提高早期坐果率。人工授粉通常在上午 10 时左右，将采集的刚刚开放的雄花放在雌花的柱头上轻轻点几下，或直接将雄花罩在雌花上面，注意授粉均匀。采用熊蜂授粉，一般每棚（40m×8m）放置 1 箱熊蜂，开花前 1~2d，傍晚时分将蜂群放入温室，第 2 天早晨打开巢门放蜂授粉。

（五）收获

塑料大（中）棚春提早栽培冬瓜，一般以采收嫩瓜为主，尽早上市。若喜食嫩瓜的，可以随时采收上市；若喜食老熟瓜的，需待果实充分成熟时采收。露地栽培一般采食老熟瓜。

冬瓜果实从开花到商品成熟，一般早熟品种需要 21~28d，晚熟品种需要 30d 左右。从开花到瓜生理成熟，早中熟品种需要 35~50d，晚熟品种需要 45~60d。从果实的外观看，青皮类型冬瓜充分成熟时，果实表面的茸毛逐渐减少，果实硬度增加，皮色由青绿转为黄绿色或深绿色；而粉皮类型冬瓜，成熟时瓜皮上有 1 层白色的蜡粉，又称为"挂霜"。收获时间以晴天露水干后为宜。雨天或阴湿天气不宜采收，另外，尽可能避开高温烈日的中午采收，否则，瓜不耐贮运。采收时用剪刀呈斜面剪断瓜蔓，瓜蒂尽量保留呈"T"形，并用保鲜膜包裹，以利贮存。

第七节 苦 瓜

苦瓜（balsam pear）别名凉瓜、癞瓜、锦荔枝等，为葫芦科苦瓜属 1 年生攀缘性草本植物，学名 *Momordica charantia* L.，原产东印度及亚洲热带地区，明初传入中国，在中国南方栽培历史悠久，尤以广西、广东、福建、湖南、四川更为普遍，现全国各地均有种植。在瓜类蔬菜中，苦瓜肉苦而微甜，鲜嫩而清香，是亦食亦药的美味佳蔬。苦瓜主要食用嫩瓜，东南亚很多地方的人们还采食其嫩梢和叶、花等。每 100g 鲜苦瓜中含有碳水化合物 2～3g、蛋白质 0.8～0.9g、膳食纤维 0.7～1.6g、脂肪 0.2～0.3g、维生素 C 20～97mg，以及其他维生素和矿物质。维生素 C 含量居瓜类蔬菜之首，还含有苦瓜苷、5-羟基色胺和多种游离氨基酸及果胶等物质。

一、生物学特性

（一）植物学特征

1. 根 直根系，根系发达，主要根系分布于 20～30cm 表土层内。喜湿不耐涝，茎节易产生不定根。

2. 茎 蔓生，细长，可长达 3～4m，茎五棱，浓绿色，被茸毛。主蔓上各节的腋芽活动性强，能发生多级侧蔓，形成繁茂的植株体。一般主蔓 10 节以上才发生雌花，侧蔓在 2 或 3 节以后发生雌花。栽培中应及时支架、绑蔓，并进行合理的整枝管理。

3. 叶 子叶和初生叶各 1 对，且对生，初生叶盾形，绿色。以后的真叶互生，掌状 5～7 裂，表面光滑，青绿色。叶柄长且有沟。

4. 花 花单生，雌雄同株异花。植株一般先发生雄花，后发生雌花。雄花花萼钟形，萼片 5 枚，黄色；具长花柄，柄上着生盾形苞叶，绿色；雄蕊 3 枚，分离。雌花具 5 瓣，黄色，子房下位，花柄长，花柱上有 1 苞叶，雌花柱头 5 或 6 裂。

5. 果实 果实的颜色、形状、大小因品种不同而异。一般为纺锤形，果面有许多瘤状突起。嫩果为青绿色、浅白绿色或白色，老熟的果实呈橙红色，易开裂，果瓤鲜红色，有甜味。

6. 种子 种子盾形、扁平、种皮较厚、表面有花纹，种皮白色、淡黄色、棕褐色或黑色，一般单果内含有种子 20～30 粒，千粒重 150～180g。种子发芽年限为 3～5 年，生产中使用年限为 1～2 年。苦瓜种子的种皮坚硬，发芽较慢，且要求的温度也高，出土的时间比较长，因此，播种前必须进行种子处理。

（二）生长发育周期

1. 发芽期 自种子萌动至第 1 对真叶展开，约 10d。

2. 幼苗期 第 1 对真叶展开至开始发生卷须，约 15d。

3. 抽蔓期 从植株开始发生卷须至根瓜坐瓜。一般植株 7、8 叶开始抽蔓，同时开花坐瓜。

4. 结果期 从根瓜坐瓜到生长和采收结束，此期约占整个生育期一半以上，自然条件下约 50～70d，大棚栽培约 90d，温室栽培且管理好可长达 100～120d 以上。

(三) 对环境条件的要求

1. 温度 喜温，耐热，不耐寒。种子发芽适温 30～35℃，20℃以下发芽缓慢，13℃以下发芽困难。生长发育的适温是 20～25℃，在温度 25℃左右的条件下，15d 可以长出 4 或 5 片真叶；15℃则需要 20～30d。开花结果的适温是 20～30℃，在 15～25℃范围内，温度越高对生长发育越有利，高于 30℃和低于 15℃的温度对生长和结果都不利。

2. 光照 苦瓜是短日照作物，但对光周期要求不严。较强光照有利于光合作用和开花坐果，光照不足会导致化瓜。苗期光照不足会降低幼苗抗寒能力，若播种后遇低温连阴天，温度低于 10℃时，苗容易受冷害。光合作用光补偿点 20.8μmol/($m^2 \cdot s$)，光饱和点 1179.5μmol/($m^2 \cdot s$)，CO_2 补偿点 28.3μl/L。

3. 水分 喜湿润，要求土壤相对含水量 80%～85%，特别是结果期要求土壤湿润，但田间积水会造成根系受伤，叶片萎黄，影响生长。较高的空气湿度有利于苦瓜生长发育。

4. 土壤 耐肥而不耐瘠，在肥沃的黏质壤土上生长良好。土壤肥沃，有机质丰富，植株生长健壮，开花结果多，产量高。要求氮、磷、钾配合施用，对肥料三要素的吸收以钾最多，氮次之，磷最少，生产上注意施足基肥，苗期适当追肥，促进茎叶生长。进入结果期则要求有充足的肥料供给，否则植株容易出现早衰，严重影响产量。

二、品种类型与栽培制度

(一) 品种类型和栽培选择

按嫩果皮色苦瓜分为青皮苦瓜和白皮苦瓜；按果实形状可分为长圆锥形、短圆锥形、纺锤形和长圆筒形；按果实表面的瘤状突起大小分为粗瘤和细瘤等。一般青皮苦瓜苦味较淡，果肉较厚，以南方栽培较多；白皮苦瓜苦味较浓，果肉较薄，北方栽培较多。代表品种青皮苦瓜如大顶苦瓜、长身苦瓜、大白苦瓜、槟城苦瓜、湘苦瓜 1 号、绿顶苦瓜、大肉 1 号、夏丰苦瓜、湘早优 1 号；白皮苦瓜如蓝山大白苦瓜、苦瓜杂 67 等，生产中可根据消费需求和生产面临问题选择优良品种。

(二) 栽培制度

苦瓜适应性广，喜温，耐热而不耐寒，喜湿润，怕雨涝，不耐贫瘠。在条件适宜时，能连续开花结果，陆续采收，植株高大，生长期长。因此，各地以露地栽培为主。

露地栽培，不论是中国南方还是北方，都是 1 年 1 季栽培。在北方，由于无霜期短，一般都在春夏季栽培，华北地区一般 4 月上旬育苗，5 月初定植，6 月下旬开始采收，9 月上旬拉秧。长江流域多在 3 月下旬播种育苗，4 月下旬定植，6 月中旬开始采收，9 月末拉秧。华南地区春夏秋 3 季均可播种，以春播为主，2～3 月播种育苗，5～7 月采收。

随着设施农业的发展，苦瓜已有大中棚、日光温室等多种栽培模式，可四季种植，周年供应市场。苦瓜还可与其他作物进行间作套种，如南方设施大棚辣椒套种苦瓜栽培，早春大棚蕹菜、苦瓜套种模式，北方大棚草莓与苦瓜套种，上海地区大棚苦瓜、叶菜立体高效栽培模式等。

三、栽培技术

苦瓜栽培技术流程为：整地、施基肥、作畦→育苗→定植→田间管理（设施栽培的环境调控、吊蔓、人工授粉、中耕、除草，水肥管理、支架、整枝摘心、摘老叶）→采收。

（一）培育壮苗

早春采用设施营养钵或穴盘育苗，苗龄40~50d。长江以南各省一般1月初至2月初播种，3月中下旬定植大棚。华北地区一般1月上旬至2月上旬播种，3月底定植于大棚。东北地区2月中旬播种，4月上中旬定植大棚。播种前将种子放入55℃左右的温水浸泡，自然冷却后浸种24h，洗净种子，置于30~32℃温度的环境下催芽，待50%以上种子发芽后播于营养钵或32孔穴盘。覆土后盖膜保湿。出苗后根据苗情可喷施2、3次0.2%~0.3%的磷酸二氢钾溶液，定植前1周左右进行幼苗锻炼。白天充分利用太阳光照射，夜晚也不再覆盖防寒物。设施越冬栽培的，可采用嫁接苗，以提高抗寒性和抗病性，可与黑籽南瓜进行嫁接。

（二）整地、定植

结合整地每公顷施优质有机肥60~75t、过磷酸钙750kg、碳酸氢铵300~450kg，地面普施与集中沟施相结合。露地栽培依栽培地区要求作高畦或平畦，畦宽1.6~1.8m，每畦栽2行；垄作时，大小行种植，大行间100cm，小行间80cm，在大行间扶起1条供田间行走的垄，并起到保证沟浇水和有利排除田间积水的作用。

露地定植在当地晚霜期过后，10cm地温稳定在13℃后进行。设施早熟栽培一般在定植前15~20d扣膜烤地，当距棚边80cm处10cm地温稳定在10℃以上时定植。一般选晴天的上午栽苗，栽后浇足定根水。

（三）田间管理

1. 温度管理 设施栽培的，定植到缓苗要封闭大棚，尽量提高棚内温度，以利缓苗。缓苗后要将棚内温度降下来，一般晴天保持白天25~28℃，夜间16~18℃。外界最低气温稳定在15℃以上，一般在当地晚霜后的1个月左右，先通过昼夜大放风炼苗，后伺机撤去棚膜。

2. 肥水管理 定植缓苗后，选晴天浇1次缓苗水，同时施硝酸铵等速效氮肥105~150kg/hm² 促进发棵，并促进植株良好生长。以后中耕2、3次，由深到浅，距根由近到远，结合中耕可向根部培土，促进不定根发生。当第1个瓜坐住后，每7~10d浇1次水，保持土壤湿润，天气炎热时浇水间隔时间宜短，但遇田间积水要及时排除。

结合浇水进行追肥，每15~20d追肥1次，每次追施硝酸铵225~300kg/hm²；结果盛期还可叶面喷施0.2%~0.3%磷酸二氢钾2、3次。

3. 植株调整 蔓长30cm时要及时搭架。一般搭人字架或搭井字架，设施栽培可用绳吊蔓，或利用棚架。苦瓜蔓细，要及时绑蔓，以后每隔30cm左右绑1次。开始绑蔓可采用"S"形上升，以便压低瓜位。

苦瓜茎叶繁茂，分枝力强，主蔓几乎每个叶节都能产生分枝、卷须、花和子蔓，设施栽培必须及时整枝，以增加透光率并减少营养消耗。生产上大多采用2种整枝方式，一种是基部不留侧枝，而在中上部留侧枝，即将距地面50cm以下的所有侧枝打掉，中上部的侧枝疏去过密和生长势弱的，以利通风透光；另一种方法是在基部选留 3～5 个生长健壮的侧枝，主蔓长到架顶时摘心，并疏去二级侧枝。绑蔓时，顺便摘除不必要的侧枝、卷须和雄花，以减少营养消耗。中后期要摘除下部黄叶和病叶，以利通风透光，提高光合效率。

4. 辅助授粉 设施栽培须采取放蜂或人工辅助授粉措施提高坐果率和瓜条商品性。人工辅助授粉应选择当天开放的雄花和雌花，于上午 8～10 时进行。授粉时先摘除雄花，去除花冠，将花药轻轻地涂在雌花的柱头上即可。采用熊蜂授粉一般每棚（40m×8m）放置 1 箱熊蜂，苦瓜开花前 1～2d，傍晚时分将蜂群放入棚室，第 2 天早晨打开巢门放蜂授粉。

（四）采收

苦瓜从定植到收获一般需要 50～70d，通常从开花到中等成熟需 12～15d，此时果实充分长成，条状或瘤状突起明显，饱满而有光泽，果顶花冠脱落，果皮颜色由暗绿转为鲜绿，或由青白色转为乳白色时即可采收。若采收过早，不仅影响产量，而且瓜肉硬，苦味浓；过熟，则顶部已变黄色或橘红色，肉质软绵，苦味变淡而发甜，失去了苦瓜的特色。采收时最好用剪刀从基部剪下，不要用手拽。采收时间以早晨露水干后为好。

第八节 丝 瓜

丝瓜（towel gourd, luffa, sponge gourd），别名天丝瓜、天罗、天络等，为葫芦科丝瓜属（*Luffa*）1 年生攀缘性草本植物，起源于亚洲热带地区，广泛分布于亚洲、澳洲、非洲和美洲的热带及亚热带地区。2000 年前印度已有栽培记载，于公元 6 世纪传入中国。目前，在全国各地均有栽培，但主要产区在长江流域及以南地区。

丝瓜主要食嫩果，每 100g 鲜果可食部分含蛋白质 3.6g、糖 2.9～4.5g、维生素 A 72.6mg、维生素 C 22.0mg、脂肪 0.1mg，还含其他维生素和矿物质等。丝瓜成熟果实纤维发达，可入药，称"丝瓜络"，有调经、祛湿、治痢等功效，还可用于制作洗刷用具、床垫、鞋垫、过滤体和隔音材料等。

一、生物学特性

（一）植物学特征

1. 根 根系发达，主根可长达 150cm 以上，侧根多且分布范围广，但主要分布在 30cm 以内的耕作层内。

2. 茎 蔓生，五棱，绿色附生白色刺毛，茎分枝力强。每节均有分枝、卷须，但一般只分生 1 级侧枝，主、侧蔓均可结果，生长前期以主蔓结果为主，后期以侧蔓结果为主。生产上可根据需要适时进行摘心、打杈。为了减少营养消耗，避免卷须缠绕幼瓜，应及时剪去多余的卷须。

3. 叶 真叶互生，深绿色，且密被茸毛，掌状或心脏形裂叶，一般为 3～7 裂，叶缘波状。叶柄浅绿色，圆形，正面有沟。

4. 花 雌雄同株异花，花腋生，花冠黄色，雄花为总状花序，每个花序有 10 余朵花，生产上为减少养分消耗，可摘除部分雄花。雌花一般单生，有的品种在较低温度下出现单节着生多个雌花现象。异花授粉，虫媒花。设施栽培须人工辅助授粉提高坐果率。一般早熟品种在5～10节出现第1朵雌花，晚熟品种一般在20节左右出现第1朵雌花，而侧蔓一般在1～5节开始出现雌花。

5. 果实 瓠果，短圆柱形至长圆柱形，嫩果表皮绿色，老熟果褐色或黑褐色。果面分为有棱和无棱两类，无棱丝瓜（即普通丝瓜）表面粗糙，有数条浅纵沟；而有棱丝瓜表面具皱纹，有7条棱。一般嫩果表面有茸毛，果肉白色或浅绿色。老熟果面光滑或有细皱纹，外皮下形成的网状强韧的纤维又称为丝瓜络。

6. 种子 椭圆形，扁平。种皮革质，坚硬。普通丝瓜种皮较薄，表面光滑，有翘起边缘，灰白色或黑色，千粒重90～100g；有棱丝瓜种皮厚，表面有纹络，黑色，千粒重120～180g。

（二）生长发育周期

1. 发芽期 从种子萌动至子叶展平，在25～35℃适宜温度条件下需5～7d。

2. 幼苗期 从第1片真叶显露至4、5片真叶充分展开，需15～25d。以白天为20～25℃，晚上17～20℃为宜。

3. 抽蔓期 从4、5片真叶展开至根瓜坐瓜，需10～15d。

4. 结果期 从根瓜坐瓜至拉秧，一般需60～80d。要注意及时浇水施肥和采收嫩瓜，同时预防病虫害发生。一般在花后10～12d可采收嫩瓜，从开花至果实生理成熟需40～50d。

（三）对环境条件的要求

1. 温度 耐热不耐寒，最适生长温度25～30℃，但超过30℃仍能生长正常，40℃以上生长受抑制。气温低于15℃时生长缓慢，低于10℃时生长受到抑制，5℃以下生长不良甚至受冷害。苗期给予适当的低温（20℃左右），有促进雌花分化的作用。

2. 光照 丝瓜是短日照植物，苗期短日照能促进发育，降低第1朵雌花节位。在结果期需要较长日照和较强光照，以促进植株的营养生长和开花结果。丝瓜有一定的耐阴能力，但在晴天、光照充足的条件下有利于丰产优质。连续的阴雨天气或过度的遮阴会严重影响植株的生长，且雌花形成少，易化瓜。

3. 水分 因根系发达而有较强的抗旱能力。但过度干旱，果实易老化，纤维增加，品质下降。丝瓜是最耐潮湿的瓜类蔬菜，即使雨涝或短时间水淹，也能正常开花和结果。一般普通丝瓜较有棱丝瓜的耐湿性更强。发芽期要求水分较多，有利于快速出苗；幼苗期和抽蔓期需水量较少；结果期需水最多，需保持较高的土壤湿度。

4. 土壤营养 对土壤要求不严，几乎所有土壤都能生长，但以土层深厚、富含有机质、排水良好的土壤种植为好，适宜土壤pH 6.0～6.5。喜肥，且耐肥力强，对肥料的要求以氮肥为主，配合施入磷钾肥，有利于高产优质。

二、品种类型与栽培制度

（一）品种类型和栽培选择

丝瓜分普通丝瓜（*L. cylindrica* Roem.）和有棱丝瓜（*L. acutangula* Roxb.）两个栽培种。

1. 普通丝瓜 生长期长，容易栽培，且适应性强。果实圆柱形，表面粗糙，并有数条墨绿色纵纹，无棱。种子扁平，表面黑色而光滑，四周常带羽状边缘。按其果实长度和粗度，可分为短圆柱形和长圆柱形，一般短圆柱形属早熟品种，长圆柱形为晚熟品种。代表品种如湖南冷江1号、浙丝1号、江蔬1号、早冠、蛇形丝瓜、香丝1号、绿旺、天河夏丝瓜、翠玉丝瓜、五叶香丝瓜、白玉霜等。

2. 有棱丝瓜 植株长势比普通丝瓜稍弱，需肥多，不耐瘠，果实短圆柱形至长圆柱形，具8~11条棱，墨绿色。果肉疏松、细嫩、香甜可口。在长江流域及以南地区栽培较多。代表品种有广东乌耳丝瓜、台湾三喜、夏棠1号、白沙夏优2号、雅绿1号、南宁肉丝瓜、石棠丝瓜。

生产中主要根据消费习惯、栽培季节和生产问题选择优良品种。例如，春露地栽培应选主蔓结果性好、坐瓜节位低、优质、高产、抗病虫、抗逆性及适应性强、商品性好的品种；塑料大棚春早熟丝栽培应选早熟、丰产、抗病性强的品种。

（二）栽培制度

丝瓜耐热不耐寒，一般在春夏季露地栽培，夏秋季节供应市场，有棱丝瓜的栽培季节较普通丝瓜严格。

目前，丝瓜各种设施栽培发展很快。例如，江南地区采用多层覆盖塑料拱棚，可在1月进行加温苗床育苗，4月上旬上市；在江淮地区采用温室进行冬春栽培，一般在9月下旬至10月上旬播种，春节前后上市；华北等地采用日光温室栽培，越冬茬在8月中下旬至9月中下旬播种，冬春茬在12月下旬至翌年1月上旬播种。丝瓜还可与其他作物进行间作套种，如毛豆套种丝瓜栽培，设施双季荬、丝瓜套种模式等。

三、栽培技术

丝瓜栽培技术流程为：整地、施基肥、作畦→育苗→定植→田间管理（设施栽培的环境调控、吊蔓、人工授粉、中耕、除草、水肥管理、支架引蔓、整枝摘心、摘老叶）→采收。

（一）春露地栽培技术

1. 播种育苗 一般于3月中下旬在大棚内采用营养钵或50孔穴盘基质育苗。用50~55℃的温水浸种15min，待水温降到30℃左右时再浸种8h，然后在25~30℃催芽后播种，每穴平放1粒出芽种子，上盖1cm厚土或基质，覆地膜保湿保温。播后控制床温25~30℃，7d左右即可出苗。此时要通风降温，保持白天25~28℃，夜间15~18℃，防止徒长。保持钵内或穴盘内见干见湿，避免浇水过多，以防沤根。定植前5~7d降温炼苗，保持白天20~25℃，夜间13~15℃，一般不浇水。

2. 整地、定植 在当地晚霜期过后，10cm地温稳定通过13℃后进行。定植前深翻土地，每公顷施腐熟有机肥45t、饼肥1500kg、过磷酸钙750kg，整平作高畦，畦宽2.8~3.0m，高25cm，沟宽0.6~0.7m。适宜定植苗龄为2叶1心至3叶1心，一般在4月中下旬定植。在畦面两侧各栽1行，株距30~35cm，栽18 000~21 000株/hm^2。移栽后及时浇定根水，铺好地膜，打孔引苗于膜外。

3. 田间管理

（1）水肥管理：定植成活后，及时施提苗肥，施尿素 225kg/hm²，以后随植株的生长，可每 7d 追肥 1 次。进入结果盛期须加大施肥量，为多开雌花、多结瓜创造条件。一般每采收 1、2 次，追肥 1 次，每次施三元复合肥 300kg/hm²。在盛果期高温伏旱时期，土壤水分以 90% 左右为宜。若出现旱情，需及时灌水，以满足其对水分的要求。

（2）引蔓绑蔓：蔓长 30～40cm 时及时搭架。可多用杉树尾作桩，用塑料绳交叉连接引蔓，或用竹竿搭"人"字形或篱笆架。爬蔓后，每隔 2～3d 绑蔓理蔓 1 次，绑蔓松紧要适度。可采用"之"字形上引，调整不同植株生长点高度一致。

（3）植株调整：丝瓜主蔓和侧蔓均能结果，为了避免侧蔓过多，影响主蔓生长与结果，一般在未上架之前的侧蔓全部摘除，上架后如侧蔓过多可适当摘除。生长中后期，适当摘除基部的枯老叶和病叶。在整枝的同时要摘除卷须、大部分雄花及畸形幼果。结果盛期，要及时摘除过密的老叶及病叶，开花坐果后，要及时理瓜，使瓜条长得直，商品性好。

4. 采收

一般开花后 10～14d，果实充分长大且比较脆嫩时及时采收。采摘宜在早晨露水干后进行，用剪刀从果柄处剪下，包装整理好后上市销售。

（二）塑料大棚春早熟栽培技术

1. 播种育苗
采用营养钵或穴盘育苗。一般在 1 月中旬播种，温汤浸种后催芽播种。播后保持白天 25～30℃，夜间 18～20℃。出苗后适当降低温度，具 3 片真叶时即可定植。苗龄控制在 30～40d，防止幼苗根系老化形成僵苗。

2. 整地、定植
前茬作物清园后冬前深翻晒地，定植前结合整地施足底肥，每公顷施优质腐熟有机肥 75t、三元复合肥（17-17-17）600kg。起畦种植。基肥撒施后，深翻地 30～40cm，土肥混匀，起畦种植，作宽 120cm、高 20～25cm 的高畦，沟宽 30～40cm。

3. 扣棚膜、挂天幕
定植前 20d 扣大棚膜，在 10cm 地温连续 3d 稳定在 12℃以上即可定植。定植前 5～7d 挂天幕 2 层，间隔 20～30cm，最好选用厚度 0.012mm 的聚乙烯无滴地膜。

4. 定植
定植一般在 2 月中下旬。采用"四膜覆盖"，即 1 层大棚薄膜，2 层天幕膜，1 层小拱棚膜。选择晴天定植，行距 120cm，株距 28～30cm，定植密度 27 000～30 000 株/hm²，栽苗后浇足定植水，不施肥。

5. 田间管理

（1）温湿度管理：定植后缓苗期间温度不高于 35℃无须放风。小拱棚应在早晨及时扒开，以尽快提高土壤温度。缓苗后根据天气情况适时放风，应保证 21～28℃的时间在 8h 以上，夜间最低温度维持在 12℃左右，采用变温管理方法。空气相对湿度应控制在 85% 以下，尽量使叶片不结露、无滴水。春季晴天上午浇水后要先闭棚升温至 33℃，而后缓慢打开风口放风排湿。气温降至 25℃，关闭风口，随着外界气温升高逐步加大风口，当外界最低气温稳定在 12℃以上时，可昼夜通风。

（2）肥水管理：定植后浇 1 次缓苗水，缓苗后及时中耕松土提温促根，结合中耕进行培垄，形成小高垄栽培。丝瓜全生育期需水较多，生长前期应保持土壤湿润。植株开花结果期间，需水最多。一般 10～12d 浇 1 次水，丝瓜既需水，也忌积水，入夏以后，灌水应采取即灌即排方式，尤其是雨天，注意排水，以防畦面积水。中后期根据墒情、长势、天气等因素调整浇水间隔期。前期浇水以晴天上午浇水为好，中后期以下午或晚上浇水为好。

施肥遵循少施勤施的原则，追肥的时间、次数及用量视丝瓜长势和结瓜量而定，结瓜前控制水肥，结果后一般每次追施硫酸钾型复合肥 225~300kg/hm^2，促进果实膨大，提高品质。

（3）整枝吊蔓 当植株长至 5、6 片真叶时，开始吐须抽蔓。此时，去掉小拱棚，及时吊绳引蔓。根据子蔓发生和坐果情况，将茎基部无效子蔓摘除，以利于通风透光。之后若侧蔓过多则摘除部分过密或较弱的侧蔓，侧蔓结 2、3 个瓜后摘心。随着外界温度升高，逐步撤除天幕，增加透光率。一般在 3 月中旬先撤除下层天幕，3 月底 4 月初撤第 2 层天幕。生长中后期要摘除基部病、老叶片，以叶片之间不重叠遮光为原则。6 月上旬以后，根据丝瓜枝叶密度情况，适当拔除部分植株，可隔株间拔，保留 15 000 株/hm^2 为宜，并及时摘除下部黄叶、老叶，增强通风与光照。

（4）保果理瓜：主蔓自 10 节左右着生第 1 雌花，以后连续多节着生雌花，栽培上根据瓜秧长势应疏去部分雌花，及时摘除根瓜。为提高坐果率，下午 3 时后可采用人工辅助授粉。在开花结果期间，当发现小瓜搁在叶上、篱架上、瓜蔓间或被卷须缠绕，需要及时加以整理，使之垂直悬挂棚架内。及时清除病瓜，以免传染病害。

6. 采收　定植后 40d 左右出现雌花，一般谢花后 7~10d，瓜表皮呈嫩绿，深皱纹时即成熟，应及时采收，以免赘秧影响产量。一般 3 月下旬始收，5~6 月大量上市。盛果期每天采收 1 次。采收时小心轻放，避免擦伤瓜皮，影响外观品质。

第九节　瓠　瓜

瓠瓜（gourd）别名瓠子、蒲瓜、扁蒲等，为葫芦科葫芦属 1 年生攀缘草本植物，学名 *Lagenaria siceraria*（Molina）Standl.，原产赤道非洲南部低洼地，栽培主要分布在印度、斯里兰卡、印度尼西亚、马来西亚、菲律宾、哥伦比亚、巴西和热带非洲等地，在中国南北各地均有栽培，但南方栽培较为普遍。

瓠瓜以嫩果供食，其果肉柔软多汁、甘甜。每 100g 嫩果含水分 95g 左右、碳水化合物 3.1g、蛋白质约 0.6g、脂肪 0.1g，还有其他矿物质、胡萝卜素、维生素等，营养丰富。瓠瓜老熟果果皮坚硬，可做容器。

一、生物学特性

（一）植物学特征

1. 根　根系浅，侧根较发达，主要根系分布在表土 20cm 内，根的再生力弱，受伤后难恢复生长，因此大苗移栽不易成活。

2. 茎　茎蔓生，中空，上有白色茸毛，分枝性强，茎节易发生不定根。主蔓结瓜迟，以侧蔓结瓜为主。

3. 叶　单叶互生，心脏形或肾脏形，浅裂，叶缘有尖齿，叶柄长，顶端具腺体两枚，被茸毛。

4. 花　雌雄同株异花，单花腋生，偶有两性花。花冠白色，夜开昼闭。雌雄花的萼片和花瓣均各 5 枚，被柔毛。雄花有雄蕊 3 枚，花药合生成头状；雌花花柱短，柱头膨大，

2裂,子房下位。

5. 果实 果形扁圆、长圆或有束腰等形状,嫩果绿色,果面有白色茸毛。果肉白色肉质,胎座发达。老熟果肉变干,外皮坚硬,黄褐色,茸毛逐渐消失。单果重1~3kg。

6. 种子 种子卵形,扁平,白色,千粒重125g左右。

(二)生长发育周期

瓠瓜的生长发育周期分为发芽期、幼苗期、伸蔓期、结果期4个时期。

1. 发芽期 从播种至子叶展平,在24~31℃的适温条件下需7~8d。

2. 幼苗期 从子叶展平到卷须出现,在25℃左右的适温条件下需14~20d。

3. 伸蔓期 从卷须出现到根瓜坐瓜,约需30d。

4. 结果期 从根瓜坐瓜到生长和采收结束,结果期的长短因品种、栽培管理条件等而不同。

(三)对环境条件的要求

1. 温度 喜温,种子在15℃开始发芽,30~35℃发芽最快,最适生长温度为20~25℃,低温时开花较多,但结果率低。9~11℃时生长发育受阻,36~38℃时蒸腾作用过强,植株生长易出现早衰。

2. 光照 阳光充足条件下有利于植株生长发育,病害亦少。耐弱光,但若过阴则影响瓜苗正常生长,也影响果实质量。

3. 水分 侧根较发达,吸收土壤水分的能力较强。但由于其枝叶繁茂、叶大,蒸腾旺盛,消耗水分多,遇天旱时仍须及时灌水。随着植株的生长发育,对水分的需求量逐渐增强,至结果期,枝叶迅速生长,特别是坐果后,果实不断发育,需要水分最多。果实发育后期,特别是采收之前,水分不宜过多,以免影响果实品质及耐贮运性。

4. 土壤 适应性较强,在微酸性(pH 6.5~7.0)土壤中生长良好,在排水良好的砂壤土上种植产量更高。

二、品种类型与栽培制度

(一)品种类型和栽培选择

根据果实形状,菜用瓠瓜主要有以下5个变种。

1. 瓠子(var. clavata Makino) 果实长,嫩果供食,绿白色,柔嫩多汁,果肉白色,全国普遍栽培。按果形分为长圆柱形和短圆柱形两类。长圆柱形一般果实长42~66cm,最长达1m,果实横径7~13cm;短圆柱形果实长20~33cm,横径13cm以上。代表品种如孝感瓠子、面条瓠子、蒲瓜、丰都瓠子、长瓠子、舒城碧玉1号瓠子、浙蒲2号、浙蒲6号等。

2. 长颈葫芦(var. caugourda Makino) 果实圆柱形,蒂部圆大,近果柄处较细长,嫩果食用,老熟后可制成容器,如广东长颈葫芦、鹤颈等。

3. 大葫芦(var. depressa Makino) 果实扁圆形,直径20cm左右。嫩果食用,老熟后可制成容器,如温州园蒲、江西木勺蒲、武汉百节葫芦等。

4. 细腰葫芦（var. *gourda* Makino） 果实蒂部大，近果柄处较小，中间缢细，嫩时可食，老熟果可制作器用，如广东青葫芦、大花、花葫芦等。

5. 观赏腰葫芦（var. *microcarpa* Makino） 果实细小，仅长 10cm 左右，中部缢细，下部大于上部，果实成熟后作为儿童玩具，无食用价值。

生产中主要根据消费习惯和栽培目的选择栽培品种，其次应考虑栽培季节和生产方式。例如，设施栽培应选择耐低温、弱光、早熟、品质好、坐果率高、产量高、抗逆性强的瓠瓜品种，如浙蒲 2 号、浙蒲 6 号等。

（二）栽培制度

瓠瓜以露地栽培为主，各地主要在春季播种或育苗移栽，夏秋季生产，入冬拉秧。还可根据实际需要利用设施进行春提前或秋延后栽培。例如，在长江中下游地区大棚早熟栽培，可在 12 月下旬播种；采用大棚套小棚栽培可提前至 12 月初播种；若日光温室栽培，则可于 11 月中下旬在日光温室内播种育苗；小拱棚栽培的，可于 1 月下旬播种；秋延后栽培，一般于 8 月中旬至 9 月上旬播种。

瓠瓜较耐连作，但最好实行 2 年轮作制。瓠瓜可以与其他矮生作物间套作。

三、栽培技术

瓠瓜栽培技术流程为：整地、施基肥、作畦→育苗→定植→田间管理（设施栽培的环境调控、吊蔓、人工授粉、中耕、除草、水肥管理、支架、整枝摘心、摘老叶）→采收。

（一）露地栽培技术

1. 整地、作畦 选择地势平坦、背风向阳、排灌方便、有机质含量高、疏松肥沃的土壤，于地下水位较低，近 1~2 年未种过葫芦科作物的地块种植。机械翻耕，每公顷撒施腐熟有机肥 15t、复合肥 750kg、硫酸钾 112.5kg，然后整成南北走向，宽 1.6m、高 0.3~0.4m、沟宽约 0.3m 的高畦，北方地区作平畦。

2. 育苗移栽 根据当地气候条件（北方地区晚霜期）和蔬菜生产茬次安排播种育苗时间，采用穴盘或营养钵育苗。播种后苗床温度控制在 26~32℃，幼苗长到 3 片真叶时定植。每畦栽 2 行，株距 55~60cm，密度 17 000~19 000 株/hm^2。移栽后及时浇定根水。

3. 田间管理

（1）中耕、除草：定植后及时中耕松土，增强土壤透气性，促进缓苗和新根发生。结合中耕松土清除田间杂草，保持田间清洁，减轻病虫发生与危害程度。

（2）追肥：植株开始爬架时追三元施复合肥（17-17-17）225~300kg/hm^2，采收后追肥 2 次，2 次相隔 15d 左右，每次施复合肥 150~225kg/hm^2。根据长势，可每隔 10d 叶面喷施 1 次 0.5% 尿素加 0.3% 磷酸二氢钾。

（3）水分管理：结果期要求较高的空气湿度，遇干旱可 1~2d 喷灌 1 次。如果雨水多，应及时排水防涝，防止沤根。

（4）支架：当植株长到 0.3m 高时，及时插架。一般搭人字架，选择 2.0~3.0m 长竹竿，在 1.8m 高处绑横杆。为了便于侧蔓攀缘和方便人工分层绑蔓，需绑横架 2、3 条。要经常进行田间巡查，及时将枝蔓均匀分布地绑在支架上。

（5）枝蔓调整：6叶时摘心，促进侧蔓生长。选留1、2条健壮侧蔓爬架，长至1.5~2.0m高时摘心打顶，其余侧蔓留1、2个瓜并保留2叶摘心。及时剪除无效的侧枝、细弱枝、基部老叶、黄叶、病叶，增强通风透光。及时摘除弱小雌花、畸形瓜，选健壮硕大的雌花留果。

（6）授粉疏果：阴雨低温天气过多，或雄花过少，可采用人工授粉。人工授粉一般选在傍晚瓠瓜开花时进行，采下盛开的雄花花蕾，剥去花冠，将花粉均匀涂在雌花柱头上，1朵雄花可授粉2、3朵雌花。每株瓠瓜可坐果15~20个。单株1次性结瓜2、3个为宜，若出现单株1次性挂果太多，要进行疏果，防止发生畸形果。

4. 采收 一般在开花后10~13d，瓜皮稍白，嫩瓜重约500g时即可采摘，此时果皮较嫩、果肉组织柔软多汁，品质最佳。采摘宜选择在早上进行，要轻采轻放，置于阴凉处，尽量保护果实表面茸毛，分级包装，防止机械损伤，并及时出售。由于瓠瓜遗传基因的原因，植株中可能出现1%左右的苦味瓜，所以在采摘第1批瓜时，应边采摘、边品尝瓜柄，如发现苦味瓜，应将此植株拔除。

（二）塑料大棚春早熟栽培技术

1. 播种育苗 一般在11月下旬至翌年1月上旬采用营养袋或穴盘育苗。种子用50~55℃的温水浸种15~20min，待水自然冷却后继续浸种20~24h；32℃催芽，种子露白时播种。苗期保持白天温度25~27℃，夜间15~18℃。土壤水分保持在70%~75%。

2. 整地、定植 宜选择保水、保肥、土壤通气性好的壤土栽培。施足基肥，整地深翻，每公顷施腐熟有机肥45t、三元复合肥（17-17-17）600kg、过磷酸钙300kg。采用深沟高畦，畦面宽1.5m、沟深20cm。整好畦后，定植前3d盖上地膜。幼苗长到3、4片真叶及时定植，每畦定植2行，株距50cm，定植密度22 500株/hm^{2}左右。

3. 田间管理

（1）温湿度管理：定植后应浇足定根水，保持大棚内白天温度25~28℃，夜间15~18℃。当温度超过28℃时通风，防高温高湿，以免病害蔓延、早衰。

（2）肥水管理：定植缓苗后，浇1次缓苗水，根瓜坐果后，每隔8~10d，追施1次促瓜肥，用三元复合肥（17-17-17）150kg/hm^2。结瓜盛期，每采收1次，需追肥1次，并每隔10d左右，用0.3%尿素＋0.3%磷酸二氢钾溶液进行叶面追肥，保持土壤湿润，土壤水分控制在70%左右。

（3）整枝绑蔓：采用蔓方式，当主蔓长至5、6叶时摘心，促进子蔓生长，子蔓均有雌花，保留2、3个健壮子蔓爬架代替主蔓生长，其余子蔓留1、2个瓜并保留2叶摘心，其孙蔓也留1、2个瓜并保留2叶摘心，如此循环。摘除弱小雌花、畸形瓜，选大的雌花留果。对细弱枝、老叶、病叶及时剪除，保持通风透光。每株可坐果15~20个。

（4）保花保果：采用人工授粉或激素处理以提高坐果率。瓠瓜在傍晚开花，当天傍晚将盛开的雄花摘下，去掉花瓣，然后将花粉均匀涂在雌花柱头上，1朵雄花的花粉可供2、3朵雌花授粉，此工作在当天傍晚未做完时，次日上午9时以前可继续进行。也可同时喷洒保果灵进行保果。结果盛期应加大追肥量，以满足果实发育的需要。

4. 及时采收 雌花开花授粉后10~12d嫩瓜长至500g左右时，及时采摘上市，此时品质最佳。瓜大（老瓜）品质差不宜食用；如不及时采收，还会影响后续雌花的形成，影响产量。

第十节 瓜类其他蔬菜

请扫描二维码阅读本节内容。

小　结

瓜类蔬菜是葫芦科中以果实供食用的栽培植物的总称，大多数为1年生草本植物，喜温或耐热，怕寒冷。除黄瓜外，都具有发达的根系，但根系再生能力弱，生产上大多采用营养钵育苗或直播。瓜类蔬菜营养生长和生殖生长矛盾较为突出，生产上须进行植株调整，协调秧果关系。瓜类蔬菜有许多共同的病害，忌连作，一般需进行3～4年以上的轮作。由于产量高，生长期需肥需水多，应选择耕作层较深、有机质丰富、保水保肥力强的土壤栽培。瓜类蔬菜营养丰富，种类和品种繁多，有的果菜皆宜，产量高，供应期长，在生产和流通中占有重要地位，栽培季节茬次多，栽培方式多样。本章系统介绍了黄瓜、西瓜、甜瓜、西葫芦、南瓜、冬瓜、瓠瓜、丝瓜、苦瓜的生物学特性、品种类型与栽培季节茬口、栽培技术，并简要介绍了节瓜、佛手瓜、蛇瓜、笋瓜、越瓜的主要生物学特性和栽培技术要点。

思　考　题

1. 瓜类蔬菜在生物学特性上有哪些共性？
2. 瓜类蔬菜在栽培技术上有哪些共性？
3. 黄瓜的性型分化有何特点？哪些因素有利于雌花分化？
4. 请简述中国北方地区日光温室越冬茬黄瓜栽培技术要点。
5. 黄瓜发育过程中会产生哪些畸形果？其成因有哪些？应如何防止？
6. 试分析黄瓜化瓜的原因，并提出避免化瓜的途径和方法。
7. 引起黄瓜花打顶的原因有哪些？发生花打顶后可采取哪些补救措施？
8. 黄瓜苦味的原因有哪些？如何避免果实苦味？
9. 请简述春露地西瓜栽培技术要点。
10. 请简述西瓜嫁接育苗技术要点。
11. 日光温室西瓜早春栽培技术中温湿度如何管理？
12. 甜瓜春露地栽培中田间管理应注意哪些方面？
13. 请简述塑料大棚厚皮甜瓜栽培技术要点。
14. 请简述薄皮甜瓜和厚皮甜瓜栽培技术有何不同？
15. 西葫芦小拱棚春早熟栽培中育苗技术要点有哪些？
16. 请简述西葫芦日光温室越冬茬栽培技术要点。
17. 南瓜花具有性型可塑性，哪些条件可促进雌花形成？
18. 如何种好南瓜？
19. 怎样种好大棚早冬瓜？
20. 怎样使苦瓜早熟高产？
21. 如何种好丝瓜？
22. 大棚春瓠瓜为什么要进行人工授粉？应选用哪些品种？
23. 请比较说明节瓜、佛手瓜、蛇瓜、笋瓜、越瓜生物学特性上的主要差异。

第三章 豆类蔬菜

豆类蔬菜均为豆科1、2年生或多年生草本植物，以嫩荚果、嫩豆粒供食用。在中国栽培历史悠久，分布广，种类多。主要包括豇豆属的豇豆，菜豆属的菜豆、莱豆、利马豆和红花菜豆，大豆属的菜用大豆，豌豆属的豌豆，野豌豆属的蚕豆，刀豆属的刀豆，扁豆属的扁豆，四棱豆属的四棱豆等，其中以菜豆、豇豆、豌豆、菜用大豆、蚕豆栽培较多。

豆类蔬菜营养丰富，除含矿物质和维生素外，还含有脂肪和糖类，富含蛋白质。其中大豆、四棱豆等的蛋白质含量高达35%～40%，脂肪15%～20%，碳水化合物35%～40%；蚕豆、豇豆、菜豆、扁豆和刀豆等的碳水化合物含量高达55%～70%，蛋白质20%～30%，脂肪含量在5%以下。

豆类蔬菜无论是生物学特性，还是栽培技术，都有许多共性。均为直根系、入土深，具根瘤，能固定空气中游离的氮，合成氮素物质，供植物体营养并增加土壤肥力。但根系再生能力弱，宜直播或护根育苗。要求土壤和通气性良好，以pH 5.5～6.7为宜，不耐盐碱。忌连作，宜与非豆科作物实行2～3年轮作。多为蔓生，栽培需支架，可缠绕；少数矮生，直立。均为蝶形花，多为自花授粉，留种容易。主要以嫩荚果或嫩豆粒为菜用产品，要求及时采摘。除豌豆、蚕豆为半耐寒性长日照植物，喜冷凉气候外，其他均喜温暖，不耐寒，属短日照植物；但短日照豆类的很多品种对日照长短的要求不很严格，苗期遇短日照能促进花芽分化。

豆类蔬菜有共同的病虫害。病害主要有病毒病、根腐病、锈病、炭疽病、叶斑病、枯萎病、叶霉病等，虫害主要有蚜虫、豆荚螟、红蜘蛛、小地老虎、种蝇等，生产中应综合防治。

第一节 菜 豆

菜豆（bean）又名四季豆、芸豆、玉豆等，学名 *Phaseolus vulgaris* L.，原产美洲中部和南部，16～17世纪传入欧洲，然后传入亚洲，引入中国。现世界各地均有分布，中国南北各地均有栽培。菜豆的嫩豆荚或种子可供食用，还是罐头工业的主要原料。

菜豆每100g嫩豆荚含水分88～94g、碳水化合物2.3～6.5g、蛋白质1.0～3.2g、粗纤维0.3～1.6g、维生素C 6～57mg，还含有皂甘、脲酶和多种球蛋白等独特成分，可提高人体免疫力和抗病能力，激活T淋巴细胞，促进脱氧核糖核酸的合成。其味甘平，性温，具有温中下气、利肠胃、止呃逆、益肾补元气等功用，是一种滋补食疗佳品。菜豆籽粒中含有一种毒蛋白，必须在高温下才能被破坏，所以食用时须炒熟或煮透，以消除毒性，以免引起中毒。消化功能不良的人应尽量少食。

一、生物学特性

（一）植物学特征

1. 根、茎、叶 根系较发达，主根深，具有一定的抗旱力，侧根分布宽，但主要根系分布在深20cm左右的表土范围，有根瘤。茎矮生、半蔓生或蔓生。幼茎有绿、浅红、紫红等色，成龄株多为绿色，少数为紫红色。子叶出土；初生真叶1对，单叶，心脏形，对生；其后的真叶为3出复叶，小叶卵圆、卵菱或心脏形，绿色，全缘，互生，具长叶柄，基部有1对托叶，叶面和叶柄被茸毛。

2. 花、荚果、种子 总状花序，腋生，每花序有花几朵至10余朵，蝶形花白、黄或紫色，龙骨瓣呈螺旋状卷曲，是菜豆属的重要特征。自花授粉，自然杂交率低。果实为长荚果，横切面扁圆或圆形，顶端有明显的钻状长喙，荚长10~20cm，横径0.8~1.7cm，嫩荚绿、淡绿、紫红或紫红花斑等色，成熟时黄白至黄褐色，每荚有种子4~15粒。种子肾形或卵形，红、白、黄、褐、黑和花斑等色，千粒重300~700g。

（二）生长发育周期

1. 发芽期 从种子萌动到基生叶展开，在20~30℃适温下需3~4d。种子萌动后，幼根伸长，幼芽出现，下胚轴伸长至幼苗出土是发芽期生长最旺盛的时期，可消耗种子贮藏营养的58%。幼苗出土到基生叶展开，为异养向自养的转换期，子叶中养分已消耗殆尽，子叶干重只有种子重的20%左右，是发芽期结束的临界期。

2. 幼苗期 从基生叶展开到开始抽蔓，矮生品种需20~25d，蔓生品种约需25d。一般苗高7~10cm，有4、5片真叶时开始花芽分化。矮生品种在主茎和侧枝的腋芽差不多同时进行花芽的分化发育，蔓生品种首先在主茎6、7节的腋芽进行分化，顺次向上部节位发展，而且都在主茎和侧枝各个健壮的节位分化花芽。此期根系生长快于地上部，根开始木栓化，有根瘤发生，基生叶对幼苗生育有明显影响。

3. 抽蔓期 植株出现4~6片真叶后，蔓性种和半蔓性种的节间开始伸长，直到现蕾开花。该时期茎蔓节间伸长，生长迅速，陆续抽出侧蔓，并孕育花蕾，根瘤不断增加，初期根瘤固氮能力差，应施肥养蔓，但也要防止茎蔓生长过旺影响结实。

4. 开花结荚期 从开始开花到结荚终止，矮生品种在播后30~40d进入开花结荚期，历时20~30d；蔓生品种播后50~70d进入开花结荚期，历时45~70d。该期茎叶旺盛生长，继续抽出侧蔓，花芽自下而上陆续分化发育，并抽出花序、开花结荚，根系和根瘤继续发展，各个器官及根瘤都迅速增长，之后生长逐渐缓慢和衰老，营养器官生长与生殖器官生长的矛盾不断加剧，导致开花结荚逐渐减少，产量逐渐降低以至结束。

（三）对环境条件的要求

1. 温度 种子在8~10℃开始发芽，发芽适温20~30℃，最高不宜超过35℃，最低不宜低于15℃。适温下3~4d即可发芽，5~7d出现第1对真叶。幼苗生育的适温是18~20℃，10℃以下生长受阻，短时间2~3℃下失绿，13℃以下的地温不利于发根。成株能耐2℃的低温，在0℃下幼苗和成株都将遭受冻害。地温在23~28℃时根瘤生长良好，幼苗生长的临界地温为13℃左右，13℃以下根少、短而粗，如当时气温也低，则基本上看不到根瘤。菜豆开始花芽分化需要一定的积温，矮性种227~241℃，蔓性种230~238℃。开花结荚适温为18~25℃，在10℃以下和45℃以上不能结荚，在15~40℃结荚良好。高温特别是高夜温使花蕾发育不完全，虽能开花，但结荚少，在开花初期低温的影响不大，但低温弱光则影响结荚。

2. 光照　　对光照强度的要求仅次于茄果类，并随着植株生长而逐渐增强。光照减弱时植株有徒长趋势，分枝数和主、侧枝的节数都减少，干重降低。光合作用光补偿点 41μmol/（m²·s），光饱和点 1105μmol/（m²·s）。菜豆属短日照植物，对光周期反应因品种而不同，目前中国各地绝大多数栽培品种对光周期反应不敏感，属于中间类型。花芽形成对日照时数的要求不严，不同纬度地区可以相互引种，春秋都可种植，但有些秋季栽培的品种对短日照的要求比较严格。

3. 水分　　种子发芽需要吸收种子本身重量 100%～110% 的水分。菜豆性喜湿润，生长初期，不宜过湿，以免幼苗徒长，适宜的土壤湿度为田间持水量的 60%～70%，软荚品种比硬荚品种要求较多的水分。开花到豆荚形成是干旱的临界期，如空气相对湿度过低，土壤墒情不足，就会使植株生长发育不良，开花数减少，花粉畸形，影响授粉，引起落花、落荚。降雨过多，空气湿度过大，会使花粉不能破裂发芽。结荚期高温干旱，会使豆荚生长缓慢，中果皮的细胞硬化，影响品质。一般较适宜的空气相对湿度是 60%～80%。

4. 土壤营养　　对土质要求不严，但以排水良好，土层深厚的壤土或砂壤土为宜，通气良好有利于根瘤菌繁殖发育。生育期吸收钾肥较多，磷较少，但缺磷植株生育不良，开花结荚减少，籽粒数少，产量低，而磷素充足能缩短生育期，促进早熟。蔓性种的氮吸收量大，但要避免氮素过多造成茎叶徒长，导致落花、落荚。微量元素以钼的含量较高，钼能促进根瘤菌的旺盛发育。生育期 100d 的菜豆，从土壤中吸收氮、磷、钾分别约 162kg/hm²、40.5kg/hm² 和 123kg/hm²。

5. 气体　　根部呼吸量大于其他蔬菜，且根瘤菌是一种好气性细菌，其繁殖发育对氧气的要求较高。水培试验表明，菜豆对水中的氧气吸收快，吸收量大，只有当水中氧气浓度达 4500μl/L 以上时才能长出新根，氧气浓度降低到 2250～2790μl/L 时根系开始凋萎。光合作用 CO_2 补偿点 52.3μl/L。

二、品种类型与栽培制度

（一）品种类型和栽培选择

菜豆依生长习性分为蔓性种、半蔓性种和矮性种。

1. 蔓性种　　主蔓长 2～3m，左旋向上缠绕生长。每个茎节的腋芽可抽生侧枝或花序。抽生侧枝之节，花芽多不发育。随着茎蔓的生长，花序数增加，花期较长。播种至初收 50～90d，采收期 30～60d。主要品种有超常四季豆、泰国架王王、双青 35 号玉豆、芸丰、扬白 313、双丰 3 号、双丰 2 号、鲁芸豆 1 号、春丰 4 号、碧丰（绿龙）等。

2. 矮性种　　植株矮小、直立。一般在主枝发生 4～8 节后茎生长点变为花芽，主茎叶腋抽出侧枝，几节后生长点又变为花芽。这类品种早熟，播种至初收 40～50d，采收期 5～15d，豆荚采收期比较集中，适于机械化栽培。但产量较低，多数品种品质较差。主要品种有优胜者、供给者、新西兰 3 号、法国地芸豆、南农菜豆 5 号、新引二号矮刀豆、矮早 18、地豆王 1 号等。

3. 半蔓性种　　前期生长似矮性种，以后也抽蔓，但蔓长不超过 1m。荚小，产量低，栽培品种少。

菜豆品种按适应的栽培季节和对光周期的反应，有适宜春夏季栽培的长日型品种，能适应不同季节栽培的日中型品种,和适宜秋冬季栽培的短日型品种。目前多数品种适合春夏季节栽培;部分品种对光周期要求不严,四季均可栽培;少数品种,如陕西的秋紫豆,适宜秋季栽培。生产中可依据栽培季节、栽培方式、消费习惯等选择品种。

(二)栽培制度

1. 栽培季节 菜豆喜温不耐霜冻,多数品种属于中日性,所以栽培季节以避过霜期和开花结荚避过最炎热的时期为原则。长江以南地区,分春、秋两季栽培,以春季栽培为主。

蔓性种植株高大,以露地栽培为主,设施栽培较少。矮性种株型小,简易设施栽培较多。长江流域露地栽培,断霜前15~20d设施育苗,断霜后地膜覆盖定植。早熟栽培一般在2月中下旬至3月上旬育苗,3月中下旬定植,早期塑料薄膜覆盖;或在3月中下旬直播,采取地膜覆盖栽培。热带地区如海南和云南的一些地区可冬季露地栽培,播种期在11~12月。华南地区在1~2月便可露地播种或育苗。北方地区一般在4月中下旬露地直播,覆盖地膜栽培。秋播,长江流域多在7~8月,华南地区8~9月,初霜前采收完毕。

2. 茬口安排 春菜豆的前茬一般为冬闲地,也可用越冬菜地;秋菜豆的前茬一般为春季的结球芸薹类、萝卜、或洋葱、大蒜等,夏季播种,秋季采收至霜前,后茬栽越冬菜或冬闲。菜豆可与多种蔬菜或大田作物进行间作套种。例如,矮生菜豆与玉米间作,或蔓生菜豆与玉米套作,拉秧后种白菜、萝卜或菠菜;矮生菜豆与棉花间作等。

三、栽培技术

菜豆栽培技术流程为:整地、施基肥→作畦→直播或育苗移栽→田间管理(查苗补苗、中耕、除草、灌水、追肥、支架引蔓等)→采收。

(一)春茬栽培技术

1. 整地、作畦 菜豆根系易老化,侧根生长较弱,且怕寒潮,应深翻土壤,结合耕地施足基肥。菜豆根瘤菌不如其他豆类发达,氮、磷、钾三要素比例要合理。一般施充分腐熟的有机肥$15t/hm^2$、过磷酸钙$225kg/hm^2$。种植前耙细土壤,按当地气候和习惯整地作畦。一般南方作高畦,北方作平畦或垄。

2. 直播或育苗 种子发芽的最低温度为15℃。低温下发芽时间延长,易造成烂种、死苗。露地直播的在晚霜期过后,地温稳定13℃以上时播种。播种前选粒大、饱满、有光泽、无病虫和机械损伤的种子,晒1~2d再播种。用甲基托布津500~1000倍液浸种15min可有效预防苗期灰霉病,用种子播种量的0.3%福美双拌种可预防炭疽病。

育苗栽培,不仅避免烂种,还可延长生长季节,提早10d左右上市,提高产量。根再生能力弱,应采用营养钵或穴盘育苗,苗龄15~25d。苗期注意保温和通风换气,但幼苗对降温通风较为敏感,通风过猛,叶片蒸腾强,失水多,易干枯;骤遇低温时可使幼叶失绿发白。

定植密度应根据品种、栽培季节与土壤肥力等条件而定。蔓性种的株行距,以南京、合肥等地为例,畦宽2m,沟宽0.5m,每畦栽4行,两架,大行0.7m,小行0.5m;也有畦宽1m,沟宽0.5m,每畦栽2行,单架的矮性种行距30~40cm,株距23~27cm,或27cm见方。每穴2~4株。一般用种量60~90kg/hm^2。

3. 田间管理

（1）查苗补苗：直播的，在晴天气温比较稳定的情况下，大约7d出苗，出现基生叶时就应查苗补苗。基生叶健全与否对菜豆幼苗的生长和根群的发育影响很大，基生叶提早脱落或大部分受伤的幼苗，生长缓慢，根系明显减少，应弃之而换栽健壮苗。补栽用的豆苗最好在温室内提早2~3d播种培育。

（2）中耕、除草：在植株封行前，田间易滋生杂草，土壤也易蒸发失水。一般在浇水后或雨后应趁墒中耕，结合中耕去除杂草。

（3）浇水：菜豆对水分敏感，浇水不当很容易造成茎叶生长与开花结果间争夺养分，从而导致落花、落荚，降低产量。水分管理可依据"干花湿荚"的原则。苗期和抽蔓期以营养生长为主，且地温低，宜控制水分；初花期一般不浇水，以防营养生长过旺而导致落花、落荚；坐荚以后，植株逐渐进入旺盛生长期，需要的水分和养分增多；结荚初期5~7d浇一次水，以后逐渐加大浇水量，使土壤水分稳定在田间最大持水量的60%~70%；进入高温季节，宜勤浇轻浇，早晚浇水，以降低地表温度，恢复土壤通气。

（4）追肥：掌握"花前少施，花后多施，结荚盛期重施"的原则。氮肥在苗期少量施用，抽蔓至初花视植株生长情况适量施用，生长势旺应控制氮肥施用。过多氮肥容易引起落花，而且延迟结荚。开花结荚以后氮、磷、钾配合使用，酸性和缺钙土壤适当施用石灰（播种前施用为好）。在土壤较贫瘠或基肥不足、幼苗生长较弱的情况下，第1复叶生出至抽蔓之前应适当追肥；开花结荚后应加重追肥，每隔7~8d一次。

菜豆生育后期的结荚率较低，影响后期产量。可以通过促进翻花，延长采收期，提高产量。其措施是，在盛采后连续重施追肥2、3次，保持植株长势良好，以便继续抽发花序和提高结荚率。这样可以延长采收期半个月以上，增产20%~30%。但是否需要促进翻花，还可根据植株当时长势和市场需要，以及耕作制度而定。

（5）搭架引蔓：抽蔓时及时插竹竿搭架，一般搭人字架，以利通风透光，促进开花结荚。引蔓工作宜在下午进行，以免茎蔓折断。一般不打杈，中部蔓过旺时，可摘除蔓的顶部。例如，秋季栽培，架头要连接牢固，防止被风吹倒。

4. 采收 从播种至采收，矮性种50~60d，采收期约15d，产量7.5~15.0t/hm²；蔓性种60~90d，秋播需40~50d，采收期30~45d或更长，产量15.0~22.5t/hm²，高的可达30t/hm²。

在一般情况下，开花后10~15d可采收嫩荚。气温较低时，开花后需15~20d采收；气温较高时，开花后约10d采收。当豆荚由扁变圆，颜色由绿转为淡绿，外表有光泽，种子略为显露或尚未显露时，即应采收。及时采收既可保证豆荚品质鲜嫩，又能减轻植株负担，促使其他花朵开放结荚，减少落花、落荚和延长采收期。在结荚初期和后期2~4d采收1次，结荚盛期1~2d采1次。

采收后，按豆荚的长短及粗细进行分级、包装后上市销售；如果作为制罐工业原料，则应按加工原料标准采收、挑选、分级。

（二）秋茬栽培技术要点

1. 适时播种保全苗 一般都直播，生长前期温度较高，生长迅速，如播种过早，早期高温引起落花；如播种过迟，后期气温低，生长困难，容易落花、落荚。必须掌握好播种期。长江流域一般7月下旬至8月上旬，华南地区以8月上旬至9月上旬为适宜。此时天气炎热，土壤干燥，先浇水后播种，有利于出苗。苗期常有豆秆蝇危害，引起死苗缺苗。可用90%敌百虫1000倍液喷洒，在幼苗期喷洒可保证全苗。

2. 适当密植保产量 秋菜豆比春菜豆生长期短，生长势弱，但秋季日照充足，应增加密度，保证产量。

3. 前期促生长，后期保花荚 第1片真叶展开后加强水肥管理，争取在低温之前有较好的茎蔓生长和提早开花结荚，才能保证产量。

四、落花、落荚原因与对策

菜豆的花蕾数多，但结荚率一般只有20%～30%，多者不超过40%～50%，落花、落荚现象比较普遍。若能使坐荚率达60%以上，就可以丰产。因此，菜豆的增产潜力巨大。

（一）落花、落荚原因

落花、落荚的原因是多方面的，而且各种因素间彼此互有影响。综合看来有营养因素和环境因素两方面的原因。

菜豆花芽分化较早，植株较早进入营养生长和生殖生长的并行阶段，开花初期常因营养生长和生殖生长争夺养分而发生落花、落荚。例如，开花初期浇水过早，早期偏施氮肥，枝叶生长繁茂，开花结荚盛期，全株花序间、花与荚争夺养分激烈而导致晚开的花脱落。导致花器官营养不足而发育不良的原因还有栽植密度过大、支架不当、光照不足、缺肥少水或雨水积涝、病虫危害、采收不及时和温度过高或过低、同化物质积累减少等。

菜豆喜温不耐热，开花期遇28℃以上高温可能落花，30℃以上落花加剧，35℃以上落花率达90%左右。高温影响授粉受精，使荚内种子减少，荚形不正。28℃以上和13℃以下的温度均会降低花粉生活力，影响花粉管的伸长速度，开花时土壤和空气过于干旱或遇大风致使花粉早衰，柱头干燥。开花时遇雨又会使花粉不易散发。例如，春菜豆开花初期的低温，炎夏季节的高温，秋季菜豆生长末期的低温均是菜豆落花、落荚的主要因素。

（二）落花、落荚对策

防止菜豆落花、落荚应采取综合措施。

1. 适宜季节栽培 根据各地的气候条件，尽量把菜豆的生育期安排在温度适宜的时期，避免或减轻高温或低温的影响，争取有较长的适于菜豆开花、结荚的生长季节。

2. 优化群体结构 适当密植并采用适当的搭架方式，或与矮生作物间作套种，创造良好的通风透光条件。

3. 合理肥水管理 施肥上注意"花前少施、花后适量、结荚盛期重施"的原则，不偏施氮肥，增加磷钾肥。灌溉上避免过干过湿，按照"干花湿荚"的原则，雨后注意排水。

4. 适时采收调节 及时采收豆荚，减少养分消耗，减少落花、落荚。

5. 及时防治病虫害 豇豆螟（豆野螟）危害花、荚，可在花前时每隔3～5d喷1次90%敌百虫1000倍液防治，连续2、3次。以后视虫情而定。锈病等危害叶片，降低光合作用，导致提前枯萎，影响开花结荚，也应及时防治。

6. 激素调控 在花期喷5～25mg/L的α-萘乙酸和β-萘氧乙酸，2mg/L的对氯苯氧乙酸（防落素）等，有防止落花、落荚的效果。

第二节 豇　　豆

豇豆（cowpea, yard long bean）又名长豇豆、豆角、长豆角、带豆等，学名 *Vigna unguiculata* W.，是豆科豇豆属能形成长豆荚的1年生草本植物。中国是豇豆的第2起源中心，豇豆栽培面积大，品种多，历史悠久，南北各地均有栽培。

豇豆以嫩豆荚供食用。每100g嫩豆荚中含水分85～89g、蛋白质2.9～3.5g、碳水化合物5～9g，还有多种维生素和矿物质。豇豆具有维持正常消化腺分泌和胃肠道蠕动的功能，可抑制胆碱酯酶活性、帮助消化、增进饮食、益气健脾、开胃和中、补肾固精。

一、生物学特性

（一）植物学特征

1. 根、茎、叶　　根系较发达，主根深50～80cm，主要分布于15～18cm的表土层。根易木栓化，再生能力弱，有根瘤。幼茎多棱，绿色；茎有蔓生、半蔓生和矮生。子叶出土，基生1对真叶为单叶，对生；以后的真叶为3出复叶，互生，多为卵状菱形，绿或浓绿色，全缘，无毛。

2. 花、荚果、种子　　总状花序，腋生，花序柄长，先端成对着花；花蝶形，白、黄或紫色。自花授粉，天然杂交率约2%。果实为长荚果，称为豆荚，线形，长30～100cm，横切面扁圆或圆形，横径0.7～1.0cm，绿、浓绿或紫色。荚直或顶端稍曲，下垂。种子肾形，褐、紫、黑、黄白和各种花斑（黑白或紫白相间等），千粒重120～150g。

（二）生长发育周期

1. 发芽期　　从种子萌动到基生叶展开，需7～10d。第1对真叶展开后，便可进行光合作用，结束异养生活。

2. 幼苗期　　从基生叶展开至具有7、8片复叶，需15～20d。幼苗生长和叶面积增长缓慢，占总生长量的1%～3%。花芽开始分化，分化节位因类型、品种与环境条件而不同。

3. 抽蔓期　　从有7、8复叶至现蕾，需10～25d，蔓生型长，矮生型短或无。主蔓节间伸长并开始迅速生长，基部抽出侧蔓，从直立生长转为缠绕生长，右旋性缠绕，叶数及其叶面积迅速增加，根也不断扩大，根瘤数目和重量直线上升，固氮活性大大加强。腋芽自下而上不断分化花芽，最初分化的花芽，分化发育成花蕾体。生长量占总生长量的4%～15%。

4. 开花结荚期　　现蕾后至豆荚采收结束，需50～60d。蔓生型有些早熟品种在主蔓3、4节发生第1花序，多数品种在7～9节发生，晚熟品种第1花序的节位稍高，侧蔓第1花序的节位较主蔓早，一般在1、2节就发生。主蔓和侧蔓发生第1花序后，多数连续发生花序或稍有间隔。每个花序可分化发育2、3对花蕾或更多，但一般只有1、2对，且多数只有第1对花蕾能正常开花结荚。豇豆产量因类型、品种、栽培季节与栽培条件等而有很大差异。此期的生长量大，占总生长量80%～95%。

(三) 对环境条件的要求

1. 温度 生长适宜温度为15~35℃。种子发芽适宜温度25~30℃，发芽率高，发芽快，且幼芽壮；抽蔓至开花初期20~25℃生长良好；开花结荚的适温为25~30℃，35℃以上和18℃以下都可造成生育障碍。

2. 光照 对日照长短的反应分为两类：一类对日照长短要求不严格，在长短日照季节都能正常发育，多数品种属于此类；另一类对日照长短要求比较严格，在短日照下花芽分化数增多，第1花序节位降低，蔓基部节位可促生侧蔓，在长日照下侧蔓着生节位和主蔓第1花序节位提高。温度较高，加速光周期反应，使花芽分化过程缩短；温度较低，可以延缓光周期反应而延长花芽分化的时间。日照充足，光照较强，有利于植株生长开花正常，提高结荚率。光合作用光补偿点31.9μmol/（m^2·s），光饱和点1208μmol/（m^2·s），CO_2补偿点68.5μl/L。

3. 水分 要求水分适中，但能耐旱。种子发芽和幼苗期不宜过湿，以免降低发芽率，或使幼苗徒长，甚至烂根死苗。开花结荚期要求有适当的空气湿度和土壤湿度，以空气相对湿度70%~80%，土壤含水量60%~70%为宜。开花期大雨或长期阴雨也会明显降低结荚率。土壤水分过多，不利于根系和根瘤菌活动，甚至烂根发病，引起落花、落荚。高温低湿是落花、落荚的主要原因。

4. 土壤营养 对土壤适应性广，只要排水良好的疏松土壤，均可栽培，而以砂壤土最好。适宜土壤pH 6.2~7.0，酸性过强会抑制根瘤菌的生长。

豇豆根瘤菌远不及其他豆科植物发达，因此必须供给适量的氮肥。但前期氮肥过多，蔓叶徒长，会延迟开花结荚，氮肥应与磷、钾肥配合施用，磷肥可以促进根瘤菌活动，根瘤多，则豆荚充实，产量增加。

二、品种类型与栽培制度

（一）品种类型和栽培选择

豇豆主要有长豇豆（ssp. *sesguipedalis*）与短豇豆（ssp. *sinensis*）两个亚种，菜用豇豆多属长豇豆，按其生长习性可分蔓性、半蔓性和矮性3类。蔓性种茎蔓长，花序腋生，随主蔓伸长，各叶腋陆续抽出花序或侧蔓，栽培时需支架，生长期较长，产量较高；半蔓性种生长习性似蔓性种，但蔓短，可以不用支架；矮性种茎短，直立，多分枝而成丛生状，栽培时无须支架，生长期短，成熟较早，产量较低。蔓性长豇豆依其荚豆的颜色可分青、白紫3种。

1. 青荚种 茎蔓较细，叶片较小，较厚，色绿。嫩荚细长，浓绿色，肉质致密，脆嫩。该种较耐低温但不耐热，较耐储，产量稍低。一般春、秋季栽培。各地优良种有铁线青豆角、青皮长豆角、杭州青豆角、四川的早豇豆、五叶子豇豆、贵州朝阳线豇豆、广州的细叶青豆角、大叶青、黄花青、新青等。

2. 白荚种 茎蔓较粗壮，叶片较大，较薄，浅绿色。嫩荚肥大，青白色。该种对低温敏感，耐热性较强，耐储性较差，产量较高。一般多在春夏季栽培。主要品种有之豇28-2，此外还有秋豇512、宁豇1号、无锡早豇、扬豇40、皖青512、湘豇1号、湘豇2号、芦花白、桂林白等品种。

3. 紫荚种 茎蔓较粗壮，茎蔓和叶柄带红紫色。嫩荚紫红色。该种耐热，多在夏季栽培。采收期较短，产量较低。主要品种有紫豇豆、花豆角（又名红鳝鱼骨）、盐紫豇2号、绵紫豇1号。

生产中按栽培地区的生态条件、栽培季节、栽培方式和消费习惯等选择品种。

（二）栽培制度

豇豆喜温怕寒，植株高大，各地主要在露地栽培，也可利用大棚等设施进行春提前和秋延后栽培。华北和东北多数地区1年栽培1茬，从4月中下旬到6月中下旬播种，7~9月采收。比较耐寒的青豆角和对日照长度要求不严的品种可适当早播或提早育苗。长江以南各地春、夏、秋均可栽培。豇豆从3月中下旬开始至7月播种，5月下旬至10月收获。春播宜早，秋播也宜早不宜迟，以期有较长的适宜生长季节。也可在3月上旬育苗，采取保护根系的措施，小苗定植于保护设施内，采收期可提早15d左右。华南地区从2月至9月上中旬均可播种育苗，从4月中下旬至11月收获。

蔓性种适于套种，能和黄瓜、瓠子等套种，以便一架多用，也可与玉米套种，半蔓性和矮性豇豆可与玉米、大蒜间作。豇豆的前茬一般为大白菜、冬萝卜等的冬闲地，后茬多为芹菜、菠菜等。

三、栽培技术

豇豆栽培技术流程为：整地、施基肥→作畦→直播或育苗移栽→田间管理（查苗补苗、中耕、除草、灌水、追肥、支架引蔓等）→采收。

（一）整地、作畦

豇豆适于排水良好、土层深厚、疏松、中性或微酸性土壤，耐连作，但不耐盐，在含盐多的土中，叶不伸展，有红斑，蔓生长不旺盛；盐分若更高时，则不生长。在前茬作物收获后，及时深翻土地，经过冻垡，消灭病菌和虫卵，熟化土壤。由于豇豆的根瘤菌不发达，需要合理搭配氮、磷、钾肥，以促进蔓荚生长。播前结合翻耕整地每公顷施充分腐熟的有机肥22.5t、过磷酸钙225kg作基肥，然后耙细整平，作1.2~1.3m宽的平畦或高畦。轻简化栽培中豆类可采用少免耕法旋耕表土后直接播种，再覆盖一层打碎的秸秆以利于保温保湿。

（二）直播或育苗移栽

生产中豇豆多直播。春播的在当地晚霜期过后，地温稳定在13℃以上即可播种。按照计划穴行距点播，每畦2行，穴距约27cm，每穴播种3、4粒种子。轻简化栽培选用优质精加工的种子，用机械进行精量播种，一般无须间苗、定苗。

早春豇豆直播后，气温低，发芽慢，遇低温阴雨，种子易腐烂，成苗差；遇霜冻又易死苗，故以育苗移栽为宜。宜采用营养钵或穴盘育苗，江浙一带一般在3月中下旬播种育苗，华南地区可提早到2月。播前精选种子，每钵播种3、4粒，播种后浇水保温，出苗后至移植前，温度保持20℃左右，最高不超过25℃，最低不低于15℃。保持基质间干间湿，避免因湿度过高引起徒长。一般在第1复叶展开前移植。

合理密植应根据品种的特性和栽培技术而定。青荚种叶量小、分枝少，栽培密度一般比叶量大、分枝力和生长势强的白豆荚品种大。如果采取整枝技术，以主蔓结荚为主，也可以适当增加密度。南方各地雨水多，湿度大，日照少，一般稀植。通常每穴 2 株，生长期长的 37 500 穴 /hm²，较短的 42 000～45 000 穴 /hm²。

（三）田间管理

1. 中耕、除草 在移苗恢复生长后，进行中耕蹲苗，保持根系生长和幼苗稳健。结合中耕，去除杂草。

2. 肥水管理 开花结荚之前，对肥水要求不高，为协调营养生长和花芽分化之间的关系，前期宜控制肥水，抑制生长。当植株下部花序开花，进入结荚期后，每 2 周左右浇 1 次水，每公顷随水追施磷酸二铵 112.5kg；中部花序开花结荚时，每 10d 左右浇 1 次水，每公顷追施三元复合肥 150kg；上部的花序开花结荚时，根据土壤湿度 10d 左右浇 1 次水，每次每公顷追施复合肥、尿素、硫酸钾各 112.5kg。苗期和盛花期各用 0.2% 硼砂＋0.2% 磷酸二氢钾溶液叶面喷施 1 次。整个开花结荚期保持土壤湿润，浇水掌握"浇荚不浇花、干花湿荚"的原则。水分过多时，及时排水。

轻简化栽培中实施水肥一体化管理技术，将可溶性的液体或固体肥料根据豇豆的水肥需求特性，溶解在灌溉水当中，适时适量，均匀供给养分和水分，既提高了水肥利用效率，促进增产，又提高了劳动生产率，降低人工成本。

3. 植株调整 幼苗期结束后应及时搭架。选择长度 2m 以上架材，一般搭人字架。抽蔓以后及时引蔓上架。引蔓应在晴天下午进行，并注意豇豆蔓生长的左旋性，要按反时针方向引蔓。

整枝抹芽可减少养分消耗，有利于通风透光，促进开花结荚。摘除主蔓第 1 花序以下各节位的侧枝和第 1 花序以上各节位所生弱小叶芽，促进同节位的花芽生长；当主蔓长 2m 左右时可以打顶，促进各花序上的副花芽形成，方便采收；所有侧枝都应及早摘心，仅留 1～3 个节形成花序。

（四）采收

豆荚从开花至生理成熟需 15～23d。春植豇豆，商品豆荚采收以花后 11～13d 为宜。夏植豇豆的豆荚生长和成熟快，花后 9～11d 便应采收。及时采收，不仅产量高，质量好，还可避免因种子发育而消耗过多营养，影响植株生长和以后的开花结荚。种子显露后，荚变松软，为过老；豆荚细小，种子痕迹未完全显露时，为过嫩。过老过嫩采收都会影响产量。

豇豆每个花序常有 2 对以上花芽，通常成对陆续结荚。采收时，不要损伤花序上其他花蕾，更不能连花序柄一起摘下。应该按住豆荚基部，轻轻掐下或剪下豆荚。有些地方在豆荚基部 1cm 处折断采收。

采收后，剔除有虫眼的或粗细不匀的豆荚，可按长短或粗细进行分级，然后进行塑料袋或纸盒包装，上市场销售，提高商品价值。

第三节　豌　豆

豌豆（pea），又名荷兰豆，学名 *Pisum sativum* L.，原产地中海沿岸和亚洲中部，广泛分布世界各地。中国在秦汉以前,《尔雅》一书已有记载,现南北各地均有栽培。豌豆的嫩荚、嫩豆粒和嫩梢均可做菜用。每100g嫩荚含水分70.1~78.3g、碳水化合物4.4~10.3g、脂肪0.1~0.6g、胡萝卜素0.15~0.33mg。豆荚和豆苗嫩叶中富含维生素C和能分解体内亚硝酸铵的酶,可以分解亚硝胺,具有抗癌、防癌的潜在作用。

一、生物学特性

(一)植物学特征

1. 根、茎、叶 直根系,主根发达,侧根多,有根瘤,主要根系分布在20cm表土层。茎方形或圆形,绿或黄绿色,中空,表面有蜡质,分蔓生、半蔓生和矮生,侧枝多。子叶不出土,真叶为偶数羽状复叶,具2或3对小叶,与茎同色,互生,复叶顶端小叶退化成卷须,基部有1对耳状托叶,抱茎。紫花豌豆托叶抱茎呈紫色,托叶比小叶大,是豌豆的一个形态特征。

2. 花、荚果、种子 总状花序腋生,每花序有1~6朵花;蝶形花,白或紫红,自花授粉。荚果,横断面扁平或近圆筒形,青绿色,分软荚和硬荚。硬荚的厚膜组织发达,荚皮不可食用,采收豆粒,成熟时厚膜干燥收缩,荚果开裂;软荚的厚膜组织发生晚,纤维也少,采收豆荚为主,也可收豆粒,成熟时不开裂。每荚含种子2~4粒,多的可达7、8粒。种子圆而表面光滑的为圆粒种,近圆而表面皱缩的为皱粒种,绿或黄白色,百粒重从几克至40g。种子寿命2~3年。

(二)生长发育周期

豌豆的生育周期与豇豆和菜豆基本相同。

1. 发芽期 约10d,子叶不出土,播种深度比子叶出土的菜豆和豇豆等可稍深。

2. 幼苗期 15~20d。幼苗期开始萌发侧蔓和分化花芽,长日照下,低温和高温都不利于侧蔓萌发,短日照和低温则促进侧蔓发生;长日照结合低温可促进花芽分化,而高温,尤其是高夜温,可使花芽分化节位升高。

3. 抽蔓期 蔓生类型为25~30d,矮生类型抽蔓期短或无。此期需要良好日照,15~23℃温度,对土壤营养需要开始迅速增多。

4. 开花结荚期 80~90d。茎叶迅速生长,根系继续扩大,根瘤增加,同时花芽不断分化发育,陆续开花结荚。第1花序着生节位既受光温等环境条件的影响,也因生长类型和品种而不同。矮生类型的第1花序发生节位早,蔓生类型发生迟,半蔓生类型介于两者之间;早熟品种的第1花序发生节位低,一般在5~8节,中熟品种9~11节,晚熟品种12~16节。第1花序抽出后,多连续节节发生花序。每个花序通常有1、2朵花,多至5、6朵,一般结1、2荚而以单荚为多。每个花序着生2朵花,并发育成2个豆荚的现象称为双荚。小籽粒和细荚品种较易结双荚。大籽粒和大荚品种结双荚较少。一个花序上,近花序柄的花发育较好,容易结荚,花序上端的花发育较差,容易脱落。豆荚从开花至生理成熟,一般需45~50d。

(三)对环境条件的要求

1. 温度 圆粒种发芽始温1~2℃,皱粒种稍高,为3~5℃,发芽适温18~20℃。

幼苗期适温 15~18℃，幼苗能忍受 -5~-4℃，温度降至 -8~-7℃ 会冻死。苗期温度稍低，可提早花芽分化，温度高特别是夜温高，花芽分化节位升高。抽蔓期适温为 15~23℃，开花结荚期适温 15℃ 左右。开花期遇短时间 0℃ 低温，开花数减少，但开了的花基本上都能结荚。花和嫩荚都不耐低温，轻微的冰冻即受害；也不耐高温，超过 25℃ 以上，生长不良，受精率低，结荚少，高夜温尤甚。采收期间温度高，成熟快，但品质和产量都降低。

2．光照　豌豆属于长日照蔬菜，南方栽培的品种多数对日照长短要求不十分严格，但在长日低温下，促进花芽分化。在长日高温下，顶芽和幼叶形成的激素水平高，促进养分向顶芽部分移动，较高节位的分枝多。在短日低温下，顶芽部位激素水平较低，抑制养分向顶芽移动，使低节位的分枝多。

3．湿度　根系较深，稍耐旱而不耐湿。播种后水多，容易烂种；生长期内排水不良，容易引起烂根和白粉病。土壤含水量在 11% 以下时不能受精或籽粒不发育，子房和荚果都停止生长，空荚和秕荚多。土壤含水量降低到 9.7%，空气湿度为 54% 时，花迅速凋萎，所以土壤和空气干旱是落花的主要原因。开花最适宜的空气湿度为 60%~90%，湿度在 60% 以下，开花减少。

二、品种类型与栽培制度

（一）品种类型和栽培选择

豌豆依其用途分为两大类：粮用豌豆（*P. satuvum* var. *arverse*）和菜用豌豆（*P. satuvum* var. *hortense*）；按茎的生长习性分蔓生、半蔓生和矮生 3 种类型；按品种熟性分为早熟、中熟和晚熟 3 类；按豆荚结构分为软荚和硬荚 2 类；按食用部位分为荚用、籽粒用和嫩梢用 3 类；按籽粒表皮形态分为圆粒和皱粒 2 类等。

1．荚用类型　有蔓生、半蔓生和矮生的软荚品种。食用嫩荚为主，也可食用豆粒和嫩梢。白花或紫花。例如，广东的莲阳双花、红花中花、大荚荷兰豆、中山青、晋软 1 号，台湾的台中 11，上海的白花小荚荷兰豆，四川的食荚大菜豌 1 号等。

2．籽粒用类型　以蔓生和矮生的硬荚种为主，白花，食用豆粒，如中豌 4 号、中豌 6 号、团结 2 号、成豌 6 号、绿色 1 号、白玉豌豆等。

3．嫩梢用类型　一般品种都可采摘嫩梢，也有嫩梢专用型品种，一般矮生，如无须豆尖 1 号、美国豆苗等。

生产中按栽培地区的生态条件、栽培季节、栽培方式和消费习惯等选择品种。

（二）栽培制度

1．栽培季节　豌豆较耐寒而不耐热，在华北、东北地区多行春播。春播时，在当地土壤解冻后（3 月上旬到 3 月下旬）即可播种。长江以南多行秋播，但播种期因地区而不同，一般在 10 月下旬到 11 月上旬播种为适宜。华南地区秋播可适当提早至 9 月中旬至 11 月中旬播种。

2．茬口安排　北方春播地区的前茬为冬闲地，后茬为夏甘蓝、夏茄子等，常和玉米、高粱、棉花和茄子等间作套种或利用畦埂地边种植。南方秋播前茬作物为夏甘蓝、夏茄子，秋豌豆 10 月下旬到 11 月上旬播种，4 月开始采收嫩豆粒。

三、栽培技术

豌豆栽培技术流程为：整地、施基肥→作畦→播种→田间管理（水肥管理、中耕、培土、支架等）→采收。

（一）整地、作畦

秋季深耕有利于根系发育，多施基肥对增产有明显作用。一般每公顷施腐熟有机肥30～45、过磷酸钙450～600kg，均匀撒施后深耕细耙，作畦。长江流域雨水多，多用深沟高畦，畦高20～25cm，宽1m左右，沟宽30～40cm。北方多用平畦栽培，低湿地可用垄栽。

（二）种子处理和播种

播种前精选种子并进行春化处理。精选的种子在室温下浸种2h，催芽至胚芽露出，在0～2℃低温下春化处理10d，或0～5℃低温下处理10～20d即可。

播种方法，如1m宽的畦，每畦播种2行；如2～3m宽的畦，每畦播种4～6行。行距60～66cm，穴距13～17cm，每穴播3、4粒，播深3～4cm，用种量75～90kg/hm^2。

用根瘤菌拌种是豆类蔬菜增产措施之一。根瘤菌适于近中性土壤，土壤过酸，会抑制根瘤菌繁殖，降低固氮能力。因此，在土壤pH低于5.5时应施用石灰调节。

（三）田间管理

1. 施肥 磷肥有利于促进根系和茎蔓生长，增加结荚，提高产量。施用磷肥时，与农家有机肥混合施用效果更好。一般每公顷施过磷酸钙225～375kg，并混合充分腐熟的有机肥7.5～15.0t。在生长初期追施氮肥，可以促进植株分枝，增加花数，提高结荚率。春季返青后或春播苗开始抽蔓时，追施尿素75～100kg/hm^2，促进茎叶生长；开始采收嫩荚后，追施复合肥1、2次，每次150～300kg/hm^2，要求氮、磷、钾并重，防止偏施氮肥。

2. 水分管理 开花期一般不浇水，若土壤墒情不足，空气又干旱时应在开花前浇一次，以满足开花结荚的需要。多雨时要清沟排涝。开花期水分过多，植株徒长或过于干旱都会造成落花、落荚。

3. 中耕、培土 春播的齐苗后浅松土一次，以提高地温，促进发根，一周后再次中耕。秋播的冬前结合中耕在根际培土防寒。

4. 设立支架 豌豆茎蔓嫩而密集，蔓性和半蔓性豌豆株高30cm左右时支架，宜用矮棚式架或立架。

（四）采收

食荚豌豆在豆荚花谢后8～10d采收，此时豆荚已充分长大，而豆粒未膨大。硬荚豌豆开花后15d左右，在豆粒充分饱满，荚色由深绿变淡绿时采收。

第四节 毛 豆

毛豆（soybean）又叫菜用大豆、黄豆、枝豆等，学名 *Glycine max* Merr.，起源于中国，现已成为世界性重要作物。中国各地均有种植,以西南、华中和华东等地栽培较多,是夏秋季的主要蔬菜之一。

毛豆以鲜食为主,成熟的豆粒可做豆芽或作其他豆制品原料。每100g嫩豆粒含水分57.0~69.8g、蛋白质13.6~17.6g、脂肪5.7~7.1g、胡萝卜素23~28mg及其他维生素和氨基酸等。毛豆脂肪含胆固醇少,富含亚麻酸,具有降低胆固醇的作用;卵磷脂也较多,有利于神经系统的发育。毛豆含钙、磷多,可预防小儿佝偻病及老年性骨质脱钙,含铁不仅量多并且易为人体吸收。

一、生物学特性

(一)植物学特征

1. 根、茎、叶 根系发达,主根圆锥形,有根瘤,根系主要分布在20cm表土范围。茎有直立、半直立、半蔓生和蔓生类型,为强韧不规则的棱角状,嫩茎绿或紫色;绿茎植株开白花,紫茎植株开紫花;成熟茎灰黄或黄褐色;有或无分枝。子叶出土,初生真叶1对,单叶,对生;以后为3出复叶,互生,有叶柄和托叶,小叶的形状、大小和颜色因品种而异。茎叶和豆荚被茸毛,灰白或棕色。

2. 花、荚果、种子 总状花序,腋生,每花序有10~15朵花,以淡紫和紫色较多,自花授粉。荚果,每个花序结3~5荚,每荚含种子1~4粒,以2粒为多。种子圆、椭圆、扁椭圆、长椭圆和肾形等,黄、青、黑、褐或带斑的双色,千粒重100~200g,种子寿命4~5年。

(二)生长发育周期

1. 发芽期 20~22℃条件下需4~6d。

2. 幼苗期 20~30d。第1对真叶开展后5~6d第1复叶展开,以后每3~4d出现1复叶,每长出1复叶分化两节,同时腋芽开始活动,分化花芽和分枝,根系也迅速生长。花芽分化完成后4~5d开花。

3. 开花结荚期 18~40d或更长。毛豆的结荚习性分为3种类型。无限结荚类型的花簇轴很短,主茎和分枝的顶端无明显的花簇。始花后茎继续伸长,结荚分散,一般每节2~5荚,多数荚在植株的中、下部,顶端只有1、2个小荚,荚内豆粒小;有限结荚类型的花簇轴长,开花后不久,主茎和分枝顶端出现1个大花簇,此后不再继续生长,多数荚在植株的中、上部;亚有限结荚类型介于无限结荚类型与有限结荚类型之间,主茎较发达,分枝较少,主茎结荚较多。

4. 鼓粒成熟期 每个果荚从幼荚形成至籽粒成熟。开花后20d内,豆荚迅速伸长,然后加宽,最后增厚,籽粒逐渐膨大,当种子体积达到最大时称为鼓粒期。这期间种子重量迅速增加,各种营养物质迅速积累,水分逐渐减少。开花后20~30d为种子形成中期,干物质迅速增加,达8%~9%,含水量降至60%~70%,以脂肪积累为主;开花后30~40d,种子含水量迅速下降,有机物质转化为储藏状态,主要积累蛋白质,种子干重增加到最大值,水分降到20%以下,种子呈现品种固有的色泽、形状和大小。在鼓粒成熟期积累有机物质多,水分充足,则每荚籽粒多,品质佳。

（三）对环境条件的要求

1. 温度 喜温暖，种子在10～12℃开始发芽，以15～20℃为最适宜。苗期能耐短期的-5～-2℃的低温。幼苗生长适温为20～25℃。花芽分化的适温为25～30℃。开花结荚适宜昼温22～29℃，夜温18～24℃，低温下结荚延迟，低于14℃不能开花；温度过高，植株提前结束生长；1.0～2.5℃时植株受害，-3℃植株冻死。

2. 光照 毛豆属于短日照植物，在9～18h日照范围内，日照越短，越能促进花芽分化。南方的有限生长类型的早熟品种，对光照要求不严；北方的无限生长类型的晚熟种，多属短日性。北种南移会提前开花，南种北移，则枝叶繁茂，延迟开花，引种时注意品种的光周期要求。

3. 水分 种子发芽吸水量为种子重的120%～150%。开花期要求土壤含水量在70%～80%，否则花蕾脱落率增大。

4. 土壤营养 对土质要求不严，以土层深厚、富含有机质为好，干燥地区宜选耐旱性强的小粒种或中粒种，湿润地区可选用有限类型。开花前吸肥量不到总量的15%，而开花结荚期占总吸收量的80%以上，需多量氮肥和大量磷肥、钾肥。磷肥缺乏时，分枝数和开花数减少，落花数增多；磷肥充足，能促进根系生长和根瘤活动增强，豆荚成熟早。缺钾时，子叶变黄，出现"金镶边"的缺钾症状。

根瘤菌发育最适宜温度为25℃左右，光照较强，固氮活性提高；光照不足，固氮活性降低。适于土壤最大持水量60%～80%和pH 4～8的土壤。

二、品种类型与栽培制度

（一）品种类型和栽培选择

1. 依生长习性分 有无限生长类型和有限生长类型。无限生长类型开花期较长，产量较高，多分布在中国东北、华北雨量较少地区。有限生长类型顶芽为花序，成熟较早，多分布在长江以南多雨地区。

2. 依品种熟性分 有早熟、中熟和晚熟3类。早熟种生育期70～80d，品种如江苏灰荚2号、宁蔬60、红丰3号、苏州五毛、台湾75毛豆、华春18、福建厦引1号、上海早红芒等；中熟种生育期90～100d，品种如杭州的六月拔，南京的白毛六月黄、宁青豆1号、台湾292等；晚熟种生育期110～120d，品种如上海的酱油豆、慈姑青，南京的大青豆，江苏的绿宝珠等。

生产中按栽培地区的生态条件、栽培季节、栽培方式和消费习惯等选择品种。

（二）栽培制度

1. 栽培季节 栽培季节依品种的熟性和光周期特性及栽培方式而不同。长江以南各地，大多在春、夏、秋3季生产，以露地栽培为主，春播2～3月直播或育苗移栽，5～7月采收；夏播4～6月播种，7～9月采收。华南地区秋季生产7～8月播种，9～10月采收。北方地区4月下旬至5月上旬播种，8月采收。

若采用大棚早熟栽培，可在1～2月温床育苗，大棚2～3月定植，4～5月采收。

2. 茬口安排 应与非豆科作物实行 3 年以上轮作。春季利用腾地早的作物为前茬，如大白菜、冬萝卜以及早春收获的乌塌菜较好；秋季可利用葱蒜类、莴苣、马铃薯、西葫芦等为前茬。在粮棉区秋季也可以冬小麦为前茬作物。

三、栽培技术

毛豆栽培技术流程为：整地、施基肥→作畦→播种→田间管理（水肥管理、摘心打顶等）→采收。

（一）整地、施基肥

毛豆根系强大，木质化，根上密生根瘤菌，好气。前茬作物收获后应及时清茬，深翻土地，多施基肥。基肥应多施磷肥，其氮、磷、钾可按 1.5∶2.8∶1.7 比例施用。一般每公顷施用腐熟有机肥 15.0～22.5t，耙平耙细，土肥混合。作畦前，每公顷施钙镁磷肥 375kg、45%的复合肥 150～225kg，并注意调节酸碱度。

（二）合理密植

通常，每公顷早熟品种 37.5 万～45.0 万株，中熟品种 27 万～30 万株，晚熟品种 22.5 万～25.5 万株为宜。秋播生长期较短，长势较弱，应比春播较密。出土后及时检查缺苗情况，及时补播，以保证苗全、苗壮，争取丰产。

（三）肥水管理

毛豆根瘤比较发达，应充分利用其固氮特性。幼苗出现第 1 对真叶时已开始形成根瘤，两周后开始固氮。固氮活性在生长早期较弱，开花后迅速提高，以开花和青粒形成最高，约占总固氮的 80%，近成熟时根瘤含氮量下降，内部空虚，易脱落。

在根瘤菌未形成的生长初期需施氮肥，以在初花期施氮最有效。增施磷钾肥增产效果显著。幼苗期可施一次硫酸铵，150kg/hm^2；开花前如生长不良，再追肥一次，每公顷施硫酸铵 150kg、过磷酸钙 75～150kg、硫酸钾 150kg，以促使豆荚充实饱满；后期还可以用 1%～2% 过磷酸钙浸出液或 0.5% 磷酸二氢钾根外追肥。钾肥不足，容易发生黄叶病，可追施硫酸钾。

幼苗期和成熟期耗水量占总耗水量的 30%～40%，开花至鼓粒期占 60%～70%。水分管理上掌握前轻中重后减少的原则。

（四）摘心打顶

摘心可以抑制生长，防止徒长，提早成熟 3～6d，增产 5%～10%。有限生长类型的品种，在初花期摘心为好，无限生长类型的品种应在盛花期以后摘心。

（五）采收

适宜的采收期因品种而不同。采收过早则豆粒瘦小，产量低；采收过晚则豆粒坚硬，降低品质。一般在豆粒已饱满，豆荚尚青绿时采收。采收时全株一次收完，或分 2、3 次采收。采收后放在阴凉处，保持新鲜。包装或剥豆粒上市。

第五节　豆类其他蔬菜

请扫描二维码阅读本节内容。

小　　结

豆类蔬菜为豆科1年生、2年生或多年生草本植物，以嫩豆荚或嫩豆粒为主要食用器官，主要种类有菜豆、豇豆、豌豆、毛豆，作为菜用栽培的还有蚕豆、四棱豆、扁豆和刀豆等。本章介绍了豆类蔬菜的种类、起源、演化、栽培历史、食用器官、营养价值及保健作用，系统介绍了菜豆、豇豆、豌豆、毛豆的生物学特性、品种类型、栽培季节与茬口安排、栽培技术，以及有的种类生产中的常见问题与对策。本章还简要介绍了蚕豆、四棱豆、扁豆和刀豆的生物学特性与栽培技术。通过本章节的学习，要求掌握豆类蔬菜栽培的相关概念、栽培技术和原理，明确存在的问题及对策。

思　考　题

1. 豆类蔬菜包括哪些种类？请总结豆类蔬菜生物学特性和栽培技术上的共性。
2. 根瘤菌生长发育需要哪些条件？比较说明各种豆类蔬菜根瘤菌的特点。
3. 简述豆类蔬菜的生育周期和各时期生长发育的特点。
4. 豆类蔬菜在茬口安排上应注意什么？
5. 简述菜豆落花落荚的原因及防止措施。
6. 简述秋季菜豆的栽培技术要点。
7. 试比较说明菜豆与豇豆生物学特性和栽培技术上的主要异同点。
8. 怎样促进豇豆的翻花？
9. 蚕豆、豌豆对环境条件的要求有何异同？
10. 毛豆栽培中引种要注意哪些问题？
11. 简述毛豆的栽培季节并举例各茬口安排。
12. 简述扁豆的栽培技术要点。

第四章 结球芸薹类蔬菜

结球芸薹类蔬菜系指十字花科（Cruciferae）芸薹属（Brassica）以叶球、花球或球茎为产品的一类蔬菜，如形成叶球的大白菜、结球甘蓝、紫甘蓝、皱叶甘蓝、结球芥菜、抱子芥，形成花球的花椰菜、青花菜，形成球茎的球茎甘蓝、茎用芥菜。结球芸薹类蔬菜栽培面积大，分布广，栽培方便，易高产稳产，是中国广大消费者喜食的重要蔬菜。

结球芸薹类蔬菜涉及白菜、甘蓝和芥菜的多个亚种和变种。近年来，基因组测序获得了丰富的基因信息，确定了一大批产品形成与膨大驯化选择相关的基因组信号和相关基因（Cheng et al.，2016）。

结球芸薹类蔬菜同属十字花科芸薹属，都形成膨大的产品器官，在生物学特性和栽培技术方面有许多共性。结球芸薹类蔬菜属于喜冷凉的作物，适宜栽培的月均温为15～20℃。在种子萌动后或绿体阶段，低于15℃的低温条件下，经过一定时间可完成春化作用；在较长日照及较高温度（18～20℃）条件下抽薹、开花和结籽。

结球芸薹类蔬菜主要用种子繁殖，可直播或育苗移栽。根系浅而吸水力弱，叶面积大，蒸腾量也大，要求较高的土壤湿度，在栽培中应注意灌溉和中耕保墒。生长速度快、产量高，需要较多的矿物质营养，要求肥沃的土壤。施肥应采用平衡施肥，多施有机肥，追肥时以氮肥为主，磷、钾肥配合使用。

结球芸薹类蔬菜有共同的病虫害。主要病害有霜霉病、病毒病、软腐病、黑腐病、根肿病、菌核病等，主要虫害有蚜虫、小菜蛾、菜粉蝶、甜菜夜蛾、斜纹夜蛾、甘蓝夜蛾、黄曲条跳甲等，应采取农业、物理、生态、生物、化学等综合措施综合防控。

第一节 大 白 菜

大白菜（Chinese cabbage）别名结球白菜、白菜等，为芸薹属的一个亚种，学名 Brassica campestris（syn. Brassica rapa）ssp. chinensis，原产中国，栽培历史悠久，为1、2年生草本植物。叶球品质柔软，每100g产品含水分94～96g、碳水化合物1.7g、蛋白质0.9g、还含有矿物盐、维生素及纤维素等多种营养物质。可供炒食、煮食、凉拌、做馅或加工腌制等，是中国特产蔬菜之一。全国各地普遍栽培，但主产区在长江以北，种植面积占秋播蔬菜面积的30%～50%，其中以华北地区栽培面积最大，产量最高，品质优良。目前生产上形成了春、夏、秋、冬等多种生态型，早、中、晚熟配套的优良品种和栽培技术，随着春茬和夏茬栽培面积的逐年增加，实现了周年生产与供应。

一、生物学特性

（一）植物学特征

1. 根 直根系，主根较发达。在主根上部由胚根形成较肥大的直根。主根纤细，长

60~100cm。主根上生有两列侧根，侧根发达。子叶期从主根上开始发生第1级侧根，2片真叶时可发生第2、3级侧根。根系分布范围广而深，吸收面积大。主根深度虽然可达1m以上，但主要吸收根系分布在地表10~30cm。因此，在栽培上需要采取促根、壮根等措施，才易获得强大根系。

2. 茎 营养茎为短缩茎，直径4~8cm，其形态因品种不同而异，所有球叶和外叶均生长在短缩茎上，形成硕大的叶球。在生殖生长时期，短缩茎顶端抽生60~100cm花茎。花茎可发生2、3次分枝，有明显的节和节间，茎节上着生茎生叶。花茎基部分枝较长，上部分枝较短，使植株呈圆锥状。

3. 叶 因在植株上生长位置和生理功能的不同，叶片有多种形态（图4-1）。

（1）子叶：两枚，对生，肾形或倒心脏形，叶面较光滑，有明显的叶柄。一般播种后8~10d叶面积达最大值。

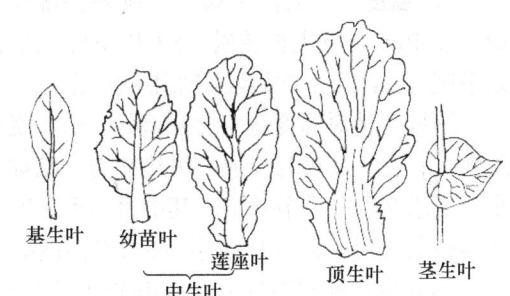

图4-1 大白菜的叶型

（2）基生叶：又称初生叶，为第1对真叶，与子叶垂直排列成"十"字形。叶片长椭圆形，具羽状网状脉，叶表面有毛或无毛，叶缘锯齿状，有明显的叶柄，无叶翅，无托叶，长8~15cm。

（3）中生叶：着生于短缩茎中部，有18~25片，互生。每个叶序环的叶数依品种而不同，2/5叶序环的品种每个叶序环有5片叶绕茎2周，叶间开展角为144°；3/8叶序环的品种每个叶序环有8片叶绕茎3周，叶间开展角为135°。第1叶序环的叶片较小，为幼苗叶；第2、3叶序环的叶片肥大，倒披针形至阔倒卵圆形，无明显叶柄，叶翅明显，边缘锯齿状，羽状网状脉发达，又称莲座叶，是主要的同化器官。

（4）顶生叶：又称球叶，着生在短缩茎的顶端，互生，向内抱合形成叶球。先长的球外叶能见到部分阳光，叶色淡绿色，后长的内叶见不到阳光，叶片呈白色、淡黄色、橙色或紫色。叶片大而柔嫩，叶柄肥厚。叶片上部向内弯曲，以褶抱、叠抱、合抱、拧抱等抱合方式形成叶球。叶片数30~80片，叶数型叶较多，叶重型叶较少。球叶是大白菜的营养贮藏器官和食用器官，结球也是植株抵御不良环境条件和保护生长点的一种适应性特征。

叶球按形成过程可分为3种类型：①充实型，叶球外侧数层的叶片较大，到叶球形成期，整个叶球几乎已达到成熟时的大小，以后为内部叶片的生长，其生长越好则叶球越充实；②膨大型，叶球形成初期，外形较小，但较充实，以后的生长为外叶与内叶同时生长，一般为直筒型品种；③中间型，叶球形成过程介于充实型与膨大型之间。

（5）茎生叶：为着生于花茎和花枝上的绿色同化叶，互生，叶腋间发生分枝。叶片较小，没有叶柄，基部直接抱茎而生。叶片表面较光滑，平展，有蜡粉。

4. 花 总状花序，完全花。花萼和花瓣均为4枚，花瓣托上有蜜腺，可引诱昆虫；雄蕊6枚，4长2短（四强雄蕊）。花药2室，花成熟时纵裂释放花粉。花粉主要靠昆虫传播，也可风力传播。雌蕊1枚，子房上位2室，有假隔膜。开花的顺序是由基部向顶部开放。

5. 果实及种子 授粉、受精后胚珠逐渐发育成果实。长角果，细长圆筒形，长3~6cm，1个花枝可着生荚果50~70个，每果荚有种子20粒左右，着生于侧膜胎座上，熟后果荚易裂。种子圆球形，微扁，呈红褐色至褐色，或黄色，直径1.3~1.5mm，千粒重2~4g，寿命一般5~6年，生产上多用1~2年的新种子。

（二）对环境条件的要求

1. 温度 大白菜属于半耐寒性蔬菜，生长适温为12~22℃，高于30℃时则不能适应，在10℃以下生长缓慢，5℃以下停止生长。短期-2~0℃受冻后尚能恢复，-5~-2℃以下则易受冻害，能耐轻霜而不耐严霜。

不同变种对温度适应性有差异。散叶变种的耐热性和耐寒性较强；半结球变种有较强的耐寒性；花心变种有较强的耐热能力；结球变种对温度的要求较其他变种严格，适应范围较窄，要求在温和季节栽培。其中直筒型耐寒性较强，平头型耐热性较强，卵圆形的耐寒和耐热性较弱。同一类型中的不同品种对温度的适应性也不相同。

不同生长期对温度要求有差异。发芽期要求较高的温度，在20~25℃发芽迅速，出土快，幼芽健壮。幼苗期适宜温度22~25℃，能忍耐一定的低温，但必须在15℃以上，才能防止苗期通过春化阶段。莲座期适宜温度17~22℃，若温度过高，莲座叶徒长并易发生病害；若温度过低则生长缓慢，延迟结球。结球期对温度要求严格，适宜温度12~22℃，白天16~25℃利于光合作用，夜间5~15℃有利于养分积累，同时还可抑制已分化的花器生长，使之处于潜伏状态，但耐热白菜可以在较高温度下结球紧实。当夜间温度降至-2~-1℃时，应及时采收。抽薹期适宜温度12~18℃。开花期和结荚期要求月均温17~22℃，若日温低于15℃则开花不正常，25~30℃较高温度加速植株衰老，影响种子成熟。

生长期还要求一定的积温。积温与品种、熟性以及原产地的条件密切相关。一般早熟品种为1200~1400℃，中熟品种为1300~1700℃，晚熟品种为1800~2000℃。从温度条件来看，月均温度在16±1℃的季节都可进行大白菜栽培。当旬平均温度7℃以上、25℃以下生长季节的天数达到70~80d以上的地区，都可进行大白菜的秋季栽培。

2. 水分 叶面积大，叶面角质层薄，因此蒸腾量很大。不同变种及生态型蒸腾强度有很大差异。半结球变种蒸腾强度最小，结球变种中直筒型的蒸腾强度较小，平头型和卵圆型蒸腾强度较大。蒸腾作用随着生育进程逐渐增强，需水量也表现出逐期增加的趋势。幼苗期蒸腾作用不强，根系不发达，吸水能力很弱，需保持土壤湿润。莲座期叶面积迅速增大，蒸腾作用随之加强，需水量也大大增加。结球期是大白菜需水量最多的时期，必须保证土壤水分充足和均匀，应适当控制水分，以防裂球，并提高采后叶球的耐贮藏性。开花结荚期土壤水分要充足，并避免水分过多影响开花结荚和种子发育。

3. 光照 要求中等强度光照，光补偿点22~25μmol/（m²·s），光饱和点为850~950μmol/（m²·s）。种子在黑暗和光照条件下都可以发芽，并能正常出苗。光强对叶片发育影响大，光照充足时，促进叶片的生长，叶面积较大。在营养生长期，平均日照时数7~8h以上生长良好，正常生长所需累计日照时数，早熟品种500~600h，中熟品种650~700h，晚熟品种800h以上。莲座期尤其需要较长时间的光照，日照时数不足8h会影响莲座叶的健壮发育。长日照植物，在较长日照条件下通过光照阶段，进而抽薹开花。

4. 土壤营养 适宜耕层较厚、疏松肥沃、保水保肥、pH 6.5~7.0的土壤，喜肥，要求充足的氮素和磷、钾营养。对氮素最为敏感，氮素缺乏则生长缓慢，叶色变浅，叶球不充实；但氮素过多而磷、钾不足时，叶原基分化受到抑制，叶大而薄，结球不紧实，风味品质、抗病性及耐藏性都有所下降。氮、磷配比适当可提高叶球紧实度。缺磷时，植株矮小，叶片暗绿，结球迟缓。缺钾时外层叶片边缘枯黄变脆而呈带状干边。生长发育过程中缺钙会发生"干烧心"生理病害，严重影响叶球质量。生长盛期缺硼会引起叶柄内层组织木栓化，变褐色或者黑褐色，结球不良。对大量元素的吸收以钾最多，氮、钙次之，磷、镁较少。每生产1000kg商品大白菜需 N 1.8~2.6kg，P_2O_5 0.8~1.2kg，K_2O 3.2~3.7kg，其比例为 1:0.5:2。

（三）生长发育特性

从播种到种子成熟，生长发育周期因播种期不同而异。秋播大白菜为典型的2年生特性，春播则常表现为1年生特性。1年生大白菜可从发芽期、幼苗期、莲座期、经过或不经过结球期直接进入抽薹开花期；2年生大白菜（除散叶类型外）须完整经历发芽期、幼苗期、莲座期、结球期，并经过一段营养休眠期后，才能进入生殖阶段，完成世代交替。当然大白菜1年生或者2年生的特性不是绝对的。现以秋播大白菜为例，概括其生长发育规律及其临界形态特征。

1. 营养生长阶段　从播种到形成充实叶球的过程为营养生长阶段，早熟品种需50~70d，中熟品种70~85d，晚熟品种90d以上。

（1）发芽期：从播种到"拉十字"，生长主要依靠种子自身贮藏的营养物质。在适宜的条件下，种子吸水膨胀，16h后胚根由珠孔伸出；24h后种皮开裂，子叶及胚轴外露；36h后子叶开始露出土面，种皮脱落。播后3d子叶展开，5d子叶面积扩大，同时基生叶伸出。

（2）幼苗期：从"拉十字"开始到第1叶序形成，早熟品种需12~15d，晚熟品种需16~20d。这些叶片按一定的开展角规则地排列成圆盘状，俗称"团棵"或"开小盘"，是幼苗期结束的临界特征。

（3）莲座期：从团棵至心叶开始"卷心"，早熟品种经15~20d，生长16~20片叶；中晚熟品种经23~30d，生长22~26片叶。"卷心"是莲座期结束的临界特征，此时外叶已全部展开，全株绿色叶面积达到最大值，形成一个旺盛的莲座叶丛，为结球创造了良好的条件。此期以促进莲座叶生长旺盛，球叶加速分化为栽培管理的主要目标。

（4）结球期：从莲座期结束至叶球充分膨大，达到采收状态，早熟品种仅需25~30d，中晚熟品种45~60d。该期又可分为结球前期、中期和后期。前期是指外层球叶生长迅速并向内弯曲，较快地形成叶球的轮廓，俗称"抽桶"或"长框"。根分布直径可达80~120cm，吸水吸肥能力极强。中期又叫灌心期，是叶球内部球叶充实最快的生长时期，此期生长点已停止叶片分化，叶片数目不再增多。当叶球膨大到一定大小，其体积不再增长时，进入结球后期，叶球的紧实度继续增加，但生长量的增加幅度逐渐下降，外叶逐渐衰老，甚至发黄、脱落。根系吸收功能也明显减弱，此时叶球达到采收标准。

（5）休眠期：结球后期遇到低温时，生长发育受到抑制，由生长状态被迫进入休眠状态。如果遇到适宜条件，可以不休眠或随时恢复生长。大白菜在南方各省从营养生长过渡到生殖生长一般不需要经过休眠期，而且两时期难以截然划分。

2. 生殖生长阶段　从花芽分化到现蕾，再到种子成熟的过程为生殖生长阶段。种子生产的这个阶段要创造有利于抽薹、开花、结果的环境，促使花薹健壮、种子饱满，以达到优质高产的目的。生殖生长阶段一般分为抽薹期、开花期和结荚期3个时期。

（1）抽薹期：开始抽薹至开花，需20～25d。在适当的温度、光照和水分条件下，种株的花薹逐步伸长，主花薹上陆续发生茎生叶，并且陆续出现茎生叶叶腋间的一级侧枝（图4-2）。当主花茎上的花蕾长大，即将开花时，标志着抽薹期结束。

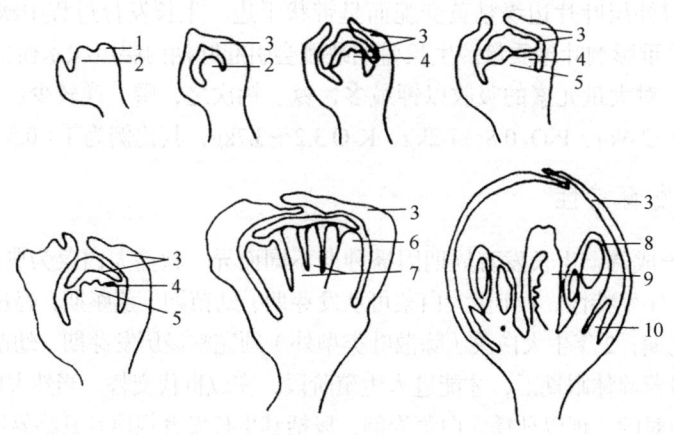

图4-2　大白菜花芽分化的过程
1. 萼片原基；2. 花原基；3. 萼片；4. 雄蕊原基；5. 雌蕊原基；6. 未分化的雄蕊；
7. 未分化的雌蕊；8. 雄蕊；9. 雌蕊；10. 花瓣

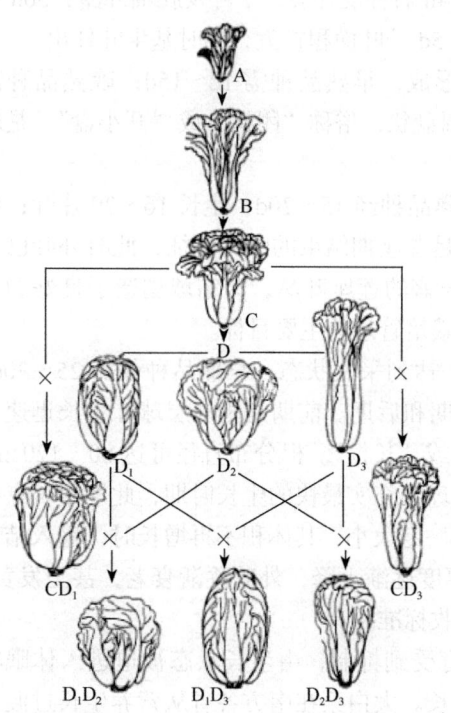

图4-3　大白菜分类和进化过程示意图
A. 散叶变种；B. 半结球变种；C. 花心变种；
D. 结球变种；D_1. 卵圆型；D_2. 平头型；D_3. 直筒型；
CD_1. 花心卵圆型；CD_3. 花心直筒型；D_1D_2. 平头卵圆型；
D_1D_3. 圆筒型；D_2D_3. 平头直筒型

（2）开花期：从开始开花到植株基本谢花，需15～20d。此期花蕾和侧枝迅速生长，逐渐进入开花盛期，花从花茎下部向上陆续开放，并继续抽生分枝。早熟品种有12～20个花枝，中晚熟品种每株有15～25个花枝。

（3）结荚期：从授粉到种子成熟，需30～40d。谢花后，果荚迅速生长，种子逐渐成熟。结荚期应适量水肥管理，防止种株早衰或贪青晚熟，在大部分果荚变黄绿色时即可采收。

二、品种类型与栽培制度

（一）品种类型和栽培选择

中国大白菜品种资源极为丰富，大白菜亚种有散叶（var. *dissoluta* Li）、半结球（var. *infarcta* Li）、花心（var. *laxa* Tsen et Lee）和结球（var. *cephalata* Tsen et Lee）4个变种（图4-3）。

1. 散叶大白菜　大白菜的原始类型。叶片披张，顶芽不发达，不形成叶球。其适应性广，抗热性和耐寒性较强，作为绿叶嫩茎类蔬菜栽培。品种如莱芜劈白菜、武威大根白菜等。

2. 半结球大白菜 植株高大直立,由外层顶生叶抱合成球,但球不紧实,球顶完全开放,呈半结球状。其耐寒性较强。品种如兴城大锉菜、山西大毛边、黑叶东川白等。

3. 花心大白菜 顶生叶抱合,叶球较紧实,顶端向外翻卷,形成白色或淡黄色的"花心"。植株较矮小,耐热性较强,较早熟,大多分布于长江中下游地区,北方多作秋季早熟栽培或春季栽培。品种如北京翻心黄、济南小白心、许昌菊花心等。

4. 结球大白菜 顶芽发达,顶生叶完全抱合形成紧实的叶球,是高级变种,栽培最为普遍。依起源地及栽培中心地区的气候条件分为 3 个基本生态型:

(1) 卵圆型:原产山东半岛,为海洋性气候生态型。叶球卵圆形,球形指数(叶球高度/直径)约为 1.5。球顶较尖或钝圆。球叶倒卵圆形,褶抱(裥抱)。该类型要求气候温和而变化不剧烈,昼夜温差小,空气湿润的条件。早熟品种的生长期 70~80d,晚熟品种 90~110d。代表性品种有福山包头、胶州白菜、旅大小根等。

(2) 平头型:原产河南省中部,为大陆性气候生态型。叶球呈倒圆锥形,球形指数近于 1。球顶平坦,完全闭合。球叶为横倒卵圆形,叠抱。该类型能适应气候变化较大和空气干燥的条件,要求昼夜温差较大、日照充足的环境。多数品种生长期为 90~120d,部分早熟品种 70~80d。栽培品种有洛阳包头、太原二包头等。福建和江西等地还有一些特别早熟、小型的平头型品种。

(3) 直筒型:原产冀东地区,为海洋性气候和大陆性气候交叉生态型。叶球长圆筒形,球形指数大于 4。球顶近于闭合并尖。球叶倒披针形,拧抱(旋拧)。该类型对气候适应性强,分布地区广。代表性品种有天津青麻叶、玉田包头、河头白菜等。

以上 4 个变种及结球变种的 3 个生态型是大白菜的基本类型,它们之间相互杂交还产生了许多类型和品种,目前生产上很多品种都是复合类型。

大白菜品种还可按栽培季节分为春型、夏秋型和秋冬型 3 个季节型。春型品种的冬性和耐寒力强,不易抽薹,在 2 季作地区为春季栽培,多属早熟品种,如小杂 55、春夏王、春大将等;夏秋型品种的耐热和抗病能力强,多在夏季至早秋栽培,如夏阳、明月、夏丰、青夏 1 号等;秋冬型品种在秋季至初冬大量栽培,多属中晚熟品种,在北方贮藏供冬季及早春时食用。另外,中国有许多大白菜地方品种,适宜不同的生态环境条件和消费习惯的要求。

(二) 栽培制度

大白菜要求温和的气候条件,中国各地栽培主要安排在秋凉季节,其次是春季栽培。北方产区以秋季栽培为主,采收后贮藏供冬春季食用;春季有一定面积栽培,供夏季食用;在夏末秋初栽培早熟的花心或结球白菜供秋季食用。长江流域以南地区,以秋冬季栽培为正季栽培,一般于晚秋播种,初冬上市。通过选用不同熟性品种和配套技术,适当提早或延后播种,提前或延后采收,各地形成不同的栽培茬次和方式。北方地区除秋、春生产外,夏季在高山或高原地区进行生产;南方春季采用地热线育苗,或夏季选用耐热品种并在海拔 800m 以上的冷凉山地栽培,可以做到周年栽培和供应。

1. 秋季或秋冬季栽培 主要生长期都在月均温 5~22℃。为了争取较长的生长期以达到增产的目的,可适期提早播种或育苗,在霜冻前采收。在东北的北部、内蒙古、新疆及青藏高寒地区等 1 季作区,于春季休闲翻晒土地,到 6~7 月直播大白菜,或在春季只栽培生长期短的绿叶菜类和萝卜等速生类蔬菜，然后再种植大白菜。在华北、黄淮流域等1年两季作地区，春夏季栽培瓜、果、豆类等蔬菜，秋季栽培大白菜。也有的以冬小麦、春玉米、麻类作物为前作，后作为大白菜。1年3季作地区则以生长期短的绿叶菜为第1作，瓜、果、豆类等为第2作，大白菜为第3作。长江流域及其以南地区，秋播较迟，采收也较晚。长江中下游地区大白菜在8月中、下旬播种，12月上旬采收。杭州地区9月上旬播种，12月起开始采收，一直延续至翌年3月。福建多在晚稻采收后种植，翌年1~3月采收。华南地区在9~11月随时可以播种，待叶球成熟后随时采收。

2. 春季和春夏季栽培 春季前期低温容易通过春化作用，引起先期抽薹；后期高温、多雨易造成裂球或结球松软的现象。选用早熟、耐低温的品种，在高温季节前商品球成熟。采用温室或塑料棚进行育苗，较露地直播提前25~30d播种。育苗时温度不低于15℃，当气温高于15℃时移栽大田并采用地膜覆盖栽培。

3. 栽培茬口安排 大白菜不宜连作或与其他十字花科作物轮作。以大葱、大蒜、洋葱等蔬菜为前作，前作根系的分泌物对土壤有杀菌作用，可减轻大白菜病害的发生。南方地区大白菜与水稻水旱轮作，在水稻收获后栽培大白菜，可减轻病虫害；北方地区多与果菜或粮食作物套作，有利于大白菜生产。

三、栽培技术

大白菜栽培技术流程为：施基肥→整地、作畦→直播或育苗移栽→田间管理（灌水、追肥、中耕、除草、防病虫害、束叶）→采收。

（一）秋季栽培技术

1. 整地、施基肥、作畦 耕地深度30cm左右，耕后晒垡，促进土壤的熟化与消灭病菌虫卵。整地要及时、细致。播种或定植前再耕耙一次，要求土壤细碎，地面平整。施足基肥，大白菜根系分布深广，生长量大，生长速度快，需肥效持久的厩肥、堆肥作基肥。施用有机肥60~70t/hm²。除施用有机肥外，也可以有机肥与化肥混合作基肥。用过磷酸钙作基肥时，宜与厩肥一起堆制后施入，施过磷酸钙225~350kg/hm²。基肥的2/3可结合耕地撒施后耕翻，其余在作畦时结合沟施或者穴施。

常见作畦方式有平畦、高垄、高畦及改良小高畦等多种。长江流域以北地区多采用高垄或平畦，以南地区多用高畦，畦宽1.2~1.7m，长20~30m，沟深20~30cm。

2. 播种 适期播种是秋季大白菜优质、高产的关键措施之一。中国自北向南适宜播种期从7月依次延续到9月，由于受气候条件限制，越是向北播期要求越严格。提早播种，可延长大白菜的生长期，但由于温度高容易出现早衰和病害，影响产量、品质和耐贮藏性。晚播种虽然发病率低，但产量降低且结球不良。各地要根据当地气候条件结合品种特性确定最佳播种时间。

大白菜以直播为主，也可育苗移栽。直播根系发达，抗旱、抗病性强，但苗期管理费工。育苗便于精细管理，也省种、省工。直播方法有穴播和条播两种，以穴播为主。穴播是按行株距挖直径15~20cm、深2~3cm的浅穴，每穴播种子2、3粒，盖土0.5~1.0cm，播后浇水。条播是在畦面按预定的行株距，将种子均匀地播在0.5~1.0cm深的浅沟内，然后用细土盖平，用种量1.8kg/hm²左右；可用配带覆土、镇压设施的大白菜播种机在垄顶部中间位置播种，用种量 1.2~1.5kg/hm²。

育苗移栽的，选择阴凉、地势高燥、排灌方便、靠近栽植大田地方设苗床，可采用穴盘基质育苗，每穴播 2 粒种子，播后浇水，并覆盖遮阳网；土壤育苗的，选择肥沃土壤，苗床宽度 1.0~1.5m，作畦时施足底肥，每 100m² 苗床施充分腐熟有机肥 150~225kg、过磷酸钙 1.5~3.0kg，南方地区加石灰 3~6kg，翻耕 15~20cm，耙平耙细点播。育苗移栽的播种期一般比直播提早 3~5d，每 100m² 苗床用种量 180~240kg。

3. 苗期管理 生产中苗期包括发芽期和幼苗期，需 18~25d，占全生育期的 1/4 左右。苗期管理的目标是苗全、苗齐、苗壮，主要措施有灌水、中耕除草、间苗和定苗等。壮苗标准是叶大而厚，不徒长，无病虫害。

大田直播的，气候和土壤干旱时需"3 水齐苗，5 水定苗"，即每天浇 1 次小水，一般 3d 可出齐苗；以后至定苗前再灌 2 次小水。幼苗出土后 3d 进行第 1 次间苗，3、4 片真叶时进行第 2 次间苗，4 叶 1 心至 5 叶 1 心时定苗，或进行大田定植。结合间苗及时查苗补苗，防止缺苗断垄。一般每次间苗后要及时浇水，在适耕期进行中耕、除草，苗期还要注意防病虫害。

4. 种植密度 大白菜单位面积产量由单位面积的株数、单株重量和商品率决定，几个因素相互影响，还与品种、气候、土壤和肥水条件等有关。一般，早熟品种株行距 40~50cm 见方，密度 52 500~75 000 株 /hm²；晚熟品种株行距 50~60cm 见方，密度 45 000~52 500 株 /hm²。

5. 肥水管理 生长期结合灌水进行多次追肥。一般有"提苗肥""发棵肥""结球肥"和"灌心肥"，应根据各生长阶段的生长量、吸肥量、土壤和气候特点等，掌握补施和重点追肥相结合的原则。"提苗肥"以壮苗为目的，在基肥不足的情况下补施，于第 1 次间苗后集中施于幼苗周围，可施高氮三元复合肥（30-7-8）75~120kg/hm²；"发棵肥"以促进莲座叶健壮生长为目的，在刚进入莲座期时与植株附近开沟追施，应重施，以氮肥为主，配合磷钾肥，可施高氮三元复合肥（30-7-8）300~375kg/hm²；"结球肥"以促进结球为目的，于刚进入结球期（长框）时在行间开沟追施，应重施氮钾，配合磷肥，可施高氮高钾三元复合肥（20-5-20）375~450kg/hm²；"灌心肥"以促进结球紧实为目的，对中晚熟品种于结球期中期结合灌水追施，可施高钾复合肥（17-6-22）225~300kg/hm²。

实施轻简化栽培，在基肥充足的情况下，追肥 2 次（发棵肥和结球肥）即可。例如，在山东省中等肥力田块上，采用配方施肥的方法，分别于发棵期和结球初期各施氮（N）130~142kg/hm²、磷（P_2O_5）120~140kg/hm²、钾（K_2O）145~160kg/hm²，可获得最佳产量。

水分管理应依据生长需水和田间生态需水两方面综合进行，包括灌水和排涝。灌溉方式有沟灌、畦灌、滴灌、喷灌等，灌水依降雨、土壤、品种、生育期及栽培方式的不同而不同。一般较黏重土壤比沙性土壤灌溉次数和灌溉量少；早熟品种比晚熟品种灌水量少；垄栽因蒸发面较大而需要灌溉量比平畦栽培多；大白菜生育进程植株生长和田间生态需水量总体是从少到多逐渐增加的。在发芽期和幼苗期，种子发芽和幼苗生长需水很少，灌水以调节播种沟穴或苗周围的局部土壤温湿度为主，尤其是在早秋高温干旱情况下需要小水勤灌；莲座期气候渐凉，生长量和需水量急剧增加，灌水以保持土壤"见干见湿"为原则，既要考虑莲座叶旺盛生长需水，又要防止莲座叶徒长影响结球，应采取灌水与中耕保墒相结合的措施，适当减少灌溉次数，并在莲座末期适当蹲苗；结球期叶球生长迅速，植株生长量很大，是肥水需要量最多的时期，灌水原则是保持土壤湿润，即"见湿不见干"，但在采收前8～10d应停止浇水，以增强产品耐贮运性。若田间水分过多，地面长期积水，根系呼吸会受到严重影响，甚至造成涝害，所以应注意防涝，特别在雨水多的南方，应建立良好的田间排水系统和及时排涝。

大白菜在结球期容易出现"干烧心"问题。"干烧心"是指白菜结球后，从外观看，叶片正常，割开叶球后，可看到部分球叶片从叶缘变干黄化，叶肉呈干纸状。"干烧心"的本质原因是植株生理性缺钙，可能是土壤本身缺钙导致植株缺钙，或是土壤本身并不缺钙，但植株吸收利用不了钙，具体原因多种多样。例如，施用N素化肥过多，尤其是NH_4^+态氮肥太多；土壤盐碱大，主要是Na^+多；土壤pH高，钙难以溶解和被植物吸收；土壤干旱或忽干忽湿。防止大白菜"干烧心"的方法是针对主要原因采取相应措施。一是选用钙吸收利用能力强的抗干烧心品种；二是基肥多施有机肥，避免过多施用化肥；三是避免在盐碱地上栽培；四是均匀供应水分，避免土壤缺水或忽干忽湿；五是莲座期叶面喷施0.5%～0.7%氯化钙＋50mg/L萘乙酸，每7～10d喷1次，连喷2、3次。

6. 中耕、除草 中耕主要在幼苗期和莲座期结合土壤水分管理进行，采用滴管或微喷灌的可以减免中耕次数；地膜覆盖地面以后则无须再中耕。除草一般结合中耕进行。

7. 束叶 束叶又称捆菜、扎菜，是一项选择性措施。一般在采收前10～15d，于初霜到来之前，用稻草或藤绳等，将结球尚不紧实的大白菜外叶拢起，捆扎在叶球2/3处。束叶可防止霜冻对叶球的伤害，使阳光直射行间，增加地表温度，有利于后期根系活动，延长结球期生长，可使结球更紧实；可软化外层球叶，提高品质；有利于套种作物如小麦、油菜等生长和农事操作。

8. 有害生物控制 大白菜有害生物以杂草和病害为主，也有虫害，全生育期应注意防控。种植前旋地和土壤处理防根肿病，幼苗期和莲座期可结合中耕进行除草，高温干旱年份注意防蚜虫和病毒病，莲座期和结球期注意防霜霉病和黑斑病等，结球期注意防软腐病。

9. 采收 秋大白菜在叶球充分长成时采收。早熟品种只要叶球成熟，有商品价值即可按照市场需要及时采收上市；中晚熟品种采收期一般有严格的季节性，尤其是无法露地越冬的地区要严格掌握大白菜的采收期，并尽可能晚收。

大白菜能耐轻霜，在已发生轻霜时尚可在田间继续生长，充实叶球。但在严霜和温度降至－3℃以下时会发生冻害，连续3d以上最低气温达－5℃时即受到冻害。适宜采收期可依据正常年份不发生严重冻害且保证率达90%来推算，该日期向前的5～15d为适宜采收期。

大面积栽培的可分期采收，每次选择结球好的采收。若采收时遇到轻度冻害，可暂停采收，待天气转暖，叶片恢复原来状态时再采收。对已采收又未入窖者，可在田间码放，并加盖覆盖物。

大白菜采收有砍菜和拔菜两种。采收后清理外叶和根部泥土，即可包装上市。长距离运输或贮藏的大白菜，应适当早采收，采收后在田间晾晒2～3d，然后包装运输或贮藏。

（二）春季栽培技术

春季栽培历经春夏之交，早春气温偏低，易通过春化而诱导花芽分化；后期较高的温度和长日照易发生未熟抽薹；结球期常高温多雨，易发生病害，不利于结球。栽培的关键是选择耐抽薹品种，尽量控制通过春化作用的条件，以促为主，延缓已通过春化植株的花芽发育和抽薹，及时采收上市。

1. 播种育苗 播种过早，温度低，易通过春化，出现未熟抽薹；播种过晚，后期温度高不利于结球，出现不包心或包心不实、叶球腐烂和病虫害严重等问题。适宜播种期要求日平均气温达到10℃以上时尽早播种。设施育苗苗床温度应保持白天20~25℃，夜间不低于13℃，可避免或延迟低温春化。例如，福州地区3月上旬气温一般在12℃以上，提前30~35d（1月下旬~2月上旬）播种，采取地热线加温、8~10cm营养钵或穴盘育苗，苗床温度控制在15℃以上。

2. 施基肥、整地、作畦 选择前茬未种过十字花科作物的地块，冬前要翻耕晒垡，早春化冻后施入腐熟有机肥，耙细整平后作畦。北方作平畦或垄作，南方作深沟高畦。

3. 定植及管理 当外界气温稳定在13℃以上，幼苗长出5、6片真叶时即可定植。定植密度比秋季适当加大，一般约45 000~52 500株/hm^2。定植时要避免伤根。为提高地温，可覆盖地膜。定植缓苗后，前期要尽量减少灌水次数和灌水量，未覆盖地膜的应及时中耕以保墒和提高地温。当植株进入莲座后期，气温和地温均已升高，应逐渐增加灌水次数和灌水量，不蹲苗，结合灌水追施速效肥料。总施肥量较秋大白菜少，但施用时期应提早，一促到底，同时要注意防控有害生物。

4. 采收 叶球成熟后应及时采收，及时上市，也不宜贮藏，以免抽薹后丧失商品性。

（三）夏季栽培技术

夏季大白菜的特点是：生长期短，速度快，能在炎热夏季形成叶球；植株开展度小，叶片直立，外叶数少；主根粗，侧根多；耐热抗病，但对低温极敏感，在低温下易抽薹。中国华南和台湾地区属于亚热带或热带湿润季风气候区，夏季高温多雨和病虫多发，但已总结形成了种植夏季大白菜的技术；北方地区也利用高山或高原气候进行夏季大白菜栽培。栽培的关键是选择耐热品种，加强速效肥水管理，及时采收上市。

1. 施基肥、整地 选择海拔700m以上的高山或高原地区的肥沃壤土，排灌水条件良好的地块，结合整地施入充分腐熟的有机肥和三元复合肥，然后作畦。

2. 直播或育苗移栽 可直播或育苗移栽，5~8月播种。穴盘育苗，育苗床上搭棚架遮阳防雨，勤浇保持基质湿润，苗龄15~18d即可定植。定植宜在傍晚进行，边栽边浇水。定植密度比春季栽培适当加大，一般75 000株/hm^2。

3. 田间管理 最好采用微喷灌技术。直播的，苗期勤浇水，及时间苗定苗；育苗移栽的，定植后3d内每天早、晚各喷水1次，促进缓苗成活。以后经常喷水保持土壤湿润，及时中耕、除草，尽量少伤根，注意防治病虫害。进入莲座期后追施1次氮肥，结球期追施1次三元复合肥，促进生长和提早覆盖地面。

4. 采收 与春大白菜一样，叶球成熟后应及时采收，及时上市。

第二节 结 球 甘 蓝

结球甘蓝（heading cabbage），别名洋白菜、卷心菜、包菜、莲花白、圆白菜等，为甘蓝种中顶芽能形成叶球的一个变种，学名 *Brassica oleracea* L. var. *capitata* L.，起源于地中海至北海沿岸，由不结球野生甘蓝演化而来。其因抗逆性及适应性均较强，易栽培、产量高、耐贮运，在世界各地普遍种植。中国南北各地四季都有栽培，可周年供应，目前还大量出口到日本、俄罗斯、蒙古等国家。

一、生物学特性

（一）植物学特征

1. 根 主根基部粗大，主根不发达，侧根多，为浅根系蔬菜。主要根系分布在30cm的耕作层中，横向伸展半径可达80cm。根吸收肥、水能力强，而且还有一定的耐涝和抗旱的能力。深耕和分层施肥能扩大根的吸收面积。

2. 茎 营养短缩茎基部着生幼苗叶和莲座叶，也叫外短缩茎，早熟品种茎长约16cm，中熟品种16～20cm，晚熟品种20cm以上；营养短缩茎上部着球叶，又叫内短缩茎，内短缩茎越短小，包心越紧密，商品性越好。种株可抽生出直立的主花茎，在其中部可发生侧花茎，最下部的侧花茎一般为潜伏芽而不抽薹开花，但主花茎折伤后，潜伏芽即可发育成正常花茎而开花。

3. 叶 子叶、基生叶和幼苗叶具有明显的叶柄；从莲座叶开始至结球，叶柄逐渐变短，到结球时无叶柄。叶色黄绿、深绿至蓝绿色。叶面光滑，覆有灰白色的蜡粉，有减少水分蒸腾的作用，肉厚，故较抗旱和耐热。基生叶和幼苗叶等初生叶较小，倒卵圆形，中晚熟品种有柄和缺刻，随着生长，逐渐长出强大的中生叶，即为同化器官的莲座叶。早熟品种的外叶片数为10～16片，中、晚熟品种24～32片。叶序为2/5或3/8。顶生叶呈圆形，着生于短缩茎上。甘蓝如果不形成叶球，经过低温影响之后可完成发育而孕蕾、抽薹、开花和结实，称为"未熟抽薹"或者"先期抽薹"，是春甘蓝中较常见的问题。

4. 花 复总状花序。花冠黄色，呈"十"字形，天然异花授粉植物。所有甘蓝的变种和品种间都能杂交。

5. 果实和种子 长角果，扁圆柱状，表面光滑，略为念珠状。种子圆球形，成熟后黑褐色，千粒重为3.2～4.7g，因品种和产地而不同，中国从北到南种子千粒重逐渐降低。例如，华南和长江流域种子千粒重3g左右，华北在4g左右，内蒙古则在4g以上。

（二）对环境条件的要求

结球甘蓝对外界条件的要求基本上和大白菜相同，但比大白菜的适应性广，抗性强。

1. 温度 喜温和冷凉气候，在生长期间以15～25℃为最适宜，对寒冷和高温也有一定的忍耐能力。种子发芽最低温度2～3℃，8℃以上幼芽才能出土，在18～25℃时2～3d即出苗。幼苗耐寒能力随苗龄增加而提高，刚出土的幼苗耐寒力弱；具有6～8片叶的壮苗能耐较长时间-2～-1℃及较短时间-5～-3℃低温，经过低温锻炼的幼苗可耐极短时间-10～-8℃严寒；幼苗也能适应25～30℃高温。莲座叶可在7～25℃下生长，结球期适宜温度13～20℃。25℃以上时同化减弱，呼吸加强，基部叶发黄，短缩茎增长，结球疏松，品质和产量降低。

2. 光照 要求中等强度光照，但对光强适应性广，光饱和点为30～50klx。在苗期和莲座期要求较强的光照，光照不足易形成高脚苗，莲座叶萎黄，结球延迟。结球期要求较短和较弱光照，属于长日照植物，但在未完成春化前，长日照有利营养生长。

3. 水分 根系浅，叶面积大，要求比较湿润的栽培环境，在空气湿度80%~90%、土壤相对湿度70%~80%时生长良好。其耐空气干燥的能力比大白菜强，幼苗期能忍耐一定的干旱和潮湿气候，结球期喜较高的土壤湿度，缺水会影响结球和降低产量。

4. 土壤营养 对土壤的适应性较强，从砂壤土到黏壤土都能种植，在中性到微酸性（pH 5.5~6.5）的土壤上生长良好。喜肥，耐肥，要求土壤肥沃，其对肥料的吸收量比一般蔬菜多。在幼苗期和莲座期需氮肥多，结球期需要磷、钾肥多，其比例是N∶P∶K=3∶1∶4。在氮肥充足，磷、钾肥配合适当的情况下，净菜率提高。

（三）生长发育特性

结球甘蓝为2年生植物，在正常情况下，第1年生长根、茎、叶等营养器官，并在叶球内贮存大量养分，完成营养生长。冬季经过低温完成春化，第2年春季通过长日照完成光周期阶段，然后抽薹开花结籽。生产中商品蔬菜生产经历营养生长阶段，种子生产还经历生殖生长阶段。

1. 营养生长阶段 从种子播种，到叶球成熟后休眠。

（1）发芽期：从播种到"拉十字"，根据季节的不同，发芽期的长短不一，夏秋季15~20d，冬春季20~30d。

（2）幼苗期：从"拉十字"到"团棵"，夏秋季20~30d，冬春季30~50d。

（3）莲座期：从"团棵"到完成2、3个叶环中生叶的生长并开始结球，需20~40d。

（4）结球期：从开始结球到形成紧实的叶球而达到采收，需25~30d。

（5）休眠期：秋冬甘蓝采收后在冬季环境一般进入强制休眠期，叶球可贮藏过冬，种株在休眠期可完成春化作用而分化花芽，长江以北冬季休眠期90~180d。华北、东北、西北地区种株可在窖内贮藏越冬，广东、广西、福建、台湾等地可在露地过冬。

2. 生殖生长阶段 从春季种株定植到花茎长出为抽薹期，需20~30d；从始花到全株花落结荚为开花期结荚期，需40~60d。

（四）叶球形成和未熟抽薹

1. 叶球形成 形成叶球是结球叶菜在漫长演化过程中对不良环境的一种适应现象，叶球有保护顶芽、储蓄养分以利日后生长的作用。人们在长期栽培过程中经过选择，将其生长期安排在有利于结球的春、秋季节。所以，冷凉的气候，特别是15~20℃的温度和较短的日照、充足的阳光，以及肥沃的土壤和充分的肥水等因素，成为结球的最佳条件。在高温（25℃以上）、长日照（14h以上）和肥水不足的条件下，不易结球或结球疏松。

当结球甘蓝的外叶生长到一定数量（早熟品种15~20片，中熟品种20~30片，晚熟品种30片以上）时开始结球，以后外叶数不再增加。叶球是由顶芽的若干叶片抱合而成，品种间球叶数（长1cm以上）差异较大，早熟品种30~50片，中熟品种50~70片，晚熟品种70片以上。栽培季节影响发育快慢和花芽分化的早晚，因而也影响球叶数。

不结球或结球疏散的原因，除气候原因外，还与品种、栽培时期不适宜、肥水供应不及时或不充足，以及病虫为害等因素有关。

2. 未熟抽薹 在一定大小的幼苗以后到叶球成熟之前，植株遇到一定低温满足了春化要求，并且遇到长日照，就会不形成或不能充分形成正常的叶球，而抽薹开花进入生殖生长，这种现象生产上叫未熟抽薹。

（1）发生原因：结球甘蓝是绿体春化型作物，幼苗长到一定大小才能接受低温感应，经历一定时期的低温，完成春化后才能分化花芽；以后在高温和长日照条件下才可能发生未熟抽薹。早熟品种幼苗长到4~6片真叶、茎基部粗0.5~0.7cm以上，中晚熟品种6~10片真叶、茎基部粗0.7cm以上时，遇到0~10℃低温，经过20~30d即可通过春化，在1~4℃低温条件下通过春化会更快。一般品种当幼苗长到7片叶左右、叶宽5cm以上、茎粗0.6cm以上时，在0~15℃低温经过50~90d就可通过春化而发生"未熟抽薹"。低温春化决定花芽分化，高温长日照条件决定抽薹开花。在连续光照，或15~17h光周期条件下，可提前抽薹开花。相反，每天不足10~12h的短光照会延迟抽薹开花。生产中春甘蓝未熟抽薹主要与品种、播期、苗床温度管理、幼苗大小、定植期早晚、定植后的管理以及早春的气候条件等密切相关。

（2）预防措施：针对原因采取相应措施，就可以避免或有效控制未熟抽薹。①选冬性强的品种。冬性弱的品种易感应低温而分化花芽，选冬性强的耐抽薹品种则不易发生未熟抽薹。②控制幼苗大小。作为绿体春化型蔬菜，幼苗的叶片数、叶宽和茎粗等超过临界苗态，就存在感应低温通过春化的风险，控制幼苗大小是生产中防止甘蓝未熟抽薹最经济和有效的措施。而幼苗大小主要与播种期和苗期管理有关。但是，幼苗大小也与甘蓝产量呈正相关，所以生产中要权衡大苗抽薹与小苗低产的关系，把握好每个品种的临界苗态，在田间出现个别植株未熟抽薹现象时，可以掐掉花薹，去除顶端优势，促使叶腋侧芽再生，保留1个健壮侧芽生长叶片，抱合形成叶球。③避免低温持续期。低温持续期是春化作用的必要条件，早春遇倒春寒等气温反常或者低温持续期延长，就容易引起未熟抽薹。所以，生产中应做好预防意外低温和持续低温的准备。④适当晚播种。播种期越早，到定植时幼苗越大，处于感应低温春化的时间越长，则通过春化的风险就越大，发生未熟抽薹的概率也越大。反之，适当晚播，幼苗达不到临街苗态，即使遇到倒春寒天气，也不会发生未熟抽薹。⑤加强管理。播期虽适，但苗期管理不当，幼苗徒长，苗态过大，或育苗后期持续低温；田间定植过早，低温积累时间长等，都可能引起未熟抽薹。因此，生产中要加强苗期管理，培育壮苗。

二、品种类型与栽培制度

（一）品种类型和栽培选择

结球甘蓝有多种，依叶片的颜色及性状可分为普通甘蓝、皱叶甘蓝和紫甘蓝，中国主要栽培普通甘蓝。目前生产上栽培品种主要为杂种一代。普通甘蓝依叶球形状和成熟早晚可分为尖头、圆头和平头3个基本类型。

1. 尖头类型 叶球顶部尖形，整个叶球如心脏形，小形者称鸡心，大形者称牛心，从定植到叶球初次采收需50~70d。该类型多为早熟或中熟品种，代表品种有鸡心、牛心等。

2. 圆头类型 叶球顶部圆形，整个叶球呈圆球形或高圆球形，从定植到采收需50~70d。该类型多为早熟或早中熟品种，代表品种有金早生、北京早熟、山西1号等。

3. 平头类型 叶球顶部扁平，整个叶球呈扁圆形，从定植到采收需70~100d以上。该类型多为中熟或晚熟品种，代表中熟品种有黑叶小平头、黄苗等，晚熟品种有北京的太平顶等。

生产品种主要依据栽培目的和消费需求、栽培季节和栽培方式、栽培地区和生态条件等选择。

（二）栽培制度

结球甘蓝喜温和、冷凉气候，有一定的耐寒和耐热能力，中国北方除了越冬需要设施栽培外，春、夏、秋3季均可露地栽培，华南地区只能秋、冬、春3季栽培，西南和长江流域地区一年四季都可栽培（表4-1）。结球甘蓝耐贮运，通过选择不同类型、不同熟性的品种排开播种和异地调节，就可实现周年供应。

表4-1 结球甘蓝周年栽培及品种选择（杨丽梅等，2011）

茬口	周期/d	品种类型	品种特征
早春露地	50～55	早熟品种	圆球形，单球质量1.0～1.5kg，耐未熟抽薹
高山越夏	50～65	早中熟品种	圆球形，单球质量1.0～2.0kg，耐裂球、耐贮运、耐热、抗枯萎病
早秋栽培	55～60	早熟品种	圆球形，单球质量1.5～2.0kg，耐热、抗病
秋季栽培	75～85	中晚熟品种	扁球形，单球质量2.0～2.5kg，耐热、抗病
中原越冬栽培	120	晚熟品种	近圆或扁球形，单球质量2.0kg，耐抽薹，苗期耐热，后期耐低温
设施早熟	60	早熟品种	圆球形，结球率高，单球质量1.0～1.5kg，耐抽薹，耐低温、弱光
苗期越冬春栽培	120	晚熟品种	牛心形，耐抽薹，耐寒性强
一年一熟栽培	90～110	晚熟品种	扁圆或高圆形，球大，产量高，耐热，抗病

1. 露地栽培 是主要栽培形式。实行3～4年轮作制度，可与高秆作物套作，或与番茄、黄瓜、蔓生菜豆等需搭架栽培的蔬菜作物隔畦间作。充分利用土地和气候资源及品种特性，各地形成了不同的茬次安排。

（1）1年1茬栽培：主要在东北、华北、西北北部及青藏高原等高寒地区，选用晚熟品种，于夏季定植，秋末采收。生长期长，叶球个大，是中国主要栽培方式之一。

（2）1年两茬栽培：主要在华南地区，其中第1茬选用中晚熟品种，秋季播种，冬季采收，称为秋甘蓝或秋冬甘蓝；第2茬选用冬性强的中晚熟品种，秋末冬初播种，幼苗越冬，翌年春末夏初采收，称为春甘蓝。近年珠江三角洲等地采用北方早熟品种秋播，冬初采收，效果很好。

（3）1年多茬栽培：主要在东北和西北南部、华北、长江流域及西南各省，选用早熟或中熟品种，于冬末春初育苗，春季定植，夏初采收，称为春甘蓝；选用中晚熟品种，夏季育苗，夏秋季栽培，秋末冬初采收，称为秋甘蓝；还可选用耐热的早中熟品种，于春季育苗，夏初定植，夏末秋初采收，称为夏甘蓝。

（4）越冬栽培：在河南、山东省的中南部，1月份平均气温在-1℃以上的地区，采用耐寒品种和配套技术，可进行越冬栽培。产品在3～4月上市，栽培成本低廉，经济效益好。栽培品种有寒光、寒光1号、海丰1号等，7月下旬至8月上旬用遮阳防雨棚育苗，8月上旬至9月上旬定植，至10月中下旬甘蓝进入结球期，11月中下旬包心6~7成，将外叶扶起，用细土往根部培土，在土壤封冻前用地膜覆盖在植株上，或搭塑料小棚临时保护越冬，进入越冬期。2月上中旬甘蓝开始返青，补充生长，完成结球。

2. 设施栽培　　北方地区在冬春季主要利用塑料拱棚，或用日光温室进行早熟甘蓝生产。选用耐低温弱光的早中熟品种，从9月到翌年1月初均可根据茬口安排和市场需求分期栽种，其中又以9~10月播种，10月下旬至12月下旬定植，元旦和春节期间采收的甘蓝栽培居多。山东省济南市用8398、中甘11、鲁甘蓝2号品种，于12月中旬以后播种，2月下旬当植株长至8片叶时定植于塑料小棚内。缓苗后，当夜间棚内最低气温稳定在10℃以上时，去除棚外覆盖的草苫，白天棚内气温超过30℃时通风降温。3月中旬即可采收产品。

三、栽培技术

结球甘蓝栽培技术流程为：施基肥→整地、作畦→育苗移栽→田间管理（灌水、追肥、中耕、除草、防病虫害、设施环境调控）→采收。

（一）春茬栽培技术

1. 整地、作畦　　选冬闲地，冬前耕翻20~30cm深，按有机肥30~45t/hm^2、磷肥0.37~0.45t/hm^{2}施基肥，结合整地作畦时撒施60%基肥，定植时再沟施或穴施40%基肥。北方采用平畦栽培，畦宽1.5~2.0m，长20~30m；南方采用深沟高畦栽培，畦宽1.1~1.3m，长20~30m。

2. 育苗　　品种和播种期是栽培成功的关键。品种选择的原则：一是冬性强，不易发生未熟抽薹现象；二是生育期短，即从定植到采收50d左右。播种期的确定与当地的气候条件有关。早熟品种的苗龄：在温室、温床育苗40~50d，冷床育苗70~80d。幼苗长有6、7片叶时定植为宜。这时塑料拱棚内的地温在8℃以上，露地栽培地温稳定在5℃以上，最高气温在15~20℃以上时定植为好。按达到上述要求的时间往前推，就是当地的适宜播种期。华北、西北中南部地区一般于1~2月份在温床或温室育苗，南方各省选用早中熟品种，于前一年的10~12月在露地育苗。

采用肥沃、疏松、保水性良好的营养土育苗，或用基质穴盘育苗。温床播种量为3~4g/m^2，冷床为5~8g/m^2。播后覆土1cm左右，畦面覆薄膜保湿。出苗后撤去薄膜，齐苗后覆薄土1次，保墒，并逐渐通风降湿，防止幼苗徒长，3、4片叶时可分苗1次。当幼苗具有4、5片叶，茎粗达到0.5cm以上时，应避免苗床夜间温度低于8~10℃，白天适当通风，温度保持在15~20℃。定植前7~10d逐渐通风，锻炼幼苗。栽植前3d夜间可撤去苗床覆盖物。

3. 定植　　华北地区在3月底至4月初定植，东北等地在4月下旬至5月初定植。北方定植一般是先开沟，在沟内浇水，随灌水随栽苗，然后施肥、盖土；南方都是在高畦上先栽苗，然后浇水。定植密度，一般早熟品种株行距30~40cm，栽苗52 500~75 000株/hm^2；中熟品种株行距50~60cm，栽苗30 000~37 500株/hm^2；晚熟品种70~80cm，栽苗18 000~22 500株/hm^2。覆盖地膜是春甘蓝栽培的重要措施，应在定植前铺好地膜。

4. 田间管理　　包括灌水、追肥、中耕、除草等。

（1）灌水：定植时灌定植水，4~5d后灌缓苗水。蹲苗到莲座期地面见干就进行灌水，一直到采收前几天停止灌水，以防裂球。

(2）追肥：追肥以氮肥为主，但如果氮肥过多，就可能导致植株缺钙，引起"干烧心"现象。所以追肥也要补充钾肥，特别是在开始结球时最需要钾肥，用量几乎与氮肥相等。在结球期可分期叶面喷施磷肥。追肥苗期可轻施，莲座末期应重施。

（3）中耕、培土及除草：一般早熟品种宜中耕 2 或 3 次，中晚熟品种 3 或 4 次，第 1 次中耕宜深，要全面锄透，以便保墒，促根生长。进入莲座期后，宜浅中耕并向植株四周培土，以促进外短缩茎多生侧根，有利结球。在植株未封垄时，注意随中耕锄去杂草，到封垄后一般不进行除草。

5. 采收 春甘蓝叶球成熟后应及时采收，及时上市，以免抽薹。一般在叶球达到一般商品紧实度时就可开始分期采收，经 3 次左右收完。采收方法一般为手工砍收。

（二）秋茬栽培技术要点

中国北方地区秋冬甘蓝有两种栽培方式。一是在无霜期较长的地区，多用早中熟结球甘蓝品种，于 6 月中旬~7 月中旬播种，露地育苗。在播种适期内，宁可早播而勿晚播，以免结球期遇阴天或降温影响结球。苗龄 30~40d。育苗期间正值高温多雨或高温干旱季节，如北方 6~7 月、南方 7~8 月，气温一般在 25℃ 以上，有时达 30~35℃，加之暴雨、冰雹等威胁。所以苗床应选择易排、灌的地块，搭建遮阳网或防雨棚。一般采用垄作，垄高约 30cm，长 20~30m。南方多采用高畦种植，畦宽 1.0~1.3m，高 20~30cm，长 20~30m。生长期间，气温和地温逐渐降低，植株根系生长较差，开展度也小，可适当增加单位面积株数，一般可比春甘蓝栽培增加 10%~20%。其他管理与秋大白菜相似，但采收期比秋大白菜稍晚。二是在无霜期短的高寒地区，选用晚熟大型品种，1 年栽培 1 茬。3 月下旬至 4 月中旬在阳畦育苗，5 月下旬至 6 月中旬定植。生长期间主要进行中耕、除草、保墒等作业，以促进根系生长。生长中期为多雷雨季节，要注意防虫、防涝。秋后进入包心期，需加强肥水管理，促进叶球生长，其浇水、施肥原则参照春甘蓝栽培。秋甘蓝在不受冻的前提下，叶球充分成熟时采收，并鲜菜上市或冬藏。

（三）夏茬栽培技术要点

夏甘蓝栽培难度较大，栽培较少，以长江流域、华北南部和西南各省栽培较多，关键是选用耐热、抗病兼耐涝的品种。在 4~5 月分批育苗，北方用简易小拱棚育苗，播种方法参见春甘蓝；南方露地育苗即可，播种量 3g/m^2 左右。选择越冬绿叶嫩茎类蔬菜为前茬，清园后施有机厩肥 60t/hm^2 作基肥，翻耕整地，做成垄或高畦，畦面宽 1.0~1.3m，沟宽 30cm，深 20~30cm。5~6 月，幼苗 5~8 片叶时，选择下午或傍晚带土定植，栽苗密度 45 000~52 500 株 /hm^2。缓苗后追施硫酸铵或尿素 0.15t/hm^2，结球期需少量多次追肥，追施化肥 0.15~0.20t/hm^2，或者施用农家有机液肥。此外，夏甘蓝虫害较多也较严重，应注意防治。夏甘蓝叶球成熟后应及时采收，及时上市。在叶球达到一般商品紧实度时就可开始分期采收，经 3 次左右收完。

第三节 花 椰 菜

花椰菜（cauliflower）别名菜花，为甘蓝种中能形成花球的变种（var. *botrytis* L.），在地中海东部沿岸地区由甘蓝演化而来，1年或2年生草本植物，19世纪传入中国，目前在中国各地均有种植。中国是世界上花椰菜种植面积最大，消费增速最快的国家。花椰菜适应性广，尤以华南、西南等地栽培最为普遍。福建、广东等省采用不同熟性的品种排开播种，除夏季高温时期利用高山栽培外，其他月份均能栽培花椰菜。

花椰菜的产品器官是花球，其风味鲜美，粗纤维少，富含蛋白质、脂肪、碳水化合物、膳食纤维、矿质营养，还含有类胡萝卜素、类黄酮化合物、硫代葡萄糖苷、黑子芥酶等多种生物活性成分，具有提高人体免疫力等保健功效。

一、生物学特性

（一）植物学特征

1. 根 基部粗大，须根较发达，主要分布在30cm表土层。根吸收肥、水能力强，有一定的耐涝和抗旱能力，但均不及结球甘蓝。

2. 茎 营养生长期茎短缩，较结球甘蓝长而粗，茎上腋芽不萌发。完成阶段发育后抽生花茎。

3. 叶 叶片狭长，披针形或长卵形，有叶柄，并具裂片。叶色浅蓝绿，较厚，不很光滑，无毛，表面有蜡粉。一般单株有20多片叶子构成叶丛。一些品种在出现花球时，心叶向内自然卷曲或扭转，可保护花球免除日晒和霜冻的危害。

4. 花 花球为营养贮藏器官和产品器官，由肥嫩的主轴和50~60个肉质花梗（花序原基）组成。1个肉质花梗有若干个5级花枝组成的小花球体，花球球面呈左旋辐射轮纹排列，5轮。花球一般呈半球形，白色，表面呈颗粒状，质地紧密，也有的较松散；也有呈黄绿色或紫色的，或花球呈塔形的（图4-4）。当温度等条件适宜时，花器进一步发育，花球逐渐松散，花枝顶端继续分化形成正常花蕾，各级花梗伸长，抽薹开花。复总状花序，完全花。子房上位，异花授粉，虫媒花。由于花椰菜的花球是畸形发育的，加上组织致密，组成花球的绒团状的花枝顶端只有少数能正常生长至开花，多数原花枝顶端会干瘪或因其他原因而腐败。

5. 果实 长角果，成熟后爆裂。每个角果有种子10余粒。种子圆球形，紫褐色，千粒重3~4g。

（二）对环境条件的要求

花椰菜喜温暖湿润的气候，忌炎热干燥，也不耐长期霜冻，其耐寒、耐热能力均不如结球甘蓝。

1. 温度 种子在15~18℃时发芽较快，25℃时发芽最快，播种后2~3d便可出土。幼苗的耐寒和耐热能力都较强，以15~20℃的温度生长最好。如果温度超过25℃，则幼苗易徒长，应采取降温措施。花球生长期以10~20℃为适宜，温度降至8℃花球生长缓慢；中晚熟品种花球形成温度超过25℃时花枝多松散，质量降低，但早熟品种在25~30℃时仍能形成良好花球。开花结荚期适宜温度与花球生长期相同，温度达25℃时花粉发育不良，影响受精结实；不同熟性的品种对温度要求不同。

2. 光照 喜光照，但花球在阳光直接照射下常变黄，产品质量降低，故在花球生长

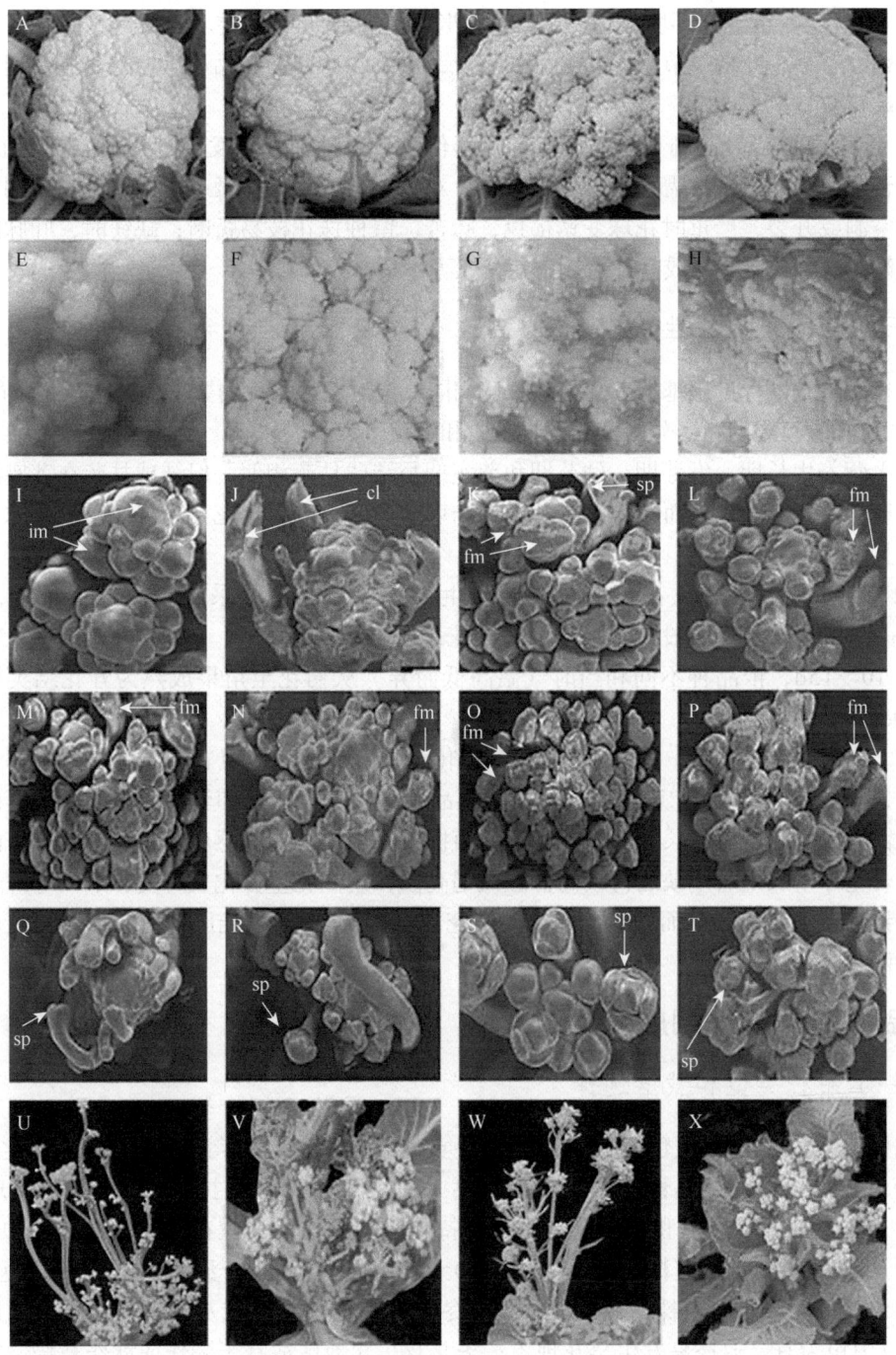

图 4-4 四种类型花椰菜花球的形态和结构

A～D. 四种类型花球：花球成熟期光滑型、粗糙型、颗粒型和毛茸型；E～H. 四种类型花球的表面；I～T. 扫描电镜照片，其中 I～L 为花球膨大期四种类型的花序和花分生组织，M～P 为冬季抽薹期四种类型的花序和花分生组织，Q～T 为开花期四种类型的花蕾，箭头指示分生组织或花器官，im 为花序分生组织，cl 为花茎叶，sp 为花萼原基，fm 为花分生组织；U～X. 冬季抽薹期四种类型的花序过程中多行折叶盖花球或束叶。

3. 水分 喜湿润环境。在叶簇旺盛生长和花球形成时期要求充足的水分，若干燥又炎热，则叶子小，叶柄及节间伸长，生长不良，影响花球产量和品质。但抽薹开花期空气过湿会引起花枝霉烂。

4. 土壤营养 花椰菜为需肥多的蔬菜作物，在整个生长发育过程都需要充足的氮、磷、钾营养，花球生长期需要大量磷、钾肥。对硼、镁、钼等元素有特殊要求，缺硼时，花茎内部空洞或开裂，严重时花球变锈褐色，味苦，留种株花枝易折断；缺镁时，叶脉间叶肉黄化；缺钼时叶成鞭状，或叶片缺绿，花蕾发育不良。

（三）生长发育特性

花椰菜生长发育过程基本上与结球甘蓝相同，但对发育条件的要求不如结球甘蓝严格。

1. 生长发育周期 分为营养生长阶段和生殖生长阶段。

（1）营养生长期：发芽期、幼苗期和莲座期与结球甘蓝相似，但结球甘蓝在莲座期后进入结球期仍为营养生长，而花椰菜在莲座期结束后主茎顶端分化花芽，继而出现花球，进入生殖生长期。

（2）生殖生长期：从花芽分化至花球生长充实适于商品采收为花球生长期，其长短因品种不同而异，一般为20～50d。从花球边缘开始松散、花茎伸长至初花为抽薹期，需10～15d，依品种不同和当时气温高低而异。从初花至角果成熟为开花结荚期，需25～40d。

2. 生长发育的特点 花椰菜属低温春化和长日照植物，但春化温度条件不如结球甘蓝严格，一般认为5～25℃都可以通过。早熟品种可在较高温度和较短时间内通过；而晚熟品种则需要较低温度及较长时间才能完成。植株大小也影响低温感应，植株越小所需的时间越长。若花球生长期后期缺乏持续的低温而遇高温，则侧花茎分化发育受影响而萼片迅速生长，导致花球上生出小叶而使花球成"夹叶花球"。花椰菜通过光周期所需日照长短也不如结球甘蓝严格。

二、品种类型与栽培制度

（一）品种类型和栽培选择

花椰菜品种按花球颜色分，有白花球、黄绿花球、紫花球等类型；按花球紧实程度有致密性和松散型；按熟性有早、中、晚熟3种类型。生产中主栽品种为白色花球致密型品种，主要按栽培季节和熟性选择品种；特需栽培可选用其他花色或松散型品种。

1. 早熟品种 从定植至初收花球需40～60d。植株一般较矮小，叶较小，叶色蓝绿，蜡粉较多。花球较小。植株耐热性较强，但冬性弱。在长江流域及华南地区播种期以6月底～7月中旬为宜，迟播易发生早花现象；华北及东北地区适宜于春作或秋作栽培。主要品种有庆农50天、庆农60天、厦花1号、矮脚50天、华美60天、喜美60天、夏雪40、夏雪50、澄海早花、福建60天、福建40天、早花6号等。

2. 中熟品种 从定植至初收花球需80～90d。植株较高大。叶色因品种而异。花球一般较大，紧实，品质好，产量较高。植株较耐热，冬性较强。华南地区播种期一般在8～9

月上旬，为秋冬蔬菜；长江流域一般于7月中旬至8月上旬播种；华北及东北地区宜春作栽培。主要品种有庆农65天、厦花80天、庆农80天、福花70天、田边80天、同安短叶90天、荷兰48、长乐80天等。

3. 晚熟品种 从定植至初收花球在100d以上。一般植株高大，生长势强。叶片多宽阔，叶色较浓。花球大而致密。植株耐寒力强，冬性强。华南地区和长江流域一般于8～9月播种，也有迟至10月上旬播种者，作为春花菜栽培。晚熟品种因生长期较长，在华北地区栽培均需利用防寒保护设施才能成功越冬。主要品种有巨丰130天、登丰100天、清江120天、福建120天、广州竹子种、旺心种、四季种等。

（二）栽培制度

在华南和东南沿海地区，利用早、中、晚熟品种花芽分化对低温要求差异的特性，排开播种，基本可做到周年栽培与供应。春花椰菜于11月下旬～12月上旬在阳畦播种育苗，2月下旬～3月上旬露地定植，5月上旬～6月采收；采用地膜加小拱棚栽培，采收期可提前1个月左右。夏花椰菜在6月采取遮阳网育苗，7月定植，9～10月上旬采收。秋花椰菜是各地区主要栽培类型，一般选用生育期80～100d的中熟品种，7月上旬～8月上旬遮阳网育苗，8月上旬～9月上旬定植，11～12月采收。冬花椰菜选生育期120d的品种，6月下旬～7月播种并覆盖遮阳网育苗，8～9月露地定植，12月至翌年3月采收。利用海拔800m高山于4月～6月播种，5月中旬～7月上旬定植，7～9月采收。

长江流域6～12月播种，育苗后期覆盖保温，11月～翌年5月采收期。

华北地区分春作和秋作。春作于2月上旬在日光温室或覆盖塑料薄膜的阳畦中育苗，3月中旬在塑料小拱棚中或露地定植，5月中旬开始采收。秋作早熟品种于6月下旬～7月上旬露地播种育苗，8月上旬定植，10～11月采收；晚熟品种也于6月下旬～7月上旬露地播种，11月定植于阳畦，翌年1月开始采收。

东北地区也分春作和秋作。春作于2月下旬～3月上旬在温室播种育苗，4月下旬定植于露地，6～7月采收。秋作7月中旬定植，苗龄30d，9月中旬～10月中旬收获。

三、栽培技术

花椰菜栽培技术流程为：施基肥→整地、作畦→育苗移栽→田间管理（灌水、追肥、中耕、除草、盖花球、防病虫害、设施环境调控）→采收。

（一）育苗定植

花椰菜育苗的方法与结球甘蓝基本相同，但因种子小，用种量较少，育苗技术要更精细些。花椰菜耐涝力较结球甘蓝差，在多雨及地下水位高的地区应采取深沟高畦栽培，以利排水。花椰菜对土壤营养要求比结球甘蓝严格，应选择壤土至黏质壤土，并施足基肥。早熟品种生长期短，基肥应以速效肥为主；中晚熟品种基肥应施有机肥配合磷、钾肥料，施有机肥30～75t/hm^2，或三元复合肥5t/hm^2、过磷酸钙或钙镁磷肥300～375kg/hm^2。缺硼地区可用硼砂或硼酸7.5kg/hm^{2}配成水溶液施于定植穴中，缺钼地区可用钼酸铵3kg/hm^{2}左右配成水溶液施于定植穴，缺镁地区可用钙镁磷肥做基肥以避免黄化。

春季定植，一般在日平均气温稳定在6℃以上，当地寒流过后开始回暖时，选晴天上午进行。露地栽培定植期一般在3月中旬,地膜+小棚可提前到1月下旬至2月上旬定植,3月下旬撤掉小棚。定植密度因品种而异。早熟品种1.2~1.4m宽畦栽植2、3行,株距30~40cm,栽植37 500~45 000株/hm²;中熟品种1.3m宽畦种2行,株距40~50cm,栽植30 000~34 500株/hm²;晚熟品种株距50~60cm,栽植24 000~27 000株/hm²。

(二)田间管理

花椰菜的田间管理包括追肥、水分管理、中耕、除草、遮盖花球等。

1. 追肥 早熟品种生长期短,应用速效性肥料分期施入;中熟品种在叶簇生长时期应用速效性肥料分期勤施,花球形成期温度适于生长发育,应重施追肥以促进叶和花球的生长。长江中下游地区越冬生长的春花椰菜,在叶簇生长时期结合灌水追肥,促进叶簇生长;在临近结花球时施1、2次速效肥,以提高产量。花椰菜整个生长时期都应以氮肥为主,进入花球形成期应适当增施磷、钾肥料。南方追肥用量一般为:早熟品种用优质有机肥22.5~30.0t/hm²、硫酸铵110~150kg/hm²;中熟品种用有机肥22.5~30.0t/hm²、硫酸铵200~300kg/hm²、硫酸钾150~200kg/hm²;晚熟品种用有机肥22.5~30.0t/hm²、硫酸铵300~450kg/hm²、硫酸钾200~250kg/hm²。生长期间叶面喷施0.1%~0.2%硼砂和钼酸铵可促进花球形成。

2. 水分管理及中耕 整个生长过程中需水较多,叶簇旺盛生长和花球形成时期是水分临界期,应满足需求。中耕、除草、培土以及病虫害防治工作与结球甘蓝基本相同。

3. 遮盖花球 因花球在阳光直射下,易由白色变成淡黄色,影响商品性。一般在花球直径达10cm左右时进行折叶盖花球,即用靠近花球的1、2片莲座叶,将其主叶脉向内折断(不要完全断开,以防止叶片干缩),使叶片覆盖在发育中的花球上,这样叶片保持活体状态,保护花球不见直射光,是保证花椰菜品质的技术措施之一。

(三)采收

花椰菜花球成熟期不很一致,应分期适时采收。一般花球出现后20~30d是最佳采收时间,这时花球已经充分长大,表面平整周正,颜色洁白或淡黄,边缘枝叶开始向下翻卷。准备长途运输的,应适当早采收。如采收过早,花球未成熟,产量较低;采收过晚,花球过熟,则花球松散,品质变劣。适时采收的标准是花球充分长大。

采收应选在天气晴朗的早晨进行,这样可以防止花球在贮运期间散花。大雨后或浇水后不宜立即采收,以利贮藏。采收时,在花球外带5、6片叶处用快刀铲下,以保护花球并避免运销过程的损伤和污染。

(四)生产上易出现的问题

花椰菜花球质量直接关系到产值的高低。近年来,由于气候变化无常,再加上市场周年供应的迫切需要,反季节栽培面积迅速增加。生产中往往由于环境条件影响以及栽培措施不当而造成花球品质劣变,出现早期结球、青花、黄花、紫花、毛花和散花等现象,影响产量和商品价值。因此,了解劣质花球形成的原因,对及时采取控制措施具有重要意义。

1. 早期结球 又称"先期现蕾",指植株营养体较小而过早形成花球的现象。

(1)原因:植株幼苗期遭遇长时间的低温影响,提早诱导形成花序分化,导致叶片形成阶段未完成即进入花球形成阶段。苗期土壤干旱、氮素不足或伤根过多，导致植株营养生长缓慢，形成"小老苗"，造成花球不能正常发育而形成小花球。品种选择不当，一般春播品种多为中晚熟品种，冬性较强，通过春化阶段要求的温度较低，时间较长；而秋播品种多为中早熟品种，冬性较弱，通过春化阶段要求的温度较高，时间较短。秋播品种春播时，由于温度较低，迅速通过春化阶段，而叶片、植株体尚未长大，营养体不足，因而提早形成小花球。种子生活力低，播种后生长势弱，茎叶生长不旺盛，通过春化阶段形成花球后营养不良，也会形成小花球。秋播时播种期过晚，温度较低，植株在苗期过早通过春化阶段而形成花球，因而造成早期现球。土壤肥力不足，尤其缺氮、缺磷，营养生长过弱，植株弱小，过早完成春化而导致早期现球。

（2）预防措施：选择优良品种，严格掌握品种特性，适期播种，培育壮苗，避免苗期长时间处于低温环境下；加强肥水管理，促进营养器官的生长发育，使植株在花序分化时形成足够的叶片数、发达的根系和粗壮的茎。

2. 黄花球 指花球表面呈黄色或花蕾粒变黄的现象。

（1）原因：花球膨大期间受强烈日光照射和高温影响。

（2）预防措施：当花球长至直径10cm左右时可将靠近花球的1、2片外叶轻轻折弯，盖在花球上，或在生长中后期摘基部老叶覆盖花球；束叶，即将植株中心的几片叶上端用稻草捆起来，以避免阳光对花球的直接照射，但束叶不可过紧，以免影响花球的膨大。

3. 毛花球 指花球表面呈绒毛状，由花球顶端部位花器的花柱或花丝非顺序性伸长而形成。

（1）原因：叶花原基分化后，如遇到25℃以上的高温，花序分化停顿，甚至部分返回到叶原基状态，花蕾间出现叶片，花球上出现绒毛状的小苞片、萼片和小花蕾便产生毛花球。另外，在花球临近成熟期骤然降温、升温或遇重雾天易发生毛花球，或夏秋播种时，播种期过早，入秋气温降低之前花球已基本形成，如不及时采收，遇气温突然下降也易发生毛花球。

（2）预防措施：一是适时播种；二是及时采收。

4. 青花、紫花 青花是花球分化发育过程中苞片原基超前发育，成为绿色苞片露出花球表面，即花球上产生绿色小苞片、萼片等不正常的现象。紫花是在花球表面形成红白不匀的紫色斑驳的现象。

（1）原因：青花主要是由于植株感应低温开始花序分化后，没有持续低温而遭遇高温影响，致使苞片迅速生长并绿化，或是花球膨大期间阳光直接照射花球表面，花球先由白变黄，后变青色。紫花是由于花球临近成熟期时骤然降温，花球内的糖苷转化为花青素，使花球变为紫色，在夏秋栽培时播种过早或采收过晚时容易发生。

（2）预防措施：适时播种，适期采收，在结球期间加强肥水管理；结球期及时折叶盖花球或束叶，避免日光直射。

5. 花茎空心 花球茎部空心，严重时花球内部开裂，花球出现褐色斑点并带苦味。

（1）原因：氮肥施用过多；栽植密度过大；硼、钼等微量元素缺乏。

（2）预防措施：合理施肥，加强肥水管理，避免过量施用氮肥，多施磷肥和钾肥；合理密植，应根据品种特性、季节进行合理密植；定植前施硼砂7.5kg/hm^{2}左右，或在植株生长期间向叶面喷施0.2%~0.3%的硼砂和钼酸铵。

6. 粒状花球或散球 指化伸长或花球松散，导致花球表面高低不平，松散而不紧实的现象。

（1）原因：当花原基分化后，如果遇到低温，花球便产生散花球；花球形成期间温度过高，花球膨大受到抑制，而花枝生长发育迅速，伸长后即导致散球；花球形成期间遇干旱天气，导致散球；不及时采收，使花枝发育而造成散球。

（2）预防措施：适期播种；及时采收；加强肥水管理，避免花球膨大期间干旱。

第四节　青　花　菜

青花菜（broccoli），别名绿菜花、西兰花、木立花椰菜、茎椰菜、意大利芥蓝等，甘蓝种以绿色花球和肥嫩花茎为产品的一个变种（var. *italica* Planch），起源于意大利，演化中心为地中海东部沿岸地区，栽培历史较短，但发展较快，英国、意大利、法国、荷兰等广泛种植。19世纪初青花菜传入中国，目前各地均有栽培。青花菜颜色翠绿，风味好，营养价值很高，含有丰富的蛋白质、碳水化合物、脂肪及多种维生素，每100g鲜菜（花球）中含碳水化合物5.9g、蛋白质3.6g、维生素C 113mg，维生素A的含量比白菜高100多倍，钙、铁等矿物质含量也很丰富，可谓菜中佳品。

一、生物学特性

（一）植物学特性

根系发达，主根明显，分布于30cm耕作层内；主茎粗长，但在营养生长期茎稍短缩，主茎顶端的花球摘除前茎上腋芽不萌发，完成阶段发育后抽生花茎，主茎和分枝顶端都群生绿色花蕾。青花菜与花椰菜的不同之处在于主茎顶端产生的并非畸形花枝组成的花球，而是由花梗和已完成分化但未充分发育的花蕾组成的，较松散，外观呈绿色或青绿色的花球。同时叶腋侧芽较花椰菜活跃，主茎顶端的花球摘除后下部叶腋易萌发侧枝，侧枝顶端又生侧花球，故可多次采摘。花球以主茎上较大，侧枝所生较小，生产上以采收主茎花球为主。叶披针形或长卵形，叶色蓝绿转深蓝绿色，蜡质层较厚，由20多片叶子构成了叶丛；经济产量部分的花球由肉质花茎及其分枝的花梗和密集的花蕾群组成。种子为圆形，褐色，一般千粒重2.5~4.0g。

（二）生长发育周期

青花菜生长发育周期与花椰菜相同。发芽期7~10d；幼苗期需30d左右；莲座期从5或6片真叶展开至植株长到15~20片叶封垄，中心出现0.5cm大小的花球，需30d左右；花球形成期从花球出现至花球长足开始采收，需30d左右；开花结籽期从花球开始松散，花茎伸长抽薹开花结籽，直至种子成熟采收，需50~190d。

（三）对环境条件的要求

青花菜属于半耐寒性蔬菜，喜冷凉气候。发芽期适温25℃，幼苗期适温20~25℃，莲座期生长适温15~20℃，花球形成期适温15~18℃。25℃以上气温花球形成受阻，5℃以下环境花球生长缓慢。绿体春化型，不同品种对低温感应要求不一样。一般以2~3℃诱导最好，有的 22℃也能满足，有一些早熟品种不经过低温也能分化花芽。一般早熟品种 10 叶以上，平均温度 22℃以下，20d 后开始花芽分化；中熟品种 16~21℃才能分化花芽；晚熟品种则要感受 8℃以下低温才能分化花芽。喜充足光照，但对光照要求不严；喜湿润土壤，不耐旱，不耐涝，要求土壤相对含水量 70%~80%，空气相对湿度 80%~90%。对土壤质地要求不太严格，但需要氮、磷、钾、钙、镁、硫等大量元素外，还需要一定量的微量元素。施肥时注意各种元素要配合施入，尤其是氮肥不能施入过多，氮肥过多，容易造成植株徒长，营养生长过旺，推迟花球的出现，也容易引起腐烂病害发生。土壤适应 pH 5.5~8.0，以 pH 6.0 最好。

二、品种类型与栽培制度

（一）品种类型和栽培选择

青菜花按其花球的颜色可分为青花和紫花两种类型。目前应用的品种多数属青花类，按熟期不同可分为早、中、晚熟 3 大类，生产上应用最多的栽培品种是早中熟品种，生育期为 90~120d。春季栽培以早熟，耐寒，冬性强的早中熟品种为宜；夏季栽培以早熟，耐热品种为宜；秋季栽培产量高，品种多，早中晚熟品种均可选用。生产上的主要品种有：绿岭、里绿、绿雄、中青 1 号、中青 2 号、宝冠等。

（二）栽培制度

青花菜适应性广，在中国南北各地都可栽培，且栽培的季节较长。在长江中下游地区，栽培季节一般可分为春季、夏季和秋季栽培。春青花菜播种期一般在 1 月中旬至 3 月中旬，采用温室或温床育苗，苗龄 30~40d，地膜或地膜加小拱棚栽培，5~6 月采收上市。夏季栽培于 3 月上旬至 5 月中旬在小棚、大棚或露地育苗，4~6 月定植，遮阳网覆盖栽培，5 月中旬至 9 月上旬采收上市。秋季栽培又可分为早秋栽培和秋季栽培。早秋栽培利用极早熟或早熟品种的耐热、顶花球专用品种，于 6 月上旬至 7 月中旬覆盖遮阳网育苗，苗龄 25~35d，9~11 月采收。秋季露地栽培播种适期为 7 月中旬至 9 月上旬，遮阳网覆盖育苗，8 月下旬至 10 月上旬定植，10 月下旬至翌年 3 月采收。

北方地区青花菜一般分春、秋 2 季栽培。春季多在设施内育苗，4 月上旬定植到大田，秋季一般在 6 月中下旬至 7 月上旬播种育苗，寒冷地区可在 5 月下旬至 6 月上旬播种育苗。

三、栽培技术

青花菜栽培技术流程为：施基肥→整地、作畦→育苗移栽→田间管理（灌水、追肥、中耕、除草、防病虫害、设施环境调控）→采收。

（一）播种育苗

1. 苗床准备 选择 3 年内没有种过十字花科蔬菜的园田土 5 份，加入粉碎过筛的草炭土 3 份，再配以充分腐熟的农家肥 2 份，然后按体积比加过磷酸钙 $1kg/m^3$、硫酸钾 $100g/m^3$，充分混合搅拌均匀，装营养钵（8cm×8cm）育苗。或采用穴盘育苗，基质用草炭土和蛭石按 1∶1 比例配制。

2. 播种 播种床用种量 $4~5g/m^2$，播种深度 0.5~1.0cm。播后 2~3d 出苗，苗床要经常保持湿润。

3. 苗期管理 播种后温度保持 20~30℃，大约 3d 可齐苗。齐苗后和真叶刚出现时，要各撒 1 次细土，齐苗后温度可适当降低，白天保持 15~18℃，夜间不低于 10℃。出苗时期土壤相对湿度保持在 70%~80%。1、2 片真叶时分苗到营养钵，床温保持在 20~30℃，成苗前应控肥、控水、通风降湿，炼苗 3~5d，以提高移栽的成活率。

4. 壮苗标准 株高 15cm 左右，茎粗 0.6~0.8m，叶片数 4、5 片，苗龄 30d 左右。

（二）整地定植

1. 整地、施基肥、作畦 定植前施优质有机肥 60~75t/hm^2、磷酸二铵 225kg/hm^2、尿素 105kg/hm^2、硫酸钾 75kg/hm^2，混匀翻耕、耙细整平。依地区和栽培方式作畦，降雨量多的地区用高畦，降雨量少的地区用平畦。如果定植后覆盖地膜，则以高畦栽培为好，畦高 25~30cm，底宽 90~100cm，沟宽 30cm，盖地膜时膜要拉紧压实。

2. 定植 按株距 40cm 在定植位将地膜挖成"十"字形孔，揭膜挖穴，栽苗封穴，每畦栽 2 行，密度 33 000~40 500 株/hm^2。定植宜浅，浇足定植水。

（三）田间管理

1. 肥水管理 定植 7~8d 缓苗后浇缓苗水。定植后 15~20d 进行第 1 次追肥，用三元复合肥 375~450kg/hm^2。顶花球出现后，再追施复合肥 225~300kg/hm^2。主花球采收后，根据侧枝生长情况适度追肥，以促进侧花球生长。追肥时要注意氮肥不可施用过多，以免发生徒长。

浇水可在追肥后视土壤干湿和植株生长情况而定。在主花球长到 3~6cm 大小时，浇促蕾水，此时一定要均匀充足供水，促进花蕾生长膨大。促蕾水之后均衡供水，既要防旱又要防涝。

2. 抹芽与整枝 晚熟品种易生侧枝，侧枝上又生长侧花球。栽培上一般主要采收主花球，而早期形成的侧枝容易分散主花球的养分，影响产量，所以要抹去早期侧枝。当主花球采收后，可以适当留下面 4 或 5 个侧枝，并加强肥水管理，促进侧枝花球形成产量。

（四）采收

青花菜花球很容易老熟，适宜采收期较短，必须及时或偏早采收。采收时，带上部 2、3 片叶，将花球连同肥嫩花茎一起平割。采收标准是：花球充分长大、花蕾颗粒整齐、不散球、不开花时，品质和产量最高。一般清晨和傍晚采收为好，采收稍晚，花球容易散开，不耐贮藏和运输。夏季采收后在常温下第 2 天即可变黄，失去商品价值。采收后用塑料袋单球包装，置 0℃ 左右低温环境贮藏可保鲜 7d 左右。

第五节 结球芸薹类其他蔬菜

请扫描二维码阅读本节内容。

小　结

　　结球芸薹类蔬菜是指十字花科芸薹属能形成叶球、花球或球茎产品的种类，包括大白菜、结球甘蓝、花椰菜、青花菜、球茎甘蓝、紫甘蓝、抱子甘蓝、皱叶甘蓝、结球芥、抱子芥等。结球芸薹类蔬菜风味佳美，营养丰富，产品有叶球、花球和肉质球茎，栽培面积大，是中国广大消费者喜食的重要蔬菜。结球芸薹类蔬菜属于喜冷凉作物，适宜栽培的月均温度为15～20℃。在种子萌动后或绿体阶段，在15℃以下，经过一定时期可完成春化过程，在较长日照及较高温度（18～20℃）的条件下，有利于抽薹、开花和种子成熟。结球芸薹类蔬菜用种子繁殖，可直播或育苗移栽；根系浅而吸水力弱，叶面积大，要求较高的土壤湿度，在栽培中应注意及时灌溉和中耕保墒；施肥应多施有机肥，追肥以氮肥为主，磷、钾肥配合使用。结球芸薹类蔬菜有共同的病虫害，应注意轮作换茬和病虫害的综合防治。本章系统介绍了大白菜、结球甘蓝、花椰菜、青花菜的生物学特性、品种类型与栽培制度、栽培技术，概要介绍了球茎甘蓝、紫甘蓝、皱叶甘蓝、抱子甘蓝、结球芥菜、茎用芥菜的生物学特性与栽培技术。

思　考　题

1. 大白菜有哪些类型？各有什么特点？
2. 如何选择大白菜品种？
3. 如何进行大白菜的科学施肥？
4. 大白菜田间管理有哪些关键措施？
5. 夏季大白菜栽培技术要点。
6. 结球甘蓝有哪几种生态型？
7. 结球甘蓝未熟抽薹的原因是什么？怎样防止？
8. 如何做好春结球甘蓝的田间管理？
9. 怎样种好夏结球甘蓝？
10. 花椰菜对温度有什么要求？
11. 花椰菜对土壤营养条件有什么要求？
12. 花椰菜出现早期现球、青花、黄花、紫花、毛花和散花等现象的原因及防止对策是什么？
13. 青花菜对采收有什么要求，其采收标准是什么？
14. 简述球茎甘蓝栽培技术要点。
15. 简述抱子甘蓝植物学特性和田间管理要点。
16. 茎用芥菜在瘤茎膨大期对环境条件有什么要求？
17. 结球芸薹类蔬菜在生物学特性和栽培技术上有哪些共性？

第五章 肉质直根类蔬菜

肉质直根类蔬菜（flesh tape root vegetable）是指以肥大变态的肉质直根为产品的1、2年生草本蔬菜，主要包括萝卜、胡萝卜、根芥菜、根菾菜、牛蒡、芜菁、辣根、芜菁甘蓝等，具有适应性强、生长期短、产量高、耐贮藏等特点，在中国各地普遍栽培，种植历史悠久，是人们日常生活中不可缺少的蔬菜。其产品含维生素、矿物质、纤维素、淀粉等多种营养物质，食用方法多样，可鲜食、熟食，并适合加工，还是家畜的好饲料。

该类蔬菜的肉质直根在外部形态上可分为根头、根颈和根部3部分（图5-1），不同种类和品种的比例不同，栽培条件影响各部分的比例。

根头（短缩茎）由上胚轴发育而成，为节间很短的茎部，着生芽和叶片。根芥菜、芜菁甘蓝等这部分很发达，为主要食用部分。

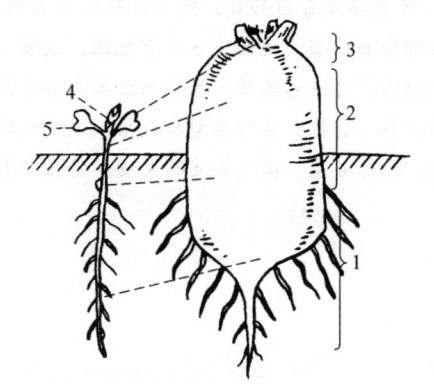

图 5-1 萝卜的肉质直根
1. 根部；2. 根颈；3. 根头；4. 第一真叶；5. 子叶

根颈（轴部）由下胚轴发育而成，既没有叶痕，也没有侧根的部分。萝卜中的绿皮萝卜、红皮萝卜和芜菁等这部分很发达，为主要食用部分。

根部（真根、本根）由初生根发育而成，其上着生许多侧根，伞形科的侧根为4列；十字花科和藜科的侧根皆为2列，且与子叶开展方向一致，所以在间苗、定苗时可据此判断侧根生长的方位。胡萝卜、萝卜、防风等的根部很发达，为主要食用部分。

该类蔬菜的肉质直根在解剖学上可分为萝卜型、胡萝卜型和根菾菜型3种类型（图5-2）。

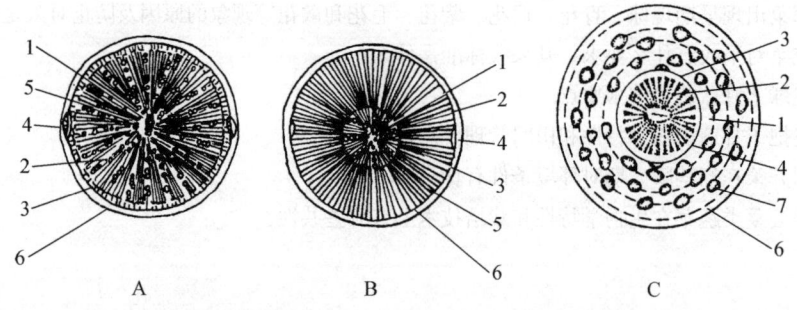

图 5-2 肉质直根类蔬菜的肉质直根解剖特征
A. 萝卜型；B. 胡萝卜型；C. 根菾菜型
1. 初生木质部；2. 次生木质部；3. 形成层；4. 初生韧皮部；5. 次生韧皮部；6. 周皮；7. 维管束

萝卜型的肉质直根主要由木质部的薄壁细胞构成，韧皮部所占比例较小。十字花科的萝卜、根芥菜、芜菁、芜菁甘蓝等属于这种类型。从解剖结构看，肉质直根最外层为周皮层，其次是韧皮部，最内是木质部。在韧皮部与木质部之间是形成层。肉质直根生长过程中，形成层不断地增生次生韧皮部和次生木质部，产生的次生木质部最多，占肉质直根中的绝大部分，也是主要的食用部分。

胡萝卜型的肉质直根主要由次生韧皮部构成，次生木质部所占比例较小。主要包括伞形科的胡萝卜、欧洲防风、根芹菜等。肉质直根生长过程中，次生韧皮部的细胞增生与膨大活动比次生木质部要强得多。因而向外产生的次生韧皮部较多，使得韧皮部远比木质部发达，构成主要的食用部分。

根荠菜型的肉质直根是由维管束环和充满各环之间的薄壁细胞构成，内部有多轮环状形成层。根荠菜属于这一类型，在肉质直根生长过程中，根的内部形成多轮形成层，每1轮形成层能向内增生木质部，向外增生韧皮部，构成维管束环。环与环之间充满着薄壁细胞。这些薄壁细胞的分裂和增生，使肉质直根肥大。

肉质直根类蔬菜多数都是耐寒或半耐寒性的2年生蔬菜。阶段发育包括春化阶段和光照阶段，春化阶段是在一定的低温条件下通过的，在长日照下通过光照阶段。所以生产上一般在秋季形成肉质直根，第2年春、夏季抽薹开花，形成种子。春播生产要防止未熟抽薹。肉质直根的膨大适宜温和的季节，一定的昼夜温差有利于肉质直根膨大。

肉质直根类蔬菜为深根性作物，主根入土较深，生长过程中对土壤的要求较为严格。生产中一般要求土层深厚，耕作层松软肥沃，团粒结构良好，排水良好的砂质壤土。如果土壤贫瘠、黏重、通透性不良，则肉质直根生长不良，产量低，并容易发生"杈根""裂根"等质量问题。生产中以直播为主，施用底肥时应施用完全腐熟的有机肥，防止"烧根"和地下害虫的为害，生长中要注意协调叶片与肉质直根的平衡生长。

肉质直根类蔬菜有共同的病虫害。主要病害有黑腐病、霜霉病、软腐病、病毒病等，主要害虫有蚜虫、夜蛾、小地老虎等。生产中应注意轮作，施充分腐熟的有机肥，清洁田园，利用黄胶板、捕虫灯和释放天敌等综合措施防治，化学防治应选择高效低毒药剂。

第一节 萝 卜

萝卜（radish），别名莱菔、芦菔、土酥等，学名 *Raphanus sativus* L.，为十字花科萝卜属能形成肥大肉质直根的2年生草本植物，原始种起源于欧、亚温暖海岸的野萝卜（*Raphanus mphanistrum*），早在4500年以前就成为了埃及的重要食品。中国是萝卜的起源地之一，种植历史悠久，分布极广，栽培面积大，是大众化蔬菜之一。

每100g新鲜肉质根中含水分87～95g、糖1.5～6.4g、纤维素0.8～1.7g、维生素C 8.3～29.0mg，淀粉酶含量很高，一般可达到200～600个酶活力单位。种子中含丰富的莱菔子素（$C_6H_{11}ONS_3$）；肉质直根和种子中含有芥子油（C_3H_5CNS），有开胃消食、生津止渴、清热化痰的功效，是很好的食疗蔬菜。萝卜含有大量木质素，能提高机体的免疫功能，抑制肿瘤细胞的生长，是很好的抗癌食品。民间流传着"吃萝卜喝热茶，气的大夫满街爬""冬吃萝卜夏吃姜，不劳医生开药方"等说法。

萝卜品种类型繁多，食法多样，可炒、炖、做馅等熟食，凉拌或作水果生食，也可加工，还可长芽苗菜，有些国家和地区还食用嫩角果。萝卜的叶子和肉质直根也是家畜的好饲料，并可作为绿肥。

一、生物学特性

（一）植物学特征

1. 根 直根系，主根能深入土层 1m 左右，但主要根系分布在 20～40cm 的耕作层内。由主根等部分形成的肉质直根是主要食用器官。肉质直根在形状、颜色、入土深度、大小和风味上有一定的差异，是鉴别不同种类的主要依据。肉质直根的形状有长圆筒形、圆锥形、圆形、扁圆形等；外皮有白、绿、红、紫等色，甚至还有黑皮萝卜；肉质有青绿、白、紫红等色。肉质直根地上部分和地下部分的比例也因品种而不同，如浙大长地上和地下各占 1/2；心里美有 2/3 露出地面；露八分等类型萝卜有 8/10 露出地面；农大红萝卜只有 1/3 露出地面（图 5-3）。萝卜肉质直根的重量差异也很大，轻者仅几克、十几克，重者达 10～15kg。

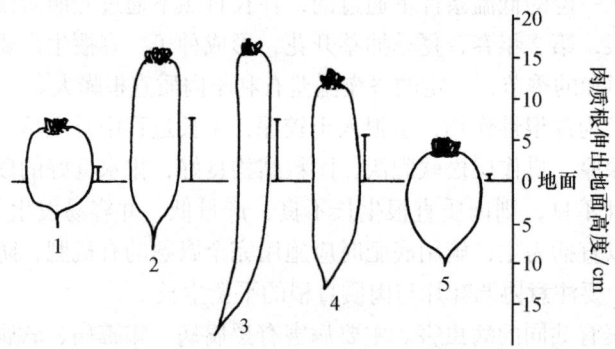

图 5-3 萝卜主要品种根形及入土比例
1. 心里美；2. 露八分；3. 美浓早生；4. 石白；5. 农大红

2. 茎 分为幼茎、短缩茎和花茎 3 种。幼茎是幼苗时期形成的茎，时间较短。短缩茎是营养生长期叶片密集着生的地方，位于肉质直根的顶部。花茎是生殖生长期生长点抽生的花薹，可产生分枝，构成花序系统。

3. 叶 在营养生长期丛生在短缩茎上的叶，称为根出叶。叶片有浓绿、浅绿、墨绿等不同颜色，叶柄和叶脉也有绿、红、紫等色的区别。叶片在形态上可分为板叶（枇杷形）和花叶（大头羽状全裂叶）两种类型（图 5-4）。叶丛生长方式有直立、半直立、平展、塌地等。生殖生长时期伸长的花茎上也有花茎叶。

4. 花 总状花序，主枝花先开，每枝的花由下而上逐渐开放。全株开花期 30～35d，每朵花的开放期为 5～6d。花形态具有十字花科典型特征。花色因品种而异，白皮萝卜的花多为白色，青皮萝卜的花多为紫色，红皮萝卜的花多为浅粉色或白色。异花授粉，虫媒花，留种时要注意隔离。

5. 果实和种子 角果，成熟时不开裂。单果有种子 3～10 粒，种子成熟比白菜晚半月左右。种子近球形，种皮浅黄至暗褐色，千粒重 10～15g，使用年限为 1～2 年。

（二）生长发育周期

萝卜为 2 年生植物。第 1 年进行营养生长，形成肥大的肉质直根，越冬后进入生殖生长阶段，抽薹开花、结实，完成生长发育周期。不过，春季提早播种时，由于通过了阶段发

图 5-4 萝卜的两种叶型
A. 板叶型；B. 花叶型

育，萝卜也能在当年完成整个生长发育周期，从而出现"未熟抽薹"现象。

1. 营养生长时期 是从种子萌动到肉质直根肥大的整个过程，也是商品萝卜生产经历的生长时期。根据生长特点的变化，可分为发芽期、幼苗期、叶生长盛期和肉质直根生长盛期。

（1）发芽期：由种子开始萌动到第1对真叶展开，需5~7d，主要依靠种子储藏的养分萌动、发芽和出土，真叶展开后，就进入了"自养生活"。

（2）幼苗期：自第1对真叶展开到形成5~7片真叶（"破肚"），需15~20d。叶分化加速，叶面积不断扩大；根的细胞不断分裂和延长生长，到期末直根开始明显加粗生长，出现"破肚"现象。"破肚"是指由于肉质直根的不断加粗，而其外部的初生皮层不能相应的生长和膨大，内部加粗生长向外增加的压力使初生皮层破裂的现象。"破肚"是先由下胚轴的皮层在近地面处开裂，称为"小破肚"；此后皮层继续向上开裂，数日后皮层完全裂开，称为"大破肚"（图5-5）。"破肚"标志着幼苗期的结束。

（3）叶生长盛期：自"破肚"到"露肩"，需20~30d。随着肉质直根的加粗生长，地上部叶数不断增加，叶面积迅速扩大，构成强大的光合器官，为产量构成奠定基础。同化产物增多，根系吸收水分和养分增加，肉质直根延长生长与加粗生长同时进行，主要是木质部的薄壁细胞的膨大及细胞间隙的增大。但地上部生

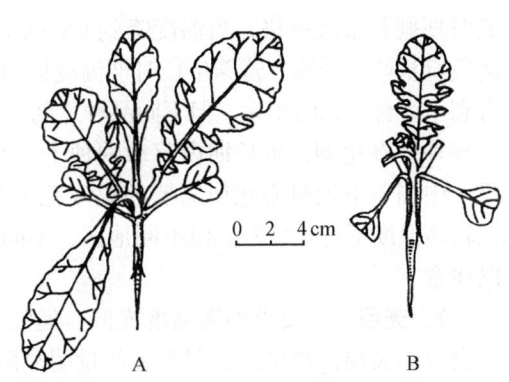

图 5-5 萝卜的"破肚"现象
A. "小破肚"；B. "大破肚"

长量仍占优势，到期末时肉质直根生长明显加快，根头部分长出地面，并明显变宽，形如人肩，故称为"露肩"。"露肩"以后，当植株地上部与地下部的鲜重比例接近1∶1，植株在地里比较稳定而不易动摇或拔出时，称为"定橛"，也有人认为它是叶生长盛期结束的标志。

（4）肉质直根生长盛期：由"露肩"（或"定橛"）到收获，需30~50d，是肉质直根生长最快的时期。地上部生长逐渐缓慢，大量同化产物运输至地下部储藏，从而促进了肉质直根的迅速生长，生长速度大大超过了地上部。肉质直根的迅速肥大是由于木质部的薄壁细胞继续不断膨大，细胞间隙也继续增大的结果。但品种间肉质直根生长有很大差异，如露八分、石白和美浓早生的肉质直根从土内不断地伸出地面6~8cm，而心里美与农大红的肉质

直根则伸出土面很少。

2. 生殖生长时期 在北方地区，营养体在越冬过程中完成春化作用并分化花芽，第2年返青后定植于田间，便抽薹开花结籽；在南方冬季最低温高于0℃的地区，其营养体可在田间越冬，完成春化作用并分化花芽，春暖时抽薹开花结籽。春播萝卜如果通过了阶段发育，当年就可抽薹开花完成生育周期。

（1）花芽分化期：肉质直根在冬储期间，或植株在生长期间遇到低温通过春化作用后即开始花芽分化，陆续分化主花枝和侧花枝的花序和花。

（2）抽薹期：春季随着外界气温升高和长日照来临，萝卜顶部抽生花薹，栽植田间后花薹生长并分生多级花枝，同时茎生叶、花枝、花茎、花蕾等器官不断长大，到植株将要开花时标志着这一时期结束。

（3）开花结荚期：抽薹后各级花枝上的花陆续开放，同时花枝继续生长，开花期持续1个多月。一般来说，开花期和结荚期是交互进行的。对于每朵花来说，谢花后即进入了结荚期。果荚和种子旺盛生长，到果荚逐渐枯黄，种子成熟。

（三）对环境条件的要求

1. 温度 萝卜属于半耐寒性蔬菜，生长期间要求冷凉的温度条件，同化作用适宜温度为15~20℃。温度过高不适宜生长，产品器官形成时要求有一定的昼夜温差。但不同生育时期对温度的要求也有一定的差异。种子发芽适应的温度范围为3~35℃，适宜温度20~25℃；茎叶生长适应的温度范围为5~28℃，适宜温度15~20℃；肉质直根生长适应的温度范围为6~20℃，适温18~20℃。一般发芽期和幼苗期适应温度范围较广，肉质直根形成时期则要求较严格，当温度降到6℃以下时肉质直根就停止生长，温度低于-2~-1℃，肉质直根就会受冻。营养生长时期温度以由高到低为宜，前期温度高，出苗快；后期温度低有利于光合产物的积累。但不同品种之间对温度要求有一定差异。

种子春化型，生长期内萌动的种子、幼苗、肉质直根等都可以感受低温，通过春化阶段。中国萝卜通过春化所需要的温度范围为1.0~24.6℃，在1~5℃低温下春化速度较快，在较高温度下春化较慢。但不同地区、不同品种感受春化的条件有一定的差异，引种时要加以注意。

2. 光照 要求中等强度光照，但强光下生长健壮，光合作用强，积累干物质多，肉质直根膨大快，产量高；弱光下产量明显降低。光合作用光补偿点为48$\mu mol/(m^2 \cdot s)$，光饱和点为1461$\mu mol/(m^2 \cdot s)$。品种间也有差异，如南方多阴雨地区的萝卜品种，在稍差的光照条件下仍然能正常生长。萝卜属于长日照植物，完成春化的植株在长日照（12h以上）和较高的温度条件下抽薹开花。因此春季生产播种过早会出现"未熟抽薹"现象。

3. 水分 需水较多，但根系入土浅，叶面积较大，是耐旱能力较弱的蔬菜。生长期间应保持土壤含水量在最大持水量的65%~80%。缺水不仅使产量降低，而且肉质直根会出现糠心、辣味、苦味和外皮粗糙等品质问题，降低产品的质量。但水分过多时，土壤透气性差，肉质直根因缺氧而个体小、产量低，甚至烂根。生长期间空气相对湿度以80%~90%为宜。

4. 土壤和营养 肉质直根的生长对土壤要求比较严格。以土层深厚、疏松透气、富含有机质、排水良好的砂壤土有利于肉质直根的生长，pH 6~7为佳。长根性品种和肉质直根抽出土面少的品种，对土壤要求更为严格。土壤过于黏重、耕层过浅、排水不良、团粒结构不好、使用未腐熟的肥料等，均会影响肉质直根产量和品质。较喜肥，施肥在有机肥基础上，应注意补充各种矿质元素。萝卜整个生育期对三要素的吸收量以钾最多，氮次之，磷最少，其比例为 N：P：K＝10：3：11。

二、品种类型与栽培制度

（一）品种类型

中国萝卜种质资源非常丰富，类型和品种多样，各区都有传统名特优品种，并相继培育出杂交品种。但萝卜分类较复杂，目前主要依据种植区域、栽培季节、冬性强弱、植物学特性等进行分类。生产中应根据栽培目的、栽培地区、栽培季节、栽培方式的生态特点选择品种。

1. 按栽培区域分 根据中国各地的地理和气象条件，大致可分为4种生态型。

（1）华南萝卜生态型：主要分布在南方的亚热带和热带地区。该地区温度较高、冬季温暖、降雨量大、阴雨天多、昼夜温差小，萝卜品种多数为细长的肉质直根，皮和肉均为白色，也有少数根头部微带绿色的品种，肉质直根含水分较多，以熟食为主。由于冬季温度较高，萝卜通过春化阶段的低温条件不十分严格，可以在较高的温度下通过春化阶段。但温度越低，春化越快。本类型萝卜如引至北方地区，春季栽培中很容易出现未熟抽薹或生长不良现象。代表品种有耙齿萝卜、蜡烛趸萝卜等。

（2）华中（长江流域）萝卜生态型：主要分布在长江流域地区。该地区无霜期长，降雨量大，阴雨天多，冬季不是很冷。该萝卜品种与华南生态型相似，一般皮和肉多为白色，少数品种为红皮白肉。该生态型萝卜在温、湿度较高的条件下能够良好地生长，也可以在露地过冬。通过春化阶段的温度较华南生态型萝卜稍低。代表品种有浙大长、象牙白、春不老、一点红、五月红、大红袍等。

（3）北方萝卜生态型：主要分布在黄淮流域以北的华北、西北和东北的广大地区。该地区冬季寒冷、昼夜温差大、降雨量较少，气候比较干旱，晴天多，阳光充足，适合萝卜的生长，是萝卜资源最丰富的地区之一，不仅有种植较多的青皮萝卜，还有红皮和白皮萝卜，甚至有紫皮萝卜。该区萝卜耐寒和耐旱性较上述两种生态型强，但耐热性稍差。由于气候凉爽，光照充足，昼夜温差大，适合生长，萝卜个体较大，含水分较少，而淀粉、糖分等含量较高，适合生食，形成了一些有地方特色的水果萝卜，如山东济南的青圆脆、北京的心里美、天津的卫青等。适于生、熟食和加工的高产优质品种也较多，如露八分、济南青圆脆等。还有适合春季播种的红皮小水萝卜等。

（4）西部高原萝卜生态型：主要分布在青海、西藏和甘肃、内蒙古高原地区。该地区海拔高，平均气温低，昼夜温差大，无霜期短，晴天多，光照足，降雨量除西藏拉萨较充沛外，其他地区均较少，气候干旱。由于入秋后上冻早，萝卜的播种期较早，生长期夜温常在10～15℃。该生态型萝卜的特点是，耐寒、耐旱、抽薹迟、肉质直根较大，重者可达15kg。代表品种有西藏大萝卜、日喀则紫皮和青皮大萝卜、甘肃的红头冬、武威冬萝卜等。其他地区品种引入该地区种植，容易发生未熟抽薹。

2. 按栽培季节分 可分为5种类型。

（1）秋冬型：在夏末秋初播种，秋末冬初收获，俗称秋萝卜，种植面积较大，多为大型或中型品种，生长期较长，一般需 60~120d，具有产量高、品质好、耐贮运等特点。代表品种有卫青萝卜、心里美萝卜、大红袍、浙大长、薛城长红等。

（2）冬春型：在晚秋至初冬播种，保护地或露地越冬，翌年春季收获，俗称冬萝卜，在长江流域种植面积较大。耐寒性强，不易空心，抽薹迟，对解决春淡季蔬菜供应有重要作用。代表品种有梅花春、春不老等。

（3）春夏型：为春种春收和春种早夏收的品种，也称春萝卜或水萝卜。冬性较强，生长期较短，产量较低。代表品种有小五缨萝卜、点点红、炮竹筒等。

（4）夏秋型：包括早夏种晚夏收和夏种秋收的品种，俗称夏萝卜。生长期正值高温多雨季节，病虫害发生较为严重的时期，从品种选择上应注重耐热、耐旱、抗病虫能力强的类型。代表品种有热白、小钩白等。

（5）四季型：除严寒和酷暑季节外，四季型萝卜露地可随种随收，结合设施栽培可周年供应。一般都是小型品种，生长期很短，具有耐热、耐寒、抽薹迟、抗病性强等特点。代表品种有樱桃萝卜、烟台红丁、兰州天鹅蛋等。

3. 按植物学特征分　　可根据植株的叶形、肉质直根的形状、颜色等进行分类。依叶形可分为花叶形、板叶形和半花叶形；依莲座叶的叶柄和地面形成的角度可分为直立型、半直立型、平展型和塌地型；依肉质直根外皮的颜色可分为白皮、绿皮、红皮、紫皮和黑皮等类型，另外还有上绿下白、上红下白等类型；依肉质直根地上部和地下部比例可分为露身形、隐身形和半隐身形；依肉质直根的外形可分为圆形、扁圆形、长圆锥形、长圆柱形、圆柱形、短圆柱形、倒卵形和卵形等类型；依肉质直根肉质的颜色可分为白、淡绿、淡红、红、淡紫和紫红等类型。

4. 按春化特性分　　依不同品种对春化反应的不同可分为 4 种类型。

（1）春性系：萌动的种子在 12.2~24.8℃ 的自然条件下就能通过春化。在南京春播（3月28日）时，肉质直根在"定桩"前现蕾。该系统的萝卜主要分布在华南及西南各省。代表品种有广东火车头萝卜、云南半截红、成都的半身红、昆明半截红等。

（2）弱冬性系：萌动的种子在 2~4℃ 中处理 10d，播种后 24~35d 即现蕾。南京春播"定桩"至"露肩"之间现蕾。该系统萝卜主要分布在长江流域各省及华北部分地区。代表品种有四川圆根、徐州大红袍、南京象牙白、潍县青、杭州小钩白萝卜等。

（3）冬性系：萌动的种子在 2~4℃ 中处理 10d，露地播种后 35d 以上现蕾。南京春播时"露肩"期以后现蕾。该系统萝卜主要分布在华北各省及长江流域地区。代表品种有北京心里美、天津卫青、南京五月红、南京扬花萝卜等。

（4）强冬性系：萌动的种子在 2~4℃ 处理 50d，露地播种后很少现蕾。南京春播未处理的种子，肉质直根充分长大后仍很少现蕾。该系统萝卜主要分布在长江流域和青藏高原地区。代表品种有武汉春不老萝卜、拉萨冬萝卜等。

另外，萝卜也可按用途分为生食（水果用）、熟食（菜用）和加工 3 种类型。

（二）栽培制度

1. 栽培季节　　中国各地萝卜栽培季节有很大差异。长江流域以南地区，除了炎热季节外，都可栽培，秋冬萝卜可以晚收上市，而冬春萝卜可以露地越冬。北方地区结合不同萝卜品种可以在春、夏、秋季栽培，但以秋冬萝卜种植面积大、产量高、供应期长，是主要季节茬口。东北地区寒冷，生长季节短，每年种植1季。

由于品种和种植时间的不同，萝卜生长期也有很大差异。秋冬萝卜在北方夏末秋初播种，各地区具体播种期确定的原则是把肉质直根形成期安排在当地温度最适宜的月份里。播种过早，苗期遇28℃以上的高温，植株容易感染病毒病等病害；播种太晚，有效积温不足，会严重影响产量。在南方地区，秋冬型萝卜播种期多为10月至翌年1月；春夏型萝卜播种期在早春，多在10cm地温稳定在8℃以上时播种；夏秋型萝卜耐热性较强，于6月至7月播种；四季萝卜只要气候适宜就可分期播种。

2. 茬口安排 东北北部、内蒙古及西北部分地区，蔬菜复种指数为1，应该选择生长期较长的大型萝卜，以秋冬萝卜为主。东北中南部，蔬菜复种指数为1.5，萝卜可安排在春夏季或夏秋季种植。华北北部和东北南部地区，蔬菜复种指数为2，萝卜可在春、夏、秋种植，鲜食萝卜可露地播种，后期加盖简易覆盖栽培。华北南部、淮河流域等地区，蔬菜复种指数为3，萝卜可在春、夏、秋种植。长江流域、淮河流域部分地区，蔬菜复种指数为4，萝卜基本上可以四季种植。华南地区、西南地区，蔬菜复种指数大于4，萝卜可以随时种植。

萝卜前茬最好选施肥多而消耗土壤营养较少的蔬菜，如瓜类、茄果类、豆类等。其中以瓜类的黄瓜、西瓜和甜瓜最好。北方地区有"瓜茬萝卜"的说法，形象地说明了种植完施用有机肥料较多的瓜类土地再种植萝卜，其品质有很大提高。在大田作物种植区，萝卜可以作为小麦、春玉米的后茬。

注意轮作倒茬，避免同科连作。秋萝卜还可以与蔬菜和大田作物进行间作或套种。

三、栽培技术

萝卜栽培技术流程为：施基肥、翻耕→整地、作畦→播种→田间管理（间苗、定苗→浇水、追肥→中耕、除草→培土）→收获。

（一）秋冬茬栽培技术

1. 整地、作畦 小型萝卜的适应性较广；大型萝卜对土壤要求较严，一般以土层深厚、耕层较深、疏松、肥沃、排水良好的砂壤土为好。在土壤黏重、地势较低、排水不良的地块容易出现涝害、叶片徒长、肉质直根较小、品质不良等现象。但土壤过于砂性或砂砾较多，也不适合。

整地时应深耕、晒土、细耙、平整。要求冬耕时深耕20~30cm，并逐年加深。翌年种植时，在前茬作物收获后，及早翻耕。翻耕深度应根据栽培品种而定，大型、入土深的品种宜深些，反之可以稍浅，但原则上不能超过冬耕的深度。翻耕时先施入占基肥总量60%的腐熟优质有机肥，并与土壤充分混匀。

根据种植品种、当地气候、土质和畜力或机械条件确定作畦方式。大、中型萝卜，南方用高畦栽培，在北方宜垄栽，但盐碱少雨地区应用畦沟种植；小型品种，南方用高畦种植，北方用平畦栽培。作畦后在畦内施入40%基肥。

萝卜施肥农谚有"基肥为主，追肥为辅，盖子粪长苗，追肥长叶，基肥长头"的说法。基肥施用充分腐熟的优质有机肥37.5~75.0t/hm²。为了促进幼苗健壮生长，使根系发达，播种时可以施用磷酸二铵加过磷酸钙150kg/hm²，或三元复合肥（15-15-15）150kg/hm²作种肥。

2. 播种 播种量因播种方法和品种而异。以条播为主，播种量7.5kg/hm²；大型萝卜穴播（点播）的也较多，播种量 3.75～4.50kg/hm²；小型萝卜常撒播，用种量 15kg/hm²。种植密度因品种而不同，大型品种行距 50～60cm，定苗后株距 20～30cm；中型品种行距 40～50cm，定苗后株距 15～25cm；小型品种定苗后株行距 10～15cm。

播种深度 1.5～2.0cm。如播种过深，会影响出苗；如覆土过浅，容易出现种子暴露、干燥等现象，也影响出苗，即使能够出土，幼苗也容易倒伏，胚轴弯曲，影响肉质直根的生长。

播种时期与气候条件和种植品种有关，总的原则是把肉质直根的膨大期安排在最适宜的生长季节里。冬春季节应在上午 10 时到下午 2 时播种，夏秋季节应在傍晚时分播种，以利出苗。

萝卜种皮较薄，易出芽，生产上一般不用浸种催芽，干旱地区或早春播种时也可浸种 4～5h 后播种。条播的按种植品种行距开沟，把种子按 1～3cm 距离播种在沟中；穴播的按种植品种的株行距开穴，每穴播种 3～5 粒种子；撒播采用暗水播种的方式，播种时可在种子里掺入适量的细土，以便播种均匀。播种后要及时覆土镇压。

采用线播技术可以节省种子，降低间苗人工成本。该技术包括种子带编织和种子带播种两部分。前项是在室内用编织机将种子均匀精确地播放在可降解的纸带上，并将包有种子的纸带绕成种绳后缠绕成轴；后项是利用专用装备将成轴的种绳按照既定的播深和行距铺放埋设在田间土壤中（图 5-6），播种效率为传统人工播种的数十倍。

A   B

图 5-6　萝卜种子线播技术
A. 种子带编织机；B. 播种过程

采用拖拉机配套气吸式精量播种机，可一次完成开沟、起垄、播种、覆土、镇压等作业，实现萝卜机械化播种。例如，2BMQ-6 型萝卜联合播种机（图 5-7）耕深可达 30cm 以上，每次可播种 4 行，垄距 65cm（包沟），株距 10cm，单行种植，种子覆土厚 3cm，每天可播种 10hm²。

3. 间苗、定苗　幼苗出土后生长迅速，必须及时间苗，避免植株拥挤相互遮阴造成幼苗细弱和徒长。间苗次数与时间、品种、气候条件、植株长势和播种量有关。一般间苗 1、2 次，然后定苗。掌握早间苗、稀留苗、晚

图 5-7　2BMQ-6 型萝卜联合播种机

定苗的原则。农谚有道"稀赶密，密赶稀，不稀不密留好的"。可在子叶充分展开时进行第1次间苗，去掉过密的幼苗，条播的保持苗距3~5cm，穴播的留苗3、4株；在2、3片真叶时进行第2次间苗，去掉生长较弱的苗子，条播的保持苗间距离7~10cm，穴播的留苗2、3株；在5、6片真叶时定苗，也称定棵，选留有该品种特征特性的植株。

出苗后如发现有缺苗断垄现象，要及时补苗。补苗应以补种为主，到定苗以前发现有缺苗现象时可以进行补栽，但补栽的植株肉质直根易倒伏、分杈，产量低。

4. 水肥管理 萝卜耗水量和吸水量均中等，生长期间应注意浇水。缺水，尤其是在肉质直根生长盛期时缺水，不仅影响产量，而且肉质直根会出现生长细瘦、皮厚、肉硬、辣味浓等现象。反之，水分过多，使土壤中缺少空气，根系吸收水分和养分能力下降，使地上部与地下部生长失去平衡，形成大的叶丛和小的肉质直根。土壤含水量以70%~80%为适宜，空气湿度80%~90%为宜。

各个生长期对于土壤水分的要求也有差异。发芽期要供给充足的水分，以保证发芽迅速、出苗整齐；幼苗期保证土壤水分60%为宜，掌握"少浇勤浇"的原则，适当控水，促进根部向下生长；叶部生长盛期要适当灌水，以保证叶片生长，但灌水不宜过多，以免叶片徒长，掌握"地不干不浇，地发白才浇"的原则；肉质直根生长盛期，要均匀充足地供应水分，保持肉质直根膨大所需的土壤和空气湿度；在收获前也应保持土壤适当湿度，以增进品质，减少糠心。

秋冬萝卜从播种到收获需要80~100d，生长期较长，产量较高，需肥也较多，应分次追肥。发芽期一般不用施肥；幼苗期和莲座期是细胞分裂、吸收根生长和叶面积扩大时期，需要氮素比磷、钾多，追肥2、3次，每次施高氮冲施肥（N含量20%以上）150kg/hm^2，或尿素或磷酸二铵300kg/hm^2；肉质直根生长盛期，进入养分贮藏积累时期，磷、钾需要量增多，追肥2次，每次施高钾冲施肥（K$_2$O含量30%以上）20~30kg/hm^2，或施过磷酸钙和硫酸钾300~450kg/hm^2。

灌水追肥应根据天气、土壤和植株长势灵活掌握。按"天干浇透不浇稠，天阴浇稠不浇透"的原则。追施肥料忌浓度过大和离根部太近，追肥与浇水应结合进行，追肥不宜过晚，特别是氮肥施用过晚会造成肉质直根变劣，产生苦味。

采用微喷灌技术可随水施肥，节水节肥。发芽期微喷保持土壤湿润促进出苗；幼苗期若气温高，土壤干旱时可微喷浇水；肉质根生长前期每10d左右微喷浇1次水，随水施1次液体有机肥，用量为75~90kg/hm^2；肉质根膨大期见干就浇，一般10d左右浇1次水，直到采收前15d停止浇水，期间随水追施高钾复合肥（16-16-24）1、2次，每次用量30~45kg/hm^2。

5. 中耕、除草和培土 生长期需进行数次中耕、除草，特别是夏播萝卜，由于雨水较多，杂草容易滋生，应加强中耕、除草。大型萝卜在封垄前及早中耕，撒播的小型萝卜因播种密度大，株行距较小，一般采取人工除草，不行中耕。长型萝卜作高畦或平畦栽培的，前期因为根颈部细弱，易弯曲、倒伏，初期必须培土拥根，使肉质直根直立生长，提高产品质量。高畦栽培的植株易被雨冲刷而露根，要及时培土。轻简化栽培可将间苗、中耕、除草、培土通过一次作业完成。大型萝卜生长中后期可摘除老黄叶，以利通风。

6. 收获 萝卜耐寒性较差，短时-3℃低温即可受冻，秋冬萝卜应及时收获上市。因产品大小无严格标准，可以抢早上市，提高效益；或采取保护措施延迟上市，以提高效益。具体的收获时间应根据品种、播种期、气候条件，以及市场情况灵活掌握。

一般拔收，收后将缨子去掉，但不要切头，以防贮藏过程中的腐烂。萝卜产量品种间差异很大，大型品种约 75t/hm², 高者可达 150t/hm²；中型品种 45t/hm² 左右；小型品种仅 22.5~30.0t/hm²。

（二）春夏茬栽培技术

春夏萝卜在春季播种，春末或夏初收获，不同地区有所差异。华南地区 1~3 月播种，4~5 月上市，生育期 60~70d；北方地区 3~4 月播种，5~7 月收获。春夏萝卜可露地栽培，也可地膜覆盖栽培，或用拱棚覆盖栽培。由于中国大部分地区春季低温，不利于萝卜生长，应选择冬性强、生育期较短的品种，加强栽培管理。

1. 整地、作畦 选择背风向阳、土层深厚、土质疏松、排水良好、有机质含量多的地块，以中性和弱酸性的砂质壤土为佳。北方地区冬前深耕 20~30cm，土壤封冻前浇冻水。基肥以农家肥和饼肥为主，施充分腐熟的农家肥 45t/hm²，加三元复合肥（15-15-15）375kg/hm²，然后细耙，使肥土混合均匀。南方作宽 1m 高畦，北方作宽 1.2~1.3m 平畦。

2. 播种 在 10cm 地温稳定在 8℃以上，夜间最低温度不低于 5℃后播种。播种前浸种 4~5h，选晴天中午前后播种。按植株行距开沟，把种子均匀地撒在沟里，覆土镇压即可。播种量 9~12kg/hm²。

3. 田间管理 间苗 1、2 次，去除杂苗、弱苗、病苗；5、6 叶期定苗。浇水施肥，促进植株快速生长，防止未熟抽薹。在幼苗 2 片真叶时开始追肥，结合中耕施磷酸二铵 225kg/hm²。在"大破肚"时第 2 次追肥，随水冲施高钾肥 20~30kg/hm²。在"露肩"期第 3 次追肥，随水冲施三元复合肥（15-15-15）300~375kg/hm²。每次追肥时要浇水，其他时间视土壤、天气情况浇水，肉质根肥大期保持土壤湿润。生长前期勤中耕，以提高地温，覆盖栽培的要加强通风，抑制徒长和抽薹，促进肉质直根生长。

4. 收获 主要在 4 月下旬至 5 月上旬收获，当肉质直根长到 0.2kg 左右应分期采收，及时上市，不宜贮藏。产量 45~60t/hm²。

四、生产异常现象与对策

萝卜生产中肉质直根异常现象主要有糠心、裂根、杈根、弯根、苦味、辣味等，春萝卜生产中还常发生未熟抽薹现象，其原因和防控措施与同为种子春化型的大白菜相似，可参照防控。肉质直根其他异常现象的原因和对策如下。

（一）糠心

糠心也叫空心，是肉质直根生长后期因迅速膨大，木质部的一些远离疏导组织的薄壁细胞因缺乏营养而处于"饥饿"状态，细胞内出现空隙，同时产生细胞间隙，最后造成萝卜糠心。糠心萝卜不但重量减轻、糖分减少、质量差，而且影响其食用、加工及贮藏性能。

造成萝卜糠心的原因较多。例如，品种因素，生长速度快的大型品种易糠心；栽培管理粗放，如播种过早、种植过密、肥水不足、氮肥过多，尤其是后期缺水等；生长过程中温度、光照等气候条件不适宜；贮藏过程中高温干燥等，均可能引起糠心。

防止萝卜糠心，应针对具体原因采取相应对策。例如，选用肉质紧密、干物质含量高的不易糠心的品种，如心里美、潍县青等；采取合理的栽培措施，包括选择适宜的地块种植、适期播种、合理施肥、合理密植、均匀供水等；选择适宜种植季节，以在夜温较低，昼夜温差较大的季节种植为宜；注意贮藏过程中的温湿度调节等。

（二）裂根

裂根是指肉质直根开裂的现象。裂根一般在肉质直根膨大过程中出现，多呈纵裂，长度可达 10cm 以上，宽度常为 1cm 左右，裂缝深度常达 0.5～1.0cm。裂口有的可愈合，有的不易愈合。后者常因病原物侵染而引致腐烂。裂口愈合的，也影响品质，造成经济损失。

裂根主要是肉质直根生长过程中土壤水分不稳定所致。在生长初期，如果遇到高温供水不足，肉质直根周皮层组织便硬化。到生长中后期温度适宜，水分充足时，木质部薄壁细胞再次膨大，周皮层及韧皮部细胞不能相应生长，便会发生开裂。另外，中耕等农事操作不当，也会造成肉质直根的损伤。地下害虫的危害也会造成肉质直根的开裂或小龟裂。

预防萝卜裂根主要应抓好水分管理。生长初期避免干旱缺水，肉质直根膨大时注意均匀供水，避免土壤忽干忽湿；尽量避免在过黏的土壤种植；注意选用抗逆性强的品种；中耕、除草等操作要认真，不要给幼苗造成机械伤害；及时防止土壤地下害虫等。

（三）杈根和弯根

杈根是指肉质直根分杈的现象，弯根是指肉质直根弯曲畸形的现象。杈根主要是生长过程中主根的生长点受到伤害或主根死亡，多条侧根同时生长而造成；弯根是主根生长时顶端受到阻力，而出现弯曲生长。

施用未腐熟的肥料、肥料浓度过高、整地不细、土壤中含有石块和砖瓦等硬物，以及垃圾肥料中混有的塑料薄膜、玻璃等物品均会引起萝卜主根的生长不良，出现杈根、弯根现象。地下害虫危害，春萝卜播种过早，主根生长遇到冻土层的阻力等，均可能引起肉质直根杈根和弯根。

预防杈根和弯根，应选择土层深厚，无砾石、砖瓦等硬物，排水良好的砂质壤土，深耕细耙，精细整地，清除废旧农膜；施肥应均匀，有机肥要充分腐熟，追施化肥应适量；灌水适当，不要造成土壤积水或土壤板结；适时播种、间苗、中耕、除草等避免幼苗机械伤害；及时防治地下害虫，可在播种前施用土壤杀虫剂。

（四）辣味

萝卜的辣味是因肉质直根中芥辣油（也称辣芥油，$C_3H_6CH_5$）含量过高，主要是天气炎热、土壤干旱、肥水不足和病虫为害所致。控制辣味一是要加强水分管理，保持土壤湿度适宜，植株健壮生长，以减少肉质直根芥辣油的积累；二是要平衡施肥，避免过量施用氮肥；三是要及时中耕、除草、防治病虫害，促进植株健康生长；此外还要注意选择优良品种。

（五）苦味

萝卜苦味是由于肉质直根中含有苦瓜素造成的。其原因是萝卜生长期气温过高，氮肥过量，磷肥不足，氮、磷比例失调，导致肉质直根中苦瓜素含量增加而出现苦味。预防肉质根苦味，一要选择适宜季节和播种期，如秋冬萝卜不能播种过早；二是要加强栽培管理，科学施肥，减少萝卜苦瓜素的积累，避免苦味的出现。

第二节 胡 萝 卜

胡萝卜（carrot）别名红萝卜、黄萝卜、丁香萝卜等，学名 *Daucus carota* L. var. *sativa* DC.，为伞形科胡萝卜属能形成肥大肉质直根的 2 年生草本植物，原产亚洲西部的中亚细亚一带。阿富汗有 2000 多年的胡萝卜栽培历史；10 世纪由伊朗传入欧洲大陆；15 世纪在英国已有栽培，发展成欧洲生态型；16 世纪传入美国；13 世纪经伊朗传入中国，发展成中国生态型；16 世纪从中国传入日本。

胡萝卜肉质直根富含胡萝卜素、蔗糖、葡萄糖、淀粉、维生素和矿物质等营养成分。每 100g 鲜重含胡萝卜素 1.67～12.1mg，是番茄的 5～7 倍。胡萝卜素食用后经消化分解成维生素 A，可有效防止夜盲症和呼吸道疾病。胡萝卜有健脾和胃、利膈宽肠、补肝明目等功效，可治疗高血压、夜盲症、干眼症等病症。美国有研究证实，每天吃 2 根胡萝卜，可使血液中胆固醇降低 10%～20%；每天吃 3 根胡萝卜，有助于预防心脏疾病和肿瘤的发生。

胡萝卜食用方法多样，可生食、熟食，以熟食更有利于胡萝卜素的吸收，还可腌制、酱渍、糖制、制干或作饲料等。

一、生物学特性

（一）植物学特性

1. 根 直根系，根系发达，播种 45d 主根就能深入 70cm 的土层，90d 根系深达 180cm。直根上着生 4 列纤细侧根。肉质直根外形主要有圆锥形和圆柱形，个别也有圆形的；根色和肉色以橘红和橘黄为多，也有呈浅紫、红褐、黄色、甚至白色。肉质直根次生韧皮部为主要食用部分，次生木质即"心柱"含养分较少，"心柱"越小，品质越佳。

2. 茎 营养生长阶段茎短缩，多数叶片呈丛状着生在短缩茎上。通过阶段发育后顶芽形成花茎。

3. 叶 出苗后第 1 对真叶很小，很快即枯萎，以后的叶片寿命较长。根出叶，叶柄较长，叶色浓绿，三回羽状复叶，叶面积较小，叶面上密生茸毛，可减少蒸腾耗水，具有抗旱的叶部特征。

4. 花 通过阶段发育后，在春夏季开始抽出花茎。花茎分枝能力较强，各节几乎都抽生侧枝，侧枝上又生次生侧枝。成熟的花茎高可达 1.5m 以上。花茎上有许多小伞形花序组成的复伞形花序生在花枝的顶端。每个小伞形花序，有小花 10～160 朵。花白色或淡黄色，两性，异花授粉，虫媒花，易自然杂交。开花顺序是先主枝后侧枝，全株花期约 1 个月，每个小伞形花序的花由外围向内逐渐开放，花期持续 5d 左右。

5. 果实和种子 果实为双悬果，成熟时分裂为二。种子的种皮革质，透水性差，并与果皮粘连在一起，所以生产上以果实为播种材料。果实外部生有刺毛，不能自然脱落，造成播种困难，故播种前需搓去刺毛。搓掉刺毛后的果实千粒重为 1.0～1.5g。

（二）生长发育

从播种到种子成熟经历 2 年。第 1 年为营养生长时期，长成肉质直根，在中国南方可露地越冬，北方则贮藏越冬，通过春化阶段；第 2 年春季定植后，在长日照下抽薹开花，完成生殖生长阶段。生育期比萝卜更长，一般约需 1 年。

1. 营养生长时期

（1）发芽期：由播种到子叶展开，真叶露心，需 10～15d。胡萝卜发芽慢，对发芽条件的要求也比其他直根类严格。在适宜条件下发芽率一般仅 70% 左右，条件差时仅 20%。创造良好的发芽条件是保证"苗齐、苗全"的管理目标。

（2）幼苗期：自真叶露心到 5、6 片真叶，约 25d。该期根系吸收能力较弱，植株生长缓慢，一般 5～6d 或更长的时间才长出 1 片新叶，所以生产上应创造适宜的环境条件，特别应注意防止杂草的为害，以促进植株的生长。

（3）叶生长盛期：从 5、6 片真叶到"定橛期"，约 30d，也称莲座期。该期叶面积不断扩大，同化产物增多，肉质直根开始缓慢生长，与萝卜一样须注意地上部与地下部的平衡。该期同化产物分配仍以地上部为主，肥水管理目标是保持叶片生长"促而不过旺"。

（4）肉质直根生长期：从"定橛期"到收获，需 50～60d，是肉质直根形成的主要时期。该期占整个营养生长时期的 2/5，肉质直根的生长量超过叶片，生产上在保持最大叶面积的同时，注意摘除老黄叶片。要加强肥水管理，促进肉质直根的发育和肥大。

2. 生殖生长时期　　与萝卜一样，只是各生育时期比萝卜稍长。

（三）对环境条件的要求

1. 温度　　胡萝卜属于半耐寒性蔬菜。生长期间对温度的要求与萝卜相似，但比萝卜的耐寒性和耐热性都强。种子在 4～6℃ 时就能萌动发芽，但发芽速度较慢，发芽适温度 20～25℃。幼苗期能耐短时间 -4～-3℃ 低温和 27～30℃ 高温，最适生长温度 23～25℃。叶片生长盛期适宜温度 21～24℃。肉质直根膨大适温为 13～20℃，并要求一定的昼夜温差。肉质根颜色对温度较敏感，在 10～15℃ 时颜色不佳，15.5～21.0℃ 时颜色较好，高于 21℃ 颜色就逐渐变差，高于 26℃ 品质变劣。

胡萝卜属绿体春化型作物，植株长到一定大小才能感受低温而通过春化阶段，但不同品种间感受低温的植株大小有很大差异。易抽薹品种在苗期 4、5 片真叶，甚至 2、3 片真叶时就能感受低温；一般品种在肉质直根直径 2cm 以上，7 片叶，4.5～15.0℃ 的低温，25～30d 才可通过春化阶段。

2. 光照　　要求中等强度光照。光照不足时叶柄细长，叶片小，光合能力下降，植株长势弱，营养不良，出现提早衰亡的现象。光合作用光补偿点为 $26.9\mu mol/(m^2 \cdot s)$，光饱和点为 $1309.7\mu mol/(m^2 \cdot s)$。属长日照植物，植株通过春化后，在较长的日照条件下抽薹开花。

3. 水分　　胡萝卜具有耐旱的叶和根系特征，是肉质直根类最耐旱的蔬菜。但在一定范围内，土壤水分增加，肉质直根生长加快，产量增加，外形和颜色也较好。水分过多，则干物质的含量会降低，胡萝卜素积累减少。生长适宜的土壤有效水分含量为 60%～80%。喜较干燥空气条件，适宜相对湿度为 40%～55%。

4. 土壤营养　　适宜土层深厚、肥沃、排水良好、富含有机质的砂壤土或壤土，耕作层深度不应小于 25cm。可适应 pH 5～8 的土壤，以 pH 5.3～7.0 最为适宜。要求完全营养，对氮、磷、钾的吸收比例为 1∶0.5∶2.7。钾素能促进根部形成层的活动，增产效果显著；磷素有利于养分的转运，增进品质；在一定范围内，只要磷、钾不缺乏，氮肥用量与胡萝卜素含量几乎成直线相关,但氮肥过多会造成叶片徒长,肉质直根较细,品质下降。胡萝卜对于土壤溶液浓度敏感,幼苗期不应高于0.5%,成株能适应最高1%的溶液浓度,施肥切忌浓度过高。

二、品种类型与栽培制度

(一) 品种类型

胡萝卜类型较多,可按肉质直根的形状、颜色、用途和生长期的长短进行分类。生产中根据栽培目的、栽培地区、栽培季节和栽培方式选择适宜品种。

1. 按肉质直根形态分类 可分为4类。

(1) 长圆柱形:肉质直根长30~60cm,肩部粗大,尾部钝圆,晚熟。生育期150d左右。代表品种有南京红胡萝卜、常州胡萝卜、坂田七寸、因卡等。

(2) 短圆柱形:肉质直根长25cm以下,短柱状,中早熟,生育期90~140d。代表品种有东北三寸胡萝卜、河南安阳胡萝卜等。

(3) 长圆锥形:肉质直根细长,一般长20~40cm,先端尖,多为中晚熟。代表品种有北京鞭杆红、山西蜡烛台、四川小樱桃红胡萝卜等。

(4) 短圆锥形:肉质直根长不足20cm,中晚熟,冬性强,春季栽培抽薹迟。代表品种有烟台三寸、五寸红胡萝卜、河南永城小顶胡萝卜等。

2. 按用途分类 可分为鲜食、熟食、加工、饲料等4种类型。

(1) 鲜食类:肉质直根外形美观,色泽鲜艳,肉质细而脆,多汁味甜,心柱较细,韧皮部肥厚。代表品种有烟台五寸、扬州三红等。

(2) 熟食类:肉质脆,水分多,味略淡,品质中等,适合熟食。代表品种有南京红、上海长红、北京黄胡萝卜等。

(3) 加工类:肉质直根皮光滑,质脆致密,水分少,味甜,心柱与韧皮部色泽较一致,心柱横径不超过肉质直根横径的1/3。代表品种有日本新黑田五寸、鞭杆红等。

(4) 饲料类:肉质直根较粗,水分含量中等,味较淡,产量较高。代表品种有扬州黄干、钻子头胡萝卜等。

3. 其他分类 按肉质直根的颜色可分为橙黄色、黄色、淡黄色、红色胡萝卜,以及紫色胡萝卜等;按生育期的长短可分为早熟、中熟和晚熟胡萝卜。

(二) 栽培制度

1. 栽培季节 胡萝卜适宜秋季生长,中国大部分地区以秋季栽培为主,具体播种时期以将肉质直根形成时期安排在较冷凉气候条件下,并有一定昼夜温差为原则。东北、西北、华北地区在7月上中旬播种;华东、华中地区在7月下至8月上播种;华南地区在8~9月份播种;西南7月中旬播种。在日均气温连续出现零下低温前,及时收获。为了延长供应季节,也可春播和夏播。春播一般在日均气温7℃左右时进行,生产规模不断增加。

2. 茬口安排 秋冬胡萝卜前茬作物可选甘蓝类、茄果类和瓜类蔬菜,也可以大田作物为前茬。后茬多冬闲,或种植越冬叶菜。秋冬胡萝卜可以套种在小麦、玉米等高秆作物的行间,或与萝卜、白菜等作物进行混作。春胡萝卜前茬作物宜选择冬闲地,后作可种植果菜类。

三、栽培技术

胡萝卜栽培技术流程为：施基肥、翻耕→精细整地、作高畦或垄→选种搓毛刺→条播或撒播→间苗、定苗→浇水、施肥→中耕、除草→培土→收获。

（一）秋冬茬栽培技术

1. 整地、施基肥 选择地势较高、能排能灌、土层深厚、土壤肥沃的砂质壤土。前茬腾地较早，施肥量较大，不与胡萝卜同科属的地块。在前茬作物收获后，应及时清理园田，翻耕 20~30cm，耙平耙细，清理田间残根及杂草，进行晒土。结合耙地基肥施有机肥 75t/hm² 左右，并加入磷酸二铵 150kg/hm² 和过磷酸钙 450kg/hm² 或硫酸钾 150kg/hm²。南方地区作高畦或垄，北方作平畦或垄。垄作时，垄顶部宽 20cm，底宽 25~30cm，高 15~20cm，垄距 50~60cm，每垄种 2 行；平畦或高畦栽培，畦宽 1~2m，畦长可根据土质、地形和灌溉条件而定。

2. 播种 各地播种期多在 7~8 月份。播种前晒干种子并搓掉刺毛，浸种 12~24h，可催芽或不催芽播种。为了播种均匀，可用适量草木灰或细土与种子掺匀再播种。平畦播种可采用条播或撒播，垄作可采用条播或点播。播种宜在傍晚进行。穴播播种量 7.5~8.0kg/hm²，条播为 10kg/hm² 左右，撒播 15~20kg/hm²。

胡萝卜种子很小且不规则，进行丸粒化加工，加入药剂和植物激素，使种子成为直径 2~3mm 的球状，适合机械化精量播种，并提高种子发芽率和促进出苗整齐，幼苗健壮。例如，德沃 2BQS-8 型气力式蔬菜播种机配套 29.4kW 牵引动力，一次可完成开沟、播种、覆土和镇压等作业，垄作、畦作均可，行距可调，作业速度 3~5km/h，工作幅宽 2.5m，作业 4 行 8 苗带（图 5-8）。

图 5-8 2BQS-8 型气力式蔬菜播种机

3. 田间管理 田间管理包括间苗、定苗，中耕、除草和水肥管理。

（1）间苗、定苗：出苗后需间苗 1、2 次，将过密的劣株及病株拔掉。在幼苗 1、2 片真叶时进行第 1 次间苗，株距保持在 3~5cm；在 3、4 片真叶时进行第 2 次间苗，保持株距在 6~7cm；在 5、6 片真叶时定苗，保持株距 13~15cm，撒播的以 13~16cm 见方为宜。机播胡萝卜是穴播，每穴 2~5 株，间苗和定苗可 1 次完成。田间留苗密度 37.5 万~45.0 万株/hm²。

（2）中耕、除草：每次间苗尽量与中耕、除草相结合，杂草过多的也可行单独除草。化学除草用药时间以杂草初生阶段效果好，尽量避开植株的药剂敏感期，以免生长不良，施药时避免温度急剧变化导致药害。可用 25% 除草醚，12~15kg/hm²，配 120~200 倍液，在播种后出苗前喷雾或泼浇土表；或用 50% 除草剂 1 号 1.5~2.0kg/hm²，或 50% 扑草净 1.5 kg/hm²，兑水 750~900kg，出苗前喷雾或泼浇土壤。

（3）水肥管理：较干旱的地区，从播种到出苗一般浇 2、3 次水，经常保持土壤湿润，土壤湿度维持在 65%~80% 为宜，农谚有"三水齐苗"的说法。幼苗期浇水以土壤见湿见干为原则，叶生长盛期的后期适当蹲苗。肉质直根肥大期是对水分要求最多的时期，必须保证水分的供应，以利于产量的形成。秋胡萝卜的播种期正是高温季节，在多雨地区应注意排水防涝。

胡萝卜生长前期营养吸收较慢，随着肉质直根迅速生长，营养吸收逐渐增加。全生长期可追肥2、3次，第1次在定苗前后，以后隔20d左右追施1次，每次施三元复合肥150～450kg/hm^2，掌握"前期量少，后期加量；前期高氮，后期高钾"的原则。

采用微喷灌技术不仅高效节水，而且可提高成品率20%以上，并可实现水肥一体化，提高肥料利用率。具体措施为：出苗前微喷保持土壤湿润，以见湿见干为宜，苗期每天微喷1次，每次10～15min。追肥的前3～4d控水，配合开沟晒根，晒至叶片略显萎蔫，以促进主根下扎。追肥后7d内应多喷水，以利于肥料吸收，每天微喷1次，每次20～25min。播种70d以后，可每3d微喷1次，进入叶部生长盛期要适当控水，加强中耕，防止地上部徒长。肉质根肥大期，应经常微喷，保持土壤湿润不干。

4. 收获 在土地上冻前，心叶呈黄绿色，外叶稍有枯黄状，部分根头部露出土表时即可收获。产量一般为45～75t/hm^2。在冬季不太寒冷的地区，秋冬胡萝卜可以随上市随收，或在田间稍加地面覆盖保护，一直收获到早春。

胡萝卜收获机械自20世纪50年代就开始研究和应用，如苏联研发的YKⅢ-1食用块根收获机和美国福特公司生产的斯阔特·阿尔契联合收获机。21世纪开始，胡萝卜收获机已经走向成熟，如Weremezuk公司生产的拔取式胡萝卜收获机，整体采取后悬挂形式，通过3组传送带将胡萝卜运送到与作业拖拉机配套使用的储料箱内。目前应用的适合小面积收获的有单行牵引式胡萝卜收获机，适合大面积收获的有大型侧牵引联合收获机，如中国研发的4UZL-2型胡萝卜收获机（图5-9）。

图5-9 4UZL-2型胡萝卜收获机

（二）春茬栽培技术

1. 整地、作畦 选择背风向阳、地势高燥、土层深厚、肥沃、富含有机质、排水良好的砂壤土或壤土。秋耕过的地旋耕耙平即可，未耕的地播前耕翻25cm左右，耕后适当晾晒。结合整地施商品有机肥60～75t/hm^2、磷酸二铵150～225kg/hm^2，或硫酸钾150～225kg/hm^2。北方采用平畦栽培，南方可采用垄作。

2. 播种 选择冬性强、生长期较短的品种，如日本新黑田五吋、红福四吋等。播种前搓掉种子上的刺毛，浸种催芽，撒播或条播。春季地温低，撒播灌水量大，地温降幅大，条播可开沟顺沟浇小水，地温降幅小。播种后注意防寒保温，可通过夹风障、覆盖地膜等措施保温。播种量比秋播稍多一些。

3. 田间管理

（1）间苗、定苗：播种后10～15d可出苗，出苗期间及时揭掉覆盖物。当幼苗长出2片真叶时，选择晴朗无风天的中午进行第 1 次间苗，苗距 2~3cm；幼苗 3、4 片真叶时进行第 2 次间苗或定苗，苗距 10cm 左右。

（2）中耕、培土：定苗后开始浅中耕 1 次，结合中耕，进行除草和培土。

（3）水肥管理：在发芽期、幼苗期正值早春季节，气温、地温较低，除非特别干旱，一般不宜浇水，直到肉质直根膨大初期，气温逐渐回升时开始浇水。肉质直根在生长中后期，需水量最多，应及时供给充足的水分，经常保持土壤湿润。浇水不足，则肉质直根瘦小、粗糙。生长中后期追肥 2、3 次，每次施三元复合肥 150~300kg/hm^2，第 1 次选高氮复合肥，后两次选高磷钾复合肥。

4. 采收　在 5 月中旬至 7 月上旬期间，肉质直根已充分膨大时，根据市场情况分期采收，及时上市。一般产量为 45~60t/hm^2。收获后，有条件的可在 0~3℃冷库内贮存，供应整个夏季。

四、生产问题与对策

胡萝卜生产中也有裂根、杈根等问题，可参照萝卜进行预防。春季栽培也存在未熟抽薹问题，与同为绿体春化型的春甘蓝相似，可参照防控。胡萝卜生产中还有出苗差、肉质直根青头和瘤包等问题。

（一）出苗差问题

胡萝卜播种后常出现出苗不齐、不全的问题，给生产带来较大影响。

1. 原因

（1）种子结构因素：生产上胡萝卜播种材料多为植物学上的果实，果皮较厚，外面有刺毛，果皮还含有挥发油，又有革质的种皮，吸水透气性很差，常造成发芽困难。

（2）种子发育因素：胡萝卜在开花授粉时，受气候影响较大，常常形成无胚或胚发育不良的种子，胚很小，生长势弱，发芽期长，消耗种子养分多，导致幼苗出土能力差，所以发芽率一般仅为 70% 左右。

（3）种子年龄因素：在北方地区，无霜期较短，胡萝卜种子收获晚，不能供给当年播种，故多用隔年的种子播种，其发芽率有所降低。

（4）种子休眠因素：一些无霜期长的地区，虽然在夏播前可采收种子，由于种子有一段休眠期，也会降低发芽率。

（5）气候因素：夏播时气候炎热，蒸发量大，土温高，土壤易干燥；春播时，土温低，风大；因而不易长期保持适于胡萝卜发芽出土的条件。

2. 克服措施

（1）选择质量好的种子：注意种子质量和发芽率。收获后的种子要注意低温干燥贮藏，提高种子来年的发芽率。北方地区可以利用设施采种，提早收获种子。

（2）提高播种质量：播种前应注意精细整地，避免土壤中含有砖头、石块等硬物。播种时进行浸种，并与易出苗的白菜等作物混播，播种不要过深，覆土不要过厚，播后注意镇压，防止胚根干枯。夏季选择傍晚播种，春季选择中午播种。

（3）加强播后管理：夏季应注意浇水，保持土壤湿润，创造适宜于种子发芽和出苗的条件。同时可利用遮阳网、高秆作物等遮阴，降低苗床温度，较少蒸发，有利出苗。

（二）肉质直根青头和瘤包问题

1. 青头 青头也叫绿顶，影响胡萝卜品质。青头发生的原因主要是耕作层太浅，肉质直根生长时根头部分易露出地面，在阳光的照射下产生叶绿素而变绿形成青头。另外根膨大时不注意培土，种植密度过小等也易造成肉质直根的绿顶。为防止青头的出现，种植前应深翻耕，精细整地；播种时掌握适宜的播种密度；生产中应注意培土，尽量使胡萝卜肩部盖土，收获前2～3周最好将露肩的胡萝卜培土盖严。

2. 瘤包 肉质直根表面有时有凸起的瘤包。造成原因主要是栽培地土质黏重，通透性不良；土壤含有石头、砖块等杂物；施肥过多，特别是氮肥过多，肉质直根生长速度过快等。生产上应选择土层深厚、疏松透气、排水良好的砂壤土栽培；精细整地；合理施肥，注意各种元素的配合使用，不要过多施用氮肥。

第三节 根 芥 菜

根芥菜（root mustard），别名大头菜、疙瘩头、根用芥菜等，学名 *Brassica juncea* Coss. var. *megarrhiza* Tsen et Lee，为十字花科芸薹属中以肥大肉质直根为产品的2年生草本植物。根芥菜在中国有悠久的栽培历史，种植较为广泛，其食用方法主要是加工腌制咸菜，也可炒食或做汤，其加工品清脆爽口，味道咸香，别有风味。根芥菜味辛，性温，有宣肺豁痰、解毒消肿、开胃消食的功效，可辅助治疗咳嗽痰滞、疮痈肿痛、耳目失聪等病症；因富含膳食纤维，可促进胃肠蠕动，缩短粪便在结肠中的停留时间，防止便秘。

一、生物学特性

（一）植物学特征

直根系，有两列侧根，根系主要分布在30cm的耕作层内，肉质直根有圆锥、圆柱、扁圆等形状。营养生长时期茎短缩，生殖生长时期抽生花茎，花茎上多侧枝，高达2m左右。营养生长阶段叶片生在短缩茎上，叶丛有直立、平展等形态；叶色深绿，也有浅绿、黄绿、绿色间紫色或紫红等；叶形有花叶和板叶之分，板叶有椭圆、卵圆等形状；叶缘锯齿状，是鉴别芥菜类的特点之一。

（二）生长发育周期

营养生长阶段是产品器官形成的主要阶段，依次可分为发芽期、幼苗期、叶生长盛期和肉质直根肥大期等。营养生长以后进入肉质直根休眠春化阶段，翌年在高温长日照条件下进入生殖生长阶段，经历返青期、抽薹期、开花期和结实期，形成种子，完成生育周期。

（三）对环境条件的要求

喜冷凉气候条件，适宜气温由高到低的季节，具有一定的耐霜冻能力，但幼苗耐热能力较强，在平均气温24～27℃的高温季节也能正常生长。肉质直根生长适温为13～20℃。种子春化型，大多数品种冬性较弱，在15℃以下经历10～20d即可通过春化阶段。

生长中要求充足的光照条件，光照不足影响其产量和品质。完成春化阶段的植株，在12h以上长日照条件下抽薹开花形成种子。

对肥水条件要求不高。除氮、磷肥外，在肉质直根肥大期对钾肥需要量较大。其适宜在壤土上栽培，pH 6.0~7.5土壤。土层深厚、疏松透气可减少肉质直根的分叉现象。

二、品种类型与栽培制度

（一）品种类型和栽培选择

根芥菜按叶形有花叶型和板叶型两种。板叶型的叶为枇杷叶形，花叶的叶型具有不同程度的深裂。按肉质直根的形状根芥菜可分为圆锥根类型、圆柱根类型、荷包形根类型等，常见的为圆锥根类型，如济南辣疙瘩、二道眉芥菜、襄樊大头菜等。

生产中根据加工或鲜食用途，以及栽培地区、栽培季节和栽培方式等选择适宜品种。

（二）栽培制度

1. 栽培季节　根芥菜主要在露地栽培，中国北方地区主要在秋冬季栽培，7月至8月播种，10月下旬至11月上旬收获。长江和黄淮流域地区可春、秋两季种植，以秋播为主。秋播从7月下旬~10月可陆续播种，9月中旬~翌年3月收获；春播在3~4月播种，6月份收获。

2. 茬口安排　前茬应腾地早，同时避免十字花科作物作前茬，以瓜类、豆类、麦茬地为宜。后茬可种植越冬叶菜类，或冬闲。可以在玉米、高粱地里套作，也可与大白菜、萝卜等秋菜间作。

三、栽培技术

根芥菜栽培技术流程为：施基肥、翻耕→整地、作畦→直播或育苗移栽→间苗、定苗→浇水施肥→中耕、除草→培土→收获。

（一）整地、播种或育苗移栽

1. 整地、作畦　应精细整地，结合整地施入优质有机肥 30t/hm^2、三元复合肥（15-15-15）300kg/hm^2、钾肥225kg/hm^2。有机肥与土壤充分混合后，作畦。北方作垄或平畦，南方作高畦。

2. 播种　可直播或育苗移栽，以直播为主。直播产量高、品质好；育苗移栽易产生杈根，产量也低，但便于管理和提高复种指数。播种以干籽条播为主，少数为穴播或撒播，播种量3.0~4.5kg/hm^2，播种深度以1.5~2.0cm为宜，过浅过深都会影响出苗，一般3d齐苗。育苗者在4、5叶时定植。

3. 苗期管理　幼苗出土后生长迅速，要及时间苗。一般在第1片真叶展开时进行第1次间苗，苗距3cm；3~5片真叶展开时定苗，保留子叶平展，符合品种特征，根茎长短适中、苗大小一致的壮苗。行距30~40cm，株距20~30cm。幼苗期降水较多，可以不浇水。但气温高、土壤干旱时应在早晚轻浇水，防止缺水而染病。

（二）田间管理

1. 水分　生长中期应注意蹲苗促发根，控制浇水，坚持不旱不浇水，防止徒长。后期是肉质直根迅速膨大期，要保持土壤湿润，浇水以见湿见干为原则。

2. 追肥　追肥宜在封垄前结合培土进行，一般每次追施氮肥 150～200kg/hm²、磷钾肥 150kg/hm²。封垄后可叶面喷施 0.1%～0.2% 磷酸二氢钾。

3. 中耕、除草、培土　为保持土壤通透性和保水性，从幼苗期至封垄前可中耕 1、2 次，结合中耕拔除株间杂草。生长中后期要注意培土。

（三）采收

根芥菜后期较耐低温，生产中根据品种熟性、播期及加工需求可适当晚收，但要避免冻害。北方地区在 10 月下旬至 11 月上旬收获，南方可延迟到 12 月收获，暖地也可冬季随时收获。产量一般为 30t/hm²，高者可达 75t/hm²。

第四节　肉质直根类其他蔬菜

请扫描二维码阅读本节内容。

小　结

肉质直根类蔬菜是以肥大的肉质直根为产品器官的一类蔬菜，包括十字花科的萝卜、根芥菜、芜菁、芜菁甘蓝、辣根，伞形科的胡萝卜、根芹菜、欧洲防风，藜科的根恭菜，菊科的牛蒡等，以萝卜和胡萝卜栽培最为广泛。肉质直根类蔬菜产品器官在外部形态上分为根头、根颈和根部 3 部分，解剖结构有萝卜型、胡萝卜型和甜菜型 3 种类型。肉质直根类蔬菜多为耐寒或半耐寒性 2 年生蔬菜，产品膨大适宜温和的季节，要求土层深厚、疏松、保水保肥能力强的壤土或砂壤土，并精细整地，避免粗质砂砾地和使用未腐熟的有机肥，直播栽培，以防主根受伤，肉质直根出现畸形现象；在低温下通过春化阶段，长日照下通过光照阶段，春季栽培要掌握适宜播种期，避免植株通过春化阶段而导致未熟抽薹现象。冷凉的环境条件，一定的昼夜温差有利于肉质直根的形成，生长后期要保持土壤适宜的含水量，注意磷钾肥的供应，适时收获，以提高产量和品质。

思　考　题

1. 肉质直根类蔬菜对土壤有何特殊要求？
2. 肉质直根类蔬菜肉质直根在外部形态上分为哪几部分？各部分有何特点？
3. 肉质直根类蔬菜肉质直根的解剖结构分为哪几种类型？各类型有何特点？
4. 肉质直根类蔬菜有哪些生物学共同点？
5. 肉质直根类蔬菜的栽培特点有哪些？
6. 萝卜生产中常出现的未熟抽薹、糠心、杈根、裂根等问题的原因及克服办法？
7. 简述秋冬萝卜栽培的技术关键。
8. 与萝卜相比，胡萝卜在生物学特性上有何不同？
9. 造成胡萝卜出苗不齐不全的原因有哪些？防止措施有哪些？

10. 请分析胡萝卜青头和瘤包的原因，并提出预防对策。
11. 请比较萝卜和胡萝卜栽培技术的异同。
12. 试述根芥菜栽培技术要点。
13. 简述根菾菜、牛蒡、根芹菜、芜菁、芜菁甘蓝、辣根的特性。
14. 试说明主要肉质直根类蔬菜的栽培季节和茬口安排。
15. 肉质直根类蔬菜春季栽培为什么会发生未熟抽薹现象？
16. 防控不同肉质直根类蔬菜未熟抽薹的主要措施有何不同？

第六章　葱蒜类蔬菜

　　葱蒜类蔬菜均为百合科葱属2年生或多年生草本植物，具有特殊的辛辣气味，又称香辛类蔬菜，种类繁多，栽培历史悠久，分布区域广泛。在中国栽培的主要种类有韭菜、大葱、大蒜、洋葱，韭葱、细香葱、胡葱、薤、南欧蒜等也有种植。葱蒜类蔬菜原产于大陆性气候区，在系统发育过程中，由于长期处于较大的温度年较差、昼夜温差和雨量分布呈季节差异等特定的生长条件下，在形态方面逐渐形成短缩的茎盘、弦状须根、耐旱的叶型，以及具有贮藏功能的鳞茎。在生理方面，葱蒜类要求凉爽的气候、中等强度的光照、较高的土壤湿度、较低的空气湿度和疏松肥沃的土壤，表现耐寒、喜湿、喜肥的特点，以及不耐高温、干旱、强光和瘠薄。中国地处北温带，春季和秋季气候凉爽，昼夜温差大，适于葱蒜类蔬菜生长。葱蒜类蔬菜在中国南方可全年生长；在东北、华北、西北各省，韭菜和大葱可自然越冬，为了均衡供应和提高经济效益，还可设施栽培。

　　葱蒜类蔬菜可按下列检索表加以区别。

葱蒜类蔬菜主要种类检索表

A 叶鞘全部形成假茎，其基部不形成膨大的鳞茎，有的生长根茎。
　B 叶呈管状，中空。
　　C 叶大多丛生，叶高30cm或更高，假茎肥大，花白色……………………………………大葱 *Allium fistulosum* L.
　　CC 叶丛生，叶高仅15～20cm，花淡紫色…………………………………………………细香葱 *Allium schoenoprasum* L.
　BB 叶扁平，不中空。
　　C 叶宽2cm以上，假茎肥大，一、二年生，花粉红色，地下无根茎……………………韭葱 *Allium porrum* L.
　　CC 叶宽1cm左右，假茎不肥大，多年生，花白色，地下生根茎…………………………韭菜 *Allium tuberosum* Rottl. ex Spr.
AA 叶鞘基部形成膨大的鳞茎。
　B 叶管状，中空，鳞茎中无肥大的侧芽。
　　C 叶呈圆筒形管状，粗1.0～2.0cm以上，鳞茎单生或聚生呈球形或扁圆形………………洋葱 *Allium cepa* L.
　　CC 叶呈三角管状，鳞茎聚生与分葱相似……………………………………………………薤 *Allium chinense* G. Don.
　BB 叶扁平，不中空，鳞茎中有肥大的侧芽。
　　C 叶长30cm左右，鳞茎直径3～5cm，味辛辣………………………………………………大蒜 *Allium sativum* L.
　　CC 叶长60cm左右，鳞茎直径7～9cm，不辛辣………………………………………………南欧蒜 *Allium ampeloprasum* L.

　　葱蒜类蔬菜以膨大的鳞茎、假茎或嫩叶为产品器官，含有蛋白质、糖类、维生素及矿物盐等，因富含有硫化丙烯基的含硫有机化合物，具有增进食欲、开胃消食的功效，也是解腥调味的佳品。

　　葱蒜类蔬菜的生育周期可分为营养生长和生殖生长两个阶段，有阶段发育特性。植株通过低温春化阶段，再经过一定的光周期条件而抽薹开花。花薹的顶端着生伞形花序，两性花。蒴果，3室，每室含种子2枚。种子黑色，种皮坚硬，表面皱缩并角质化，因而水分不易渗入，发芽较慢。种子寿命较短，一般为1～2年，生产上宜用当年的新种子播种，韭菜、大葱和洋葱种子的形态特征见表6-1。

表 6-1　韭菜、大葱和洋葱种子的形态特征

种类	种子形状	表面皱纹	脐部凹洼	千粒重/g	每克粒数
韭菜	盾形扁平	皱纹多而细密	无	4.15	227
大葱	盾形有棱角稍扁平	皱纹少而整齐	浅	2.90	315
洋葱	盾形簇角	皱纹稍多而不规则	很深	4.60	210

葱蒜类蔬菜的繁殖方法有无性繁殖和有性繁殖两种。韭菜、大葱、洋葱和韭葱能开花结实，以有性繁殖为主。大蒜和分蘖洋葱以小鳞茎或鳞茎繁殖。顶生洋葱和大蒜的花器退化，在总苞中形成气生鳞茎，也可作为播种材料。

葱蒜类蔬菜种子萌芽出土过程比较特殊。在萌动初期，子叶首先伸长，迫使胚轴和胚根顶出种皮，胚根露出种皮 4~6mm 后，开始向地下生长，此时子叶继续伸长，而子叶尖端仍留在种壳中吸收胚乳中贮藏的养分。因此，子叶弯曲露出地面，随着胚根伸长，逐步将子叶尖端牵引出土（图 6-1）。由于种子萌芽出土的特殊性，葱蒜类生产中应提高播种质量，播后保持土壤湿润，防止地表板结。

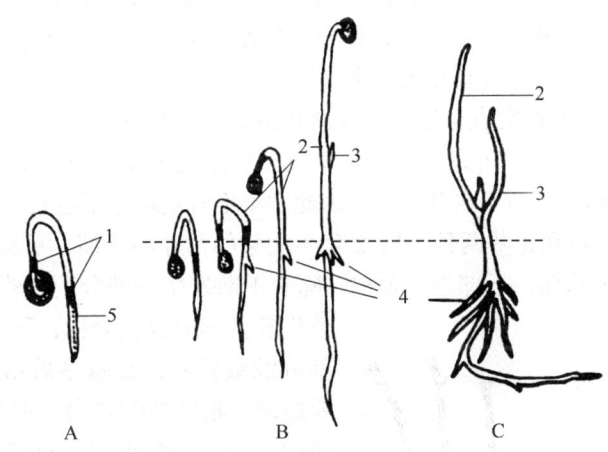

图 6-1　洋葱发芽的顺序
A. 种子的萌发；B. 幼苗的发育；C. 出苗后经过 25d 的幼苗
1. 子叶的伸长区；2. 子叶；3. 第一片叶；4. 自鳞茎盘长出的不定根；5. 初生根

葱蒜类蔬菜有共同的病虫害，在栽培中应避免重茬，同类蔬菜也不宜连作。葱蒜类蔬菜叶片直立，植株低矮，叶面积小，适于密植，也可与其他蔬菜间作或套作。

第一节　韭　菜

韭菜（Chinese chive）别名草钟乳、起阳草、懒人菜，学名 *Allium tuberosum* Rottl. ex Spr.，为多年生宿根草本植物。韭菜以嫩叶、柔嫩的花茎、花蕾和嫩果为产品，气味芳香，营养丰富。韭菜原产于中国，在古籍《夏小正》中已有关于韭菜的记述。先秦时期的地理著作《山海经》曾多处记载在河北、陕西等地有野生韭菜分布。中国是栽培韭菜的主要国家，全国各地均有栽培，栽培方式多种多样，如露地栽培、温室栽培、软化栽培、阳畦栽培、风障栽培、小拱棚栽培等，基本上可以做到周年供应。除中国外，东亚各国也有栽培，而在世界其

他地区栽培较少。

一、生物学特性

（一）植物学特征

韭菜为多年生宿根蔬菜，生长过程中靠近生长点的上位叶腋处分生腋芽，腋芽生长增粗，叶鞘胀破，腋芽发育至一定大小，下部产生新根。韭菜生长过程中始终保持旺盛的吸收和同化功能，是一种采收期长、高产稳产的蔬菜。

1. 根 弦线状须根，着生在短缩茎的基部或边缘，无主侧根之分。3年生韭菜根系的垂直分布可达50cm，水平分布30cm左右，绝大多数根系分布在20cm土层内。韭菜的根系除具有吸收功能外，还具有一定的贮藏营养的功能。根系分布浅，根毛少，吸收能力较弱，不耐干旱，栽培时应保持充足的肥水。

跳根是韭菜重要的生物学特性。跳根主要是由于不断地分蘖所致，新的分蘖发生在靠近生长点的上位叶腋处，因此新形成的分蘖总是位于原植株茎的上方。在分蘖芽逐步发育成新的独立分蘖株时，其茎盘的边缘长出新的须根，该新生根位置高于原有根系。随着分蘖有层次的逐步上移，新根的位置也不断上升，这一现象即韭菜跳根。每分蘖1次，就必然产生一批新根，须根数量与分蘖数存在正相关关系。

每年分蘖次数与收割茬次直接影响每年跳根的高度。例如，每年收割4、5次，跳根高度一般为1.5~2.0cm，生产上可以此为每年培土盖肥厚度依据。但如果连续栽培年限过长，多次培土将使畦面过高，不便于水分管理，因此韭菜不宜栽培年限过长。

2. 茎 分营养茎和花茎两种。1、2年生韭菜的营养茎短缩，呈扁圆锥体，称为"茎盘"，其上部着生叶鞘基部，下部着生须根。随着不断发生新的分蘖，营养茎逐年向地表延伸生长，形成杈状分枝，称为"根状茎"。根状茎可贮藏营养，是越冬后第2年幼苗再生的重要组织。根状茎的寿命一般为2~3年，随着植株的生长，老龄根状茎逐渐衰老，丧失生理功能。在生殖生长阶段，顶芽发育成花芽，抽生花薹。2年生以上的韭菜在满足低温和长日照条件下，均可抽薹开花形成种子。

分蘖是韭菜的重要生物学特性之一，也是更新复壮的主要形式，属于营养生长的范畴。分蘖的多少直接决定产量的高低。分蘖时先在靠近生长点的上位叶腋处形成蘖芽。分蘖初期，蘖芽和原有植株被包在同一叶鞘中，由于分蘖不断生长、增粗，胀破叶鞘而形成独立的植株。早春播植株长出5、6片叶时，便可发生分蘖，其分蘖过程如图6-2。如果营养条件好，分蘖以春、秋两季为主，一般每年可分蘖1~3次，每次分蘖1~3个。

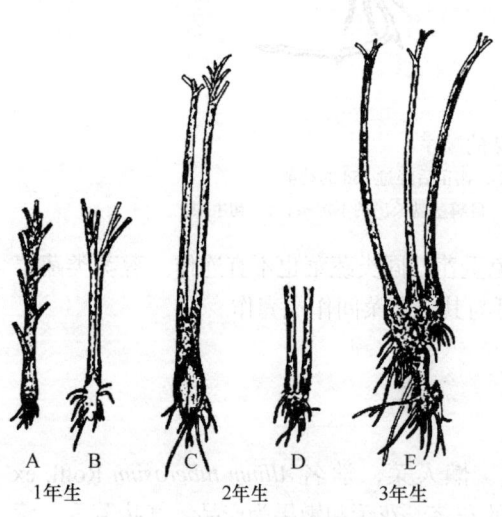

图6-2 韭菜分蘖和跳根示意图

A. 分蘖已形成，但被包在封闭的叶鞘中，还未形成独立的植株；B. 分蘖的生长状况；C. 鳞茎下部包衣解体后呈纤维状的鳞片；D. 剥去纤维鳞片，鳞茎盘上有明显的着生痕迹和刚生出来的幼根；E. 分枝的根茎

3. 叶　　簇生叶，由叶身和叶鞘两部分组成。每株有 5~9 片叶，叶片既是主要产品器官，也是同化器官。叶片的宽窄、色泽和厚薄因品种而异。叶身带状，扁平而狭长，实心，是主要食用部分；其表面覆有蜡粉，能减少蒸腾量，耐旱；其基部为圆筒状的叶鞘。叶鞘在茎盘上分层排列，多层叶鞘抱合成圆柱状或扁圆柱状，称为"假茎"。叶鞘基部具有分生机能，可使叶鞘和叶片向上伸长，因此叶鞘在培土软化栽培的情况下生长很快。上部收获后，基部能继续生长，故韭菜在生产中可以多次收割。叶鞘长度因品种而异，一般为 5~20cm。在不见光或弱光条件下，叶片和叶鞘黄化，组织更加柔嫩，故在生产上可采取遮光、铺粪、培土等措施生产韭黄。

温度、光照、水分和营养条件均可影响韭菜叶部的品质，高温、强光、干旱或缺氮均会导致叶片老化，粗纤维含量增加，降低韭菜品质。进入秋末低温季节，韭菜叶片干枯，叶部养分转运到叶鞘基部和根系之中，使叶鞘基部膨大，形成具有贮存养分功能的葫芦状小鳞茎。

韭菜在不同季节生长速度不同。华北地区 5 月和 8 月韭菜日平均生长速度最快，日生长量可达 2cm 左右。叶片分化速度因品种和季节不同而异，不同品种每年分化的叶数不同：津引 1 号为 51.1 片，791 韭菜为 38.1 片，豫韭菜 1 号为 42.6 片。一年中，4~5 月为第 1 个生叶高峰期，9~10 月为第 2 个生叶高峰期。叶龄长短与温度有关，在生育适温范围内，叶龄随温度的升高而缩短，平均叶龄约为 40d。

由于叶片在生长过程中不断分化、生长和衰老，致使单株有效叶数经常保持在 5~7 片。叶片的生命周期决定其收割时间间隔，一般在叶龄 28~30d，具有 4 或 5 片叶时收割为宜，可保证高产、优质。

4. 花　　每个小鳞茎均可抽生一个花薹，花茎高 50~60cm，顶生伞形花序。一般在抽薹 15d 左右时苞被破裂露出小花，每花序有小花 30~60 朵，最多的可达 180 朵。每朵小花有花被 6 片，雄蕊 6 枚，雌蕊 1 枚，子房上位，3 心室，每室内有 2 粒种子。异花授粉，虫媒花，采种时不同品种应注意隔离。

5. 果实和种子　　蒴果，黑色，三棱形，3 室，每室有 2 枚种子。种子黑色，呈盾形，腹面较平，背面凸出，种面皱纹多而细密，种皮坚硬并角质化，不易透水，发芽慢，千粒重 4~6g。种子休眠期极短，采收后稍加后熟，在适宜的温度和湿度下就能萌芽。种子寿命短，一般为 1~2 年，故播种时宜选用当年新籽。

（二）生长发育周期

韭菜为多年生宿根性蔬菜，播种一次可连续收获多年。从幼苗期到 4~5 年为健壮生长期，5~6 年后进入衰老期。若加强栽培管理，1 个栽培周期可长达 10 余年。生长发育周期包括营养生长和生殖生长两个阶段，一般 1 年生韭菜只进行营养生长，而 2 年生以上的韭菜，营养生长与生殖生长重叠、交替进行。

1. 营养生长阶段　　从种子萌动到花芽分化为营养生长阶段，主要是根、茎、叶等营养器官的生长，又包括发芽期、幼苗期、营养生长盛期和越冬休眠期几个阶段。

（1）发芽期：从种子萌动到第 1 片真叶出现，历时 10~20d。发芽时子叶先伸出，迫使胚轴、胚根顶出种皮。胚根伸出后向下生长，子叶继续伸长，尖端仍在种壳内吸收营养，子叶呈钩状弯曲顶出地面，这种现象称为弓形出土。由于种子发芽缓慢，且具有弓形出土的特点，播种时应提高整地和播种质量，浇足底水，以保证苗全、苗壮。

（2）幼苗期：从第1片真叶出现到具有5片真叶，株高18～20cm，历时80～120d。幼苗期以根系生长为主，不断长出须根，形成须根系，而地上部生长则相对缓慢。幼苗期应及时除草，并结合灌水追肥2、3次，以利幼苗苗壮生长，当幼苗长到5片真叶时即可定植。

（3）营养生长盛期：从定植（或具5片真叶）到花芽分化为营养生长盛期。定植后，营养面积扩大，经过缓苗后，植株相继长出新叶，发生新根，生长量增加，进入旺盛生长阶段。当叶片数增加到5、6片时开始形成分蘖。分蘖前以个体发育为主，主要表现为植株叶片数增多，单株重量明显增加；分蘖后则以群体发育为主，群体数量不断增加。因此，在营养生长盛期要加强肥水管理，促进韭菜分蘖，加大群体数量，增加物质积累，增强植株的越冬能力。

（4）越冬休眠期：韭菜有明显的冬眠特性。秋末冬初，当月平均温度降到2℃以下时，营养物质开始由叶片和叶鞘回流转运到叶鞘基部、根状茎和根系之中，叶片干枯萎蔫，植株进入休眠状态。休眠期长短因品种而异，一般15～20d。南方品种休眠期较短，北方品种休眠期较长。为使韭菜安全越冬，确保翌年高产，必须保证植株在越冬前体内积累充足的营养，并且在回秧前40d停止收割，促进植株养分积累。另外，在越冬前应浇足底水，保持土壤适宜墒情，确保韭菜安全越冬。

2. 生殖生长阶段　又分为抽薹期、开花期和种子成熟期3个阶段。作为绿体春化型植物，在植株长到一定大小，达到一定的营养积累后感受低温通过春化，然后在长日照条件下抽薹开花。以后每年植株必须重新感受低温才能通过春化作用，抽生花薹，只是其所需的低温时间有所缩短。

除低温和长日照两个必要条件外，植株的营养状况也影响抽薹开花。生长健壮的植株花薹健壮，抽薹率高；弱小的植株抽薹率低，甚至不能抽生花薹（表6-2）。

表 6-2　韭菜分蘖与抽薹的关系

生长年限	分蘖株数			花薹数	抽薹率 /%
	总计	健壮株数（有效分蘖）	弱小株数（无效分蘖）		
2年生	428	393	35	97	24.7
3年生	505	469	36	72	15.4

注：抽薹率（%）=薹数/有效分蘖。

1年生韭菜一般只进行营养生长，没有抽薹开花阶段；2年生以上的植株，营养生长和生殖生长交替进行。韭菜以嫩叶为主要的产品器官，在生产上应防止未熟抽薹发生。抽薹开花、结籽需要消耗大量营养物质，不仅影响当年植株生长和养分积累，还会影响翌年鲜韭产量和品质。因此在生产中，除留种田外，应在抽薹后及时采摘鲜嫩花薹上市，减少营养消耗，以利养根和翌年春韭的生产。

3. 多年生的特点　韭菜播种1次可以连续收获多年。在中国南方可周年生产。北方春秋两季生长旺盛，为主要上市期；冬季植株地上干枯，以根茎越冬；夏季高温下"息伏"。由于韭菜具有较强的更新复壮能力，地上部不断发生新的分蘖，地下部不断生长新根，使其营养器官始终处于幼龄、新生阶段，保持旺盛的生活力，这是韭菜植株可以生长多年的内因。

栽培管理水平也会影响韭菜的寿命长短。如果栽培管理水平较高，精细栽培，植株可多年不衰，否则，4～5年植株便会呈现衰老现象。

（三）对环境条件的要求

1. 温度　　韭菜属于耐寒性蔬菜，且适应性广，也能耐一定程度的高温，但产品形成时，要求凉爽、温和的气候。不同品种对低温的反应不同，如南京马鞭韭耐寒性较弱，而汉中冬韭、平韭4号耐寒性较强。不同生育时期对温度要求有明显差异。种子在2～3℃时即可发芽，发芽适温15～18℃，温度偏低或偏高发芽缓慢。幼苗生长适温12～18℃，产品器官形成期适温12～23℃，抽薹开花期要求较高的温度，一般为20～26℃，种子成熟时要求较低的温度。在适温范围内，韭菜的生长速度与温度呈正相关，温度越高，生长越快。

地上部和地下部耐寒力不同，当气温降到-2～2℃时，地上部的叶片开始枯萎，而地下根茎可忍耐-40℃的严寒。

对温度的反应也受其他环境因子的影响，在气候干燥地区，耐低温能力较弱，而在湿润地区耐低温能力相应提高。温室中栽培，在温度达到28～30℃条件下仍可正常生长。

2. 光照　　韭菜属于长日照植物，在通过低温春化阶段后，长日照下抽薹开花。叶部生长对日照时间长短反应不敏感，在冬季日照最短季节亦能正常生长。生长发育以中等强度光照为宜，尤其是在春秋两季；但也具有较强的耐阴能力。光补偿点1221lx，光饱和点40 000lx。光照过强，生长受抑，叶肉粗硬，纤维素含量增加，品质变劣。光照过弱，生长缓慢，叶片瘦小，分蘖减少，产量下降。

3. 水分　　韭菜根毛少，吸收力弱，要求较高的土壤湿度，适宜土壤湿度为田间最大持水量的80%～90%，而地上部叶片狭长，表面覆蜡质，较耐旱，则要求较低的空气湿度（60%～70%）。不同发育时期和不同季节对水分的要求不同，发芽期要求较高的土壤湿度，且发芽缓慢；幼苗期绝对生长量小，应适当控水，把提高地温、促进根系发育；在植株旺盛生长期需水量增加，要保证土壤湿度在80%～95%。旺盛生长期供水不足，不仅使植株长势弱而减产，同时也将使叶肉纤维增多，造成品质下降。夏季高温多雨，要减少灌水，注意排水防涝，以免田间积水造成根系缺氧，诱发病害、腐烂和生理功能失调。

4. 土壤与营养　　对土壤的适应能力较强，在黏土、壤土或砂壤土上均可栽培。但由于根毛少，吸收能力较弱，宜选择土层深厚、有机质丰富、保水保肥力强的肥沃壤土，若在砂性土壤上栽培应增施有机肥来进行土壤改良。

对盐碱土壤有一定的适应能力，但不同生长阶段，适应能力也有差异。例如，成株期能在含盐量0.25%的土壤中正常生长并形成产量，但幼苗期只能适应0.15%的含盐量，土壤含盐量达0.2%以上就会影响出苗。

耐肥力较强，需肥量因植株年龄不同而异。1年生韭菜，根系尚不发达，耗肥量较少；2～4年生韭菜分蘖能力强，产量达到高峰期，耗肥量较多，应根据收获次数和产量增施肥料。5年以上的韭菜，要注意加强肥水管理，促进更新复壮，防止早衰。

不同生育时期需肥量也不同。幼苗期生长量小，根系吸收力弱，应增施速效肥料。营养生长盛期，要以氮肥为主，配施磷、钾肥，促进植株生长，提高产量和品质。每生产1000kg商品韭菜，约需N 3.69kg、P_2O_5 0.85kg、K_2O 3.13kg。在韭菜生产中，应适量施用有机肥，改善土壤理化状况，促进根系生长。

二、品种类型与栽培制度

（一）品种类型和栽培选择

韭菜在中国栽培历史悠久，品种类型十分丰富。按叶片宽窄，分为宽叶韭和窄叶韭；按食用部分可分为根韭、叶韭、薹韭、叶薹兼用韭4个类型；不同品种越冬眠期有长有短，有的无明显休眠性，休眠期长的适合露地栽培，休眠期短的适合覆盖栽培。生产中以栽培目的、栽培地区和栽培方式选择适宜品种。

1. 根韭　别名山韭菜、宽叶韭菜等，以根系为主要食用器官，主要分布在中国云南，叶片生长茂盛，分蘖力强；根系粗壮并肉质化，可腌制或煮食；花薹肥嫩，可炒食。

2. 叶韭　以叶片为主要食用器官，叶片柔嫩，宽厚，分蘖力弱，抽薹率低。

3. 薹韭　以花薹为主要食用器官，叶片粗硬，短小，分蘖力强，抽薹率高。品种如四季薹韭、徐州薹韭。

4. 叶薹兼用韭　叶片和花薹均可食用，目前栽培品种大多为此类型。按其叶片宽度分为宽叶韭和窄叶韭。

（1）宽叶韭：叶片宽厚，叶鞘粗壮，色泽较浅，生长势旺，产量较高，品质柔嫩，唯香味稍淡，易倒伏，适宜于露地栽培和软化栽培。品种如汉中冬韭、791韭菜、雪韭6号、豫韭菜1号、张家口马蔺韭、天津大黄苗、北京大白根、津南青韭、天津卷毛韭等。

（2）窄叶韭：叶片窄长，叶色深绿，叶鞘细高，直立性强不易倒伏，纤维较多，香味浓，品质佳，产量较宽叶韭略低，适宜于露地栽培和各种囤韭。品种如平陆青韭、保定红根韭、天津大青苗、绍兴雪韭、哈密钩韭、日照线韭、临泽毛韭、营城二丕子等。

（二）栽培制度

韭菜耐寒力强，适应性广，在中国北方春、夏、秋3季均可露地生产青韭，以春季和秋季收割为主；利用塑料薄膜拱棚覆盖，可在冬春、早春和秋延冬季生产青韭；利用温室可在冬季生产青韭。因此，中国韭菜可实现周年生产。设施栽培以塑料薄膜拱棚覆盖为主，温室栽培很少。

韭菜为多年生栽培，通常播种或繁殖一次，连续栽培5年左右，管理好的可连续栽培十多年或更长。栽培田要做好生产规划。韭菜对前茬要求不严，但忌以葱蒜类和百合科作物为前茬，可选择茄果类、瓜类、豆类、绿叶嫩茎类等蔬菜为前茬。

三、栽培技术

韭菜栽培技术流程为：整地、施基肥、作畦→繁殖建田（直播、育苗移栽或分株栽植）→幼年期管理（除草→灌水→追肥、防病虫害）→成年期管理和收割（除草→灌水→追肥→培土或客土→防病虫害→收割）。

（一）整地、施基肥、作畦

在前茬作物清园后，适当深翻土地，结合翻耕整地，施足基肥。基肥可施充分腐熟的有机肥或优质土杂肥 75～105t/hm^2，或相当营养量的复合肥。韭菜种子发芽慢，出苗期长，直播栽培的尤其要精细整地，耕后细耙，施土肥混合均匀，土壤细碎疏松。然后根据栽培地区和栽培方式要求，作平畦、高畦或垄。北方地区一般作宽 1.6～1.7m、长 8～10m 的平畦，南方作高畦；设施栽培一般作平畦。

（二）繁殖建田

韭菜是能开花结籽的宿根植物，可以种子繁殖或分株繁殖。用种子播种繁殖为有性繁殖，植株生长旺盛，生活力强，分蘖力强，易获高产，栽培持续年限长，但一般播种当年不能收获产量，土地利用率低，小苗生长缓慢，易生杂草。用成龄株分株繁殖为无性繁殖，可以节省种子和育苗时间，当年即可以收割，但繁殖效率低，植株生活力弱，分蘖数较少，产量低。两种繁殖方法在生产上应用都较普遍，北方地区采用种子繁殖更多，而南方地区采用无性繁殖更多。

1. 播种繁殖 有大田直播和苗床播种。可干籽直播种，或浸种催芽后播种，视栽培季节、温度高低、土壤墒情、雨量等选用。一般春播，温度低、降雨量大时多采用干籽播种；初夏时，温度高、土壤蒸发量大，为促使幼苗尽快出土，常催芽播种。催芽方法：播前 4～5d 把种子放入 40℃温水中，去除浮在水面上的瘪籽及其他杂物，浸泡 24h 后捞出放入盘内，用湿布覆盖，在 15～20℃条件下催芽。催芽期间每天用清水淘洗种子，2～3d 胚根显露后及时播种。

（1）大田直播：优点是省工，但占地时间长，苗期难以精细管理，往往生长不整齐，产量低。东北地区普遍采用大田直播，北方其他地区生产中也多用，有平畦直播和平地沟播两种方法。采用平畦直播时，在做好的栽培畦内按行距开沟，沟宽 8～10cm，深 6～8cm，将沟底搂平后播种，覆土 2～3cm，稍加镇压即可。平地沟播时，按 30～40cm 行距开沟，在沟内灌水，水渗后播种，播后覆土 2～3cm，使播种沟变为浅沟；播种量为 22.5～30.0kg/hm^2。以后随着韭菜生长，逐渐平沟、培土成垄。

（2）播种育苗：育苗移栽便于苗期精细管理，移栽后生长整齐、健壮，产量高，还可以提高土地利用率，但较费工费时。

苗床准备：一般在露地育苗。苗床应选择非葱蒜类前茬、排灌条件良好的地块，以砂壤土为佳。春季育苗的，冬前深翻土壤，经过冬冻春融使土壤疏松，播种前结合苗床整地施腐熟有机肥 60～75t/hm^2。苗床土壤耙细整平后作平畦或高畦。

播种时期：在春季或秋季播种。由于各地气候的差异，春播时期也不同（表 6-3），总体原则是尽可能将幼苗主要生长期安排在月平均温度 15℃左右季节，以利培育壮苗。秋播的应在冬前有约 60d 的生长期，使幼苗达到 3、4 片真叶，能安全越冬。

表 6-3 中国北方部分地区露地韭菜的栽培季节

地区	播种期/（旬/月）	定植期/（旬/月）	收获期/（旬/月）
北京	上/4～下/5	下/7～上/8	下/3
济南	上/4～下/4	上/7	下/9 或下/3～上/4
郑州	中/3	下/7～上/8	中/3
保定	上/4～上/5	下/7～上/8	中/3

续表

地区	播种期/(旬/月)	定植期/(旬/月)	收获期/(旬/月)
西安	中/3~下/3	下/6~中/7	中/3
太原	下/3~上/5	中/7~下/7	上/4
沈阳	上/4~上/5	直播	下/4~上/5
长春	下/4~上/5	直播	上/5
哈尔滨	中/4~上/5	直播	上/5
呼和浩特	下/4~上/5 或 上/7	中/7~下/7 或 上/5~中/5	上/5
乌鲁木齐	下/4~上/5	直播	下/5

播种方法：撒播或条播。撒播的将种子均匀撒于畦内，幼苗分布均匀，长势整齐；条播的先开行距 10~12cm、深 1.5~2.0cm、宽 2.0cm 的浅沟，将种子播于沟内，出苗后便于苗期土壤管理，但幼苗分布不均匀。可以干播或湿播。干播是先播种、覆土，脚踩镇压后浇水，经 2~3d 再灌 1 次水，从而保证幼苗出土前土壤一直保持湿润状态；湿播是先将覆土取出备用，畦面浇足底水，水渗下后薄撒一层细土找平畦面，然后均匀将种子播下，覆土 2~3cm 厚。湿播法可减少水分蒸发，保持土壤墒情，提高地温，利于幼苗出土。

播种量：播种密度过小，浪费地力，且易滋生杂草；播种密度过大，秧苗营养面积小，生长不良，易倒伏或烂秧。苗床适宜播种量为 60~75kg/hm²，每公顷苗床可移栽 10hm² 大田。

苗期管理：精细管理是培育壮苗的关键。幼苗出土后至苗高 15cm 前，需加强水肥管理，勤浇、轻浇，经常保持畦面湿润，促进秧苗发根长叶；苗高 15cm 左右时，适当控水蹲苗，控叶促根，防止因幼苗细弱而引起倒伏烂秧。韭菜幼苗期极易滋生杂草，条播的每隔 15~20d 中耕 1 次，结合中耕清除杂草；撒播的可人工除草。化学除草省工省力，可在幼苗出土前用 50% 扑草净 1.50~2.25kg/hm² 掺细土 225kg，均匀撒于畦面；或用 50% 扑草净 1.50~2.25kg/hm²，加水 1125~1500kg，用喷雾喷洒于畦面。

（3）田间定植：选好定植时期和定植方法。

定植时期：定植期主要考虑根系发育对温度的需求和秧苗大小。韭菜根系生长适宜的温度范围是日平均温度 12~24℃。北方春季清明播种的，可在夏至前后定植；谷雨后播种的，在白露前后定植；秋播育苗，则来年清明后定植。定植期要尽可能躲过高温多雨的夏季，否则气温过高，蒸腾量大，容易引起叶片失水，延迟缓苗。同时土壤湿度过大，氧气供应不足，影响新根发生和伤口愈合。秧苗过大或过小都不利于定植后的生长，定植的适宜苗态是株高 18~20cm。

定植方法：定植时起出幼苗，选择健壮、无病虫害的苗，保留 3~5cm 长根，修剪过长的须根，然后按秧苗大小分级，以便分畦定植。定植方法主要有沟栽和畦栽两种，沟栽的行距大，便于培土和田间管理，适于肥沃土壤和宽叶韭；畦栽的行距小，不能培土软化，适于青韭生产。韭菜根系具有跳根的特性，为延长种植年限，沟栽的可适当深栽。按行距开 10~15cm 深沟，栽苗后覆土，厚度以叶鞘露出地面 2~3cm 为宜。以后随着植株生长和根系上移逐渐封土，防止根系外露，延长生产年限。

定植密度：合理密植是多年生韭菜持续高产的关键。密度过小，产量降低；密度过大，分蘖少，难以持续高产，适宜密度应根据栽培方式和品种的分蘖能力确定。沟栽的密度为行距 30~40cm，穴距 15~20cm，每穴 20~30 株。畦栽的密度为行距 15~20cm，穴距 10~15cm，每穴 6~8 株。分蘖力强的品种可适当稀栽，分蘖力弱的可适当密植。

2. 分株繁殖 于春季或秋季繁殖季节，在多年生韭菜田间，选取分蘖生长旺盛、无病虫害的健壮植株，挖取部分分蘖株，剔除修剪分蘖株腐烂干瘪的根状茎，修剪过长的根和叶，将分蘖株整理整齐，根据栽植计划株（穴）行距单株行栽，或数株 1 簇穴栽。栽植要求同育苗移栽。

（三）露地栽培田间管理

1. 定植当年的管理 定植当年着重"养根壮秧"，培养健壮的根株，积累养分，为以后生长发育、高产稳产和安全越冬打好基础。

春播韭菜定植后进入高温季节，土壤蒸发量大，应及时灌水；长出新叶后，浇缓苗水，促进发根长叶，而后中耕蹲苗；雨季注意排水防涝，防止烂根死秧。入秋后气温逐渐下降，日照充足，是光温条件最适宜韭菜生长的季节，也是肥水管理关键时期，应每隔 5~7d 浇 1 次水，保持土壤湿润，结合灌水追肥 2、3 次，每次施尿素 150kg/hm^2，通过充足的肥水供应促进叶部旺盛生长，为根系生长和根茎越冬积累足够的营养物质。寒露以后天气转冷，植株生长速度减慢，叶片中的养分逐渐转运并贮存于根和鳞茎中，根系的吸收能力减弱，叶面水分蒸腾减少，应控制灌水，防止植株贪青，影响营养积累。立冬后叶片逐渐枯黄凋萎，进入冬眠状态，在土壤封冻前应灌足冻水，以确保地下根茎安全越冬和翌年返青。

2. 第 2 年及其以后的管理 定植第 2 年后，植株已成龄，会有抽薹开花，也开始收割，管理的重点是养根壮棵，依据生理特性和生长规律确定管理技术措施，处理好收割与养根、前茬与后茬的关系，保证植株生长活力持续不衰，稳产高产。

（1）春季管理：春季是韭菜第 1 旺盛生长期，也是产量形成和收割的主要时期，管理水平直接影响产量。返青前应及时清除地面枯叶杂草，耧平畦面，整理畦埂，使韭菜基部充分接受阳光，促进萌芽。返青后气温低，蒸腾量小，若土壤墒情好，可暂不浇水，在收割第 1 刀韭菜后再浇水；若墒情不足，应及时浇返青水，结合灌水追施尿素 225~300kg/hm^2。在株高 15cm 以后再灌 1 次水，浇水后应进行中耕，以提高地温，增加土壤透性，促进根系生长。

一般在萌芽后 30~35d 收割第 1 刀。韭菜耐肥，除施用基肥外，还需"刀刀追肥，因墒浇水，及时中耕"，每次收割后都要追肥。追肥一般在收割伤口愈合后，新叶长出 3~4cm 时进行，以速效氮肥为主。

对多年生韭菜，尤其是沟栽韭菜，还有剔根、紧撮、培土、客土等管理措施。剔根一般在株高 3~5cm 时进行，用竹扦将根际土壤掘出，使外露的根茎和掘出的土壤暴露在太阳光下晾晒 1d，杀菌灭卵，提高地温，刺激根系生长，同时还可以清除株间杂草，淘汰细弱分蘖。紧撮是利用剔根回培掘出土壤的机会，将向外开张的植株收拢紧凑。紧撮有利于群体的通风透光，防止雨季倒伏及软化叶鞘。为了防止韭菜跳根带来的植株倒伏和根茎外露问题，要逐年培土，以保持根茎上方足够的覆土厚度。一般每年在春季萌芽前培土 2~3cm。多年生韭菜行间无法取土培土时，可从非葱蒜类的其他田间取客土培土，也可用腐熟的土杂肥、土杂肥混拌厩肥等培土。培土还可以促进叶鞘伸长和软化，提高产品质量。韭菜分蘖、跳根与覆土的关系如图 6-3。

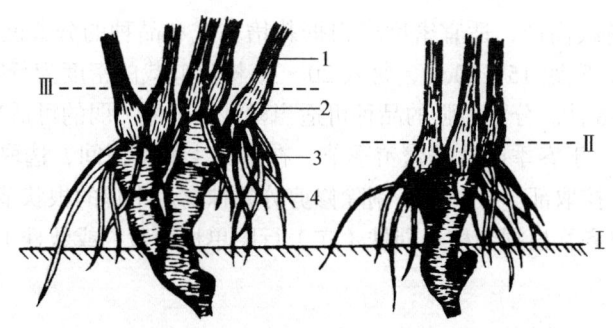

图 6-3 韭菜的分蘖、跳根与覆土的关系
Ⅰ. 地平面（定植时的土层）；Ⅱ. 第 2 年的覆土层；Ⅲ. 第 3 年的覆土层
1. 叶鞘；2. 小鳞茎；3. 须根；4. 根状茎

（2）夏季管理：韭菜不耐高温，夏季高温多雨不利于韭菜生长，呈现"歇伏"现象，植株长势减弱，生长缓慢。且韭菜在高温强光下，纤维含量增加，组织老化，品质显著下降。夏季一般不收割，以养根壮棵为主。韭菜不耐涝，雨后应及时排水。同时，应控制追肥，减少灌水，防止倒伏烂秧，及时除草，确保韭菜安全越夏，累积养分，为秋季生产奠定基础。

（3）秋季管理：秋季气候凉爽，光照充足，昼夜温差大，适于生长，是韭菜第 2 个旺盛生长时期，也是积累养分的重要时期，应加强肥水管理。秋季也是韭菜收割的季节，从处暑至秋分，可根据植株长势强弱收割 1、2 次。在植株枯萎前 40~50d 停止收割，使植株自然凋萎，促进叶部营养逐步转移到根茎中，增强植株的越冬抗寒能力，为翌年返青生长奠定基础。

根蛆是对韭菜生产危害最大的害虫，在春、夏、秋 3 个季节均可发生。轻者叶片枯黄萎蔫，重者连片死亡。华北地区 5 月下旬和 7 月末为韭菜根蛆盛发期，可用药剂灌根防治。此外，有机肥要经过高温充分发酵后方可施用。

在 8~9 月份，韭菜抽薹、开花结实会消耗大量营养，影响植株分蘖、生长和养分积累。因此，除采种田外，应及时采摘幼嫩花薹供食，同时减少植株营养消耗。

（四）拱棚覆盖栽培管理

塑料薄膜拱棚覆盖栽培是中国北方韭菜设施生产的主要形式，主要有中棚覆盖和大棚覆盖，有春季提早（冬春）和秋季延后（秋冬）栽培。冬春栽培主要供应 3~4 月，增加多层覆盖，可以从春节前后开始供应；秋冬栽培主要供应 11~12 月，增加多层覆盖可以供应到元旦前后。拱棚覆盖栽培韭菜，繁殖技术和栽培形式与露地生产基本相同，主要是根据覆盖栽培季节和环境特点，选择适宜品种和覆盖保温措施，调控好设施的温湿度等环境。

1. 培养根株 拱棚覆盖韭菜采收期集中，生产季节短，一定要培养健壮根株。首先要选择耐寒、耐湿品种，冬春生产还要选择休眠期短（10~15d）的品种。其次，露地生长期间常规管理，一般少收割或不收割，秋冬生产的，春季可收割 1、2 刀青韭，夏季和秋季扣膜前不收割，冬春生产的，秋季不收割，或收割 1 刀青韭，冬前使植株养分充分回流到根茎、小鳞茎和根系，形成强壮的根株。

2. 适时覆盖 根据计划上市时间，适时扣盖棚膜。秋冬生产的，扣棚膜早了，产量高峰早移，植株早衰，延后栽培效果不明显；扣棚膜晚了，植株在露地易受冻，根株进入休眠期，生长延缓，供应期推迟；扣棚时间以当地初霜后，最低温度降至0℃之前为宜。冬春生产的，在入冬后地冻前割去韭菜地上部干枯的残株，清洁田间，待韭菜休眠期过后覆盖棚膜；扣膜早了，根株还在休眠，生长不能提早；扣膜晚了，提早栽培效果不明显。

3. 环境管理 扣膜后环境管理主要是按照韭菜生长发育对环境条件的要求，重点调节好温度和湿度。温度保持白天20~24℃，夜间8~12℃；空气相对湿度60%~70%。白天温度超过25℃时，应通风降温排湿。秋冬生产的，当夜间温度低于5℃时，应逐渐增加多层覆盖等保温措施，如大棚内扣小棚、加二层覆盖、棚外增加保温覆盖、棚四周挖防寒沟等。冬春生产的，早期可采用多层覆盖保温；入春后，当夜间温度高于12℃时，应逐渐减少保温覆盖。

4. 植株管理 拱棚栽培韭菜覆盖期间一般收割3刀青韭。秋冬生产的，扣膜后前期韭菜生长速度快，30d左右可收割第1刀，以后生长速度逐渐减慢，收割间隔时间加长。冬春生产的，第1刀韭菜在扣膜后50~60d收割，以后每隔30d左右可收割一次。每次收割后应通风排湿，使割口愈合，次日追肥浇水。

设施韭菜有害生物主要为灰霉病和根蛆，应采取综合措施防治。

（五）采收

韭菜生长速度快，再生能力强，1年可收割多茬。每年收割次数，应根据植株长势、株龄、季节、土壤肥力和市场需求而定。定植第1年，一般不收割，以养根为主。第2年开始收割，收获季节主要在春季和秋季。北方地区春季一般收割3、4次，秋季收割1次或不收割。

适时收割是优质、高产的关键。韭菜适宜收割的标准是：平均单株具有5、6片叶，株高30~35cm，每茬生育期在25d以上。春韭从返青到收割第1刀需35~40d，第2刀需25~30d，第3刀只需20~25d。

韭菜收割时还要注意留茬高度。留茬过高影响当茬产量和品质；过低易损伤根茎，影响下茬产量。农谚有"扬刀一寸，等于多上一次粪"。一般割口处以黄色较适宜，为绿色时留茬偏高，为白色时留茬太低。收割时间以晴天早晨最好，此时叶部水分尚未蒸腾，品质鲜嫩，既可提高产量，也利于中午日晒后伤口愈合。

第二节 大 葱

大葱（welsh onion），学名 *Allium fistulosum* L. var. *giganteum* Makino，为百合科葱属中的2年或3年生草本植物，以叶鞘组成的肥大假茎和嫩叶为产品器官。大葱起源于中国西部和俄罗斯西伯利亚地区，由野生葱在中国经多年驯化和选择而来，后传入朝鲜、日本，16世纪传入欧洲，19世纪传入美国。中国是大葱主要生产国家，有3000多年栽培历史，南北各地均有栽培，淮河秦岭以北和黄河中下游为主产区，形成了许多名特产区，如山东章丘、历城，陕西华县，河北赵县，辽宁盖县，吉林公主岭等。

一、生物学特性

(一) 植物学特征

1. 根 弦线状须根，着生于短缩茎上，长30～40cm，粗1～2mm。侧根少，主要根群分布在30cm深土层内。发根能力强，播种出苗后先扎出主根，而后发出次生根，最后出现分支根。次生根发生在茎基部，随着茎盘的生长，不断发生新根，发育盛期可多达100条。根无形成层，增粗较慢，根毛少，吸收能力弱，适于疏松、肥沃的土壤栽培。根不耐涝，土壤湿度过大时，尤其高温高湿条件下，易坏死、变黑，丧失吸收功能。

2. 茎 营养茎短缩，呈圆锥形，其下部密生须根，上部着生多层管状叶鞘和生长点。生殖生长期，生长点停止分化叶片，逐步抽生花薹。抽薹后或生长点受到破坏时，可在内层叶鞘基部萌生1、2个侧芽，形成分蘖。

3. 叶 由叶身和叶鞘组成。叶身有蜡粉，管状中空，其中空部分是由于海绵组织的薄壁细胞崩溃消失所致，幼嫩的叶片并不中空。在葱叶下表皮的栅栏薄壁组织和海绵薄壁组织之间有乳管，内含挥发性的硫化丙烯，细胞破裂后能产生辛辣气味。

叶鞘圆管状，层层包围套生于茎盘上，形成假茎，即葱白。假茎的形状、大小及是否发生分蘖是区分大葱类型和品种的主要依据。假茎的地上部分淡绿色，地下部分白色，是主要的营养贮藏器官。大葱的产量取决于假茎的长度和粗度，而假茎的生长又受发叶速度和叶数多少的制约。一般叶数越多，假茎越粗越高；叶身生长越健壮，叶鞘越肥厚，假茎就越粗。假茎的高度还受栽培条件的影响，随着培土厚度增加，假茎也随之增长。

4. 花 完成阶段发育后茎盘顶芽伸长为花薹。因顶端优势，每株一般只抽生1个花茎。花薹绿色、中空、圆柱形，其粗度和高度因品种特性和营养状况而异，顶生花苞。伞形花序，开花前花序藏于膜状花苞内，呈球状；花开放时，总苞破裂，露出各个小花。每个花序有小花400～500朵，多者可达1500朵。小花有细长的花梗，每朵花有绿色萼片和花瓣3个，雄蕊6枚。两性花，虫媒花，采种应注意隔离。

5. 果实和种子 蒴果，内含种子6枚。幼果绿色，成熟后自然开裂，散出种子。种子黑色、盾形，中央断面呈三角形，种皮表面有不规则的皱纹，脐部凹陷，千粒重2.4～3.4g，一般为2.8g。种子寿命短，一般贮藏条件下生活力仅1～2年，因此生产上宜选用当年的新种子播种。

(二) 生长发育周期

大葱属于耐寒性蔬菜，整个生育周期可分为营养生长和生殖生长两个阶段。周期长短因播期而异，春播大葱夏季定植，翌年春季抽薹、开花、结籽，历时2年；秋播大葱第3年才能开花结籽。根据其生育特点，可细分为以下时期。

1. 发芽期 从播种到子叶出土伸直，第1片真叶出现，需9～15d。播种后，在适宜发芽的条件下，种胚萌动，胚根自发芽孔伸出，向下扎入土层，子叶向上伸长，但尖部仍留在种子内，而子叶腰部拱出土面，称为"立鼻"或"拉弓"。而后随着子叶伸长，子叶尖也从种壳内抽出，长出地面伸直，称为"直钩"，再从子叶上长出第1片真叶。发芽期间，应保持土壤湿润，使幼苗顺利出土。

2. 幼苗期 从第 1 片真叶出现到定植，在春播育苗条件下，需 80~90d，出苗后很快进入旺盛生长期，无休眠期；秋播的幼苗期（包括休眠期）长达 8~9 个月，又分为冬前生长期、越冬休眠期和返青生长期。

从第 1 片真叶出现到幼苗越冬，为冬前生长期，需 40~50d。这一时期气温较低，幼苗生长量小，育苗既要避免播种过早形成大苗越冬导致未熟抽薹，也要避免幼苗过小降低越冬能力。一般来说，2 叶 1 心是大葱幼苗安全越冬的临界形态。

从幼苗越冬到翌春返青为越冬休眠期。越冬期间，由于温度低，幼苗生长极为缓慢，处于休眠状态。要注意防寒保墒，冬前浇足封冻水、覆盖农家肥、设风障等，以保证幼苗安全越冬。

从返青到定植为返青生长期，历时约 80d，是培养壮苗的关键时期。返青后，应及时浇返青水，追提苗肥，以及间苗除草，确保幼苗生长健壮。

3. 缓苗越夏期 定植后重发新根，生长缓慢。南方初夏定植后正值高温雨季，土壤通气不良，容易发生黄叶、烂根和死苗，缓苗期长，需 40~50d；北方缓苗期短，定植 10~15d 后就可以旺盛生长。

4. 葱白形成期 从缓苗至收获，历时 70~100d。入秋后，天气转凉，大葱进入生长盛期，发叶速度加快。白露前后进入葱白形成盛期，是最适宜大葱生长的季节和产量形成的主要时期，叶片生长速度快、寿命长，每株功能叶数增至 6~8 片，制造的大量养分贮存在假茎中，使假茎迅速伸长和增粗，是肥水管理的关键时期，应追施速效肥料，加强灌水，分期培土，促进植株生长。

随着日平均气温进一步下降，叶片生长趋于停滞，葱白生长速度减慢，叶身和外层叶鞘中的养分向内层转移，使假茎进一步充实，品质也因之提高。

5. 休眠期 大葱没有明显的生理休眠期。但在北方，收获后因贮藏环境低温干燥，大葱进入被迫休眠期。

6. 返青期 翌春日平均气温达到 7℃ 以上时，越冬的大葱便开始恢复生长，冬前分化但未长出叶鞘的幼叶先后长出，可根据市场行情收获上市，北方称之为"羊角葱"。用于采种的大葱花器官开始分化生长，直至花薹顶部的花苞露出，这一时期称为返青期，是大葱由营养生长向生殖生长的过渡时期。

7. 抽薹期 休眠期通过低温春化，春季温度回升后植株开始抽生花薹，从花薹顶部的花苞露出叶鞘到花苞破裂开花为抽薹期。

8. 开花结籽期 从花序开始开花，到种子成熟收获，历时约 50d。头球花序上不同部位的花开放时间有先后，种子成熟的时期也不同。

（三）对环境条件的要求

大葱对环境条件的适应性较强，葱白形成期处于适宜生长条件下，才能实现优质高产。大葱耐寒、抗热，生长要求凉爽的气候、肥沃的土壤和中等强度的光照条件。

1. 温度 大葱属于耐寒性蔬菜，耐寒能力较强，但耐热性较弱，在凉爽的气候条件下生长良好。生长适温范围为 7~35℃。生长最适温度范围为 13~25℃，低于 13℃ 时生长缓慢，高于 25℃ 时叶片发黄，抗性降低。种子在 4~5℃ 的低温下就能发芽，但发芽较慢，发芽适温为 13~20℃，在此温度下 7~10d 便可出芽。2 叶 1 心以上的植株，经过 2~5℃ 低温处理，60~70d 后即可通过春化阶段。

2. 光照 要求中等强度的光照，不耐阴，也不喜强光。光补偿点为 1.2klx，光饱和点为 25klx。光照过强，叶片易老化，纤维增多，降低食用品质；光照太弱，物质合成和积累少，植株长势瘦弱，减产。为长日照植物，通过春化作用后，长日照下抽薹开花。

3. 水分 喜湿而不耐涝。叶身管状，叶面覆盖蜡粉，耐旱。因此，生长期间要求较高的土壤湿度和较低的空气湿度。不同生长发育时期对水分的要求不同。发芽期要求保持土壤湿润，以利萌芽出土；幼苗期和葱白形成期，也是生长关键时期，需水量多，应保持土壤湿润；秋播育苗栽培应在越冬前灌足防冻水，防止冬季失墒死苗；返青期要及时灌返青水，促进幼苗返青生长；收获前要减少灌水，防止贪青，提高耐贮性。

4. 土壤和营养 对土壤的适应性较广，但在土层深厚、疏松肥沃、排水良好、富含有机质的壤土上栽培，产量高，品质好。砂质土保肥保水能力差，透气性好，假茎洁白，但质地松软、耐贮性差；黏质土透气性差，假茎质地紧密，辣味浓，但皮色灰暗。

喜肥，每生产 1000kg 大葱，约需 N 3kg、P_2O_5 1.22kg、K_2O 2kg。因生长期长，要重施基肥，基肥应以腐熟的农家肥为主，追肥要求氮、磷、钾齐全。要求中性土壤，pH 7.0~7.4 为佳，pH 高于 8.5 或低于 6.5 均会抑制种子萌发和植株生长。

二、品种类型与栽培制度

（一）品种类型

大葱有普通大葱和分葱 2 个类型，在植物学分类中，分葱是普通大葱的变种。

1. 普通大葱 分蘖力弱，植株高大，营养生长期间无分蘖。抽薹后只在花薹基部抽生 1 个侧芽，种子成熟后形成 1 个新植株，个别植株分为 2 个单株。以叶鞘和叶身为产品器官，种子繁殖。通常所说的大葱即普通大葱，在中国普遍栽培，按假茎高度分为长葱白类型和短葱白类型。

（1）长葱白类型：植株高大，假茎长，粗度均匀，长/粗比值在 10 以上；相邻叶的叶身基部间距较大，一般在 2~3cm，产量高，但对栽培条件要求高。代表品种有章丘大葱、高脚白、赤水孤葱、掖选 1 号、盖平大葱等国产品种，还有长宝、春味、高冠、田喜、元藏等日本引进品种。

（2）短葱白类型：生长健壮，葱白粗短，下粗上细，形似鸡腿，长/粗比值在 10 以下；相邻叶的叶身基部间距小，排列密集，呈扇形；适于密植，耐贮运。代表品种有寿光鸡腿葱、对叶葱、隆尧大葱等。

2. 分葱 植株矮小，分蘖力强，以食嫩叶为主，多用分株繁殖。在营养生长期间，植株每长出 5~8 个叶就发生 1 次分株，由 1 株分生 2、3 株。营养生长良好的 1 年可发生 2、3 次分蘖，产生 6~10 个分株，各分株在通过春化后可同时抽生花薹、开花、结实，以南方栽培为主。代表品种有青岛分葱、宁波夏葱、安康乌分葱、安康黄分葱、石泉分葱、珠葱、蔗荞葱等。

（二）栽培品种选择

生产中品种和类型应根据栽培目的、栽培季节、栽培方式、栽培地区的生态和消费特点等选择。例如，国内作冬葱消费的，多选择长葱白类型普通大葱品种；出口鲜大葱的，多选择日本普通大葱品种；作青葱栽培的多选择耐热性好的普通大葱品种；南方地区常选分葱栽培。

（三）栽培制度

1. 栽培季节 大葱适应性广，不同季节、不同方式均可栽培，有青葱和大葱 2 类产品。幼苗在北方可露地越冬，夏季虽生长缓慢，但多不休眠，且产品收获期灵活，植株大小均可上市，因此可以实现周年生产和供应。由于各地气候条件不同，其主栽品种，播种、定植和收获时期均有一定差异。中国北方部分地区用于冬贮的秋大葱适宜栽培季节见表 6-4。

表 6-4 中国北方部分地区露地大葱的栽培季节

地区	播种期/（旬/月）	定植期/（旬/月）	收获期/（旬/月）	主栽品种
北京	中 /9	5~6 月	下 /10	高脚白
石家庄	中 /9	上、中 /6	下 /10	高脚白、赵县大葱、章丘大葱
济南	下 /9	下 /6~上 /7	上 /11	章丘大葱
郑州	中、下 /9 或中 /3	上 /6~下 /6	上 /10~中 /11	章丘大葱
西安	中 /9 或中、下 /3	下 /6~上 /7	中、下 /10	章丘大葱、华县谷葱
太原	下 /9	下 /6~上 /7	中、下 /10	
沈阳	上 /9	上 /5~中 /6	中 /10	海阳大葱、公主岭大葱
长春	下 /8~上 /9	上、中 /6	中 /10	
哈尔滨	上 /9	上 /6	中 /10	鸡腿葱、章丘葱
乌鲁木齐	下 /8~上 /9	中 /6	下 /10	
呼和浩特	上 /9	中 /6	上 /10	

2. 茬口安排 大葱忌连作，连作时病虫害严重，产量低，也不宜与其他葱蒜类蔬菜重茬。因此无论育苗还是生产田均需实行 3 年以上轮作，可与叶菜类、豆类、瓜类等作物轮作，也可以春甘蓝、春菜花、小麦或大麦为前茬。大葱耐阴，植株直立，可与其他蔬菜或粮食作物间作或套种。大葱根系分泌物对其他作物的某些病原菌有抑制作用，因此葱茬是百合科之外其他作物的良好前茬。

三、栽培技术

大葱栽培技术流程为：播种育苗→整地、施基肥、作畦→定植→田间管理（中耕、除草、灌水、追肥、培土、防治病虫害）→采收。

青葱和分葱与大葱栽培技术相似，主要是栽植方式和培土技术不同。

（一）大葱栽培技术

大葱适应性广，不同季节、不同方式均可栽培，现以秋播冬贮大葱为例说明大葱的栽培技术。

1. 育苗 为提高土地利用率，生产上均采取育苗移栽方式。以露地传统育苗为主，适于机械化移栽的穴盘基质育苗也已开始应用。

（1）露地育苗：在田间建苗畦，土壤育苗。

苗畦准备：苗床宜选择地势平坦、土质疏松、有机质丰富、排灌方便的砂壤土，前茬以3年内未种过葱蒜类的菜田或粮田为宜。基肥施腐熟农家肥60～75t/hm²，加施过磷酸钙375kg/hm²。浅耕、耙平，精细整地作畦。

播种：根据气候条件确定适宜播期。秋播的播期应严格控制，播期过早，极易发生未熟抽薹；播期过晚，苗小无法安全越冬。播期选择以幼苗越冬前有2、3片真叶，株高10cm左右，茎粗2～4mm为宜。山东、河南、晋南播期多选在秋分前后，冀北、辽南多在白露时节，吉林、黑龙江、内蒙古多在处暑至白露间。

撒播或条播，以撒播更普遍。常用干籽播种，也可温汤浸种或药剂浸种处理后播种，可提前1～2d出土。撒播时先在播种畦内取土，过筛后做覆土用。畦内先灌足底水，水渗下后，薄撒1层土找平畦面，播撒均匀后覆土1、2cm厚。也可先播种，覆土、脚踩镇压完后浇水。播种量3.0～4.5g/m²，需采用当年新籽。

冬前管理：秋播6～8d即可出齐苗。第1片真叶长出后，幼苗生长速度加快，可视土壤墒情进行浇水，原则上控制灌水，防止徒长和幼苗过大，一般冬前浇1、2次水即可。土壤开始结冻时浇足封冻水，并在畦面撒施厩肥防寒保墒，保证幼苗安全越冬。

春季管理：春季返青后，日平均气温回升到13℃以上时浇返青水，结合灌水施尿素150～225kg/hm²。返青水不宜浇的过早，以免降低地温，影响生长。浇返青水后，控水蹲苗，同时除草、间苗，保持苗距3～4cm，淘汰病弱幼苗；苗高18～20cm时进行第2次间苗。结束蹲苗后，随着气温升高，幼苗进入旺盛生长期，需要增加灌水次数和灌水量，并结合灌水再追施尿素150kg/hm²，促进葱苗迅速生长。定植前10d停止灌水，锻炼幼苗，提高其抗性和缓苗能力。

（2）穴盘育苗：选用商品基质和220孔穴盘在设施内育苗。可采用MINORUVE-31型播种机干籽播种，一次性完成基质装填、压穴、播种、覆基质全过程。每穴播种3粒，覆盖基质厚度0.5cm。播后浇透水，将穴盘整齐摆放于育苗床内。温度保持白天20～25℃，夜间10～15℃。光照管理参照光饱和点25klx，保持适中强度。精细水分管理，前期适当控水，基质相对含水量保持在60%为宜，基质表面见干见湿，以防幼苗徒长；中后期适当增加基质含水量至60%～70%，保持基质湿润，促苗快长；定植前3～5d减少浇水量并加强通风炼苗，使基质相对含水量保持在50%左右，避免定植时基质散坨和幼苗倒伏而影响定植质量。苗期采用喷淋装置进行补肥。出齐苗后根据长势情况追施0.1%～0.2%三元复合肥（20-20-20），前期一般5～7d补1次肥，中后期每隔3d补1次肥。切叶是穴盘育苗的一项重要措施，在葱苗有倒伏倾向前用专用切叶机械切叶可有效防止葱苗倒伏，适应机械定植要求。一般切叶1、2次，定植前修剪切去叶稍，保留出叶口以上2cm左右的叶基部。

穴盘苗定植标准：苗龄45～60d，植株健壮，不倒伏，株高15cm，假茎长10cm左右，假茎粗0.3cm左右，功能叶2、3片，叶色浓绿，根系发白，壮而不旺，无病虫斑。

2. 定植 确定好定植时期、定植密度和定制方法。

（1）定植时期：一般在芒种到小暑定植，尽量早定植是优质高产的重要措施。定植过晚，秧苗易徒长，并且定植后正值高温季节，缓苗慢、葱白形成期短，不利于提高大葱质量，产量也低。常规苗适宜定植苗态为株高30～40cm，假茎粗1.0～1.5cm。如果秧苗过小，定植后生长缓慢，不易缓苗发根；秧苗过大，定植困难，缓苗迟缓，易倒伏。

（2）定植密度：大葱株型直立，合理密植是高产的重要措施。一般大垄栽培，株距5~6cm，密度30万~40万株/hm²为宜。定植前应选苗分级，大苗稀植，小苗可稍密植。

（3）定植方法：定植前，结合耕翻，施入腐熟有机肥75~120t/hm²，2/3普施，1/3集中沟施。按50~60cm行距开出定植沟，沟深25~30cm，沟宽15cm，沟内施磷酸二铵450kg/hm²和有机肥，然后将沟底刨松，栽苗定植。定植方法有插葱法和摆葱法两种。栽植长葱白类型多用插葱法，而短葱白类型多用摆葱法。

插葱法：按浇水先后分为干插和湿插两种。干插法是先将葱苗插于沟底松土内，边插边将葱秧两端松土踏实，而后浇水。湿插法是先引水灌沟，待水浇透下渗后再插葱，插葱的深度以不埋没葱心为宜。

摆葱法：是将葱秧沿着葱沟陡峭的一侧摆放整齐，再从沟的另一侧取土，用脚踩实，随后浇水，或先在沟内灌水，水下渗后再摆苗覆土。

定植时还要注意覆土深度以不埋住管状叶分叉处为宜。覆土过深不发苗，过浅则葱白短。栽苗时还要注意使葱叶的平面与行向平行，以利于后期培土等操作管理。穴盘苗可用VP-100型大葱移栽机定植，定植行距70cm，定植密度45万~50万株/hm²。

3. 田间管理 重点是做好水肥和培土管理。

（1）水分管理：定植后10d左右可缓苗，由于正值炎热的夏季，植株生理机能减弱，生长缓慢，对水分消耗不多，以促进发根为主，不旱不宜多浇。一直到立秋前，管理的重点是中耕、除草2、3次，松土保墒，促进根系向纵深发展。雨后及时排水，防止浇水受涝死苗。立秋以后植株生长加快，白露以后，植株进入生长盛期，应勤浇、重浇。霜降以后，气温日益降低，进入假茎充实期，要保持土壤湿润，见干见湿，收获前5~7d停止浇水，以便于收获和运输贮藏。

（2）施肥管理：大葱生长期长，需分期追肥。入秋后结合灌水追施"攻叶肥"，施腐熟有机肥22.5~30.0t/hm²、过磷酸钙20~25kg/hm²，促进叶部增长；白露后进入植株旺盛生长期，结合灌水和中耕可追施"攻棵肥"1、2次，每次施尿素22.5~30.0kg/hm²，硫酸钾150~225kg/hm²。

（3）培土：培土可以软化葱白，增加葱白长度，防止倒伏，是提高大葱产量和品质的重要措施。假茎（葱白）的伸出主要是叶鞘细胞的延长生长，而叶鞘细胞的延长生长，要求黑暗、湿润的环境。因此培土深，葱白就长，组织就越充实。培土有专用的封葱机，其培土效果好，深度可达30~40cm，宽度在11~40cm（需更换刀具），深度、宽度、培土高度灵活调整，操作方便，简单实用。培土需分次进行，一般在立秋到收获前进行3、4次，前两次培土可结合中耕进行，将垄土填入葱沟内，处暑前后将葱沟填平；第3、4次培土时，逐渐使垄背变成葱沟，葱沟成为垄背（图6-4）。

每次培土深度以培至最上部叶片的出叶口处，不埋没葱心为宜，取土宽度不宜超过垄宽的1/3和葱沟深度的1/2，以防伤根。培土后要将垄肩土拍实，防止塌落。培土时应选在土壤湿度适中时进行，便于操作。培土时间一般宜在下午，同时注意不要碰伤叶片造成腐烂。

4. 收获 收获时期因种植地区、市场需要、栽培形式和生长状况不同而异。一般在植株外叶生长基本停止，叶色黄绿，土壤封冻前15~20d收获为宜。收获过早，心叶还在生长，造成减产；收获过晚，假茎易失水、松软，降低葱白产量和品质。

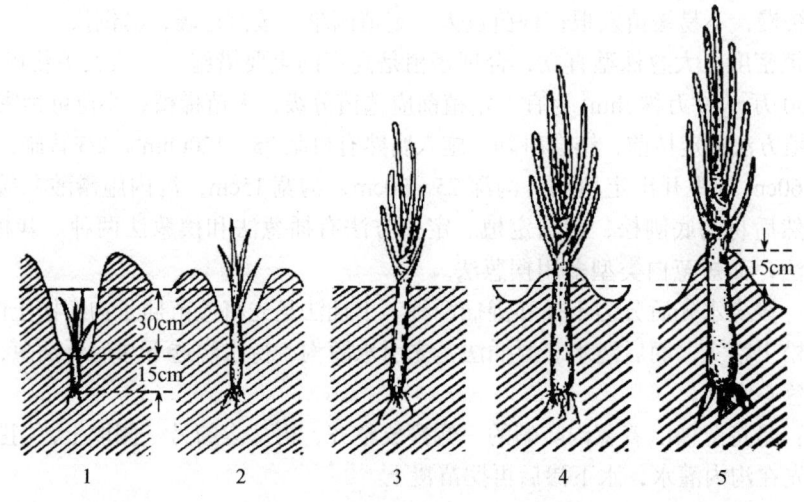

图 6-4 大葱分期培土示意图
1. 培土前情况；2. 第 1 次培土；3. 第 2 次培土；4. 第 3 次培土；5. 第 4 次培土

（1）人工收获：可用大叉或长镐在葱垄一侧刨至须根处，然后撬动使根部的土壤发生松动，将大葱轻轻拔出。收获后将大葱根部的土壤抖净，每两沟葱并成 1 排，放在地面晾晒，待叶片柔软、葱白干燥时去除病残叶，分级打捆，置于冷凉处贮藏，供应冬春市场。

（2）半机械收获：收获机器可深入到地下 40cm 左右铲起大葱并通过振动器不断的振动达到松土的效果，两侧履带带动前行，松土之后仍靠手工直接拔出大葱。与传统手工作业相比可节省至少 5 倍人工，费用节省 1 倍。

（3）联合收获机收获：可一次性作业完成挖掘、分离和收集工作，但仍然需要人工打捆，且机械价格较高，只有在大面积收获时才能体现其经济优势。

（二）分葱栽培技术

1. 整地、施基肥　　选择土层深厚、疏松、肥沃的砂壤土，深翻土地，施入腐熟的农家肥 60t/hm^2 作基肥。一般采用畦作，畦宽 1.5～2.0m，畦面耙平，开 6～7cm 深的沟。

2. 定植　　在温暖地区可常年栽培，根据栽培季节可分为夏葱、冬葱和四季葱等。夏葱在 6～9 月炎热季节生长；冬葱以秋季生长为主；四季葱可四季栽培，以 4～5 月采收品质最好。

分葱以分株繁殖为主，定植时将分蘖逐个分开。普通栽植行距一般为 40cm，每穴 3、4 株，穴距 20～25cm；早熟品种栽植行距 20～25cm，每穴 2、3 个种鳞茎，穴距 15cm，穴深 6～7cm。栽后覆土、浇水。

3. 田间管理　　主要是追肥、灌水、中耕和培土。追肥以速效氮肥为主，从株高 12～13cm 时开始，每月追 1 次肥，结合中耕和灌水进行，共追施 3、4 次。幼苗期施肥量要少，随植株生长加快可适当加大施肥量，天旱时可适当灌水，追肥 2 次以后开始培土，培土可结合追肥进行，即追肥后培土，培土深度以不过葱白为宜。另外，每采收 1、2 次要追 1 次肥。

4. 采收　　分葱可四季采收，采收时间因地区、品种和栽培形式而异。株高 18～20cm 时即可采收，可只收割叶片，也可全部拔出。

第三节 大　　蒜

大蒜（garlic）学名 *Allium sativum* L.，别名蒜、胡蒜，古名葫，为百合科葱属中的 2 年生草本植物，以嫩苗、花茎和鳞茎为食用器官。大蒜幼株在遮光条件下生长成为蒜黄，较为良好的光照条件下则成长为青蒜，抽薹时可收获蒜薹，成熟时的产品器官则为蒜头。大蒜的食用方法很多，可生食、炒食、拌食，亦可作调料用。大蒜除鲜食外，还是主要的出口加工蔬菜之一。蒜头和蒜薹可以腌制成糖醋蒜、酱菜，蒜头还可加工成蒜片或蒜粉等。

大蒜起源于欧洲南部和中亚，公元前 113 年张骞出使西域引入中国，起初在陕西关中地区种植，以后遍及全国。9 世纪初大蒜传入日本，16 世纪前叶传入非洲和南美洲，18 世纪后叶扩展到北美洲，现已遍及世界各地。中国栽培大蒜已有两千多年的历史，是世界上产量和种植面积最大的国家，南北方普遍栽培，并形成了很多优势产区。例如，秋播区的山东金乡、苍山、安丘，江苏邳州和射阳，陕西关中，河南中牟，四川成都等；春播区的青海乐都，甘肃临洮，辽宁开原、海城；以及反季节生产的云南大理等。

一、生物学特性

（一）植物学特征

1. 根　　弦线状须根，无明显的主根和侧根之分，根毛少，吸收力弱。主要根群分布在 5~25cm 耕层内，横向扩展直径 30cm 左右。在蒜瓣背部的茎盘周围发根多，内侧发根少，具有喜湿、耐肥的生态特性。在栽培过程中要勤浇水、勤施肥，保证高产、优质。

在秋播条件下，大蒜一生有 2 个发根高峰期。第 1 发根高峰期在播后 1 周，根原基在适宜条件下可形成幼嫩新根 15~40 条。第 2 发根高峰从 4 月份开始，发生的大量新根为鳞茎的膨大和蒜薹伸长奠定了基础。随着植株生长和茎盘扩大根系逐渐上移，并表现新老根系的更替。进入 5 月中旬，根系开始衰老死亡。

2. 茎　　营养茎短缩，呈盘状，节间极短，成株高约 1cm，直径约 2cm，其上环生叶片，基部生根。生殖生长阶段，顶芽分化为花芽，抽生出花茎即蒜薹。内层叶的叶腋常分化侧芽，发育成鳞芽。鳞茎长成以后，茎盘组织逐渐木栓化，干缩硬化，成为蒜瓣的托盘。

3. 叶　　包括叶片和叶鞘两部分。叶片扁平披针形，叶面积小，暗绿色，叶表面被蜡粉，耐旱。叶形较直立，互生，为 1/2 叶序，对称排列，其着生方向与蒜瓣的背腹连线相垂直。因此在播种时将蒜瓣的背腹连线与行向平行栽植，使叶片分布在栽植行两侧，有利于叶片更多地接受阳光。

叶鞘圆筒形，是临时的养分贮藏器官，多层叶鞘抱合形成假茎。假茎着生在茎盘上，淡绿或绿白色，是青蒜和蒜黄的主要食用部分。分化越晚的叶片其叶鞘越长、叶数越多，假茎就越粗壮。叶数因品种和播期不同而异。一般紫皮蒜有叶 7~9 片，白皮蒜 11~13 片。春播大蒜一般有叶 9~13 片，秋播大蒜 12~15 片。叶片数越多，叶面积越大，对蒜薹和鳞茎生长越有利。

4. 鳞茎　　也叫蒜头，由多个鳞芽（蒜瓣）组成，鳞芽着生在茎盘上。每个鳞茎蒜瓣数量因品种不同而异，大瓣种一般 4~7 个，且比较整齐；小瓣蒜多达 10~20 个，且大小不一。每个蒜瓣由1个幼芽和2层鳞片构成，外层为保护鳞片，内层为贮藏鳞片。蒜瓣的外层有3、4层由叶鞘基部膨大成的鳞茎外皮。

5. 蒜薹、花、种子和气生鳞茎　　伞形花序生于蒜薹顶端，总苞内着生多个发育不完全的紫色小花，一般花而不实，不能形成种子。但总苞内常有数量和大小不等的气生鳞茎，也叫珠蒜，与蒜瓣的构造并无明显区别，可食用，也可做播种材料，但因个体小，播种当年一般形成独头蒜，用独头蒜再播种，便可形成分瓣的蒜头。

（二）生长发育周期

大蒜是2年生蔬菜，以鳞茎作繁殖器官，生育周期包括萌芽期、幼苗期、鳞芽和花芽分化期、蒜薹伸长期、鳞茎膨大盛期和生理休眠期，各生育时期形态明显不同（图6-5）。其生育周期长短因品种、播期不同而异，春播90～110d，秋播有越冬期，需220～250d。

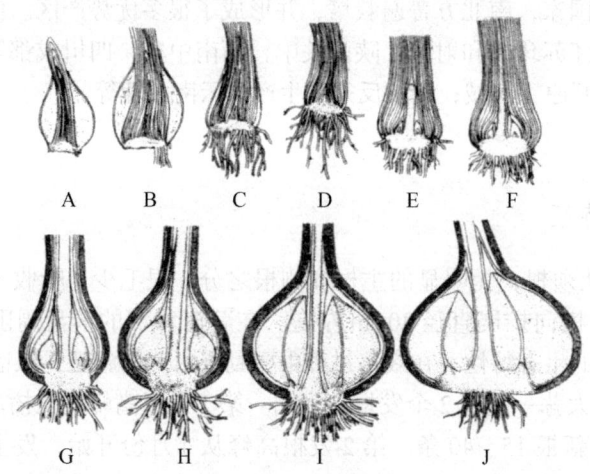

图6-5　春播大蒜生长过程中鳞茎形态变化纵剖面示意图
A. 种瓣；B. 幼苗期（4周）；C. 退母、花芽、鳞茎开始分化（6周）；D. 蒜薹开始伸长（7周）；
E. 蒜薹伸长、鳞茎开始膨大（9周）；F. 蒜薹继续伸长、鳞茎继续膨大（10周）；G. 蒜薹甩尾、鳞茎继续膨大（11周）；
H. 采薹、鳞茎迅速膨大（12周）；I. 鳞茎迅速膨大（14周）；J. 鳞茎成熟、收获（15周）

1. 萌芽期　　从种瓣播种到初生叶出土展开，春播需15d左右，秋播需7～10d。播种时，鳞芽苗端已分化出4、5片叶，播种后继续分化。根系呈束状长出，以纵向生长为主。萌芽期生长能量来源于种瓣内贮藏的营养，因此种瓣大小直接影响出土能力和幼苗长势。

2. 幼苗期　　从初生叶展开到花芽和鳞芽开始分化，春播约需50d，秋播需5～6个月。幼苗期根系由纵向生长转入横向生长，并开始发生少量侧根，根长增长速度达到高峰，吸收水分和养分的能力显著增加。该时期新叶不断分化，光合面积明显扩大，植株生长所需的营养逐渐转向叶片光合作用自给。当种瓣营养物质逐渐消耗减重直到干缩瘪空时，称为退母，植株由"自养"变为"异养"，这一转折时期称为退母期，其特征为植株叶尖发黄和干尖。退母期为35～40d。退母后幼苗期继续生长和分化新叶，直至花芽和鳞芽开始分化。

3. 鳞芽和花芽分化期　　从鳞芽和花芽开始分化到分化结束，需10d左右。此期生长中心仍为叶部，是大蒜生长发育的关键时期。一般品种的生长点形成花原基，同时内层叶的叶腋分化鳞芽（侧芽）。由于顶端优势的原因，一般只有靠近中心的几层叶可分化鳞芽侧芽。大瓣种多在最内1、2层叶腋形成鳞芽，小瓣种多在最内1~4层叶腋分化鳞芽，每个叶腋可分化出1~5个鳞芽，常先分化最中心的主芽，然后依次成对在主芽两侧分化副芽。

4. 蒜薹伸长期 又称鳞芽膨大前期，从花芽分化结束到蒜薹采收，春播约历时30d，秋播需32~35d。该时期营养生长和生殖生长同时进行，蒜薹迅速伸长，同时鳞芽逐步膨大，叶片全部展出，叶面积和株高达到最大值，新根大量发生，植株的生长量达到高峰，是肥水管理的关键时期。

5. 鳞茎膨大盛期 从鳞芽分化结束到采收蒜头，春播需50d左右，秋播需55~60d；其中前30~35d与蒜薹伸长期重叠。采收蒜薹前鳞芽膨大缓慢，蒜薹采收以后，顶端优势解除，加之外界较高温度和长日照胁迫叶片营养物质加速向鳞芽转运，鳞芽迅速膨大，叶片逐渐枯黄，叶鞘变软，直至收获。

6. 生理休眠期 从蒜头收获到蒜瓣开始萌芽。此期苗端和根际生长点均停止活动，即使置于适宜生长的温度和水分条件下，也不能萌芽生根。生理休眠期的长短因品种而异，一般需60~90d，早熟品种较短，晚熟品种较长。生理休眠结束之后，在不适宜生长的环境条件下，大蒜进入被迫休眠期。为了延长大蒜贮藏时间，可通过控制发芽条件，人为延长被迫休眠期。

（三）对环境条件的要求

1. 温度 喜冷凉的气候条件，生长适温12~26℃。种蒜在3~5℃开始萌芽，12℃以上萌芽速度快，幼苗期生长适温12~16℃。温度过高，叶片易老化，纤维含量高，青蒜上市品质变劣。鳞茎形成期生长适温15~25℃，高于26℃植株生理失调，鳞茎停止生长。

植株耐寒力较强，能够忍受短期-10℃低温，在华北地区秋播大蒜稍加覆盖就可安全越冬，在冬季月平均温度低于-5℃的地区，秋播蒜不能自然越冬。其耐寒能力因品种和生育期而有一定差异，一般白皮蒜耐寒力较强，4叶或5叶期的幼苗耐寒力最强，也是秋播大蒜的适宜越冬苗龄。大蒜为绿体春化作物，植株必须达到一定大小才能感受低温通过春化作用，一般在0~4℃低温下，经30d左右就可通过春化。通过春化作用后，生长点开始花芽分化。

2. 光照 不耐强光，适合中等光照强度。光合作用光补偿点为41μmol/（m^2·s），光饱和点为707μmol/（m^2·s）。其为长日照植物，在较长日照条件下才能形成鳞茎和抽薹，但不同品种的临界日长不同。低纬度地区的品种临界日长短，多为早熟种；高纬度地区品种临界日长较长，多为晚熟种。在长日照得到满足时，提高温度可促进鳞茎形成，如果日照长度低于临界日长，则只分化新叶而不易形成鳞茎。

3. 水分 因根系分布浅，根毛少，吸收力弱，大蒜喜湿、怕旱。其叶片为带状，表面覆盖蜡质，耐旱，适于较低的空气湿度。不同生育时期对水分的要求不同。播种后应保持较高的土壤湿度，使其尽快发根出苗。幼苗期应适量浇水，以中耕保墒为主，促进根系向纵深发展，避免种瓣过早腐烂。叶片旺盛生长期需水量大，应及时浇水，促进叶片生长。抽薹前控制浇水，蒜薹采收后及时浇水。鳞茎膨大盛期也要求较高的土壤湿度，使鳞茎充分膨大，提高大蒜质量和耐贮性。

4. 土壤营养 因根系吸收能力弱，大蒜对土壤肥力要求较高，适宜在土质疏松、保水保肥力强、富含有机质的壤土栽培。砂性强的地长出的蒜品质差，蒜头松散，种性易退化。大蒜喜微酸性土壤，不耐贫瘠和碱性，应均衡施肥。施肥指标：尿素 280kg/hm^2、过磷酸钙 120kg/hm^2、硫酸钾 300kg/hm^2。萌芽期和幼苗期需肥量少，主要靠种瓣内营养生长。而叶片旺盛生长期和鳞茎膨大期需肥量大，需水量多，是需肥的关键时期，应保证充足的肥水供应。

二、品种类型与栽培制度

（一）品种类型

中国大蒜品种繁多，类型丰富。常依蒜皮颜色分为白皮蒜和紫皮蒜；也有依蒜瓣的大小分为大瓣蒜和小瓣蒜，依是否抽生蒜薹分为有薹蒜和无薹蒜，依叶形分为宽叶蒜和窄叶蒜，依叶片质地分为软叶蒜和硬叶蒜，依生态特性分为冬性蒜和春性蒜，依熟性分为早熟蒜、中熟蒜和晚熟蒜，依生态型分为低温反应敏感型、低温反应中间型和低温反应迟钝型，依蒜衣（蒜瓣外皮）层数分为单层蒜衣和双层蒜衣 2 类。

1. 白皮蒜 有大瓣和小瓣两种。大瓣种每头 5~8 瓣，小瓣种每头十余瓣。叶数较多，假茎较高，大多数不易抽薹，晚熟，蒜头大，辣味较淡，适于腌渍加工。大瓣蒜品种如苍山蒜、金乡白蒜、宿州白皮、嘉定白蒜、吉阳白蒜；小瓣蒜品种如大马牙、狗牙蒜、拉萨白皮蒜。

2. 紫皮蒜 多数品种蒜瓣少而大，常 4~8 瓣，蒜瓣大小均匀，辣味浓，熟性早，产薹率高。品种如青海的乐都红皮，甘肃的临洮红皮，新疆的吉木萨尔红皮、伊宁红皮、昭苏红皮，黑龙江的阿城紫皮、宁安紫皮，辽宁的海城紫皮，四川的二水早、二季早、雨水早，陕西的蔡家坡红皮蒜、改良蒜，贵州的麻江红皮、务川红皮，山东的金乡红皮蒜，山西的应县紫皮。

（二）栽培品种选择

大蒜的主要产品为鳞茎和蒜薹，不同品种的鳞茎和蒜薹产量与质量不同，大多数品种的生态适应性较差，各地栽培品种应以当地品种资源为主，根据栽培目的、栽培季节、栽培方式、消费习惯等选择适宜品种。异地品种一定要经过引种试验筛选鉴定，切忌盲目引进大面积种植。

（三）栽培制度

1. 栽培季节 大蒜的栽培季节因地区和品种而异。依播种期划分，可分为秋播和春播。以北纬 35°~38° 为分界线，35° 以南地区以秋播为主；38° 以北地区以春播为主；35° 与 38° 之间的地区可春播，也可秋播。生产上播区划分还应参考海拔高度。虽然春播和秋播大蒜的播种期和生育期差异很大，收获季节却比较接近，一般都在夏至前后。因为此时夏季的高温和强光长日照胁迫大蒜进入休眠期，根系停止生长，叶片枯黄，为采收适期。中国北方主要城市大蒜的栽培季节见表 6-5。

表 6-5 中国北方部分地区露地大蒜的栽培季节

地区	春播		秋播	
	播种期/(旬/月)	收获期/(旬/月)	播种期/(旬/月)	收获期/(旬/月)
北京	上/3	下/6	-	-
石家庄	上/3	下/6	-	-
济南	中/3	上/6	下/9	上/6
郑州	-	-	中/8	上/6
西安	-	-	下/8~上/9	下/5
太原	中/3	下/6~上/7	-	-
沈阳	下/3	上、中/7	-	-
长春	上/4	中/7	-	-
哈尔滨	上/4	中/7	-	-
呼和浩特	中、下/3	中/7	-	-

2. 茬口安排 大蒜有根蛆等地下害虫和白腐病等土传病害，忌连作，也不宜与其他葱蒜类蔬菜重茬，应实行 3 年以上轮作，可与谷子、玉米、小麦轮作。其对前茬要求不严格，春播的前茬以豆类、茄果类、瓜类蔬菜为最佳，根菜类、白菜类次之；秋播的以番茄、黄瓜、西葫芦、马铃薯、冬瓜等为宜。在东北和西北地区，大蒜以单作为主，而在华北及长江以北各省，通常与其他蔬菜或粮棉作物间作套种。大蒜的根系分泌物具有一定的杀菌作用，是除葱蒜类蔬菜之外其他作物的良好前茬。

三、栽培技术

大蒜的产品器官主要有蒜头、蒜薹和蒜苗，并可以蒜头高密度假植生产蒜黄（遮光栽培）或青蒜（见光栽培）。蒜头和蒜薹生产以露地栽培为主，也可进行设施反季节早熟栽培，多数品种在秋播地区可以兼收蒜薹和蒜头。蒜苗可露地或设施栽培，无须形成蒜薹和鳞茎，挖收绿苗植株为产品；青蒜和蒜黄（见芽苗菜）以整鳞茎高密度播种，在设施中栽培收割产品。

露地大蒜栽培技术流程为：施基肥→整地、作畦→播种→田间管理（中耕、除草、灌水、追肥、防治病虫害）→采收（采蒜薹、收蒜头）。

（一）大蒜栽培技术

1. 整地、作畦 秋播区，在前茬作物收获后，应立即耕翻灭茬；春播区，冬前耕翻土地。翻地前施入基肥，每公顷约施腐熟有机肥 75t、过磷酸钙 750kg 或复合肥 750kg，精耕细耙，然后作畦。

栽植形式有垄作和畦作，依各地种植习惯和栽培条件而定。垄作具有地温高、幼苗起身快、通风透光、蒜头大、便于中耕等优点，北方高寒地区多用，但单位面积株数较少，总产量不高。畦作有平畦和高畦，单位面积株数较多，产量较高。畦的宽度依地形和行距确定，地膜覆盖的参考地膜幅宽确定。

2. 蒜种选择和播前处理 选蒜种时，要先选头，再选瓣。大蒜收获时选择符合本品种特征、蒜头肥大、蒜瓣均匀、外皮色泽一致的单株留种。播种前剥开蒜头选蒜瓣，选择顶芽肥大、无病虫损伤的蒜瓣。种瓣大，贮藏养分多，出苗整齐，幼苗健壮，产量高。将入选蒜瓣按大、中、小分级，播种时大瓣用于生产蒜头，小瓣用于蒜苗栽培。为了防病和促进萌芽，播前可将蒜种在阳光下晾晒 2~3d，或 25% 多菌灵水剂 500 倍液浸泡种瓣 24h。

利用大蒜分瓣机可以替代人工高效进行剥蒜和筛选种瓣，目前已有多家国产的大蒜分瓣机，分瓣率 95% 以上。例如，中拓 400 型和 800 型大蒜分瓣机，生产效率分别为 400kg/h 和 800kg/h；山东达普大蒜分瓣机，生产效率 4000~6000kg/h。

3. 播种 包括播种时期、播种方法、播种密度和播种深度。

（1）播种时期：播种时期主要取决于温度，各地可根据当地日平均温度确定适宜播期。春播的日均温达 3.0~6.2℃，秋播的 20~22℃ 即可播种。春播蒜生育期较短，应尽量早播，在土壤冻融后就可播种。如播种迟晚，苗期感应低温期短，则春化不彻底，影响花芽和鳞芽顺利分化，同时营养生长时间也短，不利于光合产物积累。秋播蒜播种期确定时应遵循两个原则：一是满足种瓣萌发的适宜温度（16~20℃），二是在越冬前幼苗长出 4、5 片真叶，以保证安全越冬。同地区秋播的蒜头和蒜薹产量都明显高于春播。

（2）播种方法：播种方法依播种时浇水先后分为干播和湿播两种。干播法，先播种，后覆土、浇水，在春、秋两季均可采用；湿播法，先浇水，然后趁墒播种、覆土，多用于春季。如果播种时土壤湿度合适，播种前后可不浇水。采用地膜覆盖栽培可提高产量，提早收获。地膜栽培时，可先播种后覆膜，也可先覆膜后播种，但前者居多。

播种方法依播种操作可分为人工播种和机械播种。人工播种可以按照株行距要求，精准开沟点播，使种瓣头朝上，背腹线与行向保持一致，保证正常出苗和以后蒜叶向行间整齐生长，但费工费时。机械播种效率高，可以按株行距准确播种，但目前尚不能实现种瓣的背腹线与行向一致，有时还出现种瓣颠倒播种的问题。目前国产的大蒜播种机较多，并有应用。例如，宾利 6 行大蒜播种机，宽 1.2m，由 12 马力以上四轮拖拉机牵引，行距 18~20cm，株距 8~15cm，范围可按需调整，播种效率 2000m^2/h；新星自走式汽油机型大蒜播种机，配套动力 170 型汽油机，一次播种 4 或 5 行，株行距可调，播种效率 1000~1330m^2/h；玛丽亚 2BU-9 和 2BU-11 型精准大蒜播种机，由 90 马力拖拉机牵引，一次播种 9 或 11 行，播种效率 33 333m^2/d。有的播种机还可以实现播种、施肥、覆地膜等多项作业。

（3）种植密度：种植密度直接影响蒜薹、蒜头的产量和质量，应根据品种、种瓣大小、播期、土壤肥力、栽培方式等来确定。一般地上部生长旺盛、株幅大、生育期长、蒜头大的品种，可适当稀些；反之密些。对于分级播种的，种瓣大的可适当稀播。种瓣小的可适当密播。播期偏早的可适当稀播，反之可密播。土壤肥力好的，可适当密播，肥力差的适当稀播。地膜覆盖栽培的应稀播。通常种植密度为 45 万~60 万株/hm^2，蒜种用量为 1500~2250kg/hm^2。

（4）播种深度：大蒜适于浅播，一般垄作的播种深度 3~4cm，畦作深 2~3cm。播种过深，出苗缓慢，幼苗长势弱，抽薹晚，影响鳞茎膨大。播种过浅，易发生"跳瓣"，而且蒜头露出地面，易使蒜皮粗糙，颜色变绿，组织变硬，降低品质。

4. 田间管理 大蒜生长发育具有明显的阶段性，田间管理应按其生长阶段进行。

（1）萌芽期：萌芽对肥水需求量不大，若土壤失墒可浇小水，使土壤保持湿润状态。重点是中耕松土，提高地温，促进蒜瓣发根出苗。

（2）幼苗期：培育健壮幼苗对以后生长发育至关重要。秋播大蒜，第1片真叶长出后开始中耕松土，控水蹲苗，促进根系生长，防止提前退母或徒长。土地临冻前浇封冻水，秋播区还可在畦面覆盖土粪或秸秆等，以保护幼苗越冬。翌春返青后及时浇返青水，改善墒情，以后浇水根据气候、土壤墒情和幼苗生长情况而定。若春季干旱或气温回升快，应适当早浇；若秧苗生长过旺应适当晚浇。浇水后要及时中耕，提高地温。

春播大蒜，幼苗生长前期要控制灌水，以中耕松土保墒、蹲苗，促进根系发育为主。当叶片轻微黄尖，退母快结束时追肥灌大水。为减轻黄尖现象，灌水追肥可适当提早。在退母期间易发生根蛆，要及时防治。

（3）蒜薹伸长期：进入蒜薹伸长期，植株迅速生长，花芽和鳞芽开始分化，生长量达到最大值，对肥水需求量显著增多，应结合灌水追施速溶性硫基三元复合肥（17-17-17）300~450kg/hm^2。而后每5~7d浇1次水，经常保持土壤湿润。

（4）鳞茎膨大盛期：进入鳞茎膨大盛期，应追施速效氮肥，追施速溶性硫基高钾复合肥（15-8-20）225~300kg/hm^2。蒜头采收前5~7d停止浇水，防止土壤湿度大引起假茎和蒜皮腐烂，蒜头松散，降低耐贮性。

5. 收获 大蒜生产一般可兼收蒜薹和蒜头。

（1）采收蒜薹：从花芽分化到蒜薹采收需40~45d，蒜薹前期生长缓慢，甩缨后生长速度加快，从出口到采收约需15d，出现白苞为蒜薹采收适期。采收过早，降低蒜薹产量；采收过晚，蒜薹质地粗硬。采收时宜在中午进行，此时膨压低、韧性强，不易折断。目前蒜薹都依赖人工采收，采薹方法传统的有"拉、扎、挟、划"等，应依品种特性及蒜薹用途选择，应尽量采用"拉"（抽提）薹法，以减少蒜薹和植株损伤。目前，各产区生产中普遍使用简易采薹器，对蒜薹和植株的损伤少，采薹效率较高。

（2）收获蒜头：采薹后20d左右，叶片黄萎，假茎松软，为蒜头收获适期。采收过早，会降低产量，不耐贮存；采收过晚，叶鞘干枯不宜编辫，若遇雨蒜皮变黑，且蒜头易开裂发生炸瓣现象。

蒜头收获主要用人工挖收。一般用镢或铲挖收，手工清理泥土和整理。目前大蒜挖掘系列机器已有国产并用于生产，还可以根据客户要求定制生产，多数产品可一机多用。例如，富民大蒜收获机，由9马力或以上的手扶拖拉机牵引，收获宽度55cm，深度可调，一次可收3行蒜，自动整齐铺放成排，作业效率2000m^2/h，可兼收花生和马铃薯；润华大蒜收获机，由10~18马力手扶拖拉机牵引，可以兼收薯类和花生，生产效率1300~2000m^2/h；鼎东大蒜收获机，配套动力为24~35马力四轮拖拉机，收获宽度130cm，工作深度7~15cm，作业效率2000~3300m^2/h。收获机械一般都是将大蒜从底部挖掘或铲起，有的还切除根部，然后在传送带和网链上筛去根部土块，最后将带杆的大蒜整齐摊放在畦面上。

无论是人工收获还是机械收获，收后大蒜一般要在田间风干愈伤（curing）3~4d，期间避免日光暴晒蒜头（可用蒜杆盖住蒜头）。初步风干后，在田间编辫或减去蒜杆，清理泥土和根须后上市，或带回库房继续阴干后包装保存。

（二）蒜苗栽培技术要点

蒜苗是冬春季节的一种应时菜，可分批播种，陆续上市，可露地结合设施栽培，周年供应。

1. 整地、施基肥 选择土层深厚、肥沃、疏松、排水良好、粮食作物或非葱蒜类蔬菜地为前茬的砂壤土，施足基肥，可施优质硫基三元素复合肥（30-10-11）450kg/hm²。耕翻后精细整地。

2. 蒜种选择和播前处理 选择休眠期短，苗期生长迅速的品种，无病虫和机械伤的蒜瓣作种蒜，按大、中、小瓣分为3级。蒜种在井水中（井水水温较低）浸泡12h，可促进出芽。生产早蒜苗（秋蒜苗）的，需进行蒜种破除休眠处理，方法是将浸种后的蒜种在0~4℃冷库保湿处理14~20d，或在20℃以下地窖或防空洞内处理20d左右。休眠破除后一般可见种蒜瓣基部有根突生长。

3. 播种 播期依栽培方式和计划上市期而定。一般，秋蒜苗在7月下旬至8月上旬播种，秋冬蒜苗在8月下旬至9月下旬播种，春蒜苗在9月上旬至10月下旬播种，夏蒜苗在2月上旬至2月中旬播种。精细栽培的按10~16cm行距开小沟，3~5cm瓣距顺沟点播，蒜种用量2250~3750kg/hm²。

4. 田间管理 播后浇1次透水，萌芽期保持土壤湿润。早蒜出苗后适当蹲苗，之后以促为主，当幼苗长到7cm时浇1次水，以后视土壤墒情浇水1、2次，每7d叶面喷施0.3%磷酸二氢钾1次，旺盛生长期追肥1次，施尿素75kg/hm²。拱棚生产应注意通风排湿降温，防止高温烧苗。

5. 收获 在地上部高40~50cm，鳞茎膨大之前，植株7、8叶时，可依市场需求分批挖收，扎捆上市。

四、生产中常见问题与对策

（一）种性退化现象

种性退化是大蒜生产上存在的主要问题，其表现是叶色变淡，叶片光合能力下降，植株矮化，秧棵细弱，鳞茎变小，小瓣蒜和独头蒜增多，致使产量逐年降低，品质变劣。

1. 退化原因 大蒜为无性繁殖作物，蒜瓣是变态的侧芽，是母体的组成部分。长期无性繁殖导致病毒在体内积累，不良性状累加，这是种性退化的内因。不良的生态条件和栽培技术是种性退化的外因，如高温、干旱和强光容易诱发病毒病，导致种性退化；土壤贫瘠、肥料缺乏，尤其是有机肥料缺乏引起土壤理化性质的改变；种植密度过大使个体发育不良；采薹过晚，假茎损伤，使营养消耗过多，鳞芽发育不充分；以及选种不严格等，均可导致种性退化。

2. 复壮措施 选择生态条件差异大的地区进行换种，如粮区与菜区、山区与平原，有利于恢复品种生活力。用茎尖培养或热疗法进行脱毒，推广无毒化栽培对缓解种性退化具有显著效果。严格选种，选用种性纯正、瓣数适中的大瓣蒜留种，淘汰病虫危害植株。播种时选择色泽符合本品种特征、顶芽肥大、无病无伤的蒜瓣。改善栽培条件，如保证肥料供应、适当稀植、适时采收等技术措施，可有效防止种性退化，逐步复壮种性。

（二）二次生长现象

二次生长（secondary growth）是大蒜生产中普遍发生的一种生长和生理异常现象，严重影响大蒜商品性和商品产量。程智慧等（1991~1994）通过系统研究，提出了大蒜二次生长的概念、类型和分类分级标准、发生原因和预防途径。

1. 概念 大蒜二次生长是指大蒜初级植株上外层叶的叶腋中分化鳞芽并生长；或内层叶叶腋分化的鳞芽和气生鳞芽，因延迟进入休眠而继续分化和生长叶片，形成次生植株，甚至产生次级蒜薹和次级鳞茎的现象（图6-6）。

2. 类型 按照在植株上的发生部位，可把大蒜二次生长分为外层型、内层型和气生鳞茎型3种。

（1）外层型：发生在初生植株外层叶片的叶腋中通常这些叶腋并不分化鳞芽，每个叶位可萌生1至数个鳞芽，鳞芽由于休眠延迟而继续分化和成长，形成独瓣蒜、无薹分瓣蒜或又有蒜薹又有分瓣蒜头的次级植株。外层型二次生长发生严重的，在初级蒜头外围形成具有独立蒜薹的次生植株，使蒜头畸形，严重影响大蒜的商品品质。

图6-6 大蒜的二次生长

（2）内层型：发生在初级鳞茎的鳞芽上，发生时间晚，一般发育程度不高，次级鳞茎可能是独头蒜或无薹多瓣蒜，极少能形成次级蒜薹。严重时，因次级植株生长导致蒜瓣排列松散，蒜头上部易开裂，形成分瓣蒜的外形酷似正常蒜瓣。

（3）气生鳞茎型：发生在初级植株气生鳞茎上，生产中一般很少发生，且发育程度低，但也有的可产生次级蒜薹，使初级蒜薹短缩，丧失商品价值。该类型一般对蒜头影响不大。

生产实际中，3种类型常有混合发生。对于一个群体，可以抽样调查样本植株上每种类型二次生长的数量和次级植株发育程度，依次分级，并分别计算该群体二次生长发生株率（普遍性）和二次生长指数（严重程度）。

3. 原因 大蒜二次生长的发生，本质上是额外腋芽的发生和腋芽延迟进入休眠所致。但生产中具体原因复杂，涉及品种遗传性、种蒜瓣大小、蒜种贮藏温度和湿度、播种期、水肥管理、覆盖栽培及气候变化等。

（1）品种遗传性：不同品种间二次生长类型和严重程度差异很大。一般情况下，有的品种不发生二次生长，如广东新会火蒜、陕西宁强山蒜、广东普宁大蒜、广东金山大蒜、广东韶关忠信蒜；有的品种只发生内层型二次生长，如改良蒜、温江红七星、软叶蒜、上海嘉定蒜、青海格尔木红皮、辽宁开原大蒜、江苏太仓白蒜、银川紫皮、阿城紫皮、陕西陇县大蒜；有的品种内层型及外层型二次生长均易发生，如二水早、蔡家坡红皮、金堂早、苍山大蒜、白河白皮、毕节大蒜、宝鸡火蒜、山西紫皮。

（2）蒜种贮藏条件：蒜种贮藏期间的温度对二次生长的影响显著，低温可促进二次生长，但不同品种对低温的反应不同。春播地区蒜种收获后贮藏到翌年3～4月，具备促进二次生长的低温冷凉条件。贮藏场所的空气湿度对二次生长也有影响，而且与温度有互作关系。苍山大蒜蒜种播种前在5℃和75%～100%湿度下贮藏的，第2年外层型二次生长和内层型二次生长指数比在相同温度下25%～50%湿度下贮藏的增加3.3倍和1.9倍；而在15℃和25℃下贮藏的蒜种，不同湿度间（25%～100%）无显著差异。因此，蒜种贮藏期间不但要避免低温，还要避免75%以上的较高空气湿度。

（3）播种期：播种期的影响与品种、蒜种贮藏环境、蒜种休眠程度、土壤湿度有关，且播期早晚对同品种不同类型二次生长的影响也不同。如果蒜种经过冷凉处理且提早播种，则外层型和内层型二次生长均会增加。无论是秋播蒜，还是春播蒜，播种过早都会增加二次生长。秋播过早，苗期生长时期长，长势旺，一般会加剧外层型二次生长的发生；春播蒜播种过早，田间经历低温时期长，也加剧二次生长的发生。

（4）蒜种大小和种植密度：蒜种大小与二次生长的基本关系是，大种蒜易发生外层型二次生长，小种蒜（1.0~4.5g）比大种蒜（5~6g）易发生内层型二次生长。种植密度与二次生长基本关系是，稀植有利于外层型二次生长的发生，密植不利于外层型二次生长的发生，但可能促进内层型二次生长的发生。但蒜种大小、种植密度、蒜种贮藏条件、播种期对二次生长的影响有复杂互作关系。较小种瓣密植时，内层型二次生长发生株率极显著降低，且蒜瓣越小，内层型二次生长株率越低。苍山蒜种瓣1.0~2.0g、3.0~4.5g、5.0~6.5g，株距7cm、10cm、15cm，适期晚播时，随蒜种和株距增大内层型二次生长指数增加，而早播时外层型二次生长增加。

（5）水分管理：二次生长的发生与灌水时期和灌水量密切相关。内层型二次生长发生对水分最敏感的时期是鳞芽刚分化后。大蒜生长期间灌水量大、灌水次数多、土壤湿度高（80%~95%），对内层型和外层型二次生长都有促进作用，但对内层型二次生长的促进作用更大。若土壤湿度低（50%），内、外层型二次生长均不发生，但蒜薹和蒜头产量降低。

（6）施肥管理：二次生长与施肥时期、施肥种类和施肥量都有密切相关。苗期施肥过多易促发外层型二次生长，鳞芽分化后施肥过多易促发内层型二次生长。偏施氮肥最易促发二次生长。

（7）覆盖栽培：无论是地面覆盖（地膜、稻草等），还是拱棚覆盖，一般都会促进二次生长的发生，甚至显著促进二次生长。

（8）光周期：大量研究表明，短日照是诱导大蒜二次生长的主要环境因素。生长在8h、9h、12h日长条件下均可诱导二次生长发生，而且处理间差异显著；二次生长发生的临界日长在12h以上。在鳞芽分化期，即使短时期（15d）短日照（8h）处理也会诱发旺盛的二次生长。补光或暗期光中断处理可显著减少二次生长，光强度500lx、中断60min可显著减少二次生长，中断120min效果更显著。

（9）初级生长：二次生长与初级生长关系密切，但也取决于二次生长类型。一般来说，苗期初级植株生长越旺盛，发生外层型二次生长的概率越高，发生越严重；鳞茎膨大期植株生长旺盛，贪青时，内层型二次生长严重；但内层型二次生长发生与初级植株生长的关系相对更为复杂。

（10）内源激素：不同蒜种处理试验发现，GA或IAA水平高的蒜种播种后出苗快，生长好，以后二次生长发生率也高。以同品种进行春播和秋播比较试验发现，播种季节引起的内源激素差异主要为GA和IAA，而玉米素和ABA差异较小；春播蒜的GA和IAA水平显著高于秋播蒜，其二次生长发生率（外层型）也显著高于秋播蒜。

4. 防控途径 第一，选择不易发生二次生长的品种，并依品种特点制定综合调控措施。第二，蒜种贮藏期间保持20℃以上的温度和75%以下的空气相对湿度。第三，选用蒜瓣适中的种蒜，不可过稀过密种植。第四，适期播种，不可过早过晚，避免种蒜低温处理后提早播种。第五，避免大肥大水管理和偏施氮肥，尤其是在鳞芽分化期等敏感时期；增施磷、钾肥。第六，合理应用覆盖栽培技术，避免鳞芽分化后植株机械损伤。第七，合理安排生长季节，将鳞芽分化后的生长期安排在长日照季节，或采取光周期调控措施打破短日照的影响。第八，尝试应用激素调控措施控制二次生长。

(三) "洋葱蒜" 现象

"洋葱蒜"又称"面包蒜""公蒜"，其鳞茎主要由肥厚的叶鞘基部及鳞芽的外层鳞片加厚所构成，无肉质鳞片或肉质鳞片极不发达，可形成蒜薹或无薹分化，无任何食用价值。"洋葱蒜"的形成主要与肥料三要素超量（有效养分 600kg/hm^2）施用且配比不当、追 N 过多且时间过早、土壤过于黏重和过湿等有关。黏重土壤和相对含水量达 90%～100%，可分别导致 14.7% 和 26.1% "洋葱蒜"发生。

防控"洋葱蒜"，应避免过于黏重的土壤栽培，基肥 N、P_2O_5、K_2O 用量分别以不超过 300kg/hm^2、150kg/hm^2、225kg/hm^2 为宜，生长期控制土壤含水量，避免长时期 90%～100% 高湿度。

第四节 洋　　葱

洋葱（onion）别名葱头、圆葱，学名 *Allium cepa* L.，为百合科葱属 2 年生草本植物，以肉质鳞片和鳞芽构成的鳞茎为食用器官，食用方法多样，可生食、炒食或调味，或加工成脱水菜，小型品种可腌渍。洋葱起源于中亚，近东和地中海沿岸为第 2 原产地。古埃及在公元前 3200 年开始食用洋葱，16 世纪传入美国，并演化出多种生态型，约在 20 世纪初传入中国。洋葱适应性广、产量高、耐贮运、供应期长，对缓和蔬菜淡季有一定意义，近年来栽培面积逐步增大，中国以及世界各地普遍栽培。

一、生物学特性

(一) 植物学特征

1. 根　弦状须根，着生于茎盘下部，无主根，分根性弱，无根毛，其吸收能力和耐旱能力较弱。主要根系分布在 20cm 表土层内，根系入土深度和横展直径为 30～40cm，属浅根性蔬菜。根系生长直接影响茎叶生长和鳞茎的膨大，发根盛期先于叶部生长盛期。

2. 茎　营养茎短缩呈扁圆形的圆锥体，俗称"茎盘"。在生殖生长时期，生长锥分化为花芽，每个鳞茎可抽生 1 个主花茎（薹），并或可抽生多个侧芽花薹，通常共抽生 2～8 个花薹，多者可达 10 个以上。花薹管状中空，高约 150cm，中下部稍膨大。

3. 叶　叶生于短缩茎上，有叶身和叶鞘两部分。叶身暗绿色，管状，中空，直立微弯，腹部有明显凹沟（这是与大葱幼苗期的区别特征之一），叶面积较小，表面覆蜡粉，属于耐旱叶型。叶身是主要的同化器官，叶数和叶面积直接影响产量和品质，而叶面积和叶数主要取决于花芽分化期早晚和生长期的长短及栽培技术。未熟抽薹或播种过晚，都会使叶数和叶面积减少，引起减产。叶鞘是洋葱的养分贮藏器官，呈筒状，白色或浅绿色，多片叶的叶鞘抱合形成"假茎"。生育初期，叶鞘基部不膨大，假茎上下粗细基本一致；生长中后期，在高温和长日照条件下，叶鞘基部积累营养逐渐肥厚，最后形成肉质鳞片，多层肉质鳞片及内部幼叶和幼芽膨大的鳞片一起构成鳞茎（图6-7），叶鞘数量和肉质鳞片厚度决定鳞茎的大小。成熟的鳞茎下部的茎盘组织硬化，有利于鳞茎贮藏。鳞茎有圆球形、高圆形和扁圆形，外皮

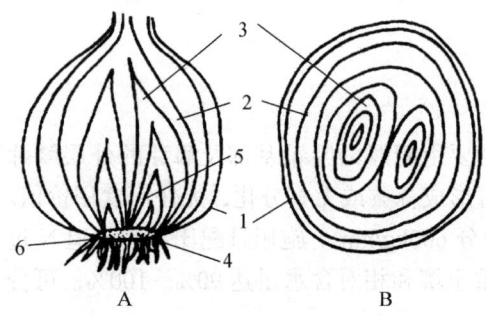

图 6-7 洋葱鳞茎解剖结构示意图
A. 纵切面；B. 横切面
1. 膜质鳞片；2. 开放性肉质鳞片；3. 闭合性肉质鳞片；
4. 茎盘；5. 叶原基；6. 不定根

有黄色、紫红色、绿白和纯白色。

4. 花、果和种子 每个花薹顶端着生1个伞形花序，每花序有200～800朵小花。两性花，每个小花有花被6枚，白色，披针形。雌蕊周围有雄蕊6枚，子房上位，异花授粉，采种时不同品种应进行隔离。果为两裂蒴果，内含6粒种子。种子黑色，盾形，横断面为三角形，外皮坚硬多绉，呈黑色，千粒重3～4g；种子寿命短，使用年限1～2年。

（二）生长发育周期

洋葱为2年生蔬菜，生长发育周期包括营养生长期、休眠期和生殖生长期3个阶段。

1. 营养生长期 从播种后种子萌发开始，到商品鳞茎收获，又分为发芽期、幼苗期、叶部生长期、鳞茎膨大期4个时期。

（1）发芽期：从种子萌动到第1片真叶显露，约15d。种子在5℃以下即可缓慢发芽，12℃以上发芽速度快。在适宜条件下，播后7～8d出土。种子弓形出土，覆土不宜过厚，播后要保持土壤湿润。

（2）幼苗期：从第1片真叶显露到定植，此时幼苗有4、5片真叶。幼苗期长短因播种时期和定植季节不同而异。春播春栽的幼苗期约60d；秋播冬前定植，包括冬前生长期40～60d，越冬休眠期110～120d，共150～180d。幼苗期生长量小，生长缓慢，对肥水需求量小，应控制水肥，防止幼苗过大或徒长。洋葱育苗适龄壮苗形态一般为，有3、4片真叶，株高20cm，茎粗0.6～0.8cm，单株重5～6g。秧苗过大，易未熟抽薹；秧苗过小，植株的越冬抗旱能力弱，产量低。

（3）叶部生长期：从秋栽洋葱越冬返青后长出4、5片真叶，或春栽洋葱定植后，到植株保持8、9片（功能）叶，叶鞘基部开始增厚，需40～60d。定植后随着温度的升高，根系先于地上部进入生长盛期，根长和根重迅速增加，叶鞘基部开始逐渐增厚，鳞茎缓慢膨大形成小鳞茎。随着根系生长，植株也进入发叶盛期，叶数和LAI增大，同化作用加强。这一时期生长中心是叶，管理重点是促进叶部生长，为鳞茎膨大奠定物质基础。同时也要防止地上部生长过旺，造成贪青，延迟鳞茎膨大。

（4）鳞茎膨大期：从叶鞘基部开始增厚到鳞茎成熟，需30～40d。植株进入发叶盛期后，叶鞘基部也已增厚，鳞茎开始膨大。随着外界温度的升高和日照时间的加长，叶部生长受到抑制，植株的生长中心转向鳞茎，光合产物重点向鳞茎运输，使鳞茎迅速膨大，鳞茎重量持续增加。叶身生长逐渐趋于停滞，至鳞茎成熟时，叶身开始枯萎，假茎松软，鳞茎外层（1～3层）鳞片的养分内移，干缩呈革质状，标志着进入采收期。

2. 休眠期 采收后鳞茎进入生理休眠期，约90d。生理休眠解除后，只要条件适宜便可随时萌芽发根，但逆境环境可维持鳞茎被迫休眠。洋葱耐贮性主要取决于休眠的持续性和休眠深度，也受气温的影响。休眠期越长，原基进入休眠越早，耐贮性就越强。

3. 生殖生长期 从开始花芽分化到形成种子，又可分为抽薹开花期和种子形成期，历时

240～300d。贮藏期间或定植以后，鳞茎在2～5℃低温下经过60～70d即可通过春化作用而分化花芽，来年春季在长日照和较高温度下抽薹开花，形成种子。

（三）对环境条件的要求

1. 温度 洋葱为耐寒性蔬菜，种子和鳞茎在3～5℃低温下即可萌芽，12℃以上时发芽速度加快；幼苗生长适宜温度为12～20℃，鳞茎膨大期适宜温度为20～26℃，高于26℃时生长明显抑制而进入休眠。根系生长适温明显低于地上部，当10cm土层旬平均地温达5℃时，根系开始生长，10～15℃生长加快，24～25℃生长缓慢。耐寒性和适应性较强，外叶可忍耐-7～-6℃低温，一些辣味浓、含糖量高的品种耐寒力更强。鳞茎具有极强的耐寒性，一些北方品种，贮藏期间可忍受-20～-15℃低温。

洋葱属于绿体春化作物，要求植株必须达到一定生理苗龄和具有一定的物质基础，才能感受低温通过春化。多数品种在2～5℃低温下，经过60～70d可通过春化。南方型品种所需时间较短，通过春化只需40～60d；北方型品种需要时间较长，在相同低温度条件下，需100～130d。因此，生产上秋栽或秋季育苗春栽，应严格控制越冬前幼苗大小，以免未熟抽薹。

温度也是影响洋葱鳞茎形成的重要因素。满足长日照临界日长条件后，在10～15℃的低温下，鳞茎不能肥大，而温度在15.5～21.0℃，鳞茎才开始膨大，但以21～27℃的高温下鳞茎生长最好。温度过高，鳞茎肥大生长衰退而进入休眠期，只有同时满足长日照和高温2个条件，才能形成肥大的鳞茎。在长日照条件下，温度高，形成鳞茎所需日数较少；而温度低，鳞茎形成的日数较多。同时，温度高，鳞茎形成的界限日照时数较短；温度低，形成的界限日照时数较长，温度与日长之间存在互作效应。

2. 水分 洋葱根系分布浅，吸收能力弱，要求较高的土壤湿度。叶具耐旱生态型，适于较低的空气相对湿度（60%～70%），空气湿度大易引发病害。不同生育阶段需水量有明显变化。幼苗越冬前宜控制灌水，避免幼苗徒长或过大而感应低温春化。叶生长期和鳞茎膨大期植株生长量大，是需水量最大的时期，需充足水分。在鳞茎采收前1～2周内，应逐渐减少浇水，以提高产品品质和耐贮性。土壤干旱可促使鳞茎早熟但减产，而高寒地区常因夏季气温较低，植株贪青生长而使鳞茎形成延迟，控水是调节生长和鳞茎形成的有效措施。

3. 光照 要求中等强度光照，适宜光照强度20～40klx，光合作用光补偿点为44.5μmol/（m²·s），光饱和点为918μmol/（m²·s）。为长日照植物，抽薹开花需要长日照条件。应注意的是，长日照是洋葱鳞茎形成的必要条件，品种间临界光周期有明显差异。短日型品种在较短日照（13h以下）下即可形成鳞茎，长日型品种需更长日照（15h左右）才能形成鳞茎，中间型品种对日照时间的要求不严格。中国北方品种大多属长日型、晚熟种；南方品种多为短日型、早熟种。因此，引种时应考虑品种特性是否与当地的日照条件相符。

4. 土壤营养 适于疏松、肥沃、保水力强的中性土壤。黏重土壤不利于发根和鳞茎膨大，而保水、保肥力弱的砂土，亦不适合。可忍耐轻度盐碱，但幼苗期对盐碱反应敏感，故在盐碱地育苗易发生黄叶或死苗。

喜肥，对土壤营养要求较高。每生产1000kg鳞茎，需N 2.0～2.4kg、P_2O_5 0.7～0.9kg、K_2O 3.7～4.1kg，氮、磷、钾吸收比例为1.6:1:2.4。根据吸肥特点，施肥时幼苗期以氮肥为主，适量施磷以促进氮肥的吸收；鳞茎膨大期增施钾肥，以利于鳞茎膨大，提高产量和品质。生产中氮、磷、钾标准施用量一般为每公顷N 187.5～214.5kg、P_2O_5 150.0～169.5kg、K_2O

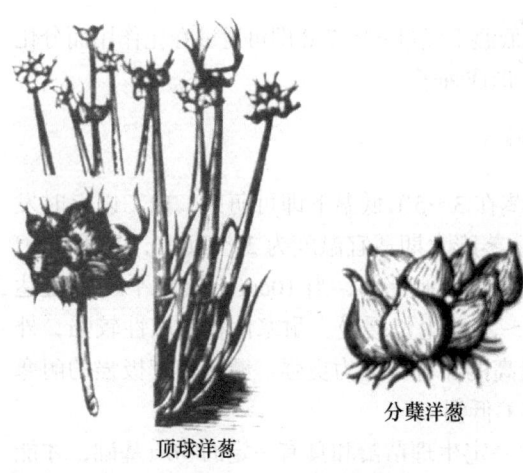

图 6-8 顶球洋葱和分蘖洋葱

187.5~225.0kg。

二、品种类型与栽培制度

（一）品种类型

依鳞茎形成特性，有普通洋葱、分蘖洋葱（var. *agrogatum* Don.）和顶球洋葱（var. *viviparum* Merg）（图 6-8）3 种类型，分蘖洋葱和顶球洋葱均为普通洋葱的变种。

1. 普通洋葱 植株长势较强，每株只形成 1 个鳞茎，个体大，品质佳，鳞茎休眠期较短，贮藏期间易萌芽，以种子繁殖，生产上广泛栽培。按鳞茎皮色，又分红皮洋葱、黄皮洋葱和白皮洋葱。

（1）红皮洋葱：鳞茎外皮紫红至粉红，圆球形或扁圆形，肉质微红。辛辣味较强，含水量稍高，耐贮性稍差，丰产，多为中晚熟品种。优良品种有上海红皮、北京紫皮、西安高桩红皮、大同紫球、解州红皮、哈密红皮、唐山洪水桃、济宁红皮等。

（2）黄皮洋葱：鳞茎外皮铜黄或淡黄色，扁圆、圆球或椭圆形，味甜而辛辣，品质佳，产量稍低，耐贮藏，多为中晚熟品种。优良品种有泉州黄球、卡木依、大宝、熊岳圆葱、南京黄皮、天津大水桃、黄魁、朔县黄皮等。

（3）白皮洋葱：鳞茎较小，外皮白绿至微绿，多为扁圆形，肉质柔嫩，品质佳，适于作脱水加工用，抗病力弱，产量低，多为早熟品种。优良品种有哈密白皮、江苏白皮等。

2. 顶球洋葱 又称埃及洋葱、楼葱、龙爪葱、红葱，以短小的葱叶和葱白及气生鳞茎供食用，辛辣气味比普通洋葱浓烈。叶细管状，长约 30cm，断面为半圆形，绿色，叶面有蜡粉。植株直立，分蘖性强，丛生。植株通过春化后即抽薹，但花器变异，无正常花序，通常不能开花结实，在花茎顶端形成 7、8 个或 10 余个气生鳞茎，其外皮黄色或紫红色，是主要繁殖材料。气生鳞茎无休眠期，可在花薹上发育成幼株。每个花薹上可长出 6~16 个幼株，个别发育早的幼株可再次抽薹，顶部又生小鳞茎，重叠生长，似楼层状，因而得名楼葱。幼苗期短，耐寒性强，东北、西北等严寒地区栽培较多，主要食用肥大的假茎，替代大葱，栽培品种以农家品种为主，如东北顶球洋葱、甘肃楼子葱、汉中楼子葱、榆林红葱等。

3. 分蘖洋葱 分蘖洋葱叶细管状，叶片长约 30cm，深绿色，叶面有蜡粉。植株密集丛生，分蘖力强，单株可形成 2~9 个小鳞茎。小鳞茎卵形或狭卵形，单生或聚生，外皮半革质，紫红色或淡紫色，耐贮运，肉质鳞片白色带有微紫色晕斑。不开花结实或者极少开花结实，以小鳞茎为主要食用器官和播种材料。其生育期短，病虫害较轻，耐寒性强，适应性广。品种如东北分蘖洋葱、珠葱 1 号。

（二）栽培品种选择

依栽培地区、栽培目的、消费习惯、生产条件等选择类型和品种。普通洋葱栽培最普遍，生产中注意品种的光周期类型；分蘖洋葱和顶球洋葱可作为特殊类型栽培。

(三) 栽培制度

1. 栽培季节 洋葱的栽培季节，各地差异较大，随着地理位置北移，播期逐步提前，收获期不断延后，其共同特点是将叶部生育期安排在温度凉爽、日照长度较短的季节。南方亚热带地区，秋末播种，春末收获；长江及黄河流域，以秋播夏收为主；华北平原，白露前播种，夏至前后收获；东北地区，春季育苗、定植，夏末收获。中国北方洋葱的栽培季节见表6-6。

表6-6 中国北方部分地区露地洋葱的栽培季节

地区	春播			秋播		
	播种期/(旬/月)	定植期/(旬/月)	收获期/(旬/月)	播种期/(旬/月)	定植期/(旬/月)	收获期/(旬/月)
北京	-	-	-	上/9	中、下/3	下/6
石家庄	-	-	-	上/9	下/10或中/3	下/6
济南	-	-	-	上/9	上/11	下/6
郑州	-	-	-	中/9	上/11或下/2	下/6
西安	-	-	-	中/9	下/10～上/11	下/6
太原	-	-	-	下/8	下/3	下/7～上/8
沈阳	下/1～上/2	中/4	中/7	-	-	-
长春	上/2	上、中/4	中/7	-	-	-
乌鲁木齐	上/4	上/4～上/5	下/8～上/9	中/10	上/4～上/5	下/8～上/9
呼和浩特	上、中/4	上/6	中/9	中/8	下/4～上/5	下/7

2. 茬口安排 洋葱忌重茬，也不宜与其他葱蒜类蔬菜连作。春栽多利用冬闲地，秋栽多以瓜类、茄果类、早秋菜和豆类为前茬。洋葱的后作主要是秋架豆、秋黄瓜、秋花椰菜、秋甘蓝、胡萝卜等早秋菜。洋葱叶片直立，植株低矮，适宜与其他蔬菜间作套种。

三、栽培技术

洋葱栽培技术流程为：播种育苗→整地、施基肥、作畦→定植→田间管理（中耕、除草、灌水、追肥、防治病虫害）→采收。

(一) 播种育苗

洋葱生育期长，一般都育苗移栽，普遍露地秋播育苗，东北等高寒地区多在早春用设施育苗。以常规土壤育苗为主，近年集约化穴盘基质育苗也有发展。

1. 常规土壤育苗 适期播种是培育壮苗的关键。播种过早，苗体过大，越冬后容易抽薹；播种过晚，苗弱小，抗寒能力差，发棵慢，产量低。较理想的是幼苗既有足够大小的营养体，又不至于超过通过绿体春化所需的临界大小，正常条件下幼苗具有3、4片叶，苗高20cm左右，假茎横径0.6cm左右，翌春未熟抽薹率低于5%的幼苗为宜。以华北地区为例，播种期以8月下旬至9月上旬为宜。

（1）秋季露地育苗：选择疏松、肥沃、保水力强的土壤，施足底肥，精耕细耙，将土肥混匀后作平畦，搂平畦面，撒播。播种量为 60～75kg/hm²，苗床与生产田的比例为 1∶8～10。出苗前后应保持土壤湿润，使幼苗顺利出土。在育苗后期，要适当控制水分，防止幼苗徒长造成的越冬能力降低；避免苗体过大导致未熟抽薹。苗期中耕 2、3 次，促进根系发育。寒冷地区土壤封冻前浇好越冬水，可畦面覆盖防寒物，来年春季返青前去掉覆盖物，清理杂物。返青时若地不太旱，则不要急于浇水。

（2）早春日光温室育苗：苗床施腐熟农家肥 22.5～30.0t/hm²，作宽 1.0～1.2m 平畦。播前浇透底水，撒播，播种量 1000～1200 粒/m²。播后覆土 0.5～0.8cm 厚，覆盖地膜保温保湿，出苗时揭去地膜。出苗前，保持白天 20～25℃，夜间 10～15℃；出苗后，适当降温，白天 18～22℃，夜间 8～12℃。定植前加强低温炼苗，使秧苗适应外界温度。壮苗标准：株高 20～25cm，3、4 片叶，苗龄 50～60d。

2. 穴盘育苗　　育苗技术与大葱相似。一般选择 220 孔穴盘，旧穴盘必须消毒后再用。选用商品育苗基质，或用草炭∶蛭石∶珍珠岩按 6∶1∶2 比例配制，每方基质加三元复合肥（18-18-18）1.5～2.0kg，30% 多菌灵＋福美双可湿性粉剂 40g。基质加水拌和均匀后装盘，可用精量播种机播种，或人工播种，每穴 2 粒种子。苗期管理与大葱相同，一般苗龄 45～60d，成苗标准是：4 叶 1 心，叶色浓绿，苗高 15～20cm，假茎粗 0.5～0.8cm，无病虫，根系发达，根坨成型。

（二）整地定植

1. 整地、施基肥　　选择平整、肥沃的地块，基肥施入腐熟农家肥 60～75t/hm²、过磷酸钙 450～600kg/hm²，深耕细耙，作平畦或高畦。

2. 定植时期　　分为秋栽和春栽。南方亚热带地区、长江流域、黄河流域以及华北平原的大多数地区以秋栽为主；长城以北地区，冬季漫长而寒冷，以春栽为主。同一地区，秋栽的产量高于春栽。秋栽过早，冬前生长期长，幼苗发棵大，春季易发生未熟抽薹；秋栽过晚，冬前不能充分发根，越冬死苗率高。春栽应在土壤化冻后，温度可满足发根要求时尽早栽苗，力争在鳞茎膨大前有较长的叶生长期。

3. 定植密度　　洋葱株型紧凑，适于密植。在一定密植范围内，产量随密度加大而增加，增产效果明显，但密度过大时鳞茎个头变小。合理的栽培密度要充分考虑品种熟性早晚、生育期长短、生长势、地力、肥水条件等综合因素，早熟、生育期短、生长势弱、小苗、土壤和肥水条件差的，可适当密植；反之，则适当稀植；秋栽可稍稀，春栽可稍密。通常行株距为 15cm×15cm、18cm×12cm、20cm×10cm 等。

4. 定植方法　　目前以人工定植为主，也有机械定植。定植前要做好选苗分级，定植时把握好定植密度和深度。

（1）选苗分级：定植前起苗、分级，剔除无根苗、病苗、矮化苗、徒长苗、分蘖苗和个别过大而可能导致未熟抽薹的苗。入选苗按大小（主要是茎粗）分成 2 或 3 级，定植时大小苗分畦栽植，以便管理。

（2）定植深度：栽植深度以 2～3cm 为宜，定植过深，易造成地上部生长过旺，鳞茎变小，且外形畸变，减产；但定植过浅，地上部长势弱，植株易倒伏，鳞茎外露见光变绿，葱头个小，减产。黏重土壤、低洼地块可稍浅，砂质土、高燥地块可稍深。

（3）人工定植：可 1 人用锄镢按行距和深度要求开沟，另 1 人按株距摆苗，单苗栽苗；或每人用小铲按株行距和深度要求边开穴，边栽苗，单苗栽植。栽完后浇定植水，5~7d 后浇缓苗水。

地膜覆盖栽培洋葱可以提高地温，加快植株生长速度，提高土壤保水保肥能力，增产显著，目前生产中普遍采用。可利用机械在整地作畦时铺好地膜，也可在定植缓苗后人工铺设地膜。

（4）机械定植：近年来适合中国国情的国产小中型洋葱栽植机械已用于生产，可以提高生产效率，降低劳动强度和生产成本。例如，启丰牵引式或自走式蔬菜定植机，可以定植洋葱等多种蔬菜与药材，一次可定植 2 行、4 行或 6 行，株行距及深度可调；鼎康 DK-1006 型牵引式 6 行洋葱移栽机和 DK-ZYZ-8A 型自走式 8 行洋葱移栽机，集开沟、栽植、覆土、镇压、浇水、施肥等多种功能于一体，株行距栽植深度可随意调，适合多种作物移栽。

（三）田间管理

秋栽洋葱，定植后外温逐渐下降，生长速度也随之减慢，管理上要控制水分，以中耕保墒为主。地面刚开始结冻时，浇足封冻水。寒冷地区可在地面冻结后覆盖腐熟有机肥护根防寒。返青时结合浇返青水，追施尿素 150~225kg/hm^2、过磷酸钙 300~450kg/hm^2，促进植株生长。返青水后，中耕松土 1、2 次，目的是提高地温，促进发根，同时适当控制水分，保持土壤见干见湿。

春栽洋葱，缓苗后地温较低，及时中耕松土 2、3 次，然后控水蹲苗，促进发根。进入发叶盛期，植株生长速度加快，需水量加大，进入水肥管理的关键时期，无论秋栽还是春栽的，均应加强灌水，随水追施尿素 225~300kg/hm^2。如果水肥不足，则光合面积减小，植株易早衰，造成减产。在进入鳞茎快速膨大前，应控水蹲苗 10d 左右，抑制叶部生长，促使生长中心向鳞茎膨大转变。蹲苗结束后，鳞茎膨大加快，需加大灌水量，经常保持畦面湿润，同时施入尿素 300~375kg/hm^2、硫酸钾 300kg/hm^2，促进鳞茎膨大。收获前 1 周，当田间出现自然倒伏时，停止灌水，以免鳞茎含水量高而影响贮藏，甚至出现外皮崩裂而影响品质。

从缓苗到鳞茎开始膨大之前，田间易发生草荒，应结合中耕，除草 2、3 次。中耕时，注意不要碰伤叶身，以免影响鳞茎发育和引起鳞茎腐烂。

（四）采收

全国各地从南到北收获期渐次推迟。南方亚热带地区收获最早，可春末收获；东北地区收获最晚，一般在夏末秋初收获。当田间约 2/3 植株倒伏，下部 1、2 片叶枯黄，3、4 叶稍显绿色，鳞茎外层鳞片变干时，为采收适期。最好在连晴 3~5d 后收获，可以减少鳞茎损伤。

人工收获时，一般连根拔起，排摆在田间，用前排的叶子盖住后排的葱头，就地晾晒 3~5d，晾至葱头颈部干缩不溢水、外皮干燥为止。然后剪留假茎 1.5cm，分级装入网袋，阴凉处码垛贮藏。

机械化收获主要有 2 种收获机械。一种是挖掘分离型，与马铃薯挖掘机结构基本相同，采用整体挖掘铲，设计挖掘深度 10cm，由悬挂或牵引联接装置、机架、变速箱、传动装置、挖掘铲、振动筛、分离机构等部件组成，配套轮式拖拉机能 1 次完成挖掘、输送、清选、铺条等项作业。其特点是结构简单，作业效果好。另一种是自走式或牵引式联合收获型，能 1

次完成切秧灭秧、挖掘、输送、分离、铺条、捡拾、清选、装运等项作业。其特点是生产率高、适合大面积种植洋葱的收获作业。

四、生产中常见问题与对策

（一）未熟抽薹

在洋葱生产过程中，由于植株管理和环境等原因，使植株早期通过了春化作用，在鳞茎充分膨大之前出现抽生花薹的现象，叫未熟抽薹。未熟抽薹对鳞茎的影响，一是限制了构成鳞茎的肉质鳞片数的增加，二是花薹发育与肉质鳞片膨大竞争营养。

1. 引发原因 作为绿体春化作物，洋葱通过春化要求植株必须达到一定生理苗龄和必要的物质积累。低温是诱导花芽分化的主导因子，一般认为10℃比0～5℃的低温效果更显著。不同品种对低温、长日照的感应程度不同，春化所需低温日数也有明显差异。洋葱对低温的感应程度还受肥料、土壤湿度、日照条件、生长点的营养水平等影响。

冬前生理苗龄直接影响未熟抽薹程度。随着幼苗增大，花芽分化所需低温积累日数减少。一般，大苗约需1个月，小苗约需3个月，若幼苗基部茎粗小于5mm，低温下也不能形成花芽。

2. 防止途径 针对未熟抽薹的本质原因，生产上主要从控制苗龄和控制低温积累两方面采取有效措施进行防控。具体措施如下。

第一，选择冬性强的品种。洋葱不同品种对低温反应不同，冬性弱的品种较敏感，幼苗较小就能感受低温，未熟抽薹的风险大；冬性强的品种对低温反应迟钝，幼苗较大时才能感受低温，未熟抽薹风险小。

第二，确定适宜的播种期和定植期，控制冬前苗态。冬前幼苗生理苗龄偏大，营养积累多，是出现未熟抽薹的主要原因。因此，在育苗期间应控制幼苗生长速度，使其在越冬前具有适宜的生理苗龄，既不存在未熟抽薹风险，又不会因苗体过小而难以越冬。

播种期和定植期的早晚直接影响冬前幼苗大小。早播，光温条件适宜，幼苗生长期长，易造成苗体过大；晚播，苗小，越冬困难。早栽易导致幼苗过大而抽薹；晚栽则缓苗不充分，越冬能力下降。日本今津正建议：以日平均温度15℃为定值适期，秋栽适宜日历苗龄为40d。从日平均温度15℃时往前推40d，即为播种适期。

另外，播种过稀、苗期营养面积过大、苗床施肥量过高、秋栽过早等会引起幼苗生长过旺而使苗体过大，带来未熟抽薹的风险。许多试验表明，茎粗小于0.6cm的幼苗，虽然抽薹率低，但鳞茎个头小，产量低；茎粗0.6～0.9cm的幼苗，虽然有少量抽薹，但鳞茎个头大，总产量高。

第三，秧苗分选定植。定植时淘汰过大或过小的苗，这样既不会因冬前幼苗过大而引起未熟抽薹，也不会因幼苗过小而影响植株的耐寒能力和来年的返青生长以及产量等（图6-9）。

（二）贪青晚熟

鳞茎是洋葱的产品器官，生长过程中，总是先由叶部的旺盛生长，然后进入鳞茎膨大期。但有时会出现叶部旺盛生长持续不衰，鳞茎迟迟不见膨大，鳞茎形成期比常年明显延迟

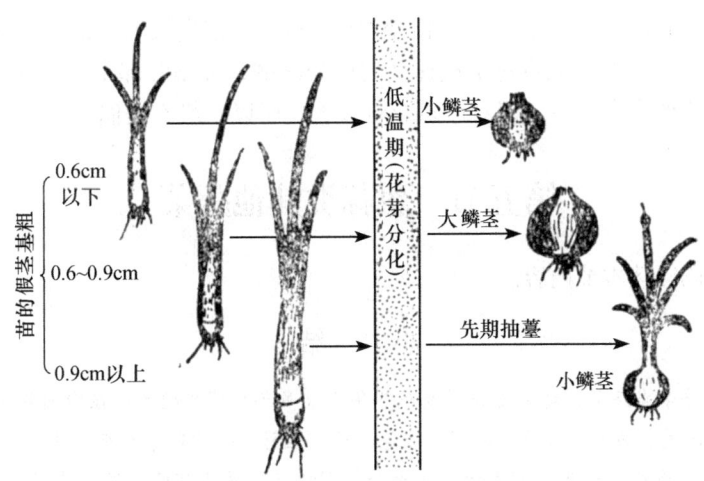

图 6-9 洋葱苗的大小与抽薹的关系

的现象，即贪青晚熟，影响收获期和生产计划，引起农户焦虑。

1. 引发原因 贪青晚熟的原因有品种、气候条件和栽培管理多个方面。

（1）品种因素：洋葱品种有长日型和短日型之分，短日型品种鳞茎膨大对长日照条件要求不严，在较短日照条件下鳞茎也能膨大，一般适宜在纬度较低的地区种植；而长日型品种鳞茎膨大对长日照条件要求严格，一般适宜在纬度较高的地区种植。如果纬度较低的地区采用长日型品种，就会出现因光周期不能满足鳞茎膨大需求而贪青晚熟的问题。

（2）气候因素：在一个地区，通常参考历史常年气候资料确定洋葱生产计划，但实际中常出现气候反常现象。因此，在持续倒春寒气候条件下，常会出现贪青晚熟问题。因为高温和长日照是洋葱鳞茎形成的必要条件，而倒春寒气候的持续低温有利于洋葱叶部生长，而不利于鳞茎膨大。

（3）栽培管理因素：洋葱叶部生长与鳞茎形成有密切关联，既有同化物质产供的源与库关系，又有器官生长和发生的先后关系。叶部的旺盛生长总是先于鳞茎的迅速膨大，叶为鳞茎膨大提供同化物质基础，而叶本身的生长也与鳞茎膨大存在营养竞争关系。洋葱生产中需要通过栽培技术措施协调二者的关系。在叶部生长盛期，过多的水肥，尤其是偏施氮肥，往往容易引起叶部贪青生长，鳞茎膨大延迟。

2. 防控对策 针对贪青晚熟的原因，采取相应对策，一般可以有效控制贪青晚熟现象。

（1）选择适宜当地生态条件的品种：生产中品种选择要有科学依据，符合当地生态特点，避免盲目引种大面积种植。通常，高纬度地区应选择长日型品种，低纬度地区应选择短日型品种。

（2）科学栽培管理：根据洋葱生长发育规律，采取科学合理的水肥管理和栽培措施，避免叶部持续过旺生长；避免偏施氮肥，合理配方施肥；在进入鳞茎膨大前，适当采取蹲苗措施促使生长中心向鳞茎膨大转移。

（3）应急调控措施：针对植株贪青的主要原因，采取相应的应急对策。例如，针对水肥过多引起的贪青，可以采取控水控肥和蹲苗措施；针对倒春寒气候引起的贪青，在生产计划可以适当调整的情况下，可以适当控制水肥，并顺其自然，等温度回升、光周期更长时鳞茎会自然膨大；在生产计划不能推迟时，可以采取强制抑制叶部生长或加速养分转运的措施，如叶面喷施 0.1% 磷酸二氢钾，或在试验的基础上喷施生长抑制剂。过去生产中有人采取"捻曲催熟"措施，即人工将每个植株从地面处踩倒，抑制叶部生长，促进鳞茎膨大。该措施虽对促进鳞茎形成有效果，但对产量影响较大，所以一般不提倡。

第五节　葱蒜类其他蔬菜

请扫描二维码阅读本节内容。

小　结

葱蒜类蔬菜属香辛类蔬菜，均为百合科葱属 2 年生或多年生草本植物。在中国栽培的主要种类有韭菜、大葱、大蒜、洋葱，另外细香葱、胡葱、沙葱、薤、韭葱、南欧蒜等也有栽培。葱蒜类蔬菜以鳞茎、假茎、嫩叶和花薹等为产品器官，可生食、熟食和作调味品，并具有医药保健作用。葱蒜类蔬菜耐寒、喜湿、喜肥，不耐高温、强光、干旱和贫瘠，在中国南方可全年生产，北方露地加设施也可以周年生产。本章重点介绍了韭菜、大葱、大蒜和洋葱的生物学特性、品种类型、栽培季节和茬口安排，以及主要茬口的栽培技术，简要介绍了细香葱、胡葱、沙葱、薤、韭葱、南欧蒜的生物学特性和栽培要点。

思 考 题

1. 请比较说明葱蒜类蔬菜在生物学特性和栽培技术上的异同点。
2. 什么是韭菜的分蘖和跳根？分蘖和跳根在韭菜生产上有什么意义？
3. 露地栽培韭菜如何进行田间管理？
4. 要实现韭菜"养根壮秧"，肥水上应如何管理？
5. 韭菜收割要注意哪些问题？
6. 大葱栽培过程中培土有何意义？如何进行培土？
7. 大葱育苗主要技术环节有哪些？穴盘育苗与常规育苗技术有何不同？
8. 请分析总结大葱肥水管理技术要点。
9. 大蒜种性退化原因有哪些？如何复壮种性？
10. 请分析决定大蒜播种季节和播种期的因素。
11. 大蒜人工播种技术有哪些要求？你认为目前大蒜播种机械研发的关键技术参数有哪些？
12. 何谓大蒜二次生长？有哪些类型？防止大蒜二次生长的途径有哪些？
13. 请分析洋葱鳞茎形成与环境条件的关系？
14. 请分析影响洋葱育苗质量的主要因素？
15. 请分析栽植密度与定植深度对洋葱产量的效应？
16. 如何防止洋葱未熟抽薹？
17. 如何防止洋葱贪青晚熟？
18. 请分析大蒜和洋葱鳞茎休眠特性和影响因素。
19. 请分析葱蒜类蔬菜栽培技术流程，你认为哪些技术环节可以进一步实现轻简化或机械化？
20. 请比较细香葱、胡葱、沙葱、薤、韭葱和南欧蒜生物学特性与栽培技术的主要异同。

第七章 绿叶嫩茎类蔬菜

绿叶嫩茎类蔬菜（greens, green leafy and tender stem vegetable）是以柔嫩的叶片、嫩茎或嫩梢为食用器官的一类蔬菜植物，分属十余科，起源复杂，形态和风味各异。例如，藜科的菠菜、叶荥菜、红柄叶荥菜，伞形科的芹菜、芫荽、茴香、球茎茴香、香芹，菊科的莴苣、香麦菜（油麦菜）、茼蒿、苦苣、菊苣、紫背天葵，十字花科的不结球白菜、乌塌菜、不结球叶芥菜、芥蓝、羽衣甘蓝、荠菜、京水菜，锦葵科的冬寒菜，唇形科的紫苏，苋科的苋菜，旋花科的蕹菜，落葵科的落葵，番杏科的番杏等。

由于不同的起源地气候差异大，绿叶嫩茎类蔬菜对环境要求也不尽相同，按对温度的要求可分为2类：一类是喜冷凉湿润的，如菠菜、芹菜、莴苣、不结球白菜、不结球叶芥菜、芥蓝、羽衣甘蓝、冬寒菜、芫荽、茼蒿、荠菜等，生长适温15～20℃，能耐短期的轻霜。其中菠菜、冬寒菜耐寒力最强，在中国南方地区秋冬季栽培可露地越冬；北方稍加防寒保温亦可越冬栽培，在冷凉湿润条件下栽培容易获得高产优质的产品器官，在高温干旱环境下品质下降；它们多属于长日照植物，长日照下容易抽薹开花。另一类是喜温暖而不耐寒的，适宜生长温度20～25℃，低于10℃则停止生长，对日照长度不敏感，如蕹菜、落葵、苋菜、紫背天葵、番杏、紫苏等，其中以蕹菜、落葵最耐热。

尽管起源地和生物学特性差异大，但绿叶嫩茎类蔬菜在栽培上也有许多共同特性。多数植株矮小，生长迅速，生长期短，栽培方式和场所灵活，采收标准不严格。适合不同季节排开播种，或安排间、套、混作的多种茬口，可充分提高土地利用率。根系浅，生长量大，对土壤肥力要求较高，对氮肥和水分要求高，应选择结构疏松、有机质含量高、保水保肥能力强的土壤种植。

绿叶嫩茎类蔬菜富含多种维生素、矿物质和膳食纤维，同时多数含氮含钙较高，是营养价值丰富的一大类蔬菜。常食绿叶嫩茎类蔬菜可以增进食欲、促进胃肠蠕动、防止便秘。

第一节 芹 菜

芹菜（celery）又称旱芹、药芹，学名 *Apium graveolens* L.，为伞形科芹属2年生植物，原产于地中海沿岸及瑞典等地的沼泽地带，在中国栽培历史悠久，分布广泛。芹菜含有丰富的蛋白质、脂肪、碳水化合物和维生素C及矿物质，含有的挥发性芳香油使其具有特殊的芳香风味，能增进食欲。芹菜主要食用部分是其脆嫩的叶柄和绿叶，可炒食、做馅、凉拌等。芹菜有调经、消炎、降血压和清肠利便等药用价值。

一、生物学特性

（一）植物学特征

1. 根 浅根系，主要分布在15～25cm的上层内，水平分布在30cm区域，分布面积小，吸收能力和抗旱能力较弱，喜充足的水分和养分条件。主根较发达，割断后能产生较多的侧根，所以适于育苗移栽。

2. 茎 营养生长期茎短缩，茎端生长点分化为花芽后抽生花薹，栽培上应控制未熟抽薹。

3. 叶 奇数2回羽状复叶，由叶柄和小叶组成，每片小叶又由2或3对小叶和1个顶端小叶组成。叶柄挺立，多有棱线，其横切面多为肾形，叶柄基部变为鞘状。西芹叶柄发达，是主要的食用器官，全株叶柄重占总株重的70%～80%。叶柄中有许多维管束，由厚壁细胞所包围；叶柄表皮内分布着许多厚角细胞和厚壁组织，是叶柄的主要纤维组织。优良品种叶柄维管束和纤维组织不发达，品质好。叶柄绿色或白色。叶片中有一定数量的油腺，可分泌出芹菜油（apiol，$C_{12}H_{14}O_4$），具有特殊的芳香味。

4. 花、果实及种子 复伞形花序。异花授粉，虫媒花，但自交也能结实。双悬果，椭圆形，较小，暗褐色，2心皮，各含1粒种子，果实成熟时从中缝裂开成2粒椭圆形种子，生产上的播种材料实际上是植物学果实，具浓香，千粒重0.41g，新种子有2～3个月浅休眠期。

（二）生长发育周期

1. 营养生长阶段 包括发芽期、幼苗期、叶丛生长初期、叶丛生长盛期和心叶充实期5个时期。

（1）发芽期：种子萌动至子叶展开，约5d。通常种子吸水和发芽困难，应浸种催芽或进行破除休眠处理。

（2）幼苗期：从第1片真叶出现至3、4片真叶展开，即幼苗形成1个叶序环，本芹需40～50d，西芹需50～70d。幼苗期吸收根系逐步形成，叶面积逐渐增大，但幼苗对不良环境的抵抗能力较弱，应根据情况加强栽培管理，保持土壤湿润，以培育壮苗。

（3）叶丛生长初期：从3、4片真叶展开至8、9片真叶出现。新生叶由倾斜生长逐渐趋于直立，又称立心期。育苗移栽芹菜于此期定植。

（4）叶丛生长盛期：从8、9片至12、13片真叶萌出，是地上部和地下部增长最快时期，这时叶数增加趋于缓慢，而叶面积还在不断增大，光合作用较强，同化量较大。

（5）心叶充实期：心叶大部展出至收获，适宜环境条件下25～30d，冬春季约50d。此期全株重量不再增加，甚至还会因外叶脱落而略有降低，但心叶叶柄加速肥大充实，可食率提高，因此心叶的重量增长最快。当心叶重量增加趋缓时，即可采收。

2. 生殖生长阶段 芹菜是绿体春化型作物。花芽分化与低温、日照时数和苗的大小都有直接关系。15℃以下，特别在5～13℃，苗龄超过30d，具2片以上真叶，短时间内即能通过春化阶段分化出花芽，在12h以上的长日照下即可抽薹开花。15℃以上不能分化花芽，低温来临时，植株未达到一定大小也不能感受低温而通过春化。因此，早春播种的春夏茬芹菜，要选择适宜播期，并加强增温保温措施，防止未熟抽薹。

在露地越冬的情况下，本芹3月中旬抽薹，西芹4月中旬抽薹。北方留种植株经冬储后第2年春季定植，在长日照及15～20℃下抽薹、开花、结实。

（三）对环境条件的要求

1. 温度　　芹菜属于耐寒性蔬菜，喜冷凉湿润环境，高温干旱条件下生长不良。不同的生长发育时期，对温度条件的要求不尽相同。发芽期在15℃下催芽7~10d后80%种子可露白即可播种，播后5d出苗。低于15℃或高于25℃，则会延迟发芽和降低发芽率，超过30℃不发芽；幼苗期生长最适温度为20℃；叶丛生长初期30~40d，最适温度为18~24℃；叶丛生长盛期和心叶充实期适温为12~22℃。设施栽培温度超过25℃时要及时通风降温。3~5片真叶的幼苗可耐短期-4℃的低温；成株可耐短期-10~-7℃低温。江南大部分地区可以安全露地越冬。

2. 光照　　种子发芽时喜光，黑暗下发芽迟缓。生育初期充足的光照有利于培育壮苗和植株生长。营养生长盛期喜中等光强，适宜光照强度为10~40klx，光照过强，叶柄直立生长受抑制而促进横向发展，开展度增大，纤维增加，品质下降。光合作用光补偿点为60.9μmol/（m^2·s），光饱和点为1128.3μmol/（m^2·s）。生长后期光照柔和有利于形成高大肥厚的叶柄，紧凑的植株，达到高产优质的目的。夏秋高温强光照季节，常采取适当遮光措施栽培。冬季可在温室、小拱棚和阳畦中生产，夏季采用遮光栽培。长日照促进花芽分化和抽薹开花；短日照促进营养生长而延迟成花过程。因此，春芹菜适期播种，保持适宜温度和短日照处理，是防止抽薹的重要措施。

3. 水分　　芹菜属于浅根性蔬菜，吸水能力弱，对土壤水分要求较严格，苗期缺水幼苗易老化，移栽缓苗后应适当控水促进根系纵深发展，叶丛生长盛期叶柄输导组织发达，需水量较大。整个生长期要求充足的水分条件。播种后床土要保持湿润，以利幼苗出土；营养生长期间要保持土壤和空气湿润状态，否则叶柄中厚壁组织加厚，纤维增多，甚至植株易空心老化，使产量及品质下降。在栽培中，要根据土壤和天气情况，控制好各环节水分供应。

4. 土壤营养　　对土壤养分要求严格，适于富含有机质、肥力高、通透性好、pH 6.5~7.6的壤土或黏壤土栽培，耐碱性比较强。砂土及砂壤土易缺水缺肥，致叶柄空心。在任何时期缺氮、磷、钾都会影响生长发育，其吸收比例为本芹3∶1∶4，西芹4.7∶1.1∶1。苗期和后期需肥较多，整个生育过程对氮肥的需求始终占主要地位，合理水肥管理可增加叶数，增大叶面积，提高产量及品质。氮素不足会影响叶片分化和导致空心。初期缺氮和磷及后期缺氮和钾均会导致严重减产。缺磷叶柄伸长受到抑制，缺钾影响养分输送和抑制叶柄加粗生长。充足的钾肥可使叶柄粗壮、充实、有光泽，提高产品质量，对后期生长极为重要。过量施用氮、磷、钾对叶片的生长也有负面影响。氮素过剩，叶柄变细，叶片大，易倒伏，成熟收获延后；钾素过剩影响钙、硼吸收，易诱发干烧心病和叶柄"劈裂"；后期磷素过剩，叶柄细长，维管束增粗，影响品质。

二、品种类型与栽培制度

（一）品种类型和栽培选择

1. 品种类型　　有中国芹菜和西芹2种类型。

（1）中国芹菜：又称本芹，叶柄较细长，株高可达100cm，按叶柄的充实度可分为空心芹和实心芹。空心芹叶柄髓腔较大，耐热性好适合夏季栽培，但春播过早易通过春化出现未熟抽薹；实心芹叶柄髓腔小，腹沟窄且深，耐抽薹。绿秆芹植株高大，生长势强，叶柄粗叶片大，高产，香味浓郁，但维管束和厚角组织较白秆芹发达，不易软化。白秆芹植株稍矮小，叶小色淡绿，叶柄黄白色，香味淡，宜软化，品质好。

中国芹菜在中国栽培历史悠久，各地方都有一些传统的优良品种。例如，北京的大糙皮芹菜、春丰芹菜、细皮白（磁儿白），南京、上海、杭州的早黄心、黄慢心，上海、广州的青梗芹、广州白芹，天津的白庙实芹、天津白芹、黄苗，河北、北京、山西的铁秆芹，开封的玻璃脆芹，山东烟台的菊花大叶芹等。

（2）西芹：又称洋芹，是芹菜的一个变种（var. *dulce* D.C.）。株高60～80cm，叶柄长40～60cm，宽2～4cm，组织脆嫩而肥厚，髓腔小，多为实心，单株可达2kg。耐热性较中国芹菜稍差。根据叶柄颜色的深浅可分为黄色种、绿色种和中间种群等类型。一般黄色种叶柄淡绿色，宽而肉薄，心叶叶柄薄壁细胞较发达，纤维少，易软化，对低温敏感。绿色种茎叶浓绿，叶柄横面近圆形，肉厚，质地较硬，不易软化，耐抽薹，抗逆、抗病性较强。中间种群是黄色种和绿色种的杂交后代，兼有黄色种的早熟和易软化的特性，叶色绿，柄横面稍圆，肉厚，纤维少。主要品种有意大利冬芹、文图拉、高尤他52-70、佛罗里达683、佛罗里达黄、荷兰西芹、大禹西芹、康乃尔619、玻璃脆、金色羽毛、嫩脆、白珍等。

2. 栽培品种选择 首先要根据消费需求和栽培目的确定品种类型；其次应根据栽培季节、栽培方式、栽培地区的生态特点等选择适宜品种。例如，越冬栽培要注意选择耐寒性强、抽薹晚的品种；夏季栽培要选择耐热的品种。

（二）栽培制度

按芹菜营养生长需要凉爽气候和其不耐高温和严寒的特点，一般应把叶丛生长盛期安排在凉爽季节。在中国，大部地区以露地栽培秋播为主，春播为辅，多种设施生产为补充。主要茬口如下。

1. 秋冬茬 秋季直播或育苗，营养生长旺盛期正值冷凉时节，从播种到采收需120～180d，晚秋至冬前收获，供应秋冬市场。长江流域多在立秋前后播种，12月至翌年1～2月收获。

2. 越冬茬 晚秋露地育苗，冬前露地定植，3～4月收获上市。北方冬季平均温度高于−5℃的地区，以幼苗露地越冬；−10℃地区，需采用适当措施保温防寒越冬；内蒙古及东北、西北北部低于−12℃区域，植株不能露地越冬，需设施栽培或用秋芹菜带根株贮藏至翌年春季栽植。

3. 春夏茬 利用春季气温回升较慢、较凉爽温和的环境条件生产。南方多以2～3月露地（或设施）育苗，4月定植。北方在终霜前60～80d温床育苗，终霜前20～30d定植。使营养生长旺盛期处于15～20℃，高温来临时采收上市。生产中播种过早易发生未熟抽薹，过迟则减产和影响品质。

4. 高山（原）夏茬 利用高山或高原夏无酷暑的凉爽气候环境，露地生产夏季反季节芹菜。例如，云南中北部区域，2～5月播种，6～9月采收上市。

5. 设施反季节茬 北方多以夏、秋露地育苗，秋冬大棚或日光温室栽培，从秋冬到翌年初夏分期采收。华北地区以日光温室育苗，立春前后定植于大棚或日光温室，4～5月采收。云南中北部地区春提早大棚育苗，夏季遮阳降温避雨栽培，7～10月采收。

三、栽培技术

芹菜栽培技术流程为：整地、施基肥、作畦→育苗移栽或精量直播→田间管理（设施环境调控、中耕、除草、灌水、追肥、软化或植株调控、防病虫害）→收获（挖收或掰叶）。

（一）播种育苗

芹菜以育苗移栽为主。气候炎热时移栽不易成活，可直播，目前机械化线播技术已有应用。

1. 播种期　主要根据市场需求和定植时间安排播种期，南方地区秋冬芹菜从6月下旬至10月下旬均可播种，秋芹菜8月下旬至9月上旬播种，越冬芹菜9月下旬至10月下旬播种，早秋芹菜最早可在6月下旬，9月中下旬上市。中国芹菜苗龄一般40~50d，西芹60~70d，各地应根据栽培茬口确定最佳播种期。

2. 播种量　一般苗床用种量约7.5kg/hm^2，中国芹菜比西芹适当密播。苗床与生产田面积比为1：10。高温季节育苗应适当加大播种量。

3. 种子处理　芹菜种子皮厚，含油腺，吸水性差，秋茬播种育苗正值高温时节，出苗慢且参差不齐，播前需低温催芽。可先用48℃温水浸种30min，转入15~20℃清水浸泡4~6h，搓揉种子，淘洗干净后沥干，用湿纱布包裹，在15~20℃下催芽，每6~8h翻动一次，并用清水冲去种子表面黏液。也可将种子与湿润的河沙混合后置冷凉处催芽，或用500~800mg/kg赤霉素浸种8~12h后再催芽。7~8d后约有80%种子露白即可播种。

4. 苗床准备　土壤育苗选择排灌方便、肥沃疏松且3年以上未种过芹菜的地块。提前7~15d翻耕晒垡，施腐熟优质有机肥10t/hm^2，细耙均匀，作平畦，畦宽1.0~1.2m，长8~10m，埂高20cm，做到畦平土细。

5. 播种　播前苗床先浇足底水，待水下渗后播种。芹菜种子细小，为使播种均匀，可将催好芽的种子与细沙按1：5的体积比混合均匀后撒播在苗床上，播后盖土宜浅，以不见种子为度。夏秋育苗正值高温多雨，需搭遮阴棚降温防雨，也可在种子中加入少量生长期短的小白菜等速生菜种混播，后者生长快，出苗后可为芹菜遮阳，有利于出苗和生长。

规模化种植西芹可采用商品化育苗，用128孔穴盘和泥炭与珍珠岩4：1的混合基质，精量播种机播种。

6. 苗床管理　播种后在畦面上覆盖稀薄的稻草或遮阳网以保湿和防暴雨冲刷。一般播后第2天即可浇第1水，以后视土壤墒情确定浇水量。幼苗出土后选择阴天或傍晚逐步撤去覆盖物。芹菜幼苗根系极弱，耐旱性差，要小水勤浇、早晚浇，以降温保湿，但水量不宜过大，以免影响根系下扎。雨季要及时排涝，防止死苗，并及时防除杂草及病虫害。间苗分2、3次，每次去弱、去小、疏密留稀，最后保持苗距6~8cm，每次间苗后浇水。有小白菜等混种的，应及时拔除白菜。幼苗3、4片真叶时随水浇施1次速效性氮肥，如尿素200~300kg/hm^2。中国芹菜4、5片真叶，西芹8、9片叶，苗高约10cm时定植。

早春大棚育苗的，应在播前20d扣膜提温，播后可加盖小拱棚和覆盖防寒。出苗前保持棚温20℃左右，出苗后15~20℃；白天不超过22℃，夜间不低于8℃。

（二）整地作畦

芹菜喜湿耐肥，对土壤要求极严格，一般应选肥沃疏松、保水保肥力强的壤土或黏壤土。砂壤土易出现叶柄空心降低品质现象。定植前深翻晒垡7~10d，结合整地施入基肥，每公顷施腐熟优质有机肥45~75t、过磷酸钙750kg、硫酸钾120kg、硼砂15kg。掺合后撒施入土，再均匀翻耙耧平，南方作高畦，北方作平畦，畦宽1.0~1.7m。

（三）定植

1. 定植时期 秋冬茬要在低温或初霜来临前定植，定植过早，温度高，幼苗缓苗慢。早春茬在晚霜过后定植，定植过早易出现未熟抽薹。各地气候差异较大，应根据特点，适期定植。

2. 定植方法 移栽前1d浇透苗床，便于起苗，同时尽量多带土，少伤侧根，随起随栽。定植前主根留5cm，剪去过长根系，有利于提高栽植质量。若主根留得过长，定植时易弯曲在土中，不但不会多发侧根，甚至影响缓苗和成活。定植时按大小分级移栽，可以使其生长整齐一致。中国芹菜多采用丛栽法，每丛2、3苗；西芹单株定植。栽植深度以刚埋没根颈为度，过浅易倒伏且不耐旱，过深埋没心叶（生长点）影响生长甚至死亡。定植时间应安排在阴天或傍晚，有利于缓苗成活。

3. 定植密度 一般中等肥力田块，中国芹穴行距12cm×15cm，西芹株行距20cm×25cm。大棚秋延后栽培西芹可稍密些，以20cm见方为宜；温室栽培株型大的品种株行距以25cm×30cm为宜。

（四）田间管理

1. 温光调控 设施栽培按照芹菜对温光条件要求进行调控，北方秋冬茬生长前期进行遮阴降温，后期保温防冻。西芹心叶充实期适当遮光可以提高产品品质。

2. 中耕、除草 定植后地面覆盖率低，易生杂草，应结合除草，多次中耕保墒，直至植株封行。

3. 水肥管理 芹菜根系浅，不耐旱涝，应小水勤浇。定植后及时浇定根水和缓苗水至成活。缓苗后控制浇水量以防徒长，蹲苗10~15d。蹲苗结束后进入营养生长旺盛期，叶片增大，叶柄伸长，心叶渐直立，应追肥2、3次，以速效氮肥为主，适当配合磷、钾肥，尿素用量每次按100~300kg/hm^{2}兑水浇施；浇水保持土壤湿润。随着灌溉技术和速溶性全营养肥技术的发展，自动化喷灌和水肥一体化技术将越来越多的用于生产。

硼和钙对芹菜生长有较大影响，缺硼时叶柄常出现劈裂，缺钙心叶易腐烂，可通过叶面喷施硼酸和过磷酸钙浸出液预防。

夏季防雨降温设施栽培西芹，一般不蹲苗，定植成活后即可肥水齐攻，3~5d浇1次水，保持土壤湿润并降低地温，促进叶片旺盛生长。追肥应掌握少量多次的原则。北方秋冬茬芹菜霜降后适当减量浇水，收获前1周停止浇水。

4. 软化措施 经部分遮光，可使叶柄变白、质地更脆嫩、西芹药味减轻，更适合大众消费。软化常用高培土、遮光、密植等软化措施。高培土软化栽培时定植行距要宽，便于取土，一般培土3、4次，每次培土高度以不埋过心叶为度；遮光可用稻草、秸秆或遮阳网，成熟前置于畦或垄的两侧遮挡阳光；密植软化的在定植时适当密植，让植株之间相互遮光，达到软化效果。

5. 激素处理　芹菜收获前15~20d可用50mg/L赤霉素喷洒2次，防止植株老化，促进叶柄伸长生长，改善品质。

6. 病虫害防治　芹菜常见病害有斑点病、斑枯病、菌核病等，危害叶片和花茎，高温、高湿易发病。以农业、物理、生物措施预防为主，化学防治时注意用药安全。常见生理性病害有黑心病，可叶面喷施0.05%~0.25%硼砂预防；防止叶柄空心的方法是成熟时及时采收，适时灌水防干旱，雨后排除积水防涝，供给充足的养分。危害芹菜的害虫常见的有蚜虫，可用菊酯类农药防治。

（五）采收

芹菜收获方式与品种类型和市场消费习惯等有关，可1次或分期挖收，也有掰叶采收的；中国芹菜还可多次割叶采收。

1. 一次挖收　成熟整齐一致的地块，产品器官达到成熟后应整株挖收。收后削去根部，去除外叶，扎捆上市。出口或远程销售的西芹一般留35cm长叶柄，其余梢部叶片用刀截除，入冷库预冷后用包装纸捆扎装箱冷链外运；培土软化的，扒开土壤采收。

2. 分期挖收　根据植株大小，每次采大留小，采密留稀，分期采收。

3. 掰叶或割叶采收　利用芹菜叶片不断再生的原理，当株高达70cm，8~10片叶时，即可掰采外叶，分批多次采收，每次采收留叶标准以1片大叶、3片心叶为宜。或从近地面处割收。每次采收后要加强水肥供应，以促进新叶不断分化和生长。该采收方式适合家庭栽培。

第二节　莴　苣

莴苣（lettuce），学名 *Lactuca sativa* L.，为菊科莴苣属1年或2年生草本植物，原产于地中海沿岸。以叶片或叶球为主要食用器官的叶用莴苣又称生菜，以肥大嫩茎为主要食用器官的茎用莴苣又称莴笋。生菜可生食、凉拌或炒食；莴笋可生食、凉拌、炒食、干制或腌渍。

莴苣嫩茎叶质地脆嫩、风味独特、含热量低。茎叶中含多种维生素和莴苣素（$C_{11}H_{14}O_4$或$C_{12}H_{36}O_7$），略带苦味，具催眠、镇痛、降低胆固醇、治疗神经衰弱的功效。同时莴苣茎叶断裂时在伤口处流出白色乳状黏液，含有橡胶、树脂、甘露醇、蛋白质、有机酸和多种矿质元素，对人体代谢有极好的调节作用。

一、生物学特性

（一）植物学特征

1. 根　直根系，主要根系分布于20~30cm的表土层中，吸收深层水肥能力差，直播时主根相对较深而侧根少，水培时须根多且发达。

2. 茎　幼苗期茎短缩，随植株的旺盛生长，莴笋短缩茎逐渐伸长并加粗，与花茎一起肥大形成肉质嫩茎供食。叶用莴苣茎稍微伸长形成叶球的中心柱。

3. 叶 互生，叶型有长披针形、椭圆形、倒卵形等，是区分品种的重要依据之一。叶面舒展或皱缩，叶缘波状或浅裂。叶色有深绿、黄绿、紫红等色。生菜有结球型、散叶型和皱叶型。

4. 花及种子 圆锥形头状花序，每花序约20朵小花，开放时花冠浅黄色，自花授粉，虫媒花，亦可异花授粉，子房单室，瘦果。花谢后10~15d种子成熟，种子细小，表面呈银白色或黑褐色并附冠毛，能随风飘散，千粒重0.8~1.2g。

（二）生长发育周期

1. 营养生长阶段 包括发芽期、幼苗期、莲座期、产品器官形成期4个时期。

（1）发芽期：种子萌动至真叶初现（露心），需8~10d。

（2）幼苗期：真叶出现至第1叶序环的叶片全部展开，俗称"团棵"。直播时需17~27d；育苗移植者需30d以上，一般初秋播种需时短，晚秋播种需时长。该时期主要表现为叶数的增加。

（3）莲座期："团棵"至第2个叶序环的叶片完全展开，结球莴苣心叶开始内卷，散叶莴苣心叶趋于直立。莴笋嫩茎逐渐伸长肥大，但生长率不高。此期需15~30d，叶面积扩大、叶重、根重迅猛增加，是产品器官生长的基础。

（4）产品器官形成期：结球莴苣莲座期与结球期之间的界限不明显。从"团棵"后，叶片分化速度趋缓，外叶不断扩展，心叶加速卷抱并充实形成肥大的叶球，约需30d。散叶莴苣心叶进一步萌出并扩大形成叶丛。莴笋茎、叶生长齐头并进，茎迅速膨大，叶面积继续扩展，相对生长率明显提高，当达最高峰后两者的增长同时下降，此后10d左右即可采收。北方越冬莴笋莲座期后气温渐降，进入100d左右的越冬和返青期，嫩茎的生长变慢，返青后才迅速伸长和肥大。

2. 生殖生长阶段 从抽薹开花到果实成熟，需1~2个月，一般抽薹后陆续开花，花后15d左右瘦果成熟。结球莴苣当叶球将达采收时，进行花芽分化，生长点突破叶球，并迅速抽薹开花，生殖生长期与营养生长期重叠的时间较短，故叶球充实成熟要及时采收。

莴笋进入莲座期后即伴随花芽分化（图7-1），营养生长和生殖生长同时进行，故花茎在整个笋茎中占有一定比例。秋莴笋花芽分化早，花茎占的比例较大，而越冬莴笋在茎肥大时花芽才分化，花茎占的比例较小。早熟品种花芽分化早，晚熟品种花芽分化晚（陆帼一，1979，1980）。

（三）对环境条件的要求

1. 温度与光照 莴苣属于半耐寒性蔬菜，不同类型各生育期所要求的温度不同。种子萌发适温15~25℃，4~5d即可发芽，低于4℃，高于30℃发芽受阻，故高温时节播种常采取低温催芽措施。幼苗对温度的适应性相对较强，可耐受-2~-1℃低温；29℃可缓慢生长；12~20℃生长最适。莲座期及产品器官形成期最适温度为11~18℃，超过24℃，尤其是持续19℃以上的夜温，易引起未熟抽薹；夜温较低，昼夜温差大时，有利于茎肥大；0℃以下茎尖易受冻。结球莴苣对温度的适应性较莴笋弱，既不耐寒也不耐热，叶球形成期适温17~20℃，超过25℃不易结球；散叶莴苣全期适宜温度范围较宽。生殖生长期要求较高温度，在22~29℃范围内，温度越高，从开花到种子成熟时间越短，10℃左右可正常开花，但

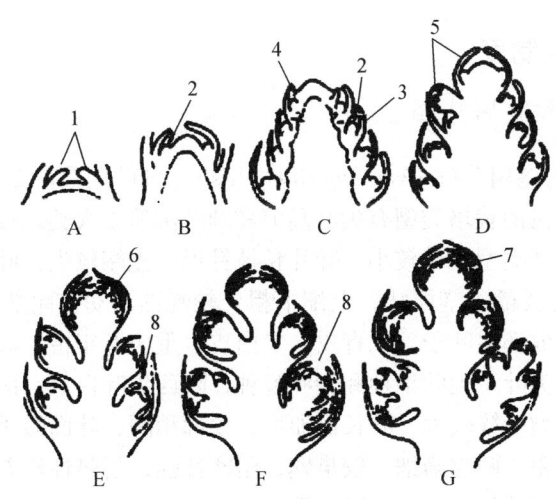

图 7-1 莴笋的花芽分化

A. 未分化花芽；B. 花芽分化期；C. 顶花序分化苞叶原基；D. 顶花序及其下方侧花序继续分化苞叶；
E. 顶花序出现单花原基，侧花茎原基分化为侧花茎；F. 顶花序单花原基继续分化；G. 单花原基出现花瓣突起
1. 叶原基；2. 侧花茎原基；3. 叶；4. 顶花序苞叶原基；5. 苞叶；6. 花原基；7. 花瓣；8. 侧花茎

不能结实。

要求中强光照，忌荫蔽，种子发芽有需光性。光合作用光饱和点约为 25klx，补偿点为 1.5klx。高温强光下结球莴苣包心松散，光照不足，同化量降低，叶片较薄，品质下降。

温度和日照长度是影响莴苣花芽分化的重要因素。有研究者认为莴苣花芽分化不一定需要低温，而是受积温的影响，但不同品种及同一品种的不同播期，所需积温有差异。也有研究者认为莴笋春化需要低温。但较多研究认为莴苣在高温长日照比在低温长日照下更易抽薹开花，温度越高抽薹越快，早熟品种最敏感，中熟品种次之，晚熟品种反应迟钝。故认为莴苣在发育上属高温感应型，呈长日照反应。

2. 水分 茎叶组织柔嫩，蒸发量大，不耐旱。各生长期需水量不同，幼苗期应保持土壤湿润，勿过干过湿，防止老化或徒长，过度潮湿幼苗易诱发猝倒病。莲座期应适当控制水分以促进根系向纵深发展。结球或嫩茎肥大期供水要足，否则叶球小而松散，或嫩茎瘦弱，产量低下，易产生苦味。尤其在叶球形成或嫩茎肥大的中后期供水要均匀，避免裂球或裂茎引起病害。

3. 土壤及营养 根系分布浅，吸收能力弱，且对氧气的要求较高，在黏重、瘠薄的地块上栽培生长不良。若缺乏有机质，叶片扩展受阻，结球莴苣叶球小而松散；莴笋茎瘦小且易木质化。莴笋喜富含有机质、保水、保肥力强、通透性好的壤土或砂壤土种植，并注意轮作。莴苣喜微酸性的土壤，pH 在 6 左右为宜，高于 7 或低于 5 时产量都会受到影响。

氮、磷的缺乏会抑制叶片分化和外叶的扩展，幼苗期缺磷还导致根系生长不良，植株矮小，叶色变暗。结球莴苣莲座期及叶球肥大期缺氮对叶球生育有明显抑制作用；钾素对叶片分化影响不大，但会影响叶重，结球期缺钾，会显著减产，但追肥时必须协调氮/钾平衡，若氮过多，外叶徒长而叶球轻；适当增加钾素可促进物质由外叶向内叶转移，提高叶球重和商品率；缺钙易产生"干烧心"。

二、品种类型与栽培制度

(一) 品种类型和栽培选择

1. 品种类型　有茎用莴苣 (var. *angustana* Irish.) 和叶用莴苣2种类型。

(1) 茎用莴苣: 常见的栽培类型有尖叶莴笋和圆叶莴笋2大类, 按嫩茎表皮色泽分为白笋、青笋和紫皮笋。尖叶类型叶簇较小, 叶片长披针形, 先端较尖, 叶面平滑或略皱缩, 叶色有绿色或紫色, 节间较稀, 茎棒状, 上细下粗, 较晚熟, 幼苗耐热性强, 适合秋季或越冬茬栽培。主栽品种有成都尖叶子、二青皮、二白皮、重庆万年桩、武汉竹竿青、北京柳叶笋和尖绿叶笋, 上海大尖叶、尖叶早种和尖叶晚种, 陕西尖叶白笋、南京紫皮香、白皮香早种等优良品种。圆叶类型叶簇较大, 叶长倒卵形, 顶部稍圆, 叶面微皱, 叶色淡绿, 节间较密, 茎粗大, 中下部较粗, 两端渐细, 较早熟, 耐寒性强, 耐热性较差, 品质好, 多作越冬茬栽培。主栽品种有成都挂丝红、北京鲫瓜笋、上海大圆叶、南京紫皮香笋、云南宾川鸡腿莴笋、孝感莴笋等。

(2) 叶用莴苣: 又有结球莴苣 (var. *capitata* L.)、散叶莴苣 (var. *romana* Gars.) 和皱叶莴苣 (var. *crispa*) 等变种。

结球莴苣: 按叶片质地有脆叶和软叶2种, 是生菜中的主要类型, 世界各国栽培广泛, 品种多。其顶生叶发达, 叶丛较密, 叶片大, 近圆形, 叶缘有全缘、锯齿或深裂等品系, 叶面平滑或皱缩, 外叶开展, 心叶抱合形成叶球。脆叶种叶片叠抱, 包心较紧实, 质地较脆; 软叶种叶质柔软, 叶片合抱, 结球较松散。中国普遍栽培的品种有引自美国的皇帝、萨林纳斯、皇后、百利、爽脆、大湖659系列等, 日本的凯撒、奥林匹亚, 荷兰的马来克、柯宾、卡罗娜, 北京的千胜、百胜生菜、青白口生菜, 国内有广州的青生菜、玻璃生菜等优良品种。

散叶莴苣: 又称直立莴苣、立生菜、直筒生菜、直立生菜等, 叶全缘或锯齿状, 外叶狭长直立或呈松散的圆筒状, 开展度小, 叶平滑或皱褶, 欧美国家栽培较多, 中国在广东、四川、山东等省区有栽培。代表品种有广州牛利生菜、登峰生菜, 四川凉山香生菜, 美国红帆紫叶生菜、大速生生菜等品种。

皱叶莴苣: 又称丛生莴苣。植株矮小, 叶片较多, 较肥嫩, 叶片深裂, 叶面皱缩, 有松散叶球或不结球类型。目前普遍栽培的品种有北京花叶生菜、昆明的鸡窝生菜、广州的软尾生菜、吉林鸡冠生菜等。

2. 栽培品种选择　不同类型莴苣使用方式和用途不同。生产中栽培品种选择首先依据栽培目的和用途确定栽培的品种类型, 再根据栽培地区生态条件和栽培季节、栽培方式等适宜选择优良品种。例如, 越冬栽培要注意选择耐寒性强、抽薹晚的品种; 夏季栽培要选择耐热的品种。

(二) 栽培制度

莴苣四季均可栽培。温暖凉爽的季节可于露地生产; 寒冷季节可在设施中进行; 高温季节育苗时要注意遮阴。利用保护设施, 冬季防寒保温和夏季遮阴、降温、防雨, 可实现排开播种, 分期供应。黄淮地区莴笋通常有春莴笋、夏莴笋、秋莴笋、冬莴笋等茬次。

1. 春莴笋　9月上旬至中旬播种育苗, 10月下旬至11月上旬定植, 翌年4月下旬至

5月中旬采收。

2. 夏莴笋 2月下旬至3月下旬阳畦播种育苗，4月下旬至5月上旬定植，6月下旬至7月下旬采收。

3. 秋莴笋 7月下旬至8月上旬遮阴播种育苗，8月下旬至9月上旬定植，10月下旬至11月上旬采收。

4. 冬莴笋 8月上旬播种育苗，8月下旬至9月上旬定植，11月上旬至翌年2月采收（寒冷地区冬季加设施保护）。

三、栽培技术

莴苣栽培技术流程为：整地、施基肥、作畦→育苗移栽或精量直播→田间管理（设施环境调控、中耕、除草、灌水、追肥、防病虫害）→收获。

（一）莴笋栽培技术

1. 播种育苗 一般都采用育苗移栽，可土壤育苗或穴盘育苗。

（1）苗床准备：根据季节选择露地或设施育苗。选择3年以上未种过菊科作物的地块，按实栽大田面积的1/20确定苗床面积。提前7~15d翻耕炕晒，施入腐熟优质有机肥10kg/m^2，细耙后作宽1.0~1.2m，长8~10m，埂高20cm的平畦。

（2）播种期：各地可根据栽培茬口确立最佳播种期。华中、华北区春茬莴笋多在中秋前后育苗，翌年4~5月份采收。江南在白露前后育苗，翌年1月份收获。东北、西北寒冷区幼苗越冬困难，多在立春后保护地育苗，清明前后定植，6月份收获。春茬莴笋秋播不宜过早，否则苗期高温易徒长、大苗冬前易抽薹发生"窜"的现象；播晚了幼苗小难越冬。秋莴笋华北区在大暑至立秋播，华中、华东及江南区在处暑前后播，冬前收获。

（3）播种量和种子处理：莴笋种子发芽率、发芽势与播种节令有关。苗床播种量一般为10~15kg/hm^2。秋莴笋育苗应适当加大播种量，低温催芽（方法同芹菜），当30%~40%种子露白时可播种。

（4）播种方法：干籽宜干播，催芽的宜湿播，要求落籽均匀，播后盖细土0.3~0.5cm厚。夏季育苗可在苗床上设遮阳网防晒，秋播后在畦面上铺地膜保湿，幼芽顶土时揭去。

（5）苗床管理：幼苗有2~4片真叶时间苗1、2次，最终苗床中苗距4~5cm。同时注意苗期要适当控水，防止幼苗徒长，使叶片肥厚、平展有利于培育适龄壮苗。夏季育苗床应尽量创造温和湿润环境，可搭遮阴棚或在瓜架下育苗遮阴防暴雨。幼苗3、4片真叶时随水浇施一次速效氮肥，用量200~300kg/hm^2。莴笋4~6片真叶时定植为宜，春莴笋日历苗龄一般为40~50d，秋莴笋25~30d。

2. 整地、施基肥 前作收后及时清园，深翻晒垡7~10d后打碎土块精细整地。结合整地施基肥，按每公顷腐熟优质有机肥30~45t、过磷酸钙750kg、硫酸钾200kg准备基肥，拌匀后撒施，然后翻耕耙细作畦。秋莴笋多作高畦，畦宽1.0~1.5m；春莴笋多用平畦栽植，畦宽2~3m，畦长不限。北方春茬可做成东西向高垄栽植。植株栽在垄的南侧，该面向阳地温高可减少受冻，较平畦提早7~10d成熟。

3. 定植 确定好定植时期、定植方法和定植密度。

（1）定植时期：南方地区春莴笋定植最晚也要在冬前进行，冬前地温高有利于根系发育。东北、西北寒冷区早春土壤解冻后及早定植。秋莴笋定植时期以品种生育期和当地气候（如霜冻）而定，保证有充足的适宜产品器官形成的时间。

（2）定植方法：移栽前1d浇透苗床，便于起苗，同时尽量多带土少伤根，随起随栽。保留6~7cm长的主根，多余的可以剪除，主根过短则须根少，缓苗慢不易成活，过长易弯曲在土中影响发新根；再者要严格选苗，淘汰徒长苗、弱苗及病残苗。定植时间应安排在阴天或傍晚进行，有利于缓苗成活。单株定植，将根颈部分埋没土中，过浅易受冻。南方及秋茬定植不宜过深，以栽稳为宜。

（3）定植密度：因栽培季节、土壤肥力和品种类型而异。一般秋莴笋较春莴笋稍密；植株开展度小的品种相对较密；尖叶型较圆叶型密。中等肥力栽培地株行距25cm×30cm。以嫩笋尖或叶片食用的（北方称油麦菜）可适当密植。

4. 田间管理 主要做好温度、水肥和中耕、除草管理。

（1）温度管理：春莴笋初冬定植后温度渐低，注意防止幼苗受冻。通过肥水控制苗徒长避免受冻，北方在土壤封冻前中耕、培土护根，或用秸秆、稻草等覆盖畦面防止根颈受冻。设施栽培莴笋根据其生长发育对温度要求通过保温或通风等措施进行温度调控。

（2）水肥管理：春莴笋的肥水管理较严格，民间有"旱了窜，涝了窜，饿了窜"之说。但各生长时期要求不一。定植后缓苗期地温低，可浅浇、勤浇控制用水量。缓苗后施1次速效氮肥，并及时中耕控水蹲苗，促进根系扩展。莲座期进行第2次速效氮追肥，加快叶片分化和叶面积扩大。封垄前叶片继续扩张，茎部逐步膨大，此时是栽培中"控"和"促"的分界线，以速效性氮、钾追肥并灌水。浇水过早则叶片徒长，养分积累少，嫩茎易"窜"；浇水过晚，则"控"过度，叶片生长量不足影响同化而产量下降，且易发生茎裂影响品质。产品器官膨大期要加大肥水均匀供给，追肥以"少吃多餐"的方式随浇随追。春季定植时肥水管理原则上也大致相似，只是蹲苗时间较春莴笋短些。

（3）中耕、除草：移栽成活后进行多次浅中耕松土保墒，可以增加土壤通透性、减少浇水次数和防除杂草；封垄后不再中耕，拔除杂草即可。

（4）病害防治：莴苣常见病害有霜霉病、菌核病、灰霉病等，应坚持"预防为主，综合防治"的方法，特别注意轮作及肥水管理，忌偏施氮肥和浓肥。水分供给勿过湿过干，培养壮苗，增强抗病能力。虫害主要是蚜虫，可用菊酯类农药防治，但要注意用药安全。

5. 采收 莴笋主茎顶端与最高叶片的叶尖相平时（俗称"平口"）为采收适期，此时嫩茎已充分肥大，品质脆嫩。如收获太晚，花茎伸长，纤维增多，肉质变硬甚至中空，品质降低。

（二）叶用莴苣（生菜）栽培技术

一般采用育苗移栽方式，温度过高或过低的季节，移栽缓苗期长，不易成活，也可直播。南方地区应用丸粒化种子精量直播较多。

1. 播种育苗 露地春茬生菜大寒至春分之间在塑料大棚育苗，40~50d后定植。露地夏茬生菜可直播或育苗移栽，清明至夏至遮阴棚防晒育苗，25~30d后定植。露地秋茬生菜小暑至处暑间遮阴棚育苗，40~50d后定植。

高温季节育苗或直播，应浸种催芽后播种。早春设施育苗若棚温不够需加温，并掌握好供水量。夏季要遮阳喷水降温，幼苗真叶出现时可陆续除去遮阳设施，如播种时盖土较薄，此时还可再加盖1层薄细土护根保墒。幼苗2或3片真叶时分苗（或间苗）1次，苗距8～10cm，缓苗后及时随水浇施一次速效性氮肥提苗。

2. 定植　　苗龄30～40d、幼苗4或5片真叶时即可定植。选阴天或傍晚进行，移栽前1d苗床浇水，起苗时保护根系，按苗大小分级分区定植。单株定植，栽植不宜过深，以栽稳为宜。春茬生菜生长期长，外叶多，开展度大，结球晚而高产，可适当稀植，行距40～45cm，株距25～35cm。夏秋茬生菜或散叶类型一般个体小，要适当密植，行株距25cm×30cm。以小苗采收食用者定苗在10cm即可。栽后浇足定根水，视天气情况及时补浇缓苗水。

3. 田间管理　　叶用莴苣定植成活后，肥水齐攻，不必蹲苗。但不同生长阶段、栽培季节、土壤类型对水肥管理要求又不尽相同。莲座叶前期，结合浇水追肥1次，并中耕松土，增加土壤通透性，促进根系扩展及外叶生长。莲座叶后期防止外叶早衰，促进叶球充实肥大。结合灌水按"少量多次"的原则追施氮、磷、钾肥。结球期肥和水要供给均匀，以避免裂球或叶球松散。采收前停止浇水，有利于收后储运。其他栽培管理措施参照莴笋栽培。

4. 采收　　散叶类型采收期要求不严，可根据市场、生长状况等因素确定，一般定植后40～50d即可采收。结球莴苣要求球叶充分肥大，叶球抱合成紧实时采收，一般在定植后50～60d。采收过早会影响产量，过晚叶球中心柱伸长，甚至抽薹，影响品质。

采收时可用手轻按叶球顶部，感觉叶球松紧适中为宜，抱合过紧球叶易崩裂。收获时用刀将叶球轻轻切下，不宜用手掰，并注意留3或4片外叶保护叶球。

第三节　菠　菜

菠菜（spinach）又称赤根菜、波斯草等，学名 *Spinacia oleracea* L.，为苋科菠菜属1年或2年生草本植物，起源于亚洲西部的伊朗一带，唐代传入我国。中国菠菜栽培历史悠久，现在南北各地普遍栽培。菠菜全株均可食用，风味独佳，含有丰富的维生素和无机盐，深受消费者喜爱，可熟食、凉拌、煮汤以及加工，还以速冻、脱水或菠菜汁等形式出口日本、韩国及欧美国家。菠菜性凉味甘，能润燥滑肠、养肝明目、宽肠通便，但体质虚寒者宜少食。

一、生物学特性

（一）植物学特征

直根系，根群集中分布于30cm的耕作层内，其主根发达，形似鼠尾，侧根少，入土较深，栽培中不适合育苗移栽。主根上部粗壮呈紫红色，味甜可食。营养生长期茎短缩，抽薹形成花茎，直立中空，开花前可食用。抽薹前叶簇生于短缩茎上呈莲座状，具细长的叶柄，是主食部分，叶片深绿色，戟形或卵圆形。花茎中上部叶腋处着生单性花，雌雄异株，两性比约1:1，偶有雌雄同株。有时也出现两性花，异花授粉。花黄绿色，雌花簇生于叶腋处，6～20朵，花被杯状，花柱4或5个；雄花呈穗状或圆锥花序，雄花花被和雄蕊都是4个，花药纵裂，黄绿色质轻，风媒花。种子由坚硬的革质花被包裹成果实，胞果，吸水困难，发芽慢。按果实外花被的构造可分为有刺种和无刺种两大类型，种子千粒重8～10g。

菠菜的植株性型有：绝对雄株、营养雄株、雌株和雌雄同株。绝对雄株植株矮小，花薹叶狭而小，花茎上仅生雄花呈复总状花序，早熟易抽薹，产量低。有刺种绝对雄株较多。营养雄株植株较高大，根出叶大而多，花薹叶亦较大，抽薹晚，花期长，花茎上仅生雄花，产量较高。雌株植株高大，生长旺盛，丛生叶较发达肥厚，抽薹迟，仅生雌花，属高产株型。雌雄同株植株上同时生有雌花和雄花，依照雌花和雄花比例又有几种情况：雄花较多；雌花较多；雌雄花数相等；或早期发生雌花，后期发生少数雄花。叶较发达，抽薹晚，属高产株型。

（二）生长发育周期

1. 营养生长阶段 播种后至2、3片真叶展开，幼苗生长较慢；其后生长速度逐步加快，8~10片叶之前生长点不断分化叶原基形成真叶，以增加叶数为主，叶面积增加较少；此后叶数增加趋缓，叶柄伸长，叶面积扩大，叶重增加形成产量。花序分化时的叶数因品种和播期而异，少者6、7片，多者20余片。

2. 生殖生长阶段 自花序分化到种子成熟，与营养生长有一段时间的重叠。留种田要求较多的雌株及适当的雄株搭配，凡是能加强光合作用和促进养分积累的外界环境因素都能促使菠菜雌性加强；凡是促进异化消耗养分的则有加强雄性的倾向。长日照促进花芽分化。生殖生长期的长短关系到采收期的长短和产量的高低。

（三）对环境条件的要求

1. 温度 耐寒性很强，成株能在-10℃下露地安全越冬。种子在4℃时即可萌动，15~20℃发芽率高，发芽势最强；高温不利于发芽。1、2片真叶和临近抽薹时的植株抗寒力较差。营养生长期适宜生长温度15~20℃。日均温在23℃以下时，生长点分化叶原基的速度随温度的下降而减慢；在20~25℃时叶片增重最快；超过25℃生长不良，尤其在干旱条件下，叶片小且薄，纤维多品质差。夏季菠菜营养生长缓慢的原因是高温限制了叶面积的扩大。

2. 光照 光合作用光补偿点为25.9$\mu mol/(m^2 \cdot s)$，光饱和点为857$\mu mol/(m^2 \cdot s)$。属典型长日照植物，夏播未经受低温同样可以花芽分化，说明低温并非菠菜花芽分化的必要条件，而长日照和高温有利于花芽分化和抽薹。花芽分化后，花器的发育、抽薹及开花也会随温度升高及日照加长而加速。

3. 水分 生长过程中需水较多，土壤含水量为75%左右，空气相对湿度为80%~90%生长旺盛。干燥环境下叶片生长减缓，叶组织老化，品质差。尤其在高温、长日照、水分不足的环境下，营养器官发育不良，而生殖器官发育占优势，会加速抽薹开花。

4. 土壤及营养 适宜在砂壤土、黏壤土上生长。适宜pH 6~7，不耐酸性，稍耐盐碱，pH 5.5以下发芽后生长缓慢，严重时叶色发黄、无光泽、硬化、不舒展。菠菜需氮肥较多，磷、钾肥次之。在三要素齐备的基础上，增施适量氮肥，叶片生长旺盛，有利于提高产量和品质。氮肥不足时植株矮小，叶发黄且易未熟抽薹。缺硼时心叶会卷曲、失绿、植株矮小甚至停止生长。

二、品种类型与栽培制度

（一）品种类型和栽培选择

1. 品种类型 按种子（胞果）的外形和叶型分为有刺种（var. *spinosa* Moench）和无刺种（var. *inermis* Peterm）两个变种。

（1）有刺种：果实有坚硬的刺，叶先端多为锐尖呈戟形，俗称尖叶菠菜。叶柄细长、叶面光滑较薄、质地柔嫩、涩味少、早熟、品质佳。该品种一般耐寒力较强，耐热力较弱，对日照长短较敏感。春茬易未熟抽薹，夏茬高温生长不良，主要适宜秋播栽培。主要品种有双城尖叶菠菜、青岛菠菜、绍兴菠菜、广州大叶乌菠菜、菠杂10号等。

（2）无刺种：果实稍圆无刺，叶先端钝圆呈卵圆形、椭圆或不规则形，俗称圆叶菠菜。叶柄短、叶片大而厚、晚熟、抗抽薹、品质好。该品种耐寒力较有刺种弱，但耐热力强，适合于晚秋越冬或春季播种栽培。主要品种有广东圆叶菠菜、全能菠菜、美国大圆叶菠菜、成都大圆叶菠菜、法国菠菜、陕西春不老菠菜、南京大叶菠菜等。

2. 栽培品种选择 生产中栽培品种选择主要根据栽培季节、栽培方式、栽培地区的生态条件等综合考虑。例如，越冬栽培要注意选择耐寒性强、抽薹晚的品种；夏季栽培要选择耐热的品种；设施栽培要选择耐湿的品种。

（二）栽培制度

菠菜耐寒不耐热，冷凉环境有利于优质产品形成，栽培季节以春播、秋播两季露地生产为主。但产品无严格采收标准，通过不同品种之间耐热性差异合理搭配播种和设施利用，基本上可以做到四季栽培，周年供应。

菠菜栽培以露地为主，设施栽培以简易覆盖栽培为主。主要季节茬次为秋茬和越冬茬，春茬和夏茬因地而有，作为补充。其中北方地区露地越冬茬主要存在越冬死苗和抽薹等问题。

1. 秋茬 夏末或初秋直播。华南、西南地区8~10月均可播种，不同品种适宜播期有一定差异，秋冬收获；长江流域处暑至白露之间播种，30~40d后分批采收；华北平原8月播种，9月中旬至10月下旬采收；东北、西北、内蒙古等地大暑至立秋之间播种，秋分至霜降采收。秋菠菜营养生长阶段处于日均温20℃左右的环境，有利于叶原基分化、叶面积扩展和叶重增长，故叶数较多、产量高、品质最佳；再者秋茬菠菜播后温度和日照时数渐降，不利于花芽分化和抽薹。

2. 春茬 早春平均气温达4~5℃即可播种，春末初夏收获。华南、西南地区10月至翌年2月均可播，采收期较长；长江流域2~4月播种，但以3月中旬最适，生长30~50d后采收；华北、华中区2~3月播种，4~5月采收；北方地区表土4~6cm解冻后开始播种，5~6月份收获。

3. 越冬茬 冬季积雪寒冷地区，秋播以幼苗越冬，翌年春季收获。各地日均温17~19℃播种。例如，长江流域选择晚熟和抗抽薹品种于霜降期间播种，开春收获；华北区白露至秋分播种，春分后陆续采收；东北、西北等区11~12月播种，要求发芽出土前土壤封冻，以刚萌动的种子露地越冬，俗称"埋头菠菜"。播种过早或偏晚均不可取，来年土壤解冻后出土生长，4月尾开始陆续采收上市。

4. 夏茬 春播夏收。此期温度高日照长，叶原基分化快，花芽分化和抽薹也快，但叶面积扩展慢、产量低，一般视为反季节菠菜，在夏无酷暑的区域较适合生长。例如，昆明及滇中地区采用全能菠菜品种可于 3~7 月播，5~9 月收，也能获得较高的产量和品质。

三、栽培技术

菠菜栽培技术流程为：整地、施基肥→作畦→播种→田间管理（设施环境调控、除草、灌水、追肥、防病虫害）→适时收获。

（一）整地、作畦

选择土质肥沃、保水、保肥力强的"夜潮土"栽培。冬季地温较恒定，早春返青后地温回升快都有利于幼苗越冬及早春返青后的快速生长。播种前深翻晾晒 7~10d，结合整地每公顷施入腐熟有机肥 30t、过磷酸钙 450kg、硫酸钾 90kg、硼砂 5kg。肥土掺合均匀，细耙耧平作畦。南方多作高畦，北方多作平畦。要求耕作层深厚、土壤细碎、畦面平整，否则越冬期易死苗，同时充足的基肥促进返青后的营养生长，延迟抽薹。

（二）播种技术

以当年新采种子为佳。播种期，东北区 9 月初，华北 9 月中下旬，江南区适当推后。越冬茬播种期应掌握好幼苗冬季停止生长时达 5、6 片真叶，主根 10cm 长即能安全越冬。播种量 60~180kg/hm^2，严寒地区或播期偏晚时要适当加大用种量。南方多用撒播；东北、西北、华北北部等冬季严寒，越冬易死苗，多用条播法，行距 10~15cm，播后盖土 2~3cm。条播覆土较撒播厚，深度较均匀，有利于培养壮苗安全越冬。无论撒播还是条播，均可以播后浇水或浸种湿播。菠菜种子果皮厚，不利于吸水，一般可先用木棒碾压破壳后再播。

（三）田间管理

1. 苗期管理 播后为保证齐苗应充分满足水分供应，齐苗后适当控水蹲苗促进根系拓展。2 片真叶时结合浇水追施速效氮肥 1 次，可满足幼苗快速生长之需。

2. 越冬期管理 重点是防寒保墒，防止死苗。北方地区采取的措施：一是在土壤封冻前设风障防寒保温，可防冻害死苗及促进早熟，但立风障不宜过早，以免蚜虫聚集，传播病毒病。二是在土壤"夜冻昼融"时浇适量"冻水"，保证土壤适宜含水量，防止冻害发生。

3. 返青期管理 立春后冻土渐融、地温回升、日照渐长，菠菜植株开始恢复生长返青。但升温和长日照随之而来是促进菠菜抽薹，故应加强肥水管理。要选择气温趋于稳定的晴天浇"返青水"，这一水不宜早、不宜晚，更不宜多。早浇多浇，如遇寒流土壤冻融交替，植株易受冻死苗。一般西安在 2 月上中旬，北京在 3 月中下旬，辽宁中北部地区多在 4 月上旬。返青后，结合浇水追施 2、3 次速效氮肥，加速营养生长形成产量，抑制抽薹开花。另外，北方早春菠菜地未融冻时常有大雪，要及时清除积雪。否则融雪化水在畦面积存又结冰，易导致死苗。华南、西南地区越冬菠菜一般土壤不会封冻，植株也不会有明显停止生长的迹象。在整个冬春季均可均匀供给肥水，促进营养生长随时采收上市。

4. 病虫害防治 一般病虫害少。病害有霜霉病、灰霉病等，虫害有蚜虫。以预防为主，注意轮作及肥水管理，忌偏施氮肥。

(四) 采收

菠菜产品无严格的采收标准，可视植株大小、栽培条件、市场供求等灵活采收，既可一次性采收，也可分 2、3 次间拔大株采收。

第四节 不结球白菜

不结球白菜（non-heading Chinese cabbage）又叫小白菜，学名 *Brassica campestris* ssp. *chinensis* Makino，是十字花科芸薹属以绿叶或嫩花薹为产品的 1 年或 2 年生草本植物，主要包括普通白菜、乌塌菜、菜薹、薹菜、分蘖白菜等变种。白菜原产于中国，由芸薹种演化出白菜亚种。中国早在南北朝时期就有不结球白菜栽培，明朝始有包心白菜的记载。不结球白菜与大白菜的区别在于有明显的叶柄而无叶翼，且不结球。此类型在中国栽培十分普遍，以长江流域及江南为主产区，其年产量占当地蔬菜总量的 30%～40%，在周年供应中占有重要地位。不结球白菜栽培面积大、产量高、易于栽培、种类和品种多、供应期长、是消费群体最大、消费量最多的大众蔬菜。

一、生物学特性

（一）植物学特性

直根系，但分布浅、须根发达、再生能力强，移栽易成活。营养生长期茎短缩，根出叶；进入生殖生长阶段短缩茎顶端抽生花茎，长 60～100cm，并产生分枝，基部分枝较长，上部分枝短，呈圆锥形。子叶 2 枚，对生，肾形或心脏形；基生叶两枚，长椭圆形，有叶柄无叶翼，对生，与子叶垂直呈"十"字形，莲座叶互生由 2 或 3 个叶环构成，呈莲座状。叶色浅绿至墨绿，叶片光滑，亦有皱缩，叶形有匙形、倒卵形，叶缘全缘或有锯齿，叶柄明显肥厚无叶翼。花茎叶无叶柄，抱茎或半抱茎。花为复总状花序，有 1～3 次分枝，花黄色，花瓣 4 枚，呈"十"字形排列，雄蕊 6 个，雌蕊 1 个，异花授粉，虫媒花。果实为角果，每荚有种子 10～20 粒；种子近圆形，红褐色或黄褐色，千粒重 1.5～2.2g。

（二）生长发育周期

1. 营养生长期 一般经历发芽期、幼苗期、莲座期、束腰期。

（1）发芽期：从种子萌发到 2 片子叶展开，真叶显露，需 3～4d。

（2）幼苗期：从真叶出现至第 1 叶序环形成（5～8 片叶），俗称"摆盘"或"团棵"，需 16～22d。

（3）莲座期：第 1 叶环序形成后，再长出 1 或 2 个叶序环，是营养生长的旺盛期和产量形成的重要时期。

（4）束腰期：内轮叶片舒张或近叶身处抱合紧密呈束腰状，有的呈圆筒形，少数品种呈半结球状，是植株充分生长的标志，也是秋冬不结球白菜的采收适期。

2. 生殖生长期 经历现蕾期、抽薹期、开花结果期、种子成熟期。

（1）现蕾期：经春化阶段后花芽开始分化到现蕾。

（2）抽薹期：从现蕾到主花茎伸长并发生侧枝，整个花序下部花蕾含苞待放。

（3）开花结果期：从花蕾开放至谢花后形成果实。

（4）种子成熟期：角果由绿转黄直到种子成熟。

（三）对环境条件的要求

1. 温度　　不结球白菜属于耐寒性蔬菜，生长最适温度为18～20℃，能耐−3～−2℃的低温，其中乌塌菜耐寒力最强，能耐−10～−8℃的低温。在25℃以上的高温干旱条件下植株生长衰弱，易感病毒病。在15℃以下经一定时间通过春化阶段即能抽薹开花。

2. 光照　　光照充足有利于营养物质的合成及运输、叶色浓绿、产量高品质好；光照不足则会引起徒长、植株细弱、产低质次。不结球白菜的光合作用光补偿点为70.3μmol/($m^2 \cdot s$)，光饱和点为1299.1μmol/($m^2 \cdot s$)。通过春化阶段后在长日照条件下迅速抽薹开花。

3. 水分　　根系浅，不耐旱；叶面积大，蒸腾作用强，所以需水量大。整个生长期均要求保持土壤湿润，供给充足水分；雨季亦要注意排涝。

4. 土壤养分　　生长初期植株生长量小，吸收水肥量也少，进入莲座期生长加快，吸收水肥量也加大。由于其生长期短，又以叶为产品，应以速效氮肥为主增加施用量，其次是钾和磷。土壤以疏松、肥沃、保水、保肥能力强的壤土或砂壤土为好，在根肿病流行地区应避免与十字花科作物连作。

二、品种类型与栽培制度

（一）品种类型和栽培选择

1. 品种类型　　有普通白菜（var. *communis* Tsen et Lee）、乌塌菜（var. *rosularis* Tsen et Lee）、分蘖白菜（var. *multiceps* Hort.）、薹菜（var. *tai-tsai* Hort.）和菜薹（var. *utilis* Tsen et Lee）等类型。

（1）普通白菜：又称小白菜、青菜、油菜。株型直立或开展，一般产量高品质好、适应性强，分布广泛。根据生态习性和适宜栽培季节又有以下季节型。

秋冬茬：中国南方栽培最多，株型直立或束腰，以秋冬季栽培为主，依叶柄色泽不同又可分为白梗和青梗两类。白梗代表品种有南京矮脚黄、常州短白梗、广东乌叶白；青梗有上海矮箕白、杭州早油冬、苏州青梗、昆明的蒜头白和调羹白等。

春茬：株型多开展，少数直立或微束腰，冬性强，耐寒。根据抽薹早晚可分为早春茬和晚春茬。前者2～3月上市，代表品种有无锡三月白、杭州油冬儿、南京亮白；后者4～5月上市，代表品种有南京四月白、上海四月慢、五月慢、春绿、迟黑叶、春水白菜等。

夏茬：又称"火白菜""伏白菜"。是6～8月高温季节栽培和上市的不结球白菜。多为直播，以幼苗或半成株采收供食。代表品种有上海火白菜、杭州火白菜、广州马耳白菜、南京矮杂1号、东方2号、热抗青、17号白菜、青伏令、热火1号等。

（2）乌塌菜：又称乌菜、京白菜。植株塌地或半塌地生长，叶色浓绿至墨绿，叶面平滑或皱缩，耐寒力强，南方多在晚秋播种，春节前后上市供应，经冬季霜雪后味甜质鲜美，但由于冬季气温低生长慢，株型矮小产量低。根据生长习性可分为塌地型和半塌地型。前者植株叶片塌地而生呈盘状，代表品种有常州乌塌菜、上海小八叶、中八叶；后者植株半直立半塌地，代表品种有南京瓢儿白、上海塌棵菜、合肥黄心乌等。该品种根据成熟期早晚又可分为早春种，如南通马耳黑菜；晚春种，如南通四月春不老。

（3）分蘖白菜：又名京水菜、水晶菜。植株初生塌地，以后自短缩茎处环生基叶十余片，并从叶腋处产生分蘖，每个分蘖又生许多叶片，整株叶片数达数十至数百片，呈丛生状。该品种耐寒力强，主供鲜食或加工，栽培不广泛，主要分布在江苏南通地区，一般晚秋播种，春季抽薹前收获。代表品种有日本京水菜、如皋多头蕻等。

（4）薹菜：嫩叶、花薹及肉质根均可食用，主要分布于黄淮流域的江苏、山东等省区。直根发达，圆锥形，叶丛生直立，薹菜耐寒性强，适应性广，其中圆叶类型冬性极强，抽薹晚，一般作越冬栽培，如山东泰安圆叶薹菜、江苏徐州笨菜薹。花叶类型有不规则形的羽状裂片，又可分为黄花叶薹菜和油花叶薹菜两个品系。一般早秋播种，年内上市供应。

（5）菜薹：以花薹为产品，主要分布在华南、华中区，广东、广西、台湾、湖北栽培普遍。该品种根系浅，抽薹前茎短缩，绿色或紫色，花薹叶较小，花茎下部叶柄短，上部无叶柄。代表品种有菜心、红菜薹等。根据生长期长短及栽培季节又可分为早熟种，如广东的四九菜心、黄叶早心、油叶早心；中熟种有黄叶中心、青梗中心、柳叶中心等；晚熟种有青圆叶迟心、青柳叶迟心、三月青菜心等。在华南广东等地早熟种 4～8 月均可播种，5～10 月采收；中熟种 9～10 月播种，10～1 月采收；晚熟种 11～2 月播种，12～4 月采收。

2. 栽培选择　生产中品种选择首先根据栽培目的和消费习惯等选择类型，再根据栽培季节、栽培方式等选择适宜优良品种。

（二）栽培制度

不结球白菜变种及品种多，适应性广，又无严格的采收期，只要因地制宜选择类型和品种，即可做到四季栽培，周年供应。

1. 秋冬茬　秋冬是主要栽培季节，华北地区用保护地栽培 9～10 月播种，翌年 1～3 月采收；华中及江淮流域 8～10 月播种露地栽培，土壤封冻前收获；华南地区 9～12 月均可播种，30～40d 即可收获。

2. 春茬　长江流域晚秋播种，以小苗越冬，翌年 3～4 月上市；华南地区 11～2 月播种，3～5 月上市，一般选用耐寒冬性强的品种；华北地区保护地栽培，12～2 月播种，3～5 月上市。

3. 夏茬　南方多于高温季节的 6～8 月播种，播后 20～30d 以小苗上市，俗称"火白菜"。华北地区多在夏茬与秋茬换季的空隙增种一茬短期白菜，一般 7 月播种，8～9 月收。

三、栽培技术

不结球白菜栽培技术流程为：整地、施基肥→作畦→直播或育苗移栽→田间管理（设施环境调控、直播的间苗、中耕、除草、灌水、追肥、防病虫害）、收获。

（一）整地、作畦

前作收后及时翻耕，整地前均匀施入腐熟有机肥 30～45t/hm^2 或三元复合肥（15-15-15）600～900kg/hm^2，耙细搂平。北方多作平畦，南方作高畦或垄，一般畦宽 1.0～1.5m。

（二）直播或育苗移栽

不结球白菜生产中直播和育苗移栽都有应用，南方地区直播更多，北方地区秋冬或越冬茬多用育苗移栽。直播的，播前浇足底水，撒播或沟播。沟播的，沟深 1.0～1.5cm，行距 15～20cm，播种量为 4.5～7.5kg/hm^2，播后盖细土 0.5～1.0cm。春播后可覆地膜保温保湿，出苗后及时揭去地膜；夏季及秋季播后应在畦面上覆盖遮阳网降温保湿，待子叶出土后及时揭去遮阳网。第 1 片真叶展开时进行间苗，去掉病残弱苗，株距 5～8cm；4、5 片真叶时定苗，株距 10～15cm。结合间苗、定苗拔除杂草。采用机械精量线播技术省工省力，是技术发展方向。

生长期较长的不结球白菜采用育苗移栽较多，可用土壤育苗或穴盘育苗。苗床与大田面积比为 1∶4.5～9.0。苗床施有机肥 1.5～2.3kg/m^2 或三元复合肥（15-15-15）60～75g/m^2，撒播，播种量 2.3～3.0g/m^2，出苗后 2、3 片真叶时间苗，保持苗距 4～5cm，视土壤墒情及幼苗长势适时浇水追肥。幼苗 5 或 6 片真叶、高 12～15cm 时即可移栽。苗龄因季节及设施环境而不同，秋播的生长快 20～25d；晚秋或冬播需 40～50d。定植深度以不埋没心叶为度，密度视季节、品种类型而定，一般早熟种、直立生长类型定植密度为 20cm×20cm；晚熟种、开展度大的类型为 25cm×25cm。

（三）田间管理

1. 中耕、除草 植株封行前中耕 2、3 次，以利于增温保墒、除去杂草，促进根系生长。

2. 灌水、追肥 不结球白菜根系浅、吸收能力弱、生长期短、需水量大，应适时浇灌，保持土壤湿度。定苗或定植后及时浇水，以后连续浇水，促进缓苗生长。浇水结合追肥，每隔 7～8d 追 1 次，每次用尿素或硝酸铵 120～150kg/hm^2，以利叶片生长。浇水夏季高温宜早浇、晚浇；冬季中午轻浇，注意防冻。

3. 病虫害防治 常见病害有黑斑病、白斑病、炭疽病、根肿病、霜霉病等。以农业、物理、生物措施预防为主，化学防治时注意用药安全。常见虫害有小菜蛾、菜青虫、黄条跳甲及地下害虫等，可用菊酯类农药防治，注意安全用药。

（四）采收

采收期视栽培季节、消费习惯、市场需求而定。夏茬定苗后 20～25d 有 4、5 片叶即可采收；秋冬茬定植后 30～50d 陆续采收，随着气温下降采收期也将延长；春茬因生长期间气温低，生长缓慢，要 100d 以上才能采收，但品质好。华南地区冬无严寒，播种期和采收期都比较灵活。有的地区喜欢采食不结球白菜小苗，尤其是小白菜类，称为"鸡毛菜"，一年四季都可以栽培和采收。不结球白菜目前主要是手工采收，采后清洗、整理、分级、扎把包装上市。

第五节 不结球叶芥菜

不结球叶芥菜（non-heading leafy mustard），别名青菜、苦菜，学名 *Brassica juncea*（L.）Coss. var. *foliosa* Bailey，为芸薹属芥菜种以叶片和叶柄供食的 1 年或 2 年生草本植物，原产

于中国，栽培历史悠久，食用普遍，富含维生素、蛋白质、糖类和矿物质，尤其是硫代葡萄糖甙水解后产生挥发性的芥子油，有特殊的辛辣味，可增进食欲、祛痰、解燥。叶用芥菜可煮食、炒食，或加工成各种风味咸菜或菜干，香气浓厚，滋味鲜美。

一、生物学特性

（一）植物学特性

直根系，较发达，主要分布在30cm左右的土层中，直播时主根入土较深，育苗移栽则主根受损，侧根分布较浅。营养生长期茎短缩，通过春化阶段形成花茎抽薹开花。幼苗子叶肾形，真叶互生于短缩茎上，成株叶片形状有椭圆形、卵圆形、倒卵形和披针形，全缘或有缺刻、锯齿状或波状，有的还有不同深浅的裂片。叶色有绿色、浅绿色、黄绿色、紫色等，叶柄有圆杆形、扁平形，上有瘤状突起是品种分类的依据。抽薹后形成复总状花序，完全花，花冠黄色，雄蕊4枚雌蕊1枚，长角果，种子较甘蓝、白菜的小，千粒重1g左右。

（二）生长发育周期

1. 营养生长阶段　　包括发芽期、幼苗期和产品器官形成期。

（1）发芽期：种子萌动至子叶展平、心叶出现，在20～25℃条件下，一般5～6d。

（2）幼苗期：从真叶显露至第1或第2叶序环形成有5～10片叶，在22℃左右条件下约需50d。

（3）产品器官形成期：一般3个叶序环形成后，进入产品器官成熟期，植株叶柄或中肋伸长并增厚，在10～15℃时需30～60d。分蘖芥类型分蘖腋芽发生大量分蘖，形成产品。不同品种产品器官形成差异很大，大叶芥有20～30片叶，分蘖芥多达75片，有的品种甚至多达200～300片；单株产量亦有很大差异。

2. 生殖生长阶段　　在冬季经过低温春化阶段后翌年长日照条件下抽薹开花结果。多数品种冬性弱，对低温要求不严，如西南的早芥、三月青、印尼青等，春播当年就能抽薹；雪里蕻、春不老等冬性强的品种，一定要经过较低的温度才能抽薹。

（三）对环境条件的要求

1. 温度　　不结球叶芥菜属于耐寒性蔬菜，营养生长适宜温度为15～20℃，苗期能耐 −2～−1℃的低温，但抽薹期不耐霜冻。

2. 光照　　要求中等强度的光照，长日照有利于抽薹开花，但有的品种对日照长短反应也不敏感。

3. 水分　　根系相对较浅，叶面积大，蒸腾作用强，产量高，需水量大，要求湿润的气候及疏松有灌溉条件的土壤栽培，低湿地及雨季栽培要注意排涝，加工型芥菜栽培在采收前10d左右应停止灌水。

4. 土壤营养　　以疏松肥沃的壤土栽培易获高产。施肥以氮素及有机肥为主，在苗期及营养生长旺盛期应增施磷、钾肥，以增强抗病性提高产量及品质。加工型的叶芥菜应控制氮素化肥的施用，以保证加工产品的品质。

二、品种类型与栽培制度

（一）品种类型和栽培选择

1. 品种类型 不结球叶芥菜类型多，品种丰富。依叶片形态、颜色、分蘖力等分为很多类型。栽培普遍的有大叶芥（var. *rugosa* Bailey）、小叶芥（var. *foliosa* Bailey）、花叶芥（var. *multisecta* Bailey）、宽叶芥（var. *latipa* Li）、叶瘤芥（var. *strumata* Tsen et Lee）、分蘖芥（var. *multiceps* Tsen et Lee）、薹芥菜（var. *utilis* Li）等变种。

（1）大叶芥：植株高大，叶片宽厚，叶缘波状或钝齿状，叶柄窄或较宽，叶色由深绿至浅绿，叶面平滑无刺毛及蜡粉，叶片长宽比约 2.5:1，适应性广，南方普遍栽培。主要品种有浙江早芥、广东梅县皱叶芥、四川南充箭杆青、贵州独山大叶芥、云南弥渡粉杆青、武定三月青等，主供鲜食或加工。

（2）小叶芥：叶片长椭圆形或倒卵形，叶片长宽比约 1.8:1，叶缘波状有浅锯齿，下部深裂，叶面平滑，蜡粉少，叶柄细窄，中肋突出，适应性强，主供加工或鲜食。各地普遍栽培，主要分布在云、贵、川、渝等地，代表品种如绿杆青、小苦菜等。

（3）花叶芥：植株丛生状，叶缘有深缺刻，叶片细裂，叶片长宽比约 2.5:1，叶面微皱，叶柄细窄，绿色，抗逆性强，适应性广，主供腌渍或鲜食。主要品种有昆明的花叶苦菜，四川的鸡喙叶，上海金丝芥，湖北、江西的花叶芥等。

（4）宽叶芥：叶片椭圆形至卵形，叶柄宽大肥厚，叶片长宽比 1.5:1，叶缘细齿或深裂，叶面较皱，耐寒、抗病、产量高。主要品种有云南中甸的春不老、昆明的牛肋巴苦菜、大理擗菜等。

（5）叶瘤芥：植株中等大小，半直立，叶近圆形至卵圆形，叶缘浅裂，叶面微皱，叶柄宽大肥厚，叶柄上有明显的瘤状突起，含水多，纤维少，品质好，主供鲜食或加工腌渍。代表品种有江浙的弥陀芥、湖北的耳朵菜、重庆的南瓜儿青菜、云南昆明的牛肋巴苦菜等。

（6）分蘖芥：植株分蘖力强，分蘖及叶数很多，株型呈丛生状，花叶品种缺裂深，板叶品种叶全缘有锯齿，抗寒力强，芥辣味浓，主供加工腌渍，以江浙一带栽培较多。代表品种有雪里蕻、上海三月慢雪里蕻等。

（7）薹芥菜：又名辣菜、冲菜，主食花薹，主花薹及侧花薹发达，辛辣味浓，主供鲜食、凉拌。根据花茎多少及肥大程度可分为单薹和多薹两个类型。代表品种有广东的梅菜、浙江的半黑叶天菜、昆明冲菜等。

此外还有四川、重庆的长柄芥、凤尾芥、白花芥等变种。

2. 栽培品种选择 不结球芥菜类型多样，主要用途也有不同。栽培品种选择，首先考虑栽培目的和消费习惯，其次根据栽培地区生态特点、栽培季节、栽培方式等选择适宜品种。

（二）栽培制度

中国南北各地以秋播为主，有的地区春、夏选择不同的品种亦可栽培。

1. 冬茬 从 8～11 月前后均可播种，多选前作为茄果类、瓜豆类的地块育苗移栽。采收期从 11 月至翌年 2 月，品种可选择冬性弱的大叶芥、小叶芥和宽柄芥。

2. 夏茬 在 4～8 月排开播种，30～60d 即可收获小青菜，一般采用直播，间拔采收。

可选耐热抗病的南风芥、三月芥或印尼青菜。

3. 春茬 一般选择冬性强不易抽薹的晚熟品种，于12~1月冷床或温床育苗，1~2月定植，3~5月采收。品种可选用春不老、四月慢雪里蕻、芥辣菜、大理擗菜等。

选择茬口和播期总的原则是山区或冷凉区域可适当提早播，平原及温暖区适当推后，将产品器官的形成安排在最适宜的温度和季节。

三、栽培技术

不结球叶芥菜栽培技术流程为：整地、施基肥、作畦→直播或育苗移栽→田间管理（设施环境调控、直播的间苗、中耕、除草、灌水、追肥、防病虫害）→收获。

（一）整地、作畦

选择前作为非十字花科作物的地块，及时清园，翻犁晾晒，均匀施入有机肥30~40t/hm^2、过磷酸钙200~300kg/hm^2、硫酸钾150kg/hm^{2}作基肥，然后细耙耧平作畦。秋冬季一般雨水少，可作稍宽大的平畦，畦宽2~3m；多雨季节作高畦，畦长不限。

（二）直播或育苗移栽

以小苗供食和作为速生栽培时，多采用直播。可撒播或条播，播种量4.5~6.0kg/hm^2。出苗期保持土壤湿润，出苗后间苗和定苗，避免拥挤。

育苗移栽的，先做好苗床。早秋播种的，气温高，雨水多，苗床应做成小高畦，并准备遮阳网。撒播或条播，苗床用种量0.75~1.20g/m^2，苗床与大田面积比为1∶15~1∶22.5。出苗后间苗2次，保持苗距10cm左右。当苗高10~15cm、有5或6片真叶时即可定植。早秋播的苗龄25~30d，晚秋播的苗龄40~50d。定植密度视品种及土壤肥力而定，一般中晚熟品种行株距40cm×30cm；早熟直立型品种稍密，为30cm×20cm。

（三）田间管理

定植或定苗后及时浇水，促进缓苗。生长期追施速效氮肥3、4次，每次用尿素100~150kg/hm^2，早秋气温高生长快，很快就进入生长盛期，需肥量大，要及时追肥，促进营养生长；晚秋播的进入冬季气温低，生长慢，追肥不宜多，否则越冬易受冻害，开春后气温上升，空气干燥，植株蒸发量大，应及时灌水追肥，否则植株矮小，易于未熟抽薹。加工型叶芥菜追肥也不宜过晚，以免影响加工品质。

叶芥菜的病害主要有病毒病，蚜虫为传播媒介。栽苗期要及时防治蚜虫，并选用抗病品种，适时播种，避开蚜虫危害的高峰期。害虫还有小菜蛾、黄条跳甲等，也应及时防治。

（四）采收

以鲜食为主的无严格采收标准，主要根据市场需求可小苗采收或成株采收鲜嫩产品上市；加工型则要等外叶发黄，刚出现抽薹迹象时采收，此时产量高，加工品质好。例如，南方冬菜要求短缩茎伸长但又未抽出花薹时采收，而广东的梅菜则要在花薹高15cm左右，花蕾出现时采收，腌雪里蕻也要等开始抽薹时为采收适期。

一般早秋播的11~12月即可采收，9月播的要12~3月采收，晚秋或春播的则要到4月才能采收。采收方式多为一次性采收。也有分批采收或掰叶采收（适合庭院栽培），即每次采1、2片叶，采后追肥灌水，促进心叶生长，一直可采到抽薹。不结球叶芥菜产量高，可达45~75t/hm²。

第六节 蕹 菜

蕹菜（water convolvulus）又称空心菜、竹叶菜、藤菜，学名 *Ipomoea aquatica* Forsk，为旋花科蔓生性1年生或多年生草本植物，原产于中国、印度，广泛分布于亚洲热带地区，中国自古就有食用，古籍《南方草木状》称之为"奇蔬"，记载了用苇筏的漂浮水培法。因其适应性强而在中国广为栽培，以华南、西南最多，是夏秋渡淡的优良绿叶嫩茎类蔬菜之一。北方可在设施调节下作为特种蔬菜栽培。蕹菜以嫩梢、嫩叶炒食或做汤，具有利尿消肿、降血压、改善便秘等功效。

一、生物学特性

（一）植物学特性

根系浅，但再生能力强；茎蔓生、圆形而中空、有节、多分枝，茎节上易生不定根，可扦插繁殖；单叶互生，长卵形或披针形，叶柄长、叶全缘、叶面光滑、绿色；花腋生，漏斗形、白色或淡紫色。花为聚伞花序，腋生，花冠喇叭形，完全花，子房2室。蒴果，卵圆形，褐色，内含2~4粒种子，近圆形，皮厚而坚硬，千粒重35g左右。

（二）对环境条件的要求

1. 温度 喜温耐热，尤其适宜高温多湿环境，但不耐霜冻。15℃以上种子才能萌发，茎叶生长适温25~35℃，此范围内温度越高茎叶生长越旺盛，采摘间隔越短。能耐35~40℃高温，低于15℃生长趋缓，10℃以下停止生长。

2. 光照 喜光，适当密植相互荫蔽亦能生长良好，且产品质地柔嫩。光合作用光补偿点为30.9μmol/（m²·s），光饱和点为1169.5μmol/（m²·s）。短日照、强光照和高温条件有利于蕹菜开花结实，但对短日照长度要求更为严格，如广州藤蕹不会结实，昆明积温不够，藤蕹、子蕹均不能结籽，栽培上常采用扦插繁殖。

3. 水分 喜湿润的气候和土壤环境，耐涝不耐旱。土壤干旱或空气干燥，茎叶纤维增多，品质下降。

4. 土壤营养 对土壤要求不严，但因其喜肥、耐涝，仍以土质疏松肥沃的壤土或黏壤土为宜，生长期中有利于保水、保肥，促进茎叶迅速生长。蕹菜生长快，采收勤，需肥量大，耐肥力强，以追施氮素肥为主。

二、品种类型与栽培制度

（一）品种类型和栽培选择

1. 品种类型 按结实与否分为子蕹和藤蕹，依叶形分圆叶蕹和尖叶蕹，依栽培类型分旱蕹和水蕹。

（1）子蕹：对日照长短要求不严，夏秋能开花结实，种子繁殖为主；耐旱性较强，主作旱地栽培，长势旺盛，叶浅绿色，茎粗叶大，高产。有白花子蕹和紫花子蕹。代表品种有广东大骨青、大鸡白、吉安大叶蕹，杭州的白花蕹，温州空心菜等。

（2）藤蕹：很少开花结实，以茎蔓扦插繁殖。耐旱性不及子蕹，主作水田或沼泽湿地栽培，品质好，生长期和采摘期长，高产。代表品种有广州的细通菜、丝蕹菜，四川的大蕹菜，广西的博白小叶尖等。

2. 栽培品种选择　　不同类型蕹菜品种适应的栽培生态和季节不同，生产中应首先根据栽培条件和消费习惯，再结合栽培地区和季节等选择适宜品种。

（二）栽培制度

蕹菜适宜在高温高湿环境下生长，夏季为主要生长期，故茬口以春播为主。但不同地区播种期有较大差异。一般春暖早气温稳定在15℃以上开始播种（或扦插育苗）。为提高产量和提早上市，在温度条件满足的情况下应尽量提早播种。

华东、华南地区基本上一年四季都可种植，长江中下游4～7月播，四川盆地3月播，广州12月至翌年3月播。华北4月下旬、东北5月中旬大田直播。

藤蕹多用藤蔓扦插育苗或大田直接栽插。四川、重庆2～3月取窖藏藤蔓催芽育苗，4月尾定植；长沙4月直接扦插大田；广州待宿根萌出新芽时挖取分墩3月尾定植。

蕹菜可与其他蔬菜实施轮作，最好进行水旱轮作。

三、栽培技术

蕹菜栽培技术流程为：整地、施基肥、作畦→直播或育苗移栽→田间管理（中耕、除草、灌水、追肥、防病虫害）→收获。

（一）栽培方式

子蕹一般在旱地栽培，可打塘点播，株行距20cm×25cm，育苗移栽者待苗高15～20cm时定植。藤蕹适宜水田栽培，大田直接扦插时选健壮藤蔓剪成20cm左右，按株行距25cm斜插入泥中2、3节。育苗水田移栽，要注意护根，叶露出水面即可。南方水面广阔的地区，可用漂浮栽培，利用烂泥层厚而肥沃的深水塘，选大小一致的蕹菜秧苗按15～20cm株距编在辫形藤篾或棕绳上，绳两头固定在塘边木桩上，带苗的绳索漂浮于水面生长。绳间距设宽窄行，宽行100cm，窄行33cm，便于管理和采收。

（二）整地、作畦

旱地栽培宜选择土质肥沃潮湿的地块，精细整地，作平畦；水田栽培宜选择排灌方便、向阳、肥沃的地块，施足有机肥并深翻细耙、整平；浮水栽培要利用烂泥层厚而肥沃的深水塘或滨湖栽培。

（三）田间管理

蕹菜喜温，喜湿，耐肥，分枝力强。管理原则是早栽植，多施肥，勤采摘。旱地栽培应常浇灌，直播出苗，移栽或扦插成活后，注意中耕、除草，结合灌水追施尿素 150～300kg/hm²。以后 5～7d 浇 1 次水，间隔 2 次水追 1 次速效肥。封行前要多次中耕，封行后拔除杂草。结合每次采收后追施三元复合肥（15-15-15），促进分枝。水田栽培，前期水层宜浅，利于提高水温促进生长；旺盛生长期，适当加深水层，满足蕹菜对水分的需求，同时又可降低过高的地温。

（四）采收

1. 割收　　主蔓或侧蔓长至 30～40cm 高时，及时割收，扎捆上市。首次采摘宜在基部留 2、3 节，促发侧枝，采 3、4 次后只留 1、2 节，否则侧枝过多，茎叶细弱，影响产量和品质。茎蔓生长过密时要及时疏除过多的枝条，保持良好的透光通风性。如此不断采收，不断追肥，可一直延续至霜降。

2. 带根收　　在植株高 30～40cm 高时，可带根拔（挖）收，扎捆上市。

第七节　绿叶嫩茎类其他蔬菜

请扫描二维码阅读本节内容。

小　结

绿叶嫩茎类蔬菜是以不结叶球的嫩叶、叶柄或嫩茎为食用产品的蔬菜总称，种类繁多，是中国普遍食用的重要蔬菜。该类蔬菜不耐贮藏和运输，多数以"近产近销"为原则，其生长对环境条件要求不尽相同，一般可分为喜冷凉湿润环境和喜温暖耐热两大类，栽培上可根据种类、品种选择适时播种，防止未熟抽薹。绿叶嫩茎类蔬菜多数主要以种子直播，部分种类常育苗移栽，栽培季节和茬次多，栽培方式多样。由于种植密度大、产量高、需水量大、需氮肥量大，应选择耕作层较深、有机质丰富、保水保肥力强的土壤栽培。绿叶嫩茎类蔬菜含氮物质较多，且含各种维生素和矿物质；多数植株矮小，生长期较短，采收期灵活，中国南方多以露地四季栽培，北方露地结合简易设施亦可实现周年产销。本章系统介绍了芹菜、莴苣、菠菜、不结球白菜、不结球叶芥菜、蕹菜的生物学特性、品种类型与栽培季节、栽培技术，并简要介绍了芥蓝、芫荽、茼蒿、苋菜、落葵、叶荥菜、茴香、荠菜、羽衣甘蓝的主要生物学特性和栽培技术要点。

思　考　题

1. 绿叶嫩茎类蔬菜在生物学特性和栽培技术上有哪些异同点？
2. 除本章介绍的绿叶嫩茎类蔬菜外，你还了解哪些绿叶嫩茎类蔬菜？请列举出来给同学分享。
3. 请根据分布、栽培消费习惯等特征，分析绿叶嫩茎类蔬菜在蔬菜产销中的地位和发展意义？
4. 芹菜育苗主要技术环节有哪些？
5. 试述芹菜优质高产的栽培技术措施。
6. 西芹栽培中，通过哪些措施可以使产品更加柔嫩？
7. 请分析莴笋发生"窜"的生理原因，如何克服？
8. 如何防止芹菜、莴苣等绿叶嫩茎类蔬菜的未熟抽薹？
9. 请从生物学特性和栽培技术方面分析中国芹和西芹的差异。

10. 菠菜品种类型有哪些？试述秋茬菠菜栽培技术要点。
11. 不结球白菜主要有哪些变种？各变种主要分布在哪些区域？
12. 不结球叶芥菜类型和变种有哪些？
13. 蕹菜对环境条件有哪些要求？子蕹和藤蕹栽培上有哪些异同？
14. 试述春夏茬生菜（叶用莴苣）主要育苗技术。
15. 如何防止菠菜未熟抽薹？
16. 在北方羽衣甘蓝栽培季节茬口安排有什么要求？

第八章 薯芋类蔬菜

薯芋类蔬菜（tuber and tuberous rooted vegetable）是指以富含碳水化合物的地下器官（块茎、块根、根茎和球茎）供食用的一类蔬菜的总称，包括10个科12个属。中国主要栽培马铃薯、生姜、芋头、山药等，少量栽培豆薯、魔芋、草石蚕、银条菜、菊芋、葛、蘘荷等。

薯芋类产品器官耐贮运，可以周年供应和调节蔬菜淡旺季；富含淀粉、蛋白质等营养成分，既可菜用，又可以粮用，也可作加工原料。生姜、魔芋、葛、菊芋等含有特殊的化学成分，具有极高的药用保健价值。

薯芋类蔬菜的产品器官均位于地下，要求土层深厚，富含有机质，疏松透气，排水良好的壤土或砂壤土，忌连作，是其他蔬菜良好的前茬作物。

薯芋类蔬菜除豆薯、葛可用种子繁殖外，其他均行无性繁殖，需种量大，繁殖系数低。繁殖材料在栽培过程和贮藏期间易感染病毒导致种性退化。因此，要有完善的留种保种制度。另外，无性器官作繁殖材料，多是先萌芽、后生根，发芽期很长，播种前一般要对繁殖材料进行催芽处理，以利于栽植后幼苗早出土，延长生长期，提高产量。

马铃薯、菊芋、草石蚕、银条菜等喜冷凉温和气候，耐轻霜，马铃薯不耐热；生姜、芋头、山药、豆薯、葛等喜温暖气候，不耐霜。薯芋类产品器官形成盛期，充足的阳光和较大的昼夜温差有利于光合产物的积累，短日照可促进地下产品器官的形成。

薯芋类蔬菜有共同的虫害。地下害虫主要有蝼蛄和蛴螬，常直接咬食产品，应重视防治；其他害虫有蚜虫等。主要病害有病毒病、根腐线虫病、马铃薯胞囊线虫、山药根结线虫病、姜瘟病、山药根茎腐病等。病毒病可用茎尖组织培养脱毒防除；实施合理轮作是病虫害防治的有效措施，应实施以农业技术、物理措施和生物措施为主，低毒化学药剂配合的有害生物综合防治技术。

第一节 马 铃 薯

马铃薯（potato）又名土豆、洋芋、地蛋、荷兰薯等，学名 *Solanum tuberosum* L.，为茄科茄属中能形成地下块茎的栽培种，起源于南美洲秘鲁和玻利维亚的安第斯山区，由印第安人驯化，在秘鲁的栽培历史约有8000年之久，作为重要作物传播到世界各地的历史仅300年左右。马铃薯在1570年前后传入西班牙，1650年传入中国。2016年全世界种植面积达1909万 hm^2，总产3.9亿t（李辉尚和乐姣，2018）。

中国关于马铃薯的记载最早见于1700年福建《松溪县志》，现南北各地普遍栽培，分布广，居薯芋类种植面积之首。中国为世界马铃薯第一生产大国，2016年种植面积达562.7万 hm^2，占全球种植面积的30%左右。其中，甘肃定西、宁夏固原、内蒙古和西南、东北地区栽培面积大，黑龙江省是中国最大的马铃薯种植基地。马铃薯块茎耐贮运，是调节市场淡旺季的主要蔬菜。2015年，中国启动马铃薯主粮化战略，将马铃薯确定为稻米、小麦、玉米之后的第4主粮作物。

马铃薯每 100g 块茎含淀粉 17.5g、粗蛋白 2.0g、糖 1.0g，以及各种维生素和矿物质，性平，有和胃、调中、健脾、益气的功效。紫马铃薯含有大量花青素，具有抗氧化作用。马铃薯食用方法多样，在欧美一些国家多为主食，在中国许多地方粮菜兼用，亦可作饲料和加工淀粉、葡萄糖、乙醇的原料，彩色马铃薯还可提取花青素等色素。

一、生物学特性

（一）植物学特征

马铃薯器官形态特征是鉴定品种、植株生长状况的重要标志。

1. 根　　须根系，大部分根系分布在土表 40cm 以内。根系在块茎萌发后芽长 3~4cm 时从芽的基部长出，并形成许多侧根，构成主要吸收根系，称初生根或芽眼根。以后随着芽的伸长，在芽的叶节上发生匍匐茎的同时，发生 3~5 条根，长 20cm 左右，围绕着匍匐茎，称匍匐根。

根起源于茎内，由靠近维管系统外围的初生韧皮部薄壁细胞的分裂活动发生，若芽组织老化则深入到较内部的维管形成层附近才发生。由于根的这种内生性，所以发芽期很长，春薯一般在播后 30d 左右出土；秋薯用 3~4cm 长大芽播种，也要 10d 左右出土。发芽期对土壤的温、湿、气要求也较严格。播种后若遇雨或浇水造成土壤板结、不透气则根系发生和生长缓慢，是影响栽培成败的关键。

用种子繁殖时有主根和侧根，但由于种子小，初期形成的主根和侧根不发达，生长缓慢，且性状分离严重。

2. 茎　　地上茎和地下茎。地上茎绿色或附有紫色素，主茎以花芽封顶而结束。各叶腋中均能发生侧芽，形成侧枝。早熟品种分枝力弱，一般从主茎中上部发生 1~4 个分枝；晚熟品种分枝力强，一般从主茎基部发生，分枝多而长。茎横切面为多棱形，在棱角处沿着茎的伸长方向有茎的附着物，波状或直形，叫茎翼，为鉴别品种的标志。因品种不同，茎的节间有长短之分，株型有直立、半直立、匍匐等类型。

地下茎包括主茎的地下部分、匍匐茎和块茎。主茎的地下部分可明显看到 8 个节，少数 6 个节。节上着生退化鳞片叶，叶腋中形成匍匐茎，匍匐茎是茎的变态。匍匐茎尖端的 12 或 16 节间短缩膨大形成块茎，与匍匐茎相连的一端叫薯尾或脐部，另一端叫薯顶。块茎形状分为圆、扁圆、椭圆及卵圆等，块茎的皮色、肉色多样，是鉴别品种的主要标志。块茎具有茎的各种特征，表面分布着很多芽眼，芽眼的多少和深浅等也是区别品种的标志。薯顶芽眼分布较密，发芽势较强，这种现象称为顶芽优势。块茎表面还布满皮孔，是与外界进行气体交换的通道。

3. 叶　　最先出土的叶为单叶，心脏形或倒心脏形，叫初生叶。以后发生的叶为奇数羽状复叶。顶生小叶之下有 4、5 对侧生小叶。极大部分品种的主茎叶由 2 个叶环，即 16 片复叶组成。叶片表面密生茸毛。复叶叶柄基部有托叶，具小叶形、镰刀形或中间形。叶片颜色、小叶形状、排列疏密、茸毛多少、托叶形状等可作为识别品种的特征。

4. 花　　聚伞形花序，生于枝顶，每花序有 7~9 朵花。花瓣白色、淡红或淡紫色等，花药黄色，自花授粉。早熟品种第 1 花序盛开期，中晚熟品种第 2 花序开花时，正值块茎进入旺盛膨大期，是结薯期的重要形态指标。

5. 果实和种子 浆果，球形或椭圆形，内有种子 200～300 粒。种子细小肾形，浅褐色，千粒重一般为 0.5～0.6g。种子一般不带病毒，可作为育种材料繁殖种薯。品种间结实率差异较大，大多数花而不实，或形成浆果但不能成熟，少数品种结果较多。

（二）生长发育过程

马铃薯在生长过程中顺序而有规律地经过 5 个时期 3 段生长的变化，这是采取合理技术措施的根据。

1. 发芽期 从萌芽到幼苗出土，进行主茎第 1 段生长，主要长成主茎地下部分 6～8 节。在主茎第 1 段伸长并发生和分化根系及匍匐茎的同时，还有主茎第 2、3 段和叶片的分化生长，以及主茎顶端花芽及其下方两侧枝的分化。生长中心为芽轴伸长和根系生长，营养和水分主要靠种薯供给（图 8-1）。发芽期的长短取决于品种特性、种薯贮藏条件、栽培季节和栽培技术等，一般短者 25～30d。发芽期的关键措施是把种薯中的养分、水分、内源激素等充分调动起来，加强供给茎轴、根系和叶等原基的分化和生长，要求土壤疏松透气，墒情好，温度适宜。

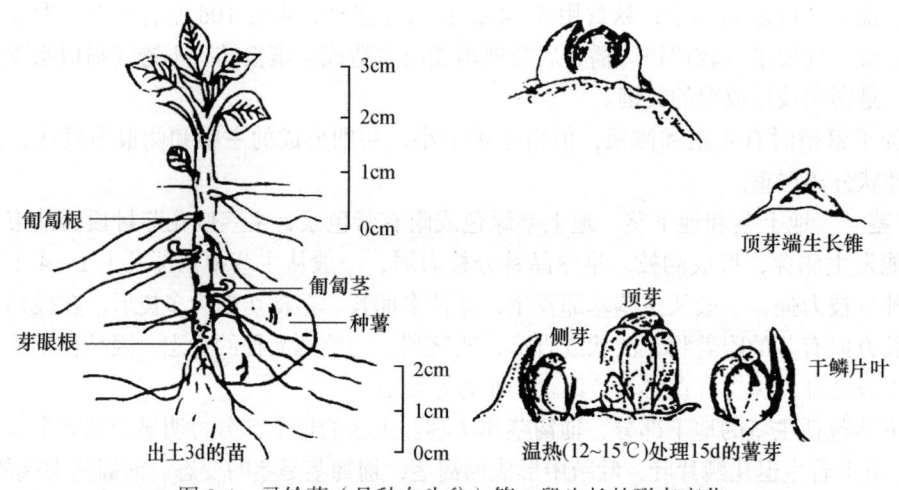

图 8-1 马铃薯（品种白头翁）第 1 段生长的形态变化

2. 幼苗期 从出苗到主茎第 1 叶序环形成，即第 6 叶或第 8 叶展平，俗称团棵，进行主茎第 2 段生长，需 15～20d。该时期根系继续扩展，匍匐茎完全形成，且先端开始膨大，块茎雏形初具，同时，完成主茎第 3 段茎叶分化，顶端第 1 花序开始孕育花蕾，其下侧枝叶开始发生，但生长中心主要在茎叶。幼苗期较短，生长量小，但生长速度快，为发棵、旺盛结薯奠定了基础。因此，出苗后要加强中耕、追肥等管理措施，保证根系、茎叶和块茎的协调分化与生长。

3. 发棵期 从团棵到主茎封顶叶（第 12 叶或第 16 叶）展平，历经 30d 左右。早熟品种第 1 花序开花并发生第 1 对顶生侧枝；晚熟品种第 2 花序开花。此期完成主茎第 3 段生长。发棵期主茎节间急剧伸长，主茎叶已全部形成功能叶，分枝叶也相继扩大，叶面积达到总叶面积的比例，早熟品种为 80% 以上，晚熟品种在 50% 以上，根系继续扩大，块茎膨大至直径 3～4cm，干重达到植株总重的 50% 左右。发棵期是以建立强大同化系统为中心，并逐步转向块茎生长为特点。此期应促控结合，前段促进茎叶生长，形成强大的同化体系，后期应深中耕和培土，以控秧、促根、防止茎叶徒长，促进生长中心由茎叶迅速转向块茎生长。

4. 结薯期 从主茎封顶叶展平至茎叶变黄。此期同化物不断向块茎运输，块茎迅速膨大，尤以开花期的十几天膨大最快。初期茎叶生长缓慢，叶面积逐渐达到最大值，以后植株叶片从基部开始向上逐渐枯黄和脱落。结薯期长短受品种、气候条件、栽培季节、病虫害以及栽培措施等影响很大，一般30~50d，产量的80%左右是在此期形成的。植株养分的分配中心为块茎，结薯前期对水分缺乏十分敏感，要求土壤水分供应充足而均匀。若土壤板结积水，则块茎皮孔突出，造成块茎表皮粗糙，甚至因缺氧造成块茎腐烂。因此，此期的栽培措施在于加强肥水管理，尽力保持根茎叶不衰，加速同化产物向块茎运输和积累，促进结薯，并注意排水。

5. 块茎休眠期 从茎叶衰败后或收获时开始进入块茎休眠期。马铃薯块茎休眠属生理性休眠，即使给予适宜的温度、水分和气体条件也不能发芽。休眠期的长短因品种而异，在温度25℃左右，休眠期1~3个月。休眠期的长短还受温度、湿度等环境条件的影响。在0~4℃条件下，块茎可以长期保持休眠状态。赤霉素处理可提早解除休眠，但多数品种在成熟后20d内，休眠深，不易打破。

（三）对环境条件的要求

1. 温度 喜冷凉温和的气候，耐轻霜，不耐热。解除休眠的块茎在4~5℃时可以生根，6℃芽眼开始萌动，12℃以上块茎顺利发芽，幼芽生长的适温为13~18℃。如果长期处于10℃以下低温条件，种薯萌发的幼芽难以出土，常在萌发的幼茎上或在芽眼处形成小块茎，俗称"梦生薯"。块茎在27℃下发芽最快，但芽条细弱，节间长，叶片窄小，根系发育不良。在高温下播种先出芽后生根，低温下播种，先生根后出芽。出芽后遇晚霜，如-1℃的低温时，即可遭受冷害，-2℃时幼苗部分茎叶枯死，但当气温回升后又从基部发出新的茎叶继续生长，-3℃时幼苗全株冻死。茎的伸长以18℃最适，高温易引起徒长，叶片生长适温16℃。开花最适温度为15~18℃，低于5℃或高于38℃时则不开花。块茎生长最适温度为17~19℃，低于2℃或高于29℃时块茎停止生长，适宜地温为15~18℃，较低的夜温有利于块茎的形成。

2. 光照 喜光，较强的光照有利于植株维持较高的光合能力。光合作用的光补偿点37.2μmol/($m^2\cdot s$)，光饱和点1143.0μmol/($m^2\cdot s$)。光照能抑制芽的伸长，使组织硬化和产生色素，在主茎第1段生长时，要求黑暗，但催芽时应见散射光，使芽粗壮。发棵期要求强光、长日照和适当高温，有利于建立强大的同化系统。

日照长短显著影响块茎的形成与生长，短日照明显促进块茎的形成。高温短日下块茎产量往往比高温长日下高；高温弱光和长日则使茎叶徒长，不宜块茎的形成。因此，结薯期强光、短日照和较大的昼夜温差，有利于同化产物向块茎的运转与积累。

3. 水分 在不同生长时期对水分的要求不同。发芽期主要靠块茎贮藏的水分，具有一定的抗旱能力。发生根系后，从土壤中吸收水分而正常出苗，土壤湿度不低于田间最大持水量的40%~50%。幼苗期适宜土壤相对湿度为50%~60%，以保持土壤充分通气。发棵前期适宜土壤湿度为70%~80%，以促使茎叶旺盛生长；发棵后期适当控制水分，以利于养分适时转入结薯。结薯期对水分亏缺敏感，特别是结薯前期土壤缺水，会造成大幅度减产，要求水分充分而均匀，以土壤湿度80%左右为宜；接近收获时土壤湿度缓降到50%～60%，以促进块茎周皮老化而利于收获，若后期土壤水分过多或积水则块茎易腐烂。

4. 土壤　　生长最适于土层深厚、疏松透气、排灌方便、富含有机质、pH 5.5～6.5的微酸性砂壤土。土壤过酸，则植株叶色淡，早衰，减产；过碱，则易发疮痂病。土壤黏重、土面板结则推迟出苗时间，影响根系的扩展和发棵，会造成植株矮化，叶片卷皱，分枝势弱，薯块畸形，薯皮粗糙，芽眼凸出。块茎形成初期以细胞分裂为主，要求土壤有足够氧气和适当水分。块茎膨大盛期以细胞体积膨大为主，要求土壤水分充足均匀，并保持疏松通气以利块茎膨大。

5. 营养　　需肥较多，以氮、钾肥最为突出，其次为磷，还需要钙、镁、硫和微量的铁、硼、铝、铜、锌、锰等。每生产1000kg鲜薯需吸收氮（N）4.5～6.0kg、磷（P_2O_5）1.66～1.85kg、钾（K_2O）8～10kg。对氮、磷、钾的吸收量随植株生长而变化，幼苗期吸收的很少，发棵前剧增，进入结薯期又减慢。喜有机肥，以腐熟的厩肥、鸡粪、生物有机肥等作基肥，配合化肥作追肥并适当增加钾肥，施用钾肥对提高产量和改善品质都有显著作用。

二、品种类型与栽培制度

（一）品种类型和栽培选择

1. 品种类型　　马铃薯资源十分丰富，世界范围内大约保存有马铃薯种质资源65 000份，我国保存有5000余份（徐建飞等，2017）。目前栽培的马铃薯有两个亚种，ssp. *tuberosum* 和 ssp. *andigena*，均为四倍体。栽培品种按块茎皮色分有黄、白、红、紫等色；按肉色分除了黄、白外，还有粉红、红、浅紫、深紫、黑以及花斑等色；按照块茎成熟期分为早熟种、中熟种和晚熟种，从出苗后至块茎成熟分别为50～70d、80～90d和100d以上，还可以细分为中早熟、中晚熟品种；按块茎休眠强度和长短还可分为无休眠期的、休眠期短的（休眠期约1个月）、休眠期中等的（休眠期约2个月）、休眠期长的（休眠期3个月以上），二季栽培宜选用休眠强度弱的和休眠期短的品种；按照用途还可分为菜用型、粮用型、加工型和饲用型品种。

中国地域辽阔，生态环境差别大，应根据当地的生态条件、地理纬度和海拔高度，因地制宜，慎重选择适应性强、抗病、高产的专用型马铃薯品种。一般中原二季作区、南方冬作区、西南单双季混作区等低海拔地区以及北方一季作区的早熟栽培应选早熟矮秧品种；华南冬作区和西南山区生长季节较长的地区栽培中熟品种；晚熟品种主要在北方一季作区种植，可充分利用当地的有效生长季节，获得高产。

中国栽培的主要品种：早熟的有费乌瑞它、鲁引1号、荷兰7号、荷兰15号、中薯3号、中薯5号、克新4号、津引薯1号、毕引2号、东农303、鄂马铃薯4号、鄂马铃薯5号等；中熟的有克新1号、克新2号、克新3号、克新13号、坝薯9号、富农1号、毕引1号、毕薯2号等；中晚熟的有冀张薯20号、陇薯3号等；晚熟的有青薯4号、陇薯9号、坝薯10号、宁薯4号、阿克瑞亚、甘农薯2号、晋薯13号、晋薯14号、晋薯23号、晋薯28号、腾薯2号、克新11等。

通过国家审定的油炸加工专用品种如中薯10号、中薯11号和中薯16号，淀粉加工品种如陇薯11号、陇薯12号、陇薯14号、中薯19号、晋薯28等，全粉加工品种如垦薯1号和陇薯9号等。另外，紫色品种有黑美人、黑金刚、黑佳丽、宝拉百利、陇薯03-01、彩云1号、紫云1号、紫罗兰等。

2. 栽培品种选择 生产中首先按栽培目的选择品种，其次按栽培地区生态条件、栽培季节、栽培方式等选择适宜品种。

（二）栽培制度

1. 栽培季节 中国马铃薯栽培区域可划分为北方一季作区、中原二季作区、南方二季作区和西南一、二季混作区。

（1）北方一季作区：由西向东从昆仑山脉起经唐古拉山脉、巴颜喀拉山脉，黄土高原海拔700~800m一线至古长城一线为南界，包括青海、甘肃、宁夏、新疆、内蒙古、陕西北部、山西北部、河北北部和除辽东半岛以外的东北三省。

（2）中原二季作区：北方一季作区南界以南，大巴山、苗岭以东，南岭、武夷山以北的地区，包括江西、江苏、浙江、安徽、山东、河南等省，以及陕西、山西、河北、辽宁的南部，湖北、湖南的东部。

（3）南方二季作区：也称为秋冬、冬春二作区，苗岭、南岭、武夷山以南的地区，包括广西、广东、福建、台湾等省。

（4）西南一、二双季混作区：北方一季作区南界以南，大巴山、苗岭以西的地区，包括西藏、四川、重庆、贵州、云南等省，以及湖南和湖北省西部。

确定马铃薯栽培季节的总原则是，把结薯期安排在地温16~18℃，气温白天24~28℃和夜间16~18℃的季节。北方一季作区和中原二季作区春季栽培在断霜前30~40d，10cm地温稳定在5~7℃时为播种适期，晚霜过后出齐苗。北方一季作区露地栽培播种时间为4月中下旬至5月上旬，中原二季作区播种时间为2月下旬至3月上旬。采用地膜覆盖栽培，适期早播，可使马铃薯尽早进入结薯期，增产效果显著。中原二季作区，确定秋薯播期的原则是以当地杀死马铃薯苗的枯霜期为准，向前推70~90d，为临界出苗期，再确定播种期。南方二季作区多为11~12月播种，翌年2~3月收获。黑龙江省等高寒地带，采用育苗覆膜移栽技术，5月中旬终霜期过后移栽，可提前20d左右上市。中原二季作区春季中小拱棚地膜覆盖栽培适宜播期为1月下旬至2月上旬。黄淮海地区冬春季大棚多层覆盖栽培适宜播期为12月中下旬。

2. 茬口安排 马铃薯忌连作，也不宜与有共同病虫的茄科蔬菜连作，谷子、玉米、小麦等大田作物以及葱蒜类、芹菜、胡萝卜、黄瓜茬为较好的前茬。轮作期至少应隔2年以上。在逐年增施有机肥和土壤病虫害不重的地块，可连作2~3年。马铃薯与豆科作物轮作可提高能源利用效率，保持作物生产力（Khakbazan et al.，2019）。马铃薯秧棵较矮小，早熟，喜冷凉，可与生长期长的高秆喜温作物玉米、棉花、豇豆等进行间套作。

三、栽培技术

马铃薯栽培技术流程为：整地、作畦（春薯冬前深耕，春季解冻后施基肥、作畦；秋薯夏耕，早秋整地、施基肥）→种薯处理（选择品种、催芽或育苗）→播种或栽植→田间管理（按生育期分别进行追肥、浇水、中耕、除草、培土等）→收获（人工或机械）。

（一）春茬栽培技术

1. 整地、作畦 选择土壤耕作层深厚、肥沃、疏松透气、排灌方便的砂壤土或壤土，冬前深耕翻，根据土壤肥力条件和目标产量确定基肥施肥量，施入腐熟农家肥或有机生物肥。为防地下害虫，可混入3%锌硫磷颗粒剂30～45kg/hm^2。南方春作区可作宽约2m的高畦；北方地区垄作，在平地开沟种植，培土成垄。

2. 催芽播种或育苗移栽 通常直播，也可育苗移栽。

（1）催芽：无论是整薯播种，还是切块播种，催芽可使出苗提早7～10d，延长生育期，比不催芽的增产10%～20%。催芽前严格挑选种薯，剔除病薯、烂薯和畸形薯，选留具有本品种典型性状，薯形整齐，皮有光泽的薯块。若种薯出自低温库或休眠期长的品种，应晒种或暖种数日后，再催芽。

催芽可于播种前35～40d进行。催芽时，先切块，以打破顶端优势，保证块茎各部位的芽眼都能及时萌发。先从种薯尾部开始，按螺旋排列的芽眼向顶部斜切，最后将芽眼集中的顶部纵切。每个切块至少有1个芽眼，使出苗整齐。切块不能太小，一般重25g左右。切到病薯时，应及时更换切刀，用75%乙醇或0.5%高锰酸钾溶液消毒，以减轻病菌传播。

切块刀口经3～4d晾干愈合后，置于15～20℃黑暗潮湿条件下暖种催芽；也可用阳畦进行催芽。待芽长1cm左右时，将发芽的种薯在15℃和散射光下摊开晾芽，芽见光后则停止伸长，变绿粗壮，可减少播种时伤芽。为保证切块出芽整齐一致，可用赤霉素处理种薯，切块用0.5～1.0mg/L水溶液，整薯用10mg/L水溶液浸泡10min，浸种后催芽或立即播种。

（2）育苗：于断霜前20d对种薯进行暖晒。种薯单芽切块，种薯不足时，可将一个芽眼对破为二。将切块种薯密挤排列于阳畦内，覆砂土3～4cm，土温保持15～20℃。早已通过休眠的种薯，可将整薯密挤排列于苗床，覆土7～10cm。待苗高达20cm时，起出种薯，扒取带根苗栽植。种薯还可再用于培养第2批苗或直接种于大田。

（3）播种或栽植：北方地区均进行地膜覆盖栽培，可提高地温，保持土壤水分，能提早出苗10d，增产20%左右。播前应造好底墒，先在平地按行距开深10cm的沟，施拌有农药的种肥防地下虫害，按株距播种薯于沟内，最后覆土起垄，垄高8～12cm。为有效防治杂草，可覆盖黑色地膜，或垄面均匀喷洒兑水稀释的33%二甲戊灵乳油2250～3000ml/hm^{2}除草。

大面积栽培已实现播种、中耕、培土、打药、收获全程机械化。播种时，一次作业可完成开沟、播种、深施化肥、起垄、铺滴灌带、喷除草剂、覆盖地膜等多道工序，而且株、行距均匀，深度一致。一般早熟品种行距60～80cm，株距20cm，中晚熟品种行距80～90cm，株距20～25cm。目前机械化播种采用大垄双行栽培，二季作地区按垄距110cm，小行距27～30cm，株距25～30cm播种；北方一季作区，按垄距80～90cm，株距20～30cm播种。播种机参数可根据品种和栽培季节等调节，如德国产GL34T为4行牵引式马铃薯施肥种植机，配套动力88.2kW，种箱一次可加载3500kg种薯，行距75～90cm，株距14.7～47.0cm，一次完成施肥开沟、播种、覆土、做垄型（选装）作业，可选装喷药系统；国产洪珠2CM-2C马铃薯播种机、2CM-4四垄四行（中大型）播种机、2CM-4W四行微型薯播种机等。

3. 田间管理 按照各生育期特点进行栽培管理。

（1）发芽期：春薯发芽期温度较低，一般不需要浇水，以利于提高地温。发芽期的管理在于始终保持土壤疏松透气，逢雨后应及时中耕松土。地膜覆盖栽培的，出苗后要及时破膜放苗，以防膜内高温烫伤幼芽，并用土将苗基部破膜处封严。

（2）幼苗期：针对马铃薯苗期短、生长速度快的特点，应力求早施速效氮肥。可施尿素 $225\sim300kg/hm^2$，随后浇水、中耕，并浅培土，以促进发根和发棵。铺设滴灌带可实现水肥一体化及时供应。第1次中耕时深锄垄沟，使土壤疏松透气；不覆膜的应浅锄垄中上部，以除草，避免伤根。

（3）发棵期：浇水与中耕应紧密结合，土壤不旱则不浇，只进行中耕保墒。结合中耕培土2、3次。封垄前进行最后一次中耕和大培土，培成大垄，为结薯创造良好的环境，并可防止块茎膨大露出土面变绿，品质变劣。

追肥应在发棵早期施，若苗期已追肥的可等到结薯初期，追三元复合肥（20-5-20）$375kg/hm^2$。若在现蕾到开花阶段追肥，则会引起茎叶徒长而延迟结薯。南方雨水多，更易徒长，如果现蕾到开花期有徒长现象时，可以喷多效唑、矮壮素等抑制植株徒长，促进养分向块茎运转积累，一般可增产10%～20%。

（4）结薯期：始终保持土壤湿润，但沟灌时水不要漫过垄顶，以保持垄内透气。结薯前期对缺水有3个敏感阶段，早熟品种在初花、盛花及终花期；中晚熟品种在盛花、终花及花后1周内。如果上述几个阶段缺水，则会造成大幅减产。在结薯前期结合浇水施高钾型三元复合肥（15-8-22）或马铃薯专用肥 $375kg/hm^2$。开花前后可以结合喷药防病喷施0.1%磷酸二氢钾。结薯后期对于块茎易于感染腐烂病的品种以及留种田应少浇水，收获前7d停止灌溉。

目前，水肥一体化栽培，可以追施大量元素水溶肥（15-10-35）$750kg/hm^2$ 或马铃薯专用复合肥。追肥结合滴灌进行，在发棵期和结薯期追施3次，每次追肥和灌溉协同进行，灌溉量维持在 $180\sim225m^3/hm^2$。

4. 收获 当茎叶变黄时即可收获。东北及高原一季作区，于轻霜到来前后收获；二季作区春薯应在雨季和高温到来前及早收获。收获应选在晴天，土壤适当干爽时进行。尽量减少薯块损伤，以利贮藏。机械化收获可提高工效20倍以上，收净率达到98.5%。例如，洪珠4U-170B马铃薯收获机一次完成挖掘、切秧、分离升运、放铺集条作业；洪珠4U-90LH联合收获机，一次性完成收获、抖土、分离、集装等工序，每次收获1行，收获效率 $1000m^2/h$；东农4U2A型双行马铃薯挖掘机，挖掘破皮率均低于2%。

（二）秋茬栽培技术

二季作区秋薯播种时正值高温多雨季节，容易烂块死苗，造成缺苗断垄，幼苗根系发育不良，徒长瘦弱；后期低温霜冻，生育期短，栽培难度大，产量不稳定，目前栽培面积较小。

1. 严格选种 选用早熟、丰产、抗退化、休眠期短的品种，可在秋播前通过休眠，或经催芽后也能及时出苗，以充分利用有限的生育期。

2. 种薯催芽 催出芽的种薯，播种后能很快生根、出苗和发棵，补偿前期气候炎热不能早播、播种后生育期短的问题。最好用已通过休眠的小整薯作种，可避免切块刀口感染，造成烂种。秋季所用种薯一般为春薯，播种时大部分种薯未完成休眠，需人工打破休眠，再催芽播种。

（1）切块处理法：种薯先仔细挑选，选择凉爽晴朗天气，在清晨或傍晚，于阴凉通风场所进行切块。一般用 1~5mg/L 赤霉素溶液浸种 10~15min。于通风阴凉处晾干后，分层置于土床上催芽。催芽床应设在通风阴凉避雨处，床土以砂壤土、壤土为宜，透气保墒，湿度达到手握成团，丢下散开，过湿引起烂块，过干不能发芽。每铺满一层切块，盖一层湿润的细土，共 3~5 层。最上层和床四周应盖土 5~6cm，以防床土干燥。经 6~8d，芽长达 3~4cm 时，将种薯取出，放于阴凉处见散射光绿化。

（2）整薯处理法：整薯播种是控制细菌病害所致烂块死苗的最有效措施。整薯有完整的周皮保护，可用 10~15mg/L 赤霉素水溶液浸种 0.5h，捞出后堆积在阴凉通风避雨处，薯堆上面盖湿润细土 6~7cm，再加盖薄草帘保墒。

3. 适期播种 播种期华北地区一般在 8 月上旬，长江中下游地区在 8 月底至 9 月初为宜，海拔高的西南山区可提前至 8、9 月。如天气凉爽，可适当早播；气温高时，可迟播 3~5d。但若播种过迟，生育期太短，产量低。

播种时应避开高温天气，晴天时应于清晨早播，使种薯处于冷凉湿润土壤中。气温高时，停止播种，避免用晒热的土壤培土，造成种薯腐烂。播种后，垄面要耙细，挖好排水沟。雨后土壤板结，应及时中耕松土。旱时灌水，保持垄内湿润冷凉，以利于出苗。南方地区在畦面开沟，浅覆土，在种沟覆草，保湿降温。

4. 合理密植 秋薯处于日照逐渐变短，夜温降低的条件下，不利于发棵，因此，应适当密植。以 60~70cm 行距播种，保苗 75 000~90 000 株/hm^2，每株平均 2 个主茎为宜。

5. 田间管理 秋薯生长前期气温高，要采取一切措施促进植株快速生长，使其在短时间内形成较强的同化群体。因此，应早追肥，以氮肥为主，配合磷、钾肥，及时浇水、中耕、培土，保持土壤疏松湿润。结薯盛期的气温、地温低，土壤水分蒸发和植株蒸腾量都较少，只要保持土壤湿润，不需浇水过多，以免土壤板结，影响块茎膨大。秋薯的生育期应尽量延迟，直到老叶全部枯死，再行收获。

（三）设施冬春茬栽培技术

在二季作地区，在冬春或早春采用大拱棚 4 膜覆盖或中小拱棚覆盖栽培，可比露地栽培提早 1~2 个月。

1. 整地、施肥 实施测土配方施肥，根据目标产量合理施肥。施优质农家肥、生物有机肥和马铃薯配方肥。分 2 次撒施，分别在耕地前作基肥撒施和播种时作种肥撒施，生长期间不再追肥。

2. 催芽 大拱棚 4 膜覆盖栽培的，催芽在播种前 15d 左右（即 12 月中旬）进行。催芽前 1~2d 切块，每块 25~30g。将拌好的种块用沙土分层培好，用湿布盖住，放在湿度为 85%、温度为 18~22℃的室内催芽。

3. 播种 1 月上旬，当棚内 10cm 处地温达到 5~8℃时即可播种。一垄双行栽培，大行距 80cm，小行距 20cm，株距 20~25cm。开沟播种，覆土起垄，垄高 20~25cm，垄宽 80cm。铺设滴灌带，兑水稀释喷洒 33% 二甲戊灵乳油 150~200ml/hm^2 防止杂草，之后覆地膜。

4. 田间管理 出苗前主要任务是增光保温，要压好棚膜，以增加地温，棚内温度白天保持在 20~26℃，夜间 12~14℃。随着气温的回升及幼苗陆续出土，中午一般开小口通风 2~3h，以调节温度。随着外界气温回升，逐渐加大通风量和通风时间，直至全部撤膜。

出苗后及时间苗，每穴留1、2个健壮幼苗，间苗后及时盖棚膜保温保湿。当幼苗出齐并长至10cm高时浇齐苗水。进入结薯和块茎膨大期，气温逐渐升高，植株茎叶生长旺盛，薯块迅速膨大，需水量增大，必须增加浇水量，保持土壤湿润状态；及时摘除花蕾，使养分集中供给块茎生长。生长后期，根系吸收能力降低，可用0.3%的磷酸二氢钾水溶液进行叶面追肥。大棚多层覆盖的4月上中旬即可采收，中小拱棚5月上旬采收。

四、种性退化及防控

（一）种性退化的原因

马铃薯用块茎繁殖，在连续生产过程中，植株长势弱、矮化，分枝变少，茎叶皱缩，结薯变小，产量逐年下降，甚至绝产，这种现象称为种性退化。

造成种性退化的原因比较复杂，由茎尖脱毒后种性得到复壮证明马铃薯种性退化是由感染病毒所致，这种退化称之为病理性退化。马铃薯在栽培过程中极易感染病毒，病毒可在植株体内繁殖、积累并转运到块茎中，块茎作为种薯会使病毒病逐年加重。病毒侵染的程度及侵染后在寄主细胞内的代谢强度受环境条件的影响，高温有利于病毒的浸染及其在寄主细胞内的代谢活动，因此，高温是影响退化的重要生态因子。

在田间条件下能侵染马铃薯的病毒有近40种（徐建飞等，2017；Wang et al.，2011），有些病毒又可能有多个株系，如Y病毒至少有9个毒株（Rowley，2015）。中国常见的病毒有7种，如马铃薯卷叶病毒（PLRV）、Y病毒（PVY）、X病毒（PVX）、A病毒（PVA）、S病毒（PVS）、M病毒（PVM），还有马铃薯纺锤状块茎类病毒（PSTVd）。这些病毒可以单独侵染，也可以复合侵染，主要通过叶片汁液摩擦传播，也可通过蚜虫、线虫真菌等传播，还可通过种薯传播。它们引起马铃薯植株花叶、褪绿、卷叶、矮缩以及坏死等症状，严重时导致植株生长发育异常，块茎产量下降，特别是复合侵染时可使产量损失80%以上。有些还会严重影响块茎品质和商品性。

（二）防止种性退化的措施

1. 选择耐病毒品种　　选择耐病毒品种是防止种性退化的有效措施。利用抗性资源和抗性基因，培育抗性品种。并健全良种繁育体系和制度，将良种与防毒保种相结合，才能维持良种的生产力，延长使用年限。

2. 脱毒繁种　　利用茎尖生长锥进行组织培养，可以脱去病毒，此方法已成为控制马铃薯种性退化的主要技术措施。茎尖培养生产的无病毒种薯与原品种相比，植株生长旺盛，同化群体强大，同化能力显著提高，产量大幅度提高。但无病毒植株很容易再被病毒感染，必须建立脱毒薯良种繁育体系生产无毒种薯。良繁体系为：脱毒苗、试管薯（微型薯）→原原种（脱毒小薯）→一级原种→二级原种→一级良种→二级良种→生产用种。2011年四川首次启动马铃薯脱毒种薯质量追溯系统，可通过条形码识别和管理系统快速准确追溯种薯来源，从源头控制种薯质量。

3. 冷凉季节繁种　　在高纬度及高海拔地区夏播繁种或中原二季作区秋播繁种，以避开高温的影响，使种薯在凉爽季节形成，这是防止种性退化的传统技术。

4. 冬季或早春低夜温繁种　　利用冬季或早春的阳畦复壮种薯，使种薯避开高温与蚜虫的影响，在低温冷凉季节形成，良好地控制了中原二季作区种薯退化问题。

第二节 生 姜

生姜（ginger）又称姜、大姜，学名 Zingiber officinale Rosc.，为姜科姜属中能形成根（状）茎的多年生宿根草本植物，在中国作为1年生作物栽培。生姜起源于印度、马来西亚热带多雨森林地区，中国台湾省也有野生种分布。生姜在中国栽培历史悠久，最早记载见于《论语》中"不撤姜食"之句；北魏贾思勰的《齐民要术》里有"种姜第二十七篇"；元朝《王祯农书》中也详细描述了生姜栽培、贮藏的方法及用途。生姜在中国栽培早、分布广，除东北、西北等高寒地区外，其余地区均有种植，长江以南在广东、江西、浙江、安徽、四川、湖南、湖北等地种植较多，长江以北则在山东、河南等地栽培最多。从世界范围看，生姜多分布于亚洲，尤以中国、印度、马来西亚、菲律宾为多。中国是最大生姜生产国和出口国，主要出口美国、日本、韩国、俄罗斯和欧洲、东南亚等国家和地区。

生姜以根茎为调味蔬菜食用，除含有碳水化合物、蛋白质、多种维生素及矿物质外，还含有姜辣素（$C_{17}H_{24}O_4$）、姜油酮（$C_{11}H_{14}O_3$）、姜烯酚（$C_{17}H_{24}O_{13}$）和姜醇（$C_{15}H_{26}O$）等，因而具有特殊的香辣味，是被普遍采用的香辛调料。生姜还可加工制成姜片、姜粉、姜油等，亦可盐渍、糖渍、酱渍制成多种食品。生姜性温，具有健胃、祛寒、除湿等功效。

一、生物学特性

（一）植物学特征

1. 根 浅根性，根系不发达，根少且短，纵向主要分布在30cm土壤内，横向扩展半径约30cm。根分纤细的纤维根和粗短的肉质根。播种以后，先从种姜幼芽基部发生数条纤细的不定根，即纤维根，或称初生根。随着幼苗的生长，纤维根数不断增多，并在缓慢的伸长过程中发生分叉，形成须根系，在整个生育期中起吸收水分和养分的功能。植株进入旺盛生长期后，在姜母和子姜的下部节上，可发生肉质不定根，肉质根粗而短，横径约0.5cm，长10～15cm，根毛极少，吸收能力差，主要起固定作用。

2. 茎 包括地下茎和地上茎两部分。地上茎直立、绿色，为叶鞘所包被，高60～100cm。种姜发芽后所形成的第1支苗称为主茎（或主枝），随着主茎的生长，其下部膨大形成初生姜球，称为姜母。姜母两侧的腋芽，可继续萌发并长出2～4个一级分枝，其基部逐渐膨大，形成1次姜球，称为子姜。依次形成2级分枝、3级分枝。生姜侧枝往往对称发生。

地下茎为根状茎，简称根茎，由若干个分枝基部膨大而形成的姜球构成。主茎的姜球称姜母，块较小，一般具有7～10节，节间短而密，次生姜球较大，节间长而稀。刚收获的鲜姜，呈鲜黄色或淡黄色，姜球上部鳞片及茎秆基部的鳞叶，多呈淡红色，经贮藏以后，表皮老化变为土黄色。

北方地区生姜生长期较短，一般可发生3、4次姜球，最后萌发的嫩芽，往往由于天气已经变冷而未能抽生新苗，就直接积累养分而膨大成为姜球，称为"闷芽"，在产量构成中也起一定作用。南方生长期较长，一般可发生4、5次姜球。如此便形成一个由姜母和多次姜球组成的完整的根茎。

根茎解剖结构由外向内依次为周皮、皮层薄壁组织、内皮层、维管束环及髓部薄壁组织。正在生长的较幼嫩根茎，其表面是一层排列紧密的表皮细胞，收获贮藏以后，才形成较厚的周皮层。

3. 叶 叶片绿色，披针形，具平行叶脉，互生。壮龄功能叶片一般长 18~24cm，宽 2~3cm，叶片中脉较粗，叶片下部有不闭合的叶鞘，叶鞘绿色，狭长而抱茎，具有支持和保护作用。叶鞘与叶片相连处，有一膜状突出物称为叶舌，叶舌内侧即为出叶孔。新生叶片从出叶孔抽生出来，刚抽生的新叶较细小，卷成近似圆筒形，随着幼叶的生长逐渐展平。

4. 花 穗状花序，花茎直立，从根茎上长出，高约 30cm，花穗长 5.0~7.5cm，由叠生苞片组成，苞片边缘黄色，每个苞片都包着 1 个单生的绿色或紫色小花，花瓣紫色，雄蕊 6 枚，雌蕊 1 枚。但在中国生姜极少开花。

（二）生长发育周期

生姜为无性繁殖作物，整个生长过程基本上是营养生长，可分为发芽期、幼苗期、旺盛生长期和根茎休眠期（图 8-2）。

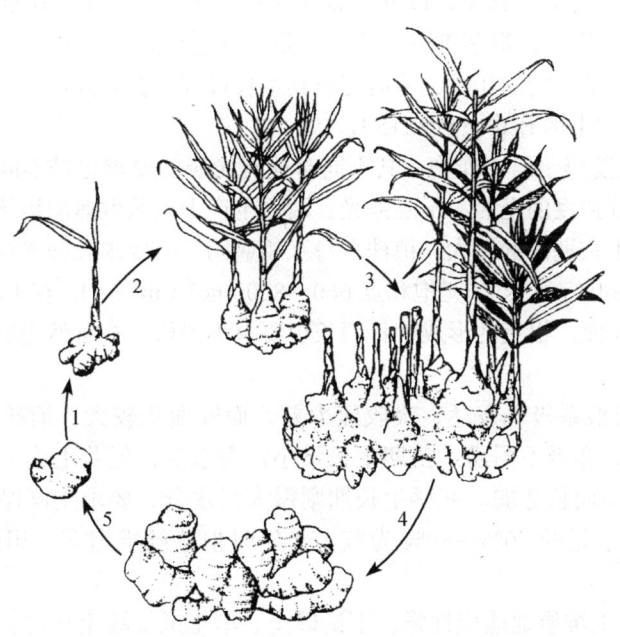

图 8-2 姜生育周期示意图
1. 发芽期；2. 幼苗期；3、4. 旺盛生长期；5. 根茎休眠期

1. 发芽期 从幼芽萌动至第 1 片叶展开，需 45~50d。生姜发芽极慢，发芽期生长量极小，但对以后整个植株器官发生、生长以及产量形成有重要影响。因而需精选姜种，并在适宜条件下催芽，保证土壤疏松透气，顺利出苗。

2. 幼苗期 从第 1 片叶展开至具有 2 个较大的 1 级分枝，俗称"三股杈"时，为幼苗期结束的形态标志，历时 70d 左右。此期进入自养生长，以地上主茎和根系生长为主，生长速度慢，生长量小。管理上应促进根系发育，培育壮苗，以形成强健的一级分枝，为旺盛长期打好基础。

3. 旺盛生长期 从"三股杈"直至收获，需70~80d。此期植株生长旺盛，是产品器官形成的主要时期，生长量占全期的91%以上，按生长中心不同可分为前、后两期。前期以地上茎叶及根系的生长为主，地上部分枝大量发生，叶数迅速增加，叶面积急剧扩大，地下部根系大量发生，姜球数随分枝的增多而增加，但膨大量较小。旺盛生长后期，地上茎叶生长减缓，生长中心由地上生长为主转到以地下根茎生长为主。此期应加强肥水管理，促其形成较大的叶面积并维持较长时间，提高光合能力，防止后期早衰。

4. 根茎休眠期 收获后入窖贮存，保持休眠状态。贮藏期间的环境条件对贮藏时间长短影响极大，短者几十天，长者几年。一般要求保持11~13℃的温度和96%以上的空气相对湿度。

（三）对环境条件的要求

1. 温度 喜温而不耐寒。在15℃以上种姜幼芽萌动，但20℃以下发芽缓慢。幼芽萌发的适宜温度为22~25℃，若超过28℃，发芽速度虽快，但往往幼芽细弱徒长。茎叶生长适温为20~28℃，温度过高或过低均影响光合作用。在根茎旺盛生长期，要求有一定的昼夜温差，白天25℃，夜间17~18℃，以利于养分的制造和积累。气温降至15℃以下，植株停止生长，长期在10℃以下，根茎难以贮藏。生姜具有耐高温的能力，一般在40℃以上仍可存活。生长过程中要求一定的积温，才能完成其生长过程并获得高产。全生长期约需活动积温3660℃，需15℃以上的有效积温1215℃。

2. 光照 生姜属于耐阴作物，其不同时期对光照的要求也是不同的。发芽时要求黑暗；幼苗期要求中等强度的光照，不耐强光，因而生产上应采取遮阴措施造成花荫状，以利幼苗生长；但旺盛生长期因群体大，植株自身互相遮阴，故要求较强光照。单叶光合作用的光补偿点20~30$\mu mol/(m^2 \cdot s)$，光饱和点660~820$\mu mol/(m^2 \cdot s)$。在土壤水分供应充足时，生姜可适应较强的光照。根茎的形成对日照长短要求不严格，在自然光照条件下栽培，根茎生长最好。

3. 水分 因根系极不发达，吸收能力差，而叶面积较大，消耗水分多，对水分要求严格，不耐干旱，亦极不耐涝。苗期生长量小，需水少，但若土壤干旱而不及时补充水分，则造成植株瘦小而长势弱。旺盛生长期则需大量水分，要求土壤保持湿润，土壤水分维持在田间最大持水量的70%~80%为宜。干旱时根茎纤维增多，田间积水则易造成根茎腐烂。

4. 土壤 对土壤质地适应性强，不论砂土、壤土或黏壤土均可良好生长，但不同土质对产量和品质都有一定的影响。砂性土姜苗生长快，旺盛生长期长势减弱，表现早衰，根茎外皮光洁美观，含水量较少。黏性土保水保肥力强，苗期发棵稍慢，后期长势强，根茎含水量高，质地细嫩。对土壤酸碱度反应敏感，pH 5~7为宜。在种姜选地时应选择土层深厚、土质疏松透气、有机质丰富、能灌能排、微酸性的肥沃壤土。

5. 矿质营养 生姜属于喜肥耐肥作物，每生产1000kg鲜姜约吸收氮（N）4.67kg、磷（P_2O_5）1.90kg、钾（K_2O）7.25g。在不同阶段对矿质养分的吸收速度不同，幼苗期生长慢，对肥料的吸收也少，幼苗期对氮、磷、钾的吸收量仅占全期总吸收量的12.25%；进入旺盛生长期，吸收速度加快。除了需要从土壤中吸收三要素以外，还需吸收钙、镁、锌、硼等各种中、微量元素。

二、品种类型与栽培制度

（一）品种类型和栽培选择

1. 品种类型　　根据植株形态、生长习性和根茎结构，可分为疏苗型和密苗型2个类型。

（1）疏苗型：植株高大粗壮，生长势强，叶片大而肥厚，叶色浓绿，分枝数少，根茎节少而稀，姜块肥大，多呈单层排列。代表品牌如山东莱芜大姜、山农大姜1号、山农大姜2号、广东疏轮大肉姜、南粤台湾连山大肉姜等。

（2）密苗型：植株长势中等，叶色绿，分枝较多，根茎节多而密，姜块小而数量多，双层或多层排列。代表品种如山东莱芜片姜、广东密轮细肉姜、浙江红爪姜和黄爪姜、福建红芽姜、安徽铜陵白姜、湖北枣阳生姜和来凤生姜、广西玉林圆肉姜、四川竹根姜、河南鲁山张良姜等。

2. 栽培品种选择　　生产中主要依据栽培目的、栽培地区的生态条件、栽培方式等选择适宜品种。

（二）栽培制度

1. 栽培季节　　喜温暖不耐寒，整个生长期要求温暖无霜的季节。确定生姜生长期原则是断霜后，地温稳定在16℃以上时播种，初霜到来前收获，整个生长期要求达到150d以上。广东、广西等地1～4月可随时种植；长江中下游4月下旬至5月初种植；华北地区多在5月上中旬种植；东北、西北高寒地区无霜期过短，露地不宜种植。若种植过早，地温低，种姜迟迟不能出苗，极易导致烂种或死苗；种植过晚，则出苗迟，缩短了生长期，造成减产。采取保护措施提早播种或延迟收获，延长生长期，增产效果显著。例如，采用地膜覆盖可较露地提早20～25d种植；小拱棚加地膜覆盖可较露地提早30d种植；大拱棚多层覆盖可提前30d以上，延迟收获15～20d，显著提高产量。

2. 茬口安排　　最常见的病害有姜腐烂病、线虫（癞皮病）等，均为土传病害，最好选用未种过姜的地块种植，轮作换茬可有效地减轻病害。轮作与茬口安排依各地栽培的作物种类、时间和方式不同而异。可于粮、棉、菜轮作，前茬作物以葱、蒜和豆类为最好，南方地区可以进行水旱轮作。

生姜耐阴，苗期不耐高温和强光，可与其他作物间作套种。例如，生姜与大蒜、洋葱、春马铃薯、结球甘蓝、花椰菜、矮生菜豆等套种，生姜产区经常采用麦姜套种，利用小麦为姜苗遮光。

三、栽培技术

生姜栽培技术流程为：培育壮芽（晒姜困姜、选种、催芽）→整地、作畦（人工或机械）→播种（掰姜种、开沟、播种、覆土）→田间管理（按生育期分别进行遮阴、追肥、浇水、中耕、除草、培土）→收获（人工或机械）。

（一）培育壮芽

1. 晒姜和困姜 于适期播种前30d左右，旬平均温度10℃时，从贮藏窖内取出种姜，用清水冲洗掉姜块上的泥土，平铺在草席或干净的地上晾晒1~2d，即晒姜。傍晚收到室内，以防冻害。晒姜可以提高姜块温度，降低水分含量，防止姜块腐烂，淘汰病姜。晒姜不可暴晒，中午若阳光强烈，可用草帘等遮阴，以免姜种失水过多，姜块干缩，出芽细弱。

晒姜1~2d后，将其置于室内堆放2~3d，姜堆上覆盖草帘或农膜，促进养分分解，称困姜。一般经2、3次晒姜困姜，即可始催芽。

2. 选种 晾晒过程需进行严格选种，剔除姜块瘦弱干瘪、皮色灰暗、肉质变褐、干缩腐烂、受冻发软、受病虫危害的姜块。

3. 催芽 催芽的方式多样，不同地区可因地制宜选择。北方地区可用催芽池、室外土炕、阳畦、塑料大棚及日光温室等进行催芽。催芽池催芽法是在室内或室外建池，池墙高80cm左右，放种姜前先在池底及四周铺一层10cm的麦穰，将种姜层层平放池内，其上层铺10cm麦穰，再盖上棉被等保温，也可用泥封住。阳畦催芽法是先挖宽1.5m、深0.6m左右的阳畦，在畦底及周围铺一层10cm左右的麦穰，将晒好的姜种排放其中，姜块上部再盖15cm厚的麦穰，保持黑暗，疏松透气。利用温室进行催芽的，先在竹筐或纸箱内铺垫一层厚5~10cm麦穰，将晒好的种姜摆放其中，上部再盖一层麦穰，将竹筐或纸箱放入温室内，并保持黑暗状态。不论采用什么方法催芽，控制温度和湿度是形成壮芽的关键。发芽过程中以保持22~25℃和80%~85%空气相对湿度为宜。若高于28℃，虽发芽较快，但因姜芽徒长，表现瘦弱；若温度过低，出芽太慢，影响播种。

壮芽标准是，芽长0.5~2.0cm，粗0.6~1.0cm，幼芽肥壮、顶部钝圆、色泽鲜亮。选用粗短的壮芽播种，可比大芽播种增产20%以上。

（二）整地、作畦

按3~4年以上轮作制选择适宜土壤，冬前深耕晒垡，结合施基肥，根据土壤肥力和目标产量确定施肥量，以腐熟农家肥和过磷酸钙等复合肥作基肥。翌年春季土壤解冻后，整平耙细。

北方姜区一般采用垄作，用机械开沟起垄，沟距60~70cm，沟宽25cm，深25~30cm。将肥料施入沟内与土壤混匀作种肥，可施大姜专用生物有机肥3000~4500kg/hm²，或大姜专用复合肥（平衡型）225~300kg/hm²作种肥，也可施饼肥，再配施三元复合肥。

南方姜区一般采用高畦栽培，畦面宽1.2m，畦间沟宽30cm，深20cm左右，每畦种3行；畦宽2.0~2.4m，畦间沟宽40cm，深40~50cm的深沟宽高畦，种4、5行；也有的采用3~4m宽高畦，在畦面上横向按35~40cm行距开深10~13cm沟栽植。

（三）播种

1. 掰姜种 催芽时种姜姜块较大，种前要掰开，并进行块选和芽选。姜块大小以50~75g为宜，若种姜太小，单株产量低，商品性差；姜块太大则用种量大。一般要求每块种姜上只保留一个壮芽，以便使养分能集中供应主芽。若掰姜种过程中发现幼芽基部发黑或掰开姜块断面表现褐变，应严格剔除，淘汰无芽姜块，并按姜块及幼芽大小等情况进行分级。

2. 播种方法 一般在播种前先浇透底水,也有播种后浇水的。北方姜区采用垄作的,在沟内将种姜按一定株距水平排放姜块,使幼芽方向保持一致;也可用竖播,使芽朝上。播好后立即用垄内湿土覆盖,厚度为4～5cm。地膜覆盖者,可提早播种,可用适幅的地膜直接或用小拱支撑覆盖于种植沟上,以提高姜沟内土壤和空气的温度,并能保持较高的湿度。南方地区通常先摆放姜种,然后盖上一薄层细土,再撒入腐熟的农家肥或少许化肥,最后盖土2cm左右。

3. 播种密度 若种植太稀,虽然单株根茎较大,但总产量不高;种植太密,通风透光不良,严重影响个体发育。在北方地区,密苗姜以105 000～112 500株/hm^2为宜,疏苗姜以82 500～90 000株/hm^2为宜,用种量为4500～7500kg/hm^2。当土壤肥力及肥水条件或种姜大小达不到要求时,应加大密度,如莱芜片姜高肥力田种植,密度105 000株/hm^2,中肥力田种植,密度120 000株/hm^2,低肥力田种植,密度135 000株/hm^2。南方地区因栽培方式不同,栽培密度也存在较大差异。

(四)田间管理

1. 遮阴 苗期不耐强光和高温,而生产中幼苗期正处强光炎热的夏季,必须采取适度的遮阴措施。遮阴同时可降低温度,提高空气湿度和土壤湿度,使姜苗生长良好。北方姜田过去在姜沟的南侧(东西向沟)或西侧(南北向沟)插姜草,高度60～70cm,稍稍向北或向东倾斜为姜苗遮阴,目前多用遮阳网代替姜草。沿海地区空气湿度较高,可用小拱棚单沟覆盖提前播种,则无须再遮阴。一些地区采用姜与麦、玉米、瓜类等间作方式为生姜遮阴,长江以南各地常在畦面之上搭姜棚遮阴。

北方地区8月上旬立秋之后,群体扩大,天气转凉,光照逐渐减弱,为促进光合作用可拔除姜草。南方地区于处暑至白露拆除姜棚。

2. 中耕、除草、培土 生姜根系主要分布在土壤表层,不宜多次中耕,以免伤根。一般在幼苗期结合浇水浅中耕1、2次,松土保墒,清除杂草。生姜苗期生长缓慢,又恰在高温多雨季节,杂草萌发力强,要及时除草,保证苗全苗旺。目前姜田普遍采用除草剂除草,可在播后出苗前用33%二甲戊灵乳油兑水喷雾,砂土地用药需减量。

生姜根茎生长要求黑暗湿润的环境,所以生长期间需进行培土。北方地区在拔除姜草后,结合追施"转折肥"进行第一次培土,变沟为垄。以后可结合浇水施肥,再培土1、2次,将垄面加宽加厚。南方地区从苗期开始分次培土3、4次,埂子姜需培土4、5次。

3. 肥水管理 为保证生姜顺利出苗,在播前浇透底水的情况下,一般在出苗前不进行浇水,底水不足、保水能力差的地块视墒情而定。当70%的种姜出苗后浇第1水,2～3d接着浇第2水,然后中耕松土,提温保墒,促进幼苗生长。幼苗前期,以浇小水为主,浅中耕,防止土壤板结,以促根壮棵;幼苗后期天气炎热,土壤水分蒸发量加大,应适当增大浇水量。夏季浇水以早晚为好,注意排水防涝,暴雨后应用清凉井水浇地降温。进入旺盛生长期,需水量多,要求土壤始终保持湿润状态,每4～5d浇1次水。收获前2～3d浇1次水,保证收获后根茎上能粘带泥土,便于贮藏。南方地区,在幼苗生长前期,气温低,雨水多,影响姜苗根系生长,应搞好清沟排水工作;9月以后,秋雨较多,必须清沟沥水防渍,为根茎膨大创造适宜条件。

生姜生长期长，需肥量大，应结合其生长特点合理追肥。幼苗期吸肥量虽不多，但因生长期长，应在苗高30cm左右，发生1、2个分枝时追1次"壮苗肥"，施尿素或磷酸二铵300kg/hm²。华北地区立秋前后，天气凉爽后，植株生长加快，转入旺盛生长期，是生长的转折时期，结合拔除姜草进行第2次追肥，称"转折肥"，施饼肥1125kg/hm²，三元复合肥（16-9-20）750kg/hm²，或磷酸二铵450kg/hm²、硫酸钾375kg/hm²。可在距植株基部15cm左右处开深沟施入，覆土封沟培垄，并灌透水。9月上中旬后，根茎进入迅速膨大期，应进行第3次追肥，称"补充肥"，一般施硫酸铵150～225kg/hm²、硫酸钾375kg/hm²或三元复合肥（16-9-20）450kg/hm²，顺水冲施，或沟施。

（五）收获

目前生姜收获主要采用人工挖收，也有简易机械采收。初霜来临前，生姜停止生长、尚未枯黄时及时收获鲜姜。用镢将整株刨出，轻轻抖落根茎上的泥土，保留2cm左右的茎秆，摘去根，趁湿入窖贮藏。

生姜与其他作物不同，种姜发芽长成植株形成新姜后，其种姜内部组织完好，既不腐烂又不干缩。种姜可与鲜姜同时收获，也可以提前于幼苗后期收获。收种姜造成的伤口，容易感染病菌，因而在姜瘟病严重地块，最好不提前收取种姜。收嫩姜可在根茎旺盛生长期，趁姜块鲜嫩时提前收获上市。此时根茎组织柔嫩，纤维少，辛辣味淡，可作腌渍等加工原料。

生姜长期贮藏多采用井窖贮藏。生姜入窖之后，放置10～15d，暂不封口，只用席子或草苫稍加遮盖井口即可。至20～25d后，封洞口。随气温下降，应封井口。封井口的时间北方多在11月下旬，南方则在12月上旬。

与马铃薯相似，生姜也存在种性退化问题，病毒侵染是导致其种性退化的主要原因，可致减产30%～50%。主要病毒为烟草花叶病毒（TMV）和黄瓜花叶病毒（CMV），其防控措施也是科学选留姜种和应用脱毒种姜。

第三节 山 药

山药（yam）又名大薯、薯蓣、白苕、山薯等，为薯蓣科薯蓣属（*Dioscorea* sp.）中能形成块茎的栽培种，多年生草质藤本植物，常作1年生栽培。山药起源于亚洲、欧洲及非洲等热带和亚热带地区，中国是山药的重要原产地和驯化中心，栽培历史悠久，《山海经》中就有山药分布的记载，目前南北各地均有栽培。山药食用部分为肥大的地下肉质块茎，富含碳水化合物、蛋白质、氨基酸、钙、磷、铁、以及皂甙、胆碱、甘露聚糖等成分，可炒食、蒸食等，是很好的营养滋补品，干制可入药，对脾胃虚弱、慢性肠炎和糖尿病有辅助疗效。

一、生物学特性

（一）植物学特征

须根系，水平伸展达1m左右，主要分布在20～30cm土层中，最深可达60～80cm，与块茎深入土层的深度相适应。

茎细长右旋，长达 3m 以上。茎蔓中上部的叶腋可发生侧枝或气生块茎。气生块茎圆形或卵圆形，俗称"山药豆""零余子"，可供繁殖和食用。在地下发生块茎，块茎的形状因品种而异，有长圆柱形、扁块形或掌状等。块茎皮色淡褐、深褐或紫红，肉质洁白、紫色或淡紫色。表面粗糙或光滑，密生须根，上部须根多且长，向水平方向伸展。长山药的块茎有明显的垂直向地生长习性，上端较细，顶部有一隐芽和一个连接地上蔓生茎的斑痕，这部分俗称"山药栽子"，常做种用。块茎的中上部和下部较粗，将其切段可以发生不定芽用作繁殖材料，俗称"山药段子"。

山药为单子叶植物，叶深绿色或紫绿色，卵形，尖端呈锐角状，基部戟状心脏形，网状叶脉，有长叶柄。雌雄异株，花序穗状，2～4 对，腋生，花小，白色或黄色，结蒴果，具 3 个半月形的翅。

（二）生长发育周期

块茎从芽萌发到新的块茎长成后收获，可分为 4 个生长时期。

1. 发芽期　从"山药栽子"隐芽萌动到出苗，需 30～35d；从"山药段子"不定芽形成、萌发到出苗约 50d。在发芽过程中，由芽顶向上抽发芽条，由芽基部向下发生块茎。与此同时，于芽基部从各分散微管束外围细胞发生根原基，继而根原基穿出表皮，逐渐形成主要吸收根系。当块茎长达 1～3cm 时，芽条破土而出。

2. 甩条发棵期　从出苗到现蕾，约 60d。以生长蔓性茎和叶片为主，根系向深层土壤伸展，块茎周围也不断发生不定侧根。地下块茎也生长，但其生长量很小。

3. 块茎膨大期　从现蕾到块茎形成收获，需 60d 以上。此期茎叶与块茎同时生长，逐渐以块茎为生长中心。块茎干物质积累可占总干重的 85% 以上。此期需要良好的肥水条件和充足的光照。

4. 块茎休眠期　茎蔓遇霜枯死，块茎隐芽保持休眠状态。

（三）对环境条件的要求

山药地上部喜高温干燥，不耐霜冻，生长适温为 20～30℃。茎叶生长最适温度为 25～28℃，5℃低温出现时，茎叶停止生长。块茎耐寒，生长适温为 20～24℃，20℃以下生长缓慢，在土壤冻结的条件下也能露地越冬。10℃时即可萌芽，发芽适宜地温为 25℃。比较耐阴，但块茎积累养分需要强光。对水分的要求不甚严格，较耐干旱，不耐涝。在发芽期土壤应保持湿润和疏松透气，以利发芽和扎根。出苗后，生长前期需水不多，块茎膨大期需水量大。块茎的生长以排水良好土层深厚肥沃的砂壤土为宜，黏土易使块茎须根多，易生扁头和分叉。生长前期宜供给速效氮肥，生长中后期应氮、磷、钾肥配合施用，以利块茎膨大。

二、品种类型与栽培制度

（一）品种类型和栽培选择

1. 品种类型　中国栽培的山药主要有普通山药（*Dioscorea batatas* Decne.）和田薯（*Dioscorea alata* L.）两个种。

（1）普通山药：又名家山药，茎圆而无棱翼，按块茎形态分为3个变种。

扁块种：块茎扁，形似脚掌，适合在浅土层及多湿黏重土壤中栽培，主要分布于中国南方的江西、湖南、四川、重庆、浙江等省市，如江西瑞昌脚板薯、贵州脚板薯、重庆脚板苕芋、浙江瑞安红薯芋、日本大久保德利2号、农大扁山药1号等。

圆筒种：块茎短圆棒形或不规则团块状，主要分布于中国南方，如浙江黄岩薯药、台湾圆薯、日本丹波圆山药等。

长柱种：块茎长圆柱形，长30~100cm，横径3~10cm，主要分布于华北地区，如山东济宁米山药、嘉祥细毛长山药、河南焦作怀山药、陕西华州山药、太谷山药、农大短山药、农大长山药、双胞无架山药、日本大和长芋、紫色品种紫玉等。

（2）田薯：又名大薯、热带山药，茎多角形具棱翼，主要分布于中国南方沿海诸省。按块茎形态也分为3个变种：扁块种如广东葵薯及粑薯、福建银杏薯、江西南城脚薯等；圆筒种如广州早白薯、台湾白圆薯、徐农紫药等；长柱种如台湾长白薯及长赤薯、广州黎洞薯等。

2. 栽培品种选择 首先根据用途和栽培方式选择类型，再根据栽培地区、栽培技术等选择品种。

（二）栽培制度

山药喜温，早春终霜前地温稳定在10℃时种植为宜，秋末冬初初霜后收获。间、套作较为普遍，单作较少。春季可与速生绿叶蔬菜、小麦、豆类等间、套作；夏季与茄果类蔬菜间作；秋季与秋冬菜间、套作。实行2~3年轮作，但同一地块，每年隔行挖沟，可连种3年不重茬。为减轻病虫害，不宜与其他薯芋类和根菜类作物重茬，有条件的地区可以实行水旱轮作。

三、栽培技术

山药栽培技术流程为：繁殖材料选择和准备→整地、作畦、施基肥（人工或机械）→栽植→支架、引蔓、追肥、浇水、中耕、除草、培土→初霜后收获。

（一）繁殖方法

1. 段子繁殖 块茎易生不定芽，可利用块茎切段繁殖。扁块种大多只有块茎顶端能够发芽，切块时应纵切，切块重约100g。长柱形品种块茎的任何部位都能发芽，可按10~15cm长切段繁殖。山药段子栽后才发生不定芽，因此，要比山药栽子繁殖晚出土15d以上。

2. 栽子繁殖 用长山药长30~40cm，重约100g的"山药栽子"繁殖，栽后出苗快。但连续用"山药栽子"繁殖，会出现长势衰退，产量降低的问题，所以应3~4年更新一次。

3. 零余子繁殖 秋季选择具有品种典型性状的大型零余子砂藏越冬。翌年春季露地播种，行距50cm，株距5~10cm，当年长成25~30cm长的小块茎，秋后收取块茎供来年作种，用来更换老"山药栽子"。

（二）整地作畦

选择地势干燥、土层深厚肥沃、排水良好、疏松透气的砂壤土地块。冬前挖栽植沟，单行种植时沟距100cm，沟宽25~30cm，深80~100cm；一垄双行种植时，沟距170~180cm，小行距40cm。春季结合填土施入充分腐熟的农家肥或生物有机肥作基肥，并压实，作高畦或垄。

目前，一般采用山药挖沟松土机一次完成开沟、松土和起垄等作业；或用打孔机打洞，深度为1.0~1.2m。有些地区已实现旋耕、起垄、播种、中耕、追肥、施药、除草、培土、切蔓和收获等10项主要生产工序的机械化作业。

（三）栽植

春季10cm地温稳定在10℃时即可栽种。栽前5~7d浇匀浇透底水。栽种时在畦面开10cm深的沟，顺沟撒施三元复合肥做种肥，可将辛硫磷颗粒剂拌细土撒入沟中防治地下害虫。按15~20cm的株距将山药栽子或段子平铺沟内，覆土厚度为8~10cm。覆盖地膜以保温、保湿，也可以覆盖黑色地膜，起到除草作用。农艺与农机相结合山药机械化播种，关键技术还需进一步完善（潘志国等，2018）。

利用塑料浅生槽种植（也称套管栽培）的，将浅生槽横放沟内，中后端向下倾斜，与地面呈10°~20°夹角，沟深30~50cm即可，山药定向种植，横卧生长。塑料浅生槽已实现工厂化生产，其规格可根据山药的直径和长度选择，一般1.0~1.3m。此法不需挖深沟，收获方便，省工省力。

（四）田间管理

1. 植株调整 出苗后，幼苗细长脆嫩，遇风易折断，应及时搭支架，可搭高1.5~2.0m人字架。按山药茎右旋的特性，引蔓上架，使茎顺架盘旋而上。切段繁殖的可能萌发几个芽，一般保留1个健壮芽。生长前期，应将茎基部新生的侧枝剪去，以利于通风透光。为减少养分消耗，提高块茎的产量，要随时摘除零余子。

2. 肥水管理 前期控制浇水，发芽期遇雨及时中耕；发棵期可追施1次速效性氮肥；进入茎叶和块茎旺盛生长期，重施1次追肥，可用三元复合肥（16-9-20）450~600kg/hm^2，并浇水。中耕宜浅，以免损伤根系。块茎膨大盛期应注意浇水，始终保持土壤湿润，遇雨涝应及时排水。

（五）收获

山药块茎在初霜后茎叶枯黄时收获最好，南方冬季土壤不冻结，可留在地里，随用随收。收获时拔除地上支架和茎蔓后，从沟的一端开始，用开沟机按山药长度挖深沟，待全部根茎暴露出来后，手握中上部，用铲铲断其余的细根，小心提出，避免出现伤口或折断。挖出后稍微晾晒，去掉根毛、分级、窖藏。留零余子者，零余子一般比块茎早收1个月。

第四节 芋 头

芋头（taro）又名芋、芋艿、毛芋，古名蹲鸱，学名 *Colocasia esculenta*（L.）Schott.，为天南星科芋属以地下球茎或叶柄为食用器官的蔬菜，为多年生草本植物，作1年生栽培。芋头原产于中国、印度和马来半岛等炎热潮湿的沼泽地带，现在世界各地广为栽培，尤以中国、日本及太平洋诸国栽培最盛。中国有关芋头的最早记载见战国时期（公元前475～公元前211年）《管子》轻重甲篇，西汉《氾胜之书》中详细记述了种芋法，可见芋头在中国的栽培历史已近2400年。中国珠江流域及台湾省栽培最多，长江及淮河流域次之，华北地区山东省栽培面积较大，并成为主要的速冻芋仔加工出口基地。

芋头每100g鲜球茎含水71.0～86.3g、碳水化合物10～25g、蛋白质1～3g、粗纤维0.6g，并含有大量人体必需氨基酸及维生素等，是中国传统的保健蔬菜，可粮菜兼作，亦可加工淀粉等。

一、生物学特性

（一）植物学特征

1. 根 弦状根，白色肉质，着生在球茎下部的节位上，根毛少，吸收能力较弱。但肉质不定根上的侧根可代替根毛的作用。根系水平分布在球茎周围30cm左右土壤中，纵向分布于40cm土层以上，深层较少。

2. 茎 茎短缩形成地下球茎，有圆、椭圆、卵圆或圆筒形，球茎上有显著的叶痕环，节上有鳞片毛，为叶鞘残迹。球茎节上均有腋芽，能发育成新的球茎，有的品种可发育成匍匐茎，顶端膨大成球茎。球茎中含草酸钙，生食涩味重，煮后因被高温破坏而不再有刺激性。

3. 叶 互生，盾形、卵形或略呈箭头形，先端渐尖。叶片长25～90cm，宽20～60cm，光滑无茸毛，质地脆弱，具有长40～180cm的肉质叶柄，叶柄呈绿、红、紫或黑紫色。叶和叶柄组织形成大量气腔，木质部很不发达，易遭受风害。

4. 花和果 佛焰花序，长6～35cm，浆果，多不结子。在亚热带地区有些品种能开花，温带很少开花。用赤霉素配合短日照处理，可诱导芋头在北方地区开花。

（二）生长发育周期

1. 出苗期 播种至第1片叶露出地面2cm左右。种芋可产生4～8条根，并已分化出4、5个幼叶，基本属自养阶段。

2. 幼苗期 出苗至第5片叶伸出。茎基部开始膨大，逐渐形成母芋，到第五片叶伸出时，母芋可达其鲜重的28%，并可分化形成4～6个子芋。此期尚未建成强大的根系，加之前期温度偏低，植株生长缓慢。

3. 叶和球茎并长期 第5片叶伸出至叶片全部伸出，共长出7、8个叶片，母芋、子芋迅速膨大，孙芋、曾孙芋等的数量已定，历时40～50d。球茎分化、膨大与叶片生长并进。

4. 球茎盛长期 叶片全部伸出至收获，历时60d左右。叶片内的同化产物迅速向球茎中转移，母芋和子芋进一步膨大，含水量逐渐下降。

5. 球茎休眠期 收获后贮藏，球茎顶芽保持休眠状态。

（三）对环境条件的要求

1. 温度 芋头原产于热带或亚热带地区，生长期间要求较高的温度。13～15℃以上开始发芽，发芽适温为20～25℃；生长期间要求20℃以上的温度，适宜温度为25～30℃；

球茎发育以27～30℃为宜，球茎贮藏温度不低于6℃。因类型不同，对温度的要求和适应范围有所不同，多子芋能适应较低的温度，而魁芋要求较高的温度和有效积温。

2. 光照 喜光，耐阴，对光照强度要求不严格，甚至在长久荫蔽散射光下也能良好生长。光合作用的光补偿点41.5μmol/（m²·s），光饱和点1232μmol/（m²·s）。短日照促进球茎肥大。

3. 湿度 喜湿，不耐涝（除水芋外），不仅要求土壤湿润，而要有较高的空气相对湿度。发芽期土壤湿度不宜过高，否则影响地温回升，不利于出苗。叶和球茎并长期，需水量增加。生长旺盛期，消耗大量水分，要求土壤经常保持湿润，并要求较高的空气湿度。

4. 土壤与营养 喜疏松透气，富含有机质、土层深厚的壤土，适应土壤酸碱性很广，以pH 5.5～7.0最适宜，忌连作。对养分的吸收量为钾＞钙＞氮，每1000kg球茎吸收N 12.97kg、P_2O_5 2.75 kg和K_2O 17.47kg（Raju et al.，2019），其次是磷和镁，增施钾肥，可显著提高球茎产量，改善品质。

二、品种类型与栽培制度

（一）品种类型和栽培选择

芋头品种丰富，有叶柄用芋（var. *petiolatus* Chang）和球茎用芋（var. *cormosum* Chang）两个变种，球茎用芋又有多个类型品种，生产中根据栽培目的、栽培地区、栽培方式等选择品种。

1. 叶柄用芋 叶柄逐渐肥厚，涩味减轻，球茎不发达，如广东红柄水芋、四川武隆叶菜芋等。

2. 球茎用芋 主茎和分枝节间缩短变粗而成为肥大的球茎。依球茎的生长习性和生长发育特性等又分为多子芋、多头芋及魁芋3个类型。

（1）多子芋：分蘖性强，母芋小。母芋中部各节上发生一次分蘖，形成子芋，子芋节上发生孙芋等。孙芋较多，易与母芋分离。按叶柄颜色又分绿柄品种群和紫柄品种群。

绿柄品种群：水芋品种主要有重庆绿杆芋、宜昌及江西资溪白荷芋；旱芋品种有福建青杆无娘芋、台湾早生白芋、上海白梗芋、山东莱阳孤芋、莱阳花芋、即墨白庙芋头以及虾仔芋等；水旱芋品种有长沙白荷芋等。

紫柄品种群：水芋品种有福建安溪水芋、长沙红荷芋、宜昌红荷芋等；旱芋品种有福建红梗无娘芋、浙江余姚乌脚芋、广东红芽芋、浏阳红芋等；水旱芋品种有重庆红杆芋等。

（2）多头芋：分蘖性极强，母芋、子芋及孙芋大小无明显差别，且相互连接成块难以分开，如广东九面芋（绿柄品种群）、江西新余狗头芋、福建长脚九头芋（紫柄品种群）、四川莲花芋等。

（3）魁芋：植株高大，母芋重达1.5～2.0kg，品质优于子芋。喜高温，栽培于中国南部，如四川宜宾的串根芋、福建竹节芋、粗花槟榔芋、台湾槟榔芋、浙江奉化火芋，尤以广西荔浦芋品质最佳。

（二）栽培制度

芋头喜温不耐霜冻，当10cm地温稳定在8～10℃时，可露地栽植。珠江流域的广西、广东可在2～3月，长江流域在4月初，华北地区在4月中下旬，四川、闽南在3月初栽植。在温度允许的范围内适当早播，可在高温季节到来前封垄，并维持较大的同化面积。北方地区为延长其生育时期，采用地膜覆盖栽培，可提前20d栽种，产量大幅度提高。早熟品种可在7～8月份收获，一般在初霜前收获。也可以采用大拱棚等保护设施进行早熟栽培。

芋头忌连作，需实行3年轮作，也不宜与甘薯、马铃薯、牛蒡等需钾多且易发生地下害虫的作物连作。

三、栽培技术

芋头栽培技术流程为：整地、作畦、施基肥（人工或机械）→选种→催芽→栽植（开深沟、栽植、覆土、覆地膜）→追肥、浇水、中耕、除草、培土→初霜后收获。

（一）整地、作畦

选择土层深厚、疏松透气、排水良好、保水力强、富含有机质的壤土或黏土地块，冬前进行深翻25～30cm，晒垡，根据土壤肥力施入充分腐熟的农家肥45t/hm²或养分相当的生物有机肥，并配合施入三元复合肥（15-15-15）750kg/hm²。

（二）种芋选择和催芽

1. 种芋选择 应从无病地块中健壮的植株上选择母芋中部的子芋作种，要求球茎饱满，顶芽充实，重50g以上，多头芋要切开作种，每公顷用种量因品种和栽培密度而定，通常为1500～2250kg。也可以将母芋纵剖为2、3块作种芋。

2. 催芽 芋头生长期较长，尤其是北方早春地温低，为提早播种生长，应在适宜播种期前20～25d，利用温床、冷床、大棚等进行催芽。催芽前先晒种4～5d。将种芋密排在催芽床中，以两层为宜，盖潮湿的细砂2～3cm，保持20～25℃及适当的湿度，芽长2～3cm时即可栽植。

（三）栽植

芋头深栽有利于球茎的发育，四川有农谚"芋向上长，苕（甘薯）朝下钻，深栽芋子，浅栽苕"。中国传统栽培法，采用开深沟栽培，行距70～80cm，沟深20cm左右，栽前可在沟中再施化肥作种肥，株距30cm，栽植密度42 000～47 000株/hm²。现常采用大小行栽培，大行距70～80cm，小行距25cm，株距45cm，栽植密度45 000～47 000株/hm²，比单行栽培增产。

一般芽向上栽，但在潮湿地宜将种芋横放沟中，顶芽在侧面，新芋基部与种芋连接较少，种芋干缩后不易引起新株腐烂。覆土深度以盖没种芋，芽微露为宜，为3～5cm。覆土太深，出苗消耗养分多，芽变细变弱；覆土太薄，种芋被晒，影响发根。水芋在施基肥后，灌水3～5cm，不作畦，不开穴，按株行距栽入土中即可。

（四）田间管理

1. 水肥管理 芋头喜肥，生育期又长，除施足基肥外，根据其对矿质养分的吸收量，还要分期追肥。苗期生长缓慢，可施少量稀薄提苗肥，可施尿素225kg/hm²，促根生长；发棵期追施三元复合肥（15-15-15）375kg/hm²；球茎生长盛期，结合培土成垄，追施三元复合肥（16-9-20）750kg/hm²。

芋头为喜湿作物，忌干旱。种植前土壤底墒充足，出苗前忌浇水，否则降低地温，影响发根出苗；幼苗期生长缓慢，耗水量小，应保持土壤见干见湿；发棵期和球茎生长盛期，需水量大，且气温高，要经常灌水保持土壤湿润。

2. 中耕、培土 培土能抑制顶芽的抽生，使球茎充分肥大，防止青芋形成，并发生大量不定根，提高抗旱能力。沟栽者，在幼苗期中耕灭草，提高地温，并起到保墒作用。幼苗期结束后，子芋、孙芋开始形成，结合中耕将栽植沟逐渐拉平，球茎生长旺盛期于行间开沟破土，将原来的沟培成垄，一般培土2、3次。广西种植荔浦芋，在大暑期间一次培土厚17~20cm。

（五）收获

当5cm地温降到12℃时收获，华南地区在11月，长江流域多在10月下旬，华北地区在10月中旬前后，当地上部变黄枯萎时收获最宜，过晚易受冻害，不耐贮藏。晾晒2~3日，将土轻轻抖掉，作种用者，不拨子芋，整墩贮藏。

第五节 薯芋类其他蔬菜

请扫描二维码阅读本节内容。

小　结

薯芋类蔬菜是指以富含碳水化合物的地下器官（块茎、块根、根茎和球茎）供食用的一类蔬菜的总称。中国主要栽培马铃薯、生姜、山药、芋头等，并零星种植豆薯、菊芋、草石蚕、银条菜、魔芋、葛、蘘荷等。薯芋类产品器官耐贮运，可以调节蔬菜周年供应的淡旺季；产品器官都位于地下，要求土壤富含有机质、疏松透气、排水良好，并严防地下病虫害，忌连作；一般采用无性繁殖，需种量大，繁殖系数低；种材在栽培过程及储藏期间易于感染病毒而造成种性退化，应注意良种繁育；马铃薯、生姜、芋等播种前应进行催芽处理；生长前期需水肥量少，追肥以氮肥为主，促进根系和地上部的生长；后期产品器官旺盛生长期需水肥量大，应增施磷、钾肥，保持土壤湿润；生长期应配合中耕、除草进行培土，以促进产品器官形成；应逐步实现测土配方施肥，结合水肥一体化技术，节水、节肥、省工，降低成本，减少污染；传统栽培需要人工多，劳动强度大，成本高；大面积生产已逐步实现整地、播种、田间管理和收获等全程机械化。本章系统介绍了马铃薯、生姜、山药和芋的生物学特性、品种类型、栽培季节与茬口安排、栽培技术，简要概述了豆薯、菊芋、草石蚕、银条菜、魔芋、葛、蘘荷的生物学特性和栽培要点。

思　考　题

1. 薯芋类蔬菜主要包括那些种类？有何栽培共性？
2. 马铃薯生长发育时期有何特点？
3. 导致马铃薯种性退化的原因是什么，应如何防止退化？
4. 为什么提倡马铃薯小整薯播种？切块播种有何利弊？
5. 获得秋播马铃薯高产的关键措施有哪些？应采取哪些措施打破马铃薯休眠？

6. 生姜对环境条件的要求与马铃薯有何不同?
7. 生姜为什么要进行催芽?
8. 何谓晒姜和困姜?有何作用?
9. 请说明生姜完整产品器官的结构和特点。
10. 山药繁殖方法有哪些?何谓山药栽子和山药段子?
11. 芋头有哪些品种类型?
12. 豆薯、菊芋、草石蚕、银条菜、葛、魔芋、蘘荷分别如何繁殖?
13. 请分析马铃薯、生姜、山药和芋头的栽培技术,你认为哪些环节还可以实现轻简化栽培?

第九章 水生蔬菜

水生蔬菜（aquatic vegetable）指在水湿环境下生长和栽培的一类蔬菜。中国是世界上水生蔬菜驯化栽培历史最悠久的国家。在浙江余姚河姆渡文化遗址中，发现的莲、菱和蒲菜等水生植物的花粉化石，距今已有 7000 年之久。绝大多数水生蔬菜原产于中国。中国水生蔬菜资源丰富，栽培种类多，有莲藕、茭白、荸荠、慈姑、水芹、芡实、菱、莼菜、蒲菜、豆瓣菜、水芋等 10 多种，其中以莲藕、茭白、荸荠、慈姑、菱、水芹等栽培普遍。目前中国水生蔬菜种植面积已超过 70 万 hm^2，年产值超过 300 亿元，种植面积和产量均占世界 80%以上，位居世界首位。

水生蔬菜在国际市场上也具有很强的竞争力。目前，莲藕、茭白、慈姑、荸荠、芡实、菱角、莼菜等水生蔬菜的加工产品均已出口到国外市场，遍及日本、韩国和东南亚、大洋洲、北美、欧洲等国家和地区，出口数量逐年稳步增长。

水生蔬菜具有较好的营养保健作用。例如，莲藕有镇静安神、降压止血的功效，莲子有健脾止泻、益肾固精的功效，茭白有解烦热、除目黄、消酒毒的功效，荸荠有清热、利尿、降血压的功效，莼菜有增强人体免疫、降血脂、降血糖、消炎解毒等功能。水生蔬菜对人体健康，尤其是预防心脑血管疾病十分有利。

水生蔬菜喜水怕旱，大多喜温畏寒，多分布在水、热、光等资源比较丰富的南方地区，尤其是长江流域及其以南的江苏、浙江、安徽、江西、湖北、湖南、福建、台湾、广东、广西等省区栽培较多。这些地区气候温暖，年平均气温达 15℃以上，无霜期 210d 以上，雨量充沛，土壤肥沃，适合水生蔬菜生长发育。北方地区气候干燥，气温低，栽培较少。水生蔬菜常利用低洼水田和浅水湖荡、河湾、池塘等淡水水面栽培，也可实施圩田灌水栽培。

水生蔬菜多在冬、春和盛夏蔬菜淡季上市，可补充蔬菜市场供应，丰富蔬菜品种。而且多数水生蔬菜都耐储运，一年多数时间可以供应。因此，种植水生蔬菜可获得较好的经济效益。近年来，在江苏、浙江等地出现的淡水养殖和水生蔬菜种植的合理轮作、间作、套种模式，不仅提高了水生蔬菜的供应能力，而且改善了水体生态环境，提高了土壤肥力，实现了水体生产的良性循环和可持续发展。

各种水生蔬菜虽然在植物学上属于不同的科、属和种，但大多起源于热带和亚热带多雨的湖泊或沼泽地区，在系统发育方面有相同的渊源，因此，在生物学特性和栽培技术方面有许多共同特点。

1. 根系不发达，根毛退化　由于水生蔬菜长期生长在充分潮湿的土壤或水中，吸水容易，根系逐渐削弱，根毛大多退化，根系的吸收能力减弱。因此，栽培时要求土层深厚、有机质含量高、肥沃而较黏重的土壤。

2. 通气组织十分发达　为了适应水下空气稀少的生态环境，水生蔬菜植株体内均具有发达的通气系统，从叶片气孔中吸入的空气，能顺利达到植株的各器官。例如，从莲藕叶脉到叶柄及地下茎，均有条条气道相通，使进入的空气可以满足水下各部位组织生理代谢的需要。

3. 机械组织不发达 水生蔬菜植株的机械组织都有不同程度的退化，其茎或叶柄部分浸没水中，不需要坚强的机械组织支撑植株，茎秆木质化程度低，器官和组织的含水量较高，因而植株茎秆柔弱，露在水上部分抗风力差，必须注意防范。

4. 适宜水湿环境而不耐干旱 水生蔬菜生育期间需保持一定水层，要求水位的变化相对稳定，不可暴涨猛落；休眠期间也要保持充分潮湿的环境。对水层深浅的要求因种类、品种及生育期的不同而异。莲藕、菱、莼菜等能适应深水栽培，茭白、水芹、慈姑、荸荠等适宜浅水栽培；塘藕在80~120cm水中生长良好；而菱可在3~4m深水层生长。同一种水生蔬菜在不同的生长时期，对水层的深浅要求也不同，如早春由于气温较低，水宜浅，以便提高水温和地温；夏季高温期间，水应加深以利降低温度。掌握水位管理是种好水生蔬菜的关键措施。

5. 生育期较长 水生蔬菜生育期一般都在150~200d，且多数水生蔬菜性喜温暖，茭白、慈姑、水芹、豆瓣菜虽能耐轻霜，但不耐严寒，其余均必须安排在无霜期栽培。

6. 无性繁殖 除菱和芡实外，大多数水生蔬菜都采用无性繁殖，即利用根状茎或球茎等作繁殖材料，繁殖系数低，用种量大。

第一节 莲 藕

莲藕（lotus root），又称藕、莲、荷、水芙蓉等，学名 *Nelumbo nucifera* Gaertn.，属莲科多年生水生草本植物，原产印度和中国，在中国栽培约有3000年历史，各地栽培普遍，以长江流域、珠江三角洲、洞庭湖、太湖及江苏里下河地区为主产区，中国台湾莲藕种植也很普遍，在日本、印度及东南亚各国与俄罗斯南部也有分布。莲藕可炒食、煮汤、生食，亦可加工成盐渍藕、保鲜藕、速冻藕和藕粉，还可作蜜饯；莲子可鲜食或制成糖莲子；藕节、荷叶、莲子心、莲蓬均可入药。

一、生物学特性

（一）植物学性状

1. 根 有主根和不定根两种。主根由种子的胚根所形成，不发达，无性繁殖的莲藕无主根。不定根须状，生于地下茎的节上，每节5~8束，每束有不定根7~21条，长8~14cm，起吸收水分、养分和固定支撑植株等作用。

2. 茎 地下茎，又称莲鞭或藕鞭，是栽培种藕顶芽萌发长出的细长的根茎，其先斜向下生长，然后在地下一定深度处成水平生长。莲鞭有主鞭和侧鞭之分，主鞭由多节组成，每节长度不一，初生的短，后生的长。主鞭节部第3节起可抽生分枝，即侧鞭，侧鞭节部还可以2次分生，每支种藕能生莲鞭十几条或更多，从而形成一个庞大的植株。藕是由莲鞭先端膨大而形成的。主鞭先端几节形成的新藕，叫主藕、亲藕或母藕。主藕由3~6节构成或更多，因品种和环境条件的不同而有差异。藕最前一节较粗短，称为藕头，藕头的前面（先端）有顶芽；最后一节细而长，称为后把节；中间2~4节较长而肥大，称为藕身，也称中节。在主藕的节间部分生的藕鞭膨大而形成的藕，称为子藕，子藕一般2~4节，子藕的节数、大小与生长在主藕的部位有关，主藕先端的子藕小，节数也少，甚至只有1节，越向后部，子藕越大，节数也越多。子藕的节部分生的莲鞭膨大而形成的藕，称为孙藕，孙藕较小，只有

1、2节，1支主藕上子藕和孙藕着生齐全的藕，称为全藕或整藕。母藕、子藕先端的顶芽包藏着叶芽和花芽。

藕的皮色为白色或黄白色，上多散生淡褐色的皮点。藕中有细丝和孔道。细丝在藕折断后仍不断，所以有"藕断丝连"之说。孔道纵直多个，并与莲鞭、叶柄中的孔道相通，进而经荷叶中心的叶脐相接，进行气体交换。

3. 叶 通称荷叶、藕叶或莲叶，为盾形或圆形顶生单叶，中央稍凹陷，由地下茎各节向上抽生，直径一般为30~90cm。叶正面为绿色或蓝绿色，上有白色蜡粉，密生细毛，不沾水滴；叶背面为淡绿色或灰绿色，光滑无毛。叶背有叶脉19~23条，向叶缘呈放射状分布，叶片中央为叶脐，叶脉汇集于叶脐相接，叶柄内有气孔，与地下茎气孔相通，进行气体交换。不可将叶柄折断，否则雨水等从气孔灌入后容易使地下茎腐烂。

荷叶按其抽生先后和大小、形态的不同，可分为钱叶（水中叶）、浮叶（漂叶）、立叶（站叶、荛叶）、后把叶（大架叶、后栋叶）和终止叶。种藕上的幼叶，在种藕形成时即已形成，其外有叶鞘保护，栽植以后，幼叶萌芽出鞘，长成小圆盘状的荷叶，叶柄短而细软，不能直立，沉入水中，称为钱叶。种藕顶芽抽生出莲鞭，莲鞭抽生荷叶。最初抽生的叶片较钱叶大，叶柄柔软，不能挺立而浮于水面，称为浮叶。随着植株的生长，再长出的叶片较为高大，叶柄长、粗、硬并带刺，高出水面，站立水中，称为立叶。初期的立叶面积较小，叶柄较短，随着气温的上升，叶面积逐渐变大，叶柄伸长，形成上升阶梯形叶群。其后所生立叶的叶片又逐渐变小，叶柄变短，形成下降阶梯叶群。结藕前的1片立叶最高大，其叶柄刺多而锐利，因其下为新藕的后把，故称为后把叶或后栋叶。后把叶是开始结藕的标志。后把叶出现之后，在藕节上长出的最后1片叶子为卷叶，叶片小而厚，叶色浓绿，叶柄短、细而光滑，称为终止叶。挖藕时，先找到后把叶和终止叶，两者连线所指的方向，便是藕的着生处。侧鞭的生长情况与主鞭相似（图9-1）。

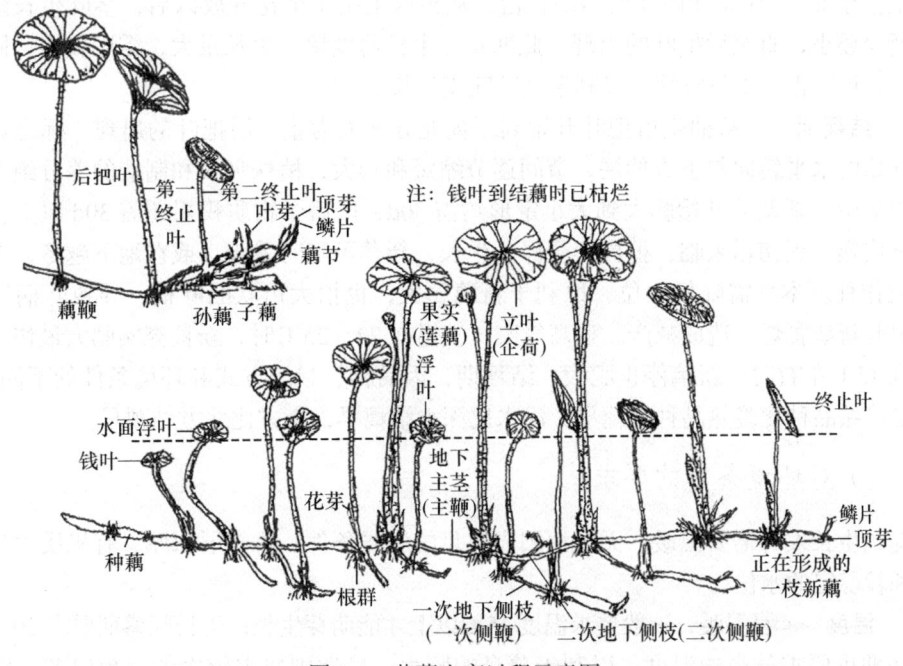

图9-1 莲藕生育过程示意图

4. 花 通称为荷花或莲花。单生，白色或粉红色，两性花，雄蕊多数，花丝较长，花苞顶生。雌蕊柱头顶生，花柱短，子房上位，心皮多数，分离散生于肉质花托内。花一般自清晨开始开放，到下午3时左右含闭，花期3~4d。早熟品种常无花，中晚熟品种在发育良好的莲鞭上部分节位可抽生出花，是否生花和开花的多少，与外界环境和品种有关，一般情况下，种藕粗壮开花多，种藕小、节数少，即使为有花品种，有时也较少开花；天气高温、干旱开花多，水深、土温低开花少。

5. 果实和种子 果实通称为莲蓬，由花托膨大而成，属假果，其中分离15~40个嵌生莲子。莲子卵圆或近圆形坚果，内具种子1粒。坚果成熟后，果皮坚硬，革质，水分和空气不易透入，因而种子落入水中也很难发芽，存活寿命长，有"千年不烂莲子"之说。坚果去壳后的种皮薄而软，剥去种皮即为白色的莲肉。两片子叶肥厚，中间夹生绿色的胚芽，通称为莲心，将莲肉中的莲心剔去，即为通心莲子。

（二）生长发育过程

莲藕在生产上都用种藕进行无性繁殖。其生长发育过程大致可分为以下几个阶段。

1. 萌芽生长期 从种藕萌芽开始到抽生立叶为止，约40d，主要依靠种藕储藏的养分供应生长。每年春季当气温上升到15℃时，种藕开始萌发，此后抽生莲鞭陆续展出钱叶、浮叶，当气温到达18~21℃时生根并长出第1立叶，此时标志着幼苗期的结束。生产中本阶段气温较低，生长缓慢，要求种藕肥大完整，基肥充足，管理上以放浅水位、促进土温升高、提早萌发、早抽生立叶为主要目标。

2. 旺盛生长期 从植株第1立叶展开到出现后把叶为止。当气温达到18℃左右时，植株抽生立叶，以后随气温的升高，植株的根、茎、叶生长迅速，进入旺盛生长阶段。在抽生2、3片立叶后，莲鞭上可发生侧鞭，有时侧鞭上还可再生侧鞭，立叶逐片高大。一般在莲鞭上抽生6、7片立叶即开始出现花蕾，从植株上第1朵花开放以后，茎叶生长渐慢，叶片逐渐变矮小，直至后把叶的出现。此期营养生长速度快，生长量大，需肥较多。同时，植株高大，怕风害，水位宜深，以利于茎叶旺盛生长。

3. 结藕期 从抽生后把叶开始到新藕充分膨大为止。后把叶的出现，标志着莲鞭先端已开始由水平转向斜下方伸展，节间逐节缩短和膨大，植株吸收和制造的养分绝大部分向新藕内集中。新藕从开始膨大到大小定形约需30d，以后干物质积累还需30d以上，才能达到完全成熟。到初霜来临，植株完全停止生长，新藕可随时采收，或在地下越冬，翌年采收上市或作种。本期需降低水位，以利于新藕膨大；也怕大风吹断叶柄，导致叶柄气道内灌水，引起新藕腐烂，造成减产。秋高气爽，气温在24~25℃时，新藕充实肥大最快。当气温下降到15℃左右时，新藕停止肥大。结藕期，因品种、栽培方式和环境条件的不同而不同。一般是早熟品种比晚熟品种结藕早，浅水比深水结藕早，南方比北方结藕早。

（三）对环境条件的要求

莲藕生长发育需要温暖、无风而阳光充足的气候条件，喜土层深厚、有机质含量丰富的土壤和较稳定的水位。

1. 温度 喜温暖，一般要求温度15℃以上才能萌芽生长；生长旺盛期要求20~30℃；结藕初期也要求较高的温度，以利于藕身的膨大；后期则要求较大的昼夜温差，白天气温

25℃左右，夜晚降到15℃左右，以利于养分的积累和藕体的充实；休眠期要求5℃以上的温度，否则藕体易受冻腐烂。

2. 光照 喜光，生长和发育都要求光照充足，不耐遮阴。前期光照充足，有利于茎、叶的生长；后期光照充足有利于开花结果和藕身的充实。对日照长短的要求不严，一般长日照有利于茎、叶生长，短日照有利于结藕。

3. 水分 萌芽生长期要求浅水，水位以5～10cm为宜；进入旺盛生长期，随着植株叶柄的长高，要求水位逐步加深，宜30～50cm；以后随着植株的开花、结果和结藕，水位宜逐渐落浅，以利于藕体的膨大；进入休眠越冬期，只需保持浅水。结藕期间水位过深，会延迟结藕，使藕身细瘦。夏季高温，可通过临时灌深水降温，但水深不能淹没荷叶，否则易造成荷叶窒息死亡。整个生长期间，水位变化宜平缓，切忌暴涨猛落。

4. 土壤与营养 以富含有机质的壤土或黏壤土为最适，要求土壤有机质含量在1.5%以上，土壤pH 6.0～7.5。酸性过大、土壤板结不利于莲藕生长；过于疏松的土壤中形成的藕，节间短，皮肉粗硬，品质差。喜肥，其生长除要求施足基肥外，生长期间还需要分次追肥。基肥应以有机肥为主，磷、钾肥配合，一般不用速效氮肥作基肥，否则会引起徒长。对肥料的需要因品种不同而不同，以产藕为主的品种，对氮、磷、钾的需求比例约为2∶1∶2；以产莲子为主的品种，对氮、磷、钾的需求比例为1.8∶1∶1。

5. 风 怕大风，当风力超过15m/s后，会使荷柄和花梗倒伏折断，使莲藕生长发育受到影响；若遇大雨或水位上涨，能使水从折断气道灌入地下茎内，引起地下茎的腐烂，给生产造成损失。

二、品种类型与栽培制度

（一）品种类型和栽培选择

莲藕栽培种依用途分为藕莲、子莲和花莲3大类，其中藕莲和子莲属于水生蔬菜，花莲属于水生花卉；依成熟期可分为早熟和中晚熟品种；依藕的淀粉含量高低可分粉质和脆质两种类型。生产中依栽培目的、栽培方式等选择适宜品种。

1. 藕莲 以膨大的地下根状茎供食用，通常称为藕。一般叶片较大，叶脉突起，开花较少，结实率低。按对水层深浅的适应性可分为浅水藕和深水藕两类。

（1）浅水藕：适于沤田、浅塘或水稻田栽培，水位30～50cm，最深不超过1m，多属早中熟品种。例如，鄂莲1号，长江流域4月上旬定植，7月上旬可收青荷藕，仅3个月，属极早熟；鄂莲4号，长江流域4月上旬定植，7月中下旬可收青荷藕，属早中熟。浅水藕优良品种很多，如海南洲藕、杭州白花藕、南京花香藕、湖北鸭蛋头、苏州花藕、湖州早白荷、合肥飘花藕、湘潭早藕、绍兴大梢种、扬藕1号、苏州慢荷、大紫红、浙湖1号、武植2号、科选1号、贵县藕、鄂莲5号、鄂莲6号、鄂莲9号、鄂莲10号等。

（2）深水藕：能适应较深水层，一般要求水位30～60cm，最深可达1.0～1.2m，适于浅水湖荡、河湾和池塘种植，多为中晚熟品种。例如，美人红、小暗红、湖南泡子、广东丝苗藕、安徽雪湖贡藕、杭州白荡海藕等。

2. 子莲 以食用莲子为主，花常单瓣，一般有红花及白花两种类型，结实率高，莲子大，但藕细小而品质差，有浅水子莲与深水子莲两类。浅水子莲一般要求水位10～20cm，最深不超过 50cm，较耐浅水，一般多在水田栽培，多次采收，品质好，优良品种有白花湘莲、白花建莲、太空 1 号、赣莲 85-4、赣莲 85-5 等。深水子莲适应较深水层，一般要求水位 30～50cm，最深可达 1.2～1.5m，适于浅水湖荡种植，大部分莲蓬成熟时 1 次采收，品质较浅水藕略差，优良品种有寸二莲、太湖青莲子、鄱阳红花、鄂子莲 2 号等。

（二）栽培制度

莲藕生长发育要求温暖湿润的环境，主要在炎热多雨的季节生长。一般都在当地日平均气温稳定在 15℃以上，水田土温稳定在 12℃以上时种植。露地条件下，长江中下游地区多在 4 月中下旬到 5 月上旬进行栽藕，大暑前后开始采收；华南地区气温回暖较早，常可提前 1 个月，即 2 月下旬可栽藕，6 月开始采收；华北地区则常推迟半个月左右，在停霜后栽藕，立秋前后开始采收。江南地区无霜期较长，莲藕的栽培制度多种多样，如藕-稻轮作、藕与水生蔬菜轮作，莲藕也常与慈姑、荸荠和茭白等水生蔬菜进行隔年轮作或与茭白间作。

莲藕栽培的主要方式为露地栽培，有浅水藕、深水藕、池藕，也有地膜莲藕、设施莲藕等栽培方式。池藕、地膜莲藕及设施莲藕都属于浅水藕的范畴。近年来，采用早熟品种，采收期可提前到 6 月下旬。

三、栽培技术

莲藕栽培技术流程为：藕田准备→种藕准备→栽藕→田间管理（除草摘叶、追肥、水层管理、转藕头、病虫害防治）→采收→留种。

（一）藕田准备

应选择避风向阳、保水性好、富含有机质、pH 5.6～7.5，含盐量 0.2% 以下的肥沃田块为宜。湖荡应选择水流平缓，水位稳定，最高水位不超过 100～130cm，淤泥层较厚的地方栽种。藕田在栽种前应先耕翻，并筑固田埂，施足有机肥。一般施绿肥或畜禽肥 75t/hm^2 以上。多施有机肥可明显提高产量和品质。一般在大田定植前 15d 左右整地，耕翻深度以 25～30cm 为适宜。整地时，要求清除杂草，做到泥面平整、泥层松软。

（二）种藕选择

种藕可选择整藕、主藕或子藕，一般要求最小种藕的藕枝具有 1 个顶芽、2 个节间、3 个节，应选择新鲜、完整、无破损、芽壮、无病虫害、后把粗短、具有该品种特征的藕作种。种藕大，生长发育旺盛，有利于早熟、丰产。

（三）栽藕

栽前随挖种藕随栽，选无大损伤、不带病的种藕，适当带泥，保持新鲜。从挖至定植以不超过 10d 为宜。不能及时栽植的，应浸水保存或覆盖浇水湿存。如需从外地较长距离引种，种藕必须带泥，储运时堆高不宜超过 1m，堆底和堆顶铺盖洁净的稻草或草帘，并用喷壶浇水，保持湿润。需较长时间储存的，须洗净、消毒、包装，但储存时间不宜超过 45d。

栽藕密度视藕田种类、品种及上市期而异。一般田藕比塘藕要密，早熟种比晚熟种密，早收比晚收要密。栽藕密度各地差异很大。近几年来栽植密度都有适当提高，特别是早中熟品种，为求提早上市，多采用较高的种植密度。例如，苏州花藕过去用种12 000支/hm²，目前已加密到15 000支/hm²左右，即行距1.2m，穴距1.0m，每穴栽植种藕2支。晚熟品种单株所生的立叶和分枝较多，营养面积较大，种植密度较低，一般行距2.0～2.5m，穴距1.0m。种藕用量为3～6t/hm²，深水藕用种量比浅水藕多20%左右。

栽藕时为了操作方便，田水宜浅，保持在3～5cm即可。栽植时，各行栽植穴宜交错排列，种藕顶芽应左右相对，分别朝向对面行的株间，藕田四周各种植穴中种藕顶芽一律朝向田内，这样可使将来长出的立叶和结出的新藕分布均匀。种藕一般实行卧栽，即在栽植穴上按确定的朝向将种藕的顶芽稍向下斜插入土，深度8～12cm，后把节稍向上翘，露出水面，使种藕与地面成20°～25°角，这样利于提高种藕和土壤温度，促进萌芽。

微型种藕是利用组织培养技术，先在室内培养"试管莲藕"，然后将试管莲藕进一步培育成微型种藕，供生产利用。微型种藕单支重0.15～0.20kg，用种量为1800～2250支/hm²，总重量300～450kg/hm²，大约为常规用种量的10%以下，适合于远距离引种运输，且多年生产实践表明，用微型种藕栽培，产量与常规种藕栽培没有差别，该技术已开始规模化应用。

（四）除草摘叶

莲藕种植以后到荷叶封行前，结合追肥要进行2或3次中耕、除草。除草时应先排浅田水，再进行除草松土。除掉的杂草随即深埋土中，作为肥料。除草时在田间走动脚步要轻，尽量让开地下茎，以免踩伤地下茎。定植后一个月左右，浮叶渐枯，应及时摘除，以利透光增温。5、6叶时，生长旺盛，开始封行，坐藕，除草必须在卷叶的两侧进行，防止碰伤藕身。若有花蕾出现，应将花梗折弯，减少养分消耗，但不可直接折断，以免雨水由通气孔侵入引起腐烂。待荷叶基本封行时，防止人、畜下田碰伤荷叶及地下茎。每次除草后，立即恢复水层。

（五）追肥

莲藕喜肥，施肥应以有机肥为主。除施足基肥外，生长期间还应分期追肥。一般追肥2、3次，第1次在田间长出1、2片立叶时，追施发棵肥，施入腐熟畜禽肥15.0～22.5t/hm²，或尿素150～225kg/hm²，促进分枝和出叶；第2次在5、6片立叶，田间荷叶基本封行时重施追肥，施尿素300kg/hm²、过磷酸钙225kg/hm²，缺钾土壤再补施硫酸钾225～300kg/hm²，全田撒施；第3次追肥在终止叶出现时，称为催藕肥。施畜禽肥22.5～30.0t/hm²，加硫酸钙225kg/hm²。若拟于7月上中旬采青荷藕，或田间土壤因肥力较高（如历年养鱼池改造后的藕田），植株长势较旺，则第3次肥可以不追。

施肥应选择晴朗无风天气，清晨露水干后或傍晚进行，以防化肥沾留叶上，灼伤叶片。每次追肥前应尽量放干田水，以便肥料吸入土中，施后第2天恢复到原来水层。追肥不宜用碳铵，以防烧苗。整个生育期内，严格控制氮肥用量（纯氮用量不超过225kg/hm²）。在藕田施肥过程中，应该尽量避免将肥料撒落在叶片上，对于撒落在叶片上的肥料也要及时浇水洗净，以避免对叶片造成伤害。

（六）水层管理

水层管理一般掌握"浅-深-浅"的原则。莲藕生长过程中，萌芽生长期田间应保持3～5cm浅水层，以提高土温，促进萌发。植株长出1、2片立叶后，莲藕生长逐渐转旺，气温亦很快升高，水层要逐渐加深到15~20cm，以促进立叶逐片高大。后期立叶满田，并开始出现后把叶时，应逐渐将水位落浅到10~15cm。到终止叶出现后，水层可降至4~7cm，以促进结藕。整个生长期间，都要保持水位涨落和缓，不能猛涨暴落和时旱时涝。长江中下游和沿海地区夏季经常有台风、暴雨侵袭，可灌深水防风保护荷叶，台风暴雨过后排水，保持原来水位。荡藕要防止水面上涨淹没荷叶，造成减产。

（七）转藕头

在莲藕旺盛生长期，莲鞭生长迅速，两侧产生分枝，作扇形状向前伸展。当新抽生的卷叶距田边1cm左右时，表明莲鞭的顶芽已逼近田埂。为防止莲鞭穿越田埂，应及时将莲鞭顶芽拨转方向，使其返回田内。转藕头时应将泥土与莲鞭顶芽一起拨转，宜在中午以后茎叶柔软时进行为好，否则莲鞭脆嫩，易被折断，拨转后再用泥压稳。转藕头时还应注意莲鞭生长的稀密情况，尽量将过密处的莲鞭顶芽调整向稀的方向，以使莲鞭分布均匀，提高产量。

（八）病虫害防治

莲藕主要病害为腐败病和僵藕。莲藕腐败病系土壤中的镰刀菌引起，在各莲藕产区均有发生，主要危害地下茎，然后传到叶片。严重时地下茎腐烂，引起地上部随之枯死。病菌通过种藕和土壤传播。生产中应轮作，选抗病品种和无病种苗，栽前进行种藕和田间消毒。僵藕由僵藕病毒引起，造成藕身僵化、瘦小，出现黑褐色坏死条纹，顶芽扭曲畸形，严重影响产量及质量。病毒通过种藕和土壤继代传播，主要用农业综合措施防治。一是轮作换茬，如莲藕-水稻、莲藕-茭白、莲藕-慈姑等，间隔3年以上；二是选择无病的田块和种藕作种；三是在莲藕采收时及时清除田间残枝枯叶；四是在中后期适当增施磷、钾肥，增强植株抗病性。

莲藕虫害主要有食根金花虫和莲蚜。食根金花虫幼虫叫藕蛆，以幼虫潜入泥土中，吮吸地下茎汁液，造成地上部分立叶细小，发黄，后期直接危害新藕，使藕身形成许多虫斑，严重影响藕的产量和品质。生产中可水旱轮作、冬耕冻垡、药剂处理等杀死越冬幼虫，及时清除田间杂草以减少成虫产卵率。莲蚜常以成虫、若虫成群密集于叶、背、叶芽和花蕾柄上刺吸汁液，被害叶片发生黄白斑痕，重者叶片卷曲皱缩，径叶枯黄，花蕾凋萎，造成莲藕减产。生产中可采用清除杂草、合理控制种植密度、加强通风或药剂等加以防治。

在莲藕种植时，若发现土壤偏酸性，可于早春栽藕前，撒施石灰50kg/hm²，中和土壤酸性，既能增强植株抗病性，又可杀死部分越冬食根金花虫幼虫。

（九）采收

当莲藕终止叶的叶背呈微红色，基部立叶叶缘开始枯黄时，藕已成熟。多数荷叶青绿时，可挖取嫩藕；当全部叶片枯黄时，挖取老藕。老藕可以陆续挖到翌年萌芽前。采收嫩藕时，可根据后把叶和终止叶的走向来确定地下藕的位置。当地上部荷叶全都干枯时，一般立叶都发脆，而终止叶的叶柄仍然保持柔韧，据此仍可大致判断地下藕的位置。采收时根据这些标志，用手脚或铁锹细心挖去四周泥土，将藕采出。

机械化采藕具有降低劳动强度、提高作业效率等优点，可用高压水枪顺着莲藕长向将莲藕周围淤泥冲洗干净，使莲藕浮出水面，进行采收。

（十）留种

留种田应选择生长良好、符合本品种特性的田块，留种田与生产田面积比例为1：75～90。种藕必须留田越冬，到春季临栽植前随采、随选、随栽。长江以北地区，冬季气温常可降到－5℃以下，冬季留种田必须保持5～10cm浅水，防止种藕受冻。

设施栽培莲藕主要目的是早熟，设施管理的重点是温度调节。在前期，设施内温度以保持在20～30℃为宜，不应低于15℃。温度达30℃以上时，白天应揭膜通风降温，随着气温的升高，逐渐增加通风时间。日均气温达20℃以上时，设施两端薄膜应昼夜不盖，保持通风状态；日均气温23℃以上时，应将覆盖薄膜全部揭除。

第二节 茭 白

茭白（wildrice stem），别名茭瓜、茭笋，学名 *Zizania caduciflora* Hand.-Mazz.，为禾本科菰属多年生水生宿根草本植物，原产中国，在唐代以前，茭白被当作粮食作物栽培，其种子叫菰米，是"六谷"（稻、黍、稷、粱、麦、菰）之一。后来人们发现，有些菰因感染上黑粉菌而逐渐形成纺锤形的肉质茎，即茭白，宋末元初杭州菜市就有茭白出售。目前，茭白主要在中国和越南作为蔬菜栽培，中国栽培较普遍，主要分布在长江以南，华北地区亦有零星栽培。品种资源及栽培经验，以太湖地区最为丰富。著名品种均出于无锡、苏州和杭州一带。茭白变态肉质嫩茎，可炒食或做汤。由于味道鲜美、营养丰富，被视为蔬菜中的佳品。茭白与莼菜、鲈鱼并称为"江南三大名菜"。

一、生物学特性

（一）植物学性状

1. 根 须根在分蘖节和匍匐茎的各节上环节抽生，长20～70cm，粗2～3mm，主要分布在地下30cm土层中，根数多。

2. 茎 有地上茎和地下茎之分。地上茎（俗称薹管）呈短缩状，部分埋入土中，有多节。节上发生多数分蘖，形成株丛，俗称茭墩。主茎和分蘖进入生殖生长期后，短缩茎拔节伸长，前端数节畸形膨大，形成肥嫩的肉质茎，长25～35cm，横径3～5cm，横断面椭圆或近圆形。地下茎为匍匐状，着生于地上茎基部的节上，横生土中，其顶芽和侧芽可向地上萌发生长，成为分株。

3. 叶 生于短缩茎上，由叶鞘和叶片组成。叶鞘长25～45cm，相互抱合，形成假茎。叶片长披针形，长1.0～1.6m，宽3～4cm，草绿色。叶片与叶鞘相接处有三角形的叶枕（图9-2），俗

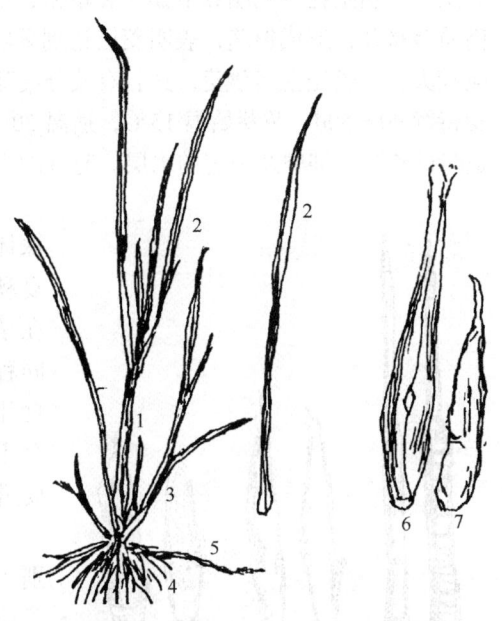

图9-2 茭白植株及茭白肉质茎示意图
1. 肉质茎；2. 叶；3. 分蘖；4. 根；
5. 地下根状茎；6. 带叶的肉质茎产品（茭白）；
7. 除去叶鞘的肉质茎产品（茭肉）

称"茭白眼",其组织柔嫩,病害容易侵入,灌水时水深亦不能超过叶枕。

4. 花和种子 米黄色小花,雄小穗长 0~15mm,两侧多少压扁,常带紫色,常着生于花序下部开展或上部旺盛的分枝上,脱节于小穗柄上,其柄较细弱;颖退化不见;外稃先端渐尖或有短尖头,并有 5 脉,厚纸质;花药 6~9mm;雌小穗长 15~25mm,外稃有芒长 15~30mm,内稃与外稃同质,常均有 3 脉,为外稃所紧抱;雄花中有 6 枚发育雄蕊。果为颖果圆柱形,长约 10mm。

(二)生长发育过程

茭白一般不开花结实,以分蘖和分株进行无性繁殖,生育过程经历萌芽期、分蘖期、孕茭期和休眠期。

1. 萌芽期 每年春季,茭白从越冬母株基部茎节和地下根状茎先端的休眠芽萌发、出苗至长出 4 片叶,需 40~50d。萌芽始温 5℃,适温 15~20℃,并需 2~4cm 的浅水层。萌芽生长主要依靠母株储存于地下部分的养分供应。

2. 分蘖期 从新苗出现定型叶开始,到大部分新苗长成,株高已稳定,形成了具有 6 或 7 片大叶的单株,并在植株基部抽生 1、2 次分蘖为止。植株生长经历较慢、逐步加快、又逐步转慢的过程,茎叶生长量最大,株高达 1.6~2.4m,田间封行。本期时间长短因茭白类型和栽培年限而异,一熟茭 130~150d;两熟茭栽植当年(秋茭采收年)需 150~170d,第 2 年(夏茭采收年)60~80d。分蘖适温为 20~30℃。

3. 孕茭期 从植株停止增高,新生叶片比前一叶减短开始,到采收结束为止,为产量形成时期。在长出 6、7 片大叶的植株上,黑粉菌(*Ustilago esculenta*)分泌吲哚乙酸类生长激素,刺激花茎先端数节膨大和增粗,形成肥嫩的肉质茎,最后使外面包被的叶鞘中部被肉质茎挤开,形成裂缝,表明茭已达到采收成熟。孕茭持续时间受气候条件和品种特性的影响较大,一般先主茎孕茭,其后有效分蘖陆续孕茭,单支肉质茎孕茭需 8~17d,全田植株孕茭持续 40~50d。孕茭始温 15℃,适温 20~25℃,30℃以上不能孕茭。孕茭还需充足的氮肥,适量的磷肥、钾肥及一定的水层。充分的阳光和短日照有利于孕茭。

茭白肉质茎的形成需要黑粉菌的侵染寄生。植株体内如果无黑粉菌,茭白茎就不会膨大,甚至到夏秋可抽薹开花、结实,这种茭称为雄茭。如茭白在孕茭期黑粉菌产生厚垣孢子,肉质茎内会产生不同程度的黑点,有的肉质茎内全为厚垣孢子,不能食用,这种茭白称为灰茭。正常茭在生长过程中,会不断有雄茭和灰茭植株分离出来。栽培上每年都要进行严格的选种,才能保持其种性。

雄茭、灰茭和正常茭从植株外形上很容易识别(图 9-3)。雄茭植株高大,生长季节株丛明显高于正常茭,叶片较宽,直立性强,仅先端下垂,假茎圆,不膨大,花茎中空,薹管较高;正常茭生长势中等偏弱,植株较矮,叶片宽阔,最后 1 片心叶显著缩短,叶色较淡,茭肉肥大时,假茎变扁,称为"扁

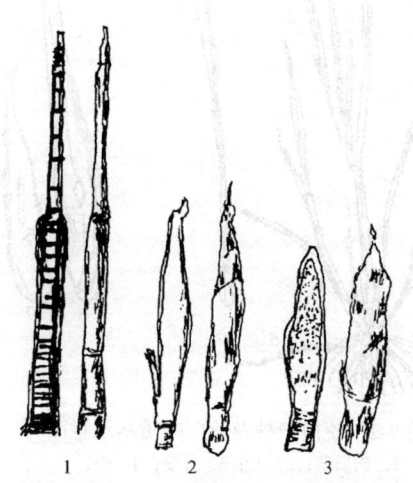

图 9-3 雄茭、正常茭、灰茭茎部的比较
1. 雄茭;2. 正常茭;3. 灰茭

秆"，在叶鞘一侧裂开，茭肉较长；灰茭生长势较正常茭略强，叶色深绿，叶鞘发黄，始终不裂开，植株在夏季常不孕茭，茭肉较短小，切开可见黑色孢子。秋茭孕茭结束后，天气转冷，地上部迅速枯黄，地下部进入休眠期越冬。

4. 休眠期 从植株叶片全部枯死，以地上茎中、下部和地下根状茎先端的休眠芽越冬开始，至翌春休眠芽开始萌发为止，需80~150d。一般在气温5℃以下时进入休眠，翌春气温上升到5℃以上时开始萌发。

（三）对环境条件的要求

1. 温度 5℃以上开始萌芽生长，生长适温为15~30℃，孕茭适温为15~25℃。秋季气温降到5℃后地上部迅速枯死，地下部留存土中休眠越冬。

2. 水分 茭白为浅水水生植物，生长期间不能缺水，植株从萌芽到孕茭，水位应逐渐加深。一般从5cm逐渐加深到25cm，才能促进有效分蘖和分株孕茭，并使茭肉白嫩，同时减少无效分蘖发生。水位最深不能淹没"茭白眼"，否则，会引起茎基部节间拔长，茭肉缩短，降低产量和品质。

3. 光照 茭白为短日照植物，生长和孕茭都需要充足的光照，一熟茭品种对短日照要求严格，只有在短日照条件下才能孕茭或抽生花茎；两熟茭则对日照长短反应不太敏感，短日照和长日照条件下都能孕茭。

二、品种类型与栽培制度

（一）品种类型和栽培选择

根据采收上市次数分为单季茭和双季茭，双季茭又可分为秋茭早熟、夏茭迟熟的无锡类型品种群和秋茭迟熟、夏茭早熟的苏州类型品种群。生产中根据栽培地区和季节的生态特点、栽培方式等选择优良品种。

1. 一熟茭 又称单季茭、秋茭，严格短日性，一般当年春季栽培，秋天即可收获，后每年9月上旬至11月收获一次，可连续采收3~4年此后需更新栽植。秋茭植株生长旺盛，匍匐茎入土深，抗旱，产量较低。生产上为保持种性和获得高产，多实行年年选种换田重栽。一熟茭对水肥条件要求不高，且上市比两熟茭的秋茭早，因而对调节淡季市场供应有一定作用。主要品种有杭州象牙茭、武汉红麻壳子、广州大苗、温州迟茭以及一点红、青种茭、真晚茭、寒头茭、蒋墅茭、软尾茭、余茭3号、金茭1号、金茭2号。

2. 两熟茭 又称双季茭，一般春季或夏秋种植，当年秋分至霜降第1次采收，称为秋茭，产量11.25~15.00t/hm²；老株留田中越冬，翌年更新萌发的茭苗于夏至到小暑第2次采收，称夏茭，产量22.50~26.25t/hm²；采收后可再留至秋季采第3次，产量较低，因而以后需换田重新栽植，故称两熟茭。两熟茭对水肥条件要求较高。主要品种有无锡刘潭茭、广益茭、苏州小蜡台、杭州梭子茭、湖南的双丰1号、武汉8602、武汉8937、扬茭1号、扬茭2号、浙茭2号、浙茭5号、浙茭911、浙茭991、浙大茭白、鄂2号、河姆渡双季茭、余茭4号等。

（二）栽培制度

茭白属于喜温性植物，以分蘖和分株进行无性繁殖，不耐寒冷和高温干旱，栽培地区的无霜期需 150d 以上。长江中下游地区，一熟茭 4 月定植；两熟茭分为春栽和夏秋栽两种，春栽 4 月中下旬进行，夏秋栽 7 月下旬至 8 月上旬进行；其中秋茭早熟品种多行春栽，秋茭晚熟品种可夏秋栽。茭白采收期在 5~6 月及 10 月前后，通过品种搭配、栽培方式及技术改进，基本可周年采收。

茭白需肥量大，容易发生病虫害，应实行轮作。一般低洼水田常与莲藕、慈姑、荸荠、水芹、蒲草等轮作；在地势较高的水田，可与水稻轮作，只要旱田保水性能好，浇灌方便，茭白也可与旱生蔬菜轮作或间套作。

三、栽培技术

茭白栽培技术流程为：寄秧育苗→整地、施基肥、作畦→大田栽植（春栽或夏秋栽）→田间管理[水层管理、追肥、耘田除草、除黄叶、割墩清田、两熟茭的夏茭管理（匀苗补缺、追肥）、病虫害防治]→采收→留种。

（一）寄秧育苗

寄秧育苗是近年来茭白栽培的重要改进技术，即将秋季选出的优良母株丛挖起，先在茭白秧田中寄植一段时间，然后再分苗定植于大田的方法。这样可提高种苗纯度和质量，便于茬口安排。寄秧田要求土地平整，排灌方便，整地时施入有机肥 22.5t/hm^2。12 月中旬到翌年 1 月中旬寄秧，此时母株丛正处于休眠期，移栽时不易造成损伤。寄秧以株距 15cm，行距 50cm 为宜，栽植深度与田土表面持平。

（二）整地施基肥

茭白生长期长，生长量大，要求土壤富含有机质。整地时，先加固田埂，施入腐熟畜禽肥 90~120t/hm^2，耕耙平整，灌水深 2~3cm，达到田平、泥烂、肥足，以满足茭白生长发育的需要。

（三）栽植

1. 春栽 两熟茭的大多数品种和一熟茭的所有品种都适于春栽。长江中下游地区一般于 4 月中下旬栽植，当茭苗高 20cm 左右，日平均气温达到 15℃以上时即可栽植。从寄秧田或留种田连泥将母株丛挖出，用利刀顺着分蘖着生方向纵劈，分成若干小墩，尽量不伤及分蘖和新根。每小墩要带有薹管，并有健全分蘖苗 3~5 株，随挖、随分、随栽。如从外地引种，运输过程中应注意保湿。如栽时茭苗植株过高，可于栽前割去叶尖，留株高 30cm 左右，以减少水分蒸发和防止栽后遇风动摇。一般株距 60cm，行距 60~100cm。栽植深度以所带老茎入土为度，宜在阴天或傍晚时进行。

2. 夏秋栽 广州郊区种植的茭白主要是一熟茭，多采取春季育苗，夏季定植。江苏省苏州地区秋茭晚熟的两熟茭品种，常作为早熟莲藕的后作。茭秧在 4 月于藕田四周或秧田育苗，7 月下旬至 8 月上旬栽插。栽前先打去基部老叶，然后起苗墩，用手将苗墩的分蘖顺势扒开，每株带 1 或 2 苗，剪去叶梢 50cm 左右，栽植方法同春栽，栽植行距 40~50cm，株距 25~30cm，密度 120 000 穴/hm^2。

（四）田间管理

1. 水层管理　　在各生育时期，灌水深度遵循"浅-深-浅"原则，即定植后萌芽生长期及分蘖前期宜浅水，保持 3~5cm 水层，以利于地温升高，促进分蘖和发根。分蘖后期将水层逐渐加深到 10cm 左右，以抑制无效分蘖的发生；到 7 月中下旬，气候炎热，常达 30℃以上，水层要加深到 12~15cm，以降温并控制后期分蘖的形成，促进孕茭，但要定期换水，防止土壤缺氧造成烂根。每次追肥前宜放浅水。施肥后待肥料吸入土中再灌水。台风暴雨后，要注意及时排水，最高水位不能超过"茭白眼"，防止薹管拔高。秋茭采收期间，宜保持 5cm 左右浅水，以方便采收。采收结束后，水位应逐渐回落，以浅水或潮湿状态越冬，不能干旱。

2. 追肥　　追肥掌握"前促、中控、后促"的原则。结合水层管理，促进前期有效分蘖，控制后期无效分蘖，促进孕茭，提高产量和品质。一般在栽植活棵后追施提苗肥，施尿素 75~120kg/hm^2；如基肥充足，植株长势良好，也可不施或少施。第 2 次追肥在分蘖初期进行，称为分蘖肥，一般于 5 月上旬施尿素 225~300kg/hm^2，以促进分蘖形成和分蘖的快速生长。第 3 次追肥称为催茭肥，在全田 20%~30% 株丛开始"扁秆"时进行。追肥过早易引起植株徒长，推迟孕茭；过迟影响产量。一般追施尿素 300kg/hm^2、硫酸钾 225kg/hm^2、过磷酸钙 225kg/hm^2。夏秋栽植的新茭田，当年生长期短，一般只在栽植后 10~15d 追肥 1 次，施腐熟有机肥 22.5~30.0t/hm^2。

3. 耘田除草　　根据田土情况和杂草多少耘田除草。一般栽后 10~15d，新苗活棵后即可进行第 1 次耘田除草；以后每 15d 左右进行 1 次，到植株分蘖基本封行为止，共进行 2、3 次。为了保护好分蘖苗，耘田时要由近及远，以防伤害分蘖苗。耘田以无杂草、泥不过实、田土平整为佳。

4. 除黄叶　　秋茭分蘖期，正值高温季节，田间株丛分蘖间相互拥挤，影响通风透光。一般除黄叶 1、2 次，掉下的枯黄叶，随即踏入田土中，作为肥料。除黄叶的要求是"拉清不拉伤"，即清除黄叶，保护绿叶，防止损伤植株。

5. 割墩清田　　冬季地上部枯黄后，用利刀齐泥割去全田残桩老叶，将田内清理干净，灌入浅水，保证根株湿润过冬，利于第 2 年及时萌芽生长。如田间肥力不足，可在 1~2 月施 1 次有机肥。一般施畜禽肥 45t/hm^2 左右。

（五）两熟茭的夏茭管理

1. 匀苗补缺　　春季萌芽初期，苗高 15~20cm 时，对生长拥挤的株丛应疏苗，每株丛留外围壮苗 20 株左右，使苗向四周散开生长。在疏苗的同时，对缺苗的穴位，进行分墩补苗，从株丛大、出苗多的茭墩上挖出具有 6~8 株苗的小墩，填补缺穴，使全田密度均匀，生长一致。

2. 追肥　　两熟茭的夏茭生育期短，必须尽早追肥，才能满足生长和孕茭的需要。除了在萌芽前施 1 次较重的有机肥外，在萌芽后 15~20d 内，再追施 1 次较重的有机肥。施畜禽肥 30t/hm^2，夏茭追肥应以有机肥为主，否则会引起茭肉品质变差。

（六）病虫害防治

茭白与水稻同属禾本科植物，病虫害大致相同，并能相互传染。主要病害有胡麻斑病、茭白纹枯病和稻瘟病，均属真菌性病害；主要虫害有长绿飞虱、大螟、二化螟和稻蓟马等。

胡麻斑病为开始时在叶片上散生芝麻大小的黄褐色病斑，病叶由叶尖向下干枯，造成减产。发病初期可用药剂喷雾防治。纹枯病在高温多雨季节，田间通风不良的情况下容易发生。植株受侵染后先在近水面叶鞘上产生暗绿色水渍状病斑，扩大后呈云纹状，中部灰白色，病斑由下向上扩展，引起叶片枯黄，随后为害肉质茎。应注意及时清除黄叶，改善通风透光条件，发病初期用药剂喷雾防治。稻瘟病为在叶上形成长条状或梭形病斑，以后全叶焦枯，影响产量和品质，应注意避免偏施氮肥，增施磷、钾肥，发病初期用药剂喷雾防治。

长绿飞虱以幼虫刺吸叶片和叶鞘的汁液，使叶干枯。大螟、二化螟以幼虫在孕茭期钻入茭肉为害。稻蓟马以若虫群集茭白幼嫩叶片上吸取汁液，使叶尖枯黄卷缩，严重者可使全叶和全株枯死，可用药剂。

（七）采收

茭白目前主要靠人工采收，但已有采收机械，如通过采摘车和搬运车组合的茭白的自动化采摘技术。采收标准是孕茭部位明显膨大，叶鞘一侧因肉质茎的膨大而被挤开，茭肉略露出 1.5~2.0cm。采收过早，产量偏低；采收过迟，茭肉纤维增多，表皮易发青，商品性变差。秋茭采收季节，气候凉爽，可隔 5~7d 采收 1 次，盛期 2~3d 采收 1 次。采收时折断薹管，连上部叶片一起采收。夏茭采收季节，气温高，肉质茎易变老发青，一般 3~5d 采收 1 次，盛期 1~2d 采收 1 次。采收时可连根拔起。

（八）留种

种植茭白要年年选种。选种的主要标准是：茭墩内无灰茭和雄茭，符合该品种特征、特性，结茭整齐一致，薹管相对较低。

整个孕茭期，应认真检查全田植株，对生长特别高大，无孕茭迹象的茭墩，及时做好标记，于采收结束后全墩连根挖除。在采收过程中，对肉质茎形态产生明显变异，以及出现灰茭的茭墩，采收时亦应做好标记。采收结束后，彻底挖除，以保持品种纯度。

第三节 荸 荠

荸荠（water chestnut），别名马蹄、地栗，学名 *Eleocharis tuberosa*（Roxb.）Roem. et Schult，为莎草科荸荠属多年生浅水性草本植物，原产中国，以地下球茎供食用，生食、熟食均可，也可加工罐藏和提取淀粉，具有健胃、祛痰、解热等功效。中国南方多利用低洼水田地栽培，并常与慈姑、浅水藕和席草等轮作。广西桂林、浙江余杭、江苏里下河地区和太湖地区、湖北孝感等地为著名产区。

一、生物学特性

（一）植物学特性

荸荠的植株形态见图 9-4。须根系发生于肉质茎基部，细长，初为白色，后转为褐色，无根毛，入土深 20～30cm。茎有肉质主茎、叶状茎及匍匐茎和球茎 4 种。肉质主茎位于球茎萌发后发生的发芽茎和匍匐茎的先端，在生长前期为不明显的短缩茎，其顶芽及侧芽向地上抽生叶状茎，基部的侧芽向土中抽生匍匐茎。叶状茎绿色，细长管状，直立，长 1m 左右，中空，内具多数横隔膜。隔膜中有筛孔，可流通空气。叶状茎丛生，是荸荠的光合作用器官。匍匐茎由肉质主茎基部侧芽向土中抽生，乳白色或淡黄色。高温长日照条件下，匍匐茎横行土中生长，先端向上抽生叶状茎，向下生根，成为独立分株。分株又可再生匍匐茎，再生分株。生长中、后期发生的匍匐茎，在较低的温度和短日照条件下其顶端数节膨大成球茎。球茎一般由 8 节组成，基部 5 节膨大成扁圆形，节上有鳞片叶，最上部 3 节的鳞片叶将芽包成尖嘴状。

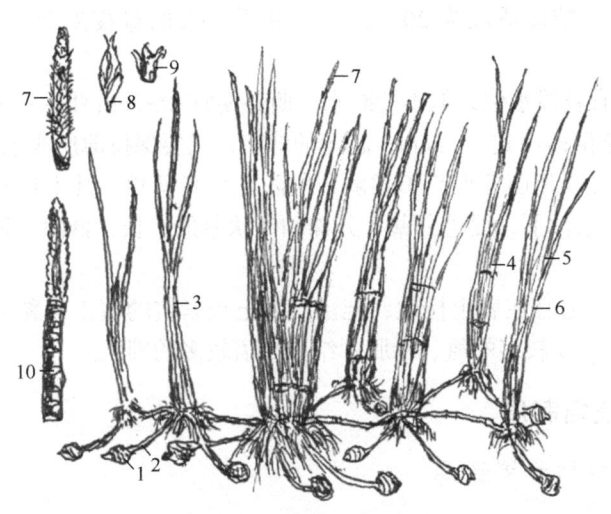

图 9-4 荸荠植株全形
1. 球茎；2. 匍匐茎；3. 第一分株；4. 第二分株；5. 叶状茎；6. 叶鞘（退化叶）；
7. 花穗；8. 花；9. 种子；10. 横隔膜

荸荠的叶片退化成膜片状，着生于叶状茎的基部及球茎上部数节，包被主、侧芽起保护作用。结球期自花茎顶端抽生穗状花序，小花呈螺旋状贴生穗上，外包萼片，具雄蕊 3 枚，雌蕊 1 枚，子房上位，柱头 3 裂。小花授粉、受精后，形成近球形小坚果，内含种子 1 粒，灰褐色，不易发芽，生产上都不用种子繁殖。

（二）生长发育过程

荸荠的生育过程可划分为萌芽期、分蘖分株期和球茎形成期 3 个阶段。

1. 萌芽期 从球茎萌芽开始，到形成具有短缩茎、叶状茎和须根系的新苗为止。主要依靠球茎储藏的养分分解转化供应新苗生长，约需 20d。

2. 分蘖分株期 球茎萌发形成的新苗靠自身吸收和制造的养分供应生长，在抽生叶状茎的同时不断分蘖，形成母株。母株侧芽向四周抽生匍匐茎，匍匐茎顶芽萌生叶状茎，形成分株。气温 25℃左右分株最快，1 个母株 10～15d 可产生 1 次分株，每个球茎产生分株 4、5 次，多则 7、8 次。1 个球茎可产生分株 50～60 个，叶状茎 300～400 个，如栽植晚、温度低，则分株少。

3. 球茎形成期 秋季气温下降，日照变短的条件下，分蘖、分株基本停止，从株丛中心抽生花茎，开花结果；同时，匍匐茎先端开始膨大形成球茎，该期约70d。此时期，早期形成球茎时，昼夜温差小，入土浅，球茎个小肉粗；中期形成球茎时，昼夜温差大，营养条件好，入土较深，球茎大，芽壮，品质佳，一般植株中心结荠少，球茎小；后期形成球茎时，因营养不良，个小芽小，幼嫩。

待球茎表皮由黄变红褐时，积累的淀粉逐渐转化为糖，至冬至含糖量达到最高峰，球茎表皮红褐色，品质最佳，可以收获。

（三）对环境条件的要求

1. 温度 休眠过冬的球茎在温度达15℃左右时开始萌发，分蘖、分株和叶状茎生长适温为20～30℃，结球适温为20～25℃，并需较大的昼夜温差。休眠时能耐3～5℃低温。

2. 水分 适宜较浅水位，但不能断水。萌芽期宜2～3cm浅水；分蘖、分株形成期宜7～9cm；结球期宜逐渐落浅到3～5cm；越冬的球茎，只要保持薄层浅水即可。

3. 光照 喜光，但萌芽期组织柔弱，应防止强光暴晒。其生长发育对日照长短比较敏感。高温、长日照条件下，促进分蘖、分株和叶状茎的生长；低温、短日照条件下，促进植株进入结球期。

4. 土壤营养 适宜在表土松软、肥沃、底土较紧实的壤土和黏壤土中生长，并要求富含有机质。结球前需要较多的氮、磷肥；结球期需较多的钾肥。

二、品种类型与栽培制度

（一）品种类型和栽培选择

荸荠品种间植株地上部分形态很相似，主要差别在球茎形状和品质。球茎顶芽形状有尖与钝之分，若以脐洼深浅分类，则有凹脐和平脐；按球茎淀粉含量，可分为水马蹄和红马蹄。生产中根据用途和栽培地区生态条件等选择适宜品种。

1. 平脐类型 球茎脐部与四周底部基本相平，顶芽较尖，球茎偏小，淀粉含量高，最适熟食和制粉。一般为早中熟品种，如苏荠、余杭大红袍、广州水马蹄等。

2. 凹脐类型 球茎脐部凹陷较深，顶芽粗钝，球茎较大，淀粉含量较少，可溶性糖含量较多，宜生食。一般为中晚熟品种，如杭荠、桂林马蹄、孝感荸荠、菲律宾荸荠等。

（二）栽培制度

荸荠需在无霜期生长。在长江中下游地区，立秋前可随时育苗移栽，可与莲藕、茭白等前后接茬。在清明至小暑间育苗，要早栽，使植株能在夏季高温、长日照条件下发生分蘖和分株，在入秋后低温、短日照条件下结球，易获高产。其中，清明至谷雨催芽育苗的称早水荸荠；夏至前后催芽育苗的称伏水荸荠；小暑至大暑催芽育苗的称晚水荸荠。华南地区气温较高，生育期长，一般多种植晚水荸荠。

荸荠不宜连作，连作病虫害重，造成产量低、茎皮厚、品质差。荸荠一般与水稻、水生蔬菜轮作，隔2～3年种1茬荸荠，在江浙与莲藕、茭白轮作，也有与席草、灯心草套作，待席草收获后再对荸荠加强培管。

三、栽培技术

荸荠栽培技术流程为：育苗→整地、施基肥→大田栽植→田间管理（水层管理、追肥、耘田除草、病虫害防治）→采收→留种。

（一）育苗

选择顶芽饱满、表皮光滑且色泽一致的球茎进行育苗。早水荸荠应选择避风向阳、温暖的水田下种育苗。秧田施腐熟畜禽肥 $22.5\sim30.0t/hm^2$，耕耙耱平，放入 $2\sim3cm$ 浅水。种荸荠按行距 20cm，株距 15cm 栽入土中，以不见球茎顶芽为度。待主茎株丛已有分蘖，且有分株时，约 50d，即可起苗定植。晚栽荸荠多于定植前 1 个月左右育苗，以主茎株丛定植。晚栽荸荠育苗期天气常高温干旱，需在秧田上搭遮阴棚，待主茎丛有 5、6 根叶状茎即可定植。

近年来采用球茎育苗法，通过精选种茎、催芽、寄芽、育苗移栽，技术简便易行，种苗质量好，1 个荸荠可长出 300 个叶状茎，栽 70 穴，用种量从直接栽种荸荠球茎的 $750kg/hm^2$ 下降到移栽叶状茎需要球茎的 $8\sim10kg/hm^2$，节本增效。

（二）整地、施基肥

选择肥沃砂壤土，耕层厚 $18\sim24cm$ 地块。定植前，耕耙施基肥，一般施腐熟畜禽肥 $22.5\sim30.0t/hm^2$。早水荸荠因生长期长，以施有机肥为主；晚水荸荠要争取在短期内发棵分株，施肥量应适当增加，并以速效肥为主。

（三）栽植

在淮河和长江流域，早栽荸荠苗龄 $50\sim70d$，将秧田中的苗逐株连根挖起，用手栽插，入土深度以栽稳为度，行距 $50\sim60cm$，株距 $25\sim30cm$。晚栽荸荠适栽苗龄较短，一般为 $25\sim30d$，栽时小心地连同种荠和根系一起挖出，按株行距将种荠连同根系插入土中。华南地区虽然都是晚栽，但秋季气温高，分蘖和分株的较多，所以栽植株行距都应适当放宽。

（四）田间管理

早栽荸荠栽植初期气温还较低，田间宜保持 $2\sim3cm$ 浅水，随着植株的长大和分蘖、分株的形成，应逐渐加深水层至 $7\sim10cm$；晚栽荸荠栽植时正值高温伏旱季节，栽后宜加深水层到 $6\sim8cm$，以后加深到 10cm 左右，以促进生长和发棵。进入结球期，水位应落浅到 $3\sim5cm$，最后保持 $1\sim2cm$ 浅水过冬。

一般在定植活棵后和开始分株时追肥，于露水干后，放干田水，均匀撒施尿素 $225kg/hm^2$、过磷酸钙 $225kg/hm^2$、硫酸钾 $150kg/hm^2$，施后 $1\sim2d$ 还水。开始结球时，再追施磷、钾肥各 $150kg/hm^2$，还可叶面喷施 0.2% 磷酸二氢钾，促进结球，提高单球重和产量。

栽后 $7\sim10d$ 第 1 次松土除草，并清理荠苗。对栽得过深的苗上提，过浅的压入泥中，对叶状茎发黄的，除去腐烂母球茎或周围的过多腐殖质块。

荸荠主要病虫害有茎枯病和黄色白禾螟。茎枯病俗称荸荠瘟，属真菌性病害，高温、多雨季节易发生，传染快、损失大，发病初期可用药剂防治。黄色白禾螟又称荸荠钻心虫，幼虫钻入叶状茎中蛀食为害，造成叶状茎枯死，不结球茎，可用药剂防治。

（五）采收和留种

冬季植株地上部枯死，球茎进入休眠期，即开始采收。早期采收的球茎，肉质嫩，味不甜，皮色未全部转红，皮薄不耐储藏。冬至前后，球茎变成红褐色，球茎内含糖量逐步升高，品质最佳。以后表皮加厚，球茎皮色逐渐变为黑褐色或黑色，含糖量减少，品质不佳，但顶芽充实饱满，宜作种用。一般于采收前几天先排去田水，然后采收。选择具有品种特性的老熟球茎留种，不洗泥堆藏，用河泥封堆，保持10～15℃，并定期检查。

第四节 慈 姑

慈姑（arrowhead），别名剪刀草、燕尾草，学名 *Sagittaria sagittifolia* L.，为泽泻科慈姑属多年生水生草本植物，原产中国，亚洲、欧洲、非洲的温带和热带均有分布，欧洲多用于观赏。慈姑富含淀粉、蛋白质、磷等矿质营养，可煮食、炒食或制造淀粉，在中国华南地区和长江流域栽培普遍，江苏太湖地区和里下河地区及珠江三角洲为主产区。

一、生物学特性

（一）植物学性状

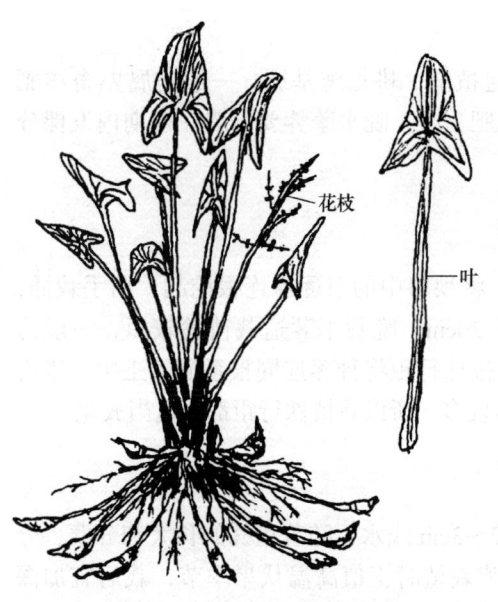

图9-5 慈姑成熟期的植株形态

慈姑植株形态见图9-5。植株直立，高50～100cm。须根系，具细小分枝，无根毛，须根长30～40cm。茎分为短缩茎、匍匐茎和球茎3种。短缩茎腋芽萌动生长，穿过叶柄基部，向土中生长为匍匐茎，长40～60cm，每株10余条。匍匐茎入土深浅，受气候影响。气温较高，匍匐茎顶端窜出泥面，发叶生根成为分株，分株亦可再抽生匍匐茎；气温下降，匍匐茎向深处生长，顶端数节积累养分膨大形成球茎。球茎由2或3节组成，卵形或近球形，单球重25～50g，肉白色或淡紫色，顶端具顶芽。叶箭形，长25～40cm，宽10～20cm，叶柄长，组织疏松，着生在短缩茎上。慈姑有部分植株，可从叶腋抽生花梗1或2枝。总状花序，雌雄异花。花白色，花萼、花瓣各3枚，雄蕊多数，雌花心皮多数。结实后形成多数密集的瘦果，果形扁平，斜倒卵形，种子位于中部，具繁殖能力。种子繁殖当年只结细小球茎，生产上都用球茎进行无性繁殖。

（二）生长发育过程

慈姑以球茎进行无性繁殖。从球茎萌芽开始，到形成新球茎为止，整个生育过程可划分为萌芽期、旺盛生长期和结球期3个时期。

1. 萌芽期 休眠过冬的球茎顶芽，在春季转暖后开始萌发，叶鞘张开，从中抽生叶片，并在环节上发生多数白色线状须根。从萌芽开始，到抽生两片叶为止，主要依靠顶芽和球茎中储存的养分供幼苗生长，一般需 25～30d。

2. 旺盛生长期 从幼苗抽生出箭形叶到植株叶腋中抽生匍匐茎，新叶抽生明显转慢为止，需 100～120d。植株先后抽出 11～14 片叶，形成强大的同化器官，为球茎膨大提供物质基础。

3. 结球期 从植株抽生的匍匐茎开始结球，到球茎成熟进入休眠期为止。植株地上部生长减缓，养分向地下部集中，各匍匐茎先端 5～7 节先后膨大，形成球茎。一般匍匐茎抽生 15～25d 后开始膨大结球，再经 30～35d 球茎成熟。本期是形成经济产量的主要时期，球茎增大、增重是栽培主攻方向。

（三）对环境条件的要求

1. 温度 顶芽在 15℃以上萌发，叶片生长适温为 25～30℃，抽生匍匐茎和球茎膨大以 20～25℃为最适。球茎休眠过冬，以 7～12℃为宜。

2. 水分 浅水生。萌芽期水深 3～5cm 为宜；植株生长期水位应逐步加深到 15～20cm；结球期水位宜适当落浅，以 10～15cm 为宜；进入休眠期保持浅水或湿润过冬。

3. 光照 喜光，不耐遮阴，特别是结球期要求光照充足。长日照有利于茎叶生长，短日照有利于球茎充实膨大。

4. 土壤营养 要求土壤松软、肥沃，以富含有机质的黏壤土或壤土为好。对肥料的要求为氮、钾并重，适量配磷，可保证植株健壮生长和球茎膨大。

二、品种类型与栽培制度

（一）品种类型

按球茎颜色，可分为黄白慈姑和青紫慈姑两种类型。其中，黄白慈姑球茎多为卵圆形或扁圆球形，皮黄色或黄白色，肉质较松，基本无苦味，耐贮性和抗逆性差。优良品种有苏州黄、绍兴调羹种、白肉慈姑、沙姑、南昌慈姑、沈荡慈姑、马蹄姑等。青紫慈姑球茎近球形，皮青色或青紫色，肉质较紧密，有苦味，耐储性好，抗逆性强，优良品种如宝应紫圆、高淳红皮。

按适宜栽植早晚，可以分为早水慈姑和晚水慈姑。早水慈姑又叫伏水慈姑，一般 4 月下旬育苗 5 月下旬栽植；晚水慈姑又叫秋水慈姑，5 月上旬育苗，7 月中下旬栽植。

（二）栽培制度

慈姑的生育期较长，各地都采用育苗后露地种植。各地气候条件和茬口不同，育苗和栽植时期也有差异。华南地区一般于 2 月挖取种球育苗，40～50d 后移至秧苗繁殖田，使发生分株，8 月前分期、分批定植大田。长江流域多在 4 月中旬到 5 月上旬育苗，6 月中旬至 7 月上旬定植早水慈姑；7 月下旬到 8 月上旬定植晚水慈姑。浙江绍兴等地常于 6 月下旬到 7 月上旬取种球育苗，于 7 月下旬到 8 月上旬定植，12 月采收。

常用栽培模式有早藕（早稻）- 慈姑、夏菱 - 慈姑、早生蔬菜 - 慈姑等。

三、栽培技术

慈姑栽培技术流程为：育苗→整地、施基肥→栽植→田间管理（水层管理、追肥、植株调整、耘田除草、病虫害防治）→采收→留种。

（一）育苗

长江流域育苗应在当地断霜后进行。选优良各种球的顶芽，按株、行距各 10~12cm 插入苗床中，插播深度以顶芽全长的 1/3~1/2 入土为宜，栽插后保持 2~3cm 浅水。如种芽大小不一，应将大小顶芽分开栽插，以便于秧田管理。

（二）整地栽植

1. 整地、施基肥　栽植前，种植田深耕 20cm 以上，基肥施畜禽肥 45t/hm^2、尿素 225kg/hm^2、过磷酸钙 600kg/hm^2，翻耕耙平。

2. 大田栽植　定植时间因各地气候条件及茬口安排而不同。早水慈姑栽植一般要求苗龄 45d 以上，秧苗具 4、5 叶，高 30cm 左右；晚水慈姑要尽可能早栽，长江流域应在 8 月上旬栽插完毕，华南地区不宜迟于 9 月上旬，否则将影响产量。慈姑要求浅水栽插，合理密植。早栽的生育期长，株行距 40~45cm；晚栽的生长期短，株行距 35cm 左右。

（三）田间管理

1. 水层管理　以浅水勤灌，水层"浅 - 深 - 浅"管理为原则，严防干旱。一般生育前期保持 3~5cm 浅水；夏季高温期可在深夜或清晨引灌凉水，并加深水层到 15~20cm；8 月中下旬气候转凉，再恢复 8~10cm 浅水；9~10 月植株大量结球时，落浅水层到 3~5cm，否则易引起植株徒长，延迟结球，造成减产。休眠越冬保持土壤湿润。

2. 施肥　定植成活后追肥 1 次，尤其是晚栽的慈姑，以促进植株的快速生长，每公顷施腐熟有机肥 22.5t，或尿素 180kg，施肥结合除草耘田 1 次，使肥料与土壤混合均匀。此后停止追肥。直到秋季天气转凉，植株开始大量抽生匍匐茎时，再追肥 1 次，以促进结球，一般每公顷施腐熟有机肥 37.5t 和尿素 375kg，或高钾复合肥（18-10-22）150~225kg。

3. 去除老叶　秋凉前分次将植株外围老叶连同叶柄一起捺入株旁泥中，以利通风透光，并增加土壤肥力，直至气温降到 25℃ 以下。以后昼夜温差如大，应注意保护叶片和根系，促进植株养分积累和球茎的膨大。

4. 病虫害防治　主要病害有黑粉病和斑纹病，均属真菌性病害，危害叶片和叶柄。黑粉病在高温多湿条件下易发生，发病叶片和叶柄上出现多数黄色突起斑泡，泡内有黑粉。斑纹病发病叶具圆形或不规则形灰褐色病斑，上生灰色同心圆状霉层。慈姑虫害主要是蚜虫，危害叶片。病虫害均可用综合措施结合药剂防治。

（四）采收和留种

慈姑于地上部枯黄时即可采收。长江流域一般 10 月下旬到 12 月上旬，华南地区于 12 月到次年 2 月种植前，应市场需要随时采收。选择品种纯正，无损伤、无病虫害、整齐一致的种球留种。

第五节 菱

菱（water caltrop）别名菱角，为菱科菱属（*Trapa*）1年生水生草本植物，原产中国，世界上分布广泛，在中国和印度作为蔬菜栽培。中国栽培菱已有两千多年历史，北至山东、河北，南到广东、台湾均有栽培，特别在太湖流域、杭州和安徽的巢湖栽培面积大而集中。菱角主要以新鲜产品或经蒸煮后上市销售，菱肉味美可口、营养丰富。部分产区在夏季采收菱盘的短缩茎，称为菱梗，可炒食或腌制后食用，或将果实剥壳后晒干制成菱米，风味独特。

一、生物学特性

（一）植物学性状

菱的植物学形态见图9-6。根有土中根和水中根两种。土中根从植株茎蔓基部向地下抽生，为细长的弦线状须根，长达30~50cm，深水菱可达1m以上。水中根是从水中茎蔓的各节上左右对称地抽生的两条短小根须，上有许多细小分枝，但吸收能力弱。

图9-6 菱的植株形态
1. 种菱；2. 发芽茎；3. 一次分枝；4. 二次分枝；5. 水中叶；
6. 出水叶；7. 菱盘；8. 果实；9. 初生根；10. 不定根

茎蔓性，生长水中，不能直立，长达2~5m，中、下部节间细长，接近水面时，节间越来越粗，茎上部常可发生分枝。

叶有水中叶和出水叶两种。水中叶狭长，互生，无叶柄，又称菊状叶，形似根系。出水叶菱形到近三角形，具长柄，中部膨大，组织疏松，内储空气，托叶浮出水面，通称浮器；

出水叶轮生，形成叶盘，称菱盘。每菱盘直径 0.33～0.43m，有 40～60 枚叶，为主要光合作用器官。

花小，单生，腋生于菱盘内，乳白色或粉红色，雌、雄同花，萼片、花瓣、雄蕊各 4 枚，雌蕊 1 枚，出水开放。

坚果，通称菱角。果皮坚硬，绿色或紫红色，内含种子 1 粒，呈倒三角形，种皮膜质，大、小子叶各 1 枚，由细小的子叶柄相连。大子叶富含淀粉，是养分的主要储藏器官，小子叶极小，与大子叶很不对称。

（二）生长发育过程

菱喜温暖湿润，不耐霜冻，必须在无霜期生长。从种子发芽到菱角成熟都在 1 年内完成，其生育过程可划分为以下 3 个阶段。

1. 萌芽期 从 4 月上旬种子萌芽开始，到植株主茎蔓出水，形成第一个菱盘为止，需 40～50d。本阶段主要依靠种子的大子叶供应营养，到后期叶片出水后即自行吸收和制造养分。

2. 菱盘形成期 从 5 月下旬菱苗出水开始，到 7 月中下旬主茎和分枝分别形成菱盘并进入开花期为止，需 60～70d。此期生长加快，主茎菱盘不断抽生新叶，叶面积增大。同时主茎上抽生分枝，形成新的菱盘。水肥充足和环境条件适宜时，枝上还能再生分枝，每株分枝总数可达 10～20 个。

3. 开花结果期 菱花从菱盘叶腋中抽生，由下向上伸出水面开放，并隔数叶着生一朵。授粉受精后花梗向下弯入水中发育为果实，至成熟采收需 90～100d。此期正处温度适宜的 8～10 月，以开花结果为主，是产量形成的主要时期。枝叶一般不再增长，植株吸收和制造的养分绝大部分都输送到果实中。果实成熟后，脱落并留存水下泥中，休眠过冬。

（三）对环境条件的要求

1. 温度 种子在 14℃ 以上和充分潮湿的条件下开始萌芽。植株生长、分枝和形成菱盘，以 20～30℃ 为宜。开花结果则以 25～30℃ 为宜。

2. 光照 要求光照充足，不耐遮阴，长日照有利于营养生长，短日照有利于开花结果。

3. 水分 菱属于深水生植物。在不能种植其他水生植物的水位较深的河、湖、荡等都可以种菱，但也可在浅水中种植。萌芽期水位宜浅，以 20～50cm 为最适，随着植株的成长和茎蔓的伸长，水位可逐渐加深到 1～3m。但水位应逐渐加深或落浅，不耐猛涨或暴落。

4. 土壤营养 要求水下土壤肥沃，淤泥层达 20cm 以上，氮、磷、钾三要素并重。特别是在开花结果期，磷钾肥充足，植株才能生长健壮，多结果，抗病性增强。

二、品种类型与栽培制度

（一）品种类型

中国各地栽培的菱有 3 个种：四角菱（*Trapa quadrispinosa* Roxb.）、两角菱（*Trapa bicornis* Roxb.）和无角菱（*Trapa natans* L. *inerims* Mao）。四角菱品种如馄饨菱、水红菱、小白菱、大青菱等，两角菱品种如扒菱、红菱、大头菱、五月菱、七月菱等，无角菱品种如南湖菱。

依果实外皮颜色,分为青菱、红菱、淡红菱3种;依耐水深度,分为浅水菱和深水菱,可在30~500cm的水田或水体中种植;依采收期可分为早熟菱和中晚熟菱。

生产品种选用首先要考虑用途。供生食和菜用,应选用果形大、肉质脆嫩、含水分和可溶性糖较高的品种,如红菱、红水菱、南湖菱等;而供熟食和加工用,应选用含淀粉高的品种,如大头菱、大青菱、馄饨菱等。选择品种纯正、无损伤、无病虫害的菱角作种。

(二)栽培制度

菱耐热不耐寒,需在无霜期内栽培,无霜期210d以上才能完成全部生育阶段。因此在淮河和长江流域以南地区可露地种植。最好与其他作物实施水旱轮作,或与其他水生蔬菜实行轮作栽培。

三、栽培技术

菱栽培技术流程为:选水田→直播或育苗移栽→田间管理(建扎菱岸、追肥、水层管理、耘田除草、病虫害防治)→采收→留种。

(一)水田选择

一般水深不超过3~4m,全年水位涨落平缓,水下土壤有机质含量高,淤泥层较厚的河湾、湖荡、沟渠等均可种菱。长江流域以南地区于春季或冬末水温稳定在10℃以上时即可播种。根据水位深浅,可分别采用直播和育苗移栽。

(二)直播或育苗移栽

1. 直播 在深1.5m以下的水面,种菱多用直播。长江中下游地区,常在清明前后日平均气温达8℃以上时进行。广州地区,早熟品种在11月,晚熟品种在1~2月播种。播前尽量清除水中的杂草和杂物,可施入腐熟有机肥30~45t/hm²。一般采用条播法,行距2.0~2.5m,株距20cm左右,用种量300~375kg/hm²。

2. 育苗移栽 水深2m以上的,直播出苗困难,即使出苗也纤细瘦弱,产量较低,应育苗移栽。

(1)苗床选择与播种:选水深可以人工控制、土壤肥沃、避风向阳的池塘育苗。播前放干水,晒硬表土,施足腐熟有机肥,控制水深0.5~1.0m,苗床播种量750~900kg/hm²,均匀撒播,每公顷苗床可移栽大田75~105hm²。待苗出水后逐渐加深水位,直至与移栽的水深相近。播后60~70d菱苗开始分盘时为移栽适期。

(2)起苗定植:起苗时将其茎蔓逐段提拉出水,数株1束,用草绳结扎基部并保湿,栽插时用长柄铁杈叉住苗束绳头,插入水底泥中固定,行株距2~3m。菱角长出水面后如密度过高,可采取人工疏密匀苗,防止菱头早封水面而开盘小,影响产量。

(三)田间管理

直播菱塘于菱苗出水后,移栽菱塘于定植后,及早建扎菱岸,防止风浪冲击水草漂流到菱群内。先在菱塘外围打竹(木)桩,桩间距20~30m,露出水面约30cm,桩间拉草绳,以防风浪冲击,同时阻挡水草漂到菱群内。

一般在植株主茎菱盘形成并出现分枝时，追施尿素 150～225kg/hm²。将肥料加入 10 倍量的河泥中，拌匀，做成泥团，施入水下泥中。植株开始开花结果时，叶面喷施 0.2%磷酸二氢钾溶液 2、3 次，每 10～15d 喷 1 次，于傍晚喷施。

菱的主要病害为白绢病，主要害虫有菱萤叶甲和菱紫叶蝉。白绢病又名腐烂病，为真菌性病害，病叶变黄白色而腐烂，可药剂防治。菱萤叶甲又称菱金花虫，是毁灭性害虫，幼虫和成虫啃食叶肉，严重时吃光全部叶片，造成失收；菱紫叶蝉与菱萤叶甲几乎同时发生，以成虫和若虫危害菱的茎、叶，造成减产，可用药剂兼治。

（四）采收

鲜食的应收嫩果，熟食和加工制粉的应收老熟果，但应在脱落之前采收。采后应立即进行洗涤，装筐运销。如短暂储放，可浸泡清水中。初收期每 3～4d 采收 1 次，盛收期每 2～3d 采收 1 次，生育期共采收 7～10 次。采收时注意轻提菱盘，轻摘菱角，采后放平，以免损伤。

（五）留种

一般应在盛收期选留种菱，留种的菱角要求四角分布在两个垂直的平面上，角尖细，仓饱满。每次采菱时，拎起菱植株轻抖，菱角自行脱落为成熟种子。菱角从谢花至成熟约 30d。采收的菱角种阴干 5～6d，沙藏备用。

第六节 其他水生蔬菜

请扫描二维码阅读本节内容。

小　　结

水生蔬菜是生长在水或湿润环境的一类蔬菜，在中国栽培的有莲藕、茭白、荸荠、慈姑、菱、芡实、水芹、莼菜、豆瓣菜、蒲菜、水芋等 10 余种，以莲藕、茭白、荸荠、慈姑、菱、水芹等最为普遍。各种水生蔬菜在植物组织形态和生长发育对环境条件的要求等方面有许多共同的特点，适宜水湿环境，不耐干旱，大多喜温畏寒，分布于水、热、光等资源比较丰富的黄河以南地区；由于长期生长在潮湿的土壤或水中，根毛大多退化，根系吸收能力减弱，机械组织不发达，但通气组织十分发达。水生蔬菜主要行无性繁殖，生育期一般都在 150～200d。本章概述了水生蔬菜的种类、共同特性，系统介绍了莲藕、茭白、荸荠、慈姑、菱的形态特征、生长发育时期、对环境条件的要求、品种类型及栽培技术，简要介绍了芡实、水芹、莼菜、豆瓣菜、蒲菜的生物学特性和栽培技术要点。

思 考 题

1. 水生蔬菜在生物学特性和栽培技术上有哪些共同特性？
2. 水生蔬菜有哪些种类，各有何特点？
3. 概述水生蔬菜水层管理技术及其原理。
4. 水生蔬菜繁殖方式有哪些？请说明优势繁殖方式。
5. 简述莲藕的形态特征，何谓莲鞭、立叶、后把叶、终止叶、浮叶？它们有何栽培学意义？
6. 请解释莲藕的"藕断丝连"和"千年不烂莲子"之说。

7. 请简述莲藕的生物学特性及栽培技术。
8. 请简述茭白的形态特征。
9. 何谓游茭、灰茭、雄茭、一熟茭、两熟茭、"茭白眼"、薹管？它们有何栽培学意义？
10. 请简述茭白的生物学特性及栽培技术。
11. 请简述荸荠的形态特征、生物学特性及栽培技术。
12. 请简述慈姑的形态特征、生物学特性及栽培技术。
13. 请简述菱的形态特征、生物学特性及栽培技术。
14. 请结合生产实际说明水芹的栽培现状，分析圆叶水芹与尖叶水芹品种类型、栽培技术上异同点。
15. 阅读相关文献说明水芹是否可软化栽培，并说明其技术要点
16. 阅读相关文献说明蒲菜、莼菜的品种类型及栽培要点。
17. 豆瓣菜有哪些用途？

第十章 多年生蔬菜

多年生蔬菜（perennial vegetable）是指播种或栽植 1 次，可连续生长和采收菜用器官 2 年以上的草本或木本植物。中国栽培的多年生蔬菜主要有芦笋、金针菜、草莓、香椿、竹笋等，菜苜蓿、朝鲜蓟、食用大黄、蕨菜、蘘荷、辣根、马兰头、菊花脑等在一些地区也有栽培。

多年生蔬菜有草本的，也有木本的。在寒冷地区，多年生草本蔬菜的地上部一般冬季枯死，地下部器官宿存于土壤中休眠，翌年环境条件适宜时重新萌芽生长，形成产品器官；多年生木本蔬菜，冬季落叶，翌年环境条件适宜时重新萌芽生长，形成产品器官。在温暖地区，多年生蔬菜一年四季均可生长。多年生蔬菜一般根系发达，适应性广，抗逆性强，对土壤、水分、营养等条件要求不严格，多以无性繁殖为主，如分株、分栽根茎、球茎、鳞茎，以及组织培养繁殖等；有的多年生蔬菜能结籽，亦可种子繁殖。

在中国，多年生蔬菜除竹笋以南方栽培为主外，其余种类南北均有栽培。多年生蔬菜产品器官多样，有嫩茎、嫩芽、嫩梢、鳞茎、肉质根、花蕾、果实等，栽培管理重心不同。多年生蔬菜不仅供应国内市场，而且大量出口外销，经济价值高，除鲜食外，还常做成干制、盐渍、罐藏等加工品。

第一节 芦 笋

芦笋（asparagus）又名石刁柏、龙须菜等，学名 *Asparagus officinalis* L.，为天门冬科天门冬属多年生宿根草本植物，起源于地中海沿岸和小亚细亚一带，栽培利用约有 2000 年历史，目前世界各地栽培比较普遍，中国、美国、西班牙、意大利、法国、德国、日本、加拿大等国种植规模大。芦笋 19 世纪末传入中国，在台湾发展较快，出口量居世界首位，达 5 万～7 万 t；中国大陆在 20 世纪 80 年代开始大量种植并加工出口，主要生产加工基地分布在福建、浙江、陕西、山东、河南、安徽、四川、天津等省市。

芦笋以嫩茎菜用。因其嫩茎挺直，顶端鳞片紧包，形如石刁，枝叶展开酷似松柏针叶，故称石刁柏；又因其嫩茎形似芦苇的嫩芽和竹笋，习称芦笋；因枝叶呈须状，北京人称其为"龙须菜""猪尾巴""蚂蚁杆""狼尾巴根"，东北人称其为"药鸡豆子"；甘肃人称其为"假天麻""猪尾巴""假天门冬"等。芦笋嫩茎出土前采收的产品为白芦笋，用于制罐；幼茎出土后见光呈绿色的产品称为绿芦笋，主要供鲜食。芦笋质地鲜嫩，味美鲜香，柔嫩可口，烹调时切成薄片，炒、煮、炖、凉拌均可。芦笋具有很高的食疗保健价值，特别是绿芦笋的维生素和钙、铁等营养成分含量较高；并含有天冬酰胺、芦笋苷和结晶体及多种甾体皂苷物质、组蛋白、叶酸等成分，对高血压、心脏病、疲劳症等均有一定疗效。

一、生物学特性

（一）植物学特征

1. 根系 由肉质贮藏根和须状吸收根组成，属于须根系。肉质根又称不定根，由地下根状茎节发生，多数分布在距地表 30cm 的土层内，一般长 1.2~2.0m，粗 4~6cm，寿命长，可达 3~6 年，起固定和贮藏养分作用。须状吸收根生于肉质根上，寿命短，每年更新。

2. 茎　　分为地下根状茎和地上茎。地下根状茎为极短缩的变态茎，多数水平生长。根状茎上有密集的节，节间极短，节上的芽有鳞片（退化叶）覆盖，顶部鳞芽聚生形成鳞芽群。根状茎顶部鳞芽群的鳞芽萌发，形成产品器官嫩茎，或地上植株。较老的根状茎还有休眠芽（潜伏芽），可在地下根状茎被切断或营养条件发生变化时发育。地上茎为肉质茎，直立，由地下茎上的鳞芽萌发形成，其嫩茎为产品器官。嫩茎如不采收，任其自然生长，可高达 1.5~2.0m，并形成多次分枝。雌株比雄株高大，但发生鳞茎或嫩茎的数量少，产量低。雄株虽然矮小，但嫩茎数量多，产量高。

3. 叶　　分为拟叶和真叶两种。拟叶是一种变态枝，簇生，针状，绿色，着生在分枝上，是主要的光合器官。真叶退化成为三角膜状鳞片，基本不含叶绿素，着生在地上茎的节上，随茎的生长逐渐脱落。

4. 花、果实和种子　　雌雄异株，自然群体中两者比例约为 1：1，偶有两性花。花小，钟形，萼片及花瓣各 6 枚。雄花花冠淡黄色，雄蕊 6 枚。雌花绿白色，雌蕊 1 枚。虫媒花。雌花谢后结成圆球形浆果，幼果绿色，成熟后红色。子房 3 室，每室 1 或 2 粒种子。种子黑色坚硬，千粒重约 20g，有休眠期。种子寿命 4~5 年。生产上宜用 1~2 年的新种子。

（二）生长发育周期

芦笋为多年生植物，可连续生长 10~20 年。生命周期分为幼苗期、幼株期、成株期和衰老期。

1. 幼苗期　　从种子发芽到定植，一般为几个月至 1 年。种子发芽后，先有胚根向下生长，并形成细小的次级侧根；同时向上抽生第一条地上茎，根颈处有极短缩的地下根状茎。该地下根状茎水平生长的同时，向上抽生地上茎，向下发生肉质根。肉质根上长出纤细的吸收根。

2. 幼株期　　从定植至开始采收，需 2~3 年，主要形成地下根状茎。随着年龄的增加，地下根状茎不断发生分枝。

3. 成株期　　从开始采收至多年后植株衰老。开始采收后产量逐年增加，5~6 年后进入盛采期，产量持续稳定。在中国北方及长江流域地区，年生长周期要经过鳞茎萌动生长、嫩茎采收、采收后的地上部生长、开花结籽、养分累积和休眠越冬等阶段。采收期可持续 2.5~3 个月。

4. 衰老期　　种植后 10~12 年的芦笋一般进入衰老期，植株逐渐衰老，产量下降。

（三）对环境条件的要求

1. 温度　　对温度的适应性很强，既耐寒，又耐热，从亚寒带至亚热带均能栽培，但最适于四季分明、气候宜人的温带栽培，产量虽低，但质量较好。种子发芽始温为 5℃，适温为 25~30℃，30℃以上则发芽率、发芽势明显下降。春季地温回升到 5℃以上时，鳞芽开始萌动；10℃以上时嫩茎开始伸长；15~17℃最适于嫩茎生长；25~30℃以上嫩茎伸长最快，但嫩茎基部及外皮容易纤维化，笋尖鳞片易松散，茎细味苦，品质低劣；35~37℃植株生长受抑制，进入夏眠。植株在 15℃以下生长开始缓慢，嫩茎发生数量少；5~6℃为生长的最低温度；晚秋初冬遇霜地上部枯萎进入冬眠。在高寒地带，休眠期的植株地下部在－37～－20℃，冻土层厚度达1m时，仍可安全越冬。

2. 光照　正常生长需要充足的自然光照，光饱和点40klx。

3. 水分　芦笋根系分布广而深，地上部叶片退化蒸腾弱，故耐旱能力强。但采笋期间要保证充足的水分供应，干旱时嫩茎细弱，生长芽回缩，严重减产。地上部生长期间充足供水，则植株茂盛，可为嫩茎丰产奠定基础。芦笋极不耐涝，经常积水会导致地下部鳞芽和根部腐烂，植株死亡。

4. 土壤营养　对土壤的适应性广，但宜选用富含有机质、疏松通气、土层深厚、保肥保水、地下水位低、排水良好的壤土或砂壤土种植。芦笋能耐轻度盐碱，但土壤含盐量超过0.2%时，植株发育受到明显影响，吸收根萎缩，茎叶细弱，逐渐枯死。对土壤酸碱度的适应性较强，pH 6.0～7.8的土壤均可栽培，以pH 6.5～6.7最为适宜。

对矿质营养要求以氮钾为多，需磷较少，还需较多的钙。每生产400kg嫩茎需吸收氮6.8kg、磷1.75kg、钾5.94kg、钙5.34kg。

二、品种与类型

按嫩茎抽生早晚可分为早、中、晚熟3类。早熟类型嫩茎多而细，晚熟类型嫩茎少而粗。目前，中国栽培的品种多数引自国外。

（一）早熟品种

早熟品种有美国选育的极早熟品种欢迎（Welcome），早熟品种玛丽华盛顿、格劳利亚（Gloris）、泽西骑士（Jersey Knight）、特来蜜（Taramea），早中熟品种加州157（UC157）、加州308（UC308）、泽西国王（Jersey King）等；中国选育的早熟金岭85、台南选3号；法国选育的早熟品种安德拉斯（Andreas）等。

（二）中熟品种

中熟品种有美国选育的吉利来（Gijnlim）、泽西豪华（Jersey Delue）、泽西将军（Jersey General）、泽西巨人（Jersey Giant）、泽西王子（Jersey Prince）、泽西吉姆（Jersey Gem）、格兰德（Grande）、阿特拉斯（Altas）、阿波罗（Apollo）、紫色激情（Purplc passion）、极雄（Pole Tom）、加州800（UC800）、加州309（UC309）、加州301（UC301）、加州711（UC711）、加州873（UC873），中国选育的鲁芦笋1号、台南选1号、台南选2号，加拿大选育的维肯ZK（Viking ZK）和维肯ZG（Viking ZG），荷兰选育的弗兰克林（Franklin）和汉邦斯特，西班牙选育的翠格勒（Trigal），日本选育的广岛（Hiroshima），新西兰选育的太平洋紫芦笋（Pacific Purple），法国选育的全雄一代等。

（三）晚熟品种

晚熟品种有美国选育的加州66（UC66），德国选育的西德全雄（W. Germany Wholemale）等，中国山东省潍坊市农业科学院选育的绿丰、冠军、新世纪，江西省农科院选育的无性系杂交品种井冈701、四倍体紫色水果型芦笋杂交品种井冈红和全雄新品种井冈111，连云港市农业科学院选育的耐盐品种连芦3号，北京市农林科学院选育的京绿芦4号等。

三、栽培技术

中国芦笋以露地栽培为主,为了延长鲜芦笋市场供应期,设施栽培起步发展较快。芦笋栽培设施,北方寒冷地区主要采用日光温室,黄淮流域及长江流域以塑料大拱棚为主。露地与设施栽培技术大同小异,主要是设施栽培要根据芦笋生长发育特性来调控和管理设施环境。

芦笋栽培技术流程为:土壤准备→繁殖种苗(种子繁殖或分株繁殖)→大田定植→幼株管理(中耕、除草、追肥、灌水)→成株管理(追肥、灌水、培土、去雄花茎、摘枯枝老叶、设施栽培的环境调控)→病虫害防治→采收(白芦笋或绿芦笋)。

(一)育苗

芦笋繁殖有种子繁殖和分株繁殖法。生产上多用种子繁殖。分株繁殖虽可保持种性,但繁殖系数小、费工,植株整齐度差,产量品质差,很少应用。种子繁殖时,可以直播,但通常采用育苗移栽方式。

1. 苗圃准备 苗圃宜选择透气良好的砂质壤土,以利幼苗生长和起苗。施足底肥,作平畦或高畦。

2. 播种期 各地播种期差异较大,以10cm地温达到10℃以上时播种为宜,使秧苗在冬前有5~6个月的生长期,以利安全越冬。北方地区露地育苗的,第2年定植,第3年始收,如采用保护地育苗,可在2月下旬至3月上中旬播种,比露地播种期提早30~40d,可当年定植,第2年即可采收,缩短幼株期。

3. 种子处理 芦笋种皮厚而坚硬,直播时发芽极慢,播种前应浸种催芽。选用新种子,于28~30℃温水中浸泡2~3d,每天换水1次。催芽温度25~30℃,催芽期间每天淘洗种子1次,当种子有50%左右出芽时即可播种。

4. 播种 露地育苗按行距40cm开沟,沟深2~3cm。沟内每隔7~10cm点播1粒种子。覆土后浇水。保护地内可采用容器(营养钵或穴盘)育苗,播种前浇足底水,播种后覆土(基质)厚度2~3cm,并覆盖地膜保湿增温。

5. 苗期管理 出苗期经常保持畦面湿润,出苗时及时撤去地膜以防烤苗。苗期勤中耕松土和除草,做好排灌,及时防治病虫害,追施速效性肥料2、3次。

露地育苗圃1000m^2或保护地育苗300m^2需用种子1500g左右,可供1.0~1.5hm^2本田栽植。

(二)定植

1. 定植时期 依当地气候和育苗方式而定。露地育苗的宜在秧苗休眠期定植,可春栽或秋栽。北方冬季寒冷地区宜春栽;若秋栽,越冬期容易受冻害。春栽一般在10cm地温达10℃以上时进行。华北地区在4月份幼芽刚萌动时定植较适宜。山东、陕西关中春栽可提前到3月份。

保护地育苗的一般夏栽。在苗高25~30cm,地上茎3或4条,地下根状茎15条左右,根长20~25cm,苗龄70d左右定植为宜。河南、山东等地,多在6月中下旬至7月上旬定植。天津等地多在7月中旬定植。

2. 定植方法 定植前应精细整地,施足底肥,规划并做好田间排灌渠道。

一般采用开沟定植。白芦笋栽培的沟距为1.8～2.0m，以便采笋期培土软化。绿芦笋栽培的沟距为1.2～1.5m。定植沟深30cm，宽40cm，沟底施入腐熟有机肥40～60m³/hm²、三元复合肥（15-15-15）400～750kg/hm²。回填土至半沟，并将肥土混匀，其上再加1层熟土，于沟中心堆成断面为等腰三角形的土埂。定植时随起苗随栽植，避免肉质根风干、脱水，降低成活率。起苗时应尽量少伤根系，选苗分级栽植。

定植时将地下根状茎顺沟排放，不要与沟向垂直，以方便培土和采笋等田间作业。栽植后覆土5～8cm，并稍镇压，栽植后立即浇水，以利缓苗。定植沟两边的余土以后分次填入。

3. 定植密度和深度 白芦笋栽植密度以1.6～1.8株/m²为宜，绿芦笋栽植密度以2.2～2.7株/m²为宜。每沟栽植1行，白芦笋和绿笋株距均为30cm。栽植深度以地下根状茎上鳞芽着生处距地表15cm为宜。

（三）幼株期管理

幼株期田间管理的任务是迅速扩大植株地上部绿色营养体和地下部累积较多的营养物质，为丰产打好基础。

定植缓苗后，若天旱要及时浇水，保持土壤湿润；雨涝要及时排涝；适时中耕、除草，促进根系发育。根据苗情及时分次向定植沟填土，雨季到来之前应填平定植沟，防止沟内积水沤根。结合填土追肥2～4次，促使植株茂盛生长。最后1次施肥应在断霜前2个月，以免后期不断发生新梢，影响地下部的养分累积。秋末初冬地上部枯萎，可割掉烧毁清园。封冻前浇足冻水，保证安全越冬。生长期间做好病虫害防治工作。

定植后第2年，植株抽生的地上茎增多，但一般不采收嫩茎，应培养根株。保护地育苗栽植的生长健壮时，第2年可少量采收嫩茎。第2年株丛发展较快，应加强施肥。春季萌芽前在植株两侧30～40cm处，沟施有机肥20～30m³/hm²、过磷酸钙25kg/hm²、氯化钾10kg/hm²。夏、秋季节追施2或3次速效性肥料。

（四）成株期管理

成株期每年采收期长短取决于上年养分累积的多少，管理的任务是要处理好采收与养分积累的关系。因此，每年应加强施肥、浇水与排水、中耕、除草、培垄与放垄、植株调整、病虫害防治等项管理工作。

1. 追肥 春季采笋期间，植株生长量小，根部的吸收能力很弱，吸肥量也很小，嫩茎生长主要来自地下部贮藏养分，因此一般不追肥。在嫩茎采收结束后，进入茎叶形成期是吸肥量最多的时期，应保证养分供应。一般在嫩茎采收结束前2周左右追施速效性肥料，如尿素80～120kg/hm²；嫩茎采收结束后结合放垄，再施入有机肥50～75m³/hm²，并配合施入三元复合肥（15-15-15）500～750kg/hm²。秋季旺盛生长期应追施速效性氮肥和钾肥。从施肥效果上看，氮∶磷∶钾=1∶0.26∶0.89时产量最高；缺氮对产量影响最大；但偏施氮素而缺磷、钾肥时抗病能力弱，笋茎质量下降。霜降前2个月停止追肥，以免贪青生长，影响养分累积，影响下年嫩茎产量。

杨林等（2017）在山东潍坊以大棚栽培的4年生'冠军'芦笋为试材，研究高肥力地块和中肥力地块N、P、K不同配比对芦笋生长和产量的影响，结果表明：在高肥力地块施肥无明显增产效果，土壤有机质含量达到1.36%、全氮0.091%、碱解氮41.0mg/kg、速效磷

13.4mg/kg、速效钾 140mg/kg 以上时，对土壤再施肥无明显增产效果；中等肥力地块施肥增产效果明显，N、P、K 比例以 10∶7∶9 效果最好，产量为 15 000kg/hm² 的合理施肥指标为有机肥 60t/hm²，氮、磷、钾施用量分别为 450kg/hm²、315kg/hm²、405kg/hm²，全部有机肥和 60% 的化肥作基肥施入，30d 后将 40% 的化肥作追肥施入。

叶面喷施和土壤浇灌硒肥均能显著提高芦笋总硒含量，并与施硒浓度成正相关。土壤浇灌亚硒酸钠溶液 100mg/kg 可使芦笋嫩茎总硒含量在 2 个月以上期限内持续稳定在 100μg/kg 的安全范围内，效果最好。施用适当浓度的亚硒酸钠还能提高芦笋嫩茎的维生素 C 和总蛋白质含量，改善芦笋的营养品质（谢启鑫等，2016）。

接种 AM 真菌，可使芦笋单株地上部鲜质量增加 45.6%，地上部干质量增加 29.7%；拟叶叶绿素、类胡萝卜素含量和植株根系活力均显著增加；植株吸收 N、P、K、Mg、Mn、Cu 的能力均有不同程度地提高；嫩茎中芦丁含量和皂苷含量显著提高（于二敏等，2014）。

施用生物有机肥（巨大芽孢杆菌、枯草芽孢杆菌、凝结芽孢杆菌和荧光假单胞菌等比混合的复合菌剂加入蚯蚓粪制备而成）能增加功能性有益细菌的含量，明显提高土壤细菌群落多样性与丰富度，从而提升土壤酶活性和土壤肥力（张宇冲等，2019）。

2. 灌水　春季培垄前不浇水，以免降低地温，造成嫩笋弯曲或空心。培垄后及时浇水。采笋期间保持土壤水分充足，则嫩茎抽生快而粗壮、组织柔嫩、品质好。地上部枝叶生长期间，也要保证水分充足供应，促使同化功能旺盛，为下年嫩茎丰产奠定基础。土壤上冻前浇足冻水，防止冬旱。浇水和雨后及时中耕松土。高温雨季注意防病虫、除草、排涝，可拉设铁丝架防止暴风雨袭击造成植株倒伏。

3. 培土　白笋栽培在春季幼茎抽生前 1~2 周进行培土，以形成洁白柔嫩的嫩茎产品。华北地区多在 3 月中旬至 4 月上旬，10cm 地温达 10℃时培土。培土过早，地温回升慢，降低幼茎抽生速度，延迟采收期；培土过晚，部分幼茎露出地面见光变色，且细弱，失去商品价值。培垄断面呈梯形或半圆形，垄底宽 60~70cm，顶宽 30~40cm，垄高以地下茎埋在 20~30cm 深为宜。培垄用土要细碎疏松，无残茎、石块或生粪块，以保证笋茎直、洁白无污染。垄要培直，垄面平整，稍拍紧，防止漏光和崩塌。为提高地温，一般分 2 次进行培土。

栽培绿笋，为使嫩茎粗壮，也应适当培土，使地下根状茎上面保持 15cm 深的土层。嫩茎采收结束后，应立即放垄，使畦面恢复到培土前的状态，保持地下根状茎处于 15cm 深度。倘若撤土不净，地下茎会向上发展，造成以后培土困难。

4. 植株管理　开花结果会影响产量，所以有雌性株的，在花茎抽生后不留种者，应及时摘除。据贾海民等（2013）试验，在开花期叶面喷洒尿素能降低坐果率，其中以 3% 尿素连喷 3 次效果最好，坐果率只有 8%，且无肥害，还可促进植株生长，增强植株抗病性。

株丛中拥挤的老弱病枝应及时去除，以利通风透光。

（五）设施栽培技术要点

1. 日光温室栽培　土壤上冻前覆盖棚膜。嫩茎萌发后，棚内夜间温度保持在 5℃以上，白天温度保持在 30℃左右，上午达到 28℃时就要通风换气（同侧风或顶风），下午 4 时前停止通风。采笋前期不需灌溉，采笋中后期可适量灌溉，每次灌水量以 20mm 为宜。采笋中期结合浇水施入复合肥（15-15-15）750kg/hm²。3 年的成龄芦笋，棚内采收期可持续 80~90d。以后揭掉棚膜转为露地栽培，还可以留母茎采收 2 个月左右。这种栽培方式较露地栽培年产量增加20%左右。

2. 拱棚栽培技术 土壤未冻结前清园,结合清园施入腐熟有机肥60~75m³/hm²或复合肥(15-15-15)750kg/hm²。12月中旬覆盖棚膜提高地温,夜间棚上可加盖草苫保温,采笋前不通风,尽量提高地温。大拱棚覆膜栽培40d左右可达采笋标准,白天棚内温度高于30℃要通风降温,夜间盖膜防寒。3年芦笋棚内采收期可持续70~80d。以后去除薄膜转为露地栽培,每株留母茎8、9支,再发出嫩茎进行第2期采收,7月中下旬,割掉全部母茎,重新发茎进行秋季营养生长。棚内采笋前期基本不用灌溉,采笋后期可小水隔行适量浇水,棚内采笋50d后,按750kg/hm²用量追施复合肥(15-15-15)。长江流域早春中小棚栽培,可提前20d采笋,较露地栽培产量增加20%左右。

设施栽培一般比露地栽培施肥量增加50%。为了保护生态和菜田可持续生产,应尽量减少化肥施用量。据冯洁琼等(2019)试验,在常规化肥减量30%和50%情况下,大棚芦笋施用腐殖酸水溶性肥料可增加芦笋嫩茎长度、单根质量和茎粗,减少嫩茎散头,提高维生素C含量,降低硝酸盐含量,有效改善芦笋品质,提高嫩茎产量,产量较常规施肥分别增加10.3%和16.8%。

(六)采收

露地芦笋一般在春夏季节采收,设施栽培的可反季节采收。目前主要用人工采收。

白芦笋采收应在每天黎明时进行。发现土面稍稍隆起或裂痕,表明有笋可采。轻扒表土,手持掘笋刀,在接近地下茎处割断,使嫩茎长度达18~20cm。割取时不可损伤地下茎。割茎后的空洞立即用土填平。每次采收后平整垄面,以利下次收割时容易发现土面裂痕。采收后期若天气较热,嫩茎生长快,每天早晚各采1次。采下的嫩茎应立即按收购标准分级,分别装入保湿遮光的容器中。绿芦笋在定植后第2年即可开始采收少量嫩茎。当嫩茎高21~24cm时齐地表割下。无论白笋还是绿笋,劣质嫩茎必须及早割下,以免消耗地下茎贮藏养分降低产量。

采收持续期和产量,依植株年龄、性别、植株长势、气候、土质、田间管理水平等情况而异。当出笋数量减少并且变细弱时,必须停止采收。采收持续期过长,则绿色茎枝的生长日期被缩短,同化产物累积减少,造成下年产量降低,植株抗性弱,易衰老和发生病害。一般定植后第4~12年为盛采期,第13年后植株趋于衰老,产量逐渐降低。若管理良好,可延长到15~20年。

采收季节影响芦笋品质。陈学红等(2017)以'格兰德'品种为试材,分析不同采收期(4、5、6、7月)绿芦笋的色泽、维生素C、可溶性蛋白、总糖、木质素、氨基酸、微量元素、总酚、总黄酮含量及自由基清除能力,结果表明5月份采收的绿芦笋综合品质最好,其次依次是4、7、6月份采收的;春季采收的绿芦笋品质优于夏季。

从20世纪60年代以来,包括集中式收获机、选择式收获机、机器人收获装置等多种类型收获样机在芦笋生产试用,在一定程度上提高了芦笋收获的机械化水平。但收获机还存在着收获效率低、收获产品损伤严重等问题,未能商业化应用。近年来,随着农村劳动力人口的减少和劳动力成本的提高,以及信息技术、机器人技术、机电一体化技术应用水平的不断提高,利用三维重建技术、采摘机器人、柔性抓取技术等开展结构化环境下的芦笋自动化收获作业成为可能(陈度等,2016)。

(七）生产中常见问题及对策

1. 嫩茎苦味　由芸香苷物质累积引起。苦味大小取决于品种、株龄、温度、水分、肥料等条件。一般在高温、干旱，土壤水分过多或渍水，氮素过多而磷、钾肥相对较少，或因土壤黏重、板结，以及土壤偏酸时，嫩茎的苦味加重。嫩茎受病虫危害及机械损伤，也会使苦味增加。生产中可通过选用苦味少的品种、注意肥水管理、重视复合肥的施用、增施腐熟有机肥等措施，提高嫩茎中含糖量，减少苦味。

2. 嫩茎硬化　即老化。一般老龄株或衰弱株的嫩茎纤维多，易木质化。高温干旱、氮肥缺乏、采收不及时、贮运期间水分散失、病虫危害都易造成嫩茎硬化。生产中可通过加强植株营养，避免病虫危害，使植株健壮生长；采笋期间保持土壤湿润，采后注意遮光保湿，并及时运输和加工以防止嫩茎硬化。

3. 嫩茎开裂和空心　嫩茎在生长期间土壤忽干、忽湿，或在采收期施用氮肥过多，温度突然升高，都会使嫩茎表皮细胞与内部薄壁细胞膨大生长速度不一致，从而造成嫩茎开裂。偏施氮肥，致使嫩茎细胞膨大过快，而从肉质根输送的养分相对不足，容易导致嫩茎空心。防止嫩茎开裂和空心的措施主要是均衡水肥管理。

4. 嫩茎鳞片松散　俗称散头，诱发因素有高温干旱、鳞茎内养分贮藏不足、植株衰老等。防止散头，应选用不易散头的品种；在秋季加强肥水管理，促使植株生长健壮，保障肉质根中积累充足的养分；在采笋期间保证水肥供应。

5. 嫩茎锈斑　嫩茎上产生锈斑，是由于土壤过湿或排水不良，或因采收之前施入未腐熟的厩肥，致使土壤中致病的镰刀菌大量发生、侵染嫩茎所致。防止对策有注意开沟排水，不使土壤过湿，肥料应充分腐熟。

第二节　金　针　菜

金针菜（daylily）又称黄花菜，学名 *Hemerocallis citrina* Baroni，为百合科萱草属多年生宿根草本植物，起源于亚洲和欧洲的温带地区，中国自明代就作为蔬菜栽培，种植历史悠久，南北各地均有栽培。陕西大荔、甘肃庆阳、湖南邵东、江苏宿迁为中国著名的4大产区。近年金针菜作为名特蔬菜规模化种植和产业化发展很快。

金针菜以花蕾为食用器官，营养丰富，常与黑木耳等斋菜配搭同烹，也可与蛋、鸡、肉等做汤吃或炒食。每1000g鲜花蕾中含有蛋白质29g、碳水化合物116g、脂肪5g、钙730mg、磷690mg、维生素C 330mg、铁14mg、胡萝卜素121mg、烟酸11mg、维生素B_1 21mg、维生素B_2 1mg。金针菜性味甘凉，有止血、消炎、清热、利湿、消食、明目、安神等功效。

一、生物学特性

（一）植物学特征

1. 根　根系发达，多分布在20～50cm土层，最深可达130～170cm。须根系着生在根状茎节上，有肉质根和纤细根两类，肉质根又有条状根和块状根。条状肉质根呈圆柱状，具有贮藏和吸收功能；块状肉质根短粗肥大呈纺锤状，具有贮藏功能。纤细根着生在肉质根上，细长且分支多，具吸收功能。随着植株年龄的增长，短缩茎上发生条状根的位置不断上移,即有"跳根"的特性,栽培管理上应注意培土和增施有机肥。

2. 茎　　营养茎为短缩茎,由于每年生长和分支,不断形成分蘖株,多年生茎则在近地面处呈分杈形的根状茎。

3. 叶　　叶发生于短缩的根状茎上,对生,叶鞘抱合形成扁阔的假茎,叶片狭长成丛。每株有15~20片叶。叶长60~100cm,宽1.5~3.0cm。

4. 花　　花茎从根状茎的顶端叶丛中央抽出,上端形成4~8个花枝,构成聚伞花序。一般每个花枝着生花蕾约10个。每株花薹可相继形成花蕾30~60个,健壮株可达60~120个。花蕾黄色或黄绿色,表面能分泌蜜汁,易招引虫害,多数品种的花蕾在傍晚开放。花被6枚,分内外2层。雄蕊6枚,雌蕊1枚,子房3室。从开花到种子成熟1.5~2个月。

5. 果实和种子　　蒴果,含种子数粒。种子黑色,坚硬,千粒重16~20g。

（二）生长发育

金针菜为多年生宿根性植物,一生历经幼苗期、幼株期、成株期和衰老期,年生长发育周期可分为发苗期、抽薹期、结蕾期和休眠越冬期。

栽植后1~2年为幼苗期,植株较少开花;栽植后3~4年为幼株期,可开始采收花蕾;然后进入成株期,可连续采收7~8年,管理好的可采收10~15年;以后进入衰老期,株丛衰老,花蕾减少,采收期缩短,产量明显下降,需再次分植更新。

年生长发育周期中,每年春季气候回暖后开始发生和生长新叶,为发苗期;春末继续生长新叶,并进入抽薹期;夏季持续抽薹并结蕾开花,进入结蕾期;秋季叶和花茎衰老枯黄,并可发生第2次新叶;入冬后地上部枯死,进入休眠越冬期。

在长江流域,每年有2次发苗期。第1次在2~3月份,发叶长成春苗,至8~9月份花蕾采完后枯黄,割掉春苗黄叶和枯薹后不久即发生第2次新叶,长成秋苗,至霜降时枯黄,地下部在露地越冬。

秋苗期是金针菜恢复生长和累积营养的重要阶段。秋苗健壮、数量多,次年就可增加抽薹数、提高产量。秋末,具有12~20片功能叶的分蘖株开始花芽分化,因温度低而发育缓慢,不久即进入休眠。第2年早春花芽继续发育,4月中旬发育加快,进而抽薹现蕾。一般5月下旬抽出的花茎,6月上旬即可采收花蕾。6月下旬至7月上旬为采收盛期,7月下旬采收结束。采摘期早熟品种约30d;中晚熟品种60d以上。

花薹抽生的早晚、高度、着生花蕾多少及持续时间等都受栽培条件的影响。

春季在地上部生长的同时,从短缩茎的新生节上可发生5~10条新的条状肉质根。随着短缩茎逐年向上发展,发生新根的部位也逐年提高。一般每年发生1节短缩茎,在地下逐年形成根状茎。每年随着短缩茎生长点附近的上位腋芽的活动而发生分蘖,根状茎逐渐伸长并分杈。秋苗生长期间,纤细根大量发生,寿命2~3年。在植株衰老、管理不善、养分不足、土壤板结、通气不良的条件下,地下部易发生块状肉质根。

（三）对环境条件的要求

1. 温度　　喜温暖,地上部不耐寒,遇霜即枯萎,而地下部能耐-22℃的低温,甚至在极端气温达-40℃的高寒地区也可安全越冬。旬平均温度达5℃以上时幼芽开始出土,叶丛生长适宜温度为14~20℃,抽薹开花期适宜20~25℃的较高温度。

2. 光照 喜光，但对光照强度的适应范围较宽，能够在相对光强为17%～100%正常生长。因此，耐阴性较强，在树冠下的半阴地能生长良好，可在果园、桑园套作。但在阳光充足的条件下，植株生长更茂盛。盛花期光照充足，则花蕾多而肥大；阴雨天多易落蕾；遇暴雨往往造成大量落蕾。

3. 水分 因根系发达，肉质根含水较多，耐旱力颇强。抽薹前需水量小。抽薹后需水量逐渐增多，抽薹期要求土壤湿润。盛蕾期需水量大，此时供水充足，则花蕾发生多、发育速度快、花蕾肥大、花蕾开放时间也提早。采蕾期土壤干旱易落蕾，以至于采收期缩短、产量降低。土壤积水，会严重影响根系生长，易引起病害。

4. 土壤营养 对土壤适应性很广，在pH 5.0～8.6的酸性红黄壤土到弱碱性土壤均可生长，但在土质疏松、土层深厚的土壤中根系发育良好。能耐瘠薄，但在肥沃的壤土上植株生长旺盛，产量高。因此，栽培地块应深翻和多施有机肥，不可偏施氮肥，以免叶丛过嫩易发病害。

二、品种与类型

中国各地优良的金针菜品种很多，如陕西省大荔县主栽品种沙苑金针菜，湖南省邵东和祁东地方品种四月花、邵东主栽品种荆州花、祁东主栽品种猛子花和茶子花，江苏省农家品种大乌嘴，四川省巴中地区主栽品种渠县黄花，山西省雁北地区主栽品种大同金针菜，河南淮阳县的陈州花，甘肃的庆阳花，河南商丘的大青条，浙江缙云的青顶花等。华南地区、闽浙等地种植来自台湾的品种，如台东6号、高山1号，秋水仙素含量较低。

有的金针菜品种已成为国家地理标志产品，如陕西省大荔县的"大荔黄花菜"，湖南省的"祁东黄花菜"和"邵东黄花菜"，广东省海丰县的"虎噉金针菜"，四川省的"渠县黄花"，甘肃省的"庆阳黄花菜"，山西省的"大同黄花菜"等。

三、栽培技术

金针菜主要在露地栽培，近年设施栽培也有发展。周玲玲等（2017）在宿迁农科所基地以金针菜早熟品种三月花和中晚熟品种大乌嘴为材料的栽培比较试验表明，塑料大棚比露地栽培金针菜现蕾期提前15d以上，产量提高不显著，花蕾中可溶性糖含量提高22.2%～34.1%，维生素C含量提高12.5%～28.1%。所以，以鲜蕾上市消费的，可采用设施栽培。

金针菜栽培技术流程为：土壤准备→繁殖种苗（分株繁殖、种子繁殖或芽块繁殖）→大田定植→春苗管理（中耕、除草、追肥、水分管理、病虫害防治）→采收→秋苗管理（割枯薹和老叶、翻耕行间、追肥、培土、灌冻水）。

（一）繁殖方法

金针菜可用分株繁殖、种子繁殖、芽块繁殖和组织培养繁殖，生产上最常用的为分株繁殖。

1. 分株繁殖 分株繁殖多在花蕾采摘后到秋苗抽生前进行，也可于春苗抽生前进行。选生长旺盛、花蕾多、品质好、无病虫的健壮株丛作繁殖母株，挖取部分或全部分蘖株分栽。优点是投产快，一般第1年秋季栽植，第2年就可获得产量；缺点是繁殖系数较低。

用分株繁殖的，可从每株丛的一侧连根挖出1/4～1/3分蘖株，按分蘖从根到短缩茎割开，剪除衰老的根和块状肉质根，并将长条肉质根适当剪短即可栽植。经几年后再从老株丛的另一侧挖掘分蘖株。一般采株量不宜过多，以免影响采株地第 2 年的产量。

母株丛全部挖出分栽繁殖的，一般是结合生产田植株的更新复壮进行。

2. 种子繁殖 选择健壮植株，于盛花期在每个花茎上选留 3~5 个粗壮的花蕾，让其开花结果。当蒴果成熟顶端稍开裂时采收脱粒，晾干备用。一般在秋季或春季播种。种子繁殖的优点是繁殖系数高，实生苗长势强，但仅适于结籽能力强的品种。由于播种育苗费工，栽植后进入盛花期需时较长，因此主要用于杂交育种。

播种前先用 25~30℃温水浸种 24h，多用平畦条播。畦宽 1.3~1.7m，按行距 17~20cm 开 3cm 的浅沟，每隔 1~2cm 点播 1 粒种子。出苗期浇水保持畦面湿润，防止表土板结。种子用量 37.5kg/hm²，每公顷可育成 75 万~90 万株苗。

3. 芽块繁殖 芽块繁殖也称株丛切片繁殖，由于根状茎上有顶芽、侧芽，每节上还有隐芽，可将根状茎按芽切块繁殖。选用 6~9 年生母株根状茎，剥去叶鞘，纵横下刀切块。每个芽块长 1cm，带 1 个芽，并带 3~5 条、3~6cm 长的肉质根，用芽块播种育苗。育苗密度 75 万~105 万株/hm²，育苗期 2 个月。芽块繁殖春、秋季均可进行，但以秋季更为适宜。

（二）栽植

栽前应施足底肥，并深翻 30cm 以上，作平畦。春、秋 2 季为栽植适宜时期。秋栽在花蕾采摘结束后到秋苗萌发前进行。栽后当年可发秋苗，抽生新根，累积养分，为翌年春季生长和夏秋抽薹开花奠定良好基础。春栽在秋苗落叶枯萎后到翌年春苗发生前进行，一般当年抽薹少。宽窄行栽植可充分利用光能，便于管理和采摘。宽行距 80~100cm，窄行距 50~60cm，穴距 30~40cm，每穴 2~4 株，穴深约 25cm，口径约 30cm；亦可按等行距 80cm，穴距 40~50cm 栽植；也有按行距 45~50cm，株距 30~40cm，单株栽植。栽植密度大或穴内株数多的，分蘖增加快，花茎多，产量高，但需更新年限短。开穴后可在穴内再施入有机肥和磷、钾肥，肥土混匀。栽植深度 10~17cm，埋土到顶芽上 3cm。栽植过深，分蘖发生慢，进入盛产期晚；栽植过浅，虽能提早进入盛产期，但根系入土浅、植株矮小、易早衰。栽植后浇透水。

（三）田间管理

1. 春苗管理 春苗萌发前进行深中耕，疏松土壤，提高地温，促进萌芽。抽薹前再浅中耕 2 或 3 次，松土保墒，除去杂草。抽薹后只拔除杂草不再中耕。春苗培育期一般追肥 3 次：第 1 次在春苗萌发前进行，追施腐熟有机肥，撒施后中耕翻入土壤，随后浇水，促进春苗生长粗壮，称为催苗肥；第 2 次追肥在花薹抽生初期进行，促使抽薹苗壮，多分枝早现蕾，称为催薹肥；第 3 次追肥在进入盛采期（采蕾 10d 后）进行，促进后期多成蕾减少脱落，延长采收期，称为催蕾肥。每次追肥以速效氮肥为主，配合磷、钾肥，不可偏施氮肥，以免叶丛过嫩引发病害。金针菜对 N：P_2O_5：K_2O 的最佳需求比例大体为 1：0.5：1，三要素需肥总量为 600kg/hm²（包括土壤供给量），不同肥力土壤施肥量可依据土壤速效养分含量和金针菜营养面积等计算。

张国伟等（2019）在江苏宿迁市大棚栽培大乌嘴金针菜上进行施氮量（0kg/hm²、50kg/hm²、100kg/hm²、150kg/hm² 和 200kg/hm²）试验，氮肥在生育期中分 2 次施用，基肥与薹肥按 3：2 比例施用，全生育期 P_2O_5 和 K_2O 用量均为 120kg/hm²，全部作基肥。结果表明，增施氮肥可提高金针菜不同生育阶段钾的吸收量，以抽薹到现蕾期钾吸收量增量最大；施氮使返青到抽薹期的钾吸收比例降低，抽薹到现蕾期的钾吸收比例升高；增施氮肥降低了现蕾期生育后期钾浓度的下降速率，钾的生产效率呈直线降低趋势；施氮 100kg/hm^2 和 150kg/hm^2 处理的花蕾中干物质和钾的分配比例较高，钾浓度和钾累积量动态特征参数比较协调，利于产量形成，且花蕾中维生素 C、氨基酸、可溶性糖、黄酮和多酚含量相对较高；施氮 200kg/hm^2 处理导致产量增幅下降，氮素钾吸收边际效应和钾的生产效率降低，但花蕾中秋水仙碱含量最高；施氮低于 100kg/hm^2 时，干物质和钾的总吸收量及经济系数较低，不利于高产。试验认为，施用氮肥 100~150kg/hm^2 可减缓金针菜生育期后期钾吸收的下降，提高钾吸收边际效应、钾的生产效率和金针菜营养品质。

金针菜耐旱性强，但适量浇水可促进植株生长，提高产量。一般春苗萌发前不宜浇水过多，以防引起病害，以保持土壤见湿见干为宜。抽薹时要增加浇水量和浇水次数，直到采收盛期保持土壤湿润。此期若干旱，花薹发育不良，花蕾小、易脱落。采收末期逐渐减少浇水量。采收结束后尽量少浇水。

2. 秋苗管理 花蕾采收结束后，立即割去枯薹和老叶，并翻耕行间土壤达 30cm 以上，疏松土壤，提高通透性，增加保水能力。深翻后在秋苗未抽生前追施 1 次有机肥，促使秋苗早发和旺盛生长。秋苗枯死后随即施 1 次有机肥。对生长 3~4 年以上的植株应在株丛周围培土，防止根茎外露，提高分蘖能力，促进发根，延缓衰老。冬前浇冻水。

（四）采收

金针菜的花蕾在接近开放前为采收适期。此时采收，产量高、品质好。采收过早，不仅产量低，而且蒸制后带黑色；采收过晚，花蕾已开放，干制品质极差，且贮藏期间易受虫害。一般在花开前 1~2h 前采摘完毕。雨天花蕾生长较快，采摘应比晴天适当提前。一般晴天时在上午 7 时~12 时采收，阴天时可在上午 6 时~下午 4 时采收。下午 5 时 30 分左右花蕾会开放，不宜采收。

在采收过程中，也要看花蕾形态。花蕾发育饱满，但未开放，中部呈现金黄色泽，底部和尖部比较绿，紫色已经褪去，是最佳采收时期。采摘时，用拇指和食指夹住花柄，从花蒂和薹梗连接处轻轻折断，边采摘边装在篓内，避免将小花和花茎碰伤，影响品质。

国产乘坐式黄花菜采摘机，1 人驾驶，5 人采摘，生产效率达 580m^2/h，比传统方法提高 1.45 倍，生产成本降低 25.2%，有效改善了劳动条件，减轻了劳动强度（柴映波，2013）。

金针菜可谨慎鲜食，味道鲜美，但主要食用干制品。金针菜鲜花蕾中含有秋水仙碱，经过肠胃吸收，在体内氧化为有较大毒性的二秋水仙碱，食用鲜品时必须经开水烫煮、余洗，每次不宜多吃。

第三节 草 莓

草莓（strawberry）别名凤梨莓，学名 *Fragaria × ananassa* Duch.，为蔷薇科草莓属多年生栽培种。草莓属在欧亚大陆、北美、南美和亚洲都有分布。草莓果肉鲜美，含有特殊的浓郁芳香，含有维生素 C、维生素 A、维生素 E、烟酸、维生素 B_1、维生素 B_2、胡萝卜素、纤维素、果胶、钙、磷、镁、铁、锌以及类黄酮和酚酸类等物质，适众广，特别适合于风热咳嗽、咽喉肿痛、声音嘶哑者食用，但尿路结石、肠滑便泄者不宜多食。

一、生物学特性

（一）植物学特征

草莓为多年生草本，植株矮小，一般高20~30cm，呈丛状生长。短缩茎上密生叶片并抽生花序和匍匐茎，下部生根。

1. 根 须根系，由着生在新茎和根状茎上的不定根组成，主要分布在20cm土层内，寿命1~2年。由于抽生新茎的部位逐年升高，发生不定根的部位也逐年升高，甚至露出地面。

2. 茎 有新茎、根状茎和匍匐茎。

（1）新茎：当年和1年生的短缩茎称为新茎，呈弓背形，伸长生长缓慢，加粗生长比较旺盛。新茎上着生具有长柄的叶片，叶腋生腋芽，腋芽具有早熟性，当年萌发成新茎分枝或萌发成匍匐茎。新茎基部发出不定根，顶芽到秋季可分化成混合花芽，形成第1花序。茎具有合轴分枝特性，侧枝的顶端生长点在适宜的条件下又可分化成混合花芽，形成第2花序，依此类推。

（2）根状茎：多年生的短缩茎叫根状茎。当第2年新茎上的叶片枯死脱落后，原新茎成为外形似根的根状茎，第3年以后根状茎发生不定根数量减少，根状茎越老，地上部生长越差，影响产量。

（3）匍匐茎：由新茎腋芽萌发形成，沿地面匍匐生长，是地上营养繁殖器官，繁殖的苗叫匍匐茎苗。匍匐茎细，节间长，生长到一定长度后，大多数品种先在第2节向上发生正常叶，形成叶丛，向下形成不定根，不定根接触地面即扎入土壤，形成1株匍匐茎苗，也叫子苗或子株。随后，在第4、6等偶数节处继续形成匍匐茎苗。子苗的腋芽还能继续抽生匍匐茎，称为2次匍匐茎。2次匍匐茎同样在偶数节形成匍匐茎苗，依此规律形成3、4次匍匐茎。匍匐茎发生能力与品种有关，匍匐茎发生始于坐果期，结果后期大量发生。

3. 叶 三出复叶，由叶片、叶柄和托叶鞘3部分组成，发生于新茎上。总叶柄基部有两片合为鞘状的托叶，包在新茎上，称为托叶鞘。在正常生长条件下，新茎上发生叶片的间隔时间为8~12d，每株年发生20~30片复叶。不同时期发出的叶片寿命不同，春夏季叶片寿命一般为80~130d；秋季叶片在适宜条件下能保持绿叶越冬至春季一定阶段后枯死，寿命达200~250d。

4. 花 完全花，自花结实。虫媒花，可异花授粉。花由花柄、花托、花萼、花瓣、雄蕊、雌蕊组成，花瓣白色，常5枚，雄蕊20~35枚，大量雌蕊以离生方式着生在凸起的花托上。花序多为二歧聚伞花序或多歧聚伞花序，少数为单花序，每花序15~20朵花。因品种不同，花序有高于叶面、平齐于叶面和低于叶面3种类型。花序高于叶面易于采果，花序低于叶面受晚霜危害的可能性较小。设施栽培草莓若开花期环境密闭，传粉昆虫少，常发生授粉、受精障碍而形成畸形果。

5. 果实和种子 果实由花托膨大形成，植物学上称为聚合果（假果），栽培学上称为肉质浆果。浆果大小与品种和着生位置有关，一般为15~50g，果型从第1级序到第5级序依次减小，一般第4级花序以上的果为无效果。浆果的形状和颜色因品种不同而有差异，有圆形、圆锥形、长圆锥形和楔形等；果实颜色有红色、橙红色和近白色。

雌蕊受精后子房膨大形成瘦果（真正的果实），着生在肉质花托表面，常称之为种子。种子对浆果膨大发育起重要作用，果实（花托）重量与种子（瘦果）数目成正比。果实膨大依赖于种子的存在，种子位置影响果实形状。无种子的部位不膨大，有种子的部位膨大，便形成畸形果。这是因为种子（瘦果）内的胚乳和胚胎部位可合成诱导果实膨大的生长素。种子在果面上的深度有平、凹、凸3种。一般种子平于果面的品种较耐贮运，凹于果面的品种耐贮运性较差。

（二）生长发育周期

草莓年生活史经历开始生长期、开花和结果期、旺盛生长期、花芽分化期和休眠期。

1. 开始生长期 早春10cm地温稳定在2℃以上时根系进入生长期。越冬的绿叶进行光合作用。新叶开始生长时，由3片小叶向内卷叠在一起发出，随着叶柄伸长而迅速展开并且逐渐增大。随着新叶长出，老叶逐渐枯死。

2. 开花和结果期 一般在春季新茎抽出3片叶后，花序在第4片叶的托叶鞘内微露而显蕾。以后花序逐渐伸出。开花期早晚与气候条件及品种有关，一般单花花期3~5d，整个花序的花期大约20d。一个花序上开花和结果在部分时间内同时进行，开花期与结果期很难截然分开。从开花到果实成熟大约需要1个月。由于花期长，果实成熟期也长，采收期可持续约20d。该时期也有少量匍匐茎发生。

3. 旺盛生长期 果实采收后，随着气温的升高和日照时间加长，植株开始大量发出匍匐茎。随后腋芽发出新茎，新茎基部又相继长出新的根系。匍匐茎在偶数节上形成新的植株。

4. 花芽分化期 花芽分化质量和数量是翌年产量的基础。随气候由夏季高温转向秋季凉爽，植株开始花芽分化。花芽分化的环境条件是低温（10~17℃）和短日照（8~12h），其中低温比短日照更为重要。早熟品种开始和停止花芽分化均早于晚熟品种。同品种在北方高纬度地区因秋季低温来临和日照变短，花芽分化开始期也早，在南方低纬度地区花芽分化则晚。同纬度地区海拔高的地方花芽分化早。同一品种，氮素过多、生长过旺、叶数过多或过少等都延迟花芽分化期。北方与中部地区草莓多在9月中旬开始花芽分化，而南方地区草莓在10月上旬前后开始分化。

5. 休眠期 随着气温降低和日照变短，植株新叶叶柄变短，叶面积小，叶片角度开张，植株矮化，不再发生匍匐茎。当初冬气温降到5℃以下时，生长发育相对停止，进入休眠状态。通过休眠所需要的一定程度低温积累的时间，称为需冷量或低温需求量，植株在低于5℃条件下完成需冷量的时间称为休眠时间。浅休眠品种休眠时间低于200h；深休眠品种在1000h以上。在北方地区，自然休眠完成以后，由于外界气温仍然较低，植株处于被迫休眠状态。

生产中，可根据品种休眠期的深浅采取不同的栽培方式，浅休眠和中等休眠的品种适于设施栽培。

（三）对环境条件的要求

1. 光照 草莓既喜光，也较耐阴，可与其他高秆植物间套作。光补偿点5~10klx，光饱和点20~30klx。在20~25℃时光合速率最大，叶位3~5节的叶光合作用最活跃，展开后 30~50d 叶龄的成龄叶光合最有效。光照充足植株生长健壮，叶色深，花芽发育好，产量高。长期弱光下光合作用受到抑制，植株长势弱，叶柄及花序柄细，叶片色淡，花朵小，甚至不能开花，果实糖分含量低，着色不良，成熟延迟，产生畸形果，严重影响果实品质。花粉形成期间（开花前 15d）若光照不足，会抑制花粉萌发时所需淀粉的积累，从而降低花粉发芽率，引起畸形果。鸡冠果发生的主要原因是花芽分化期短日照条件下的光照不足。

光周期对植株生长发育有重要影响，决定芽原基向花芽还是匍匐茎方向分化，8~12h 短日照利于花芽分化。

2. 温度 春季地温回升到 2℃时根系开始活动，10℃时形成新根，根系生长最适温度为 15~20℃，秋季地温降到 7~8℃后根系生长减弱，降到 -10℃时根系发生冻害。

春季气温达 5℃时，植株开始萌芽生长，植株抗寒力下降，若遇寒流易受冻。因此，在萌动至开花期要注意预防晚霜危害。地上部生长最适温度为 20~26℃，30℃以上生长和光合作用受抑制。20~25℃时匍匐茎抽生快而多，低于 15℃和超过 28℃匍匐茎抽生慢且数量少，品种间存在差异。花芽分化在低温条件下进行，以 10~17℃为宜，低于 6℃则花芽分化停止。开花期适温为 26~30℃，低于 6℃或高于 35℃花粉发育不良，阻碍授粉、受精，导致畸形果产生。

抗寒性强，经过多次秋季轻霜及低温锻炼后，植株抗寒力更强，一般能抵抗 -8℃低温。中国北方寒冷地区露地草莓冬季要覆盖防寒，以便安全越冬。草莓怕热，不耐高温，在南方栽培时的主要问题是越夏困难。

3. 水分 由于根系浅，植株小而叶片大，蒸腾量大，结果较多且果实含水量高，因此对水分要求较高，不抗旱也不耐涝，要选择旱能浇、涝能排的地块栽培。土壤水分过多会导致植株抗病性降低，易发病害。不同生长发育期对水分要求不同，一般花芽分化期以田间含水量约 60%为宜，开花期 70%，果实膨大及成熟期 80%左右，否则匍匐茎发出后扎根困难，子苗数量减少，花期缩短，果小，成熟快，尤其在植株积累营养进行花芽分化的时期，要避免浇水过多。

草莓花药开裂最适湿度为 30%~50%，柱头受精和花粉萌发最适湿度为 40%~60%。

4. 土壤和营养 对土壤适应性较强，各种土壤均能生长。高产栽培应选择肥沃、疏松、透水透气性强、微酸性（pH 6.0~6.5），地下水位不高于 1m 的土壤。

正常生长发育对氮、磷、钾的需求比较均衡，吸收总量比例为 1：1.2：1。一生中对钾和氮的吸收特别强，在采收旺期对钾的吸收超过氮，整个生长过程对磷的吸收均较弱。磷可促进根系发育，提高产量，但磷过量会降低果实光泽度。追肥应以氮、钾肥为主，磷肥应作基肥施用。

草莓是浅根性植物，底肥全部施在耕层 30cm 土壤中有利于吸收利用。叶面积较大，叶面施肥效果较明显。

二、品种类型与栽培制度

（一）品种类型

目前全世界草莓属植物有 24 个种，包括 13 个二倍体种，如森林草莓（*F. vesca* L.）；5 个四倍体种，如东方草莓（*F. orientalis* Lozinsk.）；1 个六倍体种，如麝香草莓（*F. moschata*

Duch.）；3个八倍体种，如智利草莓（*F. chiloensis* Miller）；以及2个八倍体杂种，如凤梨草莓（*F.* × *ananassa* Duch. ex Lamarck）。

法国是最早栽培草莓的国家，14世纪就有森林草莓、绿色草莓（*F. viridis* Duch.）、麝香草莓等原产于欧洲的野生种的栽培记录。1750年智利草莓与弗州草莓（*F. virginiana* Miller）在法国自然杂交形成了果形风味均与凤梨相似的凤梨草莓，亦称大果草莓（*F. grandiflora* Ehrh），是近代草莓栽培品种的祖先，生产上的栽培品种绝大多数属于该种，或者是该种与其他种杂交产生的。目前草莓栽培品种已超过2000种，其他绝大多数草莓种均为野生或半野生状态。

中国是世界上野生草莓种质资源最丰富的国家，约有14种，主要分布在东北、西北和西南地区。早在15世纪前中国已开始栽培野生草莓，18世纪中叶从英、法等国引进栽培种，引进大果型草莓始于20世纪初叶。

1. 国外引进品种 20世纪50年代中国开始从苏联及东欧一些国家引种，先后从波兰、保加利亚、比利时、日本、加拿大、荷兰、美国、西班牙等国引入一些品种。到目前为止，引入品种近300个，在生产上应用较多的有全明星（Allstar）、戈雷拉（Gorella）、哈尼（Honeoye）、达娜（Donner）、早红光（Earliglow）、丰香（Toyonoka）、丽红（Reiko）、森加森加拉（Senga Sengan）、鬼怒甘（Kinuama）、宝交早生（Hokowase）、弗吉利亚（Fujiniya）、吐德拉（Tudla）、卡麦若莎（Camarosa）、章姬（Akihime）、幸香（Sachinoka）、枥乙女（Tochiotome）、甜查理（Sweet Charlie）、达塞莱克特（Darselect）、佐贺清香（Sagahonoka）、红颊（Beinihoope）等数十个新品种。

2. 中国选育品种 中国20世纪50年代前后开始草莓实生选种和杂交育种，育成新品种如明晶、明磊、明旭、长虹系列、硕丰、硕露、硕蜜、雪蜜、石莓系列、星都系列、天香、燕香、红丰、香玉、美珠、长丰、红露、申旭1号、申旭2号、公四莓1号、四季公主2号、3公主、凤冠、丰香、艳丽、越心、越丽、越丰、红玉、红颜、香野、桃熏、华艳、中莓1号、中莓3号等，以及小白、白雪公主、太空草莓、天仙醉（醉侠）、妙香、隋珠、香蕉草莓等特色品种。

草莓有日中性或短日性品种，不同品种在耐热性、耐寒性、抗病性、成熟性、果肉和髓心颜色和风味、果实形状、单果重、种子颜色、果实硬度、果实除萼性、果实耐贮性等都有差异，生产中根据栽培地区、季节、方式等选择适宜品种。北方露地栽培宜选择休眠较深的品种，南方露地栽培选择休眠较浅的品种。

（二）栽培制度

中国草莓栽培以露地为主，设施栽培面积也日趋扩大。

露地自然条件下春秋两季均可栽植草莓，北方地区一般在3月下旬至4月上旬春植，8月下旬至9月上旬，以气温在15~25℃时秋植；南方地区一般在2月中下旬春植，10月上中旬秋植。草莓在第2年春季解除休眠后开始生长发育，南方地区2月上中旬、中部地区4月中下旬、北方6月上旬成熟上市。露地栽培管理省工、省力、成本低、便于规模经营。缺点是易受不良环境条件影响，成熟上市时间集中，价格低。

草莓植株矮小，可利用小拱棚、中棚、塑料大棚、日光温室、玻璃温室等各种设施栽培，根据不同的设施类型比露地提早1~2月定植，设施栽培可以大大提前成熟期，采收期从11月份到翌年6月份都有新鲜草莓上市。设施栽培在草莓开花前2周，棚内放入蜜蜂，每330m^2放养1箱蜜蜂（约2000头）或熊蜂（80~100头），熊蜂受低温影响小，工作时间长，传粉效果比蜜蜂好。也可以人工制造微风或用毛刷进行人工辅助授粉；同时，还要加强设施内二氧化碳施肥管理和空气湿度管理，防止畸形果。

草莓应实行3年轮作。前茬以蔬菜、豆类、小麦和油菜较好，还可以与早春辣椒、洋葱、大蒜、生姜、苦瓜、西瓜、丝瓜、西葫芦、甜瓜、玉米、葡萄、火龙果、油桃等套种，尤其与葱蒜类蔬菜套种，不但可以改善草莓连作障碍的问题，还对土传病害（炭疽病、根腐病）、细菌性病害（角斑病、青枯病、黑斑病等）、地下害虫（地老虎、蜗牛）及蚜虫起到了一定的防治作用。

三、栽培技术

草莓栽培技术流程为：选择适宜品种→繁殖壮苗→选择种植地块或设施→整地、施基肥、作畦→定植→田间管理（肥水管理、植株管理、防寒管理、病虫害防治、设施环境管理）→适时收获。

生产中要围绕促进花芽分化、防止畸形果发生进行田间管理。畸形果一般有果实过肥、过瘦，呈鸡冠状、扁平状或凹凸不整等形状，其本质原因是一部分雄蕊或雌蕊的不稔性和环境条件不宜导致的授粉、受精障碍，雌蕊未能完全受精致使果实局部生长受到抑制。

（一）繁殖与育苗

选择适宜品种，繁殖壮苗是优质高产的基础。

1. 繁殖方法 有匍匐茎繁殖、母株分株繁殖、组织培养繁殖和种子繁殖4种繁殖方法，生产上以前3种繁殖方法为主。

（1）匍匐茎繁殖：是生产上最常用的繁殖方法。匍匐茎节生根，腋芽生长形成秧苗，与母株分离后即成为匍匐茎苗。匍匐茎苗能稳定保持品种特性，根系发达，生长迅速，当年秋季定植，冬季或第2年即能开花结果。

设专用繁苗田，要求排灌方便、土壤肥力较高、光照良好、未种过草莓或已轮作过其他作物的地块。母株定植时期应在当地土壤化冻之后，草莓萌芽之前，一般在3月中下旬至4月上旬，日平均气温达到10℃以上定植。畦面宽1m，将母株单行定植在行中间，株距50~80cm；如果畦面宽1.5m，每畦栽2行，行距60~80cm。栽植密度应保证每株原种母苗有0.8~1.0m^2的繁殖面积。栽植时以"上不埋心，下不露根"为宜，埋住苗心易引发秧苗腐烂，栽的太浅新茎外露，易引起秧苗干枯。母株现蕾后要摘除全部花蕾，减少养分消耗，促进营养生长，及早抽生大量匍匐茎。匍匐茎抽生后，将茎向畦面均匀摆开，压住幼苗基部，在生苗的节位处挖一小坑，培土压茎，促使节上生根。一般一个母株可繁殖30~50个壮苗，过多的及后期发生的匍匐茎应及时摘除。随着新叶和匍匐茎的发生，下部叶片不断衰老，应及时将老叶除去，以利通风透光，减少病害发生。在去除老叶的同时要及时人工除草，苗期注意防治病虫害。

（2）母株分株繁殖：对不发生匍匐茎或萌发能力低的品种，及新引品种因株数不足时，可采用分株繁殖，又称分墩法、分蘖法。一般是7~8月老株地上部每个新茎有5~8片叶时，将老株挖出，剪除老的根状茎，将1~2年生新根状茎分离，这些根状茎基下部有健壮不定根，无根苗可先扦插生根后再定植。分株繁殖不需要专门的繁殖圃，可节省劳力和成本，但繁殖系数较低，一般每墩母株只能得到3、4株达到栽植标准的营养苗，而且分株造成伤口较大，易感染病害。

（3）组织培养繁殖：是目前解决草莓病毒问题的主要手段。一般用0.5～1.0mm茎尖外植体，接入加6-BA 0.5mg/L，IBA 0.1～0.2mg/L，蔗糖30g/L，琼脂5～7g/L，pH 5.8左右的MS培养基。置于室温25～28℃，每天光照12～14h，光强2500～3000lx的培养室培养培养30d左右，长出高2.5～3.0cm小芽丛苗后继代扩繁，以后每隔25～30d继代1次，继代时间不应超过2年。当苗增殖达到需要数量时，将芽丛分成单株，每株2、3片叶后移入生根培养基生根。培养15～30d后，当有3、4条根、根长度达到0.5cm时，转入温室扦插驯化。生根瓶苗在培养室中打开瓶口适应1～2d，扦插于温室沙床或者穴盘。15～25d生根后移入穴盘，培养2个月，具有3、4片以上新叶，根长5cm以上且不少于5条的为标准原种苗。原种苗可以销售或作为母株繁殖生产用苗。

2. 育苗 有营养钵育苗、假植育苗、高山育苗、夜冷育苗和冷藏育苗。

（1）营养钵育苗：多用于繁殖新优稀缺品种。用疏松保水力强的营养土作钵土，将具2、3片展开叶的幼苗假植在直径10～12cm、高8～10cm的塑料钵内，育成具5、6片开展叶，茎粗1.0cm以上的壮苗。定植时带土坨放入定植穴内。

（2）假植：将子苗从母株上切下，移植到苗床或营养钵进行临时非生产性定植。假植是培育壮苗、提前和充分花芽分化、提早并延长结果和增加产量的一项有效措施。假植一般在7月中旬至8月上旬进行，选取品种纯正、生长健壮的秧苗，距子株苗两侧各2～3cm处将匍匐茎剪断，使子株苗与母株苗分离，放入盛有水的塑料盆内，只浸根，准备假植。按15cm×15cm株行距，在晴天下午或阴天移栽，移栽后喷水遮阳。假植圃应选择离生产田近的地块。

（3）高山育苗：又称高寒地育苗。高山气温较低，温差较大，日照适中，可避开7～8月高温对草莓苗生长的影响，提早花芽分化，减少病虫害。一般7月上旬采苗假植，培育成充实子苗，8月中旬上山假植，9月中旬下山定植。也可在7月上旬直接采苗上高山假植，8月中旬前进行以氮肥为主的肥培，8月中旬后断肥，9月中下旬下山定植。

高山育苗中低温条件比短日照更为重要，低温时间不足会导致开花不结果。苗圃选择在海拔800m以上的半山区山间盆地，9～10月平均气温18～22℃，最低气温15℃左右最适宜。

（4）夜冷育苗：白天在自然光下生长，夜间用低温处理，促进植株花芽分化。可以在设施上装制冷机制冷，或利用可移动的多层假植箱繁苗。夜冷处理一般在8月下旬开始，处理20d，每天10～16℃变温处理，15d后基本上都达到花芽分化初期。

（5）冷藏育苗：8月上旬将健壮子苗置于10℃黑暗条件下20d，低温诱导促进花芽分化，结束后立即定植。冷藏苗标准为5片叶以上展开叶，根茎粗1.2cm以上。起苗后将根土洗净，摘除老叶，仅留3片展开叶，装入铺有报纸的塑料箱内放入库中。在入库和出库前将苗放在20℃环境中各炼苗1d。

（二）选地、整地

1. 选地和土壤消毒 选日照充足、雨量充沛或有灌水条件的地区。在北方冬季寒冷地区应选择背风向阳的地方，高温湿润的南方宜选择背阴凉爽的地方。草莓不耐贮运，园地应交通方便，或附近有贮藏加工条件。在6～8月高温休闲季节，将土壤翻耕后覆盖地膜20d进行高温消毒，或用垄鑫棉隆综合土壤熏蒸消毒剂处理，杀灭土传病菌、地下害虫、萌发的杂草种子等。

2. 整地、施基肥　　基肥一般施商品有机肥30 000～75 000kg/hm^2，加过磷酸钙或适量石灰调节土壤的pH。起双行大垄，大垄距80～100cm，小行距25～30cm，垄高15～25cm。

（三）定植

1. 定植时间　　根据当地气候条件选择适宜春栽或秋栽的具体时期。

2. 栽植方法　　定植前先行假植，以提高秧苗定植成活率。选阴天或傍晚定植，根据花序均从苗弓背抽生的原理，采用定向栽植方法，使全行花序朝向同一方向，以便垫果和采收。栽植深度做到浅不露根、深不埋心。栽后立即灌水，对灌水淤心苗要及时冲洗整理；栽后遇高温烈日要遮阴降温、保湿。

3. 种植密度　　根据地力和品种决定密度。沃土和繁茂品种宜稀，反之宜密。通常栽植15万株/hm^{2}左右。

（四）田间管理

1. 肥水管理　　最好采用微喷灌。栽后每天小水勤浇直至成活，浇水宜在上午8～9时进行，以后保持土壤微湿。现蕾至开花期应保持田间持水量约70%，果实膨大期应保持在80%左右，花芽分化期应适当控水，防止徒长。苗成活后，结合松土除草进行一次培土，以促使幼苗多生根。

草莓喜肥，应施足基肥，并适时、适量追肥。采取少量多次的原则，以速效肥为主，按适氮和增磷、钾的原则，施肥量和次数依土壤肥力和植株生长发育状况而定。一般施尿素60kg/hm^2、硫酸钾150kg/hm^2。全生育期追肥分别在开始生长期、果实膨大期、采收初期各追肥1次，果实成熟前10d停止追肥，果实收获高峰过后的发叶期再追肥1次。

2. 植株管理　　适量摘除老叶，及时摘除残叶和病叶，每株留5～7片功能叶。及时摘除匍匐茎。疏除高级序上的无效花，留先开放的低级序健壮花序2、3个，每个花序留7～20朵花。摘除后期未开的花蕾和级序高的花蕾、小果及畸形果，用地膜覆盖代替垫果，也可用切碎的稻草、麦秸铺于植株周围。

畸形果发生与花果级次有关。低级次花易出现雄性不稔，高级次花易出现雌性不稔，但前者只要有良好花粉就可正常坐果发育，而后者却不能坐果或坐果不良。

3. 越冬防寒　　草莓在北方地区一般不能露地安全越冬，需要防寒覆盖。当外界气温降到-7℃前浇一次封冻水，土壤刚冻结时，在草莓植株上覆盖一层塑料地膜，地膜上压稻草、秸秆、树叶或杂草等，覆盖厚度5～10cm。当早春平均气温高于0℃时即可分批撤除覆盖物，当地温稳定在2℃以上时可全部去除防寒物，并清扫地表，破膜提苗，及时摘除病叶，松土保墒，促进生长。

4. 病虫害防治　　病害有白粉病和灰霉病，害虫有红蜘蛛、蚜虫和白粉虱，可用药剂防治。以预防为主，尽量避开花期喷药，以免杀死授粉昆虫和抑制花粉萌发。

（五）果实采收

在适宜成熟度时采收。采收过早，不仅果实的大小和重量达不到标准，而且果实的风味、色泽和品质不好；采收过晚，果实不耐贮运，货架期短。一般采收标准是，果实表面着色达到70%以上即可。采收用容器要浅，底部要平，内壁光滑，内垫海绵或其他软的衬垫物，一般用高度约10cm的塑料盒采收。

在一天温度较低时间采收，如清晨露水干后或傍晚转凉后。人工采收，用拇指和食指在距萼片1cm处掐断果柄，带短果柄采下，不要损伤花萼，否则易腐烂，影响品质。将采下的果实轻轻放在采收容器中，分级分盒堆放，摆放2或3层，切忌挤压。每隔1~2d精细采摘1次，采收期可延续1个月。

采后自然降温冷却或冷库预冷，以最大限度地保持果实新鲜度和品质。冷却最终温度为0℃左右，预冷后在0~1℃温度贮藏或冷藏车运输。

第四节 香 椿

香椿（Chinese toon），学名 *Toona sinensis* Roem.，为楝科香椿属落叶乔木。香椿起源于中国，公元前369~公元前286年就有记载。辽南、华北、西北、西南、华中、华东等地均有种植，主要分布在黄河和长江流域之间。传统的香椿多为零散种植，主要作为林木用，附带采摘嫩芽菜用。20世纪80年代采用密植栽培技术，使菜用香椿在北方各地迅速发展，特别是日光温室栽培面积迅速扩大。

香椿以嫩芽为食用器官，馥郁芳香，营养丰富，可炒食或腌渍。每100g鲜椿芽中含水分84.0g、糖类7.0~7.2g、蛋白质5.7~9.8g、粗纤维2.5~2.8g、脂肪0.4~0.9g、芳香油0.75mg、维生素A 1.0mg、维生素B_1 0.2mg、维生素B_2 0.1mg、维生素C 56.0mg、钙110.0mg、钾548.0mg、镁32.1mg、铁3.4mg，还含有多种氨基酸、黄酮、多酚等生物活性成分，具有一定的抗氧化、抗肿瘤、抑制痛风、防感冒、去肠火等药用功能。干香椿叶中27.43%为氨基酸，主要有甲硫氨酸、缬氨酸、异亮氨酸等16种氨基酸，其中必需氨基酸占总氨基酸的32.45%，谷氨酸、天冬氨酸等呈味氨基酸占氨基酸总量的49.62%，是香椿食味鲜美的原因之一。

一、生物学特性

（一）植物学特征

1. 根 根系发达，但1年生苗木的侧根粗大，主要水平分布在25cm以上的耕层内。

2. 茎 多年生落叶乔木，树干高大挺直，可达10~30m；1年生实生苗一般高0.6~1.4m；顶端优势极强，在适温下，主枝的顶芽先萌发；顶芽达4~5cm后，其下邻近少数的侧芽才萌动，且缓慢生长。顶芽采摘后，侧芽生长加快。作为食用器官的嫩芽是1年生枝顶芽和侧芽刚萌发出来的新梢和嫩叶。

3. 叶 双子叶对生，椭圆形；初生叶对生，多由3对小叶组成。真叶互生，为偶数羽状复叶，小叶6~10对，叶痕大，长40cm，宽24cm；小叶长椭圆形，叶端锐尖，长10~12cm，宽4cm。枝条顶端由鳞片包裹，内含很短的嫩茎和未展开的嫩叶。春季枝条顶端萌发，嫩叶生长展开，初为棕红色，逐渐长成绿色叶片，叶背红棕色，轻披蜡质，略有涩味，叶柄红色；冬季落叶。

4. 花、果和种子 聚伞形或圆锥形花序，顶生或腋生，下垂。两性花，钟状，白色，有香味，花萼短小，花瓣5枚，5枚发育正常的雄蕊和5枚退化的雄蕊互生，子房5室，卵形或圆锥形，每室有胚珠2或3枚。5～6月份开花。蒴果，狭椭圆形或近卵形，长2cm左右，成熟后呈红褐色，果皮革质，开裂成钟形，5心室。果实10～11月成熟，由5角状的中轴开裂。种子椭圆形，扁平，有膜质长翅，红褐色。种粒小，发芽率低，含油量高，油可食用。自然条件下种子发芽力可保持半年左右，千粒重10～15g。

（二）生长发育周期

实生香椿树从栽植后2～3年开始采摘椿芽，5～6年前为营养生长期，7～10年可开花结实。菜用香椿因连年多次采收嫩梢，摘除顶芽，树势弱，一般不开花。保留顶芽的，5月下旬至6月中旬开花，10月中下旬种子成熟。

露地香椿树每年3月椿芽萌动，4月份采摘椿芽，6～8月为迅速生长期，10月下旬落叶后进入休眠期，休眠期为4～5个月。温室种植时多在露地培育苗木，待休眠后温室假植，1～3月采摘椿芽。

（三）对环境条件的要求

1. 温度 主要分布在亚热带和温带地区，适应性广，在8～25℃的地区均可栽培。种子发芽适温20～25℃。在日均温8～10℃时顶芽萌发；12℃时嫩叶展开，但生长缓慢；15℃时椿芽抽生加快，易木质化使品质降低。枝叶生长适温为16～25℃，最适20～25℃。气温低于8～10℃或高于35℃，枝叶停止生长。光合适温为22～24℃。成龄大树耐寒能力强，能耐－27～－20℃低温，而1年生实生苗木，若木质化程度低，在－10℃主干会被冻死。

2. 光照 喜光，但忌强光。1年生实生苗光补偿点1.1klx，光饱和点30klx，光照过强（>40klx），光合速率迅速下降。

3. 水分 喜湿、耐旱、怕涝。幼苗期最适土壤湿度为85%左右。土壤干旱，生长缓慢。土壤渍水，呈徒长症状，易发生根腐病。故雨后应及时排水防涝。

4. 土壤 成龄树对土壤质地要求不严，喜土层深厚、肥沃的石灰质土壤。瘠薄的砂石山地或黏重的土壤上均能生长，但生长缓慢。幼龄苗木对土质要求较为严格，以轻壤土或砂质壤土为圃地较为适宜。适应pH 5.5～8.0的土壤。

二、品种与类型

生产上，香椿主要按芽叶颜色和栽培地区分类。

（一）依芽苞和幼叶颜色分

可分为红香椿和绿香椿2种类型。

1. 红香椿 树冠开阔，树皮灰褐色，初出幼芽绛红色，有光泽，香味浓郁，纤维少，油脂丰富，品质佳，是较好的材菜兼用品种。主要品种有红油椿、黑油椿、红香椿、褐香椿、米尔红、红叶椿、红毛椿、水椿等。

2. 绿香椿 树冠直立，树皮绿褐色，椿芽嫩绿色，含油质较少，香味淡，纤维较多，品质稍差，主要作为材用品种栽培。主要品种有青油椿、薹椿、红芽绿香椿、黄罗伞等。

（二）依原产地分

按品种原产地区分，有安徽太和香椿、河南焦作香椿及山东西牟香椿。

1. 安徽太和香椿　　主要分布于安徽太和县，其树冠开张或直立，生长势强，品质佳，为出口的主要品种，有红香椿和绿香椿，代表品种有黑油椿、红油椿和青油椿；此外还有米尔仁、紫狗子、槐树椿和毛椿等品种，品质较差。

2. 河南焦作红香椿　　主要分布在河南焦作东南郊的张庄、尚庄、郝庄、定和及恩村一带，栽培历史已有300余年。其树冠开张，树皮灰褐色，初生芽苞嫩叶呈绛红色，香味浓郁味甜，无苦涩味，品质优良。

3. 山东西牟香椿　　主要分布在以山东烟台市西南郊只楚镇西牟村为中心的区域，栽培历史已有300余年，主要品种有赤椿、油椿和柴椿。

三、栽培技术

香椿栽培技术流程为：土壤准备→繁殖种苗（实生繁殖或分株繁殖）→栽植→设施栽培的环境调控、追肥、灌水、套袋遮光→采收→根株管理→病虫害防治。

（一）繁殖方法

分为实生繁殖和分株繁殖（也称根蘖繁殖）两种。

1. 实生繁殖　　即用种子播种繁殖。由于香椿种子发芽率较低，播种前，先用手搓去种翅，必要时进行种子消毒，然后将种子在30～35℃温水中浸泡12～24h，捞起后置于25℃处催芽，有30%以上种子胚根露出米粒大小时播种。

育苗床可用阳畦或塑料小棚，也可露地育苗。苗床深翻整平，施腐熟有机肥60～75t/hm²、磷钾肥750kg/hm²。作宽1.0～1.5m的平畦。

春季地温达5℃以上时播种。撒播的，浇足底水撒籽，覆土厚1cm，播种量45～60kg/hm²；条播的，开沟深2～3cm，行距30～40cm，沟内条播种子，覆土厚2～3cm；播种量约22.5kg/hm²。播种后覆盖地膜提温保湿。拱土出苗时撤地膜。出苗后，2、3片真叶时间苗，4、5片真叶时定苗，撒播的行株距为25cm×15cm。香椿幼苗喜湿、耐旱、怕涝。幼苗期应勤浇小水，见湿见干，并结合中耕松土除草。雨季要注意排水防涝。

保护地育苗的保持温度白天20～25℃，夜间15℃左右。出苗后间苗2、3次，保持苗距5～6cm。苗高10～15cm时按行距30cm，株距20cm分苗。定植后，6～8月份是幼苗迅速生长期，可结合浇水追施速效性肥料2、3次，每次施尿素150～180kg/hm²，并适量配合磷、钾肥。立秋后减少浇水和停止施氮，促使苗木木质化和加粗生长。

2. 分株繁殖　　可在早春挖取香椿成株根部的根蘖苗，植在苗圃培育成苗。也可采用断根分蘖方法，于冬末春初，在成树周围挖60cm深的圆形沟，切断部分侧根，而后将沟填平，由于香椿根部易生不定根，因此断根先端萌发新苗，次年即可定植。

日光温室香椿，也可在春季最后1次采芽后平茬，培养成下年用苗。具体方法是：4月上旬将苗木留5cm高剪掉，并刨起根茬，剪去老根的1/3～1/2，然后用10mg/L ABT4生根粉浸泡1～2h，促发新根。以株距30cm，行距40cm的密度移栽到棚外培养苗木。待根茎处萌生新芽后，选留 3~5 个，长至 10~15cm 高时摘心矮化或喷生长抑制剂矮化苗。其他管理类似实生苗培养。

无论是实生繁殖，还是分株繁殖，日光温室栽培的，一般应培育出株高不超过 1.0m 的矮化苗，可于 7 月中旬株高 60cm 左右时喷洒 15% 多效唑 200~400 倍液 2、3 次；或采用摘心法培育多主枝矮化苗木，即在 7 月苗干 40~50cm 高时摘去 15~20cm 长的顶心，以促使形成 2、3 个分枝，并在分枝上当年形成饱满顶芽。

（二）露地栽培

1. 普通栽培 是传统栽培方式。采用实生繁殖法或根蘖繁殖法培育成高约 2m 的苗木，在早春发芽前露地栽植。大片营造香椿林的，田间行株距 7m×5m。植于河渠、宅后的，都为单行，株距 5m 左右。栽植后浇水 2、3 次，以提高成活率。露地越冬，翌春即可采收。华北地区可采收至 6 月上旬。采收结束后，立即修剪整形。

2. 矮化密植栽培 是新栽培方式，育苗方法与普通栽培相同，只是在栽植密度和树型修剪方面不同。一般栽 9 株 /m^2 左右。树型可分为多层型和丛生型两种。多层型是当苗高 2m 时摘除顶梢，促使侧芽萌发，形成 3 层骨干枝，第 1 层距地面 70cm，第 2 层距第 1 层 60cm，第 3 层距第 2 层 40cm。这种多层型树干较高，木质化充分，产量较稳定。丛生型是苗高 1m 左右时即去顶梢，新发枝只采嫩叶不去顶芽，待枝长 20~30cm 时再打顶。特点是树干较矮，主枝较多。

（三）设施栽培

设施栽培主要有 2 种方式，一种是日光温室普通栽培或假植栽培，另一种是塑料拱棚临时覆盖栽培，即将露地矮化密植的香椿在通过休眠后搭拱棚覆盖，进行促成栽培。下面主要介绍日光温室栽培技术。

1. 栽植 普通栽植的，按行距 40~60cm，株距 25~30cm 栽苗，栽苗密度 7.5 株 /m^2。入冬落叶后在 1~5℃下经过 15~20d 通过生理休眠后，即可扣膜保温生产，1 次定植连续生长多年。假植栽培的，先在温室内整地施入腐熟有机肥和磷酸二氢铵，作宽 1.2~1.5m 的平畦；入冬香椿落叶后起苗栽植，1 年生独干实生苗按株距 5cm，行距 20cm，深 20~30cm 栽苗 75~90 株 /m^2；多年生根株苗栽 45~60 株 /m^2。栽植时，矮苗栽在温室南部，大苗栽北部。栽后踩紧，浇透水。

2. 环境管理 主要是温度、湿度和光照的管理。

（1）温度调控：扣膜后 10~15d 是缓苗期，白天棚温可在 30℃ 左右。经过 1 个多月的自然光温积累，萌芽后，白天温度控制在 25~30℃，夜间控制在 13~17℃，采芽期间气温以 18~25℃ 为宜。视情况加盖草苫、纸被以增温或保温。

（2）湿度调控：空气相对湿度保持在 85% 以上，晴天还要向苗木喷水，以防失水干枯。萌芽后，空气相对湿度以 70% 为宜，湿度过大，不仅发芽迟缓，且香味大减，应及时放风排湿。

（3）光照调节：白天及时揭苫并清扫膜上杂物，以增加光照；若光照过强，可适当遮阳。

3. 水肥管理 香椿为速生木本蔬菜，需水量不大。但假植的苗根系吸水能力差，栽植初期应保持较高的土壤湿度和空气湿度，要浇透水；以后视情况浇小水。萌芽期向枝干喷水补充水分，喷水宜在中午进行。第 1 次采收后，随浇水追施尿素 200～300kg/hm²。如果采收期长，以后还可再追肥 1、2 次。校彦赟等（2015）以 3 年生大棚香椿为对象试验表明，在 3～9 月间，每 10d 叶面喷施 1 次 0.2% 尿素和浇施 1 次复合肥（45g/m²）可显著提高嫩芽产量。

4. 套袋遮光　当地温达 18℃以上时，可撤掉棚膜，让树苗自然生长。此后树苗虽发育较快，但容易老化，可用黑红 2 层 2 色聚乙烯薄膜袋，在香椿芽长到 5cm 时套袋遮光。当椿芽长到 15cm 时，连袋一起采下，然后去袋销售。膜袋可多次利用。

5. 根株培养　假植栽培的，一般在清明节露地香椿上市时停止采芽，将根株移栽到露地苗圃进行平茬，培养翌年用的苗木。

6. 病虫害防治　虫害有香椿毛虫、云斑天牛、草履介壳虫等，可用杀螟杆菌等农药防治；病害有叶锈病、白粉病等，可用波尔多液、石硫合剂等药剂防治。

（四）采收

正常情况下，从栽植至萌芽约需 40d，从萌芽至采收需 7～12d。但不同品种香椿苗木萌芽早晚相差可达 20～30d。露地栽培的香椿，一般在清明前发芽，谷雨前后就可采摘顶芽。第 1 次采摘的称头茬椿芽，不仅肥嫩，而且香味浓郁，色泽俱佳，质量上乘；以后根据生长情况，隔 15～20d 采摘第 2 次。新栽的香椿，最多收 2 次，3 年后每年可收 2、3 次，产量也相应增加。保护地栽培香椿，应保障春节时达到产量高峰，即在春节前 60～70d 扣膜。

据朱永清等（2016）采用顶空固相微萃取和 GC-MS 分析巴山红香椿芽叶 5 个不同发育时期挥发性物质表明，在不同发育时期挥发性组分的种类及相对含量具有明显差异，嫩芽期以萜烯类为主，芽叶期及新叶期含硫化合物相对含量最高，成熟叶及老叶期萜烯类和含硫化合物相对含量相当；在嫩芽期到芽叶期，挥发性化合物变化较快，对于嫩芽鲜销和加工品质稳定影响较大。王赵改等（2015）对红油香椿同茬 3 个不同采收期嫩芽营养物质和抗氧化能力分析认为，综合考虑营养物质含量、抗氧化活性和食用性，Ⅱ期（30% 为紫红色、芽长 20cm、无木质化、可鲜食）为最适宜的采收时间。

香椿一般在芽长 15～20cm 时采收。采收时不宜用手掰芽，以免损伤树体，破坏隐芽的再生能力。采芽宜在早、晚进行，用剪刀采收，一般 7～10d 采收 1 次。顶芽整芽采收；侧芽留 1、2 片复叶剪下。头茬芽宜在 12～15cm 时采收；2 茬芽长 20cm 时采收打顶，促其发出侧芽、隐芽，提高产量。采后酌情追肥、浇水，促进芽生长。

在春节前后上市的香椿芽，采下后要整理扎捆，一般每 50～100g 为 1 捆，装入塑料袋内封好口，防止水分散失。

第五节　竹　笋

竹是禾本科（Gramineae）多年生常绿植物，约有 6 属 21 个种的种群能形成食用笋，其初生、嫩肥、短壮的芽或鞭可作蔬菜食用，即竹笋（bamboo shoot）。食用笋主要分布于热带、亚热带和温带地区，在中国主要分布在珠江和长江流域，并先后传入日本、美国、德国、西班牙、土耳其等国家。

竹笋在中国自古被当作"菜中珍品"，可烧菜、做汤，还可加工成笋干、玉兰片及罐头等，其味清香鲜美。每 100g 鲜竹笋含干物质 9.79g、蛋白质 3.28g、碳水化合物 4.47g、纤维素 0.90g、脂肪 0.13g、磷 56mg、钙 22mg、铁 0.1mg。竹笋还富含天冬素，对人体有滋补作用；并具有低脂、多纤维的特点，可促进肠胃蠕动，有帮助消化的作用，可一定程度上预防肠胃癌。中医认为竹笋味甘、微寒、无毒，具有清热化痰、益气和胃、治消渴、利水道、利膈爽胃等功效。

一、生物学特性

（一）植物学特征

竹属于多年生的常绿植物，以母竹移栽繁殖为主。植株地上部有竿、枝叶、花、果和种子等器官；地下部有地下茎和根。依生态习性，竹有单轴型的散生竹和合轴型的丛生竹，也有介于二者之间的混合竹。

1. 根 散生竹的根生于地下竿基节的四周，称为竹根，为铅丝状须根，垂直向下生长，不产生侧根，有固定植株的功能，根端有纤维状根毛，是吸收器官。丛生竹的须根生在地下茎（竹鞭）的节上，鞭节的四周均能发生，称为鞭根，分布广，新陈代谢能力强，是竹子生长过程中重要的吸收器官。

2. 茎和枝 有地上茎和地下茎。地上茎为竿茎，直立，圆锥形，有节，节间中空。竹节上有箨环与竿环，2 环间着生芽，发育形成竹枝。每节生 2 枝，大小有别。大的为主枝，小的为次生枝，枝条中空有节，每节生小枝，小枝上生叶。地下茎由竿基、竿柄和竹鞭等组成。竿基是竹竿基部入土的部分；竿柄是竿下端与竹鞭连结的部分，节密生，有 10 多节，光滑，坚硬不生根，竿柄通过竹鞭连结竹和笋芽；竹鞭是与竿柄相连的强大的地下主茎，具节，节上可分生新的竹鞭，节上还可生鞭根，或形成笋芽。竹鞭在土中呈波浪形起伏伸展，先端部分称鞭梢，有坚硬鞭箨包裹着，其尖端有强大的穿透力；鞭梢肉质柔嫩，可食用，称为鞭笋，其余的称鞭身。新竹鞭每年发生，使地下竹鞭越积越多，因此，老竹林应及时除去生长势弱的老鞭。

竹笋为竹子初生、嫩肥、短缩的芽或鞭，是竹的食用器官。

散生竹地下茎（竹鞭）的横向生长力强，地上茎形成单竿（图 10-1），在笋用竹中最为多见，主要有刚竹属的毛竹、早竹、哺鸡竹等。

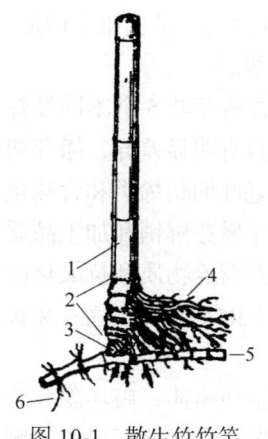

图 10-1 散生竹竹竿
1. 竿茎；2. 竿基；3. 竿柄；4. 竹根；5. 竹鞭；6. 鞭根

丛生竹地下茎几乎没有横向伸长的竹鞭，新生地上茎均在母体基部的节间上产生，形成的众多植株合抱在一起。与散生竹相比，丛生竹由竿基、竿柄组成地下茎。母竹竿茎的节间宽窄不一，在宽一侧可形成 6~8 个分蘖节，易产生笋芽，称"笋目"。笋目由下到上分别称头目、2 目、3 目、……、尾目。笋芽先横向生长形成竿柄，然后向上生长形成竿基，出土后形成笋，再成竹（图 10-2）。

3. 叶 叶着生在小枝上，互生成 2 行。竹叶分叶鞘与叶片 2 部分。在叶鞘与叶片间的内侧边缘有舌状突起称叶舌，叶鞘顶部 2 侧有耳状物称叶耳。叶片呈狭披针形，长 7.5~16.0cm，宽 1~2cm，先端渐尖，基部钝形，叶柄长约 0.5cm，边缘一侧较平滑，另一侧具小锯齿而粗糙；平行脉，次脉 6~8 对，小横脉甚显

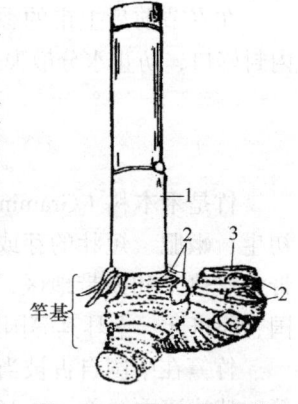

图 10-2 丛生竹竿基形态
1. 茎；2. 大芽；3. 笋基部

著；叶面深绿色，无毛，背面色较淡，基部具微毛；质薄而较脆。

一般竹的叶片每年脱落1次，而毛竹在新竹形成新叶1年后脱落1次，第2年发生的竹叶则过2年脱落1次，以后形成的叶片都是要经过2年才脱落1次。通常把竹叶脱落的周期叫度或届，是计算竹龄的依据。

4. 花与果实　大多数竹子是多年生一次开花植物，性成熟后即开花结果，然后枯亡。总状花序，花由鳞被、雄蕊和雌蕊组成，颖果。种子也可以作繁殖材料。

（二）对生态环境的要求

1. 温度　要求温暖、湿润的环境条件。年均温度要求12~22℃，其中毛竹要求年均温14~20℃，盛夏平均温度在30℃以下，寒冬平均温度在4℃以上的温度条件。而丛生竹要求年均温18~20℃以上，1月份平均温度8~10℃，0℃左右即受冻害。

早竹类要求的温度与毛竹相近，但部分早竹在温度不到10℃就可出笋；而毛竹需10℃以上；哺鸡竹出笋温度要求15℃左右，其中红哺鸡竹要比乌哺鸡竹出笋早一些；丛生竹出笋需要温度更高，一般要到6月以后才能出笋。因此，每年的平均温度不同，出笋的季节也会有差异。一般春季转暖快，则笋期提前。

2. 光照　要求光照充足的环境，耐半阴。光照促进竹笋萌发，幼竹和枝叶生长更需要较强的光照，适宜光照强度50~60klx。光照强度、光照时数和光的波长对竹笋的形成、品质、出土早晚都有很大影响。

方飞燕等（2012）对野外毛竹林样地内竹笋设置笋尖透光和全遮光处理，以全自然光为对照，试验表明，光照强度对毛竹幼竹成竹过程有显著差异，笋尖透光处理的毛竹生长最好，株高、胸径分别比对照提高13.0%和2.4%。毛竹株高从3月到4月底增长相对缓慢，5月份开始增长明显加快，5月下旬至6月初增长平缓，生长过程基本结束；毛竹胸径从4月底开始迅速增加，到5月中旬已稳定不变，说明毛竹胸径大小几乎不受光照强度的影响，而取决于竹笋的大小。生长过程适当遮光有助于提前进入胸径生长。

李雪蕾等（2015）以自然光照（44~48klx）为对照，研究不同遮光度对麻竹笋不同部位苦涩味物质含量的影响，结果表明，随着光照强度降低，麻竹笋单宁、类黄酮、氨基酸等苦涩味物质的含量减少，而草酸含量呈先上升后下降的趋势；在相同光照强度下，麻竹笋单宁、氨基酸含量以笋尖部最高，分别是笋基部的1.8~3.4倍和1.4~3.4倍；类黄酮含量变化趋势与其相反，笋基部比笋尖部含量少29.4%~60.2%；草酸含量在笋中部最高，其次为笋尖部，笋基部最少。在自然光照条件下，笋尖部苦涩味物质含量最高，苦涩味最重，适量降低光强可有效减少麻竹笋中苦涩味物质含量。

3. 水分　由于枝叶繁茂，水分蒸腾量大，而鞭根入土较浅，不耐干旱，要求湿润的环境。毛竹、早竹类分布在年降水量1000~2000mm地带，而麻竹、绿竹需要年降雨量1400mm以上。竹的地下竹鞭和根系发达，不耐浸水，要求地下水位低的地方才能生长良好。

4. 土壤营养　要求土层深50cm以上、质地疏松、肥沃、pH 4.5~7.0的土壤。凡是土层薄、石砾多、土质过黏都不适宜竹的生长而影响产笋量。竹笋生产中应多施有机质含量高的肥料，特别是早竹类。

海拔高度也影响竹笋生长和品质。时俊帅等（2018，2019）分析3个海拔梯度（110m、370m、560m）的高节竹林竹笋的外观品质、营养品质和食味品质表明，海拔高度提高可显著提高竹笋的基径、长度、笋个体质量和可食率等外观品质，增加维生素C、单宁和草酸的含量，但降低可溶性糖含量。试验认为中、高海拔高节竹笋优于低海拔竹笋，而低海拔高节竹笋在氨基酸营养价值、利用率、平衡程度等较好，蛋白质营养价值较高。

二、品种与类型

（一）系统分类

任何竹都能产笋，但作蔬菜食用的竹笋必须是组织柔嫩，无苦味或其他异味，或虽带有苦涩味，经加工除去苦涩味就能食用的竹类。中国是世界上竹类资源最丰富的国家之一，有40多属500种以上，但可食用竹只有200多种，品质优良的笋用竹仅有30多种，广泛栽培仅几个属。竹的系统分类尚不统一，现大体整理如下。

1. 刚竹属 刚竹属又称毛竹属，主要有毛竹（*Phyllostachys pubestens*）、淡竹（*P. nigra* var. *henonis*），分布于长江流域；早竹（*P. praecox*）、石竹（*P. nuda*）、白哺鸡竹（*P. dulcis*）、乌哺鸡竹（*P. vivax*），分布于浙江、江苏；水竹（*P. heteroclada*），分布于长江以南各省；刚竹（*P. bambusoides*），分布于长江流域及山东、河南、陕西。

2. 慈竹属 慈竹属主要有麻竹（*Sinocalamus latiflorus*），分布于广东、广西、福建、台湾、贵州、云南；绿竹（*S. oldhami*），分布于广东、广西、福建、台湾、浙江；大头典竹（*S. beecheyanus* var. *pubescens*），分布在广东、广西。

3. 刺竹属 刺竹属主要有刺竹（*Bambusa blumeana*），分布于广东、广西、福建、台湾；车角竹（*B. sinospinosa*），分布于广东、广西、四川、贵州。

4. 苦竹属 苦竹属主要有薏竹（*Plenioblastus hindsii* Nakai），分布于广东沿海各地。

（二）代表类型

1. 毛竹笋 毛竹壮龄竹鞭上分化形成的侧芽，在夏末秋初一部分肥大形成笋芽，是竹竿的雏形，在适宜的环境条件下，生长发育成由节、隔及顶端生长组织构成的笋肉，外部节上着生坚硬的竹箨，为保护层。分化早的笋芽经过秋、初冬的生长形成长10～30cm，粗6～10cm的黄色笋体。可在冬季或早春挖开土层采收，称为冬笋。经冬季休眠后，春暖时又继续生长出土，这时采收的笋称春笋或毛笋。毛笋以清明至谷雨间为多，采收过晚则组织老化，品质变差；若继续生长则形成新竹。毛竹的地下竹鞭5～6月后开始发鞭，7～8月可采收食幼嫩的鞭头，称鞭笋。

2. 早竹笋 早竹类中雷竹和哺鸡竹，以及淡竹、刚竹等散生竹，其笋芽形成比毛竹迟且小得多。早竹类在秋末冬初形成，淡竹、刚竹在春季形成笋芽，因此不收冬笋，待芽出土后收春笋。雷竹等最早熟的品种，通过秋、冬季保温覆盖，也可在冬季采收到"春笋"。

3. 丛生竹笋 麻竹、绿竹和甜竹是在壮龄竹竿基的笋目上形成笋芽，一般在5月中旬后才从笋目中开始萌动，7～8月高温季出笋，同时笋期很长，可延迟到11月。绿竹、甜竹比麻竹出笋早1个节气。

三、栽培技术

竹笋栽培技术流程为：土壤准备→繁殖种苗（母竹移植法或竹竿压条法）→栽植→新植

竹园管理（灌水、追肥、除草）→成龄竹园管理［中耕、除草、培土覆盖、追肥、灌水与排水、套袋遮光、植株管理（留笋成竹、砍除老竹、钩梢）、病虫害防治］→采收。

（一）繁殖技术

竹以营养繁殖为主，有母竹移植、竹竿压条、竹蔸移植、移鞭、枝条扦插等方法，也可用种子实生繁殖。生产上一般以营养繁殖为主，散生竹用母竹移植法，丛生竹用分株或竹竿压条法。

1. 母竹移植法 繁殖易成活，成林早，但繁殖系数低，且竹子大，搬运费时费工。长江中下游以南地区，自11月份至翌年2月份均可移栽，也可在5月下旬至6月初种植；长江以北春季和盛夏前1个月移植。一般应避开最冷或最热的季节。移植前应在适栽区选择土层深厚、微酸性、地下水位低、排灌方便的缓坡地或平地，种前1~2个月深耕去石砾、杂树、杂草，平整并施入有机肥。新植毛竹园每公顷栽300~375株，选择胸径3~6cm的1年生或者当年生母竹。挖母竹时不能扭伤竿柄部位，同时留笋芽芽尖朝竿柄方向的"来鞭"30~50cm，留笋芽芽尖方向离竿柄之后的"去鞭"60~100cm。为防止风害和减少水分蒸发，去竹梢头，留5、6盘竹枝，在切口上包上竹箬，以防雨水淋入后腐烂。按行距开长1.5m，宽1m，深约0.5m穴定植。穴内先施入充分腐熟的有机肥，上铺10cm熟土，栽种母竹，使竹鞭充分舒展，然后分层填实土，浇透水后，上铺高出土面3~5cm的松土。定植后遇干旱季节应筑蓄水沟，连续浇水3~4d，7d后填平土层。栽后使竹鞭在地下有30cm的深度，下雨又不会积水的程度，然后打好木桩固定母竹，以防风害。

新植早竹的移植方法与毛竹基本相同，5月下旬或翌年早春选胸径2~3cm母竹，留"来鞭"10cm，"去鞭"30~50cm的当年新竹移栽，密度750~1200株/hm²，有机肥施入量可比毛竹增加30%~35%。

2. 压条繁殖法 主要用于丛生竹的繁殖。2~4月当竹内营养液流开始活动时，选择1、2年生，枝条上隐芽饱满的健康竹作压条，从竹竿基部向外侧开1条宽、深各15~20cm的水平直沟，长度与压条相等，沟底均匀施入腐熟有机肥。在竹竿基部背面砍深度为竹竿直径2/3左右的缺口，将竹竿沿直沟缓缓压倒，在20节左右削去竹梢并剪除枝叶，只保留最后1节枝叶，以利养分、水分和氧气的输送。在竹竿上覆2~5cm熟土，后1节枝叶露出土面。浇水后在竹竿上覆草，以后常浇水保湿。约经3个月，各隐芽可长笋和生根，加强栽培管理，促进竹苗健壮生长。次年春挖起压条，逐节锯断成独立的竹苗可供种植。

（二）新植竹园管理

毛竹母竹定植后如遇干旱应灌水，或铺施有机肥或草保湿。成活后及时除草施肥，促进发鞭。第1年能采笋的，每株留1、2个新竹，松土、施肥、防病虫；第2年采笋时均匀分布留2、3个新竹，3年后使立竹量笋用林达3000~3750株/hm²，兼用林达5250株/hm²以上。

早竹林的管理与毛竹林相似，3年后使立竹量达9000~11250株/hm²，成林后达12000~15000株/hm²。丛生竹的建园应保持立竹量600~750丛/hm²。

新竹林种植前1、2年，由于产竹量稀少，可套种绿肥、竹荪或西瓜、毛豆等蔬菜作物，既可熟化土壤，又可减少杂草滋生。但在竹竿四周50cm的范围内不能间作，以影响竹子自身的生长。薄肥多施，使新竹健壮生长，早成竹园。

（三）成龄竹园管理

1. 中耕、除草 郁闭前的新竹园易滋生杂草，成林的竹园有老竹采伐时留下的竹蔸，有浮生的老竹鞭均影响竹林生长。中耕可松土并除去杂草、竹蔸、老竹鞭，减少与笋竹争夺养分，又可熟化土壤，改善土壤透气性。每年可中耕1、2次，第1次在新竹枝叶展开后进行，第2次在立秋后进行。第1次中耕宜深，除去残存的竹蔸与老鞭，除去多年生杂草的根系；第2次宜浅，尽量少伤鞭以免影响笋芽的形成。每年中耕1次的宜8月份进行。中耕应在离竹基30cm以外进行，以防伤害竹根，每次中耕后应把土面整平。

2. 培土覆盖 在春季竹笋开始生长时，以竹叶和土壤（客土）进行覆盖，覆盖高度以杆基为基准，覆盖厚度约20cm，一般3～4年培土1次。培土可有效改变地下鞭系分布区域和生长环境，从而改善竹笋外观和口感。培土栽培的麻竹笋单重量、基茎、长度及可食率较不培土分别提高28.1%、12.8%、19.6%、23.5%，箨壁厚度降低46.4%；灰分、蛋白质、脂肪及淀粉含量较不培土分别下降10.1%、12.8%、26.1%、48.8%，而还原糖、可溶性糖、水分及维生素C含量均不同程度增加；单宁、草酸、纤维素、木质素含量较不培土分别下降26.3%、20.3%、39.1%、25.5%；氨基酸总量较不培土增加26.1%，其中的苦味、芳香类和鲜味氨基酸含量占比下降，但甜味氨基酸占比则显著上升（于增金等，2019）。覆土栽培也能明显改善高节竹笋和绿竹笋的外观形态质量，增加香味和甜味，减少酸涩味和粗糙度，竹笋品质和适口性明显提高，且覆土栽培2年的作用更为明显（郭子武等，2014；童龙等，2018）。

在闽赣浙等地，采用谷壳覆盖，1年3、4次，配备水肥微喷，生产的笋出口日本，效果好。

3. 套袋遮光 在竹笋出笋高峰期，用黑色塑料袋进行套袋遮光栽培，可改善竹笋的内在品质。在竹笋高度10～30cm范围内，套袋会降低竹笋中单宁、维生素C、粗蛋白、粗纤维的含量，增加总氨基酸含量（白瑞华等，2011）。

4. 施肥 每生产100kg鲜笋，从土壤中吸收N 0.50～0.70kg、P_2O_5 0.10～0.15kg、K_2O 0.20～0.25kg。春、夏宜施化肥，秋冬宜施畜禽粪等有机肥。新竹林还可套种豆科作物绿肥。产笋目标9～12t/hm^{2}的成龄竹园，推荐施纯N、P_2O_5和K_2O分别为320kg/hm^2、180kg/hm^2、195kg/hm^2。施肥方法依土壤性质和气候条件决定，一般2月份施"催笋肥"，主要适用N肥为主的速效肥；5月中旬施"长鞭肥"，主要施用有机肥，或三元复合肥；8月中旬施"孕笋肥"；12月份施"发笋肥"，此期以堆肥为主，利于发酵提高地温。

5. 灌溉和排水 中国南方降雨量大，但不均匀。遇夏、秋季干旱时，应及时灌水促进笋芽萌发；遇台风、梅雨时应及时排水，以防烂鞭和笋芽枯亡。水分控制是否均匀，对产量影响较大。笋芽分化期和竹笋生长期必须保证充足的水分供应。

6. 植株管理 新竹林营造以后，逐年增加选留均匀分布的壮笋成竹，选留期应在旺笋期。每年留竹量，毛竹300～600株/hm^2，高产林750～900株/hm^2，一般不能少于225株/hm^2；早竹留1200～1500株/hm^2。留笋时可适当多留，在生长过程中每年淘汰生长受阻的植株，并砍伐与新竹数量相同的老竹。早竹应砍伐3~4年生老竹，其选留数量依竹林生长情况而定。

笋用林由于管理精细，土地肥沃疏松，枝叶茂盛挡风面大，抗风能力相对较弱，生产上应对新竹林钩梢。钩梢可抑止竹子的顶端生长优势，有利于发鞭和笋芽的形成，又可防止季风、台风和大雪的危害。为了保持有适宜的同化面积，毛竹一般应保留15~17档竹枝。早竹可减少一些。钩梢时间在10~11月为宜。

7. 病虫害防治 竹类主要虫害有竹蚜虫类、蚧壳虫、竹螟、竹蝗、竹斑蛾、笋夜蛾、笋蝇、竹广肩小蜂、竹象虫等。前4种虫食竹叶，后4种危害竹笋。病害有竹笋纹枯病、竹笋基腐病、竹秆锈病、煤污病等。生产上应采用综合防治措施防治病虫。

（四）竹笋采收

竹笋培育及收获技术装备尚缺失（周建波等，2017），目前还依靠人工培育和采收。毛笋由于采收时期的不同，有冬、春笋和鞭笋之别。秋季竹鞭的笋芽发育早而肥大，当其直径达7cm以上，长12cm以上时，可在春节前采收，称冬笋。冬笋采收时，不易看到，要根据竹竿、竹枝的生长情况和土表的异样去判断、采收。春季笋芽刚露头而采收的为春笋。笋体露出土面10~15cm可采收，笋体过长采收影响品质。在夏末初秋，一般只能少量采收鞭笋。毛笋产量一般在11.25~15.00t/hm^2。

早竹笋只能采收春笋，一般出土5~10cm采收为宜，产量在7.50~11.25t/hm^2，覆盖精细管理的达37.50t/hm^{2}以上。丛生竹主要采收基部的嫩芽，采笋方法是宜将土扒开，使笋裸露后用笋刀割除。收笋时选分蘖节下1~3对笋目留下，其笋目基部当年还有笋芽发生可采收，有的到第2年才能形成新的笋芽。丛生竹采收期最长，采收技术性强，一般在6~11月采收，产量7.50~15.00t/hm^2。

（五）生产中存在的问题

1. 开花问题 竹类是多年生一次性开花植物，开花后植株死亡，生产上不希望竹子开花。竹子开花是生理上性成熟而引起的，属正常现象，但环境条件也有较大作用。生产上可在1块竹林中栽植不同竹源的竹，避免整林同时开花；也可用实生幼竹，延缓开花。精细管理，防旱、涝、贫瘠、异常高低温和病虫害，创造有利于竹子营养生长的环境条件，可推迟其生理成熟期，从而延迟开花。

2. 大小年问题 竹林中出笋多的年份为大年，出笋少的年份为小年。由于大年笋多成竹多，在幼竹生长消耗母体养分也多，故影响竹叶的生长和地下茎发鞭，使第2年竹笋明显减少，这种隔年交替的现象为大小年。大小年产生的主要原因是营养在竹子生长与产品间的分配协调问题。生产上可通过合理肥水管理和适时植株调整，促进营养生长，每年秋季使枝、叶、鞭中有足够的养分积累；在大年多疏笋，少育竹，多砍老竹；小年少采笋，多养竹，少砍老竹，以避免大小年现象。

3. 退笋问题 留着的竹笋不能成竹的现象为退笋，是营养不足，笋体生长互相竞争引起的。生产上应合理选留竹笋，如在产笋高峰期后选择空间分布均匀、笋体强健的个体；出笋期间避免温度过低、水分不足或雨涝、缺肥、病虫害等，发现退笋时及早采收。

第六节　其他多年生蔬菜

请扫描二维码阅读本节内容。

小　结

多年生蔬菜是指播种或栽植1次，可连续生长和采收2年以上的草本和木本蔬菜。中国栽培的多年生蔬菜主要有芦笋、金针菜、草莓、香椿、竹笋等，菜苜蓿、朝鲜蓟、食用大黄、蘘荷、蕨菜、马兰头、菊花脑、枸杞等在一些地区也有栽培。在寒冷地区，多年生草本蔬菜冬季地上部枯死，地下部器官宿存于土壤中休眠；多年生木本蔬菜冬季落叶；翌年环境适宜时均重新萌芽、生长，如此生长多年。在温暖地区，一年四季均可生长。多年生蔬菜一般根系发达，适应性广，抗逆性强，对土壤、水分、营养等条件要求不严格，多以无性繁殖为主，亦可种子繁殖。多年生蔬菜主要在露地生产，适应周年供应的需求，设施栽培也有发展。本章简要介绍了多年生蔬菜的种类、起源与分布、生物学特性与栽培技术的共性，系统介绍了芦笋、金针菜、草莓、香椿、竹笋的生物学特性、品种类型、栽培茬次和栽培技术，简要介绍了菜苜蓿、朝鲜蓟、食用大黄、蕨菜、马兰头和菊花脑的生物学特性与栽培技术。

思 考 题

1. 何谓多年生蔬菜？有哪些种类？其生物学特性和栽培技术的主要共同点有哪些？
2. 试比较芦笋根系与韭菜根系的异同点。
3. 试总结芦笋不同生长发育时期的生长特性和对环境条件的要求特点。
4. 白芦笋与绿芦笋的栽培技术有何异同？
5. 芦笋生产中产品常见问题有哪些？
6. 金针菜有哪些生育时期？各时期对环境条件要求有何特点？
7. 金针菜如何繁殖？如何进行春苗和秋苗管理？
8. 草莓对温度和光照的要求有何特点？
9. 草莓茎有哪些类型？
10. 草莓如何进行匍匐茎繁殖和母株分株繁殖？
11. 草莓畸形果产生的原因有哪些？如何预防？
12. 香椿繁殖技术有哪些？
13. 香椿应如何采收？
14. 竹笋如何繁殖？成龄园如何管理？
15. 菜用苜蓿有哪些种类？试比较分析菜苜蓿的生物学特性与栽培技术的联系。
16. 朝鲜蓟如何繁殖？
17. 食用大黄的主要食用器官是什么？如何采收？
18. 蕨菜对环境条件有哪些要求？如何繁殖？
19. 请比较马兰头和菊花脑栽培技术的共性。

第十一章 芽苗类蔬菜

以植物的种子、营养贮存器官或母体植株为载体，在黑暗、弱光或常规条件下生长出来的，可供菜用的嫩芽、芽苗、芽球、幼茎或幼梢等一类产品，称为芽苗类蔬菜（sprouting vegetable），俗称芽菜，也称活体蔬菜。芽苗类蔬菜在中国已有几千年的生产历史，并且早年由中国传入新加坡、泰国等东南亚国家，20世纪40年代美国也开始生产。但长期以来，芽苗类蔬菜仅限于黄豆芽、绿豆芽、萝卜芽苗等极少种类，且多为家庭传统技术小规模生产。到1990年《中国农业百科全书·蔬菜卷》将其列为独立菜类后，多种多样的芽苗菜开始在中国流行。

芽苗菜具有栽培简便、生产周期短、投入少、效益高、口感脆嫩、风味独特、营养丰富、绿色保健等特点，已由传统的生产豆芽，发展到用于蔬菜、粮食、油料、药材生产等30多种芽苗菜，部分生产已实现工厂化和智能化，并渐渐向无人化和无菌化生产方向发展。

第一节 芽苗类蔬菜的种类和共性

一、种类与分类

芽苗类蔬菜种类很多，可以按生产方式、销售方式、食用部位等进行分类。

（一）根据生长的营养来源划分

根据芽苗菜生长的营养来源，可分为种（籽）芽菜（seed sprouting vegetable）、体芽菜（bud sprouting vegetable）和体梢菜（tender tip vegetable）3类。

1. 种芽菜 以植物的种子为载体，在湿润的黑暗或弱光条件下利用其贮藏养分直接培育成的菜用嫩芽或芽苗，是该植物的另一类产品。例如，黄豆芽、黑豆芽、绿豆芽、花生芽、蚕豆芽、荞麦芽、萝卜苗、豌豆芽苗、苜蓿芽、蕹菜芽、黄芥芽、芝麻芽、香椿芽（种芽）、芥菜芽、芥蓝芽、向日葵芽、小麦芽、花椒芽等。种芽菜又可按栽培过程的光照条件和产品绿化程度分为绿化型种芽菜、软化型种芽菜和半软化型种芽菜3类。

2. 体芽菜 以离体的植物营养贮存器官，如2年生或多年生植物积累大量养分的宿根、肉质直根、根茎、球茎、鳞茎、枝条等为载体，在湿润的黑暗或弱光条件下培养生长的菜用嫩芽、芽苗、芽球或芽梢等，是该植物的另一类产品。例如，在黑暗条件下由肉质直根培育的芽球菊苣，由根茎培育的韭黄、姜芽、芹黄，由鳞茎培育的蒜黄，由宿根培育的苦荬芽、蒲公英芽，由离体植株或枝条假植培育的香椿、枸杞头等。

3. 体梢菜 以常规条件下生长的完整植物为载体，生产的菜用植物嫩梢，是该植物的另一类产品。例如，由枸杞植株采收的枸杞头，由豌豆植株上采收的豌豆苗尖，由辣椒植株上采收的辣椒苗尖，由佛手瓜植株上采收的佛手瓜尖，由南瓜植株上才收的南瓜尖，由花椒树上采收的花椒芽脑，由树仔菜属灌木上采收的树仔菜等。另外，由活体香椿树上采收的香椿芽，由菜苜蓿、马兰、菊花脑等植物上采收的嫩梢，虽然也是植物体梢，但属于这些菜用植物的第 1 类产品，所以不将其归于芽苗菜类的体梢菜。

（二）根据产品销售方式划分

根据产品销售的方式，可分为离体芽苗菜（*in vitro* sprouting vegetable）和活体芽苗菜（*in vivo* sprouting vegetable）两类。

1. 离体芽苗菜 商品成熟时以切割收获的"尖""脑""梢""头""笋""芽球"等离体产品进行销售的体芽菜或种芽菜，如芽球菊苣、韭黄、蒜黄、姜芽、芹黄、苦荬芽、蒲公英芽、枸杞头、花椒芽脑、豌豆尖、辣椒尖、佛手瓜尖、南瓜尖等。

2. 活体芽苗菜 商品成熟但仍处在带根正常生长和成活状态，以整盘、整盒销售的芽菜产品，如黄豆芽、绿豆芽、黑豆芽、豌豆芽苗、萝卜芽苗等。

（三）根据食用部位划分

根据食用部位，可分为芽菜（seed sprout）和苗菜（bud or shoot）两类。

1. 芽菜 以种子萌发生长的肥嫩胚轴和子叶为主要食用部分的芽苗菜，如黄豆芽、绿豆芽等。

2. 苗菜 以种子萌发生长的肥嫩茎叶，或由其他营养器官生长形成的嫩茎叶或嫩梢为主要食用部分的芽苗菜，如豌豆芽苗、豌豆尖、佛手瓜尖等。

二、特点和生产常见问题

（一）产品和生产特点

各种芽苗类蔬菜，虽在植物学分类上多属于不同的科，相互间亲缘关系较远，各有不同的生物学特性，但按农业生物学均属于芽苗类蔬菜，也有许多共同特点。

1. 生长速度快、生产周期短、生产程序简单 芽苗类蔬菜多属于速生蔬菜，产品形成周期一般 7~15d。产品形成所需要的营养主要依靠种子或根、茎等营养贮藏器官所积累的养分，只需在温度环境适宜的棚室等生产场所下，保证其水分供应便可培育出芽苗、嫩芽、幼梢或幼茎产品。

2. 生物效率、生产效率和经济效益高 芽菜的生物产量一般可达到投入生产干种子重量的 4~10 倍。采用立体栽培，生产面积的利用效率可提高 4~6 倍，加之芽菜产品形成周期很短，常年复种指数可达 30 次以上，生产效率高。

3. 生产技术和生产区域适用性广 由于大多数芽苗菜较耐低温和弱光照，并且以各种器官贮藏的养分作为产品形成的营养来源，因此既可以在露地进行遮光栽培，也可利用温室、塑料拱棚等保护设施栽培；既可采用传统的土壤平面栽培，也可采用盘栽、盆栽等进行无土立体栽培；还可在不同光照或黑暗的条件下进行绿化型、半软化型和软化型产品生产。因此，生产技术具有广泛的适用性。

4. 产品鲜嫩、营养丰富 芽苗类蔬菜以植物的幼嫩器官供食用，品质柔嫩、口感极佳、风味独特、易于消化，并且含有丰富的维生素、氨基酸及矿物质等营养成分。每 100g 芽菜的维生素 C 含量，豆芽为 16~30mg、香椿芽为 50mg、萝卜芽为 51mg、苜蓿芽为 118mg。

维生素 A、B、E 等的含量也极其丰富，如大豆发芽之后，维生素 B_2 增加 2～4 倍，胡萝卜素增加 2～3 倍，烟酸增加 2 倍；萝卜芽苗维生素 A 的含量是柑橘的 50 倍，可达 8000IU/100g；而蒲公英嫩芽维生素 A 的含量达 14 000IU/100g。芽苗类蔬菜还具有辅助抗衰老、抗癌、降血压血脂和美容减肥等多种医疗、保健功能。此外，芽苗菜生产过程中一般不施或很少使用化肥、农药和激素等，易达到绿色蔬菜产品标准。

（二）生产中常见问题

1. 烂种 种芽菜生产过程中容易发生烂种现象，首先应注意品种和种子选择，使用新鲜和完整的种子；其次要严格控制浇水量和温度。水量过多，尤其在高温、高湿的条件下，极易发生烂种、烂芽；还要注意播种前严格进行苗盘和用具的消毒。

2. 生长不整齐 芽苗菜生长不整齐常使产品的商品率降低。应注意选用优质种子，均匀播种和浇水，水平摆放苗盘，经常"倒盘"。上述措施可使芽苗菜生长环境一致，提高芽苗菜的整齐度。

3. 老化 栽培过程中，如遇到干旱、强光、高温和低温、生长期过长等情况，都会导致纤维迅速形成，使芽苗菜老化，生产上应尽量避免上述情况出现。

三、对环境条件的基本要求

（一）温度

芽苗菜生产要求一定的温度条件，不同种类芽苗菜要求的温度不尽相同。喜温的种类，如多数豆类等，种子发芽适温为 25～30℃；喜凉的种类，如萝卜、香椿、豌豆、蚕豆等，种子发芽适温为 18～25℃。一般白天保持种子发芽适宜温度，夜间温度不低 16℃。如温度过高，易引起徒长，苗细弱，产量低，品质变劣；而温度过低，则生长缓慢，生长周期加长，经济效益受到影响。具体要求依种类和产品类型不同。

（二）水分

水分是种子发芽的重要条件之一，种子只有充分吸足水分后才能发芽。种芽菜生产对水分条件要求很高，体芽菜对水分要求相对较低，体梢菜则比常规产品生产要求水分稍多。不同种类种子生化成分不同，吸水速度和吸水量不同。豆类种子蛋白质含量高，吸收水分较多，吸水速度快；而含油脂多的种子吸水慢。一般豆类种子发芽时吸收水分为本身重的 1 倍以上，在培养种芽菜的全过程中，要供给充足的水分。但如果湿度过高也可能引起烂种，特别是在暗室培育时更应注意控制好水分供给；而在光照下绿化时水分不能过少，以防止芽苗失水萎蔫。

（三）空气

种芽菜从浸种开始，就进行着剧烈的呼吸作用，要消耗大量氧气并放出二氧化碳和热量。所以，生产场地一般应安装通风设施，可进行自然通风或强制通风，保持空气新鲜，无有毒有害气体，有充足的氧气，并维持空气相对湿度为 60%～90%。

（四）光照

多数种芽菜和体芽菜生产不需要光，或只需要弱光。生产黄豆芽、绿豆芽等种芽菜时，在催芽室内，应始终保持黑暗状态，可用遮光幕、关闭窗户等措施遮挡光线射入。在萝卜芽、豌豆芽苗等芽苗菜栽培时，室内保持200~5000lx光照强度即可。体梢菜生产对光照强度的要求比一般常规产品生产稍弱，以保障产品鲜嫩。

（五）营养

种芽菜和体芽菜生产主要依赖种子或营养贮藏器官里的营养，一般不需外源营养。但适当补充外源营养可以促进生长和提高产量，尤其是在生产后期，当自身携带的营养消耗殆尽的时候。体梢菜生产需要正常提供各种矿质营养，尤其是大量元素。具体需求因蔬菜种类和栽培条件而异。

四、生产场所和基本设施

（一）栽培场所

不同芽苗菜生产要求不同的场所。种芽菜和体芽菜专业化生产一般需要特殊场所，如日光温室、塑料大棚、房屋、窖洞、工厂化车间等。体梢菜生产一般在大田，或在温室、塑料大棚等栽培设施内进行。

各种芽苗菜的生长适温多在20~25℃，当外界气温高于18~20℃时，可露天栽培，但需适当遮阴、喷水保持湿润。寒冷地区冬季可利用保护设施进行栽培。

（二）栽培容器和栽培床架

种芽菜和体芽菜生产一般需要栽培容器和栽培架床，体梢菜一般在大田或设施内土壤栽培，不需要特殊容器和架床。

1. 栽培容器　一般选用塑料育苗盘，规格为长60cm，宽25cm，高5cm左右，也可用专门用于芽菜生产的聚苯乙烯泡沫塑料做成的栽培箱或育苗箱，或直接在地面挖深15~20cm栽培槽等作为栽培容器。

2. 栽培基质　宜选用洁净、质轻、无毒、吸水持水力强、使用后残留物易处理的材料作为栽培基质，如纸张、白棉布、无纺布、珍珠岩、河沙等。

3. 栽培架　多层立体栽培时，可用角铁、钢筋、竹木制成3~5层的栽培架，每层间距30~40cm，宽度依栽培容器长度而定。为便于操作，架高一般不超过1.5m。

（三）供水供液系统

种芽菜生产要求专门的供水供液系统。种子较大的芽苗菜，由于种胚中含有较多的营养物质，可维持苗期生长所需，其生产过程一般只需供水即可，如豌豆芽苗、蚕豆苗、菜豆苗、花生苗等。而种子较小的芽菜，如小白菜苗、萝卜苗、油菜苗等，单靠种子中贮藏的营养不足以维持苗期生长，因此，在出芽后几天就要供应营养液。规模化芽菜生产一般安装自动喷雾装置以喷水或供应营养液。较小规模的简易生产，可采用人工喷水或喷营养液的方法。专业化生产一般安装轨道移动式自动喷雾装置，可减轻浇水和施肥的劳动强度，提高劳动效率。

一般菜田或设施配备的灌水和施肥系统即可满足体芽菜和体梢菜生产。

(四) 自动化生产设备和工厂化生产线

种芽菜和体芽菜生产周期短，尤其是种芽菜。目前已有不同规模的自动化生产设备和工厂化生产线用于生产。例如，适合家用的芽苗菜培养盒，可以自动控温控湿；适合规模化生产的不同容量的芽苗菜培养箱、豆芽机，可以自动控温控湿，甚至补充营养；适合工厂化流水作业的芽苗菜生产线，从种子清选、消毒、浸种，到装盘、培养、环境管理、产品采收、包装、运输等，已有全程机械设备。

第二节 主要种芽菜栽培技术

一、绿豆芽

绿豆芽（mung bean sprout）是用绿豆种子萌发，至子叶未展开时的萌芽为产品的芽菜。食用部分主要是胚轴，其未展开的子叶亦可食用。绿豆芽脆嫩味鲜，每100g干物质中含天冬氨酸6.4g、酪氨酸1.9g、亮氨酸1.6g、苯丙氨酸1.5g等多种氨基酸。每100g鲜豆芽中含维生素C 30～40mg。绿豆芽中的营养物质易于被人体吸收利用，可炒食、汤食、凉拌，是种芽菜中食用最广泛、生产量最大的一种。

(一) 选种及种子处理

选用皮薄、籽粒饱满、发芽率高的当年生或隔年生新鲜绿豆种子。通过风选、过筛、人工清选或水选等方法，剔除残破、虫蛀、霉变的种子。用55℃温水浸泡15min（同时不断搅拌），然后在20～25℃的清水中继续浸泡8～10h，再将种子捞出沥干备播。

(二) 播种及催芽管理

1. 播种 将浸种后的种子装入经消毒过的木桶、盆或水槽内，底部要有排水孔。种子厚度15cm左右，表面用清洁麻袋布等遮光。

2. 温度管理 绿豆属于喜温耐热性作物，其种子发芽最低温度为10℃，最适宜温度为21～27℃，最高温度为28～30℃，不宜超过32℃。因此催芽温度最好控制在25℃左右。催芽过程中温度调节可采用浇水的办法，如夏季气温过高，可用冷水普遍浇淋豆芽，但要注意浇透培育容器中心部分的芽菜；冬天气温低，可用温水浇淋，以提高培育中的豆芽温度，同时要尽量减少冷空气的流通。家庭少量培育时，冬天可将培育容器放在温暖处。

3. 水分管理 催芽中要求每4～5h淋水1次，淋水方法一般有两种：一种是淋洒法，要求每次淋水量多，将整个容器内的芽菜普遍淋透，使其体温均匀，直至流出来的水温与淋入时的水温一致为止。另一种是灌水法，将水灌满整个容器，并使水面高出豆芽表面2cm左右，让容器内的豆芽普遍浸在水中，然后再把水全部放走或倒净。这样重复浇灌1、2次，直至容器中各部分的芽菜温度调节一致为止。

（三）采收

催芽后 5~7d，豆芽生长发育至下胚轴充分伸长，真叶将露或始露时为采收最佳时期。此时胚轴长 5~6cm，根长 0.5~1.5cm，豆瓣呈蛋黄色，胚茎显得乳白晶亮，始露的真叶呈乳黄色，不生侧根。一般 1kg 绿豆可生产 8kg 绿豆芽。

二、黄豆芽

黄豆芽（soybean sprout）味道鲜美。每 100g 黄豆芽中含蛋白质 11.5g、糖 7.1g、脂肪 2g、粗纤维 1g、钙 68mg、磷 102mg、铁 1.8mg、维生素 C 20mg、维生素 B_1 0.17mg、维生素 B_2 0.11mg、烟酸 0.8mg、胡萝卜素 0.03mg。黄豆芽具有清热明目，补气养血，防止牙龈出血、心血管硬化及降低胆固醇等功效。

常见黄豆芽为黑暗条件下生产，也有绿化的黄豆芽产品。

（一）选种及种子处理

选择颗粒饱满、色泽黄亮、豆瓣呈青白色、发芽率高的新黄豆种子，剔除虫口、破损、霉烂和过小的种子。将干豆粒浸种 18~20h，以吸足水分不皱皮为止。

（二）播种及管理

播种及管理基本同于绿豆芽，不再赘述。绿化黄豆芽的栽培技术如下。

1. 栽培床准备和播种 绿化黄豆芽可以平面种植，也可以立体栽培，以 3~5cm 厚的细河砂或过筛肥土为栽培基质。播种量为 1.5~2.0kg/m² 干豆种子，播种前先在整平的畦面上铺 2~3cm 厚的过筛肥土，土壤湿度约 50%（手握成团、手松即散）。然后把浸种后的种子均匀撒在畦面上，力求匀、平，再在上面盖 2~3cm 厚的细沙，沙的湿度与土相同。也可直接播种在 3~5cm 厚的细河砂中。

2. 水分管理 播种后立即喷 1 次透水，翌日再喷 1 次水，直到出苗抓沙（指出苗豆子的子叶顶起覆盖的细沙，出苗后为了减少生长阻力，将盖在子叶上面的沙子用手除去的操作）前不浇水；抓沙后用干豆量的 5~8 倍的水，均匀地洒在畦面上，以利淋沙和保湿，以后根据畦内湿度情况，1~3d 喷 1 次小水。还可以盖地膜或可通过容器贮水蒸发提高保护地内的空气相对湿度，以减少喷水次数。

3. 温度调节 温度掌握在 20~25℃，最高不超过 35℃，夏季以降温为主，白天不揭草苫，并打开下部薄膜通风；冬季以保温为主，白天上午 9 时后打开草苫，充分利用阳光升温，下午 4 时后盖严草苫，以保温，并在棚内小畦上加扣小拱棚保温，洒水时用棚内贮存的 30℃左右的水。

4. 除沙 播种后的 2~3d，当豆芽高达 3cm 时，种皮褪除率达 20%~25%，为减少生长阻力，要把盖在上面的沙子除去。为避免触伤豆芽，最好用手抓（抓沙）。除沙后喷淋浇透水，使豆芽全部露出来。

5. 绿化和采收 豆芽喜弱光，生产期间避免强光直射。在除沙后进行遮阴，采收前 1~2d，当豆芽长至 8cm 时，除去遮阴物，进行见光绿化处理。一般播后 5~6d，豆芽苗长至 15cm 左右，子叶肥大，色泽鲜亮，真叶尚未长出时就可采收上市。

三、豌豆芽苗

豌豆芽苗（pea seedling）又叫龙须菜、龙须豆苗、蝴蝶菜等，以幼嫩的幼苗茎叶为产品。每 100g 豌豆芽苗中含胡萝卜素 1.58mg、硫锌素 0.15mg、维生素 B_2 0.19mg、维生素 C 53.00mg、钙 15.60mg、磷 82.00mg、铁 7.50mg、蛋白质 4.90mg。豌豆芽苗品质柔嫩、脆香、鲜亮碧绿，可热炒、做汤、涮锅等，备受消费者青睐。

（一）生产场所和生产器具

豌豆芽苗生长适温为 18~23℃，可选择庭院、大棚、日光温室等场所栽培。栽培架可用角铁、钢筋等材料制成，设置 3~6 层，层间距 30~40cm，宽度视育苗盘的长度而定。栽培容器选用轻质塑料育苗盘，规格为长 60cm，宽 25cm，高 5cm。基质选用无毒、质轻、持水能力强、残留物易处理的洁净报纸、白棉布、无纺布，也可用细砂、珍珠岩、蛭石等。大面积栽培时应安装微喷设施。

（二）品种选择

大多数豌豆品种可用于生产豌豆芽苗，利用较多的是带有皱纹的麻豌豆或者分枝性较强的青豌豆。青豌豆颗粒较小，表皮灰绿，耐高温，菜质上乘，不易纤维化，口感较好；但生长速度较慢，抗病力稍差，成品菜复叶较小，茎筋稍细。麻豌豆颗粒较大，成品菜芽茎特粗，复叶特大，美观漂亮，抗病力强，不易腐烂，生长速度特别快；但易纤维化，口感稍差。尽量不要使用黄皮、白皮或者绿皮的大粒豌豆，这类豌豆在生产中很容易糊化烂种和烂苗。

（三）选种和种子处理

1. 选种 原则上要求种子无霉烂、无虫蛀、无杂质、籽粒饱满、大小匀称一致、纯度和净度高，发芽率应在 98% 以上。播种前用人工、机械或盐水漂洗等方法筛选种子，剔去虫蛀、残破、畸形、霉变的种子。

2. 浸种和催芽 用 55℃ 温水浸种 15min，再用 20~25℃ 清水浸种 24h，期间注意换水 1、2 次。然后清水洗净种子并用多层干净湿纱布包裹，置于 25℃ 催芽箱中催芽。经 1.5~2d 待 90% 以上种子萌发时即可播种，也可浸种后直接播种。

（四）播种培养

1. 播种 在栽培容器中铺洁净报纸、白棉布、无纺布，或细砂、珍珠岩、蛭石等基质。将已催芽的种子均匀撒在湿基质上，一般 60cm×25cm×5cm 的盘播种豌豆 350~400g。

2. 叠盘培养 播种完毕后，把 5~10 个育苗盘叠在一起，最上面覆干净的湿麻袋、黑色薄膜或双层遮阳网。保持温度 18~22℃，每天应喷水 1 次，水量不要过大，以免发生烂芽。2~3d 后，芽苗高 1~2cm 时可结束叠盘培养，把苗盘散放在栽培架上进行绿化培养。

（五）绿化期管理

1. 光照管理 在苗盘移到栽培架上时，应有 1d 空气相对湿度较稳定且弱光的过渡期,以避免芽苗发生萎蔫。在芽苗菜上市前2~3d,苗盘应放置在光照较强的区域,以使芽苗更好地绿化。进入6~8月以后,尤其是采用日光温室等设施生产时,为避免光照过强,必须在温室外覆盖遮阳网。

2. 温度和通风管理 较适宜的温度为18~25℃,保持2~3℃的昼夜温差有利于芽苗的生长。由于芽苗在室内高密度栽培条件下,容易造成有害气体积累,通风是调节栽培场所温度、湿度和减少种芽霉烂的重要措施之一。在保证室内温度的前提下,每天应至少通风换气1、2次,即使在室内温度较低时,也要进行短暂通风。夏天以傍晚或早晨通风为好,冬季宜在中午进行通风。

3. 水分管理 适宜的湿度为80%左右。浇水原则是"小水勤浇",用报纸、白棉布、无纺布作基质的栽培盘,冬天每天喷淋3次水,夏天每天喷淋4、5次水。浇水量掌握在喷淋后苗盘内基质湿润、苗盘底部不大量滴水为宜。利用细砂、珍珠岩、蛭石作为生长基质时,不必勤浇水,一般每天喷1次或隔天喷1次水即可。

(六)采收

当豌豆芽苗有4、5片真叶,10~15cm高,整齐一致,顶部复叶始展开或已充分展开,无烂根、烂茎基,无异味,茎端7~8cm柔嫩未纤维化,芽苗浅黄绿色或绿色时即可采收上市。收割时,从芽苗梢部7~8cm处剪割,放入塑料袋、盒中包装上市。亦可整盘活体上市。

四、香椿芽苗

香椿是中国特有的树种,而香椿芽苗菜(Chinese toon seedling)是由香椿种子培育而成的一种芽苗蔬菜,具有很高的食用价值和药用、保健价值。每100g香椿芽苗含碳水化合物7.2g、蛋白质5.7g、粗纤维1.5g、磷120mg、钙110mg、维生素C 115mg、铁3.4mg、胡萝卜素0.93mg、脂肪860mg、热量55.0kcal,还含有丰富的维生素B_1、维生素B_2和维生素E。香椿味苦,性寒,有清热解毒、健胃理气功效,香椿还是治疗糖尿病的良药。现代营养学研究发现,香椿有抗氧化作用,可能具有一定的抗癌效果。

(一)生产场所和生产器具

生产场所选择日光温室、塑料大棚、阳畦或闲置的房间,可放在立体架上,方便操作和光线射入,也可直接放在地面上生产。立体栽培架用角铁、钢筋或竹木材制作,架高1.6m左右,每架4、5层,第1层距地面10cm,层间距40cm左右。塑料育苗盘长、宽、高为60cm、25cm、5cm,有沥水小孔。泡种和生产用的容器,尽量不用铁制品。基质一般用珍珠岩,也可加入蛭石、草炭等,或用吸水力强的纸或白棉布,或营养土。容器用0.1%高锰酸钾溶液浸泡5~10min消毒后用清水清洗备用,基质用0.01%高锰酸钾喷淋消毒,以淋透并稍有多余的溶液流出为度。

(二)品种选择和播种

1. 选种 红油香椿、紫油香椿和绿椿都可以生产香椿芽苗,但以紫油香椿发芽率最高,并且色泽好、香味浓,是室内培育香椿芽的最佳良种。要求用发芽率85%以上、纯度高、大小一致的新种子,或4~5℃低温干燥条件下贮藏的上年种子。

2. 浸种　将香椿种子揉搓掉翅翼，去除杂质，用55℃温水烫种，不停搅拌至水温30℃左右，浸泡12h后捞出漂洗以备催芽。

3. 催芽　将种子用3层干净的湿布包好或铺在可漏水的容器内，厚10~12cm，上面覆盖1层湿麻袋或棉布，在温度20~30℃下遮光催芽，催芽期间每天用20~25℃温水冲洗1、2遍。一般4~8d露白，即可播种。

4. 播种　育苗盘清洗消毒后，底层先铺1层纸，再铺厚约2.5cm的湿基质，然后均匀播种已催芽的种子，播种量240g/m²，种子上覆盖1.5cm厚基质，最后用喷壶或喷雾器喷透水，还可再覆盖湿布。播种后将育苗盘置于生产场所。

（三）栽培管理

1. 湿度　播种后5d左右种芽伸出基质，应及时喷水，保持湿度80%左右，喷水要呈雾状。一般每6h喷淋1次，喷水温度20~25℃，喷匀喷透，但盘底不能积水。连续阴雨天气可延长喷水间隔，做到不干不喷，但也要注意避免芽苗过干。注意环境保湿，但也要注意通风换气。

2. 温度　香椿芽生长适宜温度为20~25℃，栽培场所的最高气温不能超过35℃，最低温度不能低于15℃。温度过高则芽苗瘦弱，导致风味差；温度太低则生长缓慢，低到5℃时会停止生长。

3. 光照　保持中等强度光照，夏季光照过强时采用遮阳网遮光，避免强光直射，并有排风、降温设施，确保芽菜正常生产。每1~2d可倒换苗盘位置，使各苗盘受光均匀。多层架上生产的，在芽苗高3cm左右，未高出育苗盘时开始摆盘上架，将育苗盘平摆到多层立体栽培架上，芽苗高6~7cm时，开始移到散光较强处，使子叶绿化。

4. 营养　为提高芽苗抗病性，在芽长4cm左右时，可喷施0.2%的磷酸二氢钾或0.2%的尿素1、2次。

（四）采收

播后15~18d，芽苗高10cm以上，子叶完全展开，未木质化，心叶未出，无烂根、烂种、烂芽，香味浓郁，无异味时即可采收。连根拔起洗净后包装上市。

五、萝卜芽苗

萝卜芽苗（radish sprout），又称娃娃芽，是萝卜种子经催芽培养、子叶展开即可食用的一种食药兼优的芽苗蔬菜。其色泽翠绿、品质柔软、带有辛辣和甜味，风味独特，深受消费的青睐。萝卜芽苗含有多种维生素及钙、镁、铁等矿物质，具有健胃消食、顺气利肺、止咳化痰、清热解毒等功效。萝卜芽苗生食、熟食均可，凉拌、涮、炒皆宜，是美味的保健食品。

（一）品种选择和种子处理

1. 品种选择　用于培育萝卜芽苗的萝卜品种应具有生长势优、抗病性强、品质好的特点，如大红袍、绿肥萝卜、穿心红等。

2. 种子处理　播种前剔除虫蛀、破残、畸形、腐烂、瘪粒、特小粒和已发芽的种子。为促进种子发芽，可进行浸种催芽。一般先用45~55℃温水浸种10min消毒，或用0.5%高锰酸钾或 0.3% 漂白粉浸种 1min 消毒。药剂消毒后要用清水冲洗干净。然后在 20℃ 左右清水中浸泡 6h 左右即可播种，或再将种子置于 23～26℃ 条件下催芽，待种子胚根显露时播种。

（二）播种催芽

1. 播种 可播种在育苗盘或苗床内，栽培基质可选用白棉布或包装纸。育苗盘播种时，先将育苗盘清洗干净、进行消毒，再铺上 1 层栽培基质，然后将种子均匀撒在育苗盘中的基质上；苗床播种时，苗床要选择疏松、肥沃且排水性能良好的砂壤土地块，播前先要浇透水，然后采用撒播的方式将种子均匀撒在苗床上，播种后覆盖 1cm 厚的疏松细土。一般播种量为 150～250g/m²，但有试验认为播种密度 850g/m² 时产量较高，且成本最低，产品维生素 C 含量最高。

2. 催芽 育苗盘播种的，在播种完毕后，可将苗盘叠摞在一起，放在平整的地面进行叠盘催芽。催芽时苗盘叠摞和摆放高度不得超过 100cm，每摞之间要间隔 2～3cm，以利通气。催芽室内温度保持 20～25℃。叠盘催芽期间每天喷水 1 次，水量不要过大，以免烂芽。在正常条件下，4d 左右即可结束催芽。

（三）绿化期管理

1. 光照管理 为使芽苗菜从叠盘催芽的黑暗、高湿环境安全过渡到栽培环境，在移到栽培室前应放置在空气相对湿度较稳定的弱光区域过渡 1d，以避免发生干芽现象。生产绿化型产品时，在芽苗上市前 2～3d，苗盘应置放在光照较强的区域，以使芽苗更好的绿化，但在进入 6～8 月以后，尤其是采用日光温室等设施作为生产场地时，为避免光照过强，必须在温室外覆盖遮阳网，以使光照适度。

2. 温度和通风管理 萝卜芽苗生长的最佳温度为 20～25℃（周庆红等，2013）。栽培场所的温度应尽量控制在适温范围内。通风可保持栽培场所空气清新和降低空气相对湿度，减少种芽霉烂。一般每天应通风换气 1、2 次，即使在室内温度较低时，也要进行短时间通风。

3. 水分管理 采用育苗盘播种的，应保持盘中基质湿润但不能积水，室内空气湿度应控制在 80% 左右，可采用喷水或喷雾的方式进行调节。采用苗床播种的，当幼苗长至 3cm 长时方可浇水，并应注意小水勤浇，以免烂苗。

（四）收获

育苗盘栽培时，当萝卜芽苗长至 1cm 以上时，即可整盘出售；苗床栽培时，当下胚轴长 5～6cm，子叶平展、充分肥大，芽苗呈翠绿色时便可采收。

六、苜蓿芽苗

苜蓿芽苗（alfalfa sprout）具有独特的风味，芽体又粗又短，吃起来爽脆可口，尤以生吃味感更佳。苜蓿芽苗几乎含有所有重要的氨基酸，并富含维生素 A、维生素 D、维生素 E、维生素 B_1、维生素 B_2 及多种矿物质，对关节炎、高血压、高血脂患者有较好的食疗效果。苜蓿芽苗菜可煮、炒、拌、做汤，也可做成馅，包饺子、蒸包子，色泽鲜美，味道清香。

（一）品种选择和种子处理

1. 品种选择　优良品种有 WL-323MF、WL-324、先驱者、三得利、田苜蓿和陇东苜蓿等。

2. 种子处理　种子先进行淘洗，将浮在水面的瘪子及杂质去掉。淘洗后种子在20℃水温中浸种22～24h，此时种子相对吸水量可达135%左右。

（二）播种催芽

1. 播种　利用3～5mm厚的泡沫塑料盘播种，播种前清洗消毒。采用珍珠岩作栽培基质，平铺在苗盘中。将浸泡好的种子捞出、沥干，然后将种子均匀地撒播在已浸湿的基质上，每盘（60cm×25cm×5cm）播种量为50～80g。据赵霞等（2015）试验，浸种温度30℃、浸种时间24h、播种密度40g/m²、覆盖厚度1cm的处理组合苜蓿芽苗菜产量最大，为3708g/m²，品质最好。

2. 催芽　播种以后立即进行叠盘催芽，苗盘摞叠高度一般不要超过100cm，每个苗盘之间留有3～5cm空间，以利通气和出苗均匀。催芽适宜的温度为18～22℃，2～3d后，当芽苗高达0.5cm左右时，即可结束催芽。

（三）绿化期管理

催芽结束后即可上架生产。生产期间主要是管理好湿度和温度。

1. 湿度管理　视基质的湿度，每天喷水1、2次，以不积水为宜。喷水时最好根据实际情况进行，冬季要喷温水，高温季节要喷凉水。保持空气相对湿度在70%～80%，注意通风换气。

2. 温度管理　苜蓿芽最适生长温度为18～22℃，在适宜的温度、湿度下，播种后2d即可发芽，4～5d后下胚轴长可达2～3cm，子叶展开。一般应保持栽培场所白天20～24℃，夜间8～14℃；夏季温度超过28℃时及时通风降温，以防发生腐烂、霉变。

3. 光照管理　光照影响生长和生物量，但不影响种子发芽率。无光照条件下苜蓿芽体发黄、瘦小。生产中应该在芽苗长到4～5cm之前遮光，以后见光培养。

（四）收获

播种后7～8d，下胚轴长3.5～4.0cm，粗约1cm，呈白色，子叶已充分肥大，长圆形，长约3cm，宽2cm，呈绿色，此时即可收获，将苜蓿芽苗连根拔起装小盒包装上市。一般生物产量为种子产量的7～8倍。

第三节　主要体芽菜栽培技术

一、菊苣芽球

菊苣又名欧洲菊苣、苞菜，为菊科菊苣属多年生草本植物。芽球菊苣（bud ball chicory）是用菊苣肉质根软化栽培生产的嫩黄色椭圆形芽球，芽球高10～15cm，粗4～6cm，重80～150g，外观似白菜心，是一种稀特体芽蔬菜。芽球菊苣含有多种营养成分以及马栗树皮素、野莴苣甙、山莴苣苦素等物质，入口清香脆嫩，略带苦味，有清肝利胆之功效。菊苣芽球外观洁白或鹅黄，可凉拌、做汤或炒食，脆嫩爽口，味道甘苦，风味独特，具有营养保健、清洁无污染、食用安全等特点。

（一）品种选择

菊苣有叶用和根用两种类型，软化芽球栽培用叶用型菊苣，又有黄叶型、红叶型等类型。黄叶品种芽球为乳白色或金黄色，如从荷兰引进的科拉德、梅切丽斯、特丽劳夫，从日本引进的沃姆和白荷，从英国引进的艾切丽尼莎，从巴西引进的巴西白菊苣等品种；红叶芽球菊苣芽球紫红色，如德国红菊苣。

（二）栽培管理

菊苣属于喜凉蔬菜，适宜在气候凉爽的季节栽培。芽球菊苣生产分两个阶段，第1阶段为根株培育，第2阶段为软化芽球培养。

1. 根株培育 主芽球重量与肉质根单重呈正相关，要想获得高产，培植符合标准的肉质根是关键。根株培育要求土壤肥沃、排水良好的砂壤土，光照充足，无病虫危害的环境。

（1）直播或育苗移栽：播前施足底肥，可施腐熟优质厩肥 75t/hm^2、磷酸二铵 450kg/hm^2、硫酸钾 300kg/hm^2，旋耕整地。华北地区最适播期为 6 月下旬~7 月上旬。播种前晾晒种子 1~2d，然后用凉水浸种。

直播时，用种量 1.8~2.3kg/hm^2，常起垄栽培。每垄播单行时，按 40~50cm 距离起垄，垄高 15~17cm；每垄播双行时，按 80~90cm 距离起垄，垄高 12~15cm，畦长 10~15m。播种时，在垄上划浅沟，在沟内均匀撒播种子，用锄轻轻推平即可。每垄播双行时，垄上行距 30cm。播种后随即浇小水，出苗前后再各浇 1 次小水。幼苗 2、3 片叶和 4、5 片叶时可各间苗 1 次，7~9 片叶时定苗，株距 17~19cm，留苗 12.8 万~15.0 万株/hm^2。

育苗移栽时，选用 288 孔苗盘基质育苗，用种量 270~300g/hm^2，5、6 片叶时定植。定植时浇透水，定植后 4~5d 浇 1 次缓苗水。

（2）田间管理：定植或定苗后中耕 1、2 次，结合中耕进行除草。莲座期视土壤墒情浇水，进入肉质根膨大期后结合浇水追肥 1、2 次，每次追施尿素 150kg/hm^2。

（3）根株收获：菊苣肉质根一般长 15~20cm，粗 3~5cm。10 月下旬土壤上冻前收获根株。在根株上留 4~5cm 割去上部叶片，然后挖出根株，在地里晾晒 1~2d。

（4）根株整理和贮藏：根株整理和贮运工作务必在严寒来临前完成，避免根株受冻害，否则在软化栽培时会因根株冻伤而腐烂。整理时掰掉根株外部的黄叶、烂叶，将种根按根头大小分级，根头直径 4cm 以上为 1 级，3~4cm 为 2 级，3cm 以下为 3 级。不同级别分别保存备用。一般在自然条件下可保存 3~4 个月，在 0℃ 左右的环境可保存 5~6 个月。

2. 软化芽球培养 软化芽球培养，需在黑暗、可通风条件下进行。要求土壤湿度在 80% 以上，空气湿度以 80%~90% 为宜。可根据季节选择温度性能不同的栽培设施或地窖进行生产。

（1）建栽培池：在日光温室或其他栽培设施内挖宽 1.2m，深 0.5m，长 5~6m 的栽培池。地窖内可作宽 1.2m，深 0.3m，长 5~6m 或依窖长而定的水泥栽培池，立体 2、3 层。

（2）囤栽时间：种根收刨后，无休眠特性的品种即可囤栽；有休眠性的品种根株冷凉处理 20d 打破休眠后即可囤栽。多茬生产时，每茬囤栽时间可根据计划上市期向前推移 35～40d。

（3）码根囤栽：将根株上部削成尖塔状，留好顶芽，然后剪去下部根尖，留 20cm 长的肉质根。码根时，从栽培池的一端开始码放，每行 16～20 根，边码根、边填土。根株长度不一致时，要求上齐下可不齐。码好后，用土填充根株间隙。土壤栽培软化菊苣，生长期相对较长，产量较高，芽球紧实，但采收后清洗时易造成芽球伤害而引起褐变，使商品性大大降低。所以最好采用无土基质栽培法，可选用细沙、木屑、珍珠岩、蛭石、草炭等基质，或混合基质。

（4）浇水和培养：根株码完后浇足水，为防止水流冲倒根株，可将塑料管伸到池底部浇水，浇水后上面不平处可撒土或基质补平。设施栽培时，在栽培池上覆盖黑色膜遮光。保持栽培环境温度 15～20℃。

（三）收获

芽球生长速度主要取决于温度。一般，10～12℃时需 30～40d 形成芽球；18～20℃需 20～25d 形成芽球。通常，在 15～20℃下，经 20～35d 生长，芽球高达 10～15cm，或重达 80～150g 时采收。采收时，用刀在芽球基部切下，将采下的芽球去除外叶，清理泥土等，然后装箱。

芽球收获后，种根可继续培养，以形成侧芽。一般，待每个侧芽球重达 10～12g 时即可分别采收。菊苣芽球较耐储藏，以不冻为原则，于 1～5℃冷凉黑暗处贮藏，可存放 30d 左右；冷库可储藏 6 个月。

二、软化姜芽

软化姜芽（ginger sprout）是种姜在避光和适宜温度的环境条件下培育出的幼芽，它具有嫩、鲜、香、脆的特点，可作蔬菜或调味品食用，具有提神醒脑、开胃促食、祛除风寒和杀菌功效，深受消费者的青睐。

（一）栽培场所选择

软化姜芽是用种姜在避光和适宜温度的环境下生产的，可选择大棚、中棚、小棚、阳畦、地窖、防空洞和房内进行。若栽培场所空间不大，可利用立柱支架，做成多层栽培床。栽培床可用砖砌成高 20～25cm，宽 1.0～1.5cm，长度根据场所而定。

（二）种姜选择

种姜可选用密苗型品种，如莱芜片姜等。在挑选种姜时，要选择皮光色黄、肉厚、潜伏芽多、未受冻不干缩、无霉烂、无病虫害的小姜块作种姜。小姜出芽率高，一般可比大姜多出芽 8～10 个 /kg。

（三）种姜处理和播种

1. 种姜处理　播前种姜处理包括块姜切割、消毒和催芽。一般，整块姜可出芽 20～22 个 /kg；若将其分成 3～5 块，可出芽 25～26 个 /kg；若将其掰成小块（1 个姜奶头 1 块），则可出芽32～34个/kg，且每个姜芽都可均匀获得养分，从而提高出苗率，保证芽苗整齐，减少大小苗现象。所以，一般要对姜块进行适当切割。

切割后的种姜，可用1000倍高锰酸浸种10min，或用600倍多菌灵浸种15min，进行消毒。然后与干净潮湿的细沙混合堆在一起，一般堆高为0.7～1.0m，适量喷水，盖上细沙和塑料薄膜保温保湿，在25℃下催芽，20d左右约80%姜露芽而未生根时即可播种。

2. 播种 根据市场需要，在栽培环境温度15℃以上时可随时安排播种。播种时，先在栽培床底铺厚约5cm细土或细沙，将催好芽的姜块芽朝上，密布于栽培床，保持姜块上平下可不平，播种量20～25kg/m^2。排好种后，上面盖细砂5cm厚，浇透水，然后盖上塑料膜保温保湿。

（四）栽培管理

软化姜芽栽培应避免高温高湿和强光照。高温高湿易造成烂姜，强光照易使姜芽苗老化。

1. 湿度管理 姜芽拱土时，揭掉地膜支小拱棚，继续遮光培养。在多数姜芽出土后喷第2次水，以后若沙土见干，应再浇透水，始终保持床土湿润而不积水。喷水保湿时可根据生长情况，在水中溶入少量氮、磷、钾速效肥，浓度不超过1%。保持环境相对湿度80%～90%。采姜芽前7～10d，根据床土干湿情况喷适量的水。

2. 温度管理 姜芽生长适宜温度为23～30℃。为促进多发芽、快发芽，在姜芽出土前，保持床温25～28℃；姜芽出土后，苗高30cm以前保持28～30℃，以后保持在25℃左右。温度低时需加盖薄膜、稻草等覆盖物增温；温度高时可采取打开门窗通风以及向地面和空间喷水等措施降温。

3. 通风管理 姜种上床后，室内一般封严不通风。出芽后，特别在采收前4～5d，要根据芽苗长相适当通风换气，以提高芽苗质量。

（五）采收

一般姜种上床后40～45d，大部分芽苗长30cm左右时，即可趁幼芽黄绿脆嫩采收。收获时应从栽培床的一端开始，将姜苗连同种姜一并挖出，从幼芽基部小心掰下姜芽，洗净，分级，扎把或装盒上市，或加工处理后上市。姜芽采收必须适时，采收太早影响产量，太晚易纤维化而降低品质。

收获姜芽后的种姜，若仍有较多幼芽，可再按前述方法排入栽培床内，继续生长和收获第2茬姜芽，最后剩下的种姜如果尚饱满还可食用。

三、韭黄

韭黄也称韭芽、黄韭芽、黄韭或韭菜白，是韭菜通过培土、遮光覆盖等措施，在不见光的环境下生产的黄化韭菜。韭黄颜色鲜黄，脆嫩可口，风味独特，是蔬菜中的上等佳品。韭黄性温，味辛，具有增进食欲、驱寒散瘀、保肝护肾的保健作用，深受人们喜爱。

（一）品种选择

一般韭菜品种都可生产韭黄，但商品化生产一般应选株丛直立、叶片宽厚、叶鞘长、抗性好、分蘖能力强、在黑暗条件下生长快的优质高产品种，如黄韭1号、791雪韭、宽叶雪韭、汉中冬韭、杭州雪韭和成都犀浦韭等。

（二）生产方式

韭黄生产方式多样。按照生产场所，分为原地生产和囤栽生产。原地生产是在一般青韭生产田通过覆盖遮光生产韭黄，其覆盖遮光方式多种多样，如传统的培土覆盖、马粪覆盖、沙土覆盖、稻草覆盖、瓦罐覆盖等，现在多用黑色塑料薄膜和黑色遮阳网覆盖。囤栽生产，就是先按一般青韭栽培技术在田间播种或育苗移栽，培养成龄植株，在经过一个生长季节，地上部枯干、营养转入鳞茎和根系后，挖取根株，高密度囤栽在韭黄生产场所，通过遮光生产韭黄的方式。传统的囤栽场所有地窖、窑洞、防空洞、室内等，现在多在温室等设施内进行。

（三）原地生产技术

1. 繁殖和定植当年的管理　韭黄生产中韭菜繁殖技术和定植后管理技术参见第6章中"韭菜"。直播的或移栽当年管理的原则是"养根壮秧"，培育健壮根株，为韭黄生产积累养分。

2. 第2年和以后管理　韭黄与青韭生产一样，第2年即进入正常生产期，栽培管理上主要是做好水肥管理，合理安排韭黄收割与养根的关系，每茬韭黄生产之前，必须有一段青韭生长和养根的时期。

由于韭黄与青韭生产方式不同，每年必须有一段时间生长青韭，以向根茎和鳞茎等地下部积累光合产物。所以，各地通常在春季和秋季2个生长季节中，选择一季生长青韭，一季收割韭黄。一个规模化生产基地，可以通过不同地块生产安排，使两个季节随时都有韭黄。

（1）养根期管理：春季生长青韭养根、秋季割收韭黄的，春季和夏季加强水肥管理，尤其是磷钾肥，促进养分回根，这期间一般不收割青韭，一直长过夏季。春季割韭黄，秋季生长青韭养根的，在韭黄收割结束后就留青韭，一直生长至冬前，使营养充分回根后，清理地上部枯叶，越冬待冬季或早春覆盖韭黄。

（2）割青软化：春季养根、秋季割收韭黄的，夏季过后气候转凉时，从地表以上留茬10cm割去老韭，等到伤口完全愈合后，足量浇水施肥，然后覆盖生产韭黄。现在一般采用拱棚加盖黑色塑料薄膜和遮阳网，保证韭菜不见光。秋季养根的，在冬前清理地上部枯叶，早春覆盖拱棚加盖黑色塑料薄膜和遮阳网。

（3）收割期管理：收割期韭黄在黑暗、湿润和近密闭的环境生长，环境温度主要靠确定合适的覆盖时期来调节。春季覆盖太早，棚内温度偏低，韭黄生长慢；秋季覆盖太早，棚内温度太高，韭黄亦长不好。棚内湿度以保持土壤湿润为宜，空气湿度太大时可适当通风降湿。营养管理主要是补充营养，每次收割韭黄后随水追施平衡型三元复合肥（15-15-15）1次，用量约225kg/hm^2。每次收割后可揭棚晾晒1～2d，促进韭菜伤口愈合和排除棚内湿气，以免生病。

原地生产韭黄，也可以在春季和秋季，各割1刀韭黄和1刀青韭。

（四）囤栽生产技术

1. 根株培养　囤栽生产韭黄，先要培养好强壮的根株，然后移栽到囤栽场所生长韭黄。根株在大田培养，具体技术参照韭黄原地生产。

2. 囤栽场所准备 无论是在窑洞、防空洞，还是园艺设施内进行韭黄生产，都要保证在韭黄生长期间可以提供凉爽、黑暗、湿润和透气的环境。在栽培场所设置囤栽床，准备囤栽土壤或基质。囤栽土壤一般选疏松肥沃的轻质土为好，也可用商品栽培基质或与土壤混合使用。

3. 刨收根株和囤栽 在植株养分充分回流根株后，且根株休眠解除后，可随时刨收根株囤栽。刨收根株时，土壤湿度要适合，不可过干过湿。刨收深度约20cm，边刨收，边整理根株，抖去泥土，尽量不要损伤鳞茎和根系，剔除细弱、空软和有病虫害浸染的根株，选择健壮、充实的根株，把鳞茎部位对齐，扎成直径10cm的小捆，将顶端和根系修剪整齐后备栽。

锄松整平栽培床土壤（基质），然后将小捆根株一捆挨一捆整齐、紧密地码放在栽培床，并保持码放后刨面平整。

4. 囤栽管理 主要是水分、温度和通风换气管理。

（1）水分管理：囤栽后立即浇水，一定要浇透土壤，并在床面上可见3~4cm厚明水。3~4d再补浇1次水，以后根据韭黄生长和生产季节环境温湿度情况决定浇水。每茬韭黄生长中期以后浇水不可过多，以免植株腐烂。

（2）温度管理：韭黄生长期间一般温度保持18~25℃，但具体应视栽培季节、外界气候和韭黄生长时期等灵活调控。一般来说，每茬韭黄生长初期温度要高，临近收割期温度要低；水大时温度宜高，水小时温度宜低。

（3）通风管理：为了避免湿度过大引起病害和腐烂，应注意通风排湿和换气。通风排湿可以结合温度调控进行，在温度偏高时，通风降温排湿，每次1h左右。尤其是每次浇水后，要及时通风排湿。每次收割后可揭开覆盖晾晒1~2d，促进韭菜伤口愈合和排除湿气。

（五）采收

无论是原地生产，还是囤栽生产，当韭黄长到高约40cm，顶端开始现枯时，应及时收割。收割时间依气温高低而定，一般在气温25℃时，盖帘后10~13d即可割韭，20℃以下，18~20d即可割韭，12℃以下30d左右才能割韭。

原地生产的，1年可收割2、3次韭黄。但是为了增加韭黄产量和提高品质，延长根株寿命，最好每年收割2次，留一段时间生长青韭养根。

囤栽生产的，一般收割2、3茬韭黄后，就将韭根移到田间再行培养根株，为下年生产准备；或拔除根株结束生产。

四、蒜黄

蒜黄是利用蒜头中储存的养分，在避光或半避光条件下软化栽培而成的黄色或黄绿色蒜苗。其叶鞘洁白，叶片乳黄、金黄或黄绿，品质鲜嫩，香味浓郁，营养丰富，在我国各地均有栽培，是深受人们喜食的开胃健身蔬菜。

（一）栽培场所

蒜黄在大田、保护地及一般居室均能种植，但萌发的种蒜在适宜温度范围内，温度越高，生长越快，故种植时应根据生产季节、外界气温变化，合理安排种植场所以调节蒜黄生长的小气候。一般高温季节生产,最好选择户外遮阴处、室内阴凉通风场所或地窖、防空洞等;冬季或早春外界气温低时,应在温室、塑料大棚等保护设施或地窖、防空洞。

(二)蒜种选择

蒜黄生长主要依靠蒜瓣储藏的营养,因而蒜黄产量的高低与蒜种的好坏有直接关系。栽培蒜黄应选择头大、瓣壮、出苗快且苗期生长快、叶片肥厚鲜嫩、单株和单位面积产量高及适宜密植的品种,如苏联蒜、改良蒜、金乡大蒜、紫皮蒜、竹蒜、白贡大蒜、徐州白蒜、中牟大蒜、苍山蒜等。

(三)蒜种处理和播种

1. 蒜种处理 大蒜鳞茎收获后有一定的休眠期,为打破休眠,促进萌芽,提前生长,可在0~4℃的黑暗和低温条件下处理30d左右。播前用20~25℃温水浸泡蒜种24~36h,使其吸足水分,捞出沥干后堆闷1~2d进行催芽,然后剔除蒜头的茎盘和底盘,以利蒜瓣发根,但要保持蒜头完整,以利栽植。

2. 播种 首先,用细沙或营养土在栽培床上铺5~6cm厚,整平待播。然后,将经过处理的蒜种密排在栽培床内,要求深浅一致,上口齐平,以利于蒜黄收割的茬口高低一致,播种密度以蒜瓣互相不挤压为宜,播种量以14~15kg/m²为宜。播种后,床面上再覆3~5cm厚细沙,用喷壶洒水,使床土湿润但不积水。洒水后如有蒜头露出,需及时用细沙覆盖,使苗床覆沙厚度一致,床面平整。

(四)栽培管理

1. 遮光软化 待大部分蒜种的初生叶长出后,在栽培床上覆盖黑色塑料薄膜或双层草帘遮光,以软化蒜叶,保证蒜黄的质量。如覆盖时间晚或盖不严,则叶鞘变为绿色,品质降低。盖帘还有保持栽培床温度和湿度的作用。

2. 温湿度调控 为促蒜芽萌发,栽蒜初期应提高温度,以白天温度25℃左右,夜间18~20℃为宜;萌芽后,随着蒜黄的生长,室温逐渐降至18~22℃。收获前5~6d降低温度,白天18~20℃,夜间13~15℃,防止秧苗徒长倒伏。温度过高,蒜黄生长过快,植株细弱易倒伏,从而降低产量和品质。温度调节主要靠通风换气和草苫的揭盖来实现。栽蒜后,室内空气湿度保持85%~90%。生长中后期,蒜叶密集生长,应注意排湿,防株丛腐烂。收获前为减少产品的失水萎蔫,室内湿度应保持75%~80%。

3. 水分管理 栽蒜后立即浇1次透水。前期生长慢,需水量小,可根据室内湿度及天气情况,确定浇水或不浇水。蒜黄生长盛期需水量加大,可适当增加浇水量,但也不可过大,以湿透池内沙土为度,避免过早烂母,影响蒜黄生长。采收前3~4d停止浇水,使蒜黄生长健壮。收割蒜黄后,应等待叶部伤口愈合后再浇水,以免叶鞘和蒜种腐烂。

4. 通风换气 栽培床内有时积聚大量二氧化碳等有害气体,应趁中午外界温度高时行短时间通风换气。出于保温需要,一般不必过多通风。

(五)采收

一般经过20~25d,蒜黄长到35~45cm时即可收割。收割时,镰刀贴着蒜瓣上方切割,收割后将蒜黄根部多余的蒜瓣去除，收割的蒜黄用塑料条扎成捆，做到底部整齐，然后置阳光下晒片刻，使蒜叶由黄白色转变为金黄色，称晒黄，晒黄时间不要太长，并注意防冻。蒜黄割后不要立即浇水，防止割口感染，割后3~4d浇1次透水，促进第2茬生长，每隔7d用0.1%磷酸二氢钾或0.2%~0.3%尿素溶液喷1次，可以提高产量，间隔15~20d即可收第2茬。一般每1kg蒜头可生产蒜黄1.0~1.5kg，栽培蒜黄收获2茬后，即可清理栽培床内蒜头残留物，消毒后进行第2次栽培。

第四节 主要体梢菜栽培技术

一、佛手瓜尖

佛手瓜尖为佛手瓜秧嫩梢，又叫龙须菜，过去是云南常吃的一种蔬菜，现在全国各地普遍食用，营养丰富，具有疏肝理气、和胃止痛的作用。

（一）栽培季节和设施选择

佛手瓜喜温，不耐炎热，不耐低温霜冻，怕严寒；喜光，也较耐弱光照；耐旱、耐阴湿。气温20℃以上才能正常生长。深根性，喜土层深厚、土质疏松、有机质丰富、排水良好的土壤。不同地区可根据气候条件选择设施（温室或拱棚）或露地生产，根据市场需求确定栽培季节茬次。

（二）品种选择

佛手瓜有绿皮种和白皮种。白皮种长势弱，蔓细短，生产嫩梢以绿皮品种为好，其生长势强，蔓长，分枝多，新梢多而且鲜嫩。

（三）直播或育苗移栽

栽培方法可以直播或育苗移栽。直播时，春季在露地或设施内地温回升到15℃以上时播种。采集嫩梢嫩芽的佛手瓜应浅栽，密植。按畦宽1.5~1.7m（包沟）整地作畦，每畦2行，按40cm穴距挖直径30cm，深25cm的栽植穴，将种瓜平放坑中或柄端朝下，然后覆土，以不露出瓜为度，稍镇压。

育苗可用种瓜实生繁殖，也可用枝条扦插或压条法繁殖，生产中多用实生繁殖。具体育苗技术可参考第2章的"佛手瓜"部分。一般春季晚霜期过后，4月底至5月初为适宜定植期。采用种瓜育苗、大苗定植时，定植密度300~450株/hm^2；用茎段扦插的小苗栽植，行距3~4m，株距2m，密度1200~1800株/hm^2。定植前集中施足底肥。挖长、宽、深各1m的栽培穴，每穴施入优质腐熟有机肥100~150kg，栽苗后将肥料和土混合均匀回填覆盖厚度20cm，踏实，浇水。

（四）栽培管理

佛手瓜尖栽培生长期长，外界环境变化大，尤其是设施栽培，应加强植株、环境和水肥管理。

1. 环境管理 直播种后 5～8d 即可出苗，出苗后注意设施通风，避免棚膜上的水滴滴到瓜苗上引起烂秧。低温季节注意保温，温度超过 35℃时通风降温。夏季高温期，佛手瓜生长缓慢，产量较低，可用遮阳率 45% 的遮阳网进行浮面覆盖，有利于佛手瓜生长和提高产量。

2. 肥水管理 幼苗期以氮肥为主，薄施肥；生长旺盛期每 10～15d 追肥 1 次，每次施三元复合肥（15-15-15）300～375kg/hm^2，适当增施有机肥，并可用 0.2% 尿素＋0.2%～0.3% 磷酸二氢钾（或海藻素）进行根外追肥。苗期和抽蔓期需水量少，灌水量不宜过多，保持土壤"见干见湿"，以防徒长；生长旺盛期需常浇水，保持土壤湿润。

3. 整枝 匍匐栽培的，当苗高 30cm 左右时摘心，以促腋芽萌发成侧蔓。侧蔓长到 30cm 时再摘心，促发 2 级侧蔓（孙蔓）。依此反复多次地摘心，促进多发枝。空间较高大的设施内，可设高 80～100cm 竹木矮棚架，引蔓上架，进行棚架栽培。秋季植株上结瓜时，应及时疏除所有的瓜，以促嫩茎生长。秋末植株落叶后，可将茎蔓盘绕在植株基部，培沙土、盖草和塑料膜保温保湿越冬，翌春发芽前从土中扒出，引蔓上架，可继续生长，行多年生栽培。

4. 病虫害防治 佛手瓜一般病虫害较少。露地栽培时可能发生白粉病、炭疽病、黑星病等病害和蚜虫、白粉虱、红蜘蛛等虫害，应及时防治。

（五）采收

一般发 3 级侧蔓时，就可边整枝，边采收。即在摘心的同时，将长 30cm 以上的秧蔓基部留 10cm 左右切下，切下蔓取 20cm 左右长的嫩芽梢。正常采收在春、夏、秋季均可进行，温室内冬季亦可采收。每次采收长度 20cm 的嫩梢，按每束 300g 扎把上市。

在采收嫩芽梢时，应及时把过密的秧蔓以及细弱和病虫害损伤的秧蔓从基部疏除。

二、南瓜尖

南瓜尖又称南瓜苗、番瓜藤和盘肠草，是南瓜藤蔓顶端的嫩梢，富含膳食纤维、维生素 A、维生素 C，钙、磷等矿物质，以及锌、铜和镁等微量元素。南瓜尖去外皮绒毛后炝炒，口感清爽脆嫩，深受消费者青睐。

（一）品种选择

南瓜尖生产用品种，应选以产藤为主、苗体粗大、侧蔓发生多且生长快的品种，如枕头瓜、板瓜、牛腿瓜、大红袍瓜、黄瓣瓜等。

（二）选地整地

南瓜适应性较广，一般土壤都适宜生长，但宜选排水性好、地下水位低、土壤肥沃的地块。结合耕翻土地基肥施腐熟农家肥 30～45t/hm^2 或三元复合肥（15-15-15）750kg/hm^2，然后把细整平筑畦，畦宽 1.6m，沟宽 0.3m，深 15～20cm。

（三）种子处理与播种

播种前晒种 2d，剔除瘪粒和畸形粒，然后用 55℃热水温汤浸种 15～20min，水温自然冷却后继续浸 2h，捞出后在 20～25℃催芽后播种。为提早和延长上市时间，一般在 3 月开始播种，以后直至 8 月都可分批播种。按行距 0.8m 开播种沟，株距 0.5m，每穴下 2 粒种子，播后浇透水，覆盖 2cm 厚的营养土。

（四）栽培管理

1. 肥水管理 采收藤蔓栽培耗水量大，应注意田间保湿，尤其在夏季高温强日照、叶片蒸腾作用旺盛的季节，应及时补充水分。若干旱持续时间长，空气湿度较低，可导致茎叶水分减少，纤维增多，食用品质降低。瓜蔓长至 5、6 片叶时，浇施 5% 尿素水 1 次。主蔓打顶后，在距根部 0.3m 穴施少量复合肥，促进侧蔓发生。每次采收后及时追施速效氮肥，可施尿素 450kg/hm^2。

2. 引蔓、压蔓 生长过程中应勤引蔓，使茎蔓分布合理，提高通风透光性，减少病虫害。瓜蔓有 8~10 片叶时摘除顶芽，促其多生侧蔓。南瓜易萌发气生根，具有吸收作用，可在采收时理顺枝蔓，随后用土压住保留的枝蔓，促新根发生，增强养分吸收能力，进而促进新蔓的萌发。

3. 病虫防治 南瓜虫害少，主要病害为病毒病、白粉病和霜霉病，注意综合防治。

（五）采收

生长期间可连续多次采收南瓜尖，当主蔓生长到 8~10 片叶时，可进行第 1 次摘顶采收。侧蔓长 0.8~1.0m 时，即可采摘顶端 0.3~0.5m 的嫩蔓。采收时每条侧蔓保留 3~5 片叶，以促进新蔓萌发。

三、豌豆尖

豌豆尖又称豌豆头，是豌豆植株的嫩梢和嫩叶。豌豆尖颜色翠绿、柔嫩多汁、口感清香、营养丰富，既可做汤食和炒食，又可凉拌，更可用于调味、配色，色、香、味俱佳，深受消费者青睐。

（一）品种选择

多数豌豆品种都可用于生产豌豆尖，但发枝力强、无卷须、叶片肥厚、抗性强、产量高的品种更适宜豌豆尖生产，如无须豆尖 1 号、青豌豆、山西小灰豌豆、上农无须豌豆苗等品种。

（二）选地整地

豌豆根系较弱，宜选择排灌方便、中等肥沃以上的壤土，整地时适当深耕细耙，保持土壤疏松，以利出苗整齐，幼苗生长健壮，更好地促进根系发达，增强抗逆能力。土地翻耕前施优质腐熟农家肥 1.5~2.3t/hm^2、复合肥 750kg/hm^2、过磷酸钙 300~375kg/hm^2。

（三）种子处理与播种

播种前精选种子，剔除病、虫、秕粒，选择无损伤、饱满、大小均匀的种子，晒种 1~2d，可提高出苗率。用 0.3% 磷酸二氢钾和药剂拌种后闷种 18~24h，露白后播种。初次种植加入适量的根瘤菌，可明显提高产量。豌豆尖适宜生长温度为 18~20℃，夏季播种应遮阴降温。豌豆尖宜密植栽培，播种行距 10～20cm，株距 5～6cm，每穴播种 3～5 粒，用种量为 150～260kg/hm²。

（四）栽培管理

1. 肥水管理 豌豆苗忌水涝，应注意排水，以防烂根。但干旱会降低产量和品质，以保持土壤湿润为宜，以利茎叶生长。追肥以速效氮肥为主，在采收前追施 2 次，以后每次采收追施尿素 75～90kg/hm²，结合灌水一起撒施或顺行开沟施。

2. 中耕、除草 苗期应进行浅中耕，雨后和施肥后应培土，及时拔除杂草。杂草多的地块可在播后出苗前使用化学除草剂进行土壤封闭除草，生长期以人工除草为主，结合中耕松土进行，促进根系发育。

3. 病虫害防治 病害可能有白粉病，在发病初期可用药剂防治。虫害可能有蚜虫，可在田间悬挂黄板诱杀，或用药剂防治。

（五）采收

播种后约 35d，当豌豆苗长到 18～20cm 高时，即可开始采收嫩尖，一般采摘顶部带有 1、2 片尚未充分散开的嫩叶。半个月后可采收分枝嫩尖，每个分枝应留基部 2、3 节，以便继续产生分枝，以后每隔 7～15d 便可采摘 1 次。采收时间最好在傍晚或清晨，收后放入筐中，切勿堆积，以防发热腐烂。若摘尖后当日不能上市，可铺晾在地面上，喷洒清水保鲜，待次日销售。

四、枸杞头

枸杞（Chinese wolfberry）俗称杞果、杞子、甜甜芽、野辣椒，枸杞头又叫枸杞苗、枸杞尖、地仙苗、天精草、地骨、枸杞菜，是近年发展的保健芽苗蔬菜。枸杞为茄科枸杞属（*Lycium*）多年生落叶分枝小灌木，常生于山坡、荒地、路边等，全国各地均可生产，以宁夏中宁、安徽亳州的枸杞子最著名，具有粒大、肉厚、籽小、色红、柔软 5 大优点。枸杞在日本、朝鲜、欧洲及北美也有分布。

枸杞头含有丰富的维生素、氨基酸、矿质元素等，可清炒、涮火锅、凉拌、做汤或拌面蒸食，如枸杞头炒羊肝、炒肉片、炒猪心等。春采枸杞叶为天精，有补虚益精、清热明目之功效；秋采枸杞果为杞子，可润补肝肾，治疗眩晕耳鸣、腰膝酸疼；枸杞根又叫地骨皮，可清热凉血、消肺降火、去热消渴；枸杞子可泡茶、做药酒，是治疗多种疾病的良药。

（一）生物学特性

1. 植物学特征 多年生落叶分枝小灌木，株高 0.5～2.0m，多分枝，枝细长，拱形弯曲或俯垂，有条棱，灰白色，具棘刺。根为水平根，很发达，直根弱。叶为单叶互生或 2～4 枝簇生于短枝上；叶淡绿色，全缘、卵形、长椭圆形或披针形，端急尖或钝，基部楔形或狭楔形；长 2～6cm，宽 0.6～2.5cm，叶柄长 0.4～1.0cm。嫩芽鲜亮，叶绿，嫩茎绿色或紫红色，因季节不同而变化。花单生或 3～5 朵簇生于叶腋，花梗长 1～2cm；花萼钟状，绿色，常 3 中裂或 4、5 齿裂，裂片边缘具缘毛；花冠漏斗状，淡紫色，5 深裂，裂片基部有紫色条纹，具缘毛；雄蕊 5 个，花丝近基部密被一圈绒毛；子房 2 室，花柱稍长于雄蕊。浆果卵形或长圆形,长0.5~1.5cm,深红色或橘红色。种子多数肾形,黄色。花期7~9月;果熟期9~11月。

2. 对环境条件的要求 喜光,稍耐阴,喜干燥凉爽气候,较耐寒,适应性强,耐干旱和碱性土壤,喜疏松、排水良好的砂质壤土,忌黏质土及高湿环境。

半耐寒性,适应能力强,不耐高温。地温1~2℃根系开始生长;8~14℃时根系生长加速,速度达到最大;8℃以上时冬芽开始萌动;10℃时叶芽开始展叶。植株生长适宜温度范围为15~20℃,10℃以下生长缓慢;25℃以上生长不良;开花的旬平均气温在16~23℃;果实成熟的适宜温度为20~25℃,果实成熟时嫩芽几乎停止生长。

在北方地区作多年生栽培,其年生长周期是:3月初枝条开始返青、萌芽,3月中旬越冬枝条已全部发芽。4月上旬,新梢长度10cm左右,4月中旬可达30cm。5月上旬至6月中旬,枝条进入迅速生长期,枝条长度从50~60cm长到2m以上,基本长成。6月中旬以后,新梢生长速度减慢,到6月下旬新梢停止生长,枝条尖端出现焦黑现象,并伴有少量干枯,最终维持在2m左右。7月上旬叶片开始脱落,逐渐进入越夏休眠阶段,7月中旬叶片全部脱落。8月下旬又恢复生长,重新长叶,并开花结果。10月下旬叶片开始变黄。11月上旬,部分叶片开始脱落,11月下旬,叶片全部落光,进入冬季休眠阶段。

(二)类型与品种

枸杞有宁夏枸杞(*L. barbarum* L.)和枸杞(*L. chinense* Miller)2个栽培种,前者主要采收果实(枸杞子)和根皮(地骨皮)作药用,主要分布在中国北方;后者主要采收嫩茎叶,作1年生或多年生蔬菜栽培,称为枸杞菜、枸杞头、牛吉力等。

枸杞头有细叶枸杞和大叶枸杞两个品种,主要分布在广东、广西、台湾、福建、四川等地。大叶品种叶呈卵形,叶肉较薄,味淡,分枝能力强,耐高温能力较强;细叶品种叶呈卵状披针形,叶肉较厚,味浓,分枝能力较弱,耐低温能力较强。大叶品种年产量6210~7275kg/hm^2,细叶品种年产量5115~6150kg/hm^2,前者比后者产量高20%左右;细叶品种维生素C含量26.7mg/100g,较大叶品种高5.1个百分点。

(三)栽培技术

1. 繁殖技术 有种子繁殖、扦插繁殖、分株繁殖、压条繁殖和组织培养繁殖等方法。种子繁殖和扦插繁殖速度快、成活率高。但枸杞头生产中一般不结籽,多采用扦插繁殖。

扦插繁殖在春季或秋季进行。选取优良单株上生长健壮、无病虫、直径0.6~0.8cm的1~2年生已木质化的粗壮枝条,剪成长10cm左右,留有2或3个芽的插穗。在插穗第一个芽上1cm处剪成齐头成圆形,下端剪成楔形。将枝条每50根捆成1捆,基部在300mg/L IBA溶液中浸泡20min后即可扦插。扦插深度为插条的1/3~1/2,扦插基质为2∶1的菜园土和蛭石。扦插前最好先将基质消毒,不论容器育苗还是苗床育苗,基质厚度应在10cm以上,以利于插穗的生根和长芽。扦插后浇1次透水,再扣小拱棚和遮阳网。在15~25℃的温度条件下,一般扦插后10d左右枝条开始生长新根和发芽,20~25d可定植。

2. 露地栽培技术

(1)整地、定植:种植前深翻、晒白、碎土,配合施底肥起高畦,畦宽180cm,沟宽50cm,深50cm,施有机肥22.5~30.0t/hm^2。

可以在春季或秋季进行定植。定植前去除老叶枯枝。定植时,尽可能带土定植,少伤根，以利于种苗成活。适宜用宽行密植方式，行距30cm，株距10～15cm，定植深度6～7cm。一般情况下。根系发育良好的枸杞幼苗，定植成活率可达100%。

（2）肥水管理：在枸杞苗发新根、长新梢后要及时薄施追肥。生长期间，可视生长情况用0.2%～0.3%磷酸二氢钾进行叶面喷施，每7～10d使用1次，直至采收前10d停止使用。剪枝后，结合中耕、除草开浅沟追肥，施腐熟有机肥12～15t/hm^2。采收叶片或嫩梢后，施三元复合肥（15-15-15）375～450kg/hm^2。少雨季节要注意灌溉，生长期保持土壤湿润，畦面忌干燥和积水。

（3）整枝修剪：生长期间应及时对多次采收嫩叶嫩梢的植株或对过长过密的枝条进行修剪，将准备用于采收长枝和叶片的植株剪至离地面5～10cm，将准备用于采收嫩梢的植株剪至离地面25～30cm。生长后期要重剪，保持高度50cm左右。通过修剪植株，可迫使侧芽、隐芽萌发，形成丛状多头矮化植株，使嫩头密集在采摘水平面上，且嫩茎粗，嫩叶大，品质佳。

（4）采收：枸杞头可以采收嫩梢、叶片和枝条，每年采收多次。定植后50d左右，新梢长20～30cm，株高约30cm时，可采收5～10cm嫩梢，以后每12～14d采收1次。株高约35cm时，可采收叶片，以后每14～18d采收1次，每次保留12～15cm嫩梢叶片不采。株高约55cm时，将整个枝条离地面5～10cm剪下上市，采收间隔期45～55d。

3. 大棚栽培技术 作为中国特有食药并用蔬菜，大棚栽培发展较快。

（1）扦插繁殖：选1～2年生枝条，剪成20cm长插条，9月上中旬扦插育苗。将插条在ABT生根粉液中浸泡24h。扦插前先挖15cm深的扦插床，床面铺10cm厚的细沙，将准备好的插条以2cm见方密度插入沙中，深度6～7cm。扦插后浇透水，搭小拱棚覆膜保湿。白天（晴天）加盖遮阳网，床内气温保持在20～25℃，地温20℃，经15～20d插条基部和中部即能生出不定根。

（2）整地、定植：定植前要深翻土地，施腐熟有机肥30.0～37.5t/hm^2、三元复合肥（15-15-15）750kg/hm^2。棚内作平畦，畦面宽约1.5m，畦与畦之间留有10cm宽的工作道。定植株行距均为20cm，开沟定植，定植深度6～7cm。定植后浇透水。为使产品在春节前后上市，定植期不应迟于10月中旬。

（3）栽培管理：定植后每日中午通风，根据生长情况及时浇水、中耕，保持土壤湿润。温度控制在15～25℃。定植后40～50d，新枝条长到20～30cm时即可采收，并立即施肥，每隔10～12d施肥1次，每次施硫酸铵75kg/hm^2。采收期每30d左右追肥1次，以氮肥为主，适当配以磷、钾肥。

生长期间应注意修剪水平，使嫩尖密集在采摘面上，以方便继续采摘。

（4）采收：产品上市时间在12中旬至年5月中下旬。主要采摘15～20cm的嫩梢，产量约45t/hm^2。采收嫩梢后基部的腋芽又可萌生出新的嫩枝。在采收过程中，应特别注意留足基部腋芽（3～6个/株），以利萌发出更多的新枝条。

小　结

本章概要介绍了芽苗菜的概念、种类和分类，产品和生产特点，生产中常见问题，芽苗菜生长特性和对环境条件的要求，以及生产基本设施。系统介绍了绿豆芽、黄豆芽、豌豆芽苗、萝卜芽苗、香椿芽苗、苜蓿芽苗等种芽菜，莴苣芽球、姜芽、韭黄、蒜黄等体芽菜和佛手瓜尖、南瓜尖、豌豆尖、枸杞尖等体梢菜的栽培技术。

思 考 题

1. 什么是芽苗菜？有哪些类型和种类？各类型有何特点？
2. 芽苗菜类的产品和生产有哪些特点？
3. 芽苗菜类生产需要哪些基本设施？
4. 芽苗菜类对环境条件的基本要求有哪些？
5. 简述豌豆芽苗生产的技术要点。
6. 请总结绿豆芽、黄豆芽、萝卜芽苗、苜蓿芽苗、香椿芽苗、豌豆芽苗生产技术的异同点。
7. 请简述芽球菊苣和姜芽生产技术要点和异同点。
8. 请总结说明种芽菜、体芽菜和体梢菜生产技术的主要区别。
9. 请简述韭黄和蒜黄的生产技术要点和异同点。
10. 请比较豌豆芽苗和豌豆尖生产技术的主要区别。
11. 芽苗菜的主要繁殖移栽方式有哪些？
12. 请比较佛手瓜尖与南瓜尖生产技术的异同点。
13. 请总结枸杞头的栽培技术要点。

第十二章　菌藻地衣类蔬菜

菌藻地衣类蔬菜（edible fungi, alga and lichen）包括食用菌类、藻类和地衣类。食用菌属于真菌界真菌门中的担子菌亚门和子囊菌亚门；藻类属于原生生物界，主要是真核生物或原核生物（如蓝藻门的藻类）；而地衣则是藻类和真菌共生的复合体，它们与高等植物类蔬菜在形态（如金针菇的菌丝类似高等植物的根，菌柄类似于茎，孢子类似于种子）、色泽（如绿藻）、用途（供食用）有相似性，但因营养类型与高等植物类蔬菜不同，栽培技术也不同。高等植物属自养型，食用菌类属异养型，藻类含有光合色素，能进行光合作用，地衣类的营养型则由共生的菌藻共同决定。

食用菌是一类大型真菌，有担子菌和子囊菌。中国已知食用菌有近1000种，其中94.4%为担子菌，5.6%为子囊菌。目前可人工栽培的有60多种，10多种已实现了工厂化生产。食用菌按营养方式可分为腐生菌（绝大多数食用菌）、共生菌（如红菇、松茸、松露）、寄生菌（如蛹虫草）；按腐生对象又可分为木生菌（如香菇、灵芝、银耳、木耳类、侧耳类、平菇、榆黄蘑、猴头菇、茶薪菇、滑菇）、草生菌（如草菇）、粪生菌（如双孢蘑菇）、土生菌（如口蘑、马勃、羊肚菌、竹荪）等；按温型可分为高温型菌（如草菇、灵芝）、中温型菌（如香菇、银耳）和低温型菌（如金针菇、海鲜菇）；其栽培模式有瓶栽、袋栽、床栽、菌棒、林下栽培等。近年来，中国食用菌产业发展迅速，栽培模式不断创新，而且工厂化发展日趋成熟。本章以金针菇为代表介绍木腐菌工厂化生产模式，以双孢蘑菇为代表介绍粪生菌的发酵料床栽模式，以香菇为代表介绍木腐菌菌棒栽培模式，以银耳为代表介绍两种菌伴生出菇的模式，以草菇为代表介绍草生菌高温出菇模式，以竹荪为代表介绍林下栽培模式。其余可栽培的食用菌可根据其营养、温型等属性参考与之相近的栽培模式进行栽培。

藻类种类繁多，并不是一个自然分类群，根据它们营养细胞中色素的成分和含量及其同化产物、运动细胞的鞭毛以及生殖方法等，可分为蓝藻、红藻、隐藻、甲藻、金藻、黄藻、硅藻、褐藻、裸藻、绿藻、轮藻等11个独立的门，按色素颜色可分为绿藻、褐藻和红藻3类。常见的食用藻类有海带、紫菜、发菜、裙带菜、石花菜、羊栖菜、海白菜等，其中海带、裙带菜和羊栖菜属褐藻，紫菜和石花菜属红藻，发菜属蓝藻，海白菜属绿藻。本章主要以褐藻中的海带和红藻中的紫菜为代表介绍藻类蔬菜养殖模式。

地衣是真菌（子囊菌或担子菌）和藻类（通常是蓝藻中的念珠藻属和单细胞的绿藻）的结合体，一般生长在阴暗潮湿的地方，目前人工栽培利用的很少，以野生采收和仿野生种植为主。

第一节　金　针　菇

金针菇（winter mushroom, golden mushroom）又称冬菇、冻菌、构菌、朴菇、毛柄金线菌、金菇，学名 *Flammulina filiformis*，为伞菌目白蘑科小火焰菌属真菌，原产于中国，自然界中多在初冬寒冷季节丛生于构树等阔叶树腐木桩上。金针菇口味清鲜嫩脆，甘美滑润，富含多种维生素、矿物质以及18种人体所需氨基酸,其中8种人体必需氨基酸占总氨基酸的44.5%,尤其是赖氨酸和精氨酸的含量特别丰富,有利于儿童生长发育、促进记忆、开发智力,因此常被称为"增智菇"。因含有大量膳食纤维,可以吸附胆酸、降低胆固醇、促进胃肠蠕动、增强消化,对预防高血压、肝炎、肠胃病等作用显著。因含有一种碱性蛋白朴菇素(flammulin),可潜在预防肿瘤和癌症。

野生金针菇主要生长在早春或秋末初冬的阔叶树腐木桩上或根干基部。《齐民要术》记载了中国早在公元6世纪用构树枝段接种培养金针菇。1928年日本森木彦三郎用木屑和米糠在玻璃瓶中成功栽培金针菇,之后逐渐开发出木屑筛选机、搅拌机、装瓶机、接种机等,开始进入设施栽培阶段。随着冷库夏季栽培的成功,开启了金针菇工厂化栽培模式。中国20世纪80年代后普遍采用塑料袋栽培,21世纪初开始从日韩等引进工厂化栽培流水线,目前是世界上金针菇产量最大的国家。

一、生物学特性

(一)生活史

从担孢子开始,经过交配,经历菌丝营养生长阶段和子实体生殖阶段,最后又形成下一代担孢子,金针菇的生命循环过程如图12-1。生产中从接种到子实体成熟采收共需40~50d。

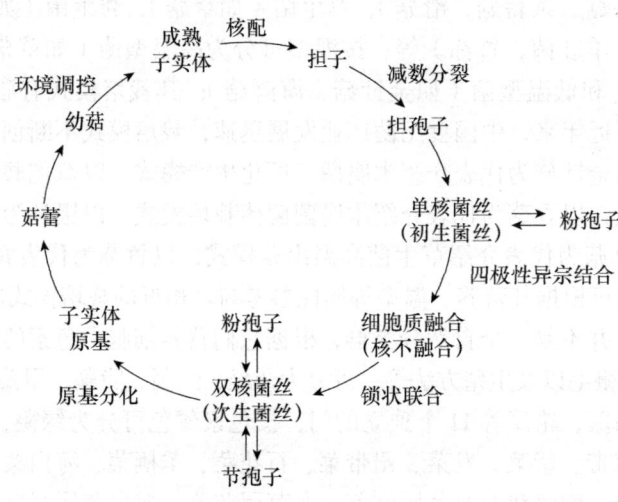

图12-1 金针菇生活史示意图

1. 担子 担子菌着生担孢子的组织,每个担子一般着生4个担孢子。

2. 担孢子 经减数分裂后产生的有性孢子。金针菇担孢子平滑,无色或淡黄色,椭圆形。

3. 粉孢子 一种无性孢子。单核菌丝和双核菌丝都能产生粉孢子,在适宜条件下,粉孢子萌发形成菌丝。

4. 节孢子 另外一种无性孢子,由双核菌丝断裂而成。

5. 菌丝体 白色绒毛状,具粉质感,稍有爬壁现象。

6. 原基 由次生菌丝扭结形成,是子实体是最初形态。金针菇原基呈针头小凸起状,丛生。

7. 子实体 子实体丛生，幼菇与成熟时相差不大，由菌盖和菌柄组成，无菌环和菌托。菌盖幼小时呈球形至半球形，后渐平展，成熟时直径1~8cm，表面湿润黏滑，野生为淡黄色至黄褐色，中部深肉桂色，边缘乳黄色且有细条纹，边缘早期内卷，后呈波状或上翘。菌肉近白色，中央厚，边缘薄。菌褶白色至淡黄色或奶油色，凹生或延生至菌柄，担孢子成熟时从菌褶两侧弹射出来，孢子印白色。菌柄麦秆状，稍硬，中生，圆柱形，长4~18cm，直径0.2~0.8cm，上下等粗或上方稍细，上半部逐渐变淡黄色，最上部有时几乎白色，下半部暗褐色且密被黑褐色绒毛，纤维质，内部松软，初期内部有近木质的髓心，后期变中空，基部往往延伸似假根并紧靠在一起。

（二）营养条件

金针菇为典型的木腐型真菌，多生长在阔叶树腐木桩上，人工栽培需提供营养全面均衡的栽培料。

1. 碳氮源 生产中常用木屑、棉籽壳、甘蔗渣、高粱壳、酒糟及各种农作物秸秆作栽培主料，辅料常用麸皮、米糠、玉米粉、白糖等提供碳氮源。栽培料应有合适的碳氮比，含氮量过高，易造成菌丝徒长、子实体形成推迟；含氮量不足，则菇体易开伞、硬度不足、低产低质。生长较适合的碳氮比为：菌丝培养阶段20∶1，子实体出菇阶段30~40∶1。

2. 矿物质 添加磷、镁等无机盐后，菌丝生长旺盛、速度快，并能促进子实体的分化形成。实际配置栽培料时仅需适量添加石灰、石膏、过磷酸钙等即可，其他矿物质元素从主料中吸收。

3. 维生素 金针菇为维生素B_1和维生素B_2天然营养缺陷型，常需在培养料中加入一定的麸皮、米糠或玉米粉，以补充维生素。

（三）生态习性

自然界中，金针菇分布很广，在中国大部分地区及日本、俄罗斯、北美等地均有分布。金针菇多在早春和秋末至初冬寒冷季节发生，丛生于阔叶树腐木桩上或根干基部等，如柳树、榆树、槐树、构树等。人工栽培时，需创造不同生长时期的适宜环境。

1. 温度 孢子在15~25℃时萌发形成菌丝体。菌丝体生长温度为3~34℃，以23℃左右最适宜。菌丝耐低温能力较强，但耐高温能力较弱，34℃以上停止生长，持续数小时即会死亡。原基分化的温度范围为5~23℃，最适温度为12~15℃。子实体发育最适温度为8~14℃，因此属于低温型菌类。生产中常在5~10℃出菇，子实体生长虽比12~15℃慢3~4d，但菇体生长健壮，菌盖不易开伞，更具商品价值。金针菇虽能忍耐较低温度，但在3℃以下培养时，菌盖颜色变为麦芽糖色，0℃以下变为褐色，且子实体朵形差。不同品种各个时期最适温度也略有差别，个别耐高温品种甚至在23℃时仍能出菇，但长出的子实体菇形差，商品价值较低。

2. 湿度 喜湿，耐旱能力较弱。菌丝体培养阶段，主要是利用栽培料中的水分，空气中相对湿度保持在70%左右即可。培养料含水量一般为60%~65%，低于60%菌丝生长细弱，不易形成子实体；高于65%，菌丝会因缺氧而生长缓慢，甚至停止生长。子实体阶段，菇体直接露在空气中，空气相对湿度对菇体影响较大。随着子实体生长，对空气相对湿度的要求增大，以保持在85%~95%为宜。

3. **空气** 金针菇属好气性菌类，子实体生长需氧量较大，对 CO_2 比较敏感，菇房内需经常通风换气，保证充足氧气，但菌丝体生长需氧较少。CO_2 浓度超过 1% 会显著抑制菌盖展开，而促进菌柄伸长；超过 5% 时不能形成子实体。生产中常采用套袋或盖膜等方式来提高局部 CO_2 浓度，以抑制菌盖开伞，促进菌柄伸长，提高产品商品性。

4. **光照** 光照对子实体发育及形态建成具有重要影响。首先，光照对菌丝的生长速度及菌落形态影响较小。一定的散射光（主要是蓝光）有利于原基分化。在黑暗条件下也能形成子实体，但菇柄伸长而不形成菌盖。在强光照下，菌柄短且开伞快，色泽深，菌柄基部绒毛多；在微弱光照下，菇体色泽浅，呈黄白色或乳白色，还可抑制菌柄基部绒毛的发生及色素的形成；在黑暗条件下，则形成菌柄细长、无菌盖的针状菇。金针菇子实体具有向光性特点，当菇柄长至 8~10cm 时，采用弱光垂直照射，可使菌柄成束向上生长，增加菌柄长度，提高商品率。光照除影响子实体形态外，还影响营养和口感品质。

5. **酸碱度** 喜弱酸性环境条件，菌丝在 pH 3.0~8.4 均可生长，以 pH 5.5~6.5 最适宜，出菇期间以 pH 5~6 最佳，产菇量最高。

二、资源与品种

金针菇品种按子实体颜色和株丛形态分，有不同的类型。

（一）按子实体颜色分

野生金针菇为黄色或褐色，人工选育并遮光培养的为淡黄色。20 世纪 80 年代从黄色金针菇的白变菌株里选育出了纯白色菌株。目前生产中常见品种按子实体颜色，主要分为金黄色、乳黄色和白色 3 个品系。

1. **金黄色品系** 菌盖和菌柄均为金黄色，菌柄基部茶褐色，有褐色绒毛，枝数较少，株丛粗稀。出菇温度范围较宽，出菇早，菇潮的后劲足，产量高，抗病力强。菇体色泽对光较敏感。鲜菇质地脆嫩、口感好。

2. **乳黄色品系** 菌盖和菌柄为乳黄色，菌柄基部微黄，褐色绒毛少，枝数较多，株丛细密，品质优，但抗性一般，出菇温度较金黄色品系窄。鲜菇质地脆嫩，纤维质少，口感好，色泽居中，适于鲜销和加工制罐。

3. **白色品系** 菌盖和菌柄均为白色，菌柄基部有白色绒毛，粗稀型枝数较少，细密型枝数较多。出菇温度较低，对光线反应不敏感，菇体质地鲜嫩柔软，外观色泽极佳，商品外观品相较好。

（二）按株丛形态分

按分枝的株丛形态，金针菇品种可分为 2 类型。

1. **细密型（多柄型）** 菌柄枝数多且细，容易分枝，株丛细密。
2. **粗稀型（少柄型）** 菌柄枝数较少且粗壮，不易分枝，株丛粗稀。

目前国内金针菇品种繁多，不同品种所适合地区及栽培条件不同，栽培时需注意选择。

三、工厂化栽培技术

目前，中国金针菇工厂化生产有瓶栽和袋栽两种模式，大型专业化金针菇企业都以瓶栽为主，小型企业采用袋栽。二者栽培流程基本类似（图 12-2）。

配料拌料 → 装瓶/装袋 → 灭菌冷却 → 固液/接种 → 培养走菌 → 搔菌/再生

废料利用 ← 采收包装 ← 出菇管理 ← 包片/套袋 ← 抑制菇蕾 ← 诱导原基

图 12-2 金针菇栽培技术流程图

(一)菌瓶(袋)制作

1. 配料拌料 根据当地资源、原料价格、理化性状等综合考虑选择栽培料。一般木腐生菌(包括金针菇)主料采用木屑菇体品质较高,也常用棉籽壳、玉米芯、甘蔗渣等部分或全部替代木屑,辅料多用麸皮,还常添加石膏粉。栽培料应碳氮比合理、营养均衡、粗细搭配。常用配方有:①棉籽壳 80%、麸皮 15%、玉米粉 3%、糖 1%、石膏粉 1%;②棉籽壳 37%、木屑(阔叶树)37%、麸皮 24%、糖 1%、石膏粉 1%;③阔叶树木屑(棉籽壳或玉米芯)73%～78%、麸皮 20%～25%、白糖 1%、石膏粉 1%;④甘蔗渣 34.4%、棉籽壳 33.0%、麸皮 27.0%、玉米粉 3.0%、碳酸钙 1.0%、糖 1.0%、硫酸镁 0.2%、磷酸二氢钾 0.2%、尿素 0.2%。

按配方选用新鲜无霉变的物料进行混合拌料。注意干料先干混、混料要均匀、干湿要均匀。不溶水的物料如麸皮、石膏粉等应先和主料拌匀;可溶性物料溶于适量水再分次浇入料中,充分拌匀。金针菇栽培料适宜含水量为 65% 左右。拌好的料应及时装瓶装袋,以免发酵酸化。

2. 装瓶(袋) 栽培瓶选择应注意材质、容积和口径。玻璃瓶不易污染,但笨重、破损率高;PP 塑料瓶轻便、不破损。栽培瓶若容积大,则装料多、单产高;口径大,则易操作、发芽多,但易污染。目前多用容积 1100～1200ml,口径 75～80mm,便于机械装料和操作的栽培瓶。

采用装瓶机自动装瓶,可按设定好的装料量依次装瓶、压紧、打孔、加盖,最后由传送带传出。打孔时,一般在正中间打 1 个大孔,四周打 4 个小孔,这样有利于液体菌种均匀分布栽培料中,使菌丝吃料更均匀快速。盖子在菌丝生长中过滤、透气、保湿、防水等作用,其结构为上下两层,中间用海绵和无纺布做透气材料。

袋式栽培多选择对折径 17.0～17.5cm,长 37cm,厚度 0.048mm 的塑料袋。使用自动装袋机依次进行装袋(填料高度 15cm)、打孔、整平料面、套套环及透气塞。料面上端与塞子间预留 3～4cm 空间,俗称"气室"。装袋时要注意:一要轻装轻压,用力均匀,防止塑料袋破损;二要使培养料紧贴袋壁,如存空隙,会出现袋壁出菇;三要料面平整,如料面不平,则出菇稀少,产量低;四要装料适量,每袋干料 300g 左右,如装料过多,不能发挥最佳效益;五是装好袋后,必须将袋整齐码放在干净的地板上,防止料袋变形或沙粒、杂物将料袋刺破;六要轻拿轻放,搬运工具应光洁,搬运过程防止破损。

3. 灭菌冷却 工厂化栽培一般采用高压蒸汽灭菌,灭菌的压力和时间影响栽培料的灭菌效果、营养成分和能源消耗。不同灭菌设备、不同菌瓶或菌袋、不同培养基配方最佳灭菌的压力和时间稍有不同,配方改变时需重新进行灭菌试验,确定最佳灭菌条件和时间。高压灭菌的常规条件为 104.0～137.3kPa 压力(121～126℃),灭菌 2h,总时间约为 5h。

如采用常压灭菌(100℃),装袋后应立即装锅灭菌 8～10h;或高压灭菌(121～126℃) 1.5～2.0h。灭菌时料袋应直立排放,袋间留出适当间隙,以便湿热蒸气的流通与穿透,灭菌后减压要慢,防止挤压使料袋变形,影响以后出菇整齐度与商品性。

灭菌后移入洁净、干燥的冷却室进行缓慢冷却。冷却室要求单独密闭且严格无菌，安装通风降温设备（空调装置）和空气过滤装置，且为正气压室。

（二）菌种制备和接种培养

1. 瓶栽模式接种 主要使用液体菌种。根据发酵所需时间，提前发酵制备液体菌种。发酵培养液需用容易分解利用的碳氮源，如豆粕、蔗糖等，参考配方有：黄豆粕粉 3~10g、蔗糖 20~30g、硫酸镁 0.3~1.0g、磷酸二氢钾 0.5~2.0g、羧甲基纤维素钠 0~2g、聚醚多元醇（消泡剂）0.1~0.5ml。液体发酵在专用菌种发酵罐中进行，发酵过程每天取样检测菌种质量，包括：菌丝球大小与数量、是否有杂菌污染、发酵液含氧量、pH等。当发酵液中布满澄清透亮的菌丝小球时，则可以用于接种。将发酵灌用无菌管连接自动接种机，接种机将设定量的液体菌种通过压力喷洒入栽培瓶中，快速完成接种，并自动盖回盖子，再由传送机运输到发菌室培养。

2. 袋栽模式接种 袋栽常采用固体接种。一般提前 50~70d 进行原种和栽培种的固体菌种制备。原种和栽培种常用木屑或棉籽壳为主料。优良的原种和栽培种应该菌丝粗壮、洁白。菌丝细弱而稀疏、褐色分泌物多、粉孢子过多的不良菌种不宜采用。接种前先将菌种碾碎，越碎越好。接种时，在净化条件下，快速将菌种屑接入栽培袋的接种穴内，并用穴周围的培养料轻轻覆盖。这样可以促进菌种尽快定植，均匀发菌，并防止菌种在袋中未发满菌就提前产生菇蕾，导致损失或失败。

3. 培养走菌 发菌期要创造适宜条件以促进菌丝健壮生长。金针菇菌丝生长最适温度为 23℃，由于在发菌过程中菌丝呼吸热通常使料温比空间温度高 2~4℃，所以发菌室空间温度控制在 18~20℃为宜。温度高，菌丝生长弱，而且容易感染杂菌；温度低，菌丝生长慢，且易在未发满菌丝时就出菇。为使菌丝受温一致，发菌均匀，发菌期间温度超过 24℃要及时降温，以免"烧菌"，尤其是袋间接触部位易出现菌丝黄斑，菌丝受伤、活力下降，影响产量，并在高湿环境下发生黑斑病。发菌期间空气相对湿度保持 65% 左右，避免高湿引发杂菌污染。发菌期间还应加强通风，可排出菌丝呼吸产生的 CO_2（浓度控制在 0.3% 以下），并补充新鲜空气，使菌丝健壮生长。发菌最好在黑暗条件下进行，这样菌丝生长速度快且不易老化，出菇整齐。发菌期间应每天检查菌瓶，随机取样，测量菌瓶内菌丝温度，观察菌丝生长速度、菌丝长势、杂菌污染情况等。

（三）原基诱导

1. 瓶栽模式 当菌丝长满，开始进入出菇阶段时，需进行搔菌，一方面移除菌瓶表面的老菌丝，使菌料表面整齐，原基分化一致；另一方面通过机械损伤刺激原基提前形成。工厂化栽培采用搔菌机自动完成开盖、菌瓶倒置、挖搔的操作。搔菌后对菌料进行快速淋水，一则冲洗挖搔后残留的栽培料，二则对培养料补水。搔菌后用自动上架机将菌瓶移入发芽室进行原基诱导。

2. 袋栽模式 原基形成方式有搔菌直生法和再生法。搔菌直生法即当菌丝满袋时，先将折叠袋口拉开，使用不锈钢长柄汤匙，将袋内培养料表面老菌丝块扒掉，再将袋口翻转至料面 5cm 高，然后竖立于栽培架上，袋口上方覆盖报纸或黑色地膜，置于适宜条件下诱导出菇。因单次出菇率不高，单产低，需多次采收，栽培周期长，故工厂化生产采用不多。

再生法包括初生、萎蔫和再生3个步骤。初生，就是降温刺激第1次菇蕾形成，并在包内高浓度 CO_2 环境下会形成2～4cm盖小柄长的菇蕾；萎蔫，就是通过割除袋口并加大通风，使袋内温度降至6～8℃，湿度降至75%，初生菇蕾快速失水倒伏萎蔫但未死亡；再生，就是通过加湿至85%～95%，使第2次菇蕾从初生菇蕾处再生出来，更多更密，达到高产目的。再生法栽培稳定、高产，是金针菇袋栽主要的出菇方式。

3. 诱导原基 当菌瓶中菌丝长满并达到生理成熟时，在一定外界环境因子的刺激下，开始从营养生长转入生殖生长，即形成原基。诱导原基形成的物理刺激法有机械损伤、降温刺激、光照刺激等，化学刺激法如用茉莉酸甲酯等激素类物质或弱氧化剂等进行刺激。生产中常将搔菌后的菌瓶移入发芽室后，降温至13～16℃，湿度95%以上，CO_2 浓度0.2%～0.3%，给予适当光照，可每间隔4h照射20min，诱导约1周后，料面开始出现许多小芽，即原基开始形成。

（四）抑制管理

1. 抑制菇蕾 对小菇蕾进行抑制操作，可以抑制菇蕾的菌盖过早展开和菌柄过快伸长，从而使菇芽形成整齐的出菇面，菇体长的整齐强壮。抑制主要通过低温、光照、吹风等方式，抑制几天后就可以看到均匀、整齐、强壮的菇芽一起长出瓶口。

（1）风抑制：利用抑制机在菇房轨道上来回移动来吹风抑制，可用侧吹风或下吹风。当菇芽快长到瓶口时打开抑制机，加大瓶口上方空气流动，达到抑制效果。目前风抑制使用较少。

（2）低温抑制：用制冷机将菇房温度逐步由13～16℃降至8～10℃，再降至3～5℃，在低温下，菇芽缓慢生长。

（3）光抑制：目前多采用LED灯，且以蓝光抑制效果最好，可使菇体变粗，更加健壮。光抑制应间歇照光，根据菇体发育、光照强度调节照光时间长短。

2. 套包菇片 当幼菇长到2～3cm时，对幼菇围包菇片可使菇的生长整齐一致且不倒伏。包菇片有无色和蓝色可选，不管哪种，上面都有小气孔进行空气交换。围包菇片后，生长较矮的菇处于靠近瓶口位置的微环境，CO_2 浓度较高，光强度较小，生长速度会加快；相反，生长较高的菇处于靠近顶部位置的微环境，CO_2 浓度较低，光强度较大，生长速度会略慢，从而有利于整瓶菇整齐、均匀地生长。

（五）出菇管理

进入伸长期的菇体开始快速生长，对氧气、湿度等的需求大增，需调控温、光、气、湿环境条件。一般设为：温度5～9℃，湿度85%～90%，CO_2 浓度0.6%～0.8%，光照300～400lx。工厂化栽培中常采用超声波加湿机进行加湿，可将加湿机接到菇房内风管进行加湿。

（六）采收包装和废料利用

1. 采收包装 金针菇并非长的越大越好，菇体的采收标准因销售目的不同而异。鲜销的采收标准为菌盖未开展，直径0.8～1.5cm，菌柄长度13～18cm，每丛70～150朵。采收时一手握住菌袋，一手轻轻按住菇丛拔下，采后用小刀或剪刀将菇柄基部切齐或剪齐，整理分级后鲜销或加工。根据市场上要求，鲜销按以下几种规格标准分级。1级：菌盖未展开，直径在1cm以内，菇柄长15cm以内。2级：菌盖未展开，直径在1.5cm以内，菇柄长13cm

以内。3级：菌盖开伞，菇盖过大或菇柄过长或过短。

采收后需立即包装。包装车间温度控制在 10~12℃。

2. 废料利用　　采收后的栽培瓶用挖瓶机高压方式将废料从栽培瓶中冲出来，可加工成生物饲料等，而栽培瓶清洗后继续循环使用。

第二节　双孢蘑菇

双孢蘑菇（white mushroom，button mushroom）因成熟后1个担子上着生2个担孢子而得名，又叫白蘑菇、蘑菇、洋蘑菇，欧美也叫纽扣蘑菇，学名 *Agaricus bisporus*，为伞菌目蘑菇科蘑菇属真菌。双孢蘑菇在全世界广泛栽培和消费，有"世界菇"之称，在中国多数地区均有栽培。

双孢蘑菇味道鲜美，具有很高的保健功效。其含蛋白质高达30%以上，含多种维生素和丰富的钙、铁和膳食纤维，含8种人体必需氨基酸，可预防便秘、动脉硬化、糖尿病等；因含核糖核酸、酪氨酸、多糖等有效成分，有提高机体免疫力、降低血压、降低胆固醇、防治动脉硬化、抑制癌细胞生长等功能，还具有镇痛镇静、止咳化痰、保肝健肝的功效。

双孢蘑菇人工栽培起源于法国巴黎。1893年 Costentin 和 Matrvchot 发明了双孢蘑菇孢子培养法，制成双孢蘑菇纯菌种。1902年 Dugger 用组织分离法培育纯菌种获得成功，极大促进了栽培技术的发展。传统双孢蘑菇有小菇棚栽、大棚架栽和大棚畦栽等方式。1894年美国宾夕法尼亚州首现床架式栽培工厂。中国自20世纪30年代在上海、福州等地开始栽培双孢蘑菇，并在多地逐渐形成特定生产模式，如漳州模式。近些年已大步走向工厂化生产，在福建、江苏、浙江、山东等地快速发展，其生产规模和技术已达国际先进水平，许多工厂日均产量达上百吨。

一、生物学特性和品种资源

（一）生活史

自然界中双孢蘑菇具有多样化的生活史，目前人工栽培的所有品种和大多数野生双孢蘑菇菌株都具有次级同宗结合交配类型的生活史，即成熟的担孢子已经具有两个分别含有不同交配型核的异核体，担孢子萌发后直接形成异核体菌丝，而无须再与其他孢子萌发的菌丝体进行交配（图12-3）。

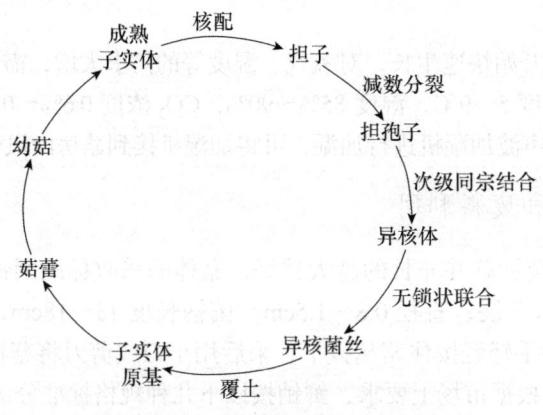

图12-3　双孢蘑菇生活史示意图

双孢蘑菇是典型的伞菌，菌盖直径一般在5~15cm，初期为球形成熟后平展。野生的菌盖表皮为棕色，人工栽培的白色为主，也有棕色和奶油色。菌肉白色，伤后略变淡红色。菌柄中生，菌盖与菌柄之间有菌膜，成熟后，菌柄拉开破裂，然后在菌柄周围留下一圈环状物为菌环，容易脱落或消失。

（二）营养条件

双孢蘑菇是草粪腐生菌，菌丝降解基质能力弱，较难直接降解利用纤维素、半纤维素、木质素等大分子营养物质，因此粪、草等基质原料需堆料发酵，借助自然界高、中温型微生物降解转化为小分子营养物质再吸收利用。所以双孢蘑菇采用发酵料床架栽培，栽培料无须高压灭菌。现在主要碳源是农作物秸秆，氮源是各种禽畜粪便，需将秸秆和粪便先堆制发酵，小分子有机碳和有机氮是双孢蘑菇利用的最佳碳氮源。但需注意，NH_3对双孢蘑菇菌丝生长有强烈的抑制作用。

（三）生态习性

双孢蘑菇属于中低温型菌类，菌丝生长最适温度20~24℃，子实体发育最适温度14~16℃。喜湿，菌丝生长阶段菇房适宜空气湿度为70%~80%，子实体生长阶段为85%~95%，且随子实体增大，基质需水量越大，需空气湿度越高。好氧，出菇期间需加强菇房通风换气，CO_2浓度在菌丝体阶段保持0.1%~0.5%，子实体阶段保持0.03%~0.10%为宜。对光照要求不高，菌丝体和子实体均可在黑暗条件下生长，强光对菌丝和子实体均有抑制作用。

（四）资源与品种

自然界中野生双孢蘑菇基本都是棕色或褐色，人工栽培的有白色和棕色两个品系，目前以白色品系为主，如福建省农业科学院选育的As2796，国外Sylvan、Amycel、Le Lion等公司选育的品种。

二、工厂化栽培技术

双孢蘑菇工厂化栽培详细生产工艺流程如图12-4。全程采用机械化操作和自动化控制，智能化精准调控温度、湿度、CO_2浓度及通风等。

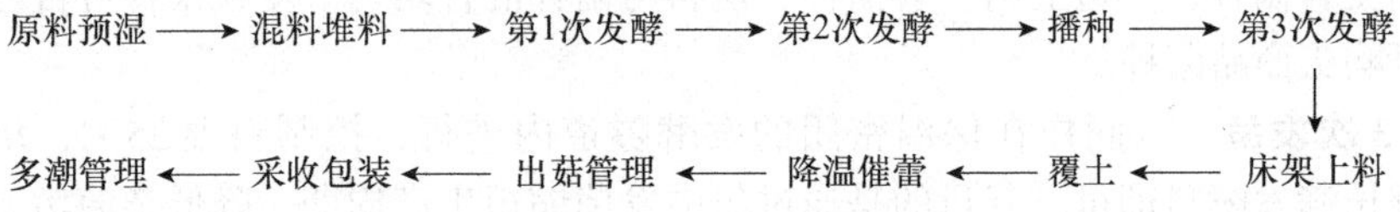

原料预湿 → 混料堆料 → 第1次发酵 → 第2次发酵 → 播种 → 第3次发酵

多潮管理 ← 采收包装 ← 出菇管理 ← 降温催蕾 ← 覆土 ← 床架上料

图12-4 双孢蘑菇栽培技术流程图

（一）备料混料

1. 原料预湿 一般栽培主料采用稻草、麦秸秆、牛粪、鸡粪、马粪等，辅料用豆粕、尿素、硫酸铵、石灰、石膏、过磷酸钙等。常用培养料配方有：①干牛粪44%、干稻草50%、菜籽饼2%、石膏2%、石灰2%；②干鸡粪30%、干秸秆52%、棉籽壳15%、石膏1.5%、石灰1.5%。

主料稻草和秸秆需提前预湿软化，按切碎摊铺、撒石灰、淋清水的步骤预湿数日。辅料一般无须预湿。配料量按菇房床架面积和发酵隧道容量等综合考虑，一般按30~50kg/m²配料。

2. 混料堆料 预湿后发酵前需均匀混料。如采用传统堆制发酵，混料即是建堆的过程。料堆底层宽2.0~2.5m，先铺15cm厚稻草或秸秆，再铺4~5cm厚牛粪，如此1层稻草，1层牛粪，直至堆高1.5~1.8m。建堆过程中下层不浇水，中层少浇水，上层多浇水。辅料尿素和硫酸铵在建堆时撒入，石膏和石灰可在翻堆时加入。建堆后用草席覆盖，下雨前用塑料薄膜覆盖防雨。工厂化生产修建专业发酵隧道，用机械车将预湿后的料按配方比例均匀混合，直接堆入第1次发酵隧道。

（二）发酵和播种

1. 第1次发酵 也称前发酵，是在开放式发酵隧道进行发酵，地下铺设高压风管。高压风机定时定量将新鲜空气由高压风管打进堆料，堆料好氧发酵，温度升高，料中高温微生物快速生长发酵，堆料温度可达到75~80℃。第1次发酵后栽培料得到软化，基质持水力提高，大分子有机物质降解为小分子营养物质。发酵过程需监测料温，通过高压风管中的高温蒸汽使料温控制在75~80℃，氧含量>15%。每隔3~4d需将料倒仓到另一个发酵室。第1次发酵时间约14d，完成后栽培料呈棕褐色，有粘手感，料中有较大氨味。达到以下指标：氮含量1.7%~1.8%，C/N为20∶1，pH 8.4~8.5，含水量70%~78%。

2. 第2次发酵 也称后发酵，在保温的密闭发酵隧道内进行，分巴氏消毒和控温发酵两步进行。

（1）巴氏消毒：对完成第1次发酵的培养料通过地面铺设高压风管通入高温蒸汽，使料温迅速升到60℃，进行巴氏消毒，保持6~8h，杀灭料中的病菌。

（2）控温发酵：巴氏消毒后再向料中通入新鲜空气，使料温降低至50~52℃，保持4~7d，期间放线菌大量生长，对栽培料继续降解。第2次发酵后优质培养料特征为：松软有弹性，结块一拍即散，稻草一拉易断，黑褐色；表面有白色的放线菌菌丝，无粘手感，轻轻一抹即掉。达到以下指标：基质含水量68%~70%，氮含量2.0%~2.2%，C/N 16∶1，氨气含量<10mg/L，有甜香味但无氨味，pH为7.4~7.9。

3. 播种 将第2次发酵后的栽培料用传送带转入第3次发酵隧道，同时用播种机播种双孢蘑菇麦粒菌种，一边上料一边播种，使料与菌种混合均匀。麦粒菌种可自己用试管种制作，也可购买商品菌种。

4. 第3次发酵 同样在保温密闭的发酵隧道内进行，控制料温25℃，培养14d左右，待菌丝长满发酵料即可。其目的是通过集中发菌缩短生产周期，降低杂菌污染率，使菇生长整齐一致。

（三）床架上料和覆土

1. 床架上料 用传送带将经过3次发酵的栽培料（里面长有双孢蘑菇菌丝）转入消过毒的出菇房床架上，料高20cm，料面均匀摊平，但不可压实，以免菌丝缺氧。上架后，注意菇房保温保湿和通风换气，控制温度在20~24℃，菌丝开始快速生长。

2. 覆土 在发菌后期，当料面上菌落重叠，菌丝完全吃透培养料后，搔菌床一次，然后覆土。覆土的作用：①土中恶臭假单孢杆菌等有益微生物繁殖分泌的代谢物可诱导蘑菇原基形成；②土层在料面形成一个温湿度稳定的小气候，有保温保湿的作用；③土层使料中CO_2浓度提高，可诱导蘑菇原基分化；④覆土可保护菇蕾，对子实体有支撑作用。

覆土应选择持水力高、透气性好、吸附力强的土。目前最好的是泥（草）炭土，河泥或塘泥次之。一般覆土1次，用量为2.5～3.5kg/m^2，厚度为3～4cm。

（四）降温催蕾和出菇管理

1. 降温催蕾 覆土后保持湿度85%～90%，前期温度20～24℃，让菌丝迅速向覆土中生长约7d；然后加大通风，降温至14～16℃，再喷出菇水，开始催蕾。此时菌丝面对相对"逆境"环境开始扭结成菌丝束，逐渐形成原基。

2. 出菇管理 菇蕾生长过程中应控制温度16℃，不超过19℃；湿度80%～85%，并常通风换气，喷水时同时通风，避免湿度过高，导致菌丝萎缩和病虫害。

（五）采收包装和多潮管理

1. 采收包装 当子实体长到菇盖直径3cm左右，菌盖扁球形紧实，菌膜未破，菌褶未露出时即可采收。鲜菇销售的，采收时戴白色手套，以免损害蘑菇表皮变色；保持好菇体形态，不要伤及旁边小菇；采收后及时用小刀切去菇脚基部，并及时包装冷藏。工厂化生产可用采菇机采菇，但菇体易受损伤，多用于加工罐头等。

2. 多潮管理 双孢蘑菇具有分潮出菇的特性，采完1潮后停水养菌，提高菇床温度促进菌丝生长，经4～7d休整后再进行出菇管理，菇床会继续出第2、3潮菇。具体出菇潮次可根据出菇情况和管理成本决定。出过菇的废料可以作为肥料使用。

第三节 香　　菇

香菇（shiitake mushroom），又名香蕈、香信、椎茸，学名 *Lentinus edodes*，因散发特殊的香味而得名。香菇肉质肥厚，含有18种氨基酸，且赖氨酸、精氨酸和谷氨酸含量最为丰富；富含麦角甾醇、矿质元素、不饱和脂肪酸、香菇多糖等，有预防高血脂及动脉粥样硬化、降血压、增加免疫力等作用，香气独特，被誉为"菇中皇后"。花菇是香菇子实体在特殊环境下菌盖表面裂开形成褐白相间的花纹而得名。

中国香菇栽培发展经历了击木催菇、剁花出菇、段木栽培、木屑塑料袋栽培、基质代料栽培、设施和工厂化栽培等阶段。相传"菇神吴三公"吴昱击木催菇，800多年前还发明了"剁花法"栽培技术。以后人们把适于香菇生长的树木（栗树、栎树、桦树）砍伐后枝干截成段，人工接种后在适宜场地集中生产。在段木不足的情况下，又将木枝粉碎成木屑，配以辅料，装入塑料袋中仿照段木，灭菌后人工接种集中养菌和出菇。后来又利用农业生产废料，如富含纤维素、木质素、半纤维素的作物秸秆、玉米芯、棉籽壳等，部分或全部代替木屑，装入塑料袋制成菌棒进行香菇栽培。目前香菇主要采用设施和工厂化栽培，从装袋、打包、接种到养菌、出菇等，可实现全程机械化和自动化管理。香菇是中国第1大栽培菇类，主产区有浙江庆元、福建古田、河南西峡和泌阳、湖北随州等。

一、生物学特性

（一）生活史

香菇生活史如图12-5所示，其交配系统属于四极性异宗结合。菌丝呈白色绒毛状，有横隔和分枝，有锁状联合，在人工栽培条件下，经长时间光照后，菌袋表面菌丝易形成褐色的菌膜。子实体单生、丛生或群生，菌盖呈褐色常有鳞片，适当条件下可龟裂露出菌肉成为花菇。菌柄中生或偏生，菌柄内部结实纤维质，菌环易消失，孢子无色光滑椭圆形。

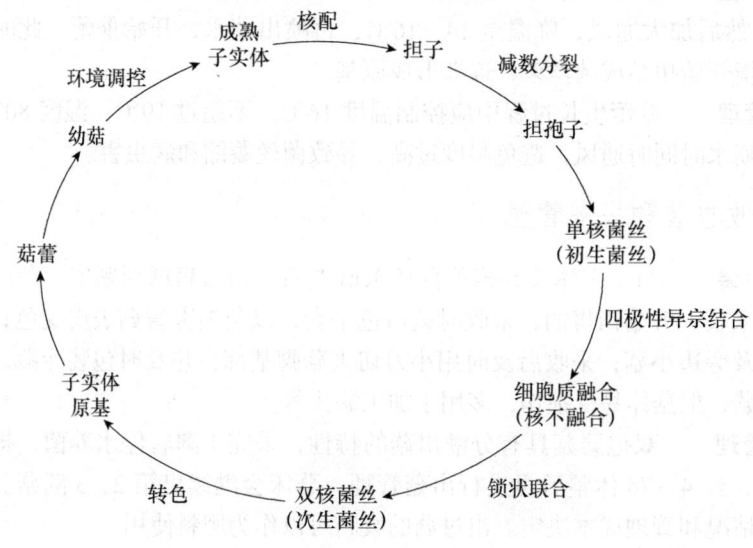

图12-5 香菇生活史示意图

（二）营养条件

香菇是一种典型的木腐型真菌，自然中多生长在栎树、栲树、桦树等阔叶树的倒木上，后来采用纯段木人工打孔接种培养香菇，目前主要采用木屑加辅料袋栽培和基质代料栽培。代料栽培料中含水量一般为60%～70%，pH以5.5～6.5最适宜。

（三）生态习性

自然界中，香菇主要分布于北半球温带到亚热带地区，中国大部分地区均有分布，主要发生在春、秋、冬季节。香菇属于中低温型菌类，菌丝生长最适温度25℃，原基形成温度10～15℃，属变温结实型菌，原基分化时需一定的昼夜温差。子实体发育温度为10～20℃，温度稍低时子实体发育慢，但菌柄短，菌肉厚实，品质高；温度稍高时子实体发育快，菌柄长，易开伞，菌肉较薄，品质差。子实体生长要求湿度80%～90%，并干湿交替，湿度差和温差是形成花菇的关键因素。好氧，通风良好，菇形好，盖大柄短，商品价值高。喜光，在菌丝体生长前期不需光，但当菌丝长满菌袋后，一定的光照可刺激菌丝表面产生褐色菌被，只有转色好，才能分化好原基，进而发育好的子实体。在子实体阶段，一定的散射光有利于菌盖发育和着色，光强度200～600lx即可。

二、栽培技术

目前，中国香菇以设施代料栽培为主，其工艺流程如图 12-6，工厂化生产也日益成熟。

配料拌料 —→ 菌棒制作 —→ 灭菌冷却 —→ 打穴 —→ 接种封口 —→ 发菌
                                                              ↓
后期管理 ←— 采收 ←— 出菇管理 ←— 催蕾 ←— 转色 ←— 脱袋

图 12-6 香菇代料设施栽培技术流程图

（一）菌棒制作

1. 配料拌料　香菇代料栽培可选用棉籽壳、玉米芯、甘蔗渣等部分或全部替代木屑，辅料多用麸皮、米糠、石膏、过磷酸钙等。常用培养料配方有：①阔叶树木屑 78%、麸皮 20%、石膏 1%、蔗糖 1%；②阔叶树木屑 44%、棉籽壳 44%、麸皮 10%、石膏 1%、过磷酸钙 1%；③玉米芯 50%、棉籽壳 30%、麸皮 15%、玉米粉 2%、石膏 1%、过磷酸钙 1%、糖 1%。

木屑和玉米芯都要粉碎，粗细搭配。拌料时应干料先干混、混料均匀、干湿均匀。拌好的料应及时装袋，防止时间过长使培养料发酵酸化。

2. 菌棒制作　目前主要采用长袋出菇，如用 15cm×55cm 低压聚乙烯塑料袋，每袋装干料 1kg 左右，湿重 2.2kg 左右。装袋机装袋，袋口留 6cm，直接双层扎紧袋口（在离封口 2cm 处再用棉线回折扎紧）。

3. 灭菌冷却　菌棒制好后及时装锅灭菌，料袋呈"井"字形叠放。高压蒸汽灭菌的，在温度达 121～126℃后无间断灭菌 2h；常压灭菌的，温度达 100℃后应保持 8～10h。灭菌后移入洁净的冷却室缓慢冷却。

（二）接种和发菌

1. 打穴　在消过毒的接种室和接种箱，采用专用打穴钻或打孔器在长袋侧面等间距打 3 个接种穴，穴口直径约 1.5cm，深 2cm，在另一面错位再打 2 个接种穴。

2. 接种封口　边打穴边接种，手工或用接种勺/接种枪将固体菌种块迅速接入接种穴内，随即用无菌的医用微孔透气胶片封口。

3. 发菌培养　接种后将菌棒移入发菌室进行发菌，保持菌袋温度在 25℃以下，菌丝长满约需 60d。发菌中期（菌丝蔓延圈外缘到 8～10cm，两接种穴菌丝逐渐连接）可在菌丝蔓延圈外缘内侧 2cm 处刺小孔增氧，当菌丝长满菌袋后可在菌袋上刺数十个 2cm 深孔增氧。

（三）转色催蕾

1. 脱袋　当菌丝长满菌袋后，用刀将袋面割破，剥掉塑料袋使菌筒裸露。脱袋要适时，脱袋太早菌丝生理未成熟，菌筒不转色；脱袋太晚菌丝生理过熟，袋内积累黄水。当接种穴周围有不规则小泡隆起，菌袋内长满浓白菌丝时，表明菌丝已成熟，适于脱袋。

2. 转色　脱袋后菌棒进入转色期，保温保湿 5～6d 后，表面长出浓白色的绒毛状菌丝，约 10d 后逐渐变成 1 层棕褐色菌膜，称为菌丝转色。菌棒转色对香菇菌丝有很好的保护作用，转色的深浅和菌膜的薄厚都直接影响香菇原基的发生和子实体的发育，与产量和品质关系很大。转色期菌棒温度以 18～22℃为宜，低于 15℃或高于 25℃均不利转色，每天保持

50~200lx弱光或自然散射光照射数小时，并且自然通风数次。

3. 催蕾 转色后可通过物理或环境因子刺激诱导原基形成。常用方法有：惊蕈催蕾，即用手或木片拍打菌棒，给以震动刺激；或适当降温、加湿、通风、增光等改变环境因子。一般7d左右即可长出小菇蕾。

（四）出菇管理

出菇管理要求精细，温度保持15℃左右为宜，后期需要一定昼夜温差；前期以喷水保湿为主，后期则对菌棒加大喷水或注水；越到后期越需要加强通风换气，CO_2浓度保持在0.15%以下，干湿交替；每天用300~1000lx日光灯或自然散射光照光10h左右。

（五）采收包装和后期管理

1. 采收包装 当子实体七八分成熟，菌盖尚未完全展开，边缘内卷，菌膜未破裂或刚破裂时即可采收。采收过迟，香菇菌膜破裂菌盖展开，商品品质下降。采收时轻轻旋转子实体，并用小刀切下菇脚，按照采大留小的原则，注意不要伤及周围小菇，每天采收1次。采后立即分级包装和低温保藏，如用于制干，则可在太阳下晒干或烘箱内烘干。

2. 后期管理 香菇菌棒采完一潮后，可对菌棒注水或泡水补水，使菌丝恢复一定时间后，再按照出菇条件进行管理，即可继续出第2、3潮菇。

第四节 草 菇

草菇（straw mushroom）又称美味包脚菇、兰花菇、中国蘑菇、南华菇、秆菇、麻菇、贡菇等，学名 *Volvariella volvacea*，为伞菌目光柄菇科小包脚菇属真菌，起源于中国，广东韶关南华寺僧人首先发现并采食，以后成为皇家宫廷贡品和御膳。1822年阮元等《广东通志》上就有记载，约在20世纪30年代由华侨传到国外，在东南亚国家栽培草菇较多，欧美也有栽培。国内草菇过去主要在热带亚热带地区栽培，近年来已越过长江、黄河，遍布各地。自然条件下草菇多腐生于稻草等禾本科草类和废棉等纤维素废料上，早期栽培采用稻草、废棉、鸡粪等生料或发酵料进行床架栽培，近年用发酵隧道进行发酵料或高压灭菌熟料栽培取得成功，开始了工厂化栽培。

草菇鲜品肉质肥嫩脆滑，干品芳香浓郁，味道独特。子实体含有丰富的维生素C和氨基酸，尤其是鲜味氨基酸——谷氨酸。草菇中含不饱和脂肪酸，具有降血脂功能，是高血压患者和糖尿病人的好佐食。草菇还含有一种异体蛋白，可增强人体免疫机能，降低胆固醇含量，预防动脉粥样硬化，异体蛋白和含氮浸出物（嘌呤碱）均有抑制癌细胞生长的功效。

一、生物学特性和品种资源

（一）生活史

草菇生活史（图12-7）是从担孢子开始，但其担孢子有多种类型。关于草菇交配系统，新近研究认为其成熟的担孢子有单核也有双核，在双核中有同核也有异核。同核担孢子和异核担孢子的比例在不同菌株中不同。异核担孢萌发后为异核体菌丝，可直接出菇。Bao（2013）

在草菇 V23 菌株发现 18.6% 的担孢子为异核体，鉴定草菇 V23 菌株交配系统为次级同宗结合。Chen（2016）发现草菇 H1521 菌株存在非整倍体，并鉴定了草菇中 A 因子和 B 因子，其中 B 因子没有多态性，鉴定 H1521 菌株为二极性异宗结合。因此，草菇不同品种存在不同的交配系统。草菇从播种到采收周期很多，共约 20d，有的品种仅有 12d 左右。

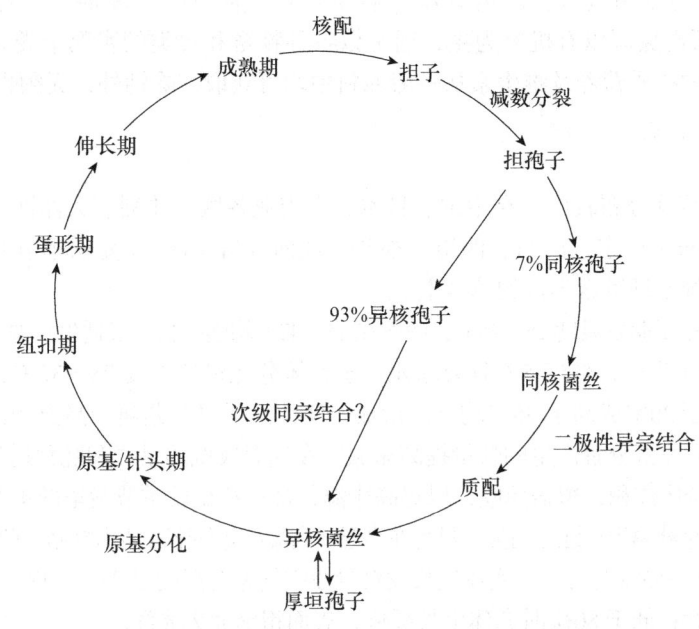

图 12-7 草菇生活史示意图

1. 菌丝体 菌丝呈灰白色或银灰色，半透明，有光泽；在显微镜下，菌丝呈分枝状，透明，无锁状联合，有横隔，互相交织形成疏松网状菌丝体。

2. 厚垣孢子 在一定条件下，部分侧生菌丝先端形成膨胀细胞，继而发育成圆球形厚壁细胞，成熟后与原菌丝脱离成厚垣孢子，聚集在一起时呈棕色微粒，细胞壁厚薄不一，含有多个核，无孢脐，富集养分，呈休眠状态，可抵抗干旱、低温等不良环境，待到适宜条件，在细胞壁较薄的地方突起，形成芽管，由此产生的菌丝可发育成正常子实体。

3. 子实体 草菇子实体发育分为以下 5 个时期。

（1）针头期：部分次生菌丝体进一步分化为短片状，纽结成团，形成针头状的白色或灰白色的子实体原基。

（2）纽扣期：专门化菌丝组织继续分化发育形成子实体各个部分，需 3～4d。

（3）蛋形期：各部分组织迅速生长，外膜开始变薄，子实体顶部由钝而渐尖，呈卵形，需 1～2d，是商品采收适期。

（4）伸长期：菌柄、菌盖继续伸长和增大，顶破外膜开始外露，菌膜遗留在菌托基部成为菌托。

（5）成熟期：菌盖、菌柄充分增大，完全裸露于空间，菌盖渐渐展开呈伞状，后平展为碟状，菌褶由白色转为粉红，最后呈深褐色，担孢子成熟散落。子实体较大，菌盖直径 5～19cm，初近钟形，后伸展，中央稍突起，干燥，幼嫩时灰黑至鼠灰色，伸展后渐变为灰褐色，中部色深，有褐色的纤毛形成辐射状条纹。菌肉松软，中部稍厚，白色。菌褶初为白色，后变为粉红色，离生。菌柄中生，近圆柱形，白色，易与菌盖分开。菌托环状，粗厚，白色至灰黑色。

（二）营养条件

草菇是典型的草腐真菌，所需碳源一般从稻草、棉籽壳、废棉渣、甘蔗渣、苎麻壳（秆）中获取；所需氮源以有机氮为主，通常以各种牲畜和禽类的腐熟干粪和新鲜麸皮、米糠作氮源；所需的矿质营养及维生素从一般原料中均可获取，除钙外，无须再添加。

（三）生态习性

自然界中，草菇分布较广，在中国、日本、东南亚各国、非洲、大洋洲、美洲等均有分布；中国主要分布于广东、广西、四川、福建、江西等省（区）。夏秋季节时，草菇多群生于甘蔗渣、稻草等含纤维素丰富的草堆上。

1. 温度 孢子萌发温度25~45℃，菌丝在15~42℃均能生长，最适生长温度33~35℃，低于15℃菌丝几乎不生长，低于5℃时会冻死。子实体分化最适温度28~32℃，且草菇为恒温结实性菌类。低于20℃或高于35℃均难以形成子实体。所以草菇属于高温型菌。在栽培上很大程度借助培养料发酵分解产生的热量提高床温，在气温较低的早春和晚秋适当增加培养料用量和厚度，加大菇床体积，覆盖薄膜，以提高床温，都是草菇反季节栽培的重要措施。

2. 湿度 草菇属于喜湿性菌类，只有在高温、高湿的条件下才能出好菇。菌丝体生长阶段空气相对湿度以80%~85%为宜，子实体生长发育阶段空气相对湿度以85%~95%为宜。湿度超过95%时菇体易腐烂；低于80%时菇体生长缓慢，表面粗糙而无光泽。

栽培基质含水量对草菇营养生长和生殖生长影响都很大，以废棉为原料要求含水量65%~70%，稻草培料要求含水量72%。含水量过低，菌丝生长不良，子实体不易形成；含水量过高影响透气性，子实体生长缓慢，培养料易腐败诱发病虫害。

3. 空气 草菇属好气性菌类。无论菌丝体还是子实体生长都要求良好的通气条件。如通气不良，CO_2积累过多，常使子实体呼吸受到抑制而停止生长或者死亡。在室内或菇棚栽培时，要注意通风换气。

4. 光照 孢子萌发和菌丝体生长不需任何光照，但子实体发育阶段必须有足量的散射光刺激，促进菌丝纽结，刺激原基形成，每天50lx散射光照射6~8h可基本满足生长发育需要。散射光还可促进菇体色素转化，光线充足时菇体色深黑且发亮；光线不足，菇体色浅淡。但强光，特别是直射光对子实体的发育有抑制作用。

5. 酸碱度 喜偏碱性环境，最适pH 7.5~8.0，但在pH 4.0~10.3菌丝均能生长。

（四）资源与品种

草菇品种按个体大小分为大、中、小3个类型。大型种单个重30g以上，色泽鼠灰色；中型种单个重20~30g，色泽淡灰色；小型种单个重20g以下，色泽鼠灰色。

中国草菇栽培种目前主要有：屏优1号，菇体偏白，产量较高，但菇质较松，风味略差；V23，菇体鼠灰色，包被厚而韧，不易开伞，菌肉嫩，口味好，产量高，但抗性较弱，适于干制；V20，菇体鼠灰色，包被薄，耐低温，出菇快，产量高，易开伞，肉质嫩滑，风味甚佳，适宜于鲜食或制罐；V37，菇体淡灰色，包被薄，易开伞，菌肉嫩，味稍淡，抗逆性强，产量稍低，适于制罐或鲜食；银丝菇，白色或鹅黄色，有银丝状细柔毛，包被较厚，不易开伞，肉质嫩，口味好，产量高。

二、栽培技术

一般当室外气温稳定在25℃以上时即可栽培，如河北、北京地区在6月下旬至8月上旬播种，两广及福建4~9月播种，长江中下游地区5月下旬至8月播种。也可在气温较低的季节栽培利用棚架、地棚辅助加温设施栽培，延长栽培季节。目前，草菇以床架栽培为主，工艺流程如图12-8。

菌种制备 → 菇房消毒 → 物料预湿 → 堆肥发酵 → 充分翻堆 → 进料铺料
↓
多潮管理 ← 采收包装 ← 出菇管理 ← 菌丝纽接 ← 播种发菌 ← 巴氏消毒

图12-8 草菇栽培技术流程图

（一）菌种和菇房准备

1. 菌种准备 选购适合当地栽培的优质商品菌种或自制备菌种。草菇纯菌种在偏碱性的培养基上菌丝才能正常生长，菌种易变异，各级菌种的扩繁、转接、保藏、使用均须特别注意。优质母种标准是：培养初期菌丝洁白、透明、细长、有丝状光泽，菌丝分枝多，培养后期菌丝产生红褐色厚垣孢子，无杂菌，无害虫。优质原种和栽培种的标准是：绒毛状菌丝洁白、透明、细长健壮，封口菌丝周围出现红褐色厚垣孢子。如以稻草为主料的菌种，菌龄控制在15~18d；以棉籽壳为主料的菌种，菌龄20~22d。如菌丝逐渐稀少，大量厚垣孢子充满料内，菌丝黄白色，浓密如菌被，上层菌丝萎缩，属老龄菌种，一般不宜做3级种使用。

常用原种和栽培种培养料配方有：①3cm长稻草段79kg、米糠或麸皮20kg、碳酸钙1kg。料水比为1:2.0~2.5；②棉籽壳98kg、石灰2kg。料水比为1:1.4。接种后在28~32℃黑暗条件下培养20~25d，菌丝长满瓶或袋，经检查合格后要及时使用。

2. 菇房消毒 草菇菇房与其他食用菌差异较大。草菇出菇时要求高温高湿环境，菇房设计须考虑加温加湿和排水系统。为保证菇房内高温稳定均一，多在地面铺设水管或将水管埋入水泥地中，用循环热水加温，菇房四周及顶棚采用保温防水材料，地面有排水沟。菇房卫生条件关系到生产成败，须安装尼龙纱窗门，既防蝇蚊昆虫，又便于通风换气。栽培前彻底清理菇房卫生，采用石灰水或波尔多液喷洒床架与地面，福尔马林或硫磺熏蒸空气消毒。消毒后，排除菇房内有毒气体。工厂化栽培菇房配有蒸汽管道，可通过蒸汽支管进行菇房消毒。

（二）培养料准备和发酵

1. 物料预湿 草菇栽培主料有稻草、棉籽壳、废棉、甘蔗渣和苎麻壳等，以棉籽壳、废棉渣、苎麻壳栽培草菇产量高，而稻草栽培草菇品质好；辅料有牛粪、马粪、鸡粪、米糠、麸皮、饼肥、石灰、过磷酸钙、肥土等，一般用量为主料干重的5%~10%。常见配方有：①稻草段500~600kg，麸皮40~50kg、石灰粉10~15kg、过磷酸钙5kg；②棉籽壳435kg、麸皮25kg、石灰25kg、石膏10kg、钾肥5kg；③废棉450kg、麸皮30kg、石灰20kg。

稻草需提前预湿，即在 1%～2% 石灰水中浸泡 12h 以上，捞起沥干备用。

2. 堆肥发酵　选背北向南、空气流通、排灌方便，并有适当遮阴的场地。在地面撒 1 薄层石灰，然后开始堆肥。先铺 1 层厚 10～15cm 的稻草，撒 1 薄层麸皮，浇 10% 过磷酸钙溶液，再铺第 2 层稻草。如此反复，堆成长约 4m，宽 1.8m，高 1.0～1.5m 的料堆。堆好后发酵 3～5d。

3. 充分翻堆　发酵 3～5d 后需要翻堆处理。翻堆时需将栽培料上下翻动、内外交换，同时让堆肥内部产生的废气、臭气充分散去。翻堆后再发酵 2d，即可行铺料。

（三）铺料和播种

1. 进料铺料　将发酵好的培养料转运至菇房，充分抖松以排除料内有害废气，然后松紧一致、厚薄均匀地铺于层架上，厚 7cm 左右。将料的四周整平，料面做成波浪式，波峰高 12cm，波谷 4～5cm，波宽 30cm 左右，以利通风换气和增加出菇面积。

2. 巴氏消毒　也叫后发酵，一方面可杀灭前发酵阶段大量繁殖的杂菌和原料中的害虫，另一方面可使培养料发酵一致。对温度和时间要求严格，将菇房门窗关闭后通入热蒸汽，使菇房温度升至 60～65℃ 并保持 6～8h。后发酵结束后通风降温，排出废气，待料温降至 35～37℃ 即可播种。

3. 播种发菌　采用撒播与混播相结合的方法，一般 1000m^2 栽培面积需菌种 400 瓶左右。先取 3/4 菌种与培养料混合，再将剩余菌种撒于料面。播种后，用手轻轻压料面，可在料面上覆盖塑料薄膜，或将石灰水浸泡 1～2h 的谷壳覆盖在料面上，以保温保湿。

（四）出菇管理

1. 菌丝扭结　播种后关闭门窗 3～5d，保持温度 32～35℃。播种后 5～7d，菌丝开始布满料面，此时菌丝呼吸量增大，需要大量氧气，应加大通风，并及时喷雾保湿。菌丝不断生长并开始扭结，在料面四周边缘及料面上逐渐出现米粒大小的白色小圆点时，即草菇原基形成。

2. 出菇管理　当大面积料面出现原基后渐停喷水，原基长至黄豆粒大小时可轻喷雾状水，并保持菇房温度 30～32℃，维持较大通风量，即要通风又要保温，可用热蒸汽对进入通风管的新风进行加热。草菇原基形成后生长迅速，在温湿度适宜的情况下，从针头期到纽扣期为 2～4d，再过 3～5d 长到蛋形期，然后在数小时到 1d 即破膜（伸长期）并开伞（成熟期）。因此，出菇管理需精心。

（五）采收包装和多潮管理

1. 采收包装　播种后 11～15d，草菇在蛋形期时即可采收。鲜销和制罐时，在菌蛋充分长大但外菌膜尚未破裂，包裹在其中的菌柄尚未伸长时采收较好；干制加工时，可在刚开伞时采收。草菇生长极快，须在短时间内全部采收。采菇时动作要轻，一手按住菇体四周的培养料，另一手握住菇体轻轻旋转采下，切勿用力拔出，以免牵动培养料，伤害周围小菇蕾致其凋萎死亡。一般每天采收数次，采大留小。

采后草菇仍在生长，应立即削去基部带的培养基质，并分级包装，在 16～20℃ 保鲜库短期贮藏，尽量降低库内湿度。新鲜草菇应及时销售和消费，尽量减少储存时间。

制干时，削弃菇脚和杂质后，用不锈钢小刀在菇柄基部"十"字形切至菇柄的 2/3 处，菇盖相连，在太阳下暴晒或烘干机上烘烤。60~64℃烘烤30min，降温至50℃烘烤至干，质量较好。

2. 多潮管理 第1潮菇采收后，在培养料面上喷1%石灰水，以补充水分和调整培养料的酸碱度，促进菌丝恢复生长。然后重复上述出菇管理，经过2~3d，第2潮原基开始形成，几天后可采收第2潮草菇。第1潮菇占总产量的60%~70%，第2潮菇占20%，第3潮菇占10%，后期产量甚少。

第五节 银　耳

银耳（sliver ear fungus，white jelly fungus）又称白木耳、白耳子、雪耳，学名 *Tremella fuciformis* Berk，为银耳目银耳科银耳属真菌。

银耳是久负盛名的滋补品，具有较高的药用价值。中医认为，银耳有滋阴补肾、润肺止咳、和胃润肠、益气活血、补脑提神、壮体强筋、嫩肤美容、延年益寿的功效。现代医学表明，银耳含有酸性异多糖、中性异多糖、有机磷、有机铁等化合物，能提高人体免疫能力，起扶正固本作用，对老年慢性支气管炎、肺源性心脏病有显著疗效，还能提高肝脏的解毒功能，起护肝作用。

野生银耳主要发现于四川通江、福建漳州等地，素有"通江银耳"与"漳州雪耳"之称。1941年杨新美首次获得银耳酵母状芽孢菌种，随后做成孢子悬浮液在段木上成功实现人工接种；1954年首次系统论述了银耳与香灰菌的伴生关系，为银耳混种栽培奠定了理论基础。1959年陈梅朋首次分离到银耳和香灰菌的混合菌种，并成功进行段木接种出耳。随后福建三明真菌研究所采用混合制种人工接种栽培出耳率达100%，真正实现了人工栽培。1977~1978年福建古田先后瓶栽和塑料袋代料栽培成功。目前，通江银耳主要采用段木栽培；福建古田采用塑料袋代料栽培。2013年，福建祥云公司创建了银耳工厂化瓶栽技术。

一、生物学特性和品种资源

（一）生活史

自然界中，银耳多生长在腐木上，子实体基部数厘米范围内生长有银耳菌丝。银耳菌丝极耐旱，将有菌丝的木屑块在干燥器内2~3个月后银耳菌丝仍然存活。生产中，将银耳基部小块风干数月再接种培养，其他杂菌死亡，便可分离到纯银耳菌丝。银耳菌丝颜色纯白，生长极为缓慢，在培养基上聚集成团、硬实，易胶质化形成银耳原基，不耐湿，在有冷凝水的斜面培养基上易形成芽孢，芽孢在适宜的培养基上又可萌发形成菌丝。

纯银耳菌丝在培养基上能长出耳片形成子实体，完成生活史。但耳片和子实体都很小，无商品价值。自然界中，银耳生长的腐木中同时伴生有一种真菌，因其颜色像香灰，俗称香灰菌。人工栽培中，银耳也需要香灰菌的伴生才能长出较大的子实体。香灰菌属于子囊菌，菌丝在显微镜下呈羽毛状，故也称为羽毛菌丝或耳友菌丝。香灰菌丝初期白色，以后渐变灰白色，生长后期会分泌黑色色素，使培养基变为黑褐色，并产生碳质黑疤。自然界中，香灰菌丝在离银耳耳基内很远的部位仍有生长，但香灰菌丝不耐旱，基质干燥后即死亡。因此，可从生长银耳的新鲜树木或菌棒中分离到香灰菌的纯菌丝。

银耳菌丝降解木质纤维素的能力较弱，在天然基质上不能生长。而香灰菌菌丝分解木质素、纤维素的能力强，生长迅速快，在耳基或接种部位周围或远处都有其菌丝生长。银耳子实体生长就是依靠香灰菌丝降解栽培料的营养物质供银耳菌丝生长，这种独特的单向需求关系在食药用菌中极为少见，至今发现的只有银耳和金耳（韧皮革菌）两种。银耳的生活史如图12-9所示。

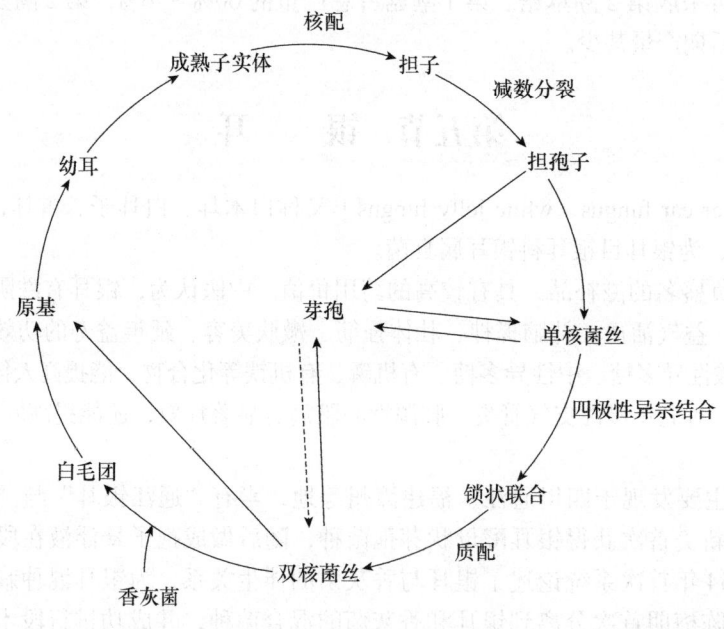

图12-9 银耳生活史示意图

1. 菌丝体 白色，有锁状联合，多分枝，在斜面培养基上，菌丝生长极为缓慢，有气生菌丝，从接种块直立或斜立长出，菌落呈绣球状，也有的菌丝平贴培养基表面生长。菌丝体易扭结、胶质化，形成原基；也易产生酵母状分生孢子，尤其是在转管接种时受到机械刺激后，菌丝生长转向以酵母状分生孢子为主的无性繁殖世代。酵母状分生孢子以芽殖或裂殖方式繁殖。

2. 子实体 胶质、半透明，柔软有弹性，白色或黄色，由多片呈波浪曲折的耳片丛生在一起，呈菊花形或鸡冠形，大小不一，最大达30cm以上。孢子着生于耳片表面，呈椭圆形或近球形。担孢子萌发时直接长菌丝或以芽殖方式产生酵母状分生孢子，分生孢子梗扫帚状。

（二）营养条件

银耳是一种较为特殊的木腐性菌类，自然界中发生于阔叶树枯枝上，但银耳菌丝几乎没有分解纤维素和木质素的能力，所以在木屑培养基上不能生长。银耳 C_x 酶、$β-1,4$ 葡萄糖苷酶、半纤维素酶（木聚糖酶）及多酚氧化酶的活性非常低，但 C_1 酶活性较高。相反，香灰菌 C_x 酶、$β-1,4$ 葡萄糖苷酶、半纤维素酶（木聚糖酶）及多酚氧化酶的活性较高，而 C_1 酶无活性。两者不仅有酶活性互补作用，而且有极显著的酶协同增效作用。

银耳菌丝能吸收利用葡萄糖、蔗糖、麦芽糖等小分子碳水化合物，但对于纤维素、半纤维素、木质素的利用需要借助香灰菌。人工栽培用银耳与香灰菌混合制作菌种，所以栽培材料可用富含木质纤维素的天然材料（如木屑、棉籽壳、蔗渣、秸秆等）作为碳源，以米糠、麸皮、尿素等作为氮源，添加少量磷酸二氢钾、硫酸镁、石膏粉提供矿质营养。

（三）生态习性

自然界中各大洲均发现有银耳，中国从北到南多数省份也有分布，但主要分布在亚热带、热带、温带和寒带地区，春秋季丛生于栓皮栎、麻栎、蒙古栎、青冈栎、米槠、千年桐、悬铃木、杨树、柳树、桑树、榆树等100多种阔叶树枯木或倒木上，多发生于云雾笼罩的山中。

1. 温度　银耳为中温型恒温结实性菌类，稳定的温度有利于子实体形成与发育。孢子萌发温度15～32℃，以22～26℃最适宜。菌丝生长最适温度20～25℃，低于12℃菌丝生长极慢，高于30℃菌丝生长不良。香灰菌丝生长温度22～26℃，低于18℃生长发育受到影响。子实体分化和发育最适温度20～24℃，不能超过28℃。

2. 湿度　栽培料最适含水量为53%～58%，低于52%菌丝生长不良，高于60%时通气不良，菌丝生长慢或不长。在子实体生长阶段，空气相对湿度对产量和品质影响很大，湿度低影响原基形成，湿度高易发生"流耳"，适宜空气相对湿度为85%～95%。

3. 空气　无论在菌丝生长阶段还是出耳阶段，都对空气新鲜度要求较高。在菌丝生长阶段，如果培养料含水量过高，会影响培养料底部O_2供应，抑制菌丝生长；如果发菌室通风不良，空气相对湿度高，造易引起接种穴口杂菌污染；如果通风太多，接种口过分蒸发失水，会影响原基形成。在出耳阶段，耳房空气中CO_2严重影响子实体形成。通风不良，CO_2浓度太高，抑制耳芽发育，阻碍开片，最后长成一团"拳耳"，没有商品价值。

4. 光照　银耳菌丝生长不需要光。子实体分化发育需要少量散射光，黑暗的耳房很难形成子实体。在稍荫蔽环境和足够的散射光下，子实体发育良好，有活力；光线弱，子实体分化迟缓。直射光不利于子实体分化发育。在子实体接近成熟的4～5d，室内应尽量明亮，有利于提高品质。

5. 酸碱度　银耳菌丝在pH 5.2～7.2都能生长，以pH 5.2～5.8为好。人工栽培时，采用一般配方，培养基pH在6.0～6.5，适合银耳生长。银耳菌丝（包括香灰菌丝）生长过程中会分泌一些酸性物质，使培养料酸化，但出耳时培养料pH 5.2～5.5仍在最适范围内。人工代料栽培时，如果拌料后未及时装袋和灭菌，微生物大量繁殖会使培养料pH降到适合范围之外，影响银耳生长。

（四）资源与品种

各地栽培银耳的品种多数来源于三明真菌研究所和上海农科院食用菌研究所。近年来，福建古田主栽的几个优良品种（表12-1）已逐步推广。

表12-1　银耳各品种的种性

品种	适温/℃	生产周期/d	光对耳片颜色影响	朵形	耳片		耳蒂	
					大小	色泽	大小	色泽
Tr96	20～29	38～43	敏感	小	中	白	中	白
Tr01	20～30	33～38	不敏感	中	中	白	中	白
Tr21	19～30	35～40	敏感	大	大	淡黄	小	淡黄
Tr63	20～29	35～40	敏感	中	中	淡黄	中	黄

二、栽培技术

目前，银耳栽培方式主要有段木栽培、袋栽和瓶栽3种。段木栽培技术以四川通江为代表；袋栽技术与福建古田为代表，已形成了成熟的技术；瓶栽技术以福建祥云公司为代表，代表目前工厂化生产水平。瓶栽与袋栽技术流程基本相似（图12-10）。

菌种制备 → 配料拌料 → 装瓶装袋 → 打穴贴膜 → 灭菌冷却 → 混香灰菌
↓
采收烘干 ← 出耳管理 ← 割膜扩穴 ← 开口增氧 ← 培养发菌 ← 固体接种

图12-10 银耳工厂化栽培技术流程图

（一）菌种制备

需制备银耳菌和香灰菌，菌种质量决定栽培成败。

1. 银耳母种分离 在银耳耳基接种部位周围取1小块带菌丝的基质块，放于硅胶干燥器内2～3个月，然后取1小块移入PDA斜面上，22～25℃培养10～15d可获得白色的银耳菌丝。

2. 香灰菌母种分离 在远离耳基接种部位钩取1小块基质移入PDA培养基，25℃培养5～7d，培养基颜色变黑者即为香灰菌。

3. 母种（一级种）生产 在PDA斜面培养基上选接1小块上述分离的银耳菌种，在22～25℃培养5～7d，可见到接种块长成白色绣球状，再在离银耳接种块0.5～1.0cm处接种1小块香灰菌菌种，在22～25℃下继续培养5～7d即可。

4. 原种（二级种）生产 采用木屑培养基，其配方为：木屑78%、麸皮20%、蔗糖1%、石膏粉1%，料水比1∶1.0～1.2。用750ml玻璃瓶作为原种瓶。将料装半瓶，料面压平，清洗瓶壁内外，塞棉花塞，高压灭菌，冷却后接入银耳与香灰菌混合母种，一般每支母种接种1瓶原种培养基。如果母种不够，可将母种分割成4块（保证每块都有银耳菌丝最为关键），分别接入4瓶原种培养基，放于22～25℃培养15～20d，料面会有白色菌丝团长出，并分泌黄水珠，随后胶质化形成原基。

5. 栽培种（三级种）生产 用原种生产相同的培养基和方法生产栽培种。先用接种勺把原种表面的耳芽耙弃，捣碎料面坚实的1层，耙取少量下层疏松料与其混合捣碎。取1小勺原种移入栽培种培养基，振荡使菌种均匀分布于料面。一般每瓶原种可接种40～60瓶栽培养基。接种后在22～25℃培养15～20d即可。

设施袋栽银耳的菌种生产需考虑栽培季节性。适宜温度下，银耳栽培周期为35～45d，其中菌丝生长阶段为15～20d，要求温度25～28℃；子实体生长期18～25d，要求温度25～28℃。因此，设施栽培可安排在春、秋两季。

（二）菌棒/瓶制作

1. 配料拌料 栽培主料有棉籽壳、木屑、甘蔗渣、麸皮、石膏等，棉籽壳上银耳菌丝生长粗壮、出耳齐、朵形大、不易烂耳、产量高。选新鲜、无霉变、油分多的棉籽壳，用前太阳暴晒3～4d。

以麸皮或细米糠等为辅料。麸皮可为银耳和香灰菌提供丰富的氮素营养和必要的维生素,可用米糠代替。配方中麸皮用量可根据季节确定,高温季节用量可适当减少。

拌料时,高温季节适当少加水,低温季节适当多加水;如果棉籽壳中壳多棉绒少,可适当提高含水量;石膏要用粉状,以便于拌料均匀。常用配方如:①棉籽壳82%~88%、麸皮11%~16%、石膏粉1%~2%,含水量55%~60%;②木屑60%、黄豆秆23%、麸皮15%、石膏粉2%,含水量55%~60%。

拌料与金针菇栽培一样,采用拌料机,多次混合搅拌。

2. 装瓶(袋) 栽培瓶选用广口低矮塑料瓶,瓶口直径与银耳直径相当,每瓶装干料240~280g,瓶盖上有凸起。袋栽一般选用12cm×(45~50)cm的聚丙烯塑料袋,每菌袋装填湿料1.3~1.5kg(干料0.60~0.75kg),填装长度45~47cm。无论装瓶或装袋均有相应自动化机械,装料后擦净袋口内外面黏附的培养料,并用线扎紧袋口。

3. 打穴贴膜 银耳只在接种穴出耳。为了接种方便,先用直径1.5cm打穴器在料棒上单面打穴,每棒等距离打3、4个穴,深2cm。随后使用规格3.3cm×3.3cm的专用胶布贴封穴口(可透气),穴口四周封严,压密实。

4. 灭菌冷却 灭菌采用高压或常压灭菌。常压蒸汽灭菌时,要求灭菌锅在短时间内达到100℃,锅内料袋温度达到100℃时开始计时,稳火维持10~12h,待温度降到80℃左右即可出锅冷却。灭菌后,用叉车将菌棒送到接种室。

（三）混种接种

1. 混菌 由于银耳菌丝仅生长于培养基表层2cm左右,菌丝致密、结实;香灰菌丝则整瓶培养基都有,所以接种前需将菌种块粉碎混匀。接种前12~24h,将栽培菌种瓶棉塞拔下,用接种刀把菌种表层的银耳原基挖弃,把表层2cm左右银耳菌种块用打种器捣碎,再把下层较疏松的香灰菌丝层4~6cm挖起与之打碎混合均匀。打种后用消毒塑料膜封住瓶口,橡皮筋扎紧,恢复12~24h,即可形成大量的白毛团(银耳菌丝与香灰菌丝的混合菌落)。

2. 接种 在消毒洁净的接种室接种。接种时可两人配合接种,1人撕起穴口上的胶布1角,另1人1手持菌种瓶,1手持接种器,吸满菌种后注入接种穴,把胶布粘上。接种时应注意,接入穴内菌种要比胶布凹1~2mm,这样有利于银耳白毛团的形成并胶质化形成原基。1瓶栽培菌种一般可接种20~25袋(80~100穴)。

（四）发菌培养和出耳管理

1. 培养发菌 接种后将菌袋按"井"字形堆垛排放在培养室发菌,每层4袋,每堆叠10~12层。接种后1~3d为菌种萌发期,培养室温度控制在25~28℃;检查接种部位胶布是否翘起,如翘起应及时粘好,避免杂菌污染。接种后4~8d为快速生长期,经过3~4d培养,菌丝吃料定植,随着菌丝的生长,菌袋发热,应控制温度在23~25℃;为避免局部高温引起"烧菌",需将菌棒翻动1次,每层改为2、3袋的"井"字形堆放,同时检查杂菌污染情况。

2. 开口增氧 接种后第9~12d,菌落直径达8~10cm,白色带黑斑,穴与穴之间菌斑交接。如果发菌室与出耳房是分开的,此时应将菌棒搬入出耳房排在层架上,菌棒之间间隔2~3cm,给子实体生长留足空间。出耳房应选择通风良好、干净卫生、保温保湿的房间。

菌丝经过10d左右生长已经耗掉菌袋内的大部分氧气，需要开口增氧。具体方法是：把胶布的一角掀起，卷折成半圆形再贴于袋面，形成1个黄豆粒大小的通气孔。各菌袋的通气孔口要朝同一方向，以便在喷水时避免水雾喷入接种穴内。

揭胶布后，菌丝呼吸作用加快，室内CO_2浓度增加，需要注意加强通风换气，每天在喷水前打开门窗，喷水后继续通风30min再关闭门窗，保持出耳房空气相对湿度80%～85%。

在开口增氧后2d（接种后13～15d），接种穴内会开始出现黄水珠，这是出耳的前兆。如果黄水分泌太多，可把菌袋侧放，让黄水流弃，或用干净纱布、棉花把黄水吸干。如果黄水长期积于接种穴内，易烂耳。

3. 割膜扩穴 接种后15～19d，菌丝基本布满菌棒，当接种穴内白毛团胶质化，淡黄色原基形成，分化出耳芽（银耳原基）时，完全揭去胶布，并用锋利小刀延接种穴边缘割开塑料膜使穴口直径达4～5cm，称为割膜扩穴。割膜扩穴时注意切勿割伤菌丝体。随后在菌袋上覆盖1层无纺布，经常喷水，保持湿润而不积水。每天掀开无纺布通风换气1、2次。

4. 出耳管理 出耳管理的要点是通风换气和保湿。通风量不足，则耳片不易展开。同时因子实体特殊香味易吸引蚊虫，因此出耳前应在耳房门窗安装防虫网。

接种后20～25d，耳片逐渐长大。应保持温度23～25℃，空气相对湿度90%～95%。每隔几天揭去无纺布在太阳下暴晒消毒，并让子实体裸露通风，数小时后再盖上无纺布保湿。这样干湿交替，使子实体健壮生长。如果耳片干燥，边缘发硬，可喷少量雾水。增加一定的散射光，有利于银耳开片好、肥厚、色泽白，有活力和高产。

接种后31～35d，耳片逐步成熟。子实体进入成熟期（直径12cm左右）后，耳片完全展开、疏松、弹性减弱。这时需要适当降低空气湿度，保持在80%～85%，减少喷水量，并延长通风时间，使尚未展开的耳片继续扩展加厚，并避免高湿烂耳。银耳子实体周期短，仅35～42d。

（五）采收和采后处理

1. 采收 接种35d左右，当耳片全部展开，由透明转为白色，四周的耳片开始变软下垂，中央的耳片长大；且菌袋收缩出现皱褶、变轻时开始采收成熟的银耳。采收时利用锋利刀具沿耳基底部一次性割下整个子实体。采后再用小刀削去基部蒂头。

2. 采后处理 银耳产品分雪花银耳、冰花银耳及普通银耳3种。雪花银耳是鲜银耳经脱水加工成片状或连片松散状银耳；冰花银耳是剔除耳基的鲜银耳经脱水干燥保留自然朵形和色泽、形态较松散的干银耳；普通银耳是保留耳基的鲜银耳经自然干燥、保留自然朵形和固有色泽、形态较紧密的干银耳。

采用剪花脱水技术，可获得安全绿色的雪白银耳。其技术如下：新鲜银耳用清水浸泡4～8h，使耳片充分吸水展开，捞起，用手把一朵银耳瓣成7、8小朵，摊于塑料薄膜上在太阳下晒，边晒边喷淋清水，直到蒂头变白，再倒入水池中清洗，捞起沥干，摊于竹匾上，烘干，即可获得雪白银耳。

工厂化栽培银耳鲜销时，可将整朵银耳采下放入半球形塑料硬盒中，或将整个菌瓶或菌棒直接放入泡沫盒冰袋保鲜。银耳鲜品保鲜期不太长，初加工以烘干为主。农户多用自然晒干，采收后用小刀挖取耳蒂，放入洗水槽漂洗，去除杂质，置于竹匾上暴晒；专业烘干企业多收购或代加工农户生产的银耳，经清洗后烘干。

第六节 竹　荪

竹荪（net stinkhorn）俗称竹笙、竹参、面纱菌、网纱菇、竹菇娘、仙人笠、僧笠蕈，因常自然发生在有大量竹子残体和腐殖质的竹林地而得名，为鬼笔目鬼笔科竹荪属（*Dictyophora*）真菌。竹荪香甜味浓、风味独特、酥脆适口，"与肉共食，味鲜防腐"，具"色、味、香、形"四绝，是著名的山珍；其形态优美，素有"真菌之花""真菌皇后""林中君主"等美称，历代均列为贡品，也常作为国宴佳肴。

竹荪有类似人参的补益功效。经常食用竹荪可降高血压、降血糖、降低胆固醇、抗过敏、抗肿瘤和增强免疫。竹荪含有天然抑菌成分，如棘托竹荪子实体对青霉、曲霉、啤酒酵母等，具有很好的抑菌效果，在食品防腐方面有显著效果，民间常用竹荪炖肉，可保存较长时间不腐烂变质。

野生竹荪多寄生在竹林枯竹的根部，产量少。1982年广东微生物研究所人工驯化栽培短裙竹荪获得成功，1989年福建棘托竹荪大面积栽培获得成功。目前福建顺昌等地还有许多竹林下仿野生栽培，并已发展成人工栽培竹荪的主产区。

一、生物学特性和品种资源

（一）生活史

竹荪为腐生性菌类，与竹类的根系不存在共生关系，只是利用竹的枯枝烂叶营腐生生活，在其他树种的伐桩地下部及秸秆腐叶中也能生长，因此竹荪生活史与其他伞菌类类似。竹荪菌丝有锁状联合，但其交配型暂未见报道，生活史大致如图12-11。

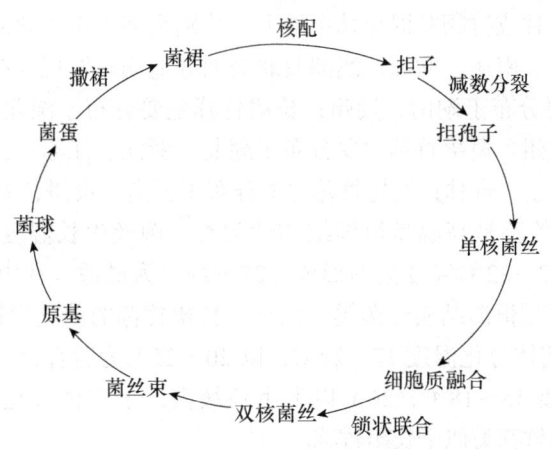

图12-11　竹荪生活史示意图

1. 担孢子　担子为棒状，有4~6枚担孢子。担孢子呈不规则的棒状、长肾状或长卵状，微弯曲，遇KOH溶液呈淡黄色，遇Melzer's液多呈淡褐色。

2. 菌丝体　菌丝体分为菌丝和菌索两种形态。棘托竹荪孢子萌发后形成单核菌丝，也称1次菌丝，较纤细。可亲和的1次菌丝质配后形成双核菌丝，又称2次菌丝。2次菌丝生长粗壮，有分隔，呈索状生长，没有组织分化，不是菌索。棘托竹荪菌丝洁白，在培养料表面匍匐生长，见光不变色，这是棘托竹荪区别于其他竹荪的重要标志。

3. 子实体 子实体原基形成时，在索状菌丝尖端纽结形成小菌球，俗称菌蛋。菌蛋初期白色，长有许多小刺，湿度大、光线弱的环境下小刺长，光线强、湿度低时小刺逐渐消失。随着菌蛋的长大，颜色逐渐转成咖啡色或暗褐色。成熟的菌蛋直径4～10cm，蛋壁内外膜间由胶体物质组成，外膜如皮膜，柔韧富有弹性；内膜白色，中间半透明的胶质体较厚，是供给子实体生长的营养物质。

成熟的子实体由菌盖、菌柄、菌托、菌裙4个部分组成。菌盖像钟形的小帽，在菌裙和菌柄的顶端。菌盖高4～5cm，直径4～6cm，厚0.1～0.3cm。菌盖表面布满多角形小孔，小孔内布满墨绿色的孢子液。菌裙像把伞撑开在菌盖之下，有很多网孔，网孔多角形。菌裙长与菌柄长相等或超过菌柄，菌裙半边短些，另半边长一些。初期菌裙折叠式地被压缩在菌盖里面，当菌柄伸长停止时，菌裙才开始放下。此时，子实体散发出浓郁的香气。菌柄位于菌盖之下，由白色柔软的海绵状组织构成。菌柄长15～38cm，中空，圆形，上小下粗。菌托位于菌柄的基部，杯状，底部着生数根粗壮的索状菌丝。

（二）营养条件

棘托竹荪是一种草腐性菌类，其生长发育所需的养料主要是碳源、氮源、无机盐和维生素，而这些营养物质都来自植物残体。棘托竹荪对营养物质的利用相当广，没有严格的选择性，既可利用竹类植物枯枝落叶堆积腐烂的腐殖质、赤松下的针叶腐殖质，又可利用芦苇、秸秆等。培养料适宜的含水量为65%～70%。

（三）生态习性

竹荪多在夏秋季单生、群生或丛生于竹林、竹阔叶混交林和阔叶林下的腐殖质土层上。其中棘托竹荪，生于竹林或竹阔叶混交林中地上，特别是多生于山湾部位的疏残林地。竹荪地理分布很广，在东亚、南亚、欧洲、澳洲及北美洲等地均有发现。在中国许多省市均有分布，其中棘托竹荪主要分布于湖南、贵州；长裙竹荪主要分布于湖北、湖南、浙江、福建、广东、广西、云南、贵州；短裙竹荪主要分布于湖北、浙江、江苏、云南、贵州、四川、广东、河北、黑龙江、辽宁、吉林；红托竹荪主要分布于云南、贵州、浙江。

1. 温度 棘托竹荪是高温型恒温结实性菌类，菌丝生长温度15～33℃，最适温度26～30℃，子实体在22～32℃温度范围形成，27～29℃为最适。在中国大规模人工栽培的其他3种竹荪属于中温型恒温结实性菌类。例如，长裙竹荪的菌丝生长温度为5～30℃，最适温度23℃左右，子实体分化温度17～29℃，以20～25℃为适宜；短裙竹荪菌丝生长温度为10～28℃，适宜温度15～18℃，26℃以上生长缓慢，子实体分化温度为16～25℃，以23～25℃为适宜；红托竹荪类似于长裙竹荪。

2. 湿度 菌丝体生长阶段要求空气相对湿度75%～80%，子实体发育阶段要求90%～95%。竹荪出菇阶段需要覆土，若没有覆土，子实体不会形成。出菇时土壤的含水量应低于25%，并进行干湿差刺激，有利于原基形成。

3. 空气 棘托竹荪菌丝生长对培养料的透气性要求严格，如果透气性差，则菌丝生长极慢。所以，不论是菌种培养基还是栽培生产的培养料，加入粗料，提高透气性，菌丝生长快，而且健壮。此外，棘托竹荪栽培需要覆土，覆土材料的选择主要依据也是透气性，黏土或易板结的红土不能利用。

4. 光照 菌丝生长阶段对光不敏感，有光线或无光线菌丝都能生长，菌丝生长过程中见光不变色。在子实体生长发育阶段，适当的散射光有利于原基形成，栽培棚以"三分阳七分阴"为宜。

5. 酸碱度 菌丝生长阶段，培养基pH以5.5~6.5为宜；出菇阶段，培养料pH应为5~6。

（四）资源与品种

竹荪属有十多个种和变种，如长裙竹荪（$D.\ indusiata$）、短裙竹荪（$D.\ duplicata$）、红托竹荪（$D.\ rubrovolvata$）、棘托竹荪（$D.\ echinovolvata$）、黄裙竹荪（$D.\ multicolor$）、纯黄竹荪（$D.\ indusiata$ var. $letea$）、橙黄竹荪（$D.\ indusiata$）、皱盖竹荪（$D.\ merulina$）、朱红竹荪（$D.\ cinnabarina$）、西伯利亚竹荪（$D.\ sibirica$），目前在中国已商品化栽培的品种为长裙竹荪、短裙竹荪、棘托竹荪和红托竹荪。其中棘托竹荪具有抗逆性强、栽培原料广泛、生产周期短、管理粗放、产量高、易推广等特点，是主栽品种。目前应用较多的棘托竹荪品种有D7、D8、D720等，都是高温型，子实体分化最适温度为28℃，最高温度可达到33℃；而长裙竹荪、短裙竹荪、红托竹荪的品种一般都是中温型。

二、栽培技术

竹荪目前多以林下畦地栽培为主，下面以棘托竹荪为例，栽培技术流程如图12-12。

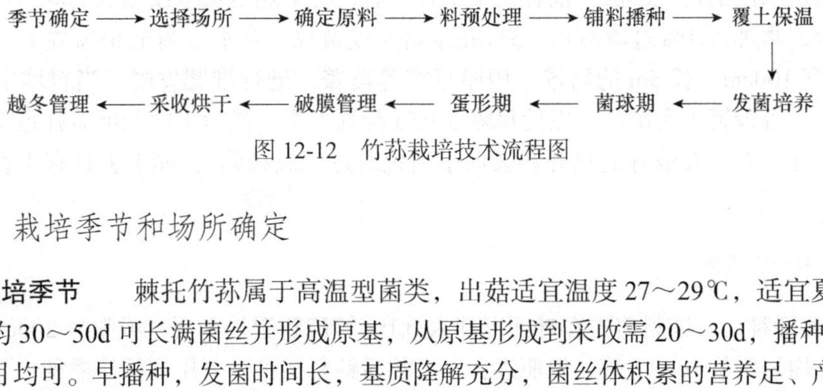

季节确定 → 选择场所 → 确定原料 → 料预处理 → 铺料播种 → 覆土保温

越冬管理 ← 采收烘干 ← 破膜管理 ← 蛋形期 ← 菌球期 ← 发菌培养

图12-12 竹荪栽培技术流程图

（一）栽培季节和场所确定

1. 栽培季节 棘托竹荪属于高温型菌类，出菇适宜温度27~29℃，适宜夏季栽培；播种后平均30~50d可长满菌丝并形成原基，从原基形成到采收需20~30d，播种期从11月至次年4月均可。早播种，发菌时间长，基质降解充分，菌丝体积累的营养足、产量高、质量好。栽培季节确定后，应提前安排菌种生产，一般母种需13d长满管，原种需45~60d，栽培种需30~40d。

2. 栽培场所 棘托竹荪一般采用室外栽培，要求栽培场所水源方便、阴湿背风，土壤疏松不易板结，土壤酸碱度呈酸性或中性；可与柑橘园、香蕉园、经济林、玉米等果树或作物套种。若树冠大，可在树头的两边做畦栽培，四周用草帘挡风保湿，利用树冠遮阴；若树冠小，可在行间做畦栽培，但要搭盖遮阴棚。

栽培之前翻松土壤、晒白，使土壤疏松，最好拌入木屑、谷壳等改良土壤，提高土壤透气性。畦宽110cm，沟宽40cm，高20cm，在畦内挖深10cm，宽60~80cm的凹槽，用于铺放培养料。畦床表面撒石灰粉进行消毒杀虫，畦床上方搭盖遮阴棚。

（二）培养料准备

1. 选料 棘托竹荪栽培料广泛，可用竹头、竹枝、竹叶、树头、树枝、树叶、甘蔗头、甘蔗渣、甘蔗叶、黄豆秆、玉米秆、麦秆、稻草、芦苇、杂草等。以秸秆为栽培主料虽然菌球形成较快，但一般仅能采收第2潮菇，第2年可能因培养料耗尽而出菇不多。若以碎竹枝和碎木块为主料，则从播种到菌球出现的时间比秸秆长很多，需60~80d，但产菇潮次、菇蕾密度、单位面积产量均高，第2年还会出菇。一般质地硬的材料，菌丝生长速度慢，但收成年限长，产量高，1次播种可采收2~3年；质地软的材料，如玉米秆、蔗渣、稻草、麦秆等，菌丝生长速度快，但一般只能当年采收，产量略低。硬质材料宜提早播种，软质材料可略迟播种。与作物套种的（如玉米）宜选用软质材料，当年播种，当年受益。此外，培养料应粗细搭配以提高透气性。常用培养料配方：①杂木片50%、碎木块30%、竹梢头5%、竹枝叶5%、木屑10%；②杂木片30%、碎木块10%、秸秆30%、竹枝叶20%、木屑10%；③杂木片10%、碎木块10%、竹梢头10%、秸秆60%、竹枝叶5%、木屑5%。

2. 料预处理 培养原料切片或切成长5~10cm，晒干备用。使用前用清水浸泡2~3d，直至劈开粗块后无白心为止，捞起、沥干水分，铺入畦床。原料也可经过适当预处理再栽培，常用预处理方法如下。

（1）石灰水浸泡法：播种前1周左右，将培养料装入塑料编织袋内，扎口，竖置浸入2%~3%石灰水池，浸泡5~6d，破坏竹片表面的蜡质层，并使部分纤维素降解，以利菌丝吸收利用。浸泡结束后，捞出培养料用流水反复漂洗，使pH降至7.5以下。最后，培养料沥至含水量65%左右即可。

（2）石灰水浸泡再发酵法：播种前1个月左右，将上述石灰水浸泡后的湿料与未经浸泡的细料混合，再加入1%过磷酸钙、3%花生饼粉或黄豆，含水量调至65%左右。随后堆成高80cm、宽100cm、长5m的料堆，用厚草帘等覆盖，进行堆肥发酵。当料堆中部温度达65℃以上时，进行第1次翻堆，以后每隔3~5d翻堆1次，最后1次翻堆需补足水分。整个发酵过程20d左右。发酵好的培养料表面呈白色斑点（放线菌），闻上去具有土香味，含水量为65%。

（三）播种技术

1. 铺料播种 铺料前先在畦面上拌入0.1%锌硫磷湿松木屑，或喷洒200g/m^{2}茶籽饼浸泡水，再均匀覆盖1cm土壤，以驱逐害虫。然后铺料播种。采用层播法播种，通常为3层料夹播2层菌种或2层料夹1层菌种。具体方法是：将预处理过的粗料铺入畦槽最底层，厚5cm，在料面上均匀撒播1层菌种，第2层堆放粗细混合料，厚10cm，然后再播1层菌种，最上层盖上1层5cm厚细料，将培养料表面稍压实，使菌种与培养料紧密接触。播种时菌种不能太碎，最好呈块状，有利于菌丝萌发，用种量为料干重的18%~20%。

2. 覆土保温 播种后在料面上覆土并搭塑料小拱棚，以保温保湿。覆土材料最好采用规格相近的粗土，覆土厚度为1~3cm，以利菌丝正常呼吸。覆土材料以腐殖土出菇最快，产量最高，菜园土次之，塘泥土较差，黄壤土最差，也不宜用砂壤土，否则一旦喷水或淋雨后易板结。土粒偏干时可用清水调湿。较干燥地区最好在覆土面上层再盖10cm厚的竹叶、茅草或芒其骨等遮阳物。

(四) 发菌和出菇管理

1. 发菌培养 竹荪菌丝培养期间管理主要是通风换气和保温保湿，及时检查菌丝定植和生长情况。播种后保持料温在20℃以上，每天打开拱棚两端薄膜通风换气30min。发现土面干燥发白时适量喷清水，保持覆土层湿润。

播种10d后检查菌丝萌发定植情况。菌丝培养阶段不要轻易翻动覆盖物、覆土及培养料，以免损伤菌丝，影响出菇。菌丝在料层内蔓延的速度与栽培材料及其质地有关。若以秸秆为主料，一般播种覆土后30~50d菌丝长可满培养料并爬上覆土层，此时加大喷水量，保持畦面湿度。待菌丝布满畦面并开始直立时，再降低湿度，促使菌丝倒伏，有利于原基形成。

2. 诱导原基 索状菌丝形成后，在昼夜温差（10℃以上）和干湿交替条件刺激下，覆土层内形成大量的原基，控制空气相对湿度85%，温度不超过32℃，原基经过8~15d发育变成小菌球，露出覆土层。空气和覆土层干燥时菌球生长缓慢；湿度过高又易引起菌球腐烂，应将拱棚两端薄膜揭开通风。

3. 菌球期管理 一般播种后50~70d菌球形成。菌球形成后，管理重点是保湿和通风，应维持拱棚内空气相对湿度85%~95%，以薄膜内有小水珠聚集，但不滴下为准。每天将拱棚两端薄膜打开通风换气30~60min。阴雨天用树枝稍撑起两侧薄膜，以利畦面通风。菌球初期白色，外表饰满白色短刺，随着菌球迅速膨大，颜色由白转灰（颜色的深浅与栽培场所光线强弱有关）。菌球表面刺突逐渐消失，残留在菌球外成褐色斑点。靠近菌球基部有时仍长有白色卷须状的菌刺，随着菌球的发育，外包被逐渐龟裂，出现不规则的龟斑。

4. 蛋形期管理 当菌球由近扁球形发育成蛋形时，管理重点是维持畦床表面空气相对湿度85%~90%，增加光照。控制土壤含水量在20%~25%。喷水不能过急，避免菌丝受冲刷萎缩。若畦面水分不足，会导致菌球缺水性萎缩，菌球色泽变黄，表皮呈皱褶状，菌球柔软、肉质白色，闻之无味，可于傍晚向畦沟内灌水，翌日排出，以提高畦床土壤湿度。若畦面水分过多，常会导致水渍状菌球出现，菌球色泽变褐色至深褐色，表皮呈皱褶状，肉质呈褐色、质脆，闻之有臭味，底层栽培料变黑，甚至积水，可深挖畦沟，排除积水，栽培畦凿孔，加速畦面水分蒸发，降低畦面湿度。

5. 破膜管理 当菌球外形逐渐由扁球形发育成椭圆形并进一步演变成桃形（菌球顶部出现小突起）时，预示菌球即将破口。棘托竹荪菌球破口多在清晨5~6时开始，先在菌球顶尖出现"一"字形裂口，菌盖突破外包被，随之菌柄伸出。当菌球不易破口，菌球侧面强行撕裂时，可用小刀及时"助产"，割断部分仍连结的外包被，使菌柄正常伸长。

菌柄破口伸出后，迅速伸长，数十分钟菌柄长可达10~20cm。30~60min后菌裙从菌盖下端开始向下撒放（称为放裙）。若空气相对湿度低于80%，菌裙撒放速度慢，甚至不放裙。此时喷雾增加空气相对湿度，也可在采后催放裙。正常情况下，从开始放裙至放裙结束仅需10~20min。当空气相对湿度较高时，菌裙张开角度较大，相反则菌裙呈下垂状。随后菌盖自溶，污绿色孢子液流下，沾污白色菌裙。当菌裙被孢子液沾污，则极难洗净，影响产品等级，故应及时采收。

（五）采收烘干

当竹荪菌裙达到最大开张度时，应立即采收，否则 30min 后竹荪就开始萎蔫、倒伏。采收时，用小刀从菌托基部切断菌索，切勿用手强拉硬扯，否则菌柄易断。采后切除菌盖和菌托，将菌裙展开，菌柄放直，摊放在干净的竹筛上。若菌裙上沾有孢子液，可用清水漂洗。为了防止污绿色孢子液沾污菌裙，提高产品等级，常在竹荪子实体未撒裙之前就采收。采后马上用小刀切去菌盖顶端 2～3mm，再在菌盖上轻轻纵切一刀，剥离去除菌盖污绿色组织部分，将剩下的菌盖组织置竹篮内，放在湿地上，分朵摆放，盖上薄膜保湿。待菌裙释放后，铺放在有纱布的竹筛上，鼓风烘干，使含水量降至 13% 以下。

根据子实体大小和颜色对竹荪产品进行分级。1 级：长 12cm，宽 4cm，色白，完整。2 级：长 10～11cm，宽 3cm，色稍黄。3 级：长 8～9cm，宽 2cm，色黄，略有破碎。等外级：长 7cm 以下，色深，有破碎。

（六）越冬管理

竹荪是"1 年播种，2 年收获"的菌类。当畦面气温降至 16℃以下时，停止出菇，应抓好清场补料和防寒越冬工作。首先，扒开畦床上的覆土层，清除畦床上布满老菌丝的栽培料，添补新培养料 5～10kg/m²，覆土，保温过冬。然后，拆除拱棚，将薄膜紧贴畦面用土块压住，定期掀膜通风换气，并少量喷水。第 2 年气温回升后，再分次喷水，重复各个时期的温湿管理，促进菌球形成。

第七节 藻 类

藻类（algae）属于低等水生植物的大类群，常见的食用藻类有褐藻中的海带、裙带菜和羊栖菜，红藻中的紫菜和石花菜，蓝藻中的发菜，绿藻中的海白菜等。海带中富含褐藻胶、甘露醇、碘、盐藻多糖等成分，是医药保健、海藻化工和农业肥料等的重要原料。紫菜不仅味道鲜美、营养价值高，且对高血压、甲状腺肿大、慢性咽喉炎、肺结核等有一定疗效。此外，还有许多食用兼药用藻类，如螺旋藻、小球藻等。螺旋藻含有丰富的蛋白质以及许多生物活性成分，具有提高免疫力、抗衰老、降血压、降血脂等生理功效。小球藻蛋白质含量为 50%～67%，且含有人体所需的 20 种氨基酸、多种维生素和微量元素，以及亚麻酸、亚油酸、胡萝卜素等，可作为人类理想的营养源健康食品，还有显著的增强免疫和抗病毒感染活性。

藻类虽然主要为水生，但其无处不在，分布范围从温带的森林到极地的苍原。有些藻类生活在树皮或潮湿的旧墙上（如绿球藻属），有些可生活于土壤中，能耐受长期的缺水条件。其中，褐藻只能生长在海水中，绿藻和红藻也可以生长在淡水中。本节主要以褐藻中的海带和红藻中的紫菜为藻类代表介绍藻类养殖模式。

一、海带

海带（kelp）又名纶布、昆布、江白菜，学名 *Laminaria japonica*，是多年生大型食用藻类，含有丰富的海带多糖，并含酸性聚糖类物质、岩藻半乳多糖硫酸酯、大叶藻素、半乳糖醛酸、昆布氨酸、牛磺酸、双歧因子等多种活性成分，热量低、蛋白质适中、矿物质丰富，具有抗辐射、预防和治疗甲状腺肿、瘦身、美肤美发、降血压、降血脂和降血糖等功效。

(一) 生物学特性

1. 形态特征 海带是无性繁殖与有性繁殖世代交替的植物,有配子体世代和孢子体世代。孢子体分叶片(叶状体)、柄和固着器(根状物)3部分,配子体有雌配子体和雄配子体。

(1) 叶片:位于柄部上端,是海带光合器官,呈带状,无分枝,色褐富光泽;叶片中央有两条平行的浅沟,中间为中带部,厚2~5mm,两缘较薄,有波状皱褶。叶片一般长2~3m,宽20~30cm;大长8~10m,宽50cm。生长部位于叶片基部10cm左右的位置。

(2) 柄部:粗短,1年生海带柄部呈圆柱形,2年生的呈扁圆形,非常柔韧。

(3) 固着器:位于柄的基部,由柄部生出的多次双分枝的圆形假根组成,其末端有吸盘,用以附着在岩石、棕绳上,以固着整个藻体。

海带干燥后变为深褐色、黑褐色,表面有白色粉末状随着,为碘和甘露醇等,无白色粉末的海带质量较差。

(4) 雌配子体:多为1个细胞,球形或梨形,直径11~22mm,雌配子体形成后细胞只生长不分裂,最初色淡渐深,变成棕褐色。

(5) 雄配子体:一般由多个细胞组成,细胞直径5~8mm。当孢子萌发形成配子体后,雄配子体不断形成细胞分裂,增加细胞的数目,形成多细胞的分枝体或团成一块的球状体。

2. 生长发育时期 根据不同生长发育时期的特点,将筏式养殖1年生海带划分为6个时期。

(1) 幼龄期:5~10cm小苗,叶片平滑薄软无凹凸,无纵沟,褐色。

(2) 凹凸期:5~10cm以上海带,叶片基部出现2排凹凸,并较快地被推向叶片叶上部。

(3) 脆嫩期:1m左右海带,叶渐厚。凹凸推向藻体尖端,柄粗壮,假根发达,叶片基部楔形。

(4) 厚成期:叶片长度增长渐慢,厚而老成,有韧性。叶片基部变为扁圆形,干重增加。

(5) 成熟期:叶片产生大量的孢子囊群并大量放散孢子。

(6) 衰老期:大量的孢子放散后,海带叶面粗糙、老化、腐烂至死亡,是由局部逐渐扩散的。

3. 生态习性 海带属于冷水性大型经济海藻,生长适宜温度为0~15℃,幼苗阶段适温10~15℃,体长1m以后能耐受低温,3~9℃水温条件下能快速生长;需要一定的光照。

(二) 养殖技术

1. 选择适宜海区 海带的生长受到海水温度、光照、水流、风浪等环境因子的影响,适宜海带生长的海区须具备以下条件。

(1) 温度:常年水温变化范围在2~24℃为最佳,有利于海带的生长和厚成。

(2) 透明度:浮泥较少,透明度较高。

(3) 水流和风浪:水流大、风浪小,有上升流和冷水团的海区尤佳,如在水深流大、风浪大的外海区,需要安全的养殖筏架。

(4) 营养盐:有较好的营养盐含量,一般要求含氮量50mg/m^{3}以上。

(5)底质与水深:底质以平坦的泥底和泥沙底为好,较硬的沙底次之,岩礁底质也可。在冬季大干潮时水深在 5m 以上。

2. 幼苗暂养 选择流水畅通、风浪较小、透明度稳定的内湾海区暂养海带幼苗。一般多采用垂挂式,将海带幼苗垂挂在 1m 左右的暂养水层中。为了除虫害,将海水与尿素按 300∶1 的比例配成肥水,将海带幼苗置于该肥水中浸泡 2~3min,可使麦秆虫等虫害生物从苗绳上脱落,再将海带幼苗放回海水中。海带幼苗期需肥量不大,但要求氮肥浓度高,多采用挂袋施加硝酸铵,可使幼苗生长速度加快。此外,还需洗刷幼苗,清除浮泥和杂藻,促使幼苗生长。

3. 夹苗 幼苗暂养 30d 左右,苗长 10cm 以上时,进行夹苗。多采用单夹法,即苗绳长 7m 左右,一般夹苗 80~90 株,株距 8~9cm。夹苗前,先将苗绳浸泡柔软,保证湿润。夹苗时,选择假根完整,体长 10cm 以上的海带苗,将假根夹在苗绳中心部位,严禁苗绳夹住海带柄部生长点。整个过程尽可能缩短露空时间。

4. 养成期管理 目前中国海带养殖主要是平面利用水体进行养殖,即平养法。该方法是将夹苗后的养殖苗绳通过吊绳平挂在相邻的两浮筏上,使养殖苗绳大体上呈平行状平挂于水面下。采用平养形式,浮筏应顺流设筏,这样藻体的中部和梢部可均匀地被水流冲起排列在同一水层中,有利于均匀生长。由于光照强弱直接影响海带的生长,因此,海带养成期间需经常调节养殖水层。刚夹苗分养的海带养殖水层要深一些,一般 1.5m 左右;随着海带不断长大,在 3~4 月逐渐提升养殖水层,一般控制在 1m 以内,5 月收割以前,再次提升水层,控制在 0.5~0.8m。

5. 间收 海带收割方式有两种:一是一次性收割,根据养殖品种和夹苗分养的先后顺序,先养先熟先收;二是间收,就是在海带苗绳的两端先各收 4、5 棵,间收 2、3 轮以后再进行一次性收割。间收可以有效改善海带的受光条件,加快海带的厚成,提高海带的产量和质量。

二、紫菜

紫菜(nori)为红毛菜科紫菜属生长在潮间带的海藻,分布范围涵盖寒带、温带、亚热带和热带海域,中国、日本和韩国大规模栽培。中国紫菜产业规模和年产量均居世界首位,是出口主导产品之一。干紫菜中粗蛋白含量达 30%~50%,富含膳食纤维、多种维生素及钙、钾、镁等微量元素,还含藻类特有的藻胆蛋白,具有增强免疫力、抗衰老、抗凝血、降血脂等功效。

(一)生物学特性

紫菜外形简单,由盘状固着器、柄和叶片 3 部分组成。叶片由 1 层(少数种类由 2 层或 3 层)细胞构成的单一或具分叉的膜状体,其体长因种类不同而异,自数厘米至数米不等,含有叶绿素、胡萝卜素、叶黄素、藻红蛋白、藻蓝蛋白等色素,不同种类的紫菜因色素含量比例不同而呈现紫红、蓝绿、棕红、棕绿等颜色,但以紫色居多,并因此而得名。

紫菜的一生由较大的叶状体(配子体世代)和微小的丝状体(孢子体世代)两个形态截然不同的阶段组成。叶状体行有性生殖,由营养细胞分别转化成雌、雄性细胞,雌性细胞受精后经多次分裂形成果孢子,成熟后脱离藻体释放于海水中,随海水的流动而附着于具有石灰质的贝壳等基质上，萌发并钻入壳内生长成长为丝状体。丝状体生长到一定程度产生壳孢子囊枝，进而分裂形成壳孢子。壳孢子放出后即附着于岩石或人工设置的木桩、网帘上直接萌发成叶状体。有的种类叶状体还可进行无性繁殖，由营养细胞转化为单孢子，放散附着后直接长成叶状体。

（二）品种资源与分布

世界上共有紫菜134种，中国有22种。目前，产业化人工栽培的主要为坛紫菜（*Pyropia haitanensis*）和条斑紫菜（*P. yezoensis*）两种。坛紫菜藻体形状为披针形，暗紫色带褐色；条斑紫菜藻体呈卵形或长卵形，鲜紫色微带蓝色。按照叶状体营养细胞层数（1层或2层）及细胞中星状色素体数（1个或2个），紫菜属分为真紫菜亚属（*Euporphyra*）、双皮层紫菜亚属（*Diploderma*）和双色素体亚属（*Diplastidia*）3个亚属。真紫菜亚属叶状体营养细胞1层，且单个细胞含1个星状色素体，坛紫菜和条斑紫菜都属于该亚属。根据藻体边缘细胞的特征，真紫菜亚属分为全缘紫菜、刺缘紫菜和边缘紫菜3组。

紫菜属物种虽然在寒带、温带、亚热带和热带海域均有分布，但亚热带至温带海域的物种多样性丰富。在中国，紫菜主要分布在黄渤海到东南沿海的潮间带，也有少数紫菜物种分布在台湾和海南岛沿海，具有区域性特征。在黄渤海自然分布的紫菜物种主要是条斑紫菜、甘紫菜和半叶紫菜，在东南沿海主要是坛紫菜、皱紫菜和长紫菜等。另外，圆紫菜在沿海分布较广，从南到北均有生长。以自然类群和生境环境为基础，在中国形成了长江以北的条斑紫菜和长江以南的坛紫菜2大栽培区域。坛紫菜是我国独有的暖温带紫菜栽培品种，产量约占全国紫菜总产量的75%，栽培区主要在福建、浙江、广东沿海；条斑紫菜养殖主要集中在江苏和山东。

（三）养殖技术

1. 选择适宜海区 紫菜生长受海水温度、光照、水流、风浪等环境因子的影响，适宜紫菜生长的海区须具备以下条件。

（1）海区方位和风浪：风浪较大，潮流畅通，且沃口面向东北方向的海区紫菜生长好。半封闭式的内湾海域不宜大面积养殖紫菜。

（2）海区底质与坡度：选择泥沙、沙底和硬泥的底质条件，坡度小，较平坦，能保持紫菜网帘平整漂浮，紫菜生长均匀。

（3）水质和潮流：以清水或半浑浊海水为宜。潮流畅通、风浪较大的海区紫菜生长好。

（4）营养盐：主要是氮、磷、钾及微量元素；对氮需求量最大，要求含量30mg/L以上。

2. 苗种培育 每年11月下旬至次年3月，海区水温在12℃左右时进行紫菜果孢子采苗，并长成贝壳丝状体，经过6~8个月培育，贝壳丝状布满壳面，通过促熟措施使贝壳丝状体成熟，释放散壳孢子，当年9月进行紫菜秋季采苗，并下海养殖。

（1）果孢子采苗：一般在每年2~3月份，海水水温10~13℃时，将阴干的紫菜种藻放入采苗池内，加入清洁海水，并搅动海水使其大量放散果孢子。立体采苗的，水体投放果孢子数400个/ml左右；平面采苗的，投放果孢子数300个/cm²左右。

（2）丝状体培育：采苗7d内只放水不洗壳；培养到30d左右，壳面附着少量硅藻和浮泥，开始第1次洗壳。洗壳次数和时间主要视壳面附着硅藻和浮泥沉积情况而定。丝状体培养期间一般倒置2、3次，移位1、2次，使不同位置培养的贝壳丝状体均匀生长，密度趋于一致。丝状体培育期间一般不需要施肥。在贫瘠的海区，培养前期可施尿素10～20g/t；中期施尿素20～30g/t、过磷酸钙50～100g/t；后期施过磷酸钙100～150g/t，不施氮肥。

（3）丝状体成熟：一般在8月下旬进入丝状体促熟阶段，需30～40d。缩光促进丝状体成熟，大量集中放散壳孢子。缩光期间主要措施是：增加放水次数，控制在3～5次；减弱光照强度，控制在1000～1500lx；提高磷肥用量，施用纯磷15～20g/t；缩短光照时间，控制在8～12h。成熟度好的丝状体贝壳，壳面呈土黄色或棕褐色，壳孢子囊枝伸出壳外呈绒毛状，显微镜检查孢子囊管呈豇豆状，并均匀排列管内，成熟壳孢子聚集成葡萄状，呈金黄色。通过流水刺激能大量释放散壳孢子。

3. 采苗 一般在白露至秋分季节，海水温度降至28℃以下时进行。挑选成熟度好的丝状体贝壳于采苗先天傍晚下海经海水刺激，第2天上午6时前取回放入装有海水的船舱内使其大量放散壳孢子。到上午10时左右放散高峰时将6张重叠好的帘子放入船舱内进行染布式采苗。采苗工作在12时前结束。正常情况下壳孢子采苗密度要求，网帘投放壳孢子150亿～180亿个$/hm^2$，8～10d见苗，个别14d见苗。因此，在肉眼见苗前要检查1次，一般每厘米苗绳有50～100株就能达到生产要求。

4. 苗帘暂养 紫菜网帘下海至肉眼见苗需要8～10d，期间需每天下海查看并清洗苗帘，对已附上硅藻和绿藻的苗帘，可利用干露装置将苗帘露空晒网，或将网帘挑到岸上杂草中晾晒，以晒死杂藻，尽量减少紫菜苗损失为原则。

5. 分帘养殖 苗帘暂养15～20d，幼苗长至1cm左右时，要进行分帘单片养殖。分帘之前将苗片挑到岸上或利用悬浮筏架干露晾晒，一般晒2h左右（视苗体大小和太阳光照强度而定），网帘经过晾晒处理后，再张挂海上养殖。

6. 养殖期管理 苗片分帘以后转入养殖期，大概在9月下旬，水温15～25℃，适宜紫菜生长。管理期应注意以下方面。

（1）观察网帘漂浮状态：如帘子是否下沉、漂浮是否均匀、平整，桩缆是否合宜，浮力是否足够。应及时调整加固，使每张苗帘在涨潮时始终处于水平状态。

（2）检查帘架：检查帘架、固定桩、吊绳是否牢固，筏架苗片是否平整，如松动应及时加固。

（3）养殖水层调节：应根据天气条件和紫菜生长不同阶段对潮位的要求调节适宜的养殖水层。幼苗生长期，以大潮汛期干露2～3h为宜；成菜养殖潮位，以大潮汛期干露3～4h为宜；后期则为大潮汛期干露4～5h为宜。

（4）晾晒菜帘：一般每收完1水紫菜，晒1次菜帘，并清除浒苔、硅藻等各种杂藻，以提高紫菜质量，延长紫菜生长期。

7. 叶状体收割 经40d左右养殖，当苗帘上藻体长至20～25cm时，即可开始采收第1水紫菜。根据藻体生长速度和水温、天气状况，每隔15d左右可采收1水菜。整个养殖期可收成紫菜5、6次。无论拔收还是机械采收，留下的菜头长度早期以8cm，后期以5cm为宜。收菜的原则是藻体密度较稀的苗帘可少收，大潮过后多收，大风、大浪来前和病害发生前抢收。大潮时早晨收的菜质量好，应注意多收。

第八节 地衣类

地衣（lichen）是一类独特的生物类群，是由真菌和藻类长期共生形成的特殊稳定的复合体。目前，作为蔬菜利用的地衣类很少，主要有石耳和冰岛衣等。

一、生物学特性

构成地衣的真菌属于子囊菌和担子菌，而构成地衣的藻类通常是蓝藻中的念珠藻属和单细胞的绿藻，如共球藻属、橘色藻属。某种地衣中真菌和藻类的具体种类一般是固定的，真菌和藻类长期紧密结合在一起，使地衣在形态、结构、生理和遗传上都形成了独立的有机体。藻类进行光合作用，为真菌提供营养；真菌则从外界吸收水分和无机盐供给藻类，并将藻体包被在其中，以避免强光直射导致藻类细胞干燥死亡。二者互相依存，不能分离。地衣可在极端恶劣的自然环境中生存、繁殖及传播后代。地衣体中的地衣酸可分解多种石灰岩、鹅卵石和花岗岩等，可以将硬化的基物变成土壤层，为其他生物类群创造适宜的生活条件。因此，地衣在生物界中享有"开拓先锋"或"先锋植物"等称谓。从南极到北极、从热带到寒带、从高山到荒漠，只要没有污染的环境，都能见到地衣的踪迹。

地衣虽然是真菌和藻类的共生复合体，但地衣的形态特征完全由共生菌决定。地衣种类繁多，生长类型多样，色彩丰富，分布广泛，按生长型可分为壳状地衣、枝状地衣和叶状地衣3种类型。壳状地衣约占全部地衣的80%，其植物体扁平成壳状，以菌丝牢固地紧贴在基质上，有的甚至伸入基质中很难剥离；叶状地衣植物体呈薄片状的扁平体，形似叶片，以假根或脐较疏松地固着在基质上，易与基质剥离；枝状地衣植物体直立，仅基部附着于基质上，通常分枝，形状类似高等植物的植株，如直立的石蕊属，垂分枝于树枝上的松萝属。

地衣体常有各种附属结构，其中的粉芽、裂芽、裂片、杯点、假杯点和衣瘿为地衣专有，而绒毛、假根和缘毛也发生于一些非地衣化的真菌中。

多数地衣是喜光植物，要求生存环境的空气新鲜，对大气污染比较敏感。地衣的耐寒和耐旱性很强，干燥时可以休眠，雨后复生，能在岩石、沙漠或树皮上生长以及在高山带、冻土带和南北极等其他植物不能生存的地方生长。地衣对硫特别敏感，繁殖期间禁施含硫的营养液。

地衣通常进行营养繁殖。由叶状体断裂成若干裂片，每个裂片发育成1个新的叶状体，或者在叶状体上产生粉芽、珊瑚芽等营养繁殖体进行营养繁殖。有性生殖仅由共生的真菌进行，主要是子囊菌通过有性过程产生子囊孢子，子囊孢子成熟后自子囊中释放出来，在适宜的条件下萌发成菌丝体。地衣中的藻类细胞则主要以细胞分裂方式进行繁殖。

二、栽培技术

（一）栽培场所

地衣一年四季都可繁殖，但最适温度为25℃，自然界理想的栽培环境是北纬40°附近，南方需在海拔2500m以上的森林栽培。人工栽培可在地下室或设施内加节能灯照光，创造阴凉湿润环境。

（二）繁种子

地衣繁殖采用营养繁殖。可以制备固体种子和液体种子。

1. 固体种子制备 采摘新鲜地衣，用无菌水冲洗干净，或用75%乙醇浸泡2~3min后用无菌水冲洗，然后置于40~50℃干燥箱中干燥至含水量10%以下，粉碎成颗粒，得到地衣固体种子。

2. 培养液制备 将大麦芽粉碎，置于5倍质量的水中，并在60~65℃条件下糖化得到大麦糖化液，再加入适量矿物质营养（一般1%以下），如硫酸铵、磷酸二氢钾、硫酸镁等，具体添加物质与含量可参考真菌培养基配方，一般应针对具体地衣进行优化试验。然后用水稀释至适合的浓度并进行高压灭菌，得到营养液，用于地衣液体培养和营养补充。

3. 液体种子制备 在地衣营养液中加入1%左右地衣固体种子，在25℃左右条件下培养10~15d得到地衣液体种子。

（三）播种

如在地下室或箱体种植，种植前需先在底部铺2~3cm沙土或煤饼灰，上面再铺2~3cm泥土。然后，再将阴干的羊粪豆与酸性黑土按1：5比例混合，用铺路机均匀铺撒在土壤上，厚度为2~3cm，并用轧道机压平压实，作为地衣生长的腐殖土。播种时，将地衣液体种子按200~300ml/m²均匀地喷洒到腐殖土表面。

（四）管理技术

播种后，保持温度18~32℃，空气相对湿度80%~85%。地衣生长过程中最重要的管理是喷水。水源最好选雨水、雪融水、高山冰雪融水，采用雾化喷水。根据地衣的生长情况，每天多次喷水，保持腐殖土表面湿润。室内栽培还需补给弱光，以促进生长。

在地衣覆盖至腐殖土表面80%以上即可以采收。注意不能为了过分追求产量而延迟采收，否则地衣会老死。采收时须先大量喷水，以地面有积水为度。

采收后地衣需及时鲜食，或烘晒干制储存。

小　结

菌藻地衣类蔬菜属于低等植物，与高等植物蔬菜的形态和栽培技术都有很大不同。本章简要介绍了菌藻地衣类蔬菜的概念和种类，详细介绍了代表性种类的生物学特性、品种资源和栽培（养殖）技术。以金针菇为代表，介绍了木腐菌工厂化生产模式；以双孢蘑菇为代表，介绍了粪生菌发酵料床栽模式；以香菇为代表，介绍了木腐菌菌棒栽培模式；以银耳为代表，介绍了两种菌伴生出菇栽培模式；以草菇为代表，介绍了草生菌高温出菇栽培模式；以竹荪为代表，介绍了林下栽培模式；以褐藻中的海带和红藻中的紫菜为代表，介绍了藻类蔬菜养殖模式；并介绍了地衣的生物学特性和地下室或箱体人工仿野生种植模式。然而，作为一类特殊的蔬菜，目前能人工栽培的只占其很小比例，现有种类的栽培方式也多样并存，且差异很大，有仿野生栽培、农法栽培、设施栽培、林下栽培，少数实现了工厂化生产。随着农业科技的不断发展，该类蔬菜生产将更多实现工厂化、自动化和智能化。

思 考 题

1. 菌藻地衣类蔬菜与高等植物类蔬菜的异同点有哪些?
2. 食用菌目前成熟的栽培模式有哪些?
3. 香菇能否采用金针菇的瓶栽模式进行工厂化生产?
4. 银耳应如何进行液体发酵制种和接种?
5. 藻类蔬菜有无可能在内陆大规模生产?
6. 地衣类蔬菜如何走向规模和工厂化生产?
7. 菌藻地衣类蔬菜与植物类蔬菜生产如何实现循环农业?
8. 菌藻地衣类蔬菜与植物类蔬菜在生产上或植物工厂中如何有机融合?

第十三章 其他蔬菜

农业生物学分类法将蔬菜分为茄果类、瓜类、豆类、结球芸薹类、肉质直根类、绿叶嫩茎类、葱蒜类、薯芋类、多年生类、水生类、芽苗类、菌藻地衣类等，但是有些蔬菜并不适合归并到以上类中，如鲜食玉米、黄秋葵、百合；还有一些野生蔬菜，目前以野生为主，也有人工栽培，如马齿苋、蒲公英、芦蒿、沙芥等。这些蔬菜在生物学特性上并不一定相似，栽培技术也不一定有共同点，但作为拾遗的一类，收纳在本章中。本章将分别介绍它们的生物学特性和栽培技术。

第一节 鲜食玉米

玉米（maize，corn）学名 *Zea mays* L.，为禾本科玉米属粮食、饲料和蔬菜兼用作物，起源于美洲大陆，距今已有 5000~7000 年历史。鲜食玉米（fresh corn）包括甜玉米、糯玉米和笋玉米，甜玉米和糯玉米在果穗乳熟期前后采收，笋玉米在授粉前采收，均供鲜食或速冻保藏食用。

甜玉米（sweet corn），学名 *Z. mays* L. *saccharata* Sturt，是以胚乳为甜质籽粒的未熟果穗为产品的 1 年生草本植物，又称蔬菜玉米、水果玉米。乳熟期籽粒可溶性糖含量大于 10%，淀粉含量少。甜玉米 100g 籽粒含糖 3.2g、食用纤维 2.7g、脂肪 1.2g、蛋白质 3.2g、维生素 A 10μg、维生素 C 7mg、铁 0.5mg、镁 37mg、钾 270mg。人体不能合成而又必需的赖氨酸和色氨酸在甜玉米中含量高，并含有丰富的抗氧化物质，对心血管疾病有一定的预防作用。

糯玉米（waxy corn），学名 *Z. mays* L. *sinensis* Kulesh，也称蜡质玉米。籽粒中有较粗的蜡质状胚乳，受位于第 9 染色体上单个隐性基因（*wx*）控制。胚乳中 100% 的淀粉是支链淀粉，有糯性，俗称黏性。玉米引入中国后，在西南地区种植的硬质玉米发生突变，经人工选择而逐渐出现了糯质类型，美国传教士于 1908 年把糯玉米从中国带到美国，继而传遍全世界。因此，国内外多数学者认为糯玉米的起源中心在中国，有"中国蜡质种"之称。

玉米笋（baby corn，vegetable corn）又称珍珠笋、笋玉米、娃娃玉米、番麦笋、多穗玉米，是多穗性的甜玉米或粮用普通玉米未经授粉的幼嫩果穗，食用部位为穗柄、穗轴和生长锥。玉米笋含有丰富的蛋白质、氨基酸、矿物质、食用纤维和维生素 E，属于高档蔬菜，既可鲜食、炒食、煮汤，也可加工制罐和速冻。

一、生物学特性

（一）植物学特征

1. 根 须根系，有初生根、次生根、气生根，可深入土内 2.5m 左右，扩展直径 2m 左右。基部茎节处易发生不定根，构成主要的吸收系统。地上茎也极易发生气生根。

2. 茎 有明显的节和节间，茎粗自下而上逐渐变细，节间逐渐增长，以穗位附近节间最长，之后递减。茎高度可达 2.5m 左右，基部茎节分蘖性强。

3. 叶　呈不规则互生排列。分叶鞘、叶枕、叶片和叶舌4部分。叶片数与成熟期有关，早熟品种14～17片，中熟品种18～20片，晚熟品种21～25片。

4. 花　雌雄同株异花，天然杂交率高达95%以上，是典型的异花授粉作物。雄穗着生在植株顶端，圆锥花序，由主轴和多行成对小穗组成。有雄花先熟现象，雄花一般先于雌花10d开花，散布花粉，借风力传播。雌穗生在叶腋，为肉穗花序，其上成行着生子房，每个子房具有丝状细长花柱（柱头）1枚，花序外裹有绿色苞叶。

5. 果实和种子　果皮和种皮紧紧连在一起，占种子重量5%～8%；胚乳占种子重量80%～85%，含有大量脂肪、糖、蛋白质和多种酶；胚占种子重量的10%～15%。种子的形状、大小和色泽因类型和品种而不同，多呈圆形或长方形，有光泽，颜色有黄、白、紫、红、花斑、黑等，常见的多为黄色和白色，千粒重250～350g。

鲜食玉米存在花粉直感现象，参与受精的花粉中带有控制胚乳性状的显性基因。例如，以黄粒玉米植株的花粉给白粒植株授粉后，籽粒表现为父本的黄粒性状。此外，糯玉米只有在双隐性基因纯合时，才能表现出本身应有的特性。因此，鲜食玉米生产中，首先要选好隔离区，防止品种间串粉，影响品质。

笋用玉米的植物学特征，主要是比甜玉米和糯玉米植株稍矮小、分蘖力强、叶片较多、果穗较小、苞叶较长。

（二）生长发育周期

鲜食玉米的整个生长发育过程按形态特征、生育特点和生理特性可分为发芽期、幼苗期、拔节抽雄期、花粒期。其中，发芽期和幼苗期又称为苗期阶段，是以生根和分化茎叶为主的营养生长阶段；拔节抽雄期为营养生长与生殖生长并行阶段，又称为穗期阶段；花粒期为开花授粉、受精和籽粒发育期，又称为花粒期阶段，为生殖生长期。

1. 发芽期　从播种至苗高约3cm，历时3～5d。生育特点是根系生长快，田间管理的主要任务是促进苗早、苗齐、苗壮。影响发芽出苗的主要栽培生态因素是土壤温度、湿度和播种深度。选择适宜播期和土壤湿度播种，避免播种过深，是早出苗和壮苗的技术保障；播种深度每增加2.5cm，出苗期约晚1d。

2. 幼苗期　从苗高约3cm至开始拔节，春茬历时约35d，夏茬早中熟品种20～25d。该时期生育特点是，根系发育较快，地上部茎叶生长较慢，一般在3叶期时种子胚乳贮藏的养分已消耗殆尽，为"离乳期"，是玉米由异养转向自养的转折期。进入自养生活后，因根系和叶片不发达，幼苗生长缓慢，主要进行根和叶的生长及茎节的分化，到开始拔节时，植株一般有5、6片叶。幼苗期怕涝不怕旱，控制水分有利于根系发育。

3. 拔节抽雄期　从开始拔节至雄花序顶端从顶叶抽出，历时约30d。生育特点是，叶片和茎节等营养器官旺盛生长与雌雄穗分化的生殖生长同时进行，是决定穗数、穗大小、可孕花、结实粒数多少的关键时期。该时期可增生节根3～5层，茎节间伸长、增粗、定型，叶片全部展开。从拔节到抽雄期间，植株有7、8片叶时，心叶丛生，侧面整个植株形似喇叭，生产上称为小喇叭口期；当植株上具有11、12片叶，上部大叶片展开、突出时，称为大喇叭口期，是营养生长和生殖生长的并进阶段，各器官间开始争夺养分，群体和个体以及个体之间矛盾日益突出。该时期田间管理的主要任务是，促进根系健壮发达，形成中上部叶片增大和茎秆敦实的丰产长相，以打下穗多穗大的丰产基础。

4. 花粒期 从抽雄至籽粒成熟，历时30~50d。玉米抽雄、散粉时所有叶片已经展开，植株高度已经确定。该阶段的生育特点是，营养体基本停止，进入了以生殖生长为中心的时期，是玉米一生中第3个转折期。田间管理的主要任务是，保护叶片不损伤，不早衰，争取粒多、粒饱。

从抽雄至雌穗吐丝，为吐丝期，历时3~7d。雄花序开花和散粉，雌穗的丝状花柱生长露出苞叶外植株进入开花授粉期。

授粉、受精后，进入灌浆和籽粒形成期。籽粒发育经历乳熟、蜡熟和完熟3个过程。鲜食玉米商品栽培时，籽粒不经历种子完熟过程就要采收。其中，玉米笋一般在雌穗抽丝期采收，甜玉米和糯玉米一般在乳熟期和蜡熟前采收。

（三）对环境条件的要求

1. 光照 喜光不耐阴，全生育期都要求充足的光照。出苗后在8~12h的日照下，发育快、开花早，生育期缩短，反之则延长。光合作用的光补偿点0.3~1.8klx，光饱和点100klx以上。因此，要求适宜的密度，播全苗、匀留苗。否则，光照不足、植株间相互影响，难以获得好的产量和商品性。

2. 温度 喜温，对温度反应敏感，不耐低温和霜冻。早中晚熟品种从播种至籽粒完熟需要大于10℃总积温1800~2800℃。种子在10℃能正常发芽，24℃发芽最快。拔节最低温度为18℃，最适温度为20℃，最高温度为25℃。开花期是玉米对温度要求最高、反应最敏感的时期，最适温度为25~28℃。温度高于32~35℃，大气相对湿度低于30%时，花粉粒易失水失活，花柱易枯萎，难以授粉、受精。通过调节播期和适时浇水降温，提高大气相对湿度可保证授粉、受精和籽粒的形成。

3. 水分 整个生长期的中期需水最多，前期和后期需水量稍少。播种时保持土壤相对含水量60%~70%，才能确保全苗；出苗期至拔节期应保持在60%，为苗期促根生长创造条件。拔节抽雄期需水剧增，抽雄期至籽粒灌浆期需水达到高峰，从开花前8~10d开始，30d内耗水量约占总耗水量的一半，是水分临界期，水分状况对开花、授粉和籽粒形成有重要影响，土壤相对含水量应保持在80%左右。进入籽粒灌浆期以后玉米生长减弱，对水分的需求也不断减少，耗水量约占总耗水量的15%，若水分不足，叶片卷曲，近期无雨时，应立即浇水；若雨水多，田间积水，应及时排水，防止根系窒息死亡。

4. 土壤和营养 对土壤条件要求并不严格，可以在多种土壤上种植，但以土层深厚、结构良好、肥力水平高、营养丰富、疏松通气、能蓄易排、酸碱度近于中性且水、肥、气、热协调的壤土或砂壤土种植最为适宜。鲜食玉米生育期短，中后期生长发育快，需肥较多，对氮、磷、钾的吸收尤甚。其吸收量是氮大于钾，钾大于磷，且随产量的提高，出现需钾量大于需氮、磷量。不同生育时期对氮、磷、钾三要素的吸收总趋势是苗期生长量小，吸收量也少；进入穗期随生长量的增加，吸收量也增多加快，到开花达最高峰；开花至灌浆，有机养分集中向籽粒输送，吸收量仍较多，以后养分的吸收逐渐减少。

二、品种类型与栽培制度

（一）品种类型

1. 甜玉米和糯玉米 根据突变基因的不同以及鲜嫩籽粒中水溶性多糖的含量将甜玉

米划分为普通甜玉米、超甜玉米和加强甜玉米。它们在糖分含量、糖分向淀粉转化速度和适口性等方面存在差异。

（1）普通甜玉米：是标准甜玉米，由单隐性基因 $su1$、$su2$、du 控制，当隐性基因纯合时，能引起籽粒胚乳中积累水溶性多糖。乳熟期籽粒含糖量 7%~9%，蔗糖和还原糖各占一半。籽粒中还含有 24% 的水溶性多糖，甜度适中。采收期或货架期只有 2~3d，采收后 48h 籽粒蔗糖含量减少 2/3，不耐贮存，糖分会向淀粉转化，使果皮变厚，含糖量下降。生理成熟后籽粒皱缩，呈半透明状。多用于糊状或整粒加工制罐，也用于速冻。

（2）超甜玉米：由单一隐性基因 $sh2$、$bt1$、$bt2$ 控制，阻抑蔗糖转化为糊精的过程，蔗糖含量提高，但糊精含量下降。乳熟期籽粒含糖量 18%~25%，主要为蔗糖和还原糖，果皮比较厚，柔嫩性差，水溶性多糖含量很低，风味及糯性不及普通甜玉米。成熟籽粒皮厚、不透明。采后 48h 籽粒蔗糖含量减少 1/15，糖分转化慢，采收期及贮存期相对较长，可达 7d 左右。超甜玉米多用于整粒加工制罐、速冻或鲜果穗上市。

（3）加强甜玉米：是在普通甜玉米 $su1$ 基因背景上再引入 1 个加甜修饰基因 se 培育而成，为双隐性基因 $su1su1sese$ 控制，品质特性介于普通甜玉米和超甜玉米之间，其乳熟期籽粒含糖量可达 16%~20%，水溶性多糖含量 30%，保持了普通甜玉米水溶性多糖的特有风味，并有一定糯性。加强甜玉米采收期较长，冷藏条件下存放 2~4d 糖分基本稳定。加强甜玉米多用于整粒或糊状加工制罐、速冻或鲜果穗上市。

目前生产上鲜食玉米品种类型有普甜型、超甜型、加强甜型、甜脆型、甜糯型，依据改良后籽粒颜色除了黄、白还有紫、红、黑、混合色等。主栽甜玉米品种有吉甜 6 号、科甜 110、绿色超人、粤甜 29 号、晶甜 13 号、江甜 018、沪甜 6 号、中甜 1 号、华玉系列、金禾玉系列、苏甜、华耐甜玉 782、华泰甜 325、杭玉甜 18、华泰甜 313、京科甜 608、晋超甜 1 号、和粟 1 号、黑参、金甜顺 100 等；糯玉米品种有京科糯 2000E、京紫糯 219、苏糯、中糯、渝糯 3000、黑糯、彩甜糯 6 号、济糯 33、吉农糯 16 号、陕白糯、甜香糯 9 号、甜糯 133、白糯 915、玉糯 916、美玉 27、金糯 1904、绿糯 2 号等；甜糯玉米品种有万糯 188、海甜糯 601、佳糯 320、农科糯 336、南彩 602、万甜糯 158、金糯 1607、正韩彩甜糯 628、华耐黑甜糯 631、彩糯 2018 等。鲜食玉米还有引进中国台湾及美国、日本、巴西、泰国的品种。各地应因地制宜，选择适应性强、抗病、优质、高产的优良品种。

鲜食玉米生产逐步走向机械化，促进了鲜食玉米产业向规模化、集约化、标准化、无害化方向发展。生产上选用具有加工优势的糯玉米和甜糯玉米品种，要求皮薄、糯性强、有甜度、穗位整齐，如万糯 2000、京科糯 2000。

2. 玉米笋 有专用多穗型品种，1 株可采摘 4、5 个玉米笋。兼用型有"甜笋兼用型"，甜玉米采收上部果穗后再采摘下部幼穗作玉米笋；"粮笋兼用型"，普通玉米留下上部果穗结实，采摘下部幼穗作玉米笋，一般每株可采摘 1、2 个幼穗。玉米笋生产品种主要有鲁笋玉 1 号、甜笋 101、冀特 3 号、石多 3 号、玉笋 55、甜玉米笋 1 号、黄笋玉 3 号、冀特 3 号、泰国玉米笋、日本玉米笋等。

（二）栽培制度

鲜食玉米是喜温、喜光的短日照作物，多在露地栽培。生态条件对玉米生长发育的影响表现为海拔和纬度效应、积温效应和光效应。据此中国玉米种植区划分为西北内陆、东北平原一熟制区，播种期在4月中下旬至5月上旬；黄淮海平原2熟制区，鲜食玉米栽培播种期从3月下旬开始，不晚于6月上旬，分期播种可以达到1年3熟；江汉平原多熟制区，鲜食玉米栽培播种期从2月上旬开始，不晚于8月上旬，可以达到1年3熟；其次还有武陵山区多熟制区、东南丘陵区多熟制区。

玉米笋生长期比甜玉米和糯玉米更短，栽培季节和茬次更灵活。

鲜食玉米种植方式包括单作、间作、套种、带种、复种。栽培前茬可以选大豆、小麦、马铃薯、油菜、早稻、荷兰豆、瓠瓜等，也可以与甜（辣）椒、萝卜、西瓜、早熟毛豆、豌豆、洋葱、棉花、烟草、木耳、香菇等间套种。

三、栽培技术

鲜食玉米栽培技术流程为：整地、施肥、作畦→播种（精量播种、地膜覆盖）→田间管理（破膜放苗、灌水、追肥、中耕、除草、整蘖、整穗、防治病虫害）→收获（玉米笋、甜玉米或糯玉米）。

（一）整地、播种

1. 整地、作畦 为防止天然杂交影响品质，生产田应与其他基因型玉米品种之间严格隔离种植，采取400m以上的空间隔离，或利用村庄、山岗、树林等自然屏障隔离，或调整播期使花期错开15~30d以上的时间隔离，阻止其他玉米品种花粉传入和授粉。

前茬作物收获后，施入商品有机肥15~30t/hm^2、三元复合肥（15-15-15）1200kg/hm^2，然后深耕土壤20~25cm，耕后及时耙糖保墒，精细整地，作1.1~1.2m宽的高畦，沟宽30cm，深20cm。

机械化耕整地技术主要采用耕整地联合作业机1次完成根茬粉碎、耕耙碎土、深松和起垄作业。机具由根茬粉碎刀辊、旋耕碎土刀辊、深松铲和起垄犁构成。根茬粉碎长度小于8cm，合格率大于86%；旋耕深度一般15~18cm，深松深度25cm以上；起垄高大于18cm，垄向直，垄距一致。此外配套商品有机肥抛撒车或牵引式肥料抛撒机。

2. 播种 春季气温稳定在12℃以上，5~10cm处地温稳定在10℃以上即可播种，覆地膜。秋播时间根据品种熟性倒推，花期避开32℃以上的高温，鲜穗灌浆期的气温稳定在18℃以上即可。自春季播种开始每10~15d播1批，分期播种，早中晚熟品种搭配，6~11月连续采摘分批上市。

露地采用地膜覆盖穴播，每穴2、3粒。甜玉米特别是超甜玉米淀粉含量少，顶土力弱，为了保证全苗和壮苗，要选用发芽率高的种子，足墒浅播，细土盖种，防止板结，超甜玉米一般播深不能超过3cm，普通甜玉米一般播深不超过4cm。早春可以利用设施育苗，提早10~20d播种，幼苗3、4片叶时移植。

鲜食玉米种植密度要根据品种、施肥水平和种植方式等综合考虑。一般，春播稍稀，夏播稍密；肥地稍密，瘦地稍稀；平展叶型品种或高秆晚熟品种要适当稀植，紧凑型及半紧凑型品种或矮秆、早熟品种应适当密植。一般甜玉米和糯玉米的株距为30~35cm，密度52 500~57 000株/hm^2，合理密植有助于授粉和降低空秆率；笋玉米种植密度以75 000~90 000株/hm^{2}为宜。由于收获未经授粉的幼穗，不存在群体过小、花粉不足的问题，所以非常适合间作套种。

机械化精密播种技术采用气吸式免耕精量播种机。甜玉米种子干瘪且形状不规则，采用勺轮式播种机极易造成重播、漏播等问题。在土壤含水量约20%时播种，精密播种作业标准要求，单粒率≥85%，空穴率<5%，碎种率≤1.5%；播种深浅一致；株距均匀一致，误差≤20%；行距一致，左右偏差不大于4cm；种子播种镇压后的种子至地表的距离为3~4cm，达到出苗整齐，避免出现大小株分化现象，造成整体成熟度不一致，影响机械化采收。播种后要适时采用苗带重镇压技术进行镇压作业。适当的镇压有利于提墒、供墒、保墒，促进早出苗、出齐苗、出壮苗。

（二）田间管理

1. 破膜放苗 苗期的主攻目标是苗全、苗齐、苗壮。一般在播种后7~10d，幼苗出土第1片叶后，应及时破膜放苗。放苗最好在无风的晴天进行，切勿在高温天气或大风降温天放苗。放苗可用小刀或铁丝钩将苗上面的地膜划破1~2cm的小孔，将苗引出膜外，随即用细湿土沿幼苗茎基部封住破孔处。及时补苗、间苗、保证全苗，发现缺苗断垄现象，要及时补缺。早间苗，分期定苗，3片真叶时拔去拥挤的苗，4片真叶时进行2次间苗，5、6片真叶时定苗，每穴留1株。

2. 灌水追肥 大喇叭口期是玉米田间管理的关键时期，要围绕促秆壮穗展开，既要保证根、茎、叶生长旺盛，又要保证果穗发育良好。

鲜食玉米整个生长周期需要灌水4次，分别在拔节期、大喇叭口期、抽雄期和灌浆期进行，生长期间保持土壤湿润，土壤相对水量60%有利于生长发育。多雨地区田间开好排水沟，下雨时及时排除积水。出苗前保持土壤湿润，促进发芽；苗期不干不浇水；抽雄穗时要求水分充足；在抽穗前至收获期，土壤干旱会导致果穗短、籽粒小，而且外皮硬化，甜味降低，风味欠佳，降低果穗的商品价值。

施肥的原则是施足基肥、轻施苗肥、重施攻蒲肥（苞肥、穗肥）。出苗后采用4段追肥法，依次为提苗肥、壮秆肥、攻苞肥和粒肥。定苗后结合除草浅松土、小培土，追施尿素75kg/hm²作提苗肥；拔节前期结合灌水施尿素165~190kg/hm²和硫酸钾210~260kg/hm²，作壮秆肥，促进生长和雄穗分化；拔节到雄穗抽出前，当有14、15片叶时再追施尿素120kg/hm²作攻苞肥；为促进雌穗发育，增加籽粒数，追施尿素和硫酸钾各75kg/hm²作粒肥。

地膜鲜食玉米前期生长快，营养体大，消耗养分多，为养根保叶，防止后期早衰是实现穗大粒多和夺取高产的关键。开花期要重视氮肥和磷肥的施用，可施三元复合肥（16-8-16）75kg/hm²作养粒肥，对促进籽粒饱满起一定作用。

3. 整蘖和整穗 玉米分蘖能力强且出现多果穗现象，要及时除去分蘖，甜玉米和糯玉米要人工去除多余的小穗以提升品质和产量，而玉米笋不进行整蘖和整穗。一般在雌穗刚长出未吐丝之前，每株只留最上部第1个健壮果穗，去除其余的穗。去除分蘖的方法是，左手扶住主茎，右手将分杈从侧面掰除。除小穗时注意不要损伤茎叶。

为了避免影响玉米授粉，地边2、3行不宜进行去雄，以免影响玉米产量。在抽雄吐丝期及时去除不能抽穗的弱株。

4. 中耕、除草 植株封垄前进行3或4次中耕、除草，使土壤疏松、保墒、增温、透气。中耕深度应掌握"浅-深-浅"的原则，苗期浅中耕，以增温保墒为目的；拔节期至大喇叭口期应深中耕，结合除草进行培土，促使下部茎节尽快长出不定根，以防倒伏；后期浅中耕，以除草、松土、保温为目的。鲜食玉米机械化生产中可采用中耕机进行中耕、除草。

5. 病虫害防治 鲜食玉米易发生玉米螟、夜蛾、粘虫、金针虫、蝼蛄和蚜虫等害虫，应以防为主，及时控制。苗期可用 10% 吡虫啉可湿性粉剂 4000~6000 倍液加适量菊酯类农药喷雾防治；株高 80~100cm 及大喇叭口期用 Bt 乳剂和 0.1%~0.2% 拟除虫菊酯类杀虫剂，也可以在大喇叭口期接种赤眼蜂卵块，或在心叶末期接种白僵菌的菌粉；开花授粉后 7d 内对花丝喷施 1.8% 阿维菌素乳油 6000~8000 倍液以控制果穗虫害。应注意，在采收前 15d 内禁止使用任何农药，以确保食用安全。病害一般较轻，有纹枯病、黑穗病和穗腐病，可用药剂控制。鲜食玉米机械化生产中可采用自走式喷杆喷雾机和植保无人机进行病虫害防治。

（三）收获

1. 甜玉米和糯玉米收获 甜、糯玉米品质维持时间短，采收后糖分会迅速转化为淀粉而失去其风味。籽粒含糖量在授粉后 20d 左右的乳熟期最高，采收过早籽粒内含物太少，含糖量低，风味差，影响产量；采收过晚，果穗较大，产量高，但籽粒内糖转化为淀粉，果皮变厚，口感差，失去特有风味。一般应在吐丝后 20~25d 采收，从外观看花丝干缩至苞叶口、变为黑褐色，用手指掐果穗中上部籽粒尚有少量浆液。春、夏播的在授粉后 17~21d，秋播的在授粉后 25d 采收最好，此时籽粒饱满，胚乳成糊状，粒顶将发硬，籽粒可掐出少许浆水，是收获的最佳时期。灌浆阶段温度越高，成熟时间越短，反之则长。尽量选择在清晨采收，以便当天上市或冷冻保鲜。采收时除去把柄，留 3 层苞叶，剪去玉米须。

2. 玉米笋收获 玉米笋一般在播后 50~60d，株高 2.2~2.4m，进入抽雄期，每株有叶 14 片左右，结 4~6 个果穗时，可分批摘采。采收当天吐出花丝的雌穗，以花丝长度 2~3cm 采收为宜，一般不宜超过 5cm。采笋时按先上后下、先大后小的原则。1~2d 采收 1 次，7~10d 内全部采完。手工采收方法是，一手扶茎秆，一手在靠雌穗基部握紧，连同苞叶从叶鞘一侧完整掰下。操作时防止穗苞扭曲，致使笋条在苞叶内折断。避免折断茎秆和叶片，以免影响下部果穗的正常发育。

采收后的果穗用刀划开外部苞皮，去净花丝，保持笋体完整，忌暴晒、防失水、干尖、变色。良好的一级玉米笋产品呈圆锥形，鲜嫩，乳黄色，形态端正，无折断，无花丝，无畸形，无污染。

3. 机械化收获 鲜食玉米机械化采收采用与普通玉米收获机结构完全不同的专用收获机，装配模拟人手采摘的仿生割台，一次完成摘穗、输送、自动卸粮、秸秆还田。技术要求是采收玉米果穗时要尽量减少损失和损伤，落穗率不大于 3%，果穗破损率小于 4%，留茬整齐，留茬高度在 10cm 以下，秸秆粉碎长度小于 10cm，漏切率小于 3%。生产上采用自走式 4 行鲜食玉米收获机，可收割甜玉米、糯玉米、水果玉米等鲜食玉米品种。在甜、糯玉米果穗顶部籽粒尚未硬化，穗型粒型一致，籽粒具有本品种乳熟时应有的颜色，有光泽，饱满，柔嫩，压挤时有浆液渗出，乳线形成之前的乳熟期带苞叶采收。从采收到加工必须在 8h 内完成，最迟不得超过 12h。鲜食玉米机械化采收原料入场后，通过玉米剥皮机、滚杠清洗机、漂烫机、冷却机、吹干机等机械加工，完成剥叶去丝、修整、清洗、分级、蒸煮、冷却、速冻、拣选、包装、检验和冷库储存（-18℃）等步骤。鲜食玉米采收结束后的玉米茎叶也可收集作青贮饲料用。

第二节 黄 秋 葵

黄秋葵（okra，lady finger），别名秋葵、黄葵、羊角菜、五角豆、洋辣椒、毛茄、补肾菜、咖啡黄葵等，学名 *Abelmoschus esculentus* (L.) Moench，为锦葵科秋葵属 1 年生草本植物，主要食用嫩果，嫩叶、嫩芽和花也可菜用。黄秋葵原产于非洲和亚洲热带地区，是北非、中东、南亚、欧洲和北美等地区人们喜爱的蔬菜，20 世纪初叶从印度引入中国上海，目前种植遍布全国。

黄秋葵每 100g 嫩果中含粗蛋白 2.44g、还原糖 2.11g、纤维素 1.06g、胡萝卜素 0.68g、维生素 B 10.20mg、维生素 C 26.50mg、维生素 A 1.25mg 和多种矿物质，其黏滑的汁液中还含有可溶性纤维、半乳胶糖及阿拉伯聚胶糖等物质，对增强机体抵抗力、润滑关节膜和保持动脉血管的弹性具有一定的功效。黄秋葵的花、种子、根均可入药，对恶疮、痈疖有疗效，可治疗胃炎、胃溃疡及湿疹，并具有一定的抗癌作用。黄秋葵可炒食、凉拌、做汤，又可做泡菜、制罐头，其花和种子可加工成黄秋葵花茶、黄秋葵籽油。

一、生物学特性

（一）植物学特征

直根系，根系发达，主根多分布于 50～60cm 深土壤中，深可达 1m 以上，抗旱力较强。主茎直立，圆柱形，高 1～2m，基部节间较短，叶腋间常发生侧枝，茎多为绿色或暗紫红色。叶掌状，3～5 裂，互生，叶面有茸毛或刚毛。

两性花，生于叶腋，单生，花冠黄色，花瓣、萼片各 5 枚，花萼表面有少量茸毛。着生花的叶腋，不发生侧枝；发生侧枝的叶腋不着生花，侧枝可着生花。通常早上 8～9 时开花，每天开 1、2 朵，下午凋萎，次日落花。

蒴果，筒状尖塔形，先端细尖具长喙，略有弯曲，形似羊角，果面有 5～10 个棱，果长 10～25cm，横径 1.9～3.6cm，子房 5～11 室。嫩果有绿色和紫红色 2 种，果实表面密生白色茸毛，果成熟后木质化不可食，自然开裂。单果结籽 40～180 粒，种子近球形，直径 4～6mm，种皮呈灰绿色至淡黑色，千粒重约 55g，发芽年限 3～5 年。

（二）生长发育周期

1. 发芽期 从播种到子叶展平，需 10～15d。适温下播种 4～5d 即可发芽出土，通常露地直播出土约 7d，地膜覆盖可提前 2～4d 出苗。

2. 幼苗期 从子叶展平到第 1 朵花开放，需 40～45d。一般子叶充分展开后，经 15～25d，第 1 片真叶展开。以后每 2～4d 发生 1 片真叶，其中前 2 片真叶为圆形。

3. 开花结果期 从始花到采收结束，需 85～120d。通常，出苗后 50～55d 第 1 朵花开放，播种后 70d 左右可第 1 次采收嫩果。

（三）对环境条件的要求

1. 温度 喜温暖、耐热力强，怕严寒、不耐霜冻。种子发芽和生育期适温均为 25～30℃，12℃以下发芽缓慢。当气温 13℃，地温 15℃左右，种子即可发芽。月均温低于17℃时影响开花结果；夜温低于14℃则生长缓慢，植株矮小，叶片狭窄，开花少，落花多。26～28℃开花多，坐果率高，果实发育快，产量高，品质好。在昼温28～32℃，夜温18～20℃适温下开花后4d即可收获。

2. 水分 耐旱，耐湿，但不耐涝。发芽期土壤湿度过大，易诱发幼苗立枯病。结果期干旱，植株长势差，品质劣；结果期水分充足，则果实口感鲜嫩，外观饱满，品质好，商品价值高，尤其在壤土或砂壤土上栽培最佳。

3. 光照 黄秋葵属于短日照喜温性蔬菜，对光照条件尤为敏感，充足的光照有利于果实发育；光照不足时则坐果率低，果实发育慢，产量较低。

4. 土壤 对土壤适应性较广，不择地力，但以土层深厚、疏松肥沃、排水良好的壤土或砂壤土生长良好，结果多。在生长前期肥料以氮为主，中后期需磷钾肥较多。但氮肥过多，植株易徒长，开花结果延迟，坐果节位升高；氮肥不足，植株生长不良，影响开花坐果。

二、品种类型与栽培制度

（一）品种类型

根据果实颜色分为绿果种、红果种、粉红果种3类。绿果种品种如黄秋葵、绿秋葵，红果种品种如红秋葵，粉红果种品种如闽秋葵4号。

根据植株高矮分为高株型、中株型和矮株型3类。高株型，株高2m左右，侧枝较少，品种有帕金斯大型长角等；中株型，株高1.5m左右，品种有绿绒、绿宝石等；矮株型，株高1m左右，侧枝较多，主、侧枝均可开花，品种有绿星、长绿、清福、五福等；矮株种，高1m左右，节间短，叶片小，缺刻少，着花节位低，早熟，分枝少，抗倒伏，易采收，宜密植。

按果实横断面形状分为五角型、八角型、圆果型3类。五角型，果实浓绿色，具5棱，横断面呈五角形，偶有六角，品种有琦玉五角、东京五角、新东京5号、南洋、五福、绿五星、卡里巴、北京红秋葵、中葵2号等；八角型，果实绿色具8棱，横断面八角形，品种有美洲1号、大筱等；圆果型，果实无棱，长短不等，横断面呈圆形，品种有圣母指、金套子等。目前生产上常采用五角型品种；角数过多的品种，心室数和种子数多，影响品质。

按品种来源，有国内引进和国内育成的品种，如从日本引进的新东京5号、五龙1号、五福和翠娇，从美洲多米尼克引进美洲1号等。由优良变异株系统选育出的品种如粤海、川秋葵1号、纤指、碧剑、绿白1号、福农1号、红玉、石秋葵1号、赣秋葵1号、赣秋葵2号、红丰2号等；通过杂交选育的品种，如中葵2号、闽秋葵2号、闽秋葵4号等。

（二）栽培制度

黄秋葵喜温暖，怕霜冻，整个生育期应安排在无霜期内，将开花结果期安排在温暖湿润的季节。露地栽培，南北各地多4～6月播种，7～10月收获。北方寒冷地区常用日光温室、塑料大棚集中育苗，待早春晚霜过后，再定植于大田或温室、大棚栽培。

黄秋葵忌连作，也不能与果菜类接茬，以免发生根结线虫。最好选根菜类、叶菜类等作前茬。

三、栽培技术

黄秋葵栽培技术流程为：选择适宜品种→选择种植地块→整地、施肥、作畦→直播或育苗移栽→定植→田间管理（肥水管理、植株管理、病虫害防治、设施换季管理）→适时采收。

（一）播种或育苗移栽

1. 整地、作畦　　冬前，前茬收获后冬闲地及时深耕25cm左右。春季播种或定植前整地，结合整地施商品有机肥40~75t/hm²、三元复合肥（16-8-16）300kg/hm²，混匀，耙平，作平畦、垄或高25~30cm的高畦。露地栽培主要采取两种方式：一是大小行种植，大行70cm，小行45cm，畦宽200cm，每畦种4行，株距40cm；二是窄垄双行种植，垄宽90~100cm，每垄种2行，行距70cm，株距40cm，畦沟宽50cm。若在田边、道旁、河边单行栽植，株距60cm，每穴3株，通风透光，便于管理。畦做好后及时铺设滴灌带并覆盖地膜，杂草多的地块应喷施除草剂后再覆膜。

2. 直播或育苗移栽　　可以直播或育苗移栽。春露地栽培须在终霜期过后播种或定植。因种皮较硬，播前需浸种12~24h，每5~6h清洗换水1次，然后置25~30℃催芽，约24h后种子开始萌发，待60%~70%种子"破嘴"时播种。按株行距穴播，每穴2、3粒种子，穴深2~3cm，用种量10kg/hm²，5~6d后发芽出土。

采取育苗移栽时，北方地区多于当地晚霜结束前1个月在设施内育苗，可用营养钵或72孔穴盘基质育苗。播前晒种1~2d，50~55℃温汤浸种15min，清水浸种12~18h，期间每4h换水1次，每次搓洗种子清除表皮黏液，在25~30℃催芽，每天翻动1次并用温水搓洗，待80%种子露白时播种。播后保持25~30℃，出苗后白天22~28℃，夜间不低于15℃。苗龄30~40d，株高10~15cm，茎粗0.5~0.8cm，幼苗3、4片真叶时定植。

直播的，幼苗出土后应及时间去弱苗、病苗，当幼苗具有3、4片真叶时按照计划株行距定苗，定苗后培土1次，以利成活。育苗移栽时，选择气温较为稳定的晴天下午定植，栽后灌水，密度依品种特性为30 000~45 000株/hm²。

（二）田间管理

1. 中耕、除草与培土　　出苗或定植后，气温较低，应连续中耕2次，提高地温，促进缓苗。第1朵花开放前加强中耕，适度蹲苗，以利根系发育。开花结果后，植株生长加快，每次浇水追肥后均应中耕，封垄前中耕、培土，防止植株倒伏。夏季暴雨多风地区，最好选用1m左右竹竿或树枝插于植株附近，防止倒伏。

2. 浇水施肥　　缓苗后到开花结果前期需适当控制灌水，以促进根系发育。播后20d内缺水时，宜早晚喷灌。幼苗稍大后可喷灌或沟灌。炎夏季节正值收获盛期，需水量大，地表温度高，可在早、晚浇水，避免高温下浇水伤根。雨季注意排水，防止死苗。整个生长期以保持土壤湿润为度。第1次追肥为齐苗肥，在出苗后每次随水冲施尿素90~120kg/hm²；第2次追肥为提苗肥，在定苗或定植后开沟撒施三元复合肥（15-15-15）225~300kg/hm²；开花结果期重施1次三元复合肥（16-8-16）300~450kg/hm²；生长中后期，酌情多次少量追肥。此外，在进入开花、采果期后，每7d喷施1次叶面肥，可选用腐殖酸、过磷酸钙、磷酸二氢钾等，在叶部正、背面进行喷施，以防止叶片和植株早衰。

采用膜下滴灌的水肥管理措施，可有效提高水肥利用效率，减少水肥用量。具体操作是：于播种或定植前覆膜、铺设滴灌带，生育期追肥8~10次，随水追施。前期以氮肥为主，结果期追施磷钾肥。播种至2片叶子展开前，灌水1次；2片子叶展平到第1朵花开放，灌水 2、3 次，每次施尿素 22.5kg/hm^2、磷酸铵 15kg/hm^2；开花结果期，灌水 6～9 次，每次施尿素 15kg/hm^2、磷酸铵 15kg/hm^2、硫酸钾 22.5kg/hm^2。

3. 植株调整 在正常条件下植株生长旺盛，主侧枝粗壮，叶片肥大，往往开花结果延迟。可采取扭枝法调节，即将叶柄扭成弯曲状下垂，以控制营养生长。提倡单杆整枝，也可视苗及肥力供给情况采取双杆或多杆整枝。生育中后期，对已采收嫩果以下的各节老叶及时摘除，打掉基部侧枝。在收获嫩果后保留下部 1、2 片叶，摘除以下的叶片；当主枝长到 50～60cm 高后进行摘心，促进上部侧枝结果，提高前期产量。留种者及时摘心，可促使种果老熟，以利籽粒饱满，提高种子质量。

4. 病虫害防治 黄秋葵病虫害较少，偶有立枯病、猝倒病、褐斑病、病毒病和斜纹夜蛾、棉铃虫、蚜虫、蓟马、螟虫和地老虎等，应注意综合防治。

（三）采收

从播种到第 1 嫩果采收约需 60d，以后整个采收期长达 60～70d，全生育期可达 120d 左右，甚至更长。采摘标准因品种而异，一般以果长 8～10cm，果外表鲜艳，果内种子未老化为度。采收过早，产量太低；采收不及时，肉质老化，纤维增多，商品性和食用价值大大降低。通常花谢 4d 后即可食用，一般花谢 7～8d 后采收品质最佳。产量在 22.5～45.0t/hm^2。一般第 1 果采收后，初期每隔 2～4d 收 1 次，随温度升高，采收间隔缩短。盛果期每 1～2d 采收 1 次。结果晚期气温下降，3～6d 采收 1 次。

采收时戴手套，以免茎、叶、果实上刚毛或刺瘤刺伤皮肤。用剪刀在果柄处剪下，保留 1cm 左右长果柄，不能用手拽收，以免伤害枝干。

在 0～5℃冷库中保鲜，可贮藏 7d，而室温下仅能贮藏 2～3d。炎夏季节温度较高，水分蒸发快，果面易革质老化，应在清晨采收，剪齐果柄，将嫩果装入保鲜袋或塑料盒中，再小心放入纸箱或木箱内，迅速送入 0～5℃冷库预冷待运，预冷最佳时间为 18～24h。

第三节 百 合

百合（goldband lily）别名夜合、中蓬花等，是百合科百合属中能形成肥大鳞茎的栽培种群，学名 *Lilium* sp.，为多年生宿根草本植物，原产亚洲的东部地区，中国、朝鲜半岛和西伯利亚均有野生百合分布。中国各地均有百合栽培，主要产区分布在湖南邵阳、山东莱阳、浙江湖州、甘肃兰州、江西万载、江苏宜兴和南京等地，福建南平市延平区也已获得百合地理标志产地。

百合食用部分为鳞茎，含有淀粉、蛋白质、糖、果胶、脂肪、钙、磷、胡萝卜素以及秋水仙碱等。百合可蒸可煮，可制甜羹，料可煮粥，如百合粥、桂花糖百合、百合莲子羹等；可以炒食，如百合炒西芹。百合鳞茎具有益中补气、润肺止咳和宁心安神的医疗功效。

一、生物学特性

（一）植物学特征

须根系，有肉质根和纤维状根两种。肉质根着生于鳞茎盘底部，也称下盘根，约有几十条，分布在地表下20～50cm深的土层里，寿命2～3年。纤维状根着生于地上茎基部，称为上盘根，在茎上轮生4、5层，形状纤细，长7～13cm，分布在土壤表层，每年与茎干同时枯死。

茎分为短缩茎和地上茎。短缩茎呈盘状。其上着生鳞片构成鳞茎。鳞茎呈扁球形或椭圆形。鳞片层层叠合包裹，数十片抱合成1个小鳞茎，即为仔鳞茎，俗称"囊"。1个大的母鳞茎，一般有3～10个"囊"。鳞茎能连续生长2年至多年，积累贮藏养分，形成产品。从短缩茎的顶芽抽生地上茎，不分枝，直立坚硬。有的品种在地上茎的叶腋间，能产生紫黑色圆柱形的气生鳞茎，称为珠芽，俗称"百合籽"；有的品种，在温度和湿度条件适宜时，能在土中茎上长出次生的小鳞茎，称为籽球。珠芽、籽球都为芽所形成，均可用做播种繁殖。

叶有披针形和条形2种，全缘，叶脉平行。叶片互生，少数品种呈轮生。

花单生，或排列成总状花序。花较大，呈喇叭形或钟形，开放后向外翻卷。花色有橘红、粉红、黄色和白色等，花期约10d。

蒴果长椭圆形，内有数百粒种子。种子近圆形薄片状，黄褐色，千粒重2.08～3.40g。

(二) 生长发育周期

以仔鳞茎作种球，从栽植到收获，百合生长发育经历5个生育期。

1. 播种越冬期 8月下旬至10月中下旬播种，仔鳞茎在土中越冬，翌年3月中下旬出苗。此期仔鳞茎底盘先萌发下盘根，中心鳞片腋芽开始缓慢生长，并分化叶片。

2. 幼苗期 从出苗到珠芽分化。3月中下旬，萌芽出土，约15d苗高达10cm以上，地上茎入土部分开始长出上盘根，起着吸收和支持固定地上茎的作用。苗茎基部四周开始分化新的仔鳞茎芽。地上茎高达30～40cm时叶腋内开始出现珠芽。

3. 珠芽期 从珠芽分化到珠芽成熟。第1颗珠芽生出的叶位，由仔鳞茎的大小决定。仔鳞茎大，地上苗茎粗壮，出生珠芽的叶位就高；反之则低。一般情况，珠芽生在第40～50片叶的叶腋。如把地上茎顶芽打掉，珠芽生长速度可加快，约经1个月珠芽就会成熟，自然脱落。这一时期地下新的仔鳞茎生长也在加快，逐渐膨大，使老仔鳞茎的鳞片分裂突出，形成新的鳞茎体。

4. 现蕾开花期 剥开顶心可看见蓓蕾直到开花。6月上旬现蕾，7月下旬开花终止。摘除花蕾和珠芽，可促进鳞茎的生长。这一时期内，地下新的鳞茎体迅速肥大。

5. 成熟收获期 秋季地上茎叶全部枯死时就可收获。留种的可晚收10d左右，使其充分完熟。

(三) 对环境条件的要求

地上茎生长适宜凉爽的气候条件，喜温怕热不耐寒，遇霜冻即枯死；地下鳞茎较耐寒，在土中越冬能耐-10℃低温。早春地温达3℃时心芽开始萌动，8℃以上新苗开始出土，14～16℃完成出土并加快生长。植株生长适宜的温度为15～25℃，鳞茎肥大期适宜的温度为23～25℃，开花期适宜的温度为24℃以上，气温高于30℃时生长不良，33℃以上植株就会黄萎，甚至枯死。

百合喜干燥，怕水涝，应选择排水良好的地块。雨水多的地区，采取高畦栽培。百合对空气湿度反应不敏感，以干燥气候为宜。因此农民对百合有"旱不死，怕水涝"的说法。

在土层深厚、肥沃疏松的砂质壤土中生长时，鳞茎肥大，生长快，色泽白；在黏质土中鳞茎紧密，个体小，生长慢。百合适宜弱酸性到中性土壤；喜钾肥，增施钾肥可增产10%以上。

二、品种与类型

百合种类很多。世界上百合属有100多种，中国有60多种，但大多数为野生百合。在中国作为蔬菜的主要是卷丹、川百合和龙牙百合，此外还有山丹、小卷丹、天香百合和白花百合的鳞茎也可食用。

（一）卷丹

卷丹（*L. lancifolium*）又名宜兴百合、虎皮百合。鳞茎球形，直径6～9cm。鳞片阔，色白微带黄，淀粉含量多，味微苦。地上茎褐色，珠芽黑色，花橙红色。花被向外反卷，有暗紫色斑点；能结实生产种子。太湖流域为主产区。

雷卢恒等（2015）对15个卷丹居群鳞茎5类活性成分含量（总多酚、类黄酮、总黄烷醇、总皂苷、总生物碱）和4种抗氧化能力分析表明，西藏拉萨居群卷丹具有最高的活性成分含量和抗氧化能力，四川凉山居群、黑龙江哈尔滨居群、陕西留坝居群具有较高的活性成分含量和抗氧化能力，卷丹总抗氧化能力是兰州百合的1.62倍，认为卷丹鳞茎适合作为功能性食品加以研究利用，而产地生态因子对卷丹鳞茎功能性成分含量和抗氧化能力影响较大。

（二）川百合

川百合（*L. davidii*）鳞茎球形或宽卵形，鳞片宽卵形或卵片披针形。叶条斑，散生。花橙黄色下垂，有紫黑色斑点，花被内轮宽于外轮，向外反卷。川百合分布于川、云、陕等省。兰州百合为其变种（var. *unicolor*）。

（三）龙牙百合

龙牙百合（*L. brownii* var. *viridulum*）鳞茎扁圆形，鳞片白色，抱合紧密，味甜质优。花橙黄色，花被有紫褐色斑点，是兰州主栽品种。

三、栽培技术

百合栽培技术流程为：培育种球（珠芽繁殖、小鳞茎繁殖、鳞片繁殖或种子繁殖）→整地、栽植→田间管理（中耕、除草、追肥、灌水、摘除珠芽、打顶、地面覆草或间套高秆作物降地温、病虫害防治）→采收。

（一）培育种球

以当年生的小鳞茎，即籽球为种球。用珠芽、小鳞茎、鳞片和种子作播种材料，都可培育种球。

1. 珠芽繁育　温暖地区夏季珠芽成熟时采收，9～10月份条播于苗床。行距12～15cm，株距4～6cm，覆土厚约3cm，再盖草。第2年出苗时揭除盖草，并施追肥，促使秧苗旺盛生长。秋季地上部枯萎后掘起鳞茎，再按行距 30cm，株距 9～12cm 规格播种，播后覆土厚约 6cm。第 3 年春夏继续生长，秋季收获时，挑选较大的鳞茎作种球，较小的鳞茎须再播种培育 1 年即成种球。此法适用于产生株芽的品种。寒冷地区秋季收获株芽，室内混沙贮藏过冬，春季播种繁殖种球。

2. 小鳞茎繁育 凡能产生小鳞茎的品种，于掘取大鳞茎时，可收集小鳞茎进行播种。经 1 年培育即有一部分可达到种球标准。较小的鳞茎再播种培育 1 年即成种球。

王莹等（2014）研究 2 个类群百合露地生长发育规律及种球繁殖栽培技术表明，卷丹需活动积温 4256℃，Yelloween 需 4981.5℃；卷丹以不摘蕾效果最好，鳞茎平均鲜重 87.59g；Yelloween 开花当天摘蕾对种球生长效果最佳，鳞茎平均鲜重 89.71g；Yelloween 最佳种植密度为株行距 10cm×20cm，产量近 27t/hm^2，如果结合摘蕾结果，种球周径可较栽种前增加 3 个种球等级，均值达到 18.93cm。

3. 鳞片繁育 秋季采收充分成熟的鳞茎，用利刀将鳞片自基部切下，于 8～9 月份插入砂壤土苗床中。插植后经 15～20d，从鳞片下端的切口处发生很小的鳞茎，其下生根。翌春小鳞茎发芽。施追肥，促进生长，秋季采收直径约 1cm 的小鳞茎。收后可参照珠芽法培育成种球。自鳞片扦插到育成种球约需 3 年。

4. 种子繁育 秋季采得成熟的种子，立即播于冷床。种子在冬季先发根，翌春出苗早、生长快。若第 2 年春播，则出苗较迟，出苗率降低。出苗后进行间苗、追肥、除草。秋季形成很小的鳞茎，须继续培育 4～5 年才可作为种球。

（二）整地、栽植

1. 整地、施基肥 百合应实行 2 年以上轮作。连作时鳞茎小，色变黄，病虫害重，产量低，品质差。百合耐肥，应结合耕地施足基肥，一般每公顷施厩肥 24～40t、发酵饼肥 1t、氮 200kg，配施钙镁磷肥 400kg、硫酸钾 150kg，将其翻入土中。基肥不能与种球直接接触，以防止灼伤仔鳞茎。在土壤墒情适合时整地作平畦或高垄。

2. 种球选择 选择无病虫害，鳞片无污点，茎盘不霉烂的单茎鳞茎作种。种球大小决定着产量及生产成本的高低，通常以中等大小的种球为宜。兰州百合要选择鳞片洁白、抱紧密、大小均匀的"独头百合"作种球；宜兴百合宜选用含 4 瓣的鳞茎作种。种球收获后不宜立即栽植，应在室内铺开种球，种球铺放厚度宜小于 65cm，晾种 7d 左右，上面盖草，目的是促进后熟，有利发根和出苗。播种前要剪去底出根。

3. 栽植 南方在 8 月下旬至 9 月下旬，北方在初冬冻土前或早春土壤解冻后栽植。一般行距 20～30cm，按行距开深 10～12cm 沟栽种球，株距 20cm 左右，盖土 3～6cm。高垄栽植时，沿垄肩栽 2 行，株距 15～20cm。栽植点高度以浇水时能保持垄顶松软为原则。产量与栽植密度呈相关关系。但栽植密度大时用种量多，种源充足时，适当密植可增产。一般需种球 200～300kg/hm^2。

百合还可行间套种萝卜、青菜、西瓜和花生等，也可在果园行间种百合。

（三）田间管理

在 9～10 月栽植的百合，仔鳞茎可在田间越冬，入冬后在畦面撒铺猪羊粪或腐熟饼肥。春季出苗前，若基肥不足，可再铺适量有机肥或复合肥。施肥后松土，结合清沟挖出底土盖畦面。4月上旬前后开始出苗,为提早出苗和促进幼苗生长,早春地面可盖地膜或稻草,以利保墒、灭草、防止地面板结,出苗时破膜或去稻草。苗高20cm左右时施追肥,促秧苗生长。5月上旬植株叶腋间出现珠芽,地下部也开始形成新鳞茎,这时应适当控制营养生长,促进幼鳞茎迅速肥大。若不保留珠芽作繁殖材料,在出现珠芽后应及早摘除,以减少养分消耗,促进鳞茎肥大;若留珠芽作种,待珠芽成熟后收获。株高达到40~50cm时,选晴天打顶,以利光合产物的制造和积累。现蕾后及时摘去花蕾。收珠芽和打顶后,如百合叶色变淡,应追1次稀肥或叶部喷0.2%磷酸二氢钾或0.1%钼酸铵,防植株早衰。夏季高温时,地面可盖麦草等以降低地温并保墒,间套高秆作物也可为百合遮阴降温。

周佳民等(2015)在大田条件下试验不同叶面肥对卷丹株高、叶长、叶宽、功能叶片数和鳞叶产量的影响表明,施用叶面肥能促进卷丹生长发育,增加植株叶面积指数,提高株高与鳞叶产量。其中,"施西美"硼肥和林丰维生素肥的效果明显。

百合较耐旱,浇水不宜过多,在鳞茎肥大期浇水2、3次。

(四)采收

秋季待植株地上部完全枯萎,鳞茎已充分成熟,宜在晴天掘起鳞茎,切除地下部后即刻运入室内,避免多照阳光引起鳞茎变色,在室内整理分级包装后上市。如采收过早,地上部的同化养分尚未完全运转到鳞茎中去,则产量较低,并且产品易干瘪和腐烂。

第四节 野 生 蔬 菜

野生蔬菜(wild vegetable)是指自然分布的、可作为蔬菜食用的野生植物。中国野生蔬菜约有100多种,分属30余科。常见的有蕨菜、马齿苋、蒲公英、芦蒿、沙芥、菊花脑、荠菜、薇菜、紫背天葵、假野香豌豆、小根蒜、野韭、野苋菜、马兰、菜苜蓿、紫苏、蕺菜、葛、梅木、莼菜、芡实、蒲菜、水芹、发菜、龙须菜、岩白菜、扯根菜、轮叶沙参、食用土当归、土人参、地肤、碱蓬、费菜、变豆菜、遏蓝菜、萍菜、鸭儿芹、酢浆草、牛繁缕、夏枯草、地笋、垂盆草、大车前、绞股蓝、毛叶木姜子、竹叶椒、长瓣慈姑等,其中有些已经普遍人工栽培,在农业生物学分类中也归入相应的类中,如蕨菜、菊花脑、马兰、菜苜蓿等已归入多年生蔬菜,荠菜、紫背天葵等已归入绿叶嫩茎类,莼菜、芡实、蒲菜、水芹等已归入水生蔬菜。

中国自古就采食野生蔬菜,在2500年前的《诗经》中已有采蓝、采荇、采韭、采薇、采艾等的记载。历代农书,如《千金食治》《食疗本草》《本草纲目》《救荒本草》《神农本草经》和《植物名实图考》等古籍中,也都有关于野生蔬菜的分布、特征、采食方法的记述。

野生蔬菜具有天然无污染、风味独特、鲜香可口、营养价值高、药食同膳、生长期较短、人工可多茬栽培、栽培技术简单等特点而备受百姓青睐。很多野菜都有治病功效,如车前草、桔梗、马齿苋、蕺菜、萎蕤及黄精等,有提神、解热、杀菌、滋补和防病治病的功效。

本节介绍通常未确定分类地位的部分野生蔬菜及其人工栽培技术。

一、马齿苋

马齿苋（purslane）别名长寿菜、长命菜、马齿草、马苋、马齿菜、马齿龙芽、五方草、九头狮子草、灰苋、马踏菜、酱瓣草、安乐菜、酸苋、豆瓣菜、瓜子菜、长命苋、酱瓣豆草、蛇草、酸味菜、猪母菜、狮子草、地马菜、马蛇子菜、蚂蚁菜、耐旱菜等，学名 *Portulaca oleracea* L.，为马齿苋科1年生草本。因其叶青、梗赤、花黄、根白、籽黑，又称为五行草。野生马齿苋遍及中国大部地区，主要分布于田间、荒地、路旁及庭院，特别是在土岗、沙丘处更易生长繁衍。马齿苋可全株采食，多以嫩茎叶做汤、炒食或烫后凉拌，其口味微酸，滑爽而带黏性；也可制成干粉，应用于功能性食品开发，或制成浓缩汁，添加到猕猴桃、刺梨、山楂、草莓等水果饮料中调制成特色果汁饮料。马齿苋为药食同源植物，营养及药用价值都很高，含有大量L-去甲基肾上腺素和多巴胺及少量多巴，还含维生素B_1、维生素B_2、芦丁、维生素C、胡萝卜素、钾盐等，具有清热解毒、散血消肿、健胃消积之功效，对预防心血管疾病和治疗热毒痢疾有很好的效果。此外，马齿苋含有的多糖和黄酮在抑菌方面有重要作用，可用于天然防腐剂研发。

（一）生物学特性

茎圆柱形，茎下部匍匐，四散分枝，上部略能直立或斜上立，绿色或淡紫色，向阳面常带淡褐红色，光滑无毛。单叶互生或近对生，叶片肉质肥厚，长方形、匙形或倒卵形，基部狭窄成短柄，上面绿色，下面暗红色。完全花，黄色，3~5朵簇生于枝端，苞片4、5枚，花瓣5个。雄蕊8~12枚，雌蕊1枚，子房半下位，1室，花柱4~6裂。蒴果圆锥形，自腰部横裂为帽盖状，成熟后易自然开盖内有多数黑褐色扁圆形细小种子，种子散落入地。种子表面有小瘤状突起，一般花后25~30d，蒴果呈黄色，种子即已成熟。种子千粒质量约为0.48g，常温下保存其发芽力可保持3~4年。花期5~8月，果期7~10月。

性喜高温、高湿、耐旱、耐涝、耐瘠薄，具向阳性，适宜在各种田地和坡地栽培，以中性和弱酸性砂壤土最好。10℃种子开始发芽，发芽适温25~28℃，生长适温20~30℃，高于35℃时不利于生长发育。温度超过20℃时即可分期播种，设施栽培可周年生产。

目前生产上使用的有野生种和驯化种。野生种也称小叶型，植株矮小，塌地生长，适应性强，抗病抗逆，叶片较小，产量偏低，酸味重，品质较差；驯化种也称大叶型，植株高大，茎秆半直立或直立，生长旺盛，抗性稍差，不耐低温霜冻，叶片肥厚，产量较高，酸味极小，品质优良。

（二）栽培技术

1. 整地、作畦 结合整地施腐熟有机肥45t/hm²、三元复合肥（16-8-16）750kg/hm²，肥与土壤充分混合，然后作1.5m宽平畦。

2. 直播或育苗移栽 可直播或育苗移栽。一般2~8月均可播种。春播开花较迟，品质柔软；夏秋播种易开花，品质粗糙。直播栽培用种量约2.5kg/hm²，先把种子均匀撒在畦面，用齿耙与表土混合，然后镇压（脚踩）、浇水即可。

育苗一般用种子繁殖，也可用扦插繁殖。种子十分细小，有5~6个月休眠期，贮藏8~10个月种子发芽力最强，发芽率达80%以上；休眠期种子可用200mg/L GA_3 浸泡12h打破休眠。播种时将种子与细土混合，以利均匀播种。温室或温床育苗，用种量450g/hm^2，育苗畦整平后浇水，水渗后播种，出苗后再覆1、2次细土。温度适合时3～4d即可出苗，苗龄20～30d可定植。定植先天苗畦浇水，第2天带泥土定植，行株距20cm×20cm，深约5cm。

3. 田间管理 直播的，当幼苗5～6cm高时进行间苗、补苗，每穴留苗3、4株，并除草。定苗或定植后7d追肥，以氮素化肥为主，兼施钾、磷肥；以后每次收获后随水追肥1次，50kg水加硫酸铵100kg/hm^2，每隔10d施肥1次至封垄；如果冬季温室种植，温度低、生长慢时就少浇水、少施肥或不浇水、不施肥。

留种马齿苋植株上蒴果成熟期不一致，成熟后会自然开裂落粒，所以应分批及时采收种子。

4. 采收 植株长到20～25cm开始采收，生长期可多次采收。因开花后酸味加重，应采开花前10～15cm长嫩枝，于基部第3节处用刀子割取。新长出的小叶是最佳食用部分，嫩茎顶端可连续掐取，留茎基部抽生新芽，使植株继续生长，采收间隔期15～20d，直至霜降。

还可以采取整株一次性收获的方法。整株收获，因没有伤口，可以保存较长时间。如果任其生长，茎顶端会长出许多花蕾，品质会下降。

二、蒲公英

蒲公英（dandelion）别名蒲公草、凫公英、婆婆丁、耩褥草、尿床草、黄花地丁、蒲公丁、地丁、金簪草、黄花苗、黄花郎、真痰草、狗乳草、奶汁草、茅萝卜、黄花三七、黄狗头等，学名 *Taraxacum mongolicum* Hand.-Mazz，为菊科蒲公英属多年生草本植物，全株可食。全世界蒲公英属植物有2000多个种，多分布于北半球，中国有70个种1个变种，均为野生，主要分布在东北、西北、西南、华中等地区，生长于山坡草地、河岸、沙地及田野间。中国很早就利用蒲公英作为中药材，特殊年代也充当食物。蒲公英是食药兼用和蜜源植物，叶子含有很多维生素A和维生素C，对消化不良、便秘都有改善的作用。全草含蒲公英甾醇、胆碱、菊糖和果胶，富含具有很强生理活性的硒元素等，性寒，味苦、甘。《本草纲目》记载了蒲公英主治妇人乳痈肿，解食毒，散滞气，清热毒，化食毒，消恶肿、结核、疔肿。

（一）生物学特性

多年生宿根性植物。株高10～25cm，含白色乳汁。主根深长，单一或分枝；根出叶，叶片矩圆状针形、倒披针形或倒卵形，长6～15cm，宽2.0～3.5cm，先端尖或钝，基部狭窄，下延成叶栖状，边缘浅裂或作不规则羽状分裂，裂片齿牙状或三角状。2年生植株开花结籽，一般在3～8月开花，头状花序，顶生，长约3.5cm，总苞片绿色，部分淡红色或紫红色，舌状花鲜黄色，先端平截，5齿裂，花两性，每株开花20个以上，年限越长开花越多，开花后13～15d种子成熟。瘦果倒披针形，土黄色或黄棕色，有纵棱及横瘤，先端有喙，顶生白色冠毛。花盘外壳由绿色变成黄色，种子由乳白色变成褐色时，可以采收种子，不要等花盘开裂时再采收，否则种子易飞散失落。每个花盘有种子100粒以上。花盘摘下后，放在室内存放后熟1d，待花盘全部散开，再阴干1～2d，种子半干时，用手搓掉种子尖端的绒毛，然后晾干种子。

生长适温为20～25℃，可耐-30℃低温；既耐旱又耐碱，适应性强；喜疏松肥沃的砂质壤土，在阳光充足，水肥充足的条件下生长旺盛。蒲公英属于短日照植物，高温短日照条件下有利于抽薹开花，较耐阴，但光照条件好，则有利于茎叶生长。种子无休眠期，容易发芽，发芽适温 15~25℃，30℃ 以上抑制萌发，适宜温、湿度条件下 6~10d 即可发芽。

（二）栽培技术

1. 品种选择　有大叶型和小叶型两类。前者种子千粒重 2g 左右，后者 0.8~1.2g。目前生产上有引进的法国厚叶蒲公英、荷兰蒲公英；国内培育的铭贤 1 号、大叶蒲公英、华蒲 1 号、京英 1 号。

2. 整地、作畦　选择疏松肥沃、平坦、向阳、排水良好的砂质壤土种植。播种前，施有机肥 12.5t/hm²，混合过磷酸钙 225kg/hm²，均匀地撒到地面上，深翻 20~25cm，耙细整平，作宽 1.2m、长 10m 的平畦或高畦，或 20cm 高的小垄。也可在果园套种。

3. 直播或育苗移栽　从春到秋可随时播种。春季播种一般在 3 月下旬~4 月上旬，当气温达 15℃ 以上时趁墒播种。土壤温度 15℃ 左右时发芽较快，3~4d 可发芽；25~30℃ 以上发芽慢；从播种至出苗需 10~12d。夏季 7~8 月播种，从播种到出苗需 15d。露地直播采用条播，在畦面上按行距 25~30cm 开浅沟，用钩耧开深 3~5cm 沟，然后将种子播在沟内。播后覆土 1cm，然后稍加镇压。播种量 3g/m² 左右，可保苗 700~1000 株。播后盖草保温，出苗时揭去盖草，约 6d 可以出苗。播种时要求土壤湿润，如土壤干旱，在播种前两天浇透水。春播最好进行地膜覆盖，夏播雨水充足，可不覆盖。

可用 72 孔或 105 孔穴盘基质育苗，每穴孔播种 2、3 粒种子，播种后浇透水。种子发芽最适温度为 15℃，在 25℃ 以上时，则发芽缓慢。播种后保持基质表面湿润，播种后 30~35d，真叶长到 3、4 片即可定植。

4. 中耕、除草　出苗 10d 左右可中耕、除草，以后每 10d 左右中耕、除草 1 次，直到封垄为止。封垄后可拔草。

5. 间苗和定苗　结合中耕、除草进行间苗和定苗。出苗 10d 左右进行间苗，株距 3~5cm，经 20~30d 生长即可定苗，保持株距 8~10cm。

6. 追肥、浇水　生长期间追 1、2 次肥，并经常浇水，保持土壤湿润。秋播者入冬后施商品有机肥 12.5t/hm²、过磷酸钙 300kg/hm²，以增肥和保护根系安全越冬。翌春返青后可结合浇水追肥，施尿素 112.5kg/hm²、过磷酸钙 150kg/hm²。

7. 采收　一般播种当年不采收，第 2 年早春植株新芽粗壮，嫩叶品质好，产量高。当叶长 10cm 左右时，可挑大株采收，也可于返青后分批采摘外层大叶供食，或用刀割取心叶以外的叶片食用，沿地表 1.0~1.5cm 处平行下刀，保留地下根部，以长新芽。每隔 15~20d 割 1 次。植株生长年限越长，根系越发达，地上植株生长也越繁茂，产量越高，品质越好。一般产量 10 500~12 000kg/hm²。每次采收后注意拔除杂草。

三、蒌蒿

蒌蒿（beach wormwood）别名芦蒿、藜蒿、香艾、水艾、水蒿、泥蒿、蒿苔、龙艾、青蒿等，学名 *Artemisia selengensis* Turcz. ex Bess.，为菊科多年生草本植物，分布于中国东北、华北、华东、华中等地，生于低海拔山坡草地、路边荒野、河岸等处。蒌蒿为药食同源植物，含有多种维生素和钙、磷、铁、锌等元素，尤其含有侧柏莲酮芳香油，具有独特风味，可炒食或凉拌，清香脆嫩，有清凉、平抑肝火、利膈开胃、消炎、镇咳、治食欲不振等功效，味苦、辛，性温。《本草纲目》记载了蒌蒿气味甘，无毒，主治五脏邪气，风寒湿痹，补中益气、长毛发、令黑、疗心悬，少食常饥，久服轻身、耳聪目明、不老。

蒌蒿自古以来就是一种著名野蔬，现作为1年生蔬菜栽培，并已开发出蒌蒿干、蒌蒿茶、蒌蒿酒、蒌蒿小菜（腌制）等系列产品。

（一）生物学特性

株高60～150cm。根茎稍粗，直立或斜向上，地下茎匍匐分布，盘根错节，是主要的贮藏器官。地下茎的腋芽和顶芽长出地面成地上茎，高达60～120cm；茎初时绿褐色，后为紫红色，无毛。叶互生，有柄，羽状分裂，背面密生灰白色细毛。头状花序近球形，有短梗，总苞片3、4层，花黄色，外层雌性，内层两性，均结实；花冠筒状，淡黄色。瘦果卵状椭圆形，略扁，无毛。花、果期8～11月。

性喜冷凉湿润气候，耐湿、耐肥、耐热、耐瘠，不耐干旱。主根不明显，侧根发达，吸肥水能力极强。种子发芽温度8～25℃，营养生长适温15～25℃，地下部可耐-5℃。早春气温回升到5℃左右，地下茎上的侧芽（潜伏芽）开始萌发，日平均气温12～18℃时生长较快，20℃以上时茎秆易木质化。要求光照充足，但强光下也易老化。一般土壤均可种植，最适潮湿砂壤土。

（二）栽培技术

蒌蒿可露地或设施栽培。设施栽培可用不同设施分期分批播种，均衡上市供应。蒌蒿可作为前茬作物，与设施栽培番茄、鲜食玉米等轮作，可有效减轻连作障碍的发生。

1. 品种选择　主要类型有大叶白蒌蒿、大叶青蒌蒿、小叶青梗蒿、柳叶青梗蒿、小叶红梗蒿，其中大叶白蒌蒿、柳叶青梗蒿品质好、味稍浓、产量高。

2. 整地、施基肥　选择非菊科前茬作物、灌溉条件好、土壤肥沃的砂壤土地块，栽种前耕翻晒（冻）垡，施足底肥，可施商品有机肥30t/hm^2。整地作畦，畦宽1.5～2.0m，深沟高畦。

3. 繁殖方法　可扦插繁殖、分株繁殖、用地下茎繁殖或播种繁殖。

（1）扦插繁殖：5～8月，剪取粗1cm以上生长健壮的茎秆，截去顶端嫩梢，茎切成20～30cm小段，每段留2个以上饱满芽去叶后、上平下斜作插条。按行株距35cm×30cm，每穴斜插4、5小段，或者按4～5cm条距，开10cm沟，将插条以3～4cm株距码放在沟的一侧。扦插时地下部分留10cm左右，边排边培土，浇透水，经常保持土壤湿润以利生根发芽，经10d左右即可生根发芽。

（2）分株繁殖：一般在清明前后，将高10cm以上的野生植株或种苗田植株连根挖起，截去顶端嫩梢，分成单株，按行株距40cm×35cm开穴，每穴栽种1、2株，栽后浇透水，5～7d后缓苗。

（3）地下茎繁殖：将割去地上部的地下茎挖起，去掉老茎、老根，剪成小段，每段留2、3个节，开10cm浅沟，将每小段根茎平放在沟内，覆薄土，浇透水。

（4）茎秆压条繁殖：每年7～8月将木质化的茎秆齐地面砍下，截去顶端嫩梢，按行距35～40cm开深5～7cm沟，将茎秆横栽于沟中，头尾相连，然后覆土，浇足水，经常保持土壤湿润，促进生根与发芽。

（5）播种育苗：从土壤温度稳定通过10℃到夏至均可播种育苗。均匀撒播或按行距30cm左右条播在畦面上，用细土覆盖，以盖没种子为度，并适量洒水。春季一般播后10d即可出苗，出苗后间苗，苗高10~12cm时进行移栽定植。

4. 田间管理 芦蒿耐涝不耐旱，生长期间要保持田间湿润，浇水要见干见湿，浇水宜多勿少，及时松土除草。提苗肥，施磷酸二铵225~270kg/hm²，随即浇水，生长旺盛期追施1次磷酸二铵270~330kg/hm²，每次收割后追施1次速效肥，施复合肥225kg/hm²，促进植株快速生长。

5. 越冬管理 非留种植株需要在秋季摘除花序，保存养分。初霜来临前，一般于11月中下旬，地上部茎秆被严霜打枯后，从根部砍去，清除田间枯枝落叶，浅松土，浇透水。1周后，用地膜贴地覆盖或盖上草。待次年开春，清除乱草，加强肥水管理，促其正常生长。

6. 采收 当幼茎高15~18cm时，绿色细嫩，是采收佳期，以后叶色渐变紫红而老化。顶端心叶尚未散开时，用利刀平地面割下，去除中下部多余叶片，按粗细长短分级捆把（或塑袋包装），冲洗干净，码放在阴凉处，上盖湿布，经6~10h软化，即可包装上市。采收1次后立即追加肥水，过20~30d后第2茬又可上市。如果肥水和气候适宜，可连续采收4~6次。一般产量4500kg/hm²左右。

四、沙芥

沙芥（pugionium）别名沙盖、山羊沙芥、沙萝卜、沙白菜、山萝卜等，学名 *Pugionium cornutum*（Linnaeus）Gaertn.，为十字花科沙芥属1年生或2年生草本沙生植物，主要分布于蒙古及中国辽宁、内蒙古、陕西、宁夏、甘肃等省区流动沙丘间的低地、落沙坡脚及平坦沙地和田边、渠旁，是固沙的先锋植物。沙芥含粗蛋白、氨基酸、糖、纤维素和维生素C及钙、铁、锌、铜等微量元素，可食用、药用和饲用，具有行气、消食、止痛、解毒、清肺的功效。全株均可食用，根及肉质肥厚的叶有芥子味，幼苗期茎叶和成株嫩叶可炒食或凉拌，亦可干制或腌制。

（一）生物学特性

根系发达，主根深可达1m以上，根系横向分布60~80cm。茎直立，高50~100cm，多汁液，基部多分枝。单叶互生，灰绿色，较肥厚；基生叶羽状深裂或全裂，裂片不规则，先端尖；茎生叶倒披针形或线形，全缘或有波状齿。总状花序顶生，萼片长圆形，花白色或淡黄色，花瓣4枚，线状披针形。6月开花，8~9月结果，虫媒异花授粉植物，具有自交不亲和性；开花后16h内花粉活力较强，柱头可授期为开花前48h至开花后96h，开花后24~72h可授性最强。角果卵圆形，不开裂，两侧上方有2个短剑状的长翅，角果上还有多数细长渐尖的附属物，翅长4~5cm，宽2.0~3.5mm。种子长圆形，黄棕色，表面网状。

沙芥适应性强、生长旺盛，耐干旱、耐贫瘠，少有病虫害，但喜生于向阳背风坡，坡度越大越好，并要求较细和疏松的沙子，大于0.05mm的粗沙则生长不良。种子萌发要求湿沙层厚度达50~60cm。种子具一定休眠性。

（二）栽培技术

1. 整地、作畦 选择地势较高的沙地或半沙地，依据田块肥力情况，酌情施农家肥和化肥。一般施农家肥 15.0~22.5t/hm²、磷肥或钾肥 300~450kg/hm²。肥料施入后，结合深耕 30~40cm 后将地整平。

2. 播种 以有性繁殖为主。沙芥种子透水能力差，播种前要用温水浸种。水温 40~50℃ 搅拌 10min，水温降低到 30℃ 左右，再浸泡 2~4h。在浸种前可用 0.1% 高锰酸钾或 10% 磷酸钠或 1.25% 稀土浸种 20min，用清水洗掉外种皮多余药液，再浸泡 2~4h 后将种子捞出稍晾干，即可播种。

一般从 4 月下旬至 7 月中旬均可播种，春季气温 16℃ 左右，5cm 地温 10℃ 左右时播种。用种量一般为 52.5kg/hm²。结合降雨或浇灌后播种，为提高第 1 茬采收产量，用种量可提高到 90.0~97.5kg/hm²。沙地栽培采用穴播；农田栽培采用平畦或高垄栽培。

（1）露地条状开沟播种：按行距 40cm 开沟，沟深 5~8cm，砂质土壤或墒情不好时，可开深 8~10cm 沟，按穴距 10cm 点播；也可将地耙耱平整后作宽 1.0~1.5m，长 5~10m 的畦，畦面高 5~8cm。用直径 5cm 打孔器打穴，穴深 4~5cm，每穴点种子 3~5 粒。边开沟边播种子边覆土，防止跑墒，覆土后用轻磙镇压。

（2）起垄和起垄覆膜栽培：有高窄垄和高宽垄 2 种。高窄垄，垄宽 40~50cm，垄沟宽 40cm，垄高 20cm，垄上按行距 35~40cm，株距 10cm 点播；高宽垄，垄宽 1.2~1.5m，垄沟宽 40cm，垄高 20cm，按行距 30cm，穴距 15cm 点播；每穴 3~6 粒种子，播深 5~8cm。两种高垄也可覆膜后点播，选用幅宽 90cm 或 170~200cm 地膜，在穴边膜上覆土压膜防风。沙芥耐旱而不耐涝，所以高宽垄覆膜栽培较好。

3. 田间管理 沙地栽培基本上没有杂草，田间管理粗放，当苗具有 10~12 片真叶时定苗，每穴留 2 株。农田栽培有间苗、定苗、中耕、除草和水分等管理，一般播种后 7~8d 出苗，间苗每穴留健壮苗 2、3 株；2、3 片真叶时结合中耕进行第 2 次间苗，并控水蹲苗。雨水过多要勤中耕。5~7 片叶时按窄垄株距 20cm，宽垄株距 30cm 定苗，每穴留 1、2 株。定苗时采收外围基部商品叶，注意不要损伤心叶。长至 2~4 片叶时如无降雨，可在白天顺垄沟浅灌水 1 次，灌水量为垄高的 1/4~1/3。7~9 片叶时再灌水 1 次，每次灌水后浅中耕 1、2 次。如果此期雨量充沛，可结合中耕在垄面膜上薄覆沙土，以降低膜内地温。

4. 采收 沙芥长到 6~10 片叶时即可采收。采收时只撇去外围基部叶片，不要损伤生长点，沙地栽培留 4~6 片叶，农田栽培留 2~4 片叶。首次采收后沙芥生长会逐步加快，应视其生长情况及时采收，沙地栽培一般 20d 采收 1 次，春可采 6~8 次，夏种可采 3、4 次；农田栽培一般 10~15d 采收 1 次，春种可采收 8~10 次，夏种可采 3~5 次。如需灌水，以采后次日为宜，不仅利于伤口愈合，且可迅速恢复生长势。至地上部停止生长时，可整株采收。

5. 留种 第 2 年 3~4 月份，沙芥发芽出土，5 月份摘掉顶梢 10cm 左右供食用，并促其分生侧枝，多结种子。一般 6 月中旬开花，9 月中旬种子逐步成熟。种子成熟呈金黄色，应及时采收贮存，种子产量一般为 1500~2250kg/hm²。

小 结

其他蔬菜种类较杂，生物学特性和栽培技术不一定具有相似性。本章系统介绍了鲜食玉米、黄秋葵和百合的生物学特性、品种类型与栽培技术，概要介绍了马齿苋、蒲公英、芦蒿、沙芥等野生蔬菜的生物学特性与栽培技术。通过本章的学习，要求了解这些蔬菜的起源、食用器官、营养价值及保健作用，掌握主要种类的生长习性和繁殖特点，明确与栽培管理的关系。

思 考 题

1. 甜玉米品种依其含糖量和受不同基因的控制，可分为几种类型？
2. 鲜食玉米生长发育包括哪些时期？各时期生育有何特点？
3. 鲜食玉米各生长发育时期应如何进行栽培管理？
4. 甜玉米和糯玉米生产中，不同品种间为什么要进行隔离？
5. 黄秋葵生长发育有哪些时期？各时期生长发育有何特点？对环境条件有何要求？
6. 黄秋葵生长发育对环境条件有何要求？
7. 黄秋葵栽培管理的关键技术是什么？
8. 如何培育百合种球？
9. 中国野生蔬菜主要有哪些？你们当地野生蔬菜种类有哪些？都是怎样利用的？
10. 马齿苋和蒲公英育苗的关键技术是什么？
11. 芦蒿几种繁殖方法的技术要点是什么？
12. 沙芥对土壤和水分管理有什么要求？

参 考 文 献

（一）教材书目

边银丙．2017．食用菌栽培学．3 版．北京：高等教育出版社
程智慧．2010．蔬菜栽培学各论．北京：科学出版社
程智慧．2019．蔬菜栽培学总论．2 版．北京：科学出版社
范双喜．2015．特种蔬菜栽培学．北京：中国农业出版社
方智远．2016．中国蔬菜育种学．北京：中国农业出版社
黄毅．2014．食用菌工厂化栽培实践．福州：海峡出版发行集团
李天来．2011．设施蔬菜栽培学．北京：中国农业出版社
刘海河，王丽萍．2013．马铃薯安全优质高效栽培技术．北京：化学工业出版社
刘京宝，田甫焕，杜世凯，等．2018．中国不同熟制地区玉米栽培．北京：中国农业科学技术出版社
刘开昌，龚魁杰．2017．鲜食糯玉米高效生产技术．济南：山东科学技术出版社
苗锦山．2015．生姜高效栽培．北京：机械工业出版社
诺尔曼·奇尔德斯．2017．现代草莓生产技术．北京：中国农业出版社
王秀峰．2011．蔬菜栽培学各论（北方本）．4 版．北京：中国农业出版社
喻景权．2011．蔬菜栽培学各论（南方本）．4 版．北京：中国农业出版社
中国农业科学院蔬菜花卉研究所．2010．中国蔬菜栽培学．北京：中国农业出版社
Gayatonde V. 2017. Evolution of babycorn. Edgware，Middlesex: Kruger Brentt Publishers
Parihar C M. Kumar B, Jat S L, et al. 2016. Specialty Corn for Nutritional Security and Dietary Diversification// Singh U. Biofortification of Food Crops. New Delhi: Springer

（二）期刊文献

白瑞华，丁兴萃，杜旭华，等．2011．套袋栽培对高节竹笋品质的影响．浙江林业科技，（1）：64-67
柴映波．2013．黄花菜机械化采摘试验示范及机具研制．农业技术与装备，（9）：81
陈度，Zhang Qin，王书茂，等．2016．芦笋机械化收获技术现状与发展分析．中国农业大学学报，21（4）：113-120
陈学红，濮杨，周秋阳．2017．不同采收期绿芦笋品质的综合评价．食品与发酵工业，43（1）：225-230
方飞燕，白尚斌，周国模，等．2012．光照强度对毛竹竹笋到幼竹生长过程的影响．东北林业大学学报，40（3）：11-13，27
冯洁琼，翁颖，许映君．2019．化肥减量条件下水溶肥对大棚芦笋产量和品质的影响．长江蔬菜，（12）：66-69
郭子武，江志标，陈双林，等．2015．覆土栽培对高节竹笋品质的影响．广西植物，34（1）：1-5
贾海民，赵聚莹，陈丹，等．2013．尿素对芦笋疏花疏果的效应．中国蔬菜，（8）：77-79
雷卢恒，张延龙，牛立新，等．2015．15个卷丹居群鳞茎活性成分及其抗氧化能力．食品科学，36（14）：122-129

李辉尚, 乐姣. 2018. 2017年中国马铃薯市场形势回顾与2018年市场展望. 蔬菜, (1): 61-67

李雪蕾, 丁兴萃, 张闪闪, 等. 2015. 不同光强下麻竹笋不同部位苦涩味物质含量的变化. 南京林业大学学报(自然科学版), 39(3): 161-166

潘志国, 李心志, 杨然兵, 等. 2018. 山药种植农艺特点及机械化种植技术. 农业工程, 8(10): 1-4

时俊帅, 陈双林, 郭子武, 等. 2018. 3个海拔梯度对高节竹笋品质的影响. 林业科学研究, 31(4): 113-117

时俊帅, 谷瑞, 陈双林, 等. 2019. 不同海拔的高节竹笋蛋白质营养品质差异分析. 江西农业大学学报, 41(2): 308-315

童龙, 张磊, 李彬, 等. 2018. 覆土栽培对绿竹笋品质与适口性的影响. 江西农业大学学报, 40(3): 487-493

王立浩, 张宝玺, 张正海, 等. 2020. 辣椒遗传育种研究进展. 园艺学报, 47(9): 1727-1740

王莹, 王良桂, 黄成名, 等. 2014. 露地栽培条件下百合的生长规律及种球繁殖技术. 中国农业科学, 47(8): 1558-1566

王赵改, 陈丽娟, 张乐, 等. 2015. 不同采收期红油香椿营养成分和抗氧化活性分析. 食品科学, 36(4): 158-163

校彦赟, 杨东生, 石卓功. 2015. 不同施肥处理对设施栽培香椿产量的影响. 林业科技开发, 29(3): 136-138

谢启鑫, 罗绍春, 尹玉玲, 等. 2016. 施硒对芦笋硒含量与品质的影响. 土壤通报, 47(1): 125-128

徐建飞, 金黎平. 2017. 马铃薯遗传育种研究现状与展望. 中国农业科学, 50(6): 990-1015

杨丽梅, 方智远, 刘玉梅, 等. 2011. "十一五"我国甘蓝遗传育种研究进展. 中国蔬菜, 1-10

杨林, 李书华, 李霞, 等. 2017. 不同氮磷钾配施对芦笋生长和产量的影响. 农学学报, 7(2): 48-54

于二敏, 李聪, 贺超兴. 2014. AM真菌对大棚芦笋矿质元素吸收和营养品质的影响. 中国蔬菜, (7): 40-43

于增金, 殷彪, 刘松, 等. 2019. 培土栽培对麻竹笋品质的影响机理研究. 西北植物学报, 39(5): 817-823

张国伟, 王晓婧, 周玲玲, 等. 2019. 施氮对设施栽培金针菜产量、品质和钾吸收利用的影响. 植物营养与肥料学报, 25(5): 871-879

张宇冲, 何思蓓, 高灵会, 等. 2019. 生物有机肥对芦笋土壤酶活性及细菌群落的影响. 北方园艺, (12): 83-91

赵霞, 王凤, 叶林, 等. 2015. 不同处理对苜蓿芽苗菜生长及品质的影响. 江苏农业科学, 43(8): 139-141

周庆红, 曾勇军, 唐杰, 等. 2013. 不同处理对萝卜芽苗菜产量及品质的影响. 现代园艺, (2): 3-5

周佳民, 张天术, 朱校奇, 等. 2015. 不同叶面肥对卷丹生长特性及鳞叶产量的影响. 中药材, 38(6): 1139-1140

周建波, 李梦月, 傅万四, 等. 2017. 竹笋培育收获及加工技术装备发展现状研究. 竹子学报, 36(1): 14-18

周玲玲, 张黎杰, 姜若勇. 2017. 设施和露地栽培对金针菜产量和品质的影响. 上海农业学报, 33(3): 105-108

朱永清, 李可, 袁怀瑜, 等. 2016. "巴山红"香椿不同发育时期挥发性物质分析. 食品科学, 37(24):

118-123

Bao D, Gong M, Zheng H, et al. 2013. Sequencing and comparative analysis of the straw mushroom (*Volvariella volvacea*) Genome. PLoS ONE, 8(3): e58294

Chen B, van Peer AF, Yan J, et al. 2016. Fruiting body formation in *Volvariella volvacea* can occur independently of its MAT-A-controlled bipolar mating system, enabling homothallic and heterothallic life cycles. G3: Genes, Genomes, Genetics, 6(7): 2135-2146

Cheng F, Sun RF, Hou XL, et al. 2016. Subgenome parallel selection is associated with morphotype diversification and convergent crop domestication in *Brassica rapa* and *Brassica oleracea*. Nature Genetics, 48 (10): 1218-1227

Khakbazan M, Mohr RM, Huang J, et al. 2019. Effects of crop rotation on energy use efficiency of irrigated potato with cereals, canola, and alfalfa over a 14-year period in Manitoba, Canada. Soil and Tillage Research, 195: 104257

Raju J, Byju G. 2019. Quantitative determination of NPK uptake requirements of taro [*Colocasia esculenta* (L.) Schott]. Journal of Plant Nutrition, 42: 203-217

Rowley J S, Gray S M, Karasev A V. 2015. Screening potato cultivars for new sources of resistance to potato virus Y. Am. J. Potato Res. 92: 38-48

Wang B, Ma Y, Zhang Z, et al. 2011. Potato viruses in China. Crop Protection, 30 (9): 1117-1123

(三)专利文献

雷家祥. 2015. 莲藕轻简栽培和套养泥鳅的方法: ZL201310021564.9
李刚, 潘玲华, 李玉洪, 等. 2019. 一种西瓜地爬与立架式组合栽培的方法: ZL201711250949.7
刘焱, 李贝贝, 张天柱, 等. 2019. 莲藕钻爬自动栽培装置: ZL201821625074.4
陆海锋, 程立宝. 2018. 一种辣椒可移动式清洁栽培装置: ZL201820289399.3
马光, 陈玉梅, 申允德, 等. 2020. 黄瓜自动栽培系统: ZL201810130499.6
倪纪恒, 刘勇, 毛罕平, 等. 2019. 一种新的疏果方法: ZL201610881157.9
亓翠玲. 2013. 大棚黄瓜落蔓栽培专用吊绳器: ZL201320123235.0
田朝辉, 李建欣, 葛桂民, 等. 2014. 一种大葱免培土栽培装置: ZL201420486654.5
田浩, 廖卫琴, 王燕玲, 等. 2017. 一种辣椒定植打孔器: ZL201720730402.6
王平, 唐先志. 2018. 一种自动化芽苗菜生产线: ZL201721419132.3
王琦, 廖洪源, 邓丽芳, 等. 2017. 一种用于芽苗菜栽培的机器人装置: ZL201621140343.9
王薇薇, 刘云芬, 郭军, 等. 2020. 一种大蒜的夏季栽培方法: ZL201710754938.6
徐彦军, 陈松树, 吴拥军, 等. 2020. 一种棚室无限生长型番茄吊绳栽培方法: ZL201710563841.7
薛东齐. 2020. 一种广泛适用性的番茄高效栽培支架: ZL201921559874.5
严从生, 俞飞飞, 张其安, 等. 2020. 一种小型西瓜高效省力化栽培方法: ZL201810531418.3
查泰山. 2020. 种植韭黄的深井式地下工厂: ZL201920861632.5
张毅, 栗国栋, 石玉, 等. 2019. 一种轻简装配式可调番茄栽培架: ZL201920542804.2
张中华. 2015. 一种可提高栽培速度的大葱定植器: ZL201520666221.2